Paris
1855-1859

Humboldt, Alexandre de.

Cosmos. Essai d'une description physique du monde

Tome 3

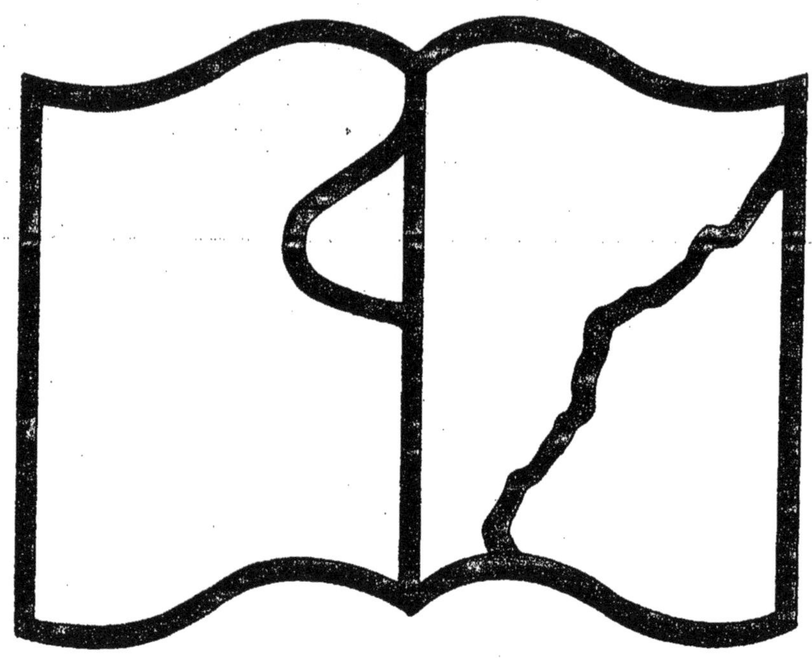

Symbole applicable
pour tout, ou partie
des documents microfilmés

Texte détérioré — reliure défectueuse

NF Z 43-120-11

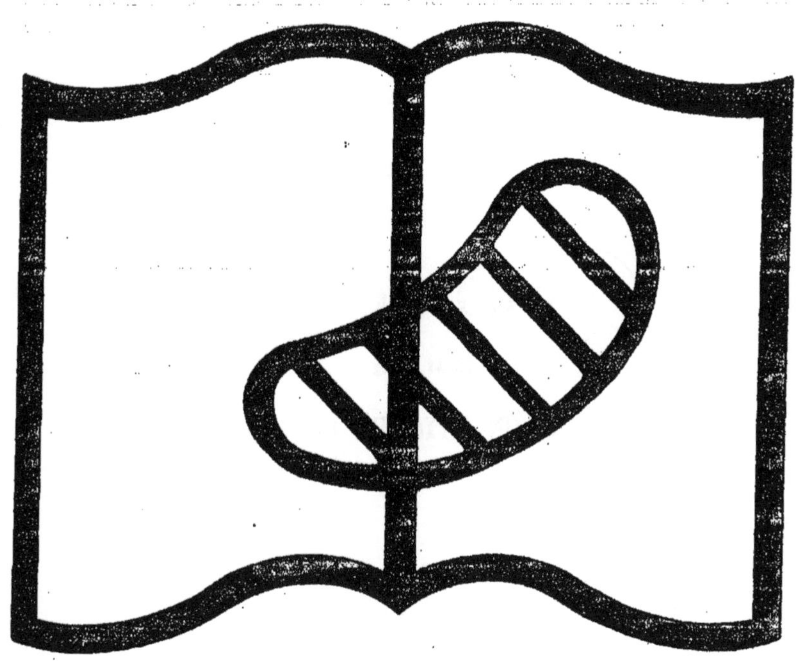

Symbole applicable
pour tout, ou partie
des documents microfilmés

Original illisible

NF Z 43-120-10

COSMOS

ESSAI D'UNE

DESCRIPTION PHYSIQUE DU MONDE

PARIS. — IMPRIMERIE DE J. CLAYE
RUE SAINT-BENOIT, 7

COSMOS

ESSAI D'UNE

DESCRIPTION PHYSIQUE DU MONDE

PAR

ALEXANDRE DE HUMBOLDT

TRADUIT

PAR H. FAYE

MEMBRE DE L'ACADÉMIE DES SCIENCES

« Naturæ vero rerum vis atque majestas in omnibus momentis fide caret, si quis modo partes ejus ac non totam complectatur animo. »

PLIN., H. N., lib. VII, c. 1.

TOME TROISIÈME

(PREMIÈRE PARTIE.)

PARIS

GIDE ET J. BAUDRY, ÉDITEURS

RUE BONAPARTE, 5

1856

TABLE DES MATIÈRES

PREMIÈRE PARTIE DU IIIe VOLUME

TABLES NUMÉRIQUES.

AVERTISSEMENT DU TRADUCTEUR

Ce volume étant spécialement destiné à compléter la partie *uranologique* du *Cosmos*, M. de Humboldt a cru devoir en confier la traduction à l'Astronome qui déjà avait entrepris celle du premier volume. J'ai prié cependant M. Galusky de traduire le premier chapitre, dont les développements littéraires et philosophiques sortent du cadre de mes travaux habituels. C'est donc à l'habile traducteur du second volume du *Cosmos* que je dois les vingt-sept premières pages de celui-ci et les notes correspondantes. De plus, M. Galusky m'a prêté son concours pour la correction de toutes les épreuves. Je suis heureux de pouvoir lui offrir ici l'expression de ma vive reconnaissance.

Je dois ajouter que mon savant confrère M. Guigniaut a bien voulu me permettre, plus d'une fois, d'avoir recours à sa vaste érudition.

H. FAYE.

PREMIÈRE PARTIE

INTRODUCTION

Je poursuis le but que je me suis fixé et que je n'ai pas désespéré d'atteindre, dans la mesure de mes forces et selon l'état actuel de la science. Conformément au plan que je m'étais tracé, les deux volumes du *Cosmos* publiés jusqu'à ce jour présentent la nature considérée d'un double point de vue. J'ai essayé d'abord de la reproduire sous son aspect extérieur et purement objectif; puis j'ai dépeint son image réfléchie à l'intérieur de l'homme par l'intermédiaire des sens, et j'ai recherché la trace de l'influence qu'elle a exercée sur les idées et les sentiments des différents peuples.

Le monde extérieur a été décrit dans ses deux grandes sphères, la sphère céleste et la sphère terrestre, sous la forme scientifique d'un tableau général de la Nature. Ce tableau offre d'abord aux regards les étoiles qui brillent parmi les nébuleuses, dans les régions les plus reculées de l'espace ; de là, il nous fait redescendre à travers notre système planétaire jusqu'à la couche végétale dont est couvert le sphéroïde terrestre, et aux organismes infiniment petits qui flottent souvent suspendus dans les airs et se dérobent à l'œil nu. Pour rendre sensible l'existence du lien commun qui enlace tout l'univers, et le gouvernement des lois éternelles de la nature; pour faire saisir, autant qu'elle peut être connue jusqu'à ce jour, cette connexion génératrice qui unit des groupes entiers de phénomènes, il fallait éviter soigneusement l'accumulation des faits particuliers. Une telle réserve était surtout nécessaire dans la sphère terrestre du Cosmos, où, à côté de l'action dynamique des forces motrices, se manifeste énergiquement l'influence produite par la diversité spécifique des substances. Dans la sphère sidérale ou uranologique, les problèmes sont, pour tout ce que l'observation peut atteindre, d'une admirable simplicité, et se prêtent, en raison des masses énormes et des forces attractives de la matière, à des calculs rigoureux, fondés sur la théorie du mouvement. Si nous sommes, ainsi que je le crois, autorisés à regarder les astéroïdes ou pierres météoriques comme des parties de notre système planétaire, ces corps sont les seuls qui, en tombant sur la terre, nous mettent en contact avec des substances évidemment hétérogènes, qui circulent dans l'espace (1). J'indique ici les causes pour lesquelles la méthode mathématique a été jusqu'à ce jour moins généralement et moins heureusement appliquée aux phénomènes terrestres qu'aux mouvements des corps célestes, gouvernés uniquement dans leurs perturbations réciproques et leurs retours périodiques par la force fondamentale de la matière homogène, aussi loin du moins que peuvent s'étendre nos perceptions.

Je me suis surtout efforcé, en traçant le tableau de la Terre, de disposer les phénomènes suivant un ordre qui laissât soupçonner le lien générateur par lequel ils se rattachent l'un à l'autre. J'ai décrit la configuration du corps terrestre ; je l'ai représenté avec sa densité moyenne, avec les variations de sa température croissant en raison de la profondeur, avec ses courants électro-magnétiques et les phénomènes de la lumière polaire. La réaction de l'intérieur contre l'extérieur de la Terre est le principe de l'activité volcanique : c'est à cette cause que doivent être rapportés les ondes d'ébranlement qui se propagent dans des cercles plus ou moins étendus, et les effets de ces ébranlements, qui ne sont pas toujours purement dynamiques, comme les éruptions de gaz, de boue et d'eau chaude. Le soulèvement des montagnes ignivomes est la plus haute manifestation des forces intérieures de la Terre. Nous avons représenté les volcans centraux et les chaînes de volcans, non pas seulement comme des éléments de destruction, mais aussi comme des agents producteurs, qui continuent à former sous nos yeux, et le plus souvent à des époques fixes, des roches d'éruption. En opposition avec les roches d'éruption, nous avons montré les roches de sédiment se précipitant aujourd'hui encore du sein des milieux liquides dans lesquels leurs dernières particules flottaient suspendues ou dissoutes. Cette comparaison des parties de la Terre en voie de développement, dont la figure n'est pas encore déterminée, avec celles qui, solidifiées depuis longtemps, forment les différentes couches de la croûte terrestre, nous conduit à déterminer avec certitude la série successive des formations qui renferment dans un ordre chronologique les familles éteintes des animaux et des plantes, et permettent de reconnaître distinctement la Faune et la Flore de l'ancien monde. La naissance, la transformation et l'exhaussement des couches, aux diverses époques géologiques, sont les conditions d'où dépendent tous les accidents de la surface terrestre : la répartition de l'élément liquide et de l'élément solide, ainsi que l'étendue et l'articulation des masses continentales, en largeur et en hauteur. Ces relations, à leur tour, déterminent la température des courants marins, l'état météorologique de l'océan gazeux qui enveloppe la Terre, et la distribution géographique des différents organismes. Le souvenir du lien qui unit les phénomènes terrestres, et que j'ai tenté de mettre en lumière dans la première partie du *Cosmos*, suffit, je pense, pour prouver qu'il est impossible de rapprocher les résultats si vastes et en apparence si complexes de l'observation, sans approfondir la connexité qui rattache les causes aux effets. La signification de la nature est d'ailleurs considérablement affaiblie, lorsque, par une trop grande accumulation des faits isolés, on enlève aux descriptions dans lesquelles on cherche à la reproduire, toute leur chaleur vivifiante.

Si je ne pouvais sérieusement prétendre, quelque soin que j'y apportasse, à n'omettre aucune particularité dans le tableau des phénomènes extérieurs, il n'était pas plus facile de tout dire, en dépeignant le reflet de la nature dans l'esprit de l'homme. Ici même les bornes devaient être plus étroitement circonscrites. L'immense empire du monde intellectuel, fécondé depuis des siècles par les forces actives de la pensée, nous montre, dans les diverses races d'hommes et aux différents degrés de la civilisation, des dispositions d'esprit tantôt gaies, tantôt sombres (2), un vif amour du beau ou une insensibilité grossière. D'abord l'âme de l'homme est conduite au sentiment de la Divinité par le spectacle des forces naturelles et par certains objets du monde extérieur. C'est plus tard seulement que l'homme s'élève à des inspirations religieuses plus pures et plus spirituelles (3). Le reflet du monde extérieur dans l'homme, les impressions de la nature environnante et les dispositions physiques exercent aussi plus d'une influence sur la formation mystérieuse des langues (4). L'humanité travaille au dedans d'elle la matière que lui fournissent les sens, et les résultats de cette opération intérieure sont aussi bien du domaine du Cosmos que les phénomènes sur lesquels elle s'accomplit.

Comme l'éveil donné à l'imagination créatrice ne permet pas que l'image réfléchie de la nature se conserve pure et fidèle, il existe, à côté du monde réel ou extérieur, un monde idéal ou intérieur, rempli de mythes fantastiques et quelquefois symboliques, animé par des formes animales dont les parties hétérogènes sont empruntées au monde actuel ou aux débris des générations évanouies (5). Des formes merveilleuses d'arbres et de fleurs croissent aussi sur le sol de la mythologie, comme ce frêne gigantesque des chants de l'Edda, cet Arbre du Monde nommé Ygdrasil, dont les branches s'élèvent au-dessus du ciel, tandis que l'une de ses trois racines s'enfonce jusque dans les sources retentissantes du monde souterrain (6). Ainsi la région nébuleuse de la mythologie physique est, suivant la différence des races et des climats, peuplée de formes gracieuses ou effroyables qui passent de là dans le domaine des idées savantes et, durant l'espace de plusieurs siècles, se transmettent de génération en génération.

Si le travail que j'ai livré au public ne répond pas assez au titre dont j'ai souvent moi-même signalé la hardiesse imprudente, ce reproche d'insuffisance doit porter principalement sur la partie qui traite de la vie intellectuelle et du reflet de la nature dans le sentiment de l'homme. Pour cette partie surtout, je me suis borné aux objets les plus rapprochés des études qui ont rempli ma vie ; j'ai recherché l'expression du sentiment de la nature chez les peuples de l'antiquité classique et chez les nations modernes, recueillant les fragments de poésie descriptive qui ont emprunté leur couleur au caractère national de chacune de ces races, et à l'idée qu'elles se faisaient de la création, en tant que l'œuvre d'une puissance unique ; j'ai dépeint le charme gracieux de la peinture de paysage ; enfin j'ai retracé l'histoire de la contemplation du monde, c'est-à-dire l'histoire des découvertes qui, en se succédant pendant un laps de vingt siècles, ont permis à l'observateur d'embrasser l'ensemble de l'univers et de dégager l'unité qui domine tous les phénomènes.

En admettant que, dans le premier essai d'une œuvre aussi vaste, qui se propose, tout en restant scientifique, de représenter l'image vivante de la nature, on puisse avoir la prétention d'être complet en quelque chose, du moins, doit-on chercher à l'être plus par les idées que l'on soulève que par les résultats que l'on fournit. Un Livre de la Nature vraiment digne de ce nom ne pourra apparaître que lorsque les sciences, condamnées dès le principe à rester toujours incomplètes, se seront du moins agrandies et élevées à force de persévérance, et qu'ainsi les deux sphères en lesquelles se décompose le Cosmos, le monde extérieur perçu par les sens et le monde intérieur réfléchi dans la pensée de l'homme, auront l'une et l'autre gagné en clarté lumineuse.

Je crois avoir suffisamment indiqué les raisons qui devaient me déterminer à ne pas donner plus d'extension au Tableau général de la Nature, me réservant, dans le troisième et dernier volume, de suppléer à ce qui manque, et de réunir les résultats de l'observation sur lesquels est fondé l'état actuel des opinions scientifiques. Ces résultats seront rangés dans le même ordre que j'ai suivi déjà pour la description de la nature, conformément aux principes établis plus haut. Avant toutefois de passer à des faits particuliers et spéciaux, je demande la permission d'ajouter encore quelques considérations générales qui jetteront un nouveau jour sur l'objet de ce livre. La faveur inattendue avec laquelle un public considérable a accueilli mon entreprise, dans ma patrie et dans les pays étrangers, me fait doublement sentir le besoin de m'expliquer encore une fois, et d'une manière plus précise, sur la pensée fondamentale de cet ouvrage et sur les exigences que je n'ai pas cherché à satisfaire, parce que je n'y pouvais prétendre, d'après l'idée que je me fais personnellement de nos connaissances expérimentales. A ces considérations justificatives se rattacheront comme d'eux-mêmes les souvenirs historiques des premiers efforts faits en vue de découvrir la pensée du Monde, c'est-à-dire le principe unique auquel doivent être ramenés tous les phénomènes, lorsqu'on s'efforce d'en découvrir l'harmonie génératrice.

Le principe fondamental de mon livre (7), tel que je l'ai développé, il y a plus de vingt ans, dans des leçons professées en allemand et en français, à Paris et à Berlin, c'est la tendance constante à recomposer avec les phénomènes l'ensemble de la nature, à montrer dans les groupes isolés de ces phénomènes les conditions qui leur sont communes, c'est-à-dire les grandes lois qui régissent le monde; enfin à faire voir comment de la connaissance de ces lois on remonte au lien de causalité qui les rattache les unes aux autres. Pour arriver à dévoiler le plan du monde et l'ordre de la nature, il faut commencer par généraliser les faits particuliers, par rechercher les conditions dans lesquelles les changements physiques se reproduisent uniformément. Ainsi l'on est conduit à une contemplation réfléchie des matériaux fournis par l'empirisme, et non « à des vues purement spéculatives, à un développement abstrait de la pensée, à une unité absolue indépendante de l'expérience. » Nous sommes, je le répète, encore bien loin de l'époque où l'on peut se flatter de faire rentrer toutes les perceptions sensibles dans une idée unique qui embrasserait l'ensemble de la nature. Déjà, un siècle avant François Bacon, la véritable voie avait été frayée et signalée en peu de mots par Léonard de Vinci : « cominciare dall' esperienza et per mezzo di questa scoprirne la ragione (8). » Il y a, à la vérité, des groupes nombreux de phénomènes dont nous devons nous contenter de découvrir les lois empiriques ; mais le but le plus élevé, celui qui a été le plus rarement atteint, est la recherche des causes qui relient entre eux tous les phénomènes (9). On n'arrive à une complète évidence que lorsqu'il est possible d'appliquer aux lois générales la rigueur du raisonnement mathématique. Pour certaines parties de la science seulement, il est vrai de dire que la *description* du monde est l'*explication* du monde. En général ces deux termes ne peuvent pas encore être considérés comme identiques. Ce qu'il y a de grand, d'imposant dans le travail intellectuel dont nous marquons ici les limites, c'est la conscience de l'effort fait pour tendre vers l'infini, pour embrasser l'immense et inépuisable plénitude de la création, c'est-à-dire de tout ce qui existe et se développe.

De tels efforts tentés à travers tous les siècles, ont dû souvent, et de diverses manières, conduire à cette illusion que le but était atteint, que le principe était trouvé, d'après lequel peuvent être expliqués tous les phénomènes sensibles qui se succèdent dans le monde matériel. Après la longue période où, conformément au premier mode d'intuition de l'esprit hellénique, les forces naturelles qui fixent la forme des choses, les changent et les détruisent, étaient honorées comme des puissances spirituelles voilées sous des formes humaines (10), le germe d'une contemplation scientifique de la nature se développa dans les fantaisies physiologiques de l'école ionienne. Cette école était partagée en deux directions différentes. Guidés tantôt par des considérations mécaniques, tantôt par des considérations dynamiques, les naturalistes, pour expliquer l'existence des choses et la succession des phénomènes, recouraient à l'hypothèse de principes concrets et matériels, que l'on appelait les éléments de la nature, ou à la raréfaction et à la condensation des substances élémentaires (11). Cette hypothèse de quatre ou cinq éléments spécifiquement distincts, qui peut-être a tiré son origine de l'Inde, est restée mêlée à tous les systèmes de philosophie naturelle, depuis le poëme didactique d'Empédocle, et témoigne du besoin que l'homme a éprouvé de tout temps, de viser à la généralisation et à la simplification des idées, qu'il s'agisse de l'action des forces ou seulement de la nature des substances.

Un peu plus tard, lorsque la physiologie ionienne eut pris un nouveau développement, Anaxagore de Clazomène s'éleva de l'hypothèse des forces purement motrices à l'idée d'un esprit distinct de toute espèce de matière, mais intimement mêlé à toutes les molécules homogènes. L'intelligence régulatrice (νοῦς) gouverne le développement incessant de l'univers; elle est la cause première de tout mouvement et par conséquent le principe de tous les phénomènes physiques. Anaxagore explique le mouvement apparent de la sphère céleste, dirigé de l'Est à l'Ouest, par l'hypothèse d'un mouvement de révolution général dont l'interruption, comme on l'a vu plus haut, produit la chute des pierres météoriques (12). Cette hypothèse est le point de départ de la théorie des tourbillons qui, après plus de deux mille ans, a pris par les travaux de Descartes, de Huyghens et de Hooke une si grande place entre les systèmes du monde. L'esprit ordonnateur qui, selon Anaxagore, gouverne l'univers était-il la Divinité elle-même, ou n'était-ce qu'une conception panthéistique, un principe spirituel qui soufflait la vie à toute la nature? C'est là une question étrangère à cet ouvrage (13).

La symbolique mathématique des Pythagoriciens, bien qu'elle embrasse également l'univers entier, forme un contraste frappant avec les deux branches de l'école ionienne. Leurs regards ne s'étendent pas au delà des phénomènes perceptibles aux sens, et restent invariablement fixés sur la loi qui règle les cinq formes fondamentales, sur les idées de nombre, de mesure, d'harmonie et de contraste. Les choses, suivant eux, se reflètent dans les nombres qui en sont comme l'imitation (μίμησις). La faculté qu'ont les nombres de croître et de se répéter sans mesure est le caractère de l'éternité et de la nature infinie. Les choses, en tant qu'existantes, peuvent être considérées comme des relations numériques; leurs changements et leurs transformations ne sont que de nouvelles combinaisons des nombres. La physique de Platon contient aussi des essais de ramener toutes les substances qui existent dans l'univers et les développements par lesquels elles passent à des formes corporelles, et ces formes elles-mêmes à la plus simple des figures planes, au triangle (14). Quant à savoir quels sont les derniers principes, comme l'on dirait les éléments des éléments, c'est, écrit Platon, dans un sentiment de défiance modeste, ce qui n'est connu que de Dieu et de ceux qu'il aime entre tous. Cette application des mathématiques aux phénomènes physiques, la formation de l'école atomistique, ou la philosophie de la mesure et de l'harmonie, ont longtemps influé sur le développement des sciences, et conduit des esprits aventureux par des chemins détournés que doit retracer l'histoire de la Contemplation du Monde. Il y a dans les simples rapports du temps et de l'espace, révélés par les sons, les nombres et les lignes, un charme attachant qu'a célébré toute l'antiquité (15).

L'idée de l'ordre et du gouvernement de l'univers ressort dans toute sa pureté et dans toute son élévation des écrits d'Aristote. Ses *Auscultationes physicæ* représentent les phénomènes de la nature comme les effets de forces vitales, émanant d'une puissance universelle. Le ciel et la nature (16), dit-il en désignant sous ce nom la sphère terrestre des phénomènes, dépend du moteur immobile du monde. L'ordonnateur, ou en d'autres termes le dernier principe des phénomènes sensibles, doit être considéré comme distinct de toute espèce de matière et ne tombant pas sous les sens (17). L'unité qui domine tous les phénomènes par lesquels se manifestent les forces de la matière est élevée dans Aristote à la hauteur d'un principe essentiel, et ces manifestations elles-mêmes sont toujours ramenées à des mouvements. Ainsi le traité *de Anima* renferme déjà le germe de la théorie des ondulations lumineuses (18). La sensation de la vue est produite par un ébranlement, une vibration du milieu placé entre l'œil et l'objet, et non par des émanations qui s'échapperaient de l'un ou de l'autre. Aristote compare l'ouïe à la vue, parce que le son est aussi un effet des vibrations de l'air.

Aristote, tout en recommandant d'appliquer la raison à rechercher le général dans le détail des particularités perçues par les sens, embrasse toujours l'ensemble de la nature et la connexion intime non-seulement des forces mais aussi des formes organiques. Dans le livre qu'il a écrit sur les organes des animaux (*de Partibus Animalium*), il exprime clairement sa croyance à la gradation par laquelle les êtres s'élèvent successivement des formes inférieures à des formes plus hautes. La nature suit un développement progressif et non interrompu, depuis les objets inanimés ou élémentaires jusqu'aux formes animales, en passant par les plantes, et « en s'essayant d'abord sur ce qui n'est pas encore un animal proprement dit, mais qui en est si voisin qu'il y a en vérité peu de différence (19). » Dans cette gradation des formes, les nuances intermédiaires sont insensibles (20). Le grand problème du Cosmos est pour le Stagirite l'unité de la nature : «Dans la nature, dit-il avec une singulière vivacité d'expression, rien d'isolé ni de décousu, comme dans une mauvaise tragédie (21). »

Tous les ouvrages physiques d'Aristote, observateur aussi exact que profond penseur, laissent voir clairement cette tendance philosophique à faire dépendre d'un principe unique tous les phénomènes de l'univers. Mais l'état imparfait de la science, l'ignorance où l'on était à cette époque de la méthode expérimentale, qui consiste à susciter les phénomènes dans des conditions déterminées, ne permettait pas d'embrasser le lien de causalité qui unit ces phénomènes, même en les divisant en groupes peu nombreux. Tout se bornait aux oppositions sans cesse renaissantes du froid et du chaud, de la sécheresse et de l'humidité, de la raréfaction et de la densité primitives et aux altérations produites dans le monde matériel par une sorte d'antagonisme intérieur (ἀντιπερίστασις), qui rappelle les hypothèses modernes des polarités opposées et le contraste du + et du — (22). Les solutions proposées par Aristote ont le tort de déguiser les faits, et dans l'explication des phénomènes d'optique ou de météorologie, le style d'ailleurs si énergique et si concis du Stagirite semble prendre plaisir à s'étendre, et emprunter quelque chose de la diffusion hellénique. Comme l'esprit d'Aristote était presque exclusivement dirigé vers l'idée de mouvement, et se préoccupait peu de la diversité des substances, il en résulte que sa pensée fondamentale de ramener tous les phénomènes terrestres à l'impulsion donnée par le mouvement du ciel, c'est-à-dire par la révolution de la sphère céleste, se reproduit sans cesse, qu'on la retrouve partout, qu'elle est, de la part de l'auteur, l'objet d'une sorte de prédilection, mais que nulle part elle n'est présentée avec une précision et une rigueur absolues (23).

Par l'impulsion dont j'essaye de donner l'idée, il ne faut entendre que la communication du mouvement, considéré comme le principe de tous les phénomènes terrestres. Les vues panthéistiques sont tout à fait laissées de côté. La Divinité est la plus haute unité ordonnatrice ; « elle se manifeste dans tous les cercles de l'univers, donne leur destination à tous les êtres distincts de la nature, et combine tout en vertu de sa puissance absolue (24). » Les idées de but et d'appropriation sont appliquées, non pas aux phénomènes subordonnés de la nature inorganique ou élémentaire, mais principalement aux organismes qui occupent une place plus élevée dans le règne animal ou végétal (25). Il est remarquable que dans ces théories, la Divinité se sert d'une quantité d'esprits sidéraux qui retiennent les planètes dans leurs éternelles orbites, comme s'ils connaissaient la distribution des masses et les perturbations (26). Les astres sont, dans le monde matériel, l'image de la Divinité. En dépit du titre qu'il porte, je n'ai pas mentionné le traité *de Mundo*, faussement attribué à Aristote et certainement émané de l'école stoïcienne. L'auteur, dans des descriptions où l'on remarque souvent une couleur et une animation un peu factices, découvre à la fois aux regards le ciel et la terre, les courants de la mer et de l'océan atmosphérique ; mais nulle part ne se manifeste la tendance à chercher dans les propriétés de la matière des principes généraux auxquels puissent être ramenés tous les phénomènes de l'univers.

Je me suis arrêté longtemps à l'époque de l'antiquité, où se sont fait jour les aperçus les plus brillants sur la nature, afin de pouvoir opposer ces premiers essais de généralisation aux tentatives des temps modernes. Dans ce mouvement des intelligences appliquées à élargir la contemplation du monde, le XIIIe siècle et le commencement du XIVe se distinguent entre tous les autres, ainsi qu'on l'a pu voir dans le précédent volume du *Cosmos* (27). Cependant l'*Opus majus* de Roger Bacon, le *Miroir de la Nature* de Vincent de Beauvais, le *Liber cosmographicus* d'Albert le Grand et l'*Imago mundi* du cardinal Pierre d'Ailly sont des ouvrages dont le contenu ne répond pas au titre, quelque influence qu'ils aient pu d'ailleurs exercer sur les contemporains. Parmi les adversaires de la physique péripatéticienne en Italie, Telesio, de Cosenza, est signalé comme le fondateur d'un système scientifique plus rationnel. Pour lui la matière est passive et tous les phénomènes sont les effets de deux principes immatériels ou de deux forces, le froid et le chaud. Toute la vie organique, les plantes « animées » aussi bien que les animaux eux-mêmes sont le produit de ces deux forces éternellement opposées, dont l'une, la chaleur, appartient à la sphère céleste, et dont l'autre, le froid, rentre dans la sphère terrestre.

Emporté par une fantaisie plus désordonnée encore, mais doué d'un esprit profond d'investigation, Jordano Bruno, de Nola, a tenté d'embrasser l'ensemble de l'univers, dans trois ouvrages différents (28) : dans le traité *de la Causa, Principio et Uno ;* dans ses *Contemplationi circa lo Infinito, Universo e Mundi innumerabili*, et dans le *de Minimo et Maximo*. La philosophie de la nature de Telesio, contemporain de Copernic, laisse voir du moins l'effort tenté pour ramener les transformations de la matière à deux de ses forces fondamentales qui, à la vérité, sont supposées agir du dehors, mais jouent néanmoins un rôle analogue à celui de l'attraction et de la répulsion, dans la théorie dynamique de Boscowich et de Kant. Les vues de Jordano Bruno sur le Monde sont purement métaphysiques : loin de chercher dans la matière elle-même les causes des phénomènes sensibles, il touche à l'idée d'un espace infini, rempli de mondes qui brillent de leur lumière propre ; il parle des âmes qui animent ces mondes et des relations de l'intelligence suprême, de Dieu, avec l'univers. Bien que moins versé dans les connaissances mathématiques, Jordano Bruno fut, jusqu'au jour de son martyre, admirateur enthousiaste de Copernic, de Tycho et de Kepler (29). Contemporain de Galilée, il ne vit pas l'invention du télescope par Hans Lippershey et Zacharias Janson, ni par conséquent la découverte « du petit Monde de Jupiter, » des phases de Vénus et des nébuleuses. Plein d'une généreuse confiance dans ce qu'il nomme *lume interno, ragione naturale, altezza dell' intelletto*, il se laissa aller à d'heureuses divinations sur les mouvements des étoiles fixes, sur la nature planétaire des comètes et sur la forme imparfaitement sphérique du globe terrestre (30). L'antiquité grecque est pleine aussi de ces pressentiments uranologiques, que le temps plus tard a réalisés.

En suivant la marche des idées auxquelles ont donné naissance les relations des diverses parties de l'univers, on trouve que Kepler fut celui qui approcha le plus près d'une théorie mathématique de la gravitation, et cela, soixante-dix-huit ans avant l'apparition de l'immortel ouvrage de Newton, des *Principia philosophiæ naturalis*. Si un philosophe éclectique, Simplicius, exprima d'une manière générale cette pensée que l'équilibre des corps célestes tenait à ce que la force centrifuge avait la haute main sur la pesanteur, c'est-à-dire sur la force qui attirait ces corps vers les régions inférieures; si Jean Philopno, élève d'Ammonius Herméas, attribua le mouvement de ces corps à une impulsion primitive et à un effort constant pour tomber; si enfin, comme nous l'avons remarqué déjà, il ne faut voir dans ces mémorables paroles de Copernic : « Gravitatem non aliud esse quam appetentiam quamdam naturalem partibus inditam a divina providentia opificis universorum, ut in unitatem integritatemque suam sese conferant, in formam globi coeuntes », que l'idée générale de la gravitation, telle qu'elle s'exerce par le Soleil, centre du monde planétaire, sur la Terre et sur la Lune; ce n'est pourtant que dans l'introduction au traité *de Stella Martis* de Kepler que l'on trouve, pour la première fois, une appréciation numérique de la gravitation réciproque de la Terre et de la Lune, suivant le rapport de leurs masses (31). Kepler cite le flux et le reflux comme une preuve que la force attractive de la Lune (*virtus tractoria*) s'étend jusqu'à la Terre; il croit même que cette force, semblable à l'action de l'aimant sur le fer, enlèverait à la Terre toute l'eau qui la recouvre, si cette eau d'autre part n'était attirée par la Terre (32). Malheureusement dix années plus tard, en 1619, ce grand homme, peut-être par déférence pour Galilée qui rapportait les marées à la rotation de la Terre, abandonna l'explication véritable, pour représenter la Terre, dans son *Harmonice Mundi*, comme un monstre qui, lorsqu'il s'endort ou s'éveille à des moments réglés sur la marche du Soleil, produit par sa respiration, semblable à celle d'une baleine, le gonflement ou l'abaissement de l'Océan. D'après le sens mathématique dont témoigne d'une manière éclatante l'un des ouvrages de Kepler, ainsi que l'a déjà reconnu Laplace, on ne saurait trop regretter que l'homme auquel est due la découverte des trois grandes lois qui président à tous les mouvements planétaires, n'ait pas persévéré dans la voie à laquelle l'avaient conduit ses vues sur l'attraction des corps célestes (33).

Plus versé que Kepler dans l'étude des sciences naturelles, et fondateur de plusieurs parties de la physique mathématique, Descartes entreprit d'embrasser dans un ouvrage qu'il appelait *Traité du Monde* ou *Summa Philosophiæ*, le monde entier des phénomènes, la sphère céleste et tout ce qu'il savait de la nature vivante ou de la nature inanimée. L'organisation des animaux, particulièrement celle de l'homme, avec laquelle il s'était familiarisé pendant onze ans par de sérieuses études anatomiques, devait terminer l'ouvrage (34). Dans les lettres de Descartes au Père Mersenne, on rencontre souvent des plaintes sur la lenteur avec laquelle avançait le travail, et sur la difficulté de rattacher entre eux tant de matériaux divers. Le *Cosmos*, que Descartes nommait toujours son *Monde*, devait être définitivement livré à l'impression vers la fin de l'année 1633, lorsque le bruit de la condamnation de Galilée, répandu par Gassendi et Bouillaud quatre mois seulement après qu'elle eut été prononcée par l'inquisition romaine, fit tout rompre et priva la postérité de ce vaste ouvrage, composé avec tant de soins et tant de peine. Descartes renonça à publier son *Cosmos*, de peur de compromettre le repos dont il jouissait dans sa solitude de Deventer, et aussi pour ne pas paraître manquer de respect à l'autorité du Saint-Siége, en soutenant de nouveau le mouvement planétaire du globe terrestre (35). Ce fut seulement en 1674, quatorze ans par conséquent après la mort de Descartes, que quelques parties de son *Cosmos* furent imprimées sous ce singulier titre : *Le Monde ou Traité de la lumière* (36) ; cependant les trois chapitres où il est question de la lumière forment à peine un quart de l'ouvrage. D'autres fragments, qui contenaient des considérations sur le mouvement des planètes et leurs distances relativement au Soleil, sur le magnétisme terrestre, les marées, les tremblements de terre et les volcans, ont été reportés dans la troisième et la quatrième partie du célèbre ouvrage intitulé : *Principes de la philosophie.*

Malgré son titre significatif, le *Cosmotheoros* de Huygens, qui ne fut publié qu'après sa mort, mérite à peine de trouver place dans cette énumération des essais cosmologiques. Ce ne sont que les rêveries et les vagues hypothèses d'un grand homme sur le règne végétal et le règne animal des astres les plus éloignés, particulièrement sur les altérations qu'a dû subir la forme humaine dans ces corps célestes : on croit lire le *Somnium astronomicum* de Kepler ou le voyage extatique de Kircher. Comme Huygens, ainsi que les astronomes de notre temps, refuse déjà à la Lune l'air et l'eau, il en résulte que les habitants de la Lune l'embarrassent plus encore que ceux des planètes plus éloignées, « qui sont entourées de nuages et de vapeurs (37). »

A l'immortel auteur des *Philosophiæ Naturalis principia mathematica*, il était réservé d'embrasser toute la partie céleste du Cosmos, en expliquant la connexité des phénomènes à l'aide d'un principe moteur qui seul domine tout. Newton est le premier qui ait fait servir l'astronomie à la solution d'un grand problème de mécanique, et l'ait élevée à la hauteur d'une science mathématique. La quantité de matière contenue dans chaque corps céleste donne la mesure de sa force attractive, force qui agit en raison inverse du carré des distances et détermine la grandeur des actions perturbatrices que non-seulement les planètes mais toutes les étoiles remplissant les espaces célestes, exercent les unes sur les autres. La théorie de la gravitation, si admirable par sa simplicité et sa généralité, n'est pas même bornée à la sphère uranologique ; elle règne aussi sur les phénomènes terrestres, et, dans ce domaine, a frayé des voies qui, en partie du moins, n'avaient pas encore été explorées. Elle donne la clef des mouvements périodiques qui s'accomplissent dans l'Océan et dans l'atmosphère (38), et mène à la solution des problèmes de la capillarité, de l'endosmose et d'un grand nombre de phénomènes chimiques, organiques ou électro-magnétiques. Newton alla jusqu'à distinguer l'attraction des masses, telle qu'elle se manifeste dans les mouvements de tous les corps célestes et dans le phénomène des marées, de l'attraction moléculaire qui s'exerce à des distances infiniment petites et au contact immédiat (39).

Ainsi, dans tous les essais tentés pour ramener les phénomènes variables du monde sensible à un principe unique et fondamental, la théorie de la gravitation apparaît toujours comme le principe le plus compréhensif et celui qui promet le plus pour l'explication du monde. Sans doute, malgré les brillants progrès accomplis récemment dans la stœchiométrie, c'est-à-dire dans le calcul appliqué aux éléments chimiques et aux volumes des gaz qui se combinent, on n'a pu encore soumettre toutes les théories physiques de la matière à des démonstrations mathématiques. On a découvert des lois expérimentales, et grâce à l'essor nouveau qu'a pris la philosophie atomistique ou corpusculaire, un grand nombre de phénomènes sont devenus susceptibles d'être calculés mathématiquement. Mais telle est l'hétérogénéité sans fin de la matière, tels sont les divers états d'agrégation suivant lesquels se combinent les atomes, que l'on n'a pu trouver encore le moyen d'expliquer ces lois empiriques par la théorie de l'attraction moléculaire, avec le degré de certitude que donne, aux trois grandes lois expérimentales de Kepler, la théorie de la gravitation.

Alors même qu'il avait déjà reconnu que tous les mouvements des corps célestes sont les effets d'une seule et même force, Newton ne considérait pas encore la gravitation, ainsi que l'a fait Kant depuis, comme une propriété essentielle de la matière (40); selon lui, elle était dérivée d'une autre force plus haute qu'il ne connaissait pas encore, ou produite par « l'action de l'éther qui remplit l'espace, et qui, plus rare dans les intervalles des molécules, croît en densité à l'extérieur. » Ce dernier aperçu est developpé en détail dans une lettre à Robert Boyle, datée du 28 février 1678, et finissant par ces mots: « Je cherche dans l'éther la cause de la gravitation (41). » Huit ans plus tard, ainsi qu'il résulte d'une lettre à Halley, Newton abandonna complétement l'hypothèse d'un éther plus rare ou plus dense, suivant la nature des espaces qu'il remplit (42). Il est particulièrement digne de remarque que neuf ans avant sa mort, en 1717, dans la courte introduction placée en tête de la seconde édition de son *Optique*, il crut nécessaire de déclarer en termes précis qu'il ne considérait nullement la gravitation comme une propriété essentielle des corps, *essential property of bodies* (43): tandis que, dès l'année 1600, Gilbert proclamait le magnétisme une force inhérente à toute matière. Telles étaient les hésitations de Newton lui-même, le plus profond des penseurs, mais en même temps l'observateur le plus docile aux leçons de l'expérience, sur « la dernière cause mécanique de tout mouvement. »

C'est assurément un problème brillant et digne

d'occuper l'esprit humain que de fonder une science générale de la nature, dont tous les éléments, depuis les lois de la pesanteur jusqu'à la force créatrice qui préside aux phénomènes de la vie, formeraient un ensemble organique. Mais l'état d'imperfection où sont retenues encore tant de branches des sciences naturelles, oppose à ce projet des difficultés invincibles. L'impossibilité de compléter jamais l'expérience, et de limiter la sphère de l'observation, font du problème qui consiste à expliquer tous les changements de la matière par les lois de la matière elle-même, un problème indéterminé. La perception est loin de pouvoir épuiser le champ des phénomènes perceptibles. Si, pour nous borner aux progrès accomplis de nos jours, nous comparons les connaissances incomplètes de Gilbert, de Robert Boyle et d'Hales avec celles que nous possédons actuellement ; si nous songeons en même temps à la rapidité avec laquelle l'impulsion augmente tous les dix ans, peut-être pourrons-nous embrasser les changements périodiques et indéfinis qui sont aujourd'hui encore à l'horizon des sciences naturelles. De nouvelles substances et de nouvelles forces ont été découvertes. Si un grand nombre de phénomènes, tels que ceux de la lumière, de la chaleur et de l'électro-magnétisme, ont été ramenés à la loi des ondulations, et se prêtent aujourd'hui à la rigueur des formules mathématiques, il en est d'autres qui sont peut-être insolubles. De ce nombre sont la diversité chimique des substances, la loi suivant laquelle varient, d'une planète à l'autre, le volume, la densité, la position des grands axes, l'excentricité de leurs orbites, le nombre et les distances de leurs satellites, la forme des continents et la situation des plus hautes chaînes de montagnes. Ces relations que souvent déjà nous avons signalées, ne peuvent être considérées jusqu'ici que comme des faits; leur existence seule nous est connue. Ce n'est pas une raison pourtant, parce que les causes et la liaison de ces phénomènes sont encore ignorées, pour qu'on puisse n'y voir que des accidents fortuits. Ils sont le résultat d'événements accomplis dans les espaces célestes, lors de la formation de notre système planétaire, de phénomènes géologiques qui ont précédé ou accompagné le soulèvement des couches terrestres, dont sont formés les continents et les chaînes de montagnes. Nos connaissances ne remontent pas assez haut dans les premiers âges de l'histoire du Monde, pour que nous puissions rattacher complétement l'état actuel des choses au passé et à l'avenir (44).

Bien que le lien de causalité qui unit tous les phénomènes ne soit pas encore suffisamment connu, l'étude du Cosmos ne saurait être considérée comme une branche à part dans le domaine des sciences naturelles. Elle embrasse plutôt ce domaine en entier, les phénomènes du ciel aussi bien que ceux de la terre, mais elle les embrasse d'un certain point de vue, qui est celui d'où l'on peut le mieux recomposer l'ensemble du Monde (45). De même que pour retracer les faits accomplis dans la sphère morale et politique, l'historien, placé au point de vue de l'humanité, ne peut discerner directement le plan sur lequel est réglé le gouvernement du monde, mais est réduit à soupçonner les idées par lesquelles ce plan se manifeste, de même l'observateur de la nature, en considérant les rapports qui unissent les diverses parties de l'univers, se laisse aller à la conviction que le nombre des forces auxquelles les objets doivent le mouvement, la forme ou l'existence, est loin d'être épuisé par celles qu'ont révélées la contemplation immédiate et l'analyse des phénomènes (46).

PARTIE URANOLOGIQUE

DE LA

DESCRIPTION PHYSIQUE DU MONDE.

RÉSULTATS DE L'OBSERVATION.

Nous prenons de nouveau notre point de départ dans les profondeurs de l'espace, où des amas sporadiques d'étoiles se présentent à l'œil armé du télescope comme de pâles nébulosités. De là, nous descendrons successivement aux étoiles doubles, souvent teintes de deux couleurs et tournant autour de leur centre de gravité commun, puis aux strates stellaires dont notre monde de planètes paraît être entouré; nous décrirons ensuite ce système planétaire, et, par là, nous arriverons à la planète même qui nous sert de demeure, au sphéroïde terrestre enveloppé de l'océan liquide et de l'océan gazeux.

Dès le début du *Tableau général de la Nature* (47), j'ai montré que cet ordre d'idées est le seul qui puisse convenir au caractère propre d'un ouvrage qui a pour sujet le Cosmos. Il ne s'agit point ici, en effet, de s'astreindre aux conditions logiques de l'analyse : l'analyse commencerait par l'étude des phénomènes organiques au milieu desquels nous vivons ; elle s'élèverait progressivement aux mouvements réels des corps célestes; en passant par l'étude préalable des mouvements apparents. C'est le contraire que nous faisons.

Le règne *uranologique*, opposé au règne *tellurique*, se partage en deux branches : l'une est l'astrognosie ou astronomie sidérale; l'autre comprend le système solaire ou planétaire. Il est inutile de s'arrêter à signaler ici, une fois de plus, combien cette nomenclature ou ces subdivisions sont incomplètes et peu satisfaisantes. On a introduit des noms, dans les sciences naturelles, longtemps avant d'avoir suffisamment apprécié le vrai caractère de leurs divers objets, et d'avoir délimité ces objets d'une manière rigoureuse (48). Mais là n'est pas le point capital : il est dans l'enchaînement des idées et dans l'ordre suivant lequel doivent être traités les différents sujets. Les changements dans les dénominations générales, les sens nouveaux donnés à des mots d'un usage fréquent ont l'inconvénient de dépayser et peuvent même induire en erreur.

ASTRONOMIE SIDÉRALE.

Rien n'est immobile dans l'univers; les étoiles fixes elles-mêmes se meuvent : Halley, le premier, l'a prouvé pour Sirius, Arcturus, Aldébaran ; et, de nos jours, les preuves les moins contestables ont surgi de toutes parts (49). Depuis vingt et un siècles, c'est-à-dire depuis les observations d'Aristille et d'Hipparque, la brillante étoile du Bouvier, Arcturus, a sensiblement marché dans le ciel par rapport aux étoiles voisines : le déplacement est égal à une fois et demie le diamètre apparent de la Lune. Si l'antiquité nous eût légué des observations analogues pour μ de Cassiopée et la 61e du Cygne, on pourrait aujourd'hui, d'après Encke, constater que ces étoiles ont parcouru, sur la voûte céleste et dans le même laps de temps, la première, un arc égal à trois fois et demie, la seconde, un arc égal à six fois le diamètre du disque lunaire. On est donc fondé à croire, en se laissant guider par l'analogie, que partout s'opèrent des mouvements de translation et même de révolution.

Le nom d'*étoiles fixes* conduit, comme on le voit, à des appréciations erronées, soit qu'on lui restitue le sens qu'il avait primitivement chez les Grecs, celui d'astres cloués à un ciel de cristal, soit qu'on lui laisse le sens actuel, d'origine plus spécialement romaine, celui d'astres en repos ou conservant du moins leur immobilité relative. La première de ces deux idées devait d'ailleurs conduire à la seconde. Toute l'antiquité grecque a classé les astres en astres errants et en astres immobiles (*ἄστρα πλανώμενα* ou *πλανητά*, et *ἀπλανεῖς ἀστέρες* ou *ἀπλανῆ ἄστρα*). Cette notion remonte jusqu'à Anaximène, philosophe de l'école ionienne, ou au pythagoricien Alcméon (50). Outre cette dénomination généralement employée pour les étoiles fixes, que Macrobe a traduite en latin, dans le *somnium Scipionis*, par le terme de *sphæra aplanes* (51), on rencontre souvent dans Aristote (52), qui semble avoir eu à cœur d'introduire un nouveau terme technique, le nom d'*astres fixés* (ἐνδεδεμένα ἄστρα). De là sont sorties successivement, les expressions de Cicéron, *sidera infixa cœlo* ; celles de Pline, *stellas quas putamus affixas*, et même, chez Manilius, le terme définitif *astra fixa*, équivalent fidèle de ce que nous entendons par *les fixes* (53). Cette idée d'astres *attachés* conduisit à l'idée corrélative d'immobilité, de repos dans une même position déterminée ; c'est ainsi que toutes les traductions latines du moyen âge altérèrent peu à peu la signification originelle du mot *infixum* ou *affixum sidus*, de manière à laisser subsister seulement l'idée d'immobilité. Cette tendance se dessine déjà dans le passage suivant, où Sénèque (*Nat. Quæst.*, l. VII, c. 24) traite, non sans quelque affectation de langage, de la possibilité de découvrir une nouvelle planète : Credis autem in hoc maximo et pulcherrimo corpore, inter innumerabiles stellas quæ noctem vario decore distinguunt, quæ aera minime vacuum et inertem esse patiuntur, quinque solas esse, quibus exercere se liceat : ceteras stare, fixum et immobilem populum? Ce peuple-là, calme et immobile, ne se rencontre nulle part.

Afin de distribuer commodément par groupes les principaux résultats de l'observation, et les conclusions ou les conjectures auxquelles ils conduisent, je distinguerai successivement dans la sphère sidérale les points suivants :

I. Considérations sur les espaces célestes et sur la matière dont ils paraissent être remplis.

II. Vision naturelle et télescopique ; scintillation des étoiles; vitesse de la lumière ; recherches photométriques sur l'intensité de la lumière émise par les étoiles.

III. Nombre, distribution et couleurs des étoiles ; amas stellaires ; Voie lactée dans laquelle on rencontre très-peu de nébuleuses.

IV. Étoiles *nouvelles ;* étoiles qui ont disparu ; étoiles dont l'éclat varie d'une manière périodique.

V. Mouvements propres des étoiles; existence problématique d'astres obscurs ; parallaxe et mesure de la distance de quelques étoiles.

VI. Étoiles doubles et temps de leur révolution autour de leur centre de gravité commun.

VII. Nébuleuses mélangées parfois, comme dans les nuées de Magellan, d'un grand nombre d'amas stellaires ; taches noires (*sacs de charbon*) qu'on voit dans quelques régions de la voûte céleste.

I

ESPACES CÉLESTES

CONJECTURES SUR LA MATIÈRE QUI PARAIT REMPLIR CES ESPACES.

Lorsqu'on commence la description physique de l'univers par cette matière, inaccessible à nos sens, qui paraît combler les espaces célestes compris entre les astres les plus éloignés, on est tenté d'assimiler ce début aux origines mythiques de l'histoire du monde. Dans la suite indéfinie des temps, comme dans les espaces sans fin, tout nous apparaît sous un jour douteux, semblable à un crépuscule trompeur : l'imagination est alors puissamment provoquée à tirer d'elle-même des contours, pour préciser des formes indéterminées et changeantes (54). Un tel aveu suffira sans doute à nous garantir du reproche de mêler ici les résultats d'inductions incomplètes avec des théories que l'observation et les mesures directes ont élevées à une véritable certitude mathématique. Certes, il faut reléguer les rêveries dans ce qu'on pourrait appeler le roman de l'astronomie physique ; mais il faut aussi distinguer entre ces rêveries et les questions intimement unies à l'état actuel et aux espérances de la science. Ces questions ont été jugées dignes d'un sérieux examen par les astronomes les plus éminents de notre époque ; et les esprits exercés aux travaux de l'intelligence aimeront toujours à s'y arrêter.

La gravitation ou la pesanteur universelle, la lumière et les radiations calorifiques (55) nous mettent en rapport, selon toute vraisemblance, non-seulement avec notre Soleil, mais encore avec les autres soleils étrangers qui brillent au firmament. D'autre part, l'accord du calcul avec l'observation a confirmé une découverte capitale, celle de la résistance sensible qu'un fluide, dont l'univers serait rempli, oppose à la marche de la comète périodique de trois ans trois quarts. En partant ainsi de quelques points reconnus, en se fondant pour le reste sur l'analogie raisonnée, on peut espérer de rapprocher de la certitude mathématique les simples conjectures qui toujours vont s'égarer vers les limites extrêmes et nuageuses de tout domaine scientifique.

Puisque l'espace est indéfini, quoi qu'en ait pu dire Aristote (56), il ne saurait être question d'en mesurer que des parties isolées ; or les résultats de ces mesures ont confondu toute notre puissance de compréhension. Beaucoup d'esprits éprouvent une joie enfantine à méditer ces grands nombres ; ils croient même que ces images de la grandeur physique, en excitant l'étonnement et presque la stupéfaction, peuvent augmenter l'impression produite sur nos âmes par la puissance et la dignité des études astronomiques. Du Soleil à la 61e du Cygne, la distance est de 657000 rayons de l'orbite terrestre ; la lumière qui arrive du Soleil à la Terre en 8m 17',78, emploie plus de dix ans à parcourir cet espace. D'après une discussion ingénieuse de certaines évaluations photométriques (57), Sir John Herschel a pensé que des étoiles de la Voie lactée, visibles seulement dans son télescope de 6 mètres, sont situées à une distance telle que, si ces étoiles étaient des astres nouvellement formés, il aurait fallu 2000 ans pour que leur premier rayon de lumière arrivât jusqu'à nous. Acquérir l'intuition complète de pareils rapports numériques est chose impossible ; toutes les tentatives échouent, soit par la grandeur de l'unité à laquelle sont rapportées ces distances, soit par celle du nombre même qui exprime la répétition de ces unités. Bessel disait avec raison (58) : « L'espace parcouru par la lumière pendant une seule année dépasse aussi bien la portée de nos facultés d'intuition que l'espace parcouru pendant dix ans. » On s'efforcerait vainement de rendre sensible toute grandeur notablement supérieure à celles avec lesquelles nous avons l'occasion de nous familiariser sur terre. La puissance des nombres humilie d'ailleurs notre compréhension dans les plus petits organismes de la vie animale, comme dans la Voie lactée, formée de ces soleils que nous nommons étoiles fixes. Voyez, en effet, quelle énorme quantité de Polythalames peut renfermer, d'après Ehrenberg, une mince couche de craie ! Dans un seul pouce cube d'un tripoli qui forme, à Bilin, une couche de 13 mètres de puissance, on a compté jusqu'à 41000 millions de Gaillionelles (*Galionella distans*) : le même volume de tripoli renferme plus de 1 billion 750000 millions d'individus de l'espèce appelée *Galionella ferruginea* (59). Ces nombres reportent l'esprit au problème de l'arénaire d'Archimède (ψαμμίτης), au nombre de grains de sable qu'il faudrait pour combler l'univers! L'impression produite par ces nombres, symbole de l'immensité dans l'espace ou dans le temps, rappelle à l'homme sa petitesse, sa faiblesse physique, son existence éphémère; mais bientôt l'homme se relève confiant et rassuré par la conscience de ce qu'il a fait déjà pour dévoiler l'harmonie du monde et les lois générales de la nature.

Si la propagation successive de la lumière, si le mode particulier d'affaiblissement auquel son intensité paraît soumise, si le milieu résistant, dont la présence nous est révélée par les révolutions de plus en plus rapides de la comète d'Encke et par la dispersion des queues gigantesques de nombreuses comètes, nous indiquent assez que les espaces célestes ne sont pas vides (60), mais qu'ils sont remplis d'une matière quelconque, il est prudent toutefois, avant d'employer les dénominations, nécessairement un peu vagues, dont on se sert pour désigner cette matière, de préciser le sens de certains mots et d'en chercher l'origine. Parmi les termes de *matière cosmique* (non pas la matière brillante des nébuleuses), de *milieu sidéral* ou *planétaire*, d'*éther universel*, employés aujourd'hui, le dernier, qui remonte aux temps les plus reculés et vient des contrées méridionales et occidentales de l'Asie, a souvent, dans le cours des siècles, changé de signification. Chez les philosophes hindous, l'éther (*âkâ'sa*) faisait partie du *règne des cinq* (*pantschatâ*) ; c'était un des cinq éléments, un fluide doué d'une ténuité incomparable, pénétrant le monde entier, source de la vie universelle et véhicule du son (61). Selon Bopp, « l'acception étymologique de *âkâ'sa* est *lumineux, brillant* ; ce mot est donc en rapport aussi intime avec l'éther des Grecs que *lumière* l'est avec *feu*. »

L'éther de l'école ionique, d'Anaxagore et d'Empédocle (αἰθήρ), différait complétement de l'air proprement dit (ἀήρ), substance plus grossière, chargée de lourdes vapeurs, qui entoure la Terre et s'étend peut-être jusqu'à la Lune. Il était « de nature ignée, un pur air de feu, rayonnant de lumière (62), doué d'une ténuité extrême et d'une éternelle activité. » Cette définition répond à l'étymologie véritable (αἴθειν, brûler) qu'Aristote et Platon altérèrent plus tard d'une manière assez étrange, quand ils voulurent, par goût pour les conceptions mécaniques et en jouant sur les mots (ἀεὶ θεῖν), y retrouver le sens de rotation perpétuelle, de mouvement circulaire (63). Les anciens, dans leur conception de l'éther, n'avaient point été inspirés par une analogie quelconque avec l'air des montagnes, plus pur et plus dégagé de vapeurs que l'air des régions inférieures ; ils n'avaient pas songé davantage à la raréfaction progressive des couches atmosphériques ; et comme, d'ailleurs,

leurs éléments exprimaient les divers états physiques de la matière, sans avoir aucun rapport avec la nature chimique des corps (corps indécomposables), il faut chercher l'origine de leurs idées sur l'éther dans l'opposition normale et primitive *du pesant* avec *le léger*, *du bas* avec *le haut*, de *la terre* avec *le feu*. Entre ces deux termes extrêmes, se trouvaient deux autres états élémentaires : l'eau, plus voisine de la terre pesante ; l'air, plus semblable au feu léger (64).

C'est seulement par son extrême ténuité que l'éther d'Empédocle, considéré comme un milieu remplissant matériellement l'univers, a de l'analogie avec l'éther dont les vibrations transversales expliquent avec tant de bonheur, dans les conceptions purement mathématiques de la physique moderne, la propagation et les propriétés de la lumière, telles que la double réfraction, la polarisation, les interférences. Mais à cette simple notion, la philosophie d'Aristote ajoutait que la matière éthérée pénétrait tous les organismes vivants de la terre, les plantes comme les animaux ; en elle résidait le principe de la chaleur vitale et même le germe d'une essence spirituelle qui, distincte du corps, douait les hommes de spontanéité (65). Ces conceptions faisaient descendre l'éther, des régions du ciel, sur celles de la terre ; elles le montraient comme une substance extrêmement subtile, pénétrant sans cesse l'atmosphère et les corps solides, tout à fait analogue, en un mot, à l'éther d'Huygens, de Hooke et des physiciens modernes, à l'éther qui propage la lumière par ses ondulations. Mais ce qui établit immédiatement une différence entre les deux hypothèses, de l'éther ionique et de l'éther moderne, c'est que les philosophes grecs, excepté Aristote qui ne partageait pas tout à fait ce sentiment, attribuaient à l'éther la faculté de briller par lui-même. L'éther igné d'Empédocle est expressément nommé *lumineux* (μαμφανόων); c'était lui que, dans certains phénomènes, les habitants de la terre voyaient briller comme le feu à travers les fentes ou fissures (χάσματα) du firmament (66).

A une époque, où l'on poursuit dans toutes les directions les rapports de la lumière avec la chaleur, l'électricité et le magnétisme, il y a une tendance naturelle à expliquer les phénomènes thermiques et électro-magnétiques par des vibrations analogues à ces ondes transversales de l'éther universel auxquelles on rattache déjà tous les phénomènes de la lumière. Sous ce rapport, de grandes découvertes sont réservées à l'avenir. La lumière et la chaleur rayonnante qui en est inséparable, constituent, pour les corps célestes qui ne brillent point par eux-mêmes, la source principale de toute vie organique (67). Et même, loin de la surface, partout où la chaleur pénètre dans l'intérieur de l'écorce terrestre, elle engendre des courants électro-magnétiques, lesquels, à leur tour, provoquent des actions chimiques de décomposition et de recomposition, dirigent les lentes formations du règne minéral, réagissent sur les perturbations de l'atmosphère, et exercent leur influence jusque sur les fonctions vitales de tous les êtres organisés. Si l'électricité en mouvement donne naissance aux forces magnétiques; s'il faut croire, avec Sir William Herschel (68), que le Soleil lui-même est « à l'état d'aurore boréale perpétuelle, » je dirai presque, à mon tour, à l'état de perpétuel orage électro-magnétique, serait-il donc hasardé de penser aussi que la lumière, en se propageant dans l'espace par les ondulations de l'éther, doive être accompagnée de phénomènes électro-magnétiques?

A la vérité, rien, dans les changements périodiques de l'inclinaison, de la déclinaison et de l'intensité, n'a révélé jusqu'ici à l'observateur que le magnétisme terrestre soit placé sous l'influence des positions diverses du Soleil ou de la Lune. La polarité magnétique de la Terre n'offre aucune anomalie relative à une telle cause, et capable, par exemple, d'affecter d'une manière sensible la précession des équinoxes (69). On ne peut citer qu'un seul phénomène de cet ordre : c'est le mouvement d'oscillation ou de rotation si remarquable que le cône lumineux, émergeant de la comète de Halley, a présenté en 1835. Du moins Bessel, après avoir observé ces apparences du 12 au 22 octobre, « resta-t-il convaincu de l'existence d'une force polaire, absolument différente de toute gravitation; car la matière qui formait la queue de la comète éprouvait, de la part du Soleil, *une action répulsive* (70). » La magnifique comète de 1744, décrite par Heinsius, avait déjà suggéré à Bessel des conjectures analogues.

Les effets de la chaleur rayonnante, dans les espaces célestes, paraîtront moins problématiques que l'influence attribuée ici à l'électro-magnétisme. La température de ces espaces est, d'après Fourrier et Poisson, le résultat des radiations du Soleil et de tous les astres, radiations diminuées par l'absorption qu'éprouve la chaleur en traversant l'espace « rempli d'éther (71). » La chaleur d'origine stellaire a déjà été indiquée sous plusieurs formes par les anciens Grecs et Romains (72); non qu'ils y aient été conduits exclusivement par l'opinion dominante, en vertu de laquelle les astres occupaient la région ignée de l'éther; mais parce qu'ils attribuaient aux astres eux-mêmes une nature ignée (73). Déjà Aristarque de Samos avait enseigné que les étoiles et le Soleil étaient d'une seule et même nature.

L'intérêt que les travaux des deux grands géomètres français dont je viens de citer les noms, avaient appelé sur la question de déterminer approximativement la température des espaces célestes, est devenu beaucoup plus vif, dans ces derniers temps, lorsqu'on a compris toute l'importance du rôle que le rayonnemant de la surface terrestre vers le ciel joue dans l'ensemble des phénomènes thermiques, et même, on peut le dire, dans les conditions d'habitabilité de notre planète. D'après *la Théorie analytique de la chaleur* de Fourrier, la température des espaces planétaires ou célestes, doit être un peu inférieure à la température moyenne des pôles. Peut-être estelle au-dessous du plus grand froid qu'on ait jamais observé dans les contrées polaires; en conséquence Fourrier l'évalue à — 50° ou — 60°.

Le *pôle glacial*, c'est-à-dire le point où se produisent les plus basses températures, ne coïncide pas plus avec le pôle de rotation que *l'équateur thermal*, ligne formée par les points les plus chauds de tous les méridiens, ne se confond avec l'équateur géographique. La température du pôle nord, par exemple, conclue par extrapolation de la marche des températures moyennes dans les localités voisines, est de — 25° d'après Arago, tandis que le capitaine Back a mesuré, en janvier 1834, un minimum de température de — 56°,6, au fort Reliance, par 62° 46′ seulement de latitude (74). La plus basse température qui ait jamais été mesurée sur la Terre entière est certainement celle que Neveroff a observée le 21 janvier 1838, à Jakoutsk, par 62° 2′ de latitude. Ses instruments avaient été comparés à ceux de Middendorf dont tous les travaux sont si exacts. Neveroff trouva — 60°.

Une des nombreuses causes de l'incertitude qui affecte l'évaluation numérique de la température de l'espace, vient de ce qu'il n'a pas été possible d'y faire concourir les données relatives aux pôles de froid des deux hémisphères; et cela parce que la météorologie du pôle austral est encore trop peu connue pour nous permettre d'en déduire la température moyenne de l'année vers ce pôle. Quant à l'opinion émise par Poisson, d'après laquelle les diverses régions de l'espace auraient des températures très-différentes, en sorte que le globe terrestre, emporté par le mouvement de translation générale du système solaire, parcourrait successivement des régions chaudes et des régions froides, et aurait ainsi reçu de l'extérieur sa chaleur interne (75), une telle conception ne peut avoir pour moi qu'un très-faible degré de vraisemblance.

La question de savoir si la température de l'espace, ou même *le climat* de certaines régions célestes, peut subir, dans le cours des siècles, des variations considérables, dépend principalement de la solution de cet autre problème posé par Sir William Herschel : les nébuleuses sont-elles soumises à des transformations progressives ? la matière cosmique dont elles sont formées se condense-t-elle autour d'un ou plusieurs noyaux, en obéissant aux lois de l'attraction ? Une telle condensation de la matière nébuleuse devrait, en effet, donner lieu à une production de chaleur, aussi bien que le passage des corps de l'état fluide ou liquide à l'état solide (76). Mais s'il est établi, comme on le pense aujourd'hui et comme les importantes observations de Lord Rosse et de Bond paraissent le prouver, que toutes les nébuleuses, y compris celles dont la puissance des plus grands télescopes n'a pu encore opérer la résolution, sont des amas d'étoiles excessivement serrées, cette croyance à une production de chaleur perpétuellement croissante doit être quelque peu ébranlée. Ne perdons point de vue toutefois d'autres considérations moins défavorables à cette thèse. De petits astres solides, dont l'agglomérération produit, dans nos lunettes, l'effet d'une lueur continue, pourraient encore éprouver des variations de densité, à mesure qu'ils se relieraient à des masses plus grandes. En outre, des faits nombreux, constatés dans notre propre système solaire, conduisent à expliquer la formation des planètes et leur chaleur interne par le passage de l'état gazeux à l'état solide, et par la condensation progressive de la matière agglomérée en sphéroïdes.

Il doit paraître singulier, de prime abord, d'entendre parler de l'influence relativement *bienfaisante* que cette effroyable température de l'espace, inférieure au point de congélation du mercure, exerce d'une manière indirecte, il est vrai, sur les climats habitables de la Terre et sur la vie des animaux ou des plantes. Pour sentir la justesse de cette expression, il suffit cependant de réfléchir aux effets du rayonnement. La surface de la Terre, échauffée par le Soleil, et même l'atmosphère, jusqu'à ses couches supérieures, rayonnent librement vers le ciel. La déperdition de chaleur qui en résulte dépend, presque uniquement, de la différence de température entre les espaces célestes et les dernières couches d'air. Quelle énorme perte de chaleur n'aurions-nous donc pas à subir, par cette voie, si la température de l'espace, au lieu d'être de — 60°, se trouvait réduite à — 800°, par exemple, ou à mille fois moins encore (77) !

Il nous reste à développer deux considérations

relatives à l'existence d'un fluide qui remplirait l'univers. La première et la moins fondée repose sur la transparence imparfaite de l'espace. L'autre, qui est indiquée par les révolutions régulièrement accourcies de la comète d'Encke, s'appuie sur des observations immédiates, et supporte le contrôle des nombres. A Brême, Olbers, et comme Struve l'a fait remarquer, quatre-vingts ans auparavant Louis de Chéseaux, à Genève (78), ont posé ce dilemme. Puisqu'on ne saurait imaginer, à cause de l'espace infini, un seul point de la voûte céleste qui ne doive nous présenter une étoile, c'est-à-dire un soleil, il faut admettre cette alternative: ou la voûte entière du ciel devrait nous paraître aussi éclatante que le Soleil, si la lumière parvient jusqu'à nous sans être affaiblie ; ou bien, puisque le ciel est loin de présenter cet éclat, il faut attribuer à l'espace le pouvoir d'affaiblir la lumière en raison plus grande que le carré de l'éloignement. Or, comme la première alternative n'est point réalisée, comme nous ne voyons pas le ciel briller de cet éclat uniforme dont Halley argue aussi en faveur d'une autre hypothèse (79), il faut bien admettre dès lors, avec Chéseaux, Olbers et Struve, que l'espace n'est pas doué d'une transparence absolue. Les jauges stellaires de Sir William Herschel (80), et d'autres recherches ingénieuses du même observateur sur la force de pénétration de ses grands télescopes, paraissent démontrer que si, dans son trajet, la lumière de Sirius était affaiblie de 1/800 seulement, par l'interposition d'un milieu quelconque, cette simple hypothèse d'un fluide ou d'un éther, capable d'absorber à un si faible degré les rayons lumineux, suffirait à expliquer toutes les apparences actuelles. Parmi les doutes que le célèbre auteur des *Outlines of Astronomy* a opposés aux idées d'Olbers et de Struve, un des plus importants repose sur ce que son télescope de 6 mètres lui laisse voir, dans la plus grande partie de la Voie lactée, les plus petites étoiles projetées sur un *fond noir* (81).

J'ai dit déjà que la marche de la comète d'Encke et les résultats auxquels cette étude a conduit mon savant ami, pouvaient prouver, d'une manière plus directe et plus certaine, l'existence d'un fluide résistant (82). Mais il faut se représenter ce milieu comme étant d'une autre nature que l'éther dont toute matière est pénétrée. Ce milieu, en effet, ne résiste que parce qu'il ne saurait tout pénétrer. Pour expliquer la diminution du temps périodique et du grand axe de l'ellipse décrite par cette comète, il faudrait une action, une *force tangentielle;* or l'hypothèse d'un fluide résistant est précisément celle où cette force se présente de la manière la plus naturelle (83). L'effet le plus sensible se fait sentir vingt-cinq jours avant et vingt-cinq jours après le passage de cette comète à son périhélie. Il y a donc quelque chose de variable dans cette résistance, et cette variabilité s'explique encore, puisque les couches extrêmement rares du milieu résistant doivent graviter vers le Soleil, et devenir de plus en plus denses dans le voisinage de cet astre. Olbers allait plus loin (84):

il pensait que le fluide ne pouvait rester en repos; qu'il devait tourner autour du Soleil, d'un mouvement direct, et que la résistance opposée par ce fluide aux mouvements de la comète directe d'Encke devait être toute différente de l'effet produit sur ceux d'une comète rétrograde, comme celle de Halley. Mais quand il s'agit de comètes à longues périodes, le calcul des perturbations complique les résultats; d'ailleurs les différences de masse et de grandeur des comètes empêchent de distinguer la part qui revient à chaque influence.

Peut-être la matière nébuleuse qui forme l'anneau de la lumière zodiacale n'est-elle, suivant l'expression de Sir John Herschel, que la partie la plus dense de ce milieu dont la résistance se fait sentir sur la marche des comètes (85). Quand même il serait prouvé que les nébuleuses se réduisent toutes à de simples amas d'étoiles imparfaitement visibles, il n'en resterait pas moins établi, en fait, qu'un nombre immense de comètes abandonnent continuellement de la matière aux espaces célestes, par la dissipation de leurs énormes queues dont la longueur a pu atteindre et dépasser dix millions de myriamètres. En se fondant sur d'ingénieuses considérations optiques, Arago a montré (86) comment les étoiles variables qui nous envoient de la lumière blanche, sans jamais montrer de coloration sensible dans leurs diverses phases, pourraient fournir un moyen de déterminer la limite supérieure de la densité probable de l'éther, en admettant, toutefois, que cet éther possédât un pouvoir réfringent, assimilable à ceux des gaz terrestres.

Cette théorie d'un milieu éthéré, remplissant l'univers, est intimement liée avec une autre question soulevée par Wollaston, sur la limite de l'atmosphère (87), limite dont la hauteur ne doit, en aucun cas, dépasser le point où l'élasticité spécifique de l'air fait équilibre à la pesanteur. Faraday a fait d'ingénieuses recherches sur la limite de l'atmosphère du mercure, déterminée par la hauteur à laquelle les vapeurs mercurielles cessent d'atteindre une feuille d'or et de s'y précipiter. Ces travaux ont ajouté quelque poids à l'hypothèse d'après laquelle la limite extrême de l'atmosphère serait nettement tracée, et « semblable à la surface de la mer. » Quelle que soit cette limite extrême, des substances analogues aux gaz et d'origine cosmique peuvent-elles pénétrer dans l'atmosphère, s'y mêler et réagir sur les phénomènes météorologiques? Newton a touché cette question et penchait pour l'affirmative (88).

S'il est permis de considérer les étoiles filantes et les pierres météoriques comme de véritables astéroïdes planétaires, on peut bien admettre aussi que pendant les apparitions de novembre (89), en 1799, 1833 et 1834, lorsque des myriades d'étoiles filantes, accompagnées d'aurores boréales, sillonnaient le firmament, l'atmosphère a dû recevoir des espaces célestes quelque chose d'étranger qui pût exciter en elle le développement des phénomènes électro-magnétiques.

II

VISION NATURELLE ET TÉLESCOPIQUE. — SCINTILLATION DES ÉTOILES. — VITESSE DE LA LUMIÈRE — RÉSULTATS DES MESURES PHOTOMÉTRIQUES.

Depuis deux siècles et demi, la découverte du télescope a donné à l'œil, organe de la contemplation de l'univers, une puissance énorme pour pénétrer dans l'espace, étudier la forme des astres, et pousser l'investigation jusqu'aux propriétés physiques des planètes et de leurs satellites. La première lunette fut construite en 1608, sept ans après la mort du grand observateur Tycho. De nombreuses conquêtes, dues à cette invention, précédèrent l'application qu'on en fit aux instruments de mesure. On avait déjà découvert successivement les satellites de Jupiter, les taches du Soleil, les phases de Vénus, ce que l'on nommait alors la *triplicité* de Saturne, les amas télescopiques d'étoiles et la nébuleuse d'Andromède (90), lorsque l'astronome français Morin, déjà célèbre par ses travaux sur le problème des longitudes, eut l'idée de fixer une lunette à l'alidade d'un instrument destiné à mesurer des angles, et de chercher à voir Arcturus en plein jour (91). La rigueur qu'on a su donner depuis aux divisions des cercles a eu pour effet d'augmenter la précision des observations;

mais cet avantage eût été perdu si, par l'union des instruments optiques avec les appareils astronomiques, on n'eût porté au même degré de perfection l'exactitude du pointé et celle de la mesure des angles. Six ans plus tard, en 1640, le jeune et habile Gascoigne vint compléter cette découverte et lui donner toute sa valeur propre, en tendant au foyer de la lunette un réticule formé de fils déliés (92).

Ainsi l'application du télescope à l'art de voir et de mesurer ne comprend point au delà des 240 dernières années de l'histoire des sciences astronomiques. En excluant l'époque chaldéenne, celle des Égyptiens et des Chinois, il reste encore plus de dix-neuf siècles, comptés depuis Aristille et Timocharis (93) jusqu'à la découverte de Galilée, pendant lesquels la position et le cours des astres ont été constamment observés à l'œil nu. Quand on considère les nombreuses perturbations dont le progrès des idées eut à souffrir, durant cette longue période, chez les peuples qui habitèrent les rivages du bassin méditerranéen, on s'étonne de tout ce qu'ont vu Hipparque et Ptolémée sur la précession des équinoxes, les mouvements compliqués des planètes, les deux principales inégalités de la Lune et les lieux des étoiles; de tout ce que Copernic a découvert touchant le vrai système du monde; de tout ce que Tycho a pu entreprendre, pour restaurer l'astronomie pratique et perfectionner ses méthodes; on s'étonne, dis-je, que tant de travaux et de progrès aient précédé la découverte de la *vision télescopique*. A la vérité, de longs tuyaux, employés peut-être par les anciens et dont certainement les Arabes se sont servis pour pointer à travers les dioptres ou les fentes de leurs alidades, ont pu jusqu'à un certain point améliorer les observations. Aboul-Hassan parle, en termes extrêmement nets, de tuyaux à l'extrémité desquels on fixait les dioptres oculaires et objectives, et l'on retrouve aussi cette disposition en usage à Meragha, où un observatoire avait été fondé par Houlagou. Comment ces tubes aidaient-ils l'œil à trouver les étoiles dans le crépuscule, et à les discerner plus tôt et plus aisément? c'est ce dont une remarque d'Arago va nous rendre compte. Ces tuyaux suppriment une grande partie de la lumière diffuse émanée des couches atmosphériques qui se trouvent entre l'œil et l'astre observé; même pendant la nuit, ils protégent l'œil contre l'impression latérale que produisent les particules d'air faiblement éclairées par l'ensemble des astres du firmament. Aussi l'intensité de l'image lumineuse et les dimensions apparentes des étoiles sont-elles alors sensiblement agrandies. Dans un passage souvent corrigé et controversé, où Strabon parle de la vision à travers des tuyaux, il est question de « la figure amplifiée des astres. » C'est à tort, évidemment, qu'on a cru trouver dans ces mots une allusion quelconque aux effets des instruments réfracteurs (94).

Quelle que soit la source d'où vienne la lumière, qu'elle ait été lancée directement par le Soleil ou réfléchie par les planètes, qu'elle émane des étoiles ou du bois pourri, ou de l'activité vitale des vers luisants, toujours elle obéit de la même manière aux lois de la réfraction (95). Mais si des lumières d'origines diverses, provenant, par exemple, du Soleil et des étoiles, sont soumises à l'analyse prismatique, elles présentent des différences dans la position de ces raies obscures que Wollaston découvrit dans le spectre solaire, en 1808, et dont Frauenhofer détermina la position, douze ans plus tard, avec tant d'exactitude. Frauenhofer avait compté 600 de ces raies obscures, qui sont, à proprement parler, des lacunes, des interruptions, des parties manquantes dans le spectre. Leur nombre s'est élevé à plus de 2000 dans les belles recherches que Sir David Brewster fit, en 1833, à l'aide de l'oxide d'azote. On avait remarqué que certaines raies manquent dans le spectre solaire à certaines époques de l'année; mais Brewster a montré comment ce phénomène dépend de la hauteur du Soleil, et peut s'expliquer par l'absorption variable que l'atmosphère exerce sur les rayons lumineux.

On a reconnu, comme on devait s'y attendre, toutes les particularités du spectre solaire dans les spectres formés avec la lumière de même origine, que la Lune, Vénus, Mars ou les nuages réfléchissent vers nous. Au contraire, les raies du spectre de Sirius diffèrent de celles du Soleil et des autres étoiles. Castor présente d'autres raies que Pollux et Procyon. Amici a confirmé ces différences, déjà signalées par Frauenhofer; il a fait, de plus, la remarque ingénieuse, que les raies noires du spectre diffèrent, même chez les étoiles dont la lumière est actuellement du *blanc* le moins contestable. Voici donc un vaste champ ouvert aux investigations de l'avenir (96), puisqu'il reste encore à discerner, dans les faits acquis, la part qui peut revenir aux actions étrangères, à l'action absorbante de l'atmosphère, par exemple.

Il faut mentionner ici un autre phénomène, où les propriétés essentielles de la lumière exercent une influence considérable. La lumière des corps solides rendus lumineux par la chaleur, et celle de l'étincelle électrique présentent de grandes différences dans le nombre et la position des raies de Frauenhofer. Ces différences ne s'arrêteraient point là : d'après les remarquables recherches que Wheatstone a faites, à l'aide de son miroir tournant, sur la vitesse de la lumière née de l'électricité de frottement, cette vitesse serait à celle de la lumière solaire dans le rapport de 3 à 2, puisqu'elle a été évaluée à 46000 myriamètres par seconde.

Malus avait été conduit, dans l'année 1808, à la découverte de la polarisation (97), en méditant un phénomène que lui avaient accidentellement présenté les rayons du Soleil couchant, réfléchis par les fenêtres du palais du Luxembourg. Cette découverte pénétra bientôt comme d'une vie nouvelle toutes les parties de l'optique. Là est le germe de ces profondes recherches sur la double réfraction, la polarisation ordinaire (celle d'Huygens) et la polarisation chromatique, dont les résultats féconds donnèrent à l'observateur le moyen de distinguer la lumière directe de la lumière réfléchie (98), de pénétrer le secret de la constitution du Soleil et de ses enveloppes lumineuses (99), de mesurer les plus faibles nuances de la pression et de l'hygrométricité des couches d'air, de discerner les écueils au fond de la mer, à l'aide d'une simple plaque de tourmaline (100), et même de prévoir, à l'exemple de Newton, la composition chimique de certaines substances, d'après leurs propriétés optiques (1). Il suffit de citer les noms de : Airy, Arago, Biot, Brewster, Cauchy, Faraday, Fresnel, John Herschel, Lloyd, Malus, Neumann, Plateau, Seebeck, pour rappeler au lecteur une série de découvertes brillantes et les heureuses applications auxquelles elles ont donné naissance. La voie était frayée, d'ailleurs, et ce n'est peut-être pas assez dire, par les travaux d'un homme de génie, Thomas Young. Le polariscope d'Arago et l'observation des franges de diffraction colorées, résultant de l'interférence, sont devenus un moyen usuel d'investigation (2). Sur cette voie nouvelle et féconde, la météorologie n'a pas fait moins de progrès que la partie physique de l'astronomie.

Quelles que soient les différences que présente la force de la vue parmi les hommes, il y a pourtant là une certaine moyenne d'aptitude organique, moyenne qui est restée sensiblement la même dans la race humaine, depuis les anciens temps de la Grèce et de Rome. Les étoiles des Pléiades témoignent de cette invariabilité, en montrant que les étoiles estimées de 7e grandeur par les astronomes échappaient, il y a des milliers d'années comme aujourd'hui, aux vues de portée ordinaire. Le groupe des Pléiades comprend : une étoile de 3e grandeur, Alcyone; deux de 4e, Electre et Atlas; trois de 5e, Mérope, Maia et Taygète; deux de 6e à 7e grandeur, Pléione et Céléno; une de 7e à 8e grandeur, Astérope, et un grand nombre de très-petites étoiles télescopiques. Je me sers ici des dénominations actuelles, car, chez les anciens, les mêmes noms ne s'appliquaient pas tous aux mêmes étoiles. On ne distingue aisément que les six premières étoiles de 3e, 4e et 5e grandeur (3) : Quæ septem dici, sex autem esse solent, dit Ovide (Fast. IV, 170). On supposait que Mérope, une des filles d'Atlas, la seule qui eût épousé un mortel, s'était voilée par honte, ou même avait complétement disparu. C'était probablement l'étoile de 6e à 7e grandeur, aujourd'hui nommée Céléno; car Hipparque fait remarquer, dans son Commentaire sur Aratus, que l'on distingue effectivement sept étoiles, par des nuits pures et sans lune. On voyait donc alors Céléno. Quant à l'autre étoile d'égale grandeur, Pléione, elle se trouve trop voisine d'Atlas qui est de 4e grandeur.

La petite étoile Alcor, placée, d'après Triesnecker, à 11′ 48″ de distance de Mizar, dans la queue de la Grande-Ourse, est de 5e grandeur, selon Argelander; mais elle est comme éclipsée par l'éclat de Mizar. Les Arabes l'avaient nommée *Saidak*, c'est-à-dire l'épreuve, parce que « l'on s'en servait pour éprouver la portée de la vue »; ce sont les propres termes de Kazwini, astronome persan (4). Sous les tropiques, je voyais chaque soir Alcor à l'œil nu, malgré la faible hauteur de la Grande-Ourse; mais j'étais alors sur la côte sans pluie de Cumana, ou sur les plateaux des Cordillères, à 4000 mètres au-dessus du niveau de la mer. J'ai rarement réussi à voir cette étoile, soit en Europe, soit dans les steppes du nord de l'Asie où l'air est si sec, et encore n'étais-je pas sûr de la reconnaître. Suivant une remarque forte juste de Mædler, la limite de distance à partir de laquelle deux étoiles ne peuvent plus être distinguées l'une de l'autre à l'œil nu, dépend de leur éclat relatif. Par exemple, l'œil sépare sans peine les deux étoiles de 3e et de 4e grandeur, désignées sous le nom de α du Capricorne; leur distance mutuelle est de 6 minutes et demie. Quand l'air est très-pur, Galle croit encore distinguer à l'œil nu ε et la 5e de la Lyre dont la distance est de 3 minutes et demie, et cela, parce que ces étoiles sont toutes deux de 4e grandeur. Au contraire, si les satellites de Jupiter sont invisibles à l'œil nu, il faut en chercher la raison principale dans la supériorité d'éclat de la planète. Ajoutons, malgré des affirmations contraires, que ces satellites ne peuvent pas être tous assimilés, pour l'éclat, à des étoiles de 5e grandeur. De nouvelles comparaisons, faites par mon ami le docteur Galle avec des étoiles voisines, ont prouvé que le troisième satellite, c'est-à-dire le plus brillant, est tout au plus de 5ᵉ à 6ᵉ grandeur, et que les autres, dont la lumière est variable, oscillent entre le 6ᵉ et le 7ᵉ ordre d'éclat. On peut citer pourtant des exemples isolés de personnes qui ont vu, sans lunette, les satellites de Jupiter; mais ces personnes étaient douées d'une vue extraordinaire; elles pouvaient distinguer à l'œil nu les étoiles inférieures à la 6ᵉ grandeur. La distance angulaire du plus brillant satellite (le troisième) au centre de la planète est de 4′ 42″; celle du quatrième est de 8′ 16″. Souvent ces satellites ont plus d'éclat que la planète, à égalité de surface (5); quelquefois, au contraire, ils paraissent, d'après des observations plus récentes, comme des taches grises sur le disque de Jupiter.

On peut évaluer à 5 ou 6 minutes la longueur des rayons qui paraissent émaner des planètes ou des étoiles, quand on les regarde à l'œil nu. Ces queues ou rayons divergents, qui servirent, de tout temps et surtout chez les Égyptiens, à symboliser les astres, ne seraient rien autre, d'après Hassenfratz, que les caustiques du cristallin formées par les rayons réfractés. « L'image d'une étoile perçue à l'œil nu est agrandie par ces rayons parasites; elle occupe sur la rétine une place plus grande que le simple point où sa lumière devrait se concentrer, et l'impression nerveuse en est affaiblie. Un amas d'étoiles très-serrées, dans lequel les étoiles composantes sont individuellement au-dessous de la 7ᵉ grandeur, peut être au contraire visible à l'œil nu, parce que les images dilatées de ces nombreux points stellaires empiétant les unes sur les autres, les divers points de la rétine se trouvent ébranlés plus fortement (6). »

Par malheur, les lunettes et les télescopes donnent aussi aux étoiles un diamètre factice, quoiqu'à un bien moindre degré. Les belles recherches de William Herschel nous ont appris que ces diamètres factices diminuent, lorsqu'on augmente le grossissement (7); par exemple, le diamètre apparent de Véga de la Lyre se trouvait réduit à 0″,36 quand ce célèbre observateur appliquait à son télescope l'énorme grossissement de 6500 fois. S'il s'agit, non pas d'étoiles et de télescopes, mais d'objets terrestres vus à l'œil nu, l'intensité de la lumière émise n'est plus le seul élément dont il faille tenir compte, pour apprécier le degré de visibilité : d'autres conditions interviennent, telles que la grandeur de l'angle visuel et la forme même de l'objet. Ainsi Adams a remarqué, avec beaucoup de justesse, qu'une verge longue et étroite est visible de beaucoup plus loin qu'un carré d'égale largeur; de même un trait se voit de plus loin qu'un simple point, toutes choses égales d'ailleurs. Arago s'est longtemps occupé, à l'Observatoire de Paris, de rechercher jusqu'à quel degré la forme et les contours des objets influent sur leur visibilité; il mesurait, dans ce but, les petits angles visuels soutendus par des tiges de paratonnerres très-éloignés. Mais quand on a voulu déterminer l'angle limite au delà duquel la perception cesse, je veux dire le plus petit angle sous lequel on puisse encore distinguer un objet terrestre, les mesures n'ont pu aboutir à un résultat définitif. Robert Hooke évaluait cet angle-limite à une minute entière. Tobie Mayer assignait 34″ pour le cas d'une tache noire sur un papier blanc. Leeuwenhoek affirmait qu'un fil d'araignée était encore visible, pour une vue très-ordinaire, sous un angle de 4″,7. On voit que la limite a toujours été en baissant. Dans une série de recherches instituées récemment par Hueck, pour étudier les mouvements du cristallin, on a pu distinguer des traits blancs sur un fond noir, lorsque l'angle visuel était réduit à 1″,2 ; un fil d'araignée a été vu sous un angle de 0″,6, et un fil métallique brillant sous un angle de 0″,2 à peine. Le problème n'est point susceptible d'une solution numérique uniformément applicable à tous les cas ; tout dépend de la forme et de l'illumination des objets, de l'effet de contraste produit par le fond sur lequel ils se détachent, et même de la nature des couches d'air, de leur calme ou de leur agitation.

Je puis citer à ce sujet la vive impression qu'un phénomène de ce genre produisit sur moi, à Quito, en face du Pichincha. J'étais dans une délicieuse villa du marquis de Selvalegre, à Chillo, d'où l'on voyait se dérouler les croupes allongées du volcan, à une distance horizontale de 28000 mètres mesurée trigonométriquement. A l'aide des lunettes de nos instruments, nous cherchions à voir mon compagnon de voyage Bonpland, qui avait alors entrepris tout seul une expédition vers le volcan. Les Indiens placés près de moi le reconnurent avant nous ; ils signalèrent un point blanc en mouvement, le long des basaltes noirâtres qui formaient les flancs de la montagne. Bientôt je pus, à mon tour, distinguer à l'œil nu cette image blanche et mobile, et le fils du marquis de Selvalegre, Carlos Montufar, qui devait périr plus tard victime de la guerre civile, y réussit également. Bonpland portait, en effet, une sorte de manteau blanc en coton, usité dans le pays (le poncho). Comme ce manteau flottait par moments, j'estime que sa largeur, prise vers les épaules, pouvait varier entre 1^m et $1^m,6$; et, comme d'ailleurs la distance est bien connue par mes mesures, il est facile de calculer l'angle visuel : on trouve ainsi que l'objet mobile était vu nettement, à l'œil nu, sous un angle de 7″ à 12″. Au reste, on sait, par les expériences réitérées de Hueck, que des objets blancs sur un fond noir se voient de plus loin que des objets noirs sur un fond blanc. Pendant l'observation que je viens de rapporter, le ciel était pur, et les rayons de lumière, partant de la région occupée par Bonpland, à 4682 mètres au-dessus du niveau de la mer, traversaient des couches d'air peu denses, pour arriver à notre station de Chillo, dont la hauteur était elle-même de 2614 mètres. La distance réelle des deux stations était de 27805 mètres ou de 7 lieues environ. Les indications du thermomètre et du baromètre différaient beaucoup d'une station à l'autre : en bas, l'observation exacte donna $564^{mm},41$ et $18^\circ,7$; en haut nous aurions trouvé probablement $437^{mm},6$ et 8°. L'héliotrope de Gauss, dont les Allemands ont tiré un si grand parti dans leurs mesures géodésiques, va nous fournir un dernier exemple de visibilité à grande distance. La lumière du Soleil, dirigée héliotropiquement des sommets du Brocken sur ceux du Hohenhagen, fut vue à l'œil nu, à cette dernière station, malgré une distance de 69000 mètres (plus de 17 lieues). Dans d'autres cas moins extrêmes, on a distingué souvent ce genre de signaux, sans recourir aux lunettes, lorsque l'angle soutendu par le miroir de l'héliotrope (81 millimètres de largeur) était réduit à 0",43.

Parmi les causes nombreuses d'origine météorologique, encore mal expliquées en général, qui modifient profondément la visibilité des objets éloignés, il faut distinguer l'absorption qui s'opère dans le trajet du rayon lumineux à travers des couches atmosphériques plus ou moins denses, plus ou moins chargées d'humidité, et surtout l'illumination du champ de vision par la lumière diffuse que les particules de l'air réfléchissent vers l'œil. On sait, par les travaux anciens mais toujours si exacts de Bouguer, qu'une différence d'éclat de 1/60 est nécessaire pour la visibilité. Aussi ne voyons-nous que par *vision négative*, suivant son expression, les sommets obscurs des montagnes qui se détachent comme des masses sombres sur la voûte du ciel. Si nous les apercevons, c'est en vertu seulement de la différence d'épaisseur des couches d'air qui s'étendent jusqu'à l'objet et jusqu'à l'extrême limite de l'horizon visible. C'est par *vision positive*, au contraire, que nous distinguons au loin des objets brillants, comme des cimes couvertes de neige, des rochers calcaires blancs ou des cônes volcaniques formés de pierre ponce. Il n'est pas sans intérêt pour l'art nautique de fixer la distance à laquelle on peut reconnaître, en mer, les cimes de certaines montagnes très-élevées ; on pourrait en tirer parti pour déterminer la position du navire quand les observations astronomiques font défaut. J'ai traité ailleurs cette question avec quelque développement, au sujet de la visibilité du pic de Ténériffe (8).

La question de savoir si les étoiles peuvent être vues en plein jour, à l'œil nu, soit dans les puits de mine très-profonds, soit sur le sommet de montagnes très-élevées, a été un des objets de mes recherches, depuis ma première jeunesse. Aristote a dit, je ne l'ignorais point, que les étoiles se voient quelquefois en plein jour, quand on les cherche du fond des citernes ou des cavernes, comme à travers un tuyau (9). Pline aussi a rapporté ce dire ; il cite à l'appui les étoiles qu'on a pu reconnaître distinctement pendant des éclipses de Soleil. A l'époque où je m'occupais de travaux métallurgiques, j'ai passé, durant des années entières, une grande partie du jour dans les galeries et dans les puits de mine, d'où je m'efforçais, mais en vain, de distinguer quelque étoile au zénith. Même insuccès au Mexique, au Pérou, en Sibérie. Jamais je n'ai rencontré dans les mines de ces pays un seul homme qui eût entendu parler d'étoiles vues en plein jour ; et pourtant, si on songe aux latitudes si diverses par lesquelles j'ai pu descendre sous terre, dans l'un et l'autre hémisphère, on comprendra que ce ne sont ni les circonstances favorables ni les étoiles qui ont manqué au zénith. Ces faits négatifs rendent encore plus singulier, à mes yeux, le témoignage, d'ailleurs parfaitement digne de confiance, d'un opticien célèbre qui avait vu dans sa jeunesse une étoile en plein jour par le tuyau d'une cheminée (10). Quand des phénomènes exigent, pour leur manifestation, le concours fortuit de circonstances exceptionnellement favorables, il faut bien se garder d'en nier la réalité par la seule raison qu'ils sont rares.

Ce principe peut être appliqué, à mon avis, à un autre fait rapporté par Saussure, dont les assertions ont toujours tant de poids. Je veux parler de la possibilité de voir les étoiles en plein jour du haut d'une montagne très-élevée, comme le Mont-Blanc, par exemple, à la hauteur de 3888 mètres. « Quelques-uns des guides m'ont assuré, » dit le célèbre investigateur des Alpes, « avoir vu des étoiles en plein jour; pour *moi*, je n'y songeais pas, en sorte que je n'ai point été le témoin de ce phénomène; *mais l'assertion uniforme des guides ne me laisse aucun doute sur la réalité* (11). Il faut d'ailleurs être entièrement à l'ombre, et avoir même au-dessus de la tête une masse d'ombre d'une épaisseur considérable, sans quoi l'air trop fortement éclairé fait évanouir la faible clarté des étoiles. »

Les conditions de visibilité seraient ainsi à peu près identiques à celles que présentaient naturellement les citernes des anciens ou la cheminée dont je viens de parler. Je n'ai rien pu trouver d'analogue à cette assertion mémorable (datée du 2 août 1787 au matin), dans les autres Voyages à travers les Alpes suisses. Les frères Hermann et Adolphe Schlagintweit, très-instruits tous deux et bons observateurs, ont parcouru, il y a peu de temps, les Alpes orientales jusqu'au sommet du Grand-Clocher (3967 mètres), sans avoir jamais pu distinguer des étoiles en plein jour, ni trouver trace d'un fait pareil dans les dires des bergers ou des chasseurs de chamois. J'ai moi-même passé plusieurs années dans les Cordillères de Mexico, de Quito et du Pérou; je me suis trouvé souvent avec Bonpland à des hauteurs de plus de 3500 où 5000 mètres, par le plus beau ciel du monde, et jamais je n'ai pu voir d'étoile en plein jour, pas plus que mon ami Boussingault n'en a vu plus tard dans les mêmes circonstances. Pourtant le bleu du ciel était si sombre, si profond, que mon cyanomètre de Paul, à Genève, le même où Saussure lisait 39° sur le Mont-Blanc, m'indiquait entre les tropiques 46° pour la région zénithale du ciel, par une hauteur comprise entre 5200 et 5800 mètres (12). Au contraire, sous le ciel magnifique et pur comme l'éther de Cumana, dans les plaines du littoral, il m'est arrivé plus d'une fois, après avoir observé des éclipses des satellites de Jupiter, de retrouver la planète à l'œil nu, et de la voir de la manière la plus distincte, quand le disque du soleil était déjà monté à 18° ou 20° au-dessus de l'horizon.

C'est ici le lieu d'indiquer un autre phénomène optique dont mes nombreuses ascensions de montagnes ne m'ont offert qu'un seul exemple. C'était le 22 juin 1799, sur le versant du pic de Ténériffe, au Malpays; je me trouvais, quelque temps avant le lever du Soleil, à une hauteur d'environ 3475 mètres au-dessus du niveau de la mer : je vis à l'œil nu les étoiles basses agitées en apparence d'un mouvement bien singulier. Des points brillants paraissaient monter d'abord, se mouvoir ensuite latéralement et retomber à leur place première. Ce phénomène dura seulement 7 ou 8 minutes, et cessa longtemps avant le lever du Soleil à l'horizon de la mer. Il était parfaitement visible avec une lunette, et tout examen fait, je ne pus douter que ce ne fussent les étoiles elles-mêmes qui se mouvaient ainsi (13). Ces apparences proviennent-elles de la réfraction latérale sur laquelle on a tant discuté? Y a-t-il là quelque analogie avec les déformations ondulatoires que le bord vertical du Soleil présente si souvent à son lever, quelque petites d'ailleurs que ces déformations puissent être, quand on en vient aux mesures? Quoi qu'il en soit, le voisinage de l'horizon ne peut qu'agrandir ces mouvements latéraux, par suite de l'illusion optique bien connue. Chose singulière, le même phénomène a été remarqué un demi-siècle après, juste au même endroit et avant le lever du Soleil, par un observateur très-instruit et très-attentif, le prince Adalbert de Prusse, qui l'a examiné pareillement à l'œil nu et avec l'aide d'une lunette. J'ai retrouvé son observation dans son journal manuscrit; elle y avait été consignée pendant le voyage même. Ce fut seulement en revenant de son expédition au fleuve des Amazones, que le prince put savoir que j'avais été témoin des mêmes apparences (14). Jamais je n'ai trouvé la moindre trace de réfraction latérale, ni sur les versants de la chaîne des Andes, ni même dans les plaines brûlantes de l'Amérique du Sud (les Llanos), où les couches d'air inégalement échauffées se mélangent de tant de façons diverses, et produisent si souvent le phénomène du mirage. Le pic de Ténériffe est plus près de nous; souvent il est visité par des voyageurs munis d'instruments de mesure; on peut donc espérer que le phénomène curieux dont je viens de parler ne sera pas oublié dans les recherches scientifiques.

Il est digne de remarque, ai-je dit déjà, que les fondements de l'astronomie proprement dite, celle du monde planétaire, aient précédé l'époque mémorable (1608 et 1610) où la vision télescopique a été découverte et appliquée à l'étude du ciel. A force de travaux et de soins, George Purbach, Regiomontanus (Jean Müller) et Bernard Walther, de Nurenberg, avaient augmenté le trésor de la science, héritage des Grecs et des Arabes. Bientôt parut le système de Copernic, développement d'idées hardies et grandioses. Puis vinrent les observations si exactes de Tycho, et les audacieuses combinaisons de Kepler, aidées de la plus opiniâtre puissance de calcul qui fut jamais. Deux grands hommes, Kepler et Galilée, personnifient cette phase décisive de l'histoire, où la science des mesures abandonne l'observation antique, déjà perfectionnée, mais toujours faite à la simple vue, pour recourir à la vision télescopique. Galilée avait alors 44 ans et Kepler 37; Tycho, le plus grand astronome observateur de cette grande époque, était mort depuis sept ans. J'ai rappelé dans le volume précédent (p. 392) que les trois lois de Kepler, ses titres aujourd'hui irrécusables à l'immortalité, n'avaient pas valu à leur auteur un seul éloge de ses contemporains, pas même de Galilée. Trouvées d'une manière purement empirique, mais plus fécondes pour l'ensemble de la science que la découverte d'astres nouveaux, ces trois lois appartiennent tout à fait à l'époque de la vision naturelle, c'est-à-dire à l'époque tychonienne; elles dérivent même des propres observations de Tycho-Brahé, quoique l'impression de l'*Astronomia nova, seu Physica cœlestis de motibus stellæ Martis* n'ait été achevée qu'en 1609, et que la troisième loi, en vertu de laquelle les carrés des temps de la révolution des planètes sont proportionnels aux cubes des grands axes de leurs orbites, n'ait été exposée qu'en 1619, dans l'*Harmonice Mundi*.

Le commencement du XVIIe siècle, où s'opéra le passage de la vision naturelle à la vision télescopique, a été plus important pour l'astronomie et la connaissance du ciel que l'an 1492 pour celle du globe terrestre. Par là se sont agrandies, presque à l'infini, la sphère de nos recherches et la portée du coup d'œil qu'il nous est donné de jeter sur la création; par là ont été incessamment soulevés de nouveaux problèmes, dont la solution difficile a provoqué, dans les sciences mathématiques, un développement sans égal. Renforcer un des organes de nos sens revient donc parfois à renforcer l'intelligence, à étendre le cercle des idées, à ennoblir l'humanité. En moins de deux siècles et demi, nous avons dû au télescope seul la découverte de 13 planètes nouvelles et de 4 systèmes de satellites (4 lunes pour Jupiter, 8 pour Saturne, 4 et peut-être 6 pour Uranus, 1 pour Neptune), la découverte des taches et des facules du Soleil, celle des phases de Vénus. On a pu étudier la forme et mesurer la hauteur des montagnes lunaires, voir et expliquer les taches hibernales des pôles de Mars, les bandes de Jupiter et de Saturne, ainsi que l'anneau qui entoure cette dernière planète. On a découvert successivement les comètes intérieures ou planétaires à courte période, et un nombre immense d'autres phénomènes dont l'œil désarmé ne nous aurait rien appris. Mais ce n'est pas tout : si notre système solaire a reçu en 240 années de tels agrandissements, après être resté pendant tant de siècles restreint, en apparence, à 6 planètes et à une lune unique, le ciel sidéral a gagné plus encore, et là surtout les découvertes ont dépassé toute attente. Des nébuleuses, des étoiles doubles ont été comptées et classées par milliers. Les mouvements propres de toutes les étoiles nous ont enseigné celui de notre propre soleil. Les mouvements relatifs des étoiles doubles qui circulent autour de leur centre de gravité commun, ont prouvé que les lois de la gravitation sont obéies dans ces régions reculées de l'univers, aussi bien que dans l'espace plus étroit où se meuvent nos planètes. Depuis que Morin et Gascoigne ont adapté les lunettes aux instruments de mesure, l'art de fixer dans le ciel les positions apparentes des astres a atteint un degré de précision inouï. Grâce à cet artifice, il a été possible de mesurer, à une petite fraction près de la seconde d'arc, l'ellipse d'aberration des fixes, leur parallaxe, la distance mutuelle des étoiles composantes de chaque système binaire. C'est ainsi que l'astronomie s'est élevée progressivement de la conception du système solaire à celle d'un véritable système de l'univers.

On sait que Galilée fit sa découverte des lunes de Jupiter avec un grossissement de 7 fois, et qu'il n'a jamais pu dépasser celui de 32 fois. Cent soixante-dix ans plus tard, nous voyons Sir William Herschel employer des grossissements de 6500 fois dans ses recherches sur les diamètres apparents d'Arcturus et de Véga de la Lyre. A partir du milieu du XVIIe siècle, tous les efforts se tournèrent vers la construction des longues lunettes. Ce fut, il est vrai, avec une lunette de 4 mètres seulement que Huygens découvrit, en 1655, le premier satellite de Saturne (Titan, le sixième dans l'ordre des distances au centre de la planète); mais, un peu plus tard, les lunettes qu'il dirigeait vers le ciel avaient 40 mètres. Constantin Huygens, frère du célèbre astronome, construisit trois objectifs de 41, 55 et 68 mètres de longueur focale, que la Société royale de Londres possède encore. Toutefois, on s'était borné à essayer ces objectifs sur des objets terrestres; Huygens le dit expressément (15). Auzout construisit, dès 1663, des lunettes gigantesques sans tuyaux, dans lesquelles, par conséquent, l'oculaire n'était relié à l'objectif par aucun intermédiaire solide et fixe. Il acheva, dans ce système, un objectif de 97 mètres de foyer, capable de porter un grossissement de 600 fois (16). Ce furent des objectifs de ce genre, taillés par Borelli, Campani, Hartsocker, et fixés à des mâts, qui servirent si utilement la science entre les mains de Dominique Cassini; ils lui permirent de découvrir l'un après l'autre le huitième, le cinquième, le quatrième et le troisième satellite de Saturne. Les objectifs d'Hartsoeker avaient 81 mètres de distance focale. J'ai bien souvent tenu entre mes mains, pendant mon séjour à l'Observatoire de Paris, ceux de Campani qui étaient en grande réputation sous le règne de Louis XIV; et quand je songeais à la faiblesse des satellites de Saturne, à la difficulté de manœuvrer de grands appareils composés de mâts et de cordages (17), je ne pouvais admirer assez l'habileté et la courageuse persévérance des observateurs de cette époque.

Les avantages qu'on croyait alors forcément attachés à des dimensions gigantesques conduisirent de grands esprits à concevoir de ces espérances démesurées dont l'histoire des sciences nous offre tant d'exemples. Ainsi Hooke a proposé de construire une lunette de 10000 pieds (plus de 3 kilomètres) afin de voir des animaux dans la Lune; Auzout a même cru devoir combattre cette idée (18). On ne tarda pas à sentir combien ces instruments devenaient incommodes dans la pratique, quand leur longueur focale dépassait 30 mètres; aussi Newton s'efforça-t-il, après Mersenne et James Gregory, d'Aberdeen, de populariser en Angleterre les télescopes beaucoup plus courts qui opèrent par réflexion. Bradley et Pound comparèrent avec soin les effets d'un télescope à miroir de Hadley, dont la distance focale ne dépassait pas 1m,6, avec ceux du réfracteur de 41 mètres, construit par Constantin Huygens et dont il a été fait mention plus haut : tout l'avantage resta au premier instrument. Alors les coûteux télescopes de Short se répandirent de tous côtés; ils régnèrent sans partage, jusqu'à l'époque (1759) où John Dollond eut le bonheur de découvrir la solution pratique du problème de l'achromatisme, posé par Léonard Euler et par Klingenstierna et rendit ainsi aux lunettes une grande supériorité. Disons ici que les droits de priorité incontestables du mystérieux Chester More Hall, du comté d'Essex (1729), étaient inconnus du public, lorsque Dollond obtint un brevet pour ses lunettes achromatiques (19).

Mais cette victoire des réfracteurs ne fut pas de longue durée. Dix-huit ou vingt ans s'étaient à peine écoulés depuis que Dollond avait enseigné à réaliser l'achromatisme, par la combinaison de lentilles formées de crown et de flint, et déjà les idées se modifiaient sous la juste impression d'étonnement que les travaux immortels d'un Allemand, William Herschel, produisirent en Angleterre et sur le continent. Il avait construit un grand nombre de télescopes de 7 pieds anglais (2 mètres) et de 20 pieds (6 mètres) de longueur focale, dont on pouvait porter les grossissements à 2200 et même à 6000 fois; il en construisit un de 40 pieds (12^m,2). Ce fut avec ce dernier télescope qu'il découvrit les deux satellites intérieurs de Saturne; le deuxième d'abord, qu'on a nommé depuis Encelade, et bientôt après Mimas, le plus voisin de l'anneau. Mais c'est au télescope de 7 pieds qu'appartient la découverte d'Uranus, faite en 1781. Les satellites si faibles de cette planète furent vus, en 1787, à l'aide du télescope de 20 pieds, disposé pour la vue de front (*front-view*) (20). La perfection supérieure que ce grand homme sut donner aux miroirs de ses télescopes, l'ingénieuse disposition grâce à laquelle les rayons lumineux ne sont réfléchis qu'une fois, et surtout une série non interrompue de quarante ans de veilles et de travaux, ont porté la lumière dans toutes les branches de l'astronomie physique, dans le monde des planètes, aussi bien que dans celui des nébuleuses et des étoiles doubles.

Le long règne des télescopes réflecteurs devait

avoir un terme. Dès les cinq premières années du XIXe siècle, il s'établit entre les constructeurs de lunettes achromatiques une heureuse rivalité de progrès et de perfection. Alors furent créées ces grandes machines parallatiques, où des horloges font mouvoir les plus longues lunettes, avec la régularité des mouvements célestes. Il fallait un flint parfaitement homogène et sans stries, pour les objectifs d'une grandeur extraordinaire qu'on demandait déjà aux constructeurs. Ce flint fut fabriqué avec succès en Allemagne, dans l'établissement d'Utzschneider et de Frauenhofer, auxquels succédèrent Merz et Mahler. En Suisse et en France, les ateliers de Guinand et de Bontems fournirent cette précieuse matière aux travaux de Lerebours et de Cauchoix. Il suffit ici de jeter un rapide coup d'œil sur l'histoire de ces progrès, et de citer comme exemples : les grands réfracteurs construits, sous la direction de Frauenhofer, pour les observatoires de Dorpat et de Berlin, qui tous deux ont 24 centimètres d'ouverture et 4m,4 de distance focale ; les réfracteurs construits par Merz et Mahler pour Poulkova, en Russie, et pour Cambridge, aux États-Unis (21), qui ont l'un et l'autre 38 centimètres d'ouverture et 6m,8 de foyer ; enfin l'héliomètre de l'observatoire de Kœnigsberg, dont l'objectif a 16 centimètres d'ouverture. Ce dernier instrument, que les travaux de Bessel ont immortalisé, est longtemps resté le plus grand de son espèce. Citons encore les lunettes dialytiques, si courtes et pourtant si puissantes de clarté, que Plossel a construites le premier, à Vienne, et dont Rogers, en Angleterre, avait reconnu presque en même temps les avantages; elles méritent assurément qu'on essaye de les construire sur de grandes dimensions.

A cette même époque, dont j'esquisse ici les travaux, parce qu'ils ont exercé une grande influence au point de vue cosmique, les progrès de la mécanique suivirent de près ceux de l'optique et de l'horlogerie. Les instruments de mesure furent successivement perfectionnés, surtout les micromètres, les cercles méridiens et les secteurs zénithaux. Parmi tant de noms distingués dans cette carrière, je rappellerai ici ceux de Ramsden, de Troughton, de Fortin, de Reichenbach, de Gambey, d'Ertel, de Steinhel, de Repsold, de Pistor, d'Oertling..... pour les instruments de mesure. Pour les chronomètres et les pendules astronomiques, je citerai Mudge, Arnold, Emery, Earnshaw, Bréguet, Jürgensen, Kessels, Winnerl, Tiede..... C'est surtout dans les beaux travaux de William et de John Herschel, de South, de Struve, de Bessel et de Dawes, sur les distances et les mouvements périodiques des étoiles doubles, que se manifeste cette rivalité de perfection entre les instruments optiques et les appareils de mesure. Sans ce double progrès, il eût été assurément impossible d'exécuter d'immenses travaux, comme ceux de Struve, par exemple, qui a mesuré un grand nombre de fois plus de 100 systèmes binaires, où la distance des étoiles composantes est au-dessous de 1″, et 336 autres systèmes compris entre 1″ et 2″ (22).

Depuis un petit nombre d'années, deux hommes étrangers, par leur position sociale, à tout genre d'activité industrielle, mais animés d'un noble amour pour la science, le comte de Rosse, à Parsonstown (19 kilomètres à l'ouest de Dublin), et M. Lassell, à Starfield, près de Liverpool, ont fait construire, sous leur direction immédiate et d'après leurs propres idées, deux télescopes réflecteurs qui ont fait naître la plus vive attente parmi les astronomes (23). Celui de Lassell n'a que 61 centimètres d'ouverture et 6 mètres de distance focale; mais il a déjà procuré la découverte d'un satellite de Neptune et d'un huitième satellite de Saturne; de plus il a fait retrouver deux satellites d'Uranus. Le nouveau télescope de Lord Rosse est gigantesque : il a 6 pieds anglais ($1^{m},83$) d'ouverture et 50 pieds (15^{m}) de longueur. Il est placé dans le méridien, entre deux murs de 14 à 16 mètres de hauteur, lesquels laissent au tube un espace libre d'environ 3 mètres et demi de chaque côté du méridien. Plusieurs nébuleuses, qu'aucun instrument n'avait encore pu résoudre, ont été décomposées en étoiles par ce magnifique télescope. D'autres nébuleuses ont été complétement étudiées; on a pu déterminer pour la première fois leurs formes et leurs contours véritables, grâce à l'énorme quantité de lumière que le miroir concentre.

Le premier qui ait appliqué les lunettes aux instruments de mesure, ce n'est ni Picard ni Auzout; mais bien, ainsi que nous l'avons dit, l'astronome

Morin. En 1638, Morin conçut l'idée de tirer parti de son invention pour observer les étoiles en plein jour. Voici comment il exposa lui-même son idée (24). « Pour déterminer les positions absolues des étoiles, à une époque où les lunettes n'existaient pas encore (en 1582, 28 ans avant cette invention), Tycho s'est servi de Vénus, qu'il comparait aux étoiles pendant la nuit et au Soleil pendant le jour. Ce n'est point le désir d'éviter ce détour qui a suggéré à Morin une découverte dont la détermination des longitudes en mer pourra tirer un grand parti; il y a été conduit par une voie plus simple, en songeant que si, *avant* le lever du Soleil, on dirigeait une lunette, non-seulement sur Vénus, mais même sur Arcturus ou toute autre belle étoile, on pourrait continuer à suivre cet astre sur la voûte céleste *après* le lever du Soleil. Personne, avant lui, n'avait vu les étoiles à la face du Soleil. » Plus tard, de grandes lunettes méridiennes furent installées d'après les idées de Rœmer. A partir de ce moment (1691), les observations faites en plein jour se multiplièrent et acquirent une haute importance; elles ont même aujourd'hui une valeur réelle pour la mesure des étoiles doubles. Struve a mesuré à Dorpat les couples les plus difficiles, avec un simple grossissement de 320 fois, lorsque la lumière crépusculaire était encore assez forte à minuit pour permettre de lire aisément (25). L'étoile polaire est accompagnée, à 18″ de distance, d'une étoile de 9e grandeur; Struve et Wrangel ont vu cette petite étoile, en plein jour, à l'aide de la lunette de Dorpat (26); Encke et Argelander y ont également réussi de leur côté.

On a beaucoup discuté les causes de la puissance que les télescopes donnent à la vue, même en plein jour, alors que la lumière diffuse, provenant de réflexions multiples, devrait lui opposer tant d'obstacles (27). Ce problème d'optique excitait au plus haut degré l'intérêt de Bessel, dont les sciences ressentent encore la perte prématurée. Il y revenait souvent dans sa correspondance avec moi; mais il a fini par avouer qu'il n'avait pu en trouver de solution satisfaisante. J'ose compter que mes lecteurs me sauront gré d'insérer, dans les notes de ce livre, les idées d'Arago sur ce sujet (28). Je les extrais d'une collection de manuscrits qui ont été mis à ma disposition pendant mes fréquents voyages à Paris. D'après l'ingénieuse explication de mon ami, si les forts grossissements aident à distinguer les étoiles en plein jour, c'est que la lunette concentre vers l'œil, et introduit dans la pupille une plus grande quantité de rayons lumineux, sans agrandir notablement l'image de l'étoile, tandis que le même appareil optique agit d'une manière tout à fait différente sur le fond du ciel où cette étoile se projette. En effet, la lumière de la partie de l'atmosphère dont l'image indéfinie occupe le champ de la vision émane de particules d'air illuminées que le grossissement écarte les unes des autres; le champ doit donc paraître d'autant moins éclairé que le grossissement est plus fort. Or nous n'apercevons l'étoile qu'en vertu d'une différence d'intensité entre la lumière de son image et celle du champ lui-même sur lequel cette image vient se dessiner. Il en est tout autrement des disques planétaires; ils perdent de leur éclat, par le grossissement des lunettes, précisément dans le même rapport que l'aire aérienne comprise dans le champ de la vision. Seulement il faut remarquer ici que l'amplification de l'image s'étend à la vitesse de son mouvement apparent. Cet effet, qui a lieu pour les planètes comme pour les étoiles, peut contribuer à la visibilité en plein jour, à moins que le télescope ne suive le mouvement diurne, comme font les machines parallatiques conduites par des horloges. En vertu du déplacement continuel de l'image, la sensation se produit successivement en des points différents de la rétine, et l'on sait, dit ailleurs Arago, que des objets très-faibles peuvent devenir perceptibles quand on leur imprime un mouvement.

Sous le ciel si pur des contrées tropicales, j'ai réussi bien souvent à trouver dans le ciel le pâle et faible disque de Jupiter, avec une lunette de Dollond, grossissant seulement 95 fois, lorsque le Soleil avait déjà atteint 15° ou 18° de hauteur. Plus d'une fois le docteur Galle a été surpris de la faiblesse extrême de Jupiter et de Saturne, vus en plein jour à l'aide du grand réfracteur de Berlin; cette faiblesse forme un contraste frappant avec le vif éclat de Vénus et de Mercure. Cependant on a réussi à observer en plein jour des occultations de Jupiter par la Lune; on cite l'observation de Flaugergues en 1792, et celle de Struve en 1820. Argelander a vu très-nettement, à Bonn, un quart d'heure après le lever du Soleil, trois satellites de Jupiter, avec une lunette de 1m6 de Frauenhofer; il lui fut impossible de distinguer le quatrième. Son adjoint, M. Schmidt, a même observé, à une heure du jour encore plus avancée, l'émersion des satellites, le quatrième y compris, au bord obscur de la Lune; il se servait de la lunette d'un héliomètre de 2m5 de foyer. Il serait intéressant, et pour l'optique et pour la météorologie, de déterminer les limites de la visibilité télescopique des petites étoiles pendant le jour, sous des climats différents et à différentes hauteurs au-dessus du niveau de la mer.

La scintillation des étoiles est un des phénomènes les plus remarquables et aussi les plus controversés de cette catégorie dans laquelle nous rangeons les principaux faits de vision naturelle et télescopique. Il faut y distinguer, d'après les recherches d'Arago, deux points essentiels (29) : 1° les changements brusques d'éclat, c'est-à-dire le fait de l'extinction subite suivie de la réapparition; 2° les variations de couleur. Ces deux sortes de changements sont plus forts dans la réalité qu'ils ne le paraissent à l'œil nu; car lorsque des points de la rétine sont une fois ébranlés, lorsqu'une impression lumineuse est produite, la sensation ne s'efface pas aussitôt, mais persiste pendant un certain temps. Il en résulte que l'affaiblissement passager de l'étoile, ses rapides changements de couleur, en un mot les diverses phases de la scintillation, ne sont point intégralement senties, ou du moins ne se perçoivent pas aussi distinctement qu'elles se produisent en réalité. Pour bien saisir les phases de la scincillation à l'aide d'une lunette, il faut imprimer à l'instrument un mouvement de rotation; alors l'image de l'étoile dessine un cercle lumineux coloré, souvent interrompu çà et là. Qu'on se représente l'atmosphère comme étant formée de couches superposées dans lesquelles la densité, l'humidité, la température varient continuellement, et on se rendra compte, par la théorie des interférences, de tous les détails de ces apparences où les phénomènes de coloration, d'extinction subite et de brillante réapparition se succèdent avec tant de vivacité. Cette théorie est basée sur un fait général, à savoir que deux rayons ou deux systèmes d'ondes, émanés d'une même source, c'est-à-dire d'un même centre d'ébranlement, peuvent se détruire ou s'ajouter mutuellement, si les chemins parcourus sont inégaux. Quand un de ces systèmes d'ondes est en retard sur l'autre d'un nombre impair de demi-ondulations, les actions produites par chacun d'eux sur un même atome d'éther sont égales et de sens contraire : les vitesses qui lui sont imprimées se détruisent, l'atome reste en repos; il y a neutralisation de lumière ou production d'obscurité. Dans le cas dont il s'agit, les variations de la réfrangibilité des couches d'air successives produisent souvent plus d'effet, pour déterminer les phénomènes de scintillation, que la différence des chemins parcourus par les divers rayons émanés d'une même étoile (30).

La scintillation présente d'ailleurs de grandes différences d'intensité d'une étoile à l'autre. Ces différences ne dépendent pas seulement de la hauteur ou de l'éclat des étoiles, mais aussi, à ce qu'il semble, de la nature propre de leur lumière. Véga, par exemple, scintille moins que Procyon et Arcturus. Si les planètes ne scintillent pas, il faut l'attribuer à la grandeur sensible de leur disque apparent et à la compensation produite par le mélange des rayons colorés, émis de chaque point de ce disque. On peut, en effet, considérer ce disque comme l'agrégation d'un certain nombre d'étoiles, où la lumière de quelques rayons, détruite par l'interférence de certains autres, se trouve compensée par celle des points voisins, et où les images de couleurs différentes recomposent du blanc, en se superposant. Aussi ne remarque-t-on guère que des traces rares de scintillation dans Jupiter et dans Saturne. Ce phénomène est plus sensible pour Mercure et Vénus, dont le diamètre apparent peut se réduire à 4″,4 et 9″,5. Il en est de même de Mars, parce que son diamètre apparent descend presque à 3″,3 vers l'époque de la conjonction. Dans les nuits pures et froides des climats tempérés, la scintillation contribue à la magnificence du ciel étoilé. Comme elle renforce, par instants, la lumière des nombreuses étoiles de sixième à septième grandeur, qu'on ne distingue aisément qu'avec des lunettes, nous en voyons apparaître par moments, tantôt ici tantôt là, et nous sommes ainsi instinctivement portés à nous exagérer le nombre des étoiles. De là l'espèce de surprise avec laquelle on accueille, en général, les dénombrements, pourtant exacts, où l'on compte à peine quelques milliers d'étoiles visibles à l'œil nu.

Les anciens savaient déjà distinguer les planètes à leur faible scintillation. Quant à la cause de la différence qui existe à cet égard entre les étoiles et les planètes, Aristote avait une théorie singulière (31) : il l'expliquait par un système d'émission des rayons visuels, allant palper au loin les objets avec plus ou moins d'effort. « Les astres *fixés*, disait-il, scintillent, et les planètes ne scintillent pas, parce que les planètes sont proches et que la vue les atteint aisément, tandis que les astres immobiles (πρὸς δὲ τοὺς μένοντας) sont trop éloignés ; l'œil est obligé par cette grande distance de faire effort, et son rayon visuel en devient vacillant. »

Entre 1572 et 1604, à l'époque de Galilée, époque de grands événements astronomiques, trois étoiles nouvelles apparurent dans le ciel (32). Elles surpassèrent en éclat les étoiles de première grandeur ; une d'elles brilla même pendant vingt et un ans dans la constellation du Cygne. Leur scintillation fut le trait caractéristique qui attira le plus l'attention de Kepler ; il y voyait une preuve que ces nouveaux astres ne pouvaient être de nature planétaire. Mais l'état de l'optique était alors trop imparfait pour que ce grand génie, auquel l'optique doit tant, pût expliquer ce phénomène autrement que par l'interposition des vapeurs en mouvement (33). Les Chinois ont signalé, eux aussi, la forte scintillation des étoiles nouvelles dont il est fait mention dans la grande collection de Ma-tuan-lin.

L'absence de scintillation dans les régions tropicales, du moins à 12° ou 15° au-dessus de l'horizon, tient à un mélange plus égal, plus homogène de la vapeur d'eau avec l'atmosphère : elle donne à la voûte céleste un caractère particulier de calme et de douceur. J'ai souvent fait ressortir ce trait dans mes descriptions de la nature des tropiques. Il était d'ailleurs trop remarquable pour avoir échappé à des observateurs tels que La Condamine, Bouguer et Garcin, soit dans les plaines du Pérou, soit en Arabie, dans les Indes et à Bender Abassi, sur les côtes du golfe Persique (34).

Cet aspect frappant du ciel étoilé, pendant les nuits si calmes et si pures des tropiques, avait pour moi un attrait singulier ; aussi me suis-je toujours efforcé d'en étudier les causes physiques, en notant, sur mon journal, la hauteur où les étoiles cessaient de scintiller, et l'hygrométricité correspondante de l'atmosphère. Cumana et la partie péruvienne du littoral de l'Océan Pacifique, où jamais il ne tombe de pluie, se prêtaient parfaitement à ce genre de recherches, tant que l'époque du brouillard connu sous le nom de *Garua* n'était pas venue. D'après les moyennes déduites de mes observations, c'est vers 10° ou 12° de hauteur que les étoiles les plus brillantes cessent de scintiller. Plus élevées sur l'horizon, elles n'émettent qu'une douce lumière planétaire. Pour bien saisir cet effet, il vaut encore mieux suivre la même étoile depuis son lever jusqu'à son coucher, à travers toutes ses variations de hauteur ; on détermine d'ailleurs ces hauteurs par des mesures directes ou par le calcul, si l'on connaît l'heure et la latitude. Dans certaines nuits isolées, tout aussi calmes, tout aussi pures que les autres, j'ai vu la région où les étoiles scintillent dépasser notablement la limite moyenne et s'étendre jusqu'à 20°, et même à 25° de hauteur; mais je n'ai jamais pu saisir de relations entre ces anomalies et l'état thermométrique ou hygrométrique des couches inférieures de l'atmosphère, seules accessibles à nos instruments. Quelquefois même, et pendant plusieurs nuits successives, où l'hygromètre marquait d'abord 85° la scintillation commençait par être très-sensible pour des étoiles situées à 60° et 70° de hauteur ; puis elle cessait complétement dans les régions élevées, jusqu'à une limite de 25° au-dessus de l'horizon, et pourtant la seule modification appréciable, survenue dans l'atmosphère, avait été un accroissement d'humidité : l'hygromètre à cheveu de Saussure était monté de 85° à 93°. Ce n'est donc pas la quantité de vapeurs dissoutes dans l'atmosphère, c'est leur inégale répartition dans les couches superposées, ce sont les courants d'air chaud et d'air froid régnant dans les hautes régions, sans se faire sentir dans les basses, qui modifient le jeu compliqué des interférences d'où naît le phénomène en question. J'ai même vu certains nuages qui venaient teindre le ciel d'une couleur rougeâtre, peu de temps avant les secousses des tremblements de terre, augmenter d'une manière frappante la scintillation des étoiles élevées. Ces observations se rapportent toutes à une zone tropicale s'étendant à 10° ou 12° des deux côtés de l'équateur, et à la saison sans pluie et sans nuages, où le ciel est d'une pureté si parfaite dans ces régions. Lorsque arrive la saison des pluies, au passage du soleil par le zénith du lieu, des causes puissantes, agissant d'une manière très-générale et presque à la façon de perturbations violentes, modifient les phénomènes optiques dont je viens de parler. Les alisés du nord-est tombent tout à coup; le courant régulier des hautes régions qui va de l'équateur au pôle, et le courant inférieur qui vient du pôle à l'équateur s'interrompent et donnent lieu, par leur cessation, à une continuelle formation de nuages. Alors des torrents de pluie et des orages reviennent périodiquement chaque jour, à une heure déterminée. Tous ces phénomènes de la saison des pluies sont annoncés plusieurs jours d'avance par la scintillation des étoiles élevées, là où d'ordinaire ce phénomène est le plus rare. Cet indice est accompagné d'éclairs qui brillent à l'horizon, sans qu'on voie de nuages au ciel, si ce n'est quelques nuées apparaissant en longues et étroites colonnes et montant verticalement. J'ai souvent essayé de dépeindre, dans mes écrits, ces signes précurseurs qui donnent au ciel des tropiques une physionomie si caractéristique (35).

La vitesse de la lumière, ou du moins la pensée que la lumière doit employer un temps quelconque pour se propager, se trouve indiquée, pour la première fois, dans le deuxième livre du *Novum Organum*. Après avoir insisté sur l'immensité des espaces célestes que la lumière traverse pour arriver jusqu'à nous, Bacon de Verulam soulève la question de savoir si toutes les étoiles que nous voyons briller en même temps existent réellement encore (36). On s'étonne de rencontrer un pareil aperçu dans un ouvrage qui est resté fort au-dessous des connaissances de son époque en astronomie et en physique. La vitesse de la lumière *réfléchie* du Soleil a été mesurée par Rœmer vers 1675. Rœmer fut conduit à sa découverte en comparant les époques des éclipses des satellites de Jupiter. La vitesse de la lumière *directe* des étoiles a été mesurée, en 1727, par Bradley qui donna ainsi, du même coup, la raison de l'aberration et la preuve matérielle du mouvement de translation de la Terre, c'est-à-dire de la vérité du système copernicien. Dans ces derniers temps, Arago a proposé de baser une troisième sorte de mesure sur les changements d'éclat d'une étoile variable, telle qu'Algol dans la constellation de Persée (37). A ces méthodes purement astronomiques il faut encore joindre une mesure terrestre exécutée récemment avec succès, près de Paris, par M. Fizeau. Cet ingénieux procédé rappelle une ancienne tentative de Galilée, qui essaya vainement de déterminer la vitesse de la lumière par la combinaison de signaux donnés à l'aide de deux lanternes éloignées.

En discutant les premières observations de Rœmer sur les satellites de Jupiter, Horrebow et Du Hamel trouvèrent 14^{m} 7^{s} pour le temps que la lumière emploie à parcourir la distance moyenne du Soleil à la Terre; Cassini donne 14^{m} 10^{s}, et Newton, 7^{m} 30^{s}, évaluation singulièrement voisine de la vérité (38). Delambre n'employa dans ses calculs que les observations du premier satellite, et trouva 8^{m} 13^{s},2 (39). Encke a fait remarquer avec raison combien il serait important d'entreprendre, dans le même but, une nouvelle série d'observations sur les éclipses des satellites de Jupiter, aujourd'hui que la perfection des lunettes donne l'espoir fondé d'obtenir par là des résultats plus satisfaisants.

Les observations originales que Bradley avait instituées pour déterminer la constante de l'aberration ayant été retrouvées par Rigaud, à Oxford, le docteur Busch, de Kœnigsberg, les a soumises de nouveau au calcul, et en a déduit 20",2116 pour la valeur de cette constante (40). Par conséquent la lumière mettrait 8^{m} 12^{s},14 à venir du Soleil à la Terre, et sa vitesse serait de 31161 myriamètres par seconde. Mais d'après une nouvelle série d'observations entreprises par Struve, à l'aide du grand instrument des passages, dans le premier vertical de Poulkova, et continuées pendant dix-huit mois, le premier de ces nombres doit être notablement augmenté (41). Ce grand travail a donné 20",4451 pour la constante de l'aberration; d'où l'on tire 8m 17s,78 pour le temps employé par la lumière à parcourir la distance du Soleil à la Terre, et 41549 milles géographiques (30831 myriamètres) par seconde pour sa vitesse. Ces deux derniers nombres ont été déduits de la constante de Struve, en adoptant la parallaxe du Soleil donnée par Encke en 1835, et les dimensions du sphéroïde terrestre calculées par Bessel (*Éphémérides de Berlin* pour 1852, Encke). C'est à peine si l'erreur probable de cette valeur de la vitesse atteint un myriamètre et demi. Il y a une différence de 1/110 entre la constante de Struve et celle de Delambre (8m 13s,2), que Bessel avait adoptée dans les *Tabulæ Regiomontanæ*, et dont on se sert encore dans les *Éphémérides de Berlin*. Au reste, il ne paraît pas que la discussion sur ce point doive être considérée comme épuisée. On avait soupçonné, il y a plusieurs années, une différence de vitesse de 1/134 environ entre la lumière de l'étoile polaire et celle d'une petite étoile qui l'accompagne; mais cette opinion est restée extrêmement douteuse.

Un physicien distingué par son savoir et par la grande délicatesse de ses recherches expérimentales, M. Fizeau, a exécuté une mesure de la vitesse de la lumière sur une base terrestre de 8633 mètres seulement, de Suresne à la butte Montmartre. Telle est, en effet, la distance à laquelle il avait établi un miroir, pour renvoyer à son point de départ, avec l'aide d'ingénieux appareils, les rayons émis par un point lumineux à l'une des stations. Cette lumière était fournie par une sorte de lampe à oxygène et à hydrogène. Une roue portant 720 dents et faisant un assez petit nombre de tours par seconde (12 tours 6/10) interceptait le rayon à son retour, ou lui livrait passage, suivant la vitesse de la roue; cette vitesse était évaluée à l'aide d'un compteur. On a cru pouvoir conclure de ces expériences que la lumière artificielle dont l'auteur s'est servi parcourait 17266 mètres, c'est-à-dire le double de la distance des deux stations, en 1/18000 de seconde, ce qui donne 31079 myriamètres par seconde (42). La détermination antérieure qui se rapproche le plus de ce résultat est celle que Delambre a conclue des éclipses de l'un des satellites de Jupiter (31094 myriamètres).

Des observations directes, et des considérations ingénieuses sur l'absence de toute coloration pendant les changements d'éclat des étoiles variables, ont conduit Arago à conclure que si les rayons diversement colorés exécutent, d'après la théorie des ondulations, des vibrations transversales très-différentes en vitesse et en amplitude, ils se propagent néanmoins, avec des vitesses égales, dans les espaces célestes. Ainsi, la vitesse de propagation des rayons colorés dans l'intérieur des différents corps est indépendante de la réfraction qu'ils y subissent (43). Les observations d'Arago ont montré, en effet, que la réfraction de la lumière stellaire, dans un même prisme, n'est pas affectée par les combinaisons variées de cette vitesse avec la vitesse propre de la Terre. Toutes les mesures donnèrent constamment le résultat suivant : la lumière des étoiles vers lesquelles la Terre marche, et celle des étoiles dont la Terre s'éloigne, se réfractent exactement de la même quantité. Parlant dans l'hypothèse de l'émission, le célèbre observateur disait que les corps émettent des rayons de toutes les vitesses, et que les seuls rayons d'une vitesse déterminée produisent dans l'œil la sensation de la lumière (44).

Il est intéressant de comparer la vitesse des rayons émis par le Soleil, les étoiles ou les corps terrestres, rayons qui sont déviés de la même manière par l'angle réfringent d'un prisme quelconque, avec celle de la lumière qu'engendre l'électricité de frottement. Les admirables recherches de Wheatstone porteraient à attribuer à cette lumière une vitesse plus grande, au moins dans le rapport de 3 à 2. Si l'on s'en tient sur ce point à la plus faible évaluation qu'ait fournie l'appareil optique à miroir tournant de Wheatstone, la lumière électrique parcourrait encore 288000 milles anglais par seconde, c'est-à-dire plus de 46300 myriamètres, en comptant le *statut-mile* (69,12 par degré) pour 1609 mètres (45). Admettons, avec Struve, que la vitesse de la lumière stellaire est de 30831 myriamètres, cette vitesse serait donc dépassée de 15500 myriamètres par celle de la lumière électrique.

Un tel résultat contredit en apparence une opinion déjà citée de W. Herschel, d'après laquelle la lumière du Soleil et des étoiles résulterait peut-être d'actions électro-magnétiques, et serait par conséquent assimilable à une perpétuelle aurore boréale. Je dis *en apparence*, car ces phénomènes électro-magnétiques pourraient être, sans aucun doute, de nature très-complexe et très-variée dans les différents corps célestes, et la lumière produite pourrait posséder des vitesses très-différentes. Il faut le dire, d'ailleurs, les résultats de Wheatstone sont encore affectés d'une incertitude qui laisse place à ces conjectures. Leur auteur lui-même les considère « comme étant trop peu fondés, comme ayant encore trop besoin d'une confirmation nouvelle » pour pouvoir être utilement comparés avec ceux de l'aberration ou des éclipses des satellites de Jupiter.

L'attention des physiciens a été vivement excitée par les recherches que Walker a faites récemment, aux États-Unis, sur la vitesse de l'électricité. Il s'agissait de déterminer, à l'aide du télégraphe électrique, les différences de longitudes entre Washington, Philadelphie, New-York et Cambridge. A cet effet, l'horloge astronomique de l'observatoire de Philadelphie fut mise en communication électrique avec un appareil de Morse, où les battements du pendule marquaient une suite de points équidistants, sur une bande de papier sans fin. Le télégraphe électrique transmettait presque instantanément chaque indication de l'horloge aux autres stations, et y ponctuait de même le temps de Philadelphie sur d'autres bandes de papier qu'un mouvement régulier déroulait continuellement. Dans cette combinaison, des signaux quelconques pouvaient être intercalés entre ceux de la pendule. Un observateur n'avait qu'à presser du doigt sur une touche pour signaler l'instant du passage d'une étoile par le méridien de sa station. « Cette méthode américaine possède, dit Steinhel, un avantage essentiel, celui de rendre la détermination du temps indépendante de la liaison de deux de nos sens, l'ouïe et la vue; car pendant que la marche de la pendule s'inscrit d'elle-même, sans que l'observateur ait besoin de s'en préoccuper, celui-ci saisit et marque le passage de l'étoile (avec la précision de 1/70 de seconde, suivant Walker). » Enfin, en comparant les résultats obtenus à Philadelphie et à Cambridge, par exemple, on trouve une différence constante, et cette différence est due au temps employé par le courant électrique pour parcourir deux fois le conducteur fermé qui unit les deux stations.

Ces mesures, exécutées sur des fils conducteurs de 1050 milles anglais (1689 kilomètres), fournirent 18 équations de condition entre les inconnues du problème : on en déduisit 18700 milles (30094 kilomètres) pour la vitesse de propagation du courant hydrogalvanique (46), c'est-à-dire, une vitesse quinze fois moindre que celle de l'électricité dans les expériences de Wheatstone! Comme ces remarquables recherches furent instituées à l'aide d'un seul fil, la moitié du conducteur étant remplacée, comme on dit, par la terre, on pourrait croire que la nature et les dimensions du milieu parcouru influent à la fois sur la vitesse avec laquelle se propage l'électricité (47). Dans le circuit voltaïque, les conducteurs s'échauffent d'autant plus que leur conductibilité est moindre, et l'on sait, par les derniers travaux de Riess, combien les tensions électriques présentent de phénomènes variés et complexes (48). Les vues actuellement régnantes sur ce qu'on nomme d'ordinaire « fermer le circuit par la terre, » sont opposées à toute idée de propagation linéaire de molécule à molécule, entre les extrémités des fils conducteurs; ce qu'on regardait autrefois comme un courant réellement formé à travers le sol, est remplacé aujourd'hui par l'hypothèse d'une restitution continue de la tension électrique.

Quoique la vitesse de la lumière paraisse être la même pour toutes les étoiles, du moins dans la limite de précision avec laquelle les observations modernes ont pu donner la constante de l'aberration, on s'est cru pourtant autorisé à examiner s'il ne pourrait pas exister des corps célestes dont la lumière ne parviendrait pas jusqu'à nous, retenue qu'elle serait par l'attraction d'une masse énorme, et forcée de revenir vers le corps d'où elle aurait été lancée. La théorie de l'émission a donné une forme scientifique à ce jeu d'imagination (49). J'en parle ici cependant parce que j'aurai plus tard occasion de revenir à une hypothèse analogue, en traitant des mouvements propres de Sirius et de Procyon, dont les anomalies ont été attribuées à l'action de certains corps obscurs. Il entre dans le plan de cet ouvrage de signaler tout ce qui a donné, de nos jours, une impulsion quelconque à la science : à ce prix seulement, ce livre pourra présenter un tableau fidèle du caractère de l'époque où il aura paru.

Depuis plus de deux mille ans, on s'occupe de recherches *photométriques* sur la lumière des astres qui brillent de leur propre éclat dans l'univers; on s'efforce de déterminer ou d'estimer du moins leurs intensités relatives. C'est que la description du ciel étoilé ne se réduit pas à fixer seulement, avec une précision extrême, les distances mutuelles des astres, ou à coordonner leurs positions par rapport aux grands cercles de la sphère céleste; elle comprend encore la connaissance et la mesure de leur éclat individuel. Ce dernier caractère est même celui dont les hommes se sont préoccupés d'abord. Longtemps avant de songer à grouper les étoiles en constellations, ils ont donné des noms propres aux plus brillantes. J'ai pu moi-même constater cette tendance primitive chez les tribus sauvages qui habitent les épaisses forêts du haut Orénoque et de l'Atabapo. Là d'impénétrables fourrés me réduisaient à observer d'ordinaire les plus hautes étoiles pour déterminer la latitude, et quand je consultais les naturels, principalement les vieillards, sur les plus belles étoiles, Canopus, Achernar, les pieds du Centaure ou α de la Croix du Sud, ils m'en disaient aussitôt les noms consacrés parmi eux. Si le catalogue de constellations connu sous le nom de *Catastérismes* d'Ératosthène avait la haute antiquité que lui attribuèrent si longtemps ceux qui en plaçaient l'époque entre Autolycus et Timocharis, cent cinquante ans avant Hipparque, une particularité de ce catalogue nous permettrait d'assigner une limite pour le temps où les étoiles n'étaient pas encore rangées, chez les Grecs, par ordre de grandeur ou d'éclat. Quand il s'agit, en effet, d'énumérer les étoiles qui constituent chaque constellation, les Catastérismes citent assez souvent le nombre des étoiles les plus brillantes ou les plus *grandes* et celui des étoiles *obscures*, moins faciles à reconnaître (50); jamais ils ne comparent entre elles les étoiles appartenant à des groupes différents. Mais Bernhardy, Baehr et Letronne rejettent les Catastérismes plus de deux siècles après le catalogue d'Hipparque. Ce n'est d'ailleurs qu'une compilation sans mérite, un simple extrait du *Poeticum astronomicum* attribué à Julius Hyginus, ou même du poëme d'Eratosthène l'ancien, intitulé Ἑρμῆς. Il en est autrement du catalogue d'Hipparque que nous possédons sous la forme qui lui a été donnée dans l'Almageste. Ce catalogue contient la première détermination des ordres de grandeur ou d'éclat de 1022 étoiles, c'est-à-dire du cinquième environ des étoiles visibles à l'œil nu sur le ciel entier; depuis la 1re jusqu'à la 6e grandeur. Seulement nous ignorons si ces grandeurs ont été déterminées par Hipparque lui-même, ou si elles ont été empruntées aux observations de Timocharis et d'Aristille, dont Hipparque a fait un si fréquent usage.

Cette œuvre forme la base de tous les travaux postérieurs des Arabes et des astronomes du moyen âge. On y retrouve même l'origine d'une habitude qui s'est prolongée jusqu'au XIXe siècle, celle de limiter à 15 le nombre des étoiles de 1re grandeur. Mædler en compte 18; Rümker, qui a soumis le ciel austral à une révision soigneuse, en compte 20. L'ancien nombre est uniquement basé sur la classification qu'on trouve dans l'Almageste, à la fin du catalogue stellaire du 8e livre. Ptolémée appliquait l'épithète d'*obscures* aux étoiles qui sont au-dessous de la 6e grandeur. Chose singulière, il ne cite que 49 étoiles de 6e grandeur qu'il a choisies d'une manière à peu près uniforme dans les deux hémisphères; or comme son catalogue comprend à peu près la cinquième partie des étoiles visibles à l'œil nu, il eût dû donner, toute proportion gardée, 640 étoiles de cette grandeur, d'après l'énumération qu'Argelander en a faite. Quant aux *nébuleuses* (νεφελοειδεῖς) de Ptolémée et des Catastérismes du Pseudo-Ératosthène, ce sont pour la plupart de petits amas d'étoiles qu'on distingue aisément sous le ciel pur des contrées méridionales (51); c'est du moins ce que me donne à penser l'indication relative à une nébuleuse située dans la main droite de Persée. Galilée lui-même qui ignorait, comme les astronomes grecs et arabes, l'existence de la nébuleuse d'Andromède, quoique cette nébuleuse soit visible à l'œil nu, a dit dans son *Nuncius sidereus* que les *stellæ nebulosæ* sont de simples amas d'étoiles, lesquels « sicut aerolæ sparsim per æthera fulgent » (52). Quoique l'expression de *grandeurs* de différents ordres (τῶν μεγάλων τάξις) ait été restreinte, dès l'origine, au sens de gradation d'éclat ou d'intensité lumineuse, elle a pourtant donné lieu, dès le IXe siècle, à des hypothèses sur les diamètres que devaient avoir les étoiles d'éclat différent (53); comme si cet éclat ne dépendait pas à la fois de la distance, du volume, de la masse, et avant tout des propriétés physiques, spéciales, de la matière dont la surface des astres est formée.

La science fit un pas de plus vers le XVe siècle, à l'époque de la domination des Mongols, lorsque l'astronomie florissait à Samarcande, sous le Timouride Oulough Beg. Chaque ordre de grandeur de l'ancienne classification d'Hipparque et de Ptolémée fut subdivisé; on y distingua les étoiles petites, moyennes et grandes, à peu près comme Struve et Argelander ont divisé depuis en dix les mêmes intervalles (54). Les Tables d'Oulough Beg attribuent ce progrès en photométrie à Abderrahman Soufi, auquel on doit un ouvrage sur « la connaissance des fixes », ainsi que la première mention de l'une des Nuées de Magellan, sous le nom de *Bœuf blanc*. Depuis l'universelle introduction des lunettes dans le domaine de l'astronomie, l'estimation des grandeurs a dû aller bien au delà du 6e ordre. Les recherches photométriques avaient été fortement stimulées par le phénomène des étoiles nouvelles qui apparurent subitement dans le Cygne et dans le Serpentaire, et dont la première a brillé 21 ans. Il fallut, en effet, pour déterminer les phases d'accroissement et de diminution de leur lumière, comparer continuellement ces étoiles nouvelles à d'autres étoiles bien connues. Alors les étoiles *nébuleuses* de Ptolémée purent être classées, dans l'échelle numérique des grandeurs, au-dessous de la 6ᵉ, et peu à peu les astronomes furent conduits à prolonger cette échelle par delà la 16ᵉ grandeur, afin de représenter des dégradations successives, qui sont encore appréciables, suivant Sir John Herschel, pour les astronomes munis de puissants instruments (55). Disons pourtant qu'à cette limite extrême l'estime devient excessivement incertaine : Struve assigne quelquefois le 12ᵉ ou le 13ᵉ rang à des étoiles que J. Herschel place dans le 18ᵉ ou le 20ᵉ ordre de grandeur.

Il ne saurait entrer dans mon plan de discuter ici les moyens très-variés qu'on a imaginés pendant un siècle et demi, depuis Auzout et Huygens jusqu'à Bouguer et Lambert, depuis W. Herschel, Rumford et Wollaston jusqu'à Steinhel et J. Herschel, pour mesurer l'intensité de la lumière. Qu'il nous suffise de signaler rapidement ces diverses méthodes. On a eu recours à la comparaison des ombres des lumières artificielles, en faisant varier le nombre et la distance de ces lumières. Plus tard, on employa des diaphragmes, des plans de glace d'épaisseurs ou même de couleurs variables; puis des étoiles artificielles formées par réflexion sur des sphères de verre. On imagina de rapprocher assez deux télescopes pour que l'œil pût se transporter de l'un à l'autre, durant le court intervalle d'une seconde. On composa des appareils dans lesquels on pouvait voir simultanément par réflexion les deux étoiles qu'il s'agissait de comparer, en ayant soin de rectifier la lunette de telle sorte qu'une même étoile y donnât deux images d'égale intensité (56). On construisit d'autres appareils où un objectif, muni d'un miroir, pouvait être masqué plus ou moins par des diaphragmes tournants, dont la rotation était mesurée sur un cercle divisé. On a formé des images stelliformes, d'intensité variable, en concentrant les rayons de la Lune ou de Jupiter à l'aide de l'*astromètre*, instrument composé d'un prisme réflecteur et d'une lentille (57). Enfin on a eu recours à des objectifs divisés dont les deux moitiés recevaient, par des prismes, la lumière des étoiles. Le succès n'a point répondu à tant d'efforts : l'astronome distingué qui s'est le plus occupé des recherches de ce genre, et dont la judicieuse activité a pu s'exercer dans les deux hémisphères, Sir John Herschel, avoue lui-même qu'après tant de travaux une méthode pratique et exacte, pour les mesures photométriques, reste un desideratum en astronomie. A son avis, la mesure de l'intensité de la lumière est encore dans l'enfance; et cependant l'attention des astronomes se porte plus que jamais de ce côté, stimulée qu'elle est par le problème des étoiles changeantes et par un phénomène céleste qui s'est présenté de nos jours, l'accroissement d'éclat extraordinaire que reçut en 1837 une étoile du Navire Argo.

En fait de grandeurs stellaires, il est essentiel de distinguer soigneusement deux genres bien différents de classification. L'un se réduit à une distribution des étoiles rangées d'après leur éclat décroissant; le *Manuel scientifique pour les Navigateurs* de Sir John Herschel en contient un exemple. L'autre est basé sur l'évaluation numérique des rapports de grandeurs, ou même sur des nombres qui expriment l'éclat absolu, la quantité de lumière émise (58). De ces deux derniers modes, le premier, qui borne ses prétentions à reproduire en nombres des évaluations faites à la simple vue, mérite probablement la préférence, quand ces évaluations ont été instituées avec un soin convenable (59). Dans l'état imparfait où se trouve la photométrie, il ne s'agit encore, en effet, que d'obtenir un premier degré d'approximation. Mais, il faut le reconnaître, c'est dans l'estime faite à la vue simple que se manifeste le plus l'influence de l'individualité propre à chaque observateur. A cette difficulté première, il faut ajouter celles qui naissent de la pureté si variable de l'atmosphère et de l'inégale hauteur des astres très-éloignés l'un de l'autre, entre lesquels la comparaison n'est possible qu'à l'aide d'intermédiaires nombreux; on doit tenir compte surtout des erreurs qui peuvent tenir à la différence des couleurs. La lumière est-elle d'égale teinte et du même degré de blancheur, on rencontre de nouveaux obstacles dans la vivacité de son éclat. Par exemple, il est bien plus difficile de comparer Sirius et Canopus, α du Centaure et Achernar, Deneb et Véga, que des étoiles beaucoup plus faibles, comme celles de 6e ou de 7e grandeur. La difficulté s'accroît encore pour les étoiles très-brillantes, quand il s'agit de comparer des étoiles jaunes, comme Procyon, la Chèvre ou Ataïr, avec des étoiles rouges, telles qu'Aldébaran, Arcturus et Béteigeuze (60).

Sir John Herschel a tenté, à l'exemple de Wollaston, de déterminer le rapport qui existe entre l'intensité de lumière d'une étoile et celle du Soleil. Il a pris la Lune pour point de comparaison intermédiaire, et en a comparé l'éclat à celui de l'étoile double α du Centaure, une des plus brillantes (la 3e) de tout le ciel. Ainsi fut accompli, pour la seconde fois, le souhait que John Michell formait dès 1787 (61). Par la moyenne de 11 mesures, instituées à l'aide d'un appareil prismatique, Sir John Herschel trouva que la pleine Lune est 27408 fois plus brillante que α du Centaure. Or, d'après Wollaston, le Soleil est 801072 fois plus brillant que la pleine Lune (62). Ainsi la lumière que le Soleil nous envoie est à celle que nous recevons de α du Centaure dans le rapport de 22000 millions à 1. En tenant compte de la distance, d'après la parallaxe adoptée pour cette étoile, il résulte des données précédentes que l'éclat absolu de α du Centaure est double de celui du Soleil (dans le rapport de 23 à 10). Wollaston a trouvé que la lumière de Sirius est, pour nous, 20000 millions de fois plus faible que celle du Soleil : son éclat réel, absolu, serait donc 63 fois plus grand que celui du Soleil, si, comme on le croit, la parallaxe de Sirius doit être réduite à 0″,230 (63). Nous sommes conduits ainsi à ranger notre Soleil parmi les étoiles d'un médiocre éclat intrinsèque. Sir John Herschel estime que l'éclat apparent de Sirius est presque égal à celui de 200 étoiles de 6ᵉ grandeur.

Puisqu'en dernier résultat il paraît vraisemblable, au moins par analogie, que tous les astres sont variables, non-seulement sous le rapport de la position qu'ils occupent dans l'espace absolu, mais encore sous celui de leur éclat intrinsèque, quelle que soit d'ailleurs la durée encore inconnue des périodes de ces variations; puisque d'autre part toute vie organique est subordonnée à l'intensité de la lumière et de la chaleur de notre Soleil, on est en droit de regarder les progrès de la photométrie comme un des buts les plus sérieux et les plus importants que la science puisse se proposer. On comprend quel intérêt les races futures attacheront à des déterminations numériques que de nouveaux perfectionnements en photométrie peuvent seuls nous permettre de leur léguer sur l'état actuel du firmament. Là se trouvera, par exemple, l'explication de nombreux phénomènes qui sont en rapport intime avec l'histoire thermologique de notre atmosphère et avec l'ancienne distribution géographique des espèces animales et végétales. Des considérations de même nature s'étaient déjà présentées, il y a plus d'un demi-siècle, à l'esprit de William Herschel, ce grand investigateur qui, devançant la découverte des rapports intimes du magnétisme avec l'électricité, osait assimiler la lumière, perpétuellement engendrée dans l'enveloppe gazeuse du Soleil, à celle des aurores boréales de notre globe terrestre (64).

Arago a reconnu dans l'état réciproquement complémentaire des anneaux colorés, vus par transmission et par réflexion, le moyen qui laisse concevoir le plus d'espérance d'arriver à la mesure directe de la quantité de lumière. J'ai cité dans une note (65), en conservant les propres termes de mon ami, l'indication de sa méthode photométrique, et celle du principe optique sur lequel il a basé son cyanomètre.

En raison de ces variations cosmiques de la lumière stellaire, nos cartes célestes et nos catalogues, où l'on trouve soigneusement indiquées les diverses grandeurs des étoiles, ne sauraient constituer un tableau homogène de l'état du ciel. Il faut distinguer, en réalité, dans les diverses parties de ce tableau, celles qui répondent à des époques très-différentes. On a cru longtemps que l'ordre des lettres dont on s'était servi pour désigner les étoiles, au XVIIe siècle, pourrait fournir des indices sûrs de ces variations de grandeur et d'éclat. Mais en discutant sous ce point de vue l'*Uranométrie* de Bayer, Argelander a prouvé qu'il n'était pas possible de juger de l'éclat relatif des étoiles, à l'époque de Bayer, d'après le rang que leurs lettres occupent dans l'alphabet; car l'astronome d'Augsbourg s'est laissé guider, dans le choix de ces lettres, par la forme et la direction des constellations, plutôt que par l'éclat des étoiles elles-mêmes (66).

SÉRIE PHOTOMÉTRIQUE DES ÉTOILES.

J'intercale ici un tableau que j'emprunte au récent ouvrage de Sir John Herschel, *Outlines of Astronomy*, p. 645 et 646. Mon savant ami, M. le docteur Galle, a bien voulu se charger de le coordonner et d'en rédiger l'explication. Voici un extrait de la lettre qu'il m'écrivit, à ce sujet, en mars 1850 :

« Les nombres de l'*échelle photométrique*, contenue dans les *Outlines of Astronomy*, ont été formés à l'aide de ceux de l'*échelle vulgaire*, en ajoutant uniformément 0,41 à ces derniers. Les grandeurs indiquées par les nombres de cette seconde échelle proviennent d'observations directes. L'auteur a institué des séries de comparaisons (*sequences*) entre les diverses étoiles, et a combiné ses résultats avec les *grandeurs* ordinairement employées par les astronomes (*Voyage au Cap*, p. 304-352); sous ce dernier rapport, le Catalogue de la Société astronomique de Londres, pour l'an 1827, lui a servi de base (p. 305). Les mesures photométriques, proprement dites, faites sur plusieurs étoiles à l'aide de l'*astromètre*, n'ont pas servi directement à construire cette table, mais seulement à voir jusqu'à quel point l'échelle ordinaire des grandeurs (la 1re, la 2e, la 3e.... grandeur) peut représenter la quantité de lumière réellement émise par chaque étoile. En procédant ainsi, l'auteur est arrivé à ce résultat remarquable que la série de nos grandeurs habituelles (1re, 2e, 3e,...) répond à peu près à celles que prendrait une même étoile de 1re grandeur, transportée successivement aux distances 1, 2, 3,...., et l'on sait que, dans ce cas, l'intensité de la lumière serait représentée par la série 1, 1/4, 1/9, 1/16,..... (*Voyage au Cap*, p. 371, 372; *Outlines*, p. 521, 522). Toutefois, si l'on veut perfectionner cette remarquable concordance des deux séries, il faut augmenter nos évaluations habituelles d'environ 1/2 grandeur, ou plus exactement de 0,41. Dans ce système, une étoile estimée actuellement de 2e grandeur devient de la grandeur 2,41 ; une autre de 2,5 grandeur devient de 2,91, etc..... C'est là l'*échelle photométrique* que Sir John Herschel propose de substituer à l'échelle actuelle des grandeurs (*Voyage au Cap*, p. 372 ; *Outlines*, p. 522), et assurément cette proposition mérite bien d'être accueillie. D'un côté, en effet, la différence entre les deux échelles est à peine sensible (would hardly be felt, *Voyage au Cap*, p. 372) ; d'autre part, la table des *Outlines* (p. 645 et suiv.), peut déjà servir de base jusqu'à la 4e grandeur, en sorte qu'on peut dès aujourd'hui appliquer complétement aux étoiles la règle qu'on a suivie jusqu'ici d'une manière instinctive, et qui consiste en ce que les intensités relatives à la 1re, la 2e, la 3e, la 4e,.... grandeur sont proportionnelles aux nombres 1, 1/4, 1/9, 1/16, etc... Sir John Herschel a choisi α du Centaure comme étoile normale de première grandeur pour l'échelle photométrique, et comme unité pour la quantité de lumière (*Outlines*, p. 523 ; *Voyage au Cap*, p. 372). D'après cela, si l'on élève au carré le nombre qui représente la grandeur photométrique d'une étoile, on obtient l'inverse du rapport de la quantité de lumière à celle de α du Centaure. Par exemple, κ d'Orion ayant 3 pour grandeur photométrique, émet 9 fois moins de lumière que α du Centaure ; et en même temps, ce nombre 3 indique que κ d'Orion doit être 3 fois plus éloigné de nous que α du Centaure, si ces deux étoiles sont des astres d'égale grandeur linéaire et d'égal éclat. Si l'on eût fait choix d'une autre étoile, de Sirius, par exemple, qui est 4 fois plus brillant, pour servir d'unité à cette échelle dont les nombres indiquent à la fois l'éclat et la distance, la régularité dont il vient d'être question ne se serait pas présentée avec la même simplicité. En outre, deux particularités désignaient assez α du Centaure ; sa distance est connue avec un certain degré de probabilité, et cette distance est la plus petite de toutes celles que l'on a mesurées jusqu'ici.

« L'auteur des *Outlines* montre dans ce dernier ouvrage,

p. 521, que l'échelle photométrique, ordonnée suivant les carrés 1, 1/4, 1/9, 1/16,.... est préférable à toute autre série, telle que les progressions géométriques 1, 1/2, 1/4, 1/8,.... ou 1, 1/3, 1/9, 1/27,.... Pendant votre voyage en Amérique, vous aviez adopté une progression arithmétique pour coordonner les observations que vous fîtes sous l'équateur; mais vos séries, ainsi que les précédentes, ne s'adaptent pas aussi bien à l'échelle ordinaire des grandeurs stellaires (vulgar scale) que la progression des carrés adoptée par Herschel (Humboldt, *Recueil d'Observ. astron.*, t. I, p. LXXI, et *Astron. Nachrichten*, n° 374). Dans la table suivante, les 190 étoiles des *Outlines* sont ordonnées d'après l'ordre des grandeurs seulement, et non d'après leurs déclinaisons boréales ou australes. »

CATALOGUE

De 190 étoiles, depuis la 1re jusqu'à la 3e grandeur, rangées, d'après les déterminations de Sir John Herschel, dans l'ordre de leurs grandeurs estimées *photométriquement*, et dans celui de leurs grandeurs *ordinaires*, d'après les données les plus exactes.

ÉTOILES DE 1re GRANDEUR.

NOMS DES ÉTOILES.	GRANDEUR ordin.	GRANDEUR photom.	NOMS DES ÉTOILES.	GRANDEUR ordin.	GRANDEUR photom.
Sirius.	0,08	0,49	α Orion.	1,0 :	1,4 :
η Argo (var.).	»	»	α Eridan.	1,09	1,50
Canopus.	0,29	0,70	Aldébaran.	1,1 :	1,5 :
α Centaure.	0,59	1,00	β Centaure.	1,17	1,58
Arcturus.	0,77	1,18	α Croix.	1,2	1,6
Rigel.	0,82	1,23	Antarès.	1,2	1,6
La Chèvre.	1,0 :	1,4 :	α Aigle.	1,28	1,69
α Lyre.	1,0 :	1,4 :	L'Épi.	1,38	1,79
Procyon.	1,0 :	1,4 :			

ÉTOILES DE 2e GRANDEUR.

NOMS DES ÉTOILES.	GRANDEUR ordin.	GRANDEUR photom.	NOMS DES ÉTOILES.	GRANDEUR ordin.	GRANDEUR photom.
Fomalhaut.	1,54	1,95	α Triangle austral.	2,23	2,64
β Croix.	1,57	1,98	ε Sagittaire.	2,26	2,67
Pollux.	1,6:	2,0:	β Taureau.	2,28	2,69
Regulus.	1,6:	2,0:	La Polaire.	2,28	2,69
α Grue.	1,66	2,07	θ Scorpion.	2,29	2,70
γ Croix.	1,73	2,14	α Hydre.	2,30	2,71
ε Orion.	1,84	2,25	δ Chien.	2,32	2,73
ε Chien.	1,86	2,27	α Paon.	2,33	2,74
λ Scorpion.	1,87	2,28	γ Lion.	2,34	2,75
α Cygne.	1,90	2,31	β Grue.	2,36	2,77
Castor.	1,94	2,35	α Bélier.	2,40	2,81
ε Ourse (var.).	1,95	2,36	σ Sagittaire.	2,41	2,82
α Ourse (var.).	1,96	2,37	δ Argo.	2,42	2,83
ζ Orion.	2,01	2,42	ζ Ourse.	2,43	2,84
β Argo.	2,03	2,44	β Andromède.	2,45	2,86
α Persée.	2,07	2,48	β Baleine.	2,46	2,87
γ Argo.	2,08	2,49	λ Argo.	2,46	2,87
ε Argo.	2,18	2,59	β Cocher.	2,48	2,89
η Ourse (var.).	2,18	2,59	γ Andromède.	2,50	2,91
γ Orion.	2,18	2,59			

ÉTOILES DE 3e GRANDEUR.

NOMS DES ÉTOILES.	GRANDEUR ordin.	GRANDEUR photom.	NOMS DES ÉTOILES.	GRANDEUR ordin.	GRANDEUR photom.
γ Cassiopée.	2,52	2,93	β Verseau.	2,85	3,26
α Andromède.	2,54	2,95	δ Scorpion.	2,86	3,27
θ Centaure.	2,54	2,95	ε Cygne.	2,88	3,29
α Cassiopée.	2,57	2,98	η Ophiucus.	2,89	3,30
β Chien.	2,58	2,99	γ Corbeau.	2,90	3,31
κ Orion.	2,59	3,00	α Céphée.	2,90	3,31
γ Gémeaux.	2,59	3,00	η Centaure.	2,91	3,32
δ Orion.	2,61	3,02	α Serpent.	2,92	3,33
Algol (var.).	2,62	3,03	δ Lion.	2,94	3,35
ε Pégase.	2,62	3,03	κ Argo.	2,94	3,35
γ Dragon.	2,62	3,03	β Corbeau.	2,95	3,36
β Lion.	2,63	3,04	β Scorpion.	2,96	3,37
α Ophiucus.	2,63	3,04	ζ Centaure.	2,96	3,37
β Cassiopée.	2,63	3,04	ζ Ophiucus.	2,97	3,38
γ Cygne.	2,63	3,04	α Verseau.	2,97	3,38
α Pégase.	2,65	3,06	π Argo.	2,98	3,39
β Pégase.	2,65	3,06	γ Aigle.	2,98	3,39
γ Centaure.	2,68	3,09	δ Cassiopée.	2,99	3,40
α Couronne.	2,69	3,10	δ Centaure.	2,99	3,40
γ Ourse.	2,71	3,12	α Lièvre.	3,00	3,41
ε Scorpion.	2,71	3,12	θ Ophiucus.	3,00	3,41
ζ Argo.	2,72	3,13	ζ Sagittaire.	3,01	3,42
β Ourse.	2,77	3,18	η Bouvier.	3,01	3,42
α Phénix.	2,78	3,19	η Dragon.	3,02	3,43
ι Argo.	2,80	3,21	π Ophiucus.	3,05	3,46
ε Bouvier.	2,80	3,21	β Dragon.	3,06	3,47
α Loup.	2,82	3,23	β Balance.	3,07	3,48
ε Centaure.	2,82	3,23	γ Vierge.	3,08	3,49
η Chien.	2,85	3,26	μ Argo.	3,08	3,49

ÉTOILES DE 3e GRANDEUR (*suite*).

NOMS DES ÉTOILES.	GRANDEUR ordin.	GRANDEUR photom.	NOMS DES ÉTOILES.	GRANDEUR ordin.	GRANDEUR photom.
β Bélier.	3,09	3,50	β Capricorne.	3,32	3,73
γ Pégase.	3,11	3,52	ρ Argo.	3,32	3,73
δ Sagittaire.	3,11	3,52	ζ Aigle.	3,32	3,73
α Balance.	3,12	3,53	β Cygne.	3,33	3,74
λ Sagittaire.	3,13	3,54	γ Persée.	3,34	3,75
β Loup.	3,14	3,55	μ Ourse.	3,35	3,76
ε Vierge?	3,14	3,55	β Triangle boréal.	3,35	3,76
α Colombe.	3,15	3,56	π Scorpion.	3,35	3,76
θ Cocher.	3,17	3,58	β Lièvre.	3,35	3,76
β Hercule.	3,18	3,59	γ Loup.	3,36	3,77
ι Centaure.	3,20	3,61	δ Persée.	3,36	3,77
δ Capricorne.	3,20	3,61	ψ Ourse.	3,36	3,77
δ Corbeau.	3,22	3,63	ε Cocher (var.).	3,37	3,78
α Chiens de chasse.	3,22	3,63	υ Scorpion.	3,37	3,78
β Ophiucus.	3,23	3,64	ι Orion.	3,37	3,78
δ Cygne.	3,24	3,65	γ Lynx.	3,39	3,80
ε Persée.	3,26	3,67	ζ Dragon.	3,40	3,81
η Taureau?	3,26	3,67	α Autel.	3,40	3,81
β Eridan.	3,26	3,67	π Sagittaire.	3,40	3,81
θ Argo.	3,26	3,67	π Hercule.	3,41	3,82
β Hydre.	3,27	3,68	β Petit Chien?	3,41	3,82
ζ Persée.	3,27	3,68	ζ Taureau.	3,42	3,83
ζ Hercule.	3,28	3,69	δ Dragon.	3,42	3,83
ε Corbeau.	3,28	3,69	μ Gémeaux.	3,42	3,83
ι Cocher.	3,29	3,70	γ Bouvier.	3,43	3,84
γ Petite Ourse.	3,30	3,71	ε Gémaux.	3,43	3,84
η Pégase.	3,31	3,72	α Mouche.	3,43	3,84
β Autel.	3,31	3,72	α Hydre?	3,44	3,85
α Toucan.	3,32	3,73	τ Scorpion.	3,44	3,85

ÉTOILES DE 3e GRANDEUR (*suite*).

NOMS DES ÉTOILES.	GRANDEUR ordin.	GRANDEUR photom.	NOMS DES ÉTOILES.	GRANDEUR ordin.	GRANDEUR photom.
δ Hercule.	3,44	3,85	η Cocher.	3,46	3,87
δ Gémeaux.	3,44	3,85	γ Lyre.	3,47	3,88
φ Orion.	3,45	3,86	η Gémeaux.	3,48	3,89
β Céphée.	3,45	3,86	γ Céphée.	3,48	3,89
θ Ourse.	3,45	3,86	κ Ourse.	3,49	3,90
ζ Hydre.	3,45	3,86	ε Cassiopée.	3,49	3,90
γ Hydre.	3,46	3,87	θ Aigle.	3,50	3,91
β Triangle austral.	3,46	3,87	σ Scorpion.	3,50	3,91
ι Ourse.	3,46	3,87	τ Argo.	3,50	3,91

« Le petit tableau suivant peut encore offrir de l'intérêt : les nombres désignent les *quantités de lumière* de 17 étoiles de 1re grandeur, telles qu'elles résultent des grandeurs photométriques :

Sirius	4,465
η Argo	—
Canopus	2,041
α Centaure	1,000
Arcturus	0,718
Rigel	0,661
La Chèvre	0,510
α Lyre	0,510
Procyon	0,510
α Orion	0,489
α Eridan	0,444
Aldébaran	0,444
β Centaure	0,401
α Croix	0,391
Antarès	0,391
α Aigle	0,350
L'Épi	0,312

« Voici, de plus, les quantités de lumière des étoiles qui sont juste de 1re, de 2e, de 3e grandeur, etc. :

Grandeur d'après l'échelle ordinaire.	Quantité de lumière.
1,00	0,500
2,00	0,172
3,00	0,086
4,00	0,051
5,00	0,034
6,00	0,024

« Partout la quantité de lumière de α du Centaure est prise pour unité. »

III

NOMBRE, DISTRIBUTION ET COULEURS DES ÉTOILES. — AMAS STELLAIRES. — VOIE LACTÉE PARSEMÉE DE RARES NÉBULEUSES.

Dans la première partie de ces fragments d'astrognosie, j'ai rappelé une conception originale d'Olbers (67) : Si la voûte du ciel était entièrement tapissée de points stellaires qui correspondraient à d'innombrables couches d'étoiles, placées les unes derrière les autres dans toutes les directions possibles; si, de plus, la lumière traversait l'espace sans y subir d'extinction; alors le fond du ciel présenterait un éclat uniforme, insupportable; aucune constellation ne pourrait être distinguée; le Soleil ne serait reconnaissable que par ses taches, et la Lune, par un disque obscur. Cette singulière hypothèse reporte mon esprit vers un firmament diamétralement opposé, quant à l'apparence, identique, au fond, pour l'obstacle qu'il opposerait au développement de la science, si la nature ne l'eût circonscrit aux plaines du Pérou. Là, entre les côtes de la mer du Sud et la chaîne des Andes, un brouillard épais masque le firmament pendant des mois entiers. C'est la saison qu'on nomme *el tiempo de la garua*. Impossible alors de distinguer une seule planète, une seule de ces belles étoiles de l'hémisphère austral, Canopus, la Croix du Sud, ou les pieds du Centaure. A peine si l'on parvient à deviner parfois le lieu qu'occupe la Lune. Le jour, quand il arrive par hasard que les contours du Soleil soient reconnaissables, son disque apparaît sans rayons, comme s'il était vu à travers un verre noir; sa couleur est jaune rougeâtre, quelquefois blanche, plus rarement d'un bleu verdâtre. Le navigateur, entraîné dans ces parages par le courant froid qui règne sur les côtes du Pérou, ne peut reconnaître le rivage; sans moyens pour déterminer sa latitude, il dépasse souvent le port où il se proposait d'arriver. Heureusement la configuration locale des courbes magnétiques lui offre une dernière ressource; j'ai montré ailleurs comment l'aiguille d'inclinaison peut encore le guider, quand les astres lui font défaut (68).

Longtemps avant moi, Bouguer et son collaborateur Don Jorge Juan, se sont plaints « du ciel si peu astronomique du Pérou. » Mais une considération plus grave encore se rattache à ce phénomène d'une couche atmosphérique imperméable à la lumière, incapable de retenir l'électricité, où jamais un orage ne se forme, et d'où s'élancent vers des régions plus pures les hauts plateaux des Cordillères, avec leurs sommets couverts de neiges éternelles. D'après les idées que la Géologie moderne s'est formées de l'état de l'atmosphère, dans les temps primitifs, il est à présumer que l'air, alors plus opaque et mélangé de vapeurs épaisses, devait être peu propre à transmettre les rayons lumineux. Si donc on réfléchit aux actions complexes qui ont déterminé, dans le monde primitif, la séparation des éléments solides, liquides et gazeux, et qui ont constitué finalement l'écorce terrestre avec ses enveloppes actuelles, il sera impossible de se soustraire à l'idée que l'humanité a couru le danger de vivre dans une atmosphère opaque, favorable encore, il est vrai, à plusieurs espèces végétales, mais qui aurait voilé à nos regards les merveilles du firmament. La structure des Cieux aurait échappé à l'esprit d'analyse; hors la Terre, rien n'existerait pour nous dans la création, si ce n'est peut-être le Soleil et la Lune; l'espace semblerait uniquement fait pour ces trois corps. Privé de ses notions les plus élevées sur le Cosmos, l'homme aurait manqué de ces incitations qui le lancent depuis des siècles à la poursuite de la vérité, et qui posent incessamment de nouveaux problèmes, dont les difficultés ont exercé tant d'influence sur l'admirable essor des sciences mathématiques. Il est bien permis de considérer un instant cette possibilité funeste, avant d'*énumérer* ici les conquêtes de l'esprit humain, conquêtes que le plus simple obstacle eût suffi, on le voit, à étouffer en germe.

Quand il s'agit du *nombre* des astres qui remplissent les espaces célestes, on doit distinguer trois questions différentes. Combien d'étoiles peut-on voir à l'œil nu? Combien nos catalogues en contiennent-ils, c'est-à-dire, quel est le nombre de celles dont la position est exactement connue? Combien y a-t-il d'étoiles comprises dans les divers ordres d'éclat, depuis la 1re jusqu'à la 9e et à la 10e grandeur? On peut actuellement répondre à ces trois questions, au moins d'une manière approximative; la science possède pour cela des matériaux suffisants. Il en est autrement de ces recherches purement conjecturales qu'on a voulu baser sur les jauges stellaires de certaines parties isolées de la Voie lactée, afin d'arriver à résoudre théoriquement cette question : Combien d'étoiles peut-on discerner sur la voûte entière du ciel, à l'aide du télescope de 20 pieds d'Herschel? Problème qui doit comprendre les astres dont la lumière emploie, dit-on, 2000 ans à venir jusqu'à nous (69).

Les résultats numériques que je publie ici sur ce sujet sont dus, en grande partie, aux recherches de mon honorable ami Argelander, directeur de l'Observatoire de Bonn. J'avais prié l'auteur de la *Révision du Ciel boréal*, de soumettre les données actuelles de nos catalogues à un nouvel examen. Pour la dernière classe de grandeur, il y a quelque incertitude provenant des divergences de l'appréciation individuelle; ces divergences se font sentir surtout vers les limites de la visibilité à l'œil nu, quand il faut séparer les étoiles de 6e à 7e grandeur des étoiles de 6e grandeur. Argelander a trouvé, en moyenne, par un grand nombre de combinaisons, que le nombre des étoiles visibles à l'œil nu, dans tout le ciel, est de 5000 à 5800, et que les étoiles comprises dans chaque classe forment à peu près la série des nombres suivants, en allant jusqu'à la 9e grandeur (70) :

1re grandeur,	20 étoiles.
2e —	65 —
3e —	190 —
4e —	425 —
5e —	1100 —
6e —	3200 —
7e —	13000 —
8e —	40000 —
9e —	142000 —

Le nombre des étoiles que l'on peut nettement distinguer à la vue simple, en un lieu donné, paraît au premier coup d'œil extrêmement faible : on en voit 4146 dans la portion du ciel visible sur l'horizon de Paris et 4638 à Alexandrie (71). Le rayon moyen du disque de la Lune étant de 15′ 33″,5, il faut 195291 aires égales au disque de cet astre pour couvrir la surface entière du ciel. En admettant donc que les 200000 étoiles (en nombre rond), comprises entre la 1re et la 9e grandeur, soient réparties uniformément, il n'y aurait qu'une étoile pour chacune de ces aires égales au disque entier de la Lune; et comme cet astre emploie 44m 30s pour décrire sur le ciel une aire égale à celle de son propre disque, il ne saurait rencontrer plus d'une étoile, en moyenne, dans ce même laps de temps. Si donc on voulait étendre jusqu'aux étoiles de 9e grandeur l'annonce calculée des occultations d'étoiles par la Lune, on trouverait qu'un phénomène de ce genre doit se reproduire, en moyenne, à chaque intervalle de 44m 30s. On comprend, d'après cela, comment il se fait que la Lune occulte si peu d'étoiles visibles à l'œil nu, dans sa marche à travers les constellations.

Il n'est pas sans intérêt de comparer les énumérations des anciens avec celles des modernes. Or Pline, qui connaissait certainement le catalogue d'Hipparque, et le nommait une entreprise audacieuse, disant que « Hipparque avait voulu léguer le ciel à la postérité, » Pline ne comptait que 1600 étoiles visibles sur le beau ciel de l'Italie (72)! Il avait pourtant fait entrer largement les étoiles de 5e grandeur dans son énumération. Un demi-siècle plus tard, le catalogue de Ptolémée indique seulement 1025 étoiles, jusqu'à la 6e grandeur.

Depuis qu'on ne se borne plus à classer les étoiles d'après les diverses parties qu'elles occupent dans leurs constellations respectives, mais d'après leur position par rapport à l'équateur ou à l'écliptique, les progrès de cette branche de la science se sont réglés constamment sur ceux des instruments de mesure. Aucun catalogue ne nous est parvenu de l'époque d'Aristille et de Timocharis (283 ans avant J. C.). Leurs observations étaient faites grossièrement (πάνυ ὁλοσχερῶς), d'après un fragment d'Hipparque *sur la Longueur de l'Année*, cité dans le 7e livre de l'Almageste (cap. III, pag. 15, éd. Halma); cependant il paraît certain qu'ils ont déterminé les déclinaisons d'un nombre d'étoiles considérable, près de 150 ans avant l'époque du catalogue stellaire d'Hipparque. On sait comment l'apparition d'une étoile nouvelle engagea Hipparque à faire une révision complète des étoiles; mais nous n'avons sur ce point d'autre témoignage que celui de Pline, témoignage accusé plus d'une fois de n'être que l'écho d'un bruit inventé après coup (73). Ptolémée n'en parle point. Toujours est-il que le grand catalogue de Tycho a précisément cette origine. Comme Hipparque, Tycho fut déterminé à entreprendre son catalogue par l'apparition subite d'une étoile brillante dans Cassiopée, vers le mois de novembre 1572. Sir John Herschel pense qu'une étoile nouvelle, vue dans le Scorpion 134 ans avant notre ère, pourrait bien être celle dont Pline a parlé (74). D'après les annales chinoises, elle parut au mois de juillet, sous le règne de Vou-ti, de la dynastie des Han, six années avant l'époque à laquelle les recherches d'Ideler fixent l'élaboration du catalogue d'Hipparque. C'est Édouard Biot, dont les sciences regrettent la perte prématurée, qui a découvert la mention de ce curieux phénomène dans la célèbre collection de Ma-tua-lin, où sont rapportées toutes les apparitions de comètes et d'étoiles singulières qui ont eu lieu entre l'an 613 avant J. C. et l'an 1222 de l'ère chrétienne.

Le poëme didactique d'Aratus, auquel nous devons le seul écrit d'Hipparque qui nous soit parvenu, remonte aux temps d'Ératosthène, de Timocharis et d'Aristille (75). La partie astronomique de ce poëme, qui contient aussi une partie météorologique, est basée sur la sphère d'Eudoxe de Cnide. Le catalogue d'Hipparque ne nous a point été conservé, quoiqu'il fît partie, d'après Ideler, et même partie essentielle de l'œuvre citée par Suidas sur *la Distribution des Étoiles et des Astres* (76). Cette table renfermait les positions de 1080 étoiles pour l'an 128 avant notre ère. Les positions données par Hipparque, dans son Commentaire sur Aratus, ont été déterminées, sans doute, à l'aide de l'armille équatoriale, non avec l'astrolabe; car elles sont toutes rapportées à l'équateur d'après la déclinaison et l'ascension droite. Au contraire, le catalogue de Ptolémée, où l'on trouve 1025 positions d'étoiles et 5 *stellæ nebulosæ*, est rapporté à l'écliptique (77), et ne contient que les latitudes et les longitudes (*Almageste*, éd. Halma, t. II, p. 83). On croit que c'est une simple reproduction du catalogue d'Hipparque transformé par le calcul. Voici comment ces étoiles sont réparties entre les différentes classes de grandeurs :

1re grandeur,	15 étoiles.
2e —	45 —
3e —	208 —
4e —	474 —
5e —	217 —
6e —	49 —

On devait s'attendre à trouver des nombres beaucoup trop faibles pour la 5e et la 6e classe; mais la richesse de la 3e et de la 4e est remarquable. Toute autre comparaison plus détaillée entre ce vieux catalogue et les catalogues modernes serait d'ailleurs nécessairement illusoire, à cause du vague qui affecte toujours l'estimation des grandeurs.

Nous avons vu que le catalogue stellaire, dit de Ptolémée, contient seulement le quart des étoiles visibles à l'œil nu sur l'horizon de Rhodes ou d'Alexandrie : il faut ajouter que, par suite des réductions basées sur une fausse valeur de la précession, les positions d'étoiles qu'on y trouve paraîtraient avoir été observées, non à l'époque d'Hipparque, mais vers l'an 63 de notre ère. Dans les seize siècles suivants, nous ne trouvons plus que trois catalogues complets et fondés sur des observations originales; celui d'Oulough Beg, en 1437; celui de Tycho, en 1600, et celui d'Hévélius, en 1660. Au milieu des ravages de la guerre et des plus sauvages bouleversements, c'est à peine si les sciences purent mettre à profit de rares intervalles de repos, entre le IXe siècle et le milieu du XVe; mais ce furent là des époques de splendeur pour l'astronomie observatrice. Elle fut brillamment cultivée parmi les Arabes, les Persans, les Mogols, depuis Al-Mamoun, fils de Haraoun Al-Raschid, jusqu'au fils du Schah Rokh, le Timouride Mohammed Taraghi Oulough Beg. Les tables astronomiques d'Ebn-Jounis, composées en 1007 et nommées tables hakémitiques en l'honneur du calife fatimite Aziz Ben-Hakem Biamrilla, ainsi que les tables ilkhaniennes (78) de Nasir-Eddin Tousi, fondateur du grand observatoire de Meragha, qui datent de 1259, nous montrent assez quels progrès avait faits la connaissance des mouvements planétaires, et combien on avait su perfectionner les instruments de mesure et les méthodes de Ptolémée. Déjà même les oscillations du pendule étaient employées pour la mesure du temps, concurremment avec les clepsydres (79). Il faut reconnaître aux Arabes le grand mérite d'avoir montré comment on peut perfectionner les tables astronomiques, en les comparant assidûment aux observations. Le catalogue d'Oulough Beg, primitivement écrit en persan, est basé sur les observations originales du gymnase de Samarcande, sauf quelques étoiles australes invisibles sous la latitude de 39° 52′ (?) et empruntées à Ptolémée (80). Il ne contient aussi que 1019 positions d'étoiles réduites à l'an 1437. Un commentaire subséquent contient 300 étoiles de plus, dont les positions ont été déterminées en 1533 par Abou-Bekri Altizini. Nous arrivons ainsi, par les Arabes, les Persans et les Mogols, à la grande époque de Copernic et presqu'à celle de Tycho.

Dès le commencement du XVIe siècle, les progrès de la navigation, entre les tropiques et sous les hautes latitudes australes, contribuèrent puissamment à l'extension incessante de nos connaissances sur le ciel étoilé, bien moins pourtant que ne fit, un siècle plus tard, l'invention des lunettes. Ces deux conquêtes donnaient accès à de nouvelles régions, à des espaces auparavant inconnus dans le ciel. J'ai dit ailleurs ce que nous devons, pour le ciel austral, aux premiers navigateurs, à Amerigo Vespucci, puis à Pigafetta, compagnon de Magellan et d'Elcano. Vicente Yañez Pinzon et Acosta nous firent connaître, les premiers, ces taches noires du ciel austral surnommées *Sacs à Charbon*; Anghiera et Andrea Corsali décrivirent les Nuées de Magellan (81). Là encore l'astronomie descriptive précéda l'astronomie des mesures. Il y eut aussi des exagérations : l'ingénieux Cardan affirmait que dans les régions célestes, voisines du pôle austral, si pauvre en étoiles comme on sait, Amerigo Vespucci en avait compté 10000 à l'œil nu (82). Après avoir décrit, on commença enfin à mesurer. Frédéric Houtman et Pierre Theodori van Emden ou Dirkz Keyser, car Olbers croit que ces deux noms s'appliquent à la même personne, mesurèrent, à Java et à Sumatra, les distances angulaires des étoiles. Grâce à ces observations, les étoiles australes purent être inscrites dans les cartes célestes de Bartsch, de Hondius et de Bayer; Kepler en ajouta les positions au catalogue de Tycho, dans les Tables Rudolphines.

Un demi-siècle à peine s'est écoulé depuis le voyage de Magellan autour du monde, et Tycho commence ses travaux sur le ciel étoilé, travaux admirables dont l'exactitude surpasse tout ce que l'astronomie pratique avait produit jusqu'alors, même sans en excepter les observations du Landgrave Guillaume IV, à Cassel. Cependant le catalogue de Tycho, calculé et édité par Kepler, ne comprend encore que 1000 étoiles dont le quart tout au plus se compose d'étoiles de 6ᵉ grandeur. Ce catalogue et celui d'Hévélius, qui est beaucoup moins employé et contient 1564 positions pour l'an 1660, sont les derniers produits de l'observation à l'œil nu, dont le règne a été prolongé par l'obstination d'Hévélius, qui repoussa constamment l'application des lunettes aux instruments de mesures.

.ette applica tion permit enfin d'étendre au delà de la 6e grandeur la détermination des lieux des étoiles. De ce moment les astronomes sont entrés, pour ainsi dire, en possession de l'univers sidéral. Mais si l'étude des étoiles télescopiques, la détermination de leur nombre et de leurs positions ont étendu le champ de nos idées sur l'univers, ce n'est pas là l'unique avantage qu'on en ait tiré. Cette étude a exercé, ce qui est d'une bien autre importance, une influence essentielle sur la connaissance de notre propre monde, en amenant la découverte de planètes nouvelles, et en donnant aux calculateurs les moyens de déterminer plus promptement leurs orbites. Lorsque William Herschel eut conçu l'heureuse idée de sonder les profondeurs de l'espace et de compter, dans ses *jauges* à différentes distances de la Voie lactée (83), les étoiles qui traversaient le champ de ses grands télescopes, il devint possible de saisir la loi suivant laquelle les étoiles s'accumulent dans les diverses régions. Cette loi fit naître, à son tour, les conceptions grandioses par lesquelles on se représente la Voie lactée, avec ses divisions multiples, comme la perspective d'une série d'immenses anneaux stellaires concentriques et contenant des millions d'étoiles. D'un autre côté, l'étude minutieuse des plus petites étoiles et de leurs positions relatives a singulièrement aidé à la découverte des planètes qui voyagent au milieu d'elles, comme les eaux d'un fleuve entre des rives immobiles. Voyez, en effet, avec quelle facilité Galle a pu trouver Neptune, sur la première indication de Le Verrier, et combien de petites planètes ont été découvertes, grâce à la connaissance approfondie du ciel, jusque dans ses moindres détails. Mais on va sentir encore mieux toute l'importance que peuvent acquérir des catalogues aussi complets que possible. Dès qu'une nouvelle planète a été découverte au ciel, les astronomes s'efforcent aussitôt de la découvrir une seconde fois, pour ainsi dire, dans les anciens catalogues. Si cet astre a été pris autrefois pour une étoile ordinaire, s'il a été observé et inscrit à ce titre dans un catalogue, ce document rétrospectif sera souvent plus utile pour déterminer une orbite dont la forme se dessine avec lenteur, que ne seraient plusieurs années d'observations postérieures. C'est ainsi que le n° 964 du catalogue de Tobie Mayer a joué un grand rôle dans la théorie d'Uranus, et le n° 26266 de Lalande dans celle de Neptune (84). Avant qu'on n'y eût reconnu une planète, Uranus avait été observé 21 fois : 7 fois par Flamsteed, 1 fois par Tobie Mayer, 1 fois par Bradley, 12 fois par Le Monnier. L'espérance de voir augmenter encore le nombre des astres de notre monde planétaire ne repose pas seulement sur la puissance actuelle de nos lunettes ; il faut peut-être compter encore plus sur l'étendue de nos catalogues et le soin des observateurs. Quand on découvrit Hébé, cette planète était de 8e à 9e grandeur (juillet 1847); lorsqu'on la revit en mai 1849, elle n'était plus que de 11e grandeur.

Le premier catalogue qui ait paru, depuis l'époque où Morin et Gascoigne enseignèrent à réunir les lunettes aux instruments de mesure, c'est le catalogue des étoiles australes dont Halley avait déterminé la position, pendant le court séjour qu'il fit à Sainte-Hélène, en 1677 et 1678. Il est assez étrange que ce catalogue ne contienne point d'étoiles au-dessous de la 6e grandeur (85). Flamsteed avait entrepris longtemps auparavant la construction de son grand Atlas céleste; mais l'œuvre de ce célèbre astronome parut seulement en 1712. Puis vinrent les travaux de Bradley qui conduisirent à la découverte de l'aberration et de la nutation, et sa belle série d'observations, faites de 1750 à 1762, dont Bessel a fait connaître toute la valeur, en 1818, par ses *Fundamenta Astronomiæ* (86). Enfin parurent les catalogues de Lacaille et de Tobie Mayer, ceux de Cagnoli, de Piazzi, de Zach, de Pond, de Taylor et de Groombridge, ceux d'Argelander, d'Airy, de Brisbane et de Rümker.

Choisissons, parmi tant de travaux remarquables, les catalogues qui se recommandent par leur grande étendue, et qui comprennent une bonne part des étoiles de la 7e à la 10e grandeur. Nous rencontrons d'abord l'*Histoire céleste française* de

Jérôme de Lalande, à laquelle on vient de rendre une tardive mais éclatante justice. Ce catalogue est fondé sur des observations faites de 1780 à 1800, par Le Français de Lalande et Burckhardt. Calculé et réduit soigneusement, par ordre de l'*Association Britanique pour l'Avancement des Sciences*, et sous la direction de François Baily, il contient 47390 étoiles; beaucoup sont de 9e grandeur, quelques-unes sont plus faibles encore. Harding, auquel on doit la découverte de Junon, a consigné, dans son Atlas en 27 cartes, plus de 50000 positions d'étoiles tirées de la vaste collection française. Les *zones* de Bessel, contenant 75000 observations, depuis le parallèle céleste de — 15° jusqu'à celui de + 45°, ont exigé huit années de labeur. Commencé en 1825, ce grand travail a été terminé en 1833. De 1841 à 1843, Argelander a continué ces zones jusqu'au parallèle de 80°, et a fixé, avec une admirable exactitude, les lieux de 22000 étoiles (87). Enfin les zones de Bessel ont été réduites et calculées, en grande partie, par les soins de l'Académie de Saint-Pétersbourg : Weisse, directeur de l'Observatoire de Cracovie, chargé de ce travail, a calculé, pour 1825, les positions de 31895 étoiles dont 19738 seulement sont de 9e grandeur (88).

Il me reste à mentionner les *Cartes de l'Académie de Berlin*. Pour parler dignement de cette œuvre immense, je ne crois pas pouvoir mieux faire que d'emprunter le passage suivant à l'éloge de Bessel, prononcé par Encke (89) : « On sait que Harding a puisé, dans l'*Histoire céleste* de Lalande, les éléments de son Atlas, où le ciel étoilé se trouve si admirablement représenté. De même Bessel, après avoir terminé, en 1824, la première partie de ses zones, proposa de baser des cartes célestes encore plus détaillées sur ces nouvelles observations. D'après le plan de Bessel, il ne s'agissait pas de retracer seulement les lieux observés; il fallait encore rendre ces cartes assez complètes pour qu'en les comparant plus tard avec le ciel, il fût possible de reconnaître immédiatement les planètes les plus faibles, et de les distinguer au milieu des étoiles fixes, sans avoir besoin d'attendre un changement de position, toujours long et difficile à constater. Le projet de Bessel n'a pas encore été exécuté dans toute son étendue, et déjà cependant les Cartes de l'Académie de Berlin ont réalisé, de la manière la plus brillante, les espérances du promoteur de cette entreprise. Ce sont ces cartes, en effet, qui ont amené ou du moins facilité la découverte récente de sept nouvelles planètes (1850). » Des 24 cartes qui doivent représenter une zone comprise entre les parallèles de 15°, de chaque côté de l'équateur, l'Académie de Berlin en a déjà publié 16, où l'on s'est astreint à représenter, autant que possible, toutes les étoiles comprises dans les 9 premiers ordres de grandeur, et même une partie des étoiles de 10° grandeur.

C'est ici le lieu de rappeler les tentatives qu'on a faites pour estimer le nombre des étoiles rendues visibles, dans tout le ciel, par les puissants instruments optiques dont l'astronomie dispose aujourd'hui. Struve admet que le célèbre télescope de 20 pieds, employé par W. Herschel dans ses jauges (*gauges*, *sweeps*) avec un grossissement de 180 fois, fait voir 5 800 000 étoiles dans les deux zones qui s'étendent à 30° au nord et au sud de l'équateur, et 20 374 000 dans le ciel entier. Avec un instrument encore plus puissant, le télescope de 40 pieds, Sir William Herschel portait à 18 000 000 le nombre des étoiles contenues dans la seule Voie lactée (90).

Bornons-nous ici aux énumérations basées sur les observations effectives et sur les catalogues actuels, tant pour les étoiles visibles à l'œil nu, que pour les étoiles télescopiques, et voyons maintenant de quelle manière ces astres sont disséminés ou groupés sur la voûte céleste. Nous avons vu déjà que les étoiles peuvent servir de points de repère dans l'immensité de l'espace; malgré les petits mouvements apparents ou réels dont elles sont animées, l'astronome rapporte à ces points *fixes* tout ce qui se meut plus rapidement dans le ciel, les comètes, par exemple, ou les planètes de notre système. Au premier coup d'œil jeté sur le firmament, ce sont les étoiles qui, par leur multitude et la prépondérance de leurs masses, saisissent d'abord notre intérêt; elles sont la source des sentiments d'admiration ou d'étonnement que l'aspect du ciel fait naître en nous. Mais les mouvements des astres errants répondent mieux à la nature scrutatrice de la raison, car là est l'origine et le but de ces difficiles problèmes dont la solution provoque incessamment l'essor de la science.

Au milieu de cette multitude d'astres grands et petits, dont la voûte céleste est semée comme par hasard, le regard s'arrête spontanément sur des groupes d'étoiles brillantes, associées en apparence par une proximité frappante, ou bien sur des étoiles remarquables par leur éclat et par un certain isolement dans la région qu'elles occupent. Ces groupes naturels font pressentir obscurément un lien, une dépendance quelconque entre les parties et l'ensemble. Ils ont été remarqués à toutes les époques, même par les races d'hommes les plus grossières. Les recherches que l'on a faites, dans ces derniers temps, sur les langues de plusieurs tribus dites sauvages, en font foi; on retrouve même presque toujours, d'une race à l'autre, des groupes identiques sous des noms différents, et ces noms, empruntés d'ordinaire au règne organique, donnent une vie fantastique à la solitude et au silence des cieux. Ainsi furent distinguées de bonne heure les 7 étoiles des Pléiades ou la Poussinière, les 7 étoiles du Grand Chariot, celles du Baudrier d'Orion (bâton de Jacob), de Cassiopée, du Cygne, du Scorpion, de la Croix du Sud, si remarquable par son changement de direction au lever et au coucher, de la Couronne australe, des Pieds du Centaure, qui forment une espèce de constellation des Gémeaux dans l'hémisphère austral, etc. Quant au Petit Chariot, c'est une constellation moins ancienne, qui ne doit son origine qu'à une répétition frappante de la forme du Grand Chariot.

Là où des steppes, de vastes prairies ou des déserts de sable présentent un large horizon, le lever et le coucher des constellations, variant sans cesse avec les saisons, les travaux de l'agriculture et les occupations des peuples pasteurs, ont été, dès les premiers âges, l'objet d'une étude attentive et d'une association d'idées symboliques. C'est ainsi que l'astronomie contemplative, non pas celle qui a pour objet les mesures et les calculs, a commencé à se développer. Outre le mouvement diurne, commun à tous les corps célestes, on reconnut bientôt au Soleil un autre mouvement beaucoup moins rapide, qui s'accomplit dans une direction opposée. Les étoiles que l'on voit le soir à l'occident se rapprochent du Soleil et finissent par se perdre dans ses rayons, pendant le crépuscule, tandis que les étoiles qui brillent au ciel avant l'aurore s'écartent du Soleil, et le devancent de plus en plus. Le spectacle mouvant du ciel offre sans cesse à nos yeux de nouvelles constellations. Mais, avec un peu d'attention, il fut facile de reconnaître que les étoiles du matin étaient les mêmes étoiles qu'on avait vues auparavant disparaître dans l'ouest, et que les constellations, d'abord voisines du Soleil, se retrouvaient six mois après à l'opposite, se couchant quand le Soleil se lève, et se levant à l'heure de son coucher. D'Hésiode à Eudoxe, d'Eudoxe à Aratus, la littérature des Grecs est remplie d'allusions à ces phénomènes annuels du lever et du coucher héliaque des étoiles. C'est dans l'observation exacte de ces phénomènes que furent puisés les premiers éléments de l'art de mesurer le temps : éléments que déjà la science naissante exprimait froidement par des nombres, tandis que l'imagination sombre ou riante des peuples livrait les espaces célestes aux caprices de la mythologie.

Les Grecs enrichirent peu à peu leur sphère primitive de constellations nouvelles, bien avant de songer à les coordonner d'une manière quelconque avec l'écliptique. On voit que j'adopte encore ici, comme dans l'*Histoire de l'Étude du Monde physique*, les vues de mon célèbre et regrettable ami Letronne (91). Ainsi Homère et Hésiode connaissaient déjà certaines constellations et nommaient certaines étoiles. Homère cite la Grande Ourse qu'on appelait déjà le chariot céleste et qui « ne se baigne pas dans les eaux de l'Océan» ; il parle du Bouvier et du Chien d'Orion. Hésiode nomme Sirius et Arcturus. Homère et Hésiode connaissaient les Pléiades, les Hyades et la constellation d'Orion (92). Si le premier dit, à deux reprises, que l'Ourse *seule* ne se plonge jamais dans la mer, il s'ensuit uniquement qu'on n'avait pas encore formé, à cette époque, les constellations du Dragon, de Céphée et de la Petite Ourse qui ne se couchent pas davantage. C'étaient les astérismes, non les étoiles dont ils se composent, qu'on ignorait alors. Un long passage de Strabon, souvent mal interprété (Strabo, lib. I, p. 3; ed. Casaubon), établit complétement la thèse capitale dont il s'agit ici, à savoir : l'introduction successive des constellations dans la sphère grecque. « C'est à tort, dit Strabon, que l'on accuse Homère d'ignorance, parce qu'il n'a parlé que d'une des deux Ourses célestes. Probablement la seconde constellation n'avait point encore été formée à son époque. Ce sont les Phéniciens qui la formèrent les premiers et s'en servirent pour naviguer; elle vint plus tard chez les Grecs. » Tous les Scoliastes d'Homère, Hygin et Diogène de Laërte attribuent à Thalès l'introduction de cette constellation. Le Pseudo-Eratosthène nomme la Petite Ourse Φοινίκη, pour indiquer qu'elle servait de guide aux Phéniciens. Un siècle plus tard, vers la 71ᵉ Olympiade, Cléostrate, de Ténédos, enrichit la sphère du Sagittaire, Τοξότης, et du Bélier, Κριός.

C'est de cette époque, c'est-à-dire de la tyrannie des Pisistratides, que Letronne fait dater l'introduction du zodiaque dans l'ancienne sphère des Grecs. Eudémus, de Rhodes, un des élèves les plus distingués du Stagirite et auteur d'une Histoire de l'Astronomie, attribue l'introduction de la zone zodiacale (ἡ τοῦ ζωδιακοῦ διάζωσις, ou ζωΐδιος κύκλος) à Œnopide, de Chio, contemporain d'Anaxagore (93). L'idée de rapporter les lieux des planètes et des étoiles à l'orbite solaire, la division de l'écliptique en douze parties égales (dodécatémories), appartient à l'antiquité chaldéenne, d'où elle parvint directement aux Grecs, sans passer, comme on l'a cru, par la vallée du Nil. La date de cette transmission ne remonte même pas au delà du commencement du vᵉ ou du viᵉ siècle avant notre ère (94). Les Grecs se bornèrent à subdiviser, dans leur sphère primitive, les constellations qui se rapprochaient le plus de l'écliptique et qui pouvaient servir de constellations zodiacales. La preuve en est simple : si les Grecs avaient pris à un peuple étranger un zodiaque complet, au lieu de borner leurs emprunts à l'idée de partager l'écliptique en dodécatémories, on ne retrouverait point chez eux onze constellations seulement dans le zodiaque, une d'entre elles, le Scorpion, ayant été partagée en deux pour compléter le nombre nécessaire. Leurs divisions zodiacales auraient été plus régulières ; elles n'auraient point embrassé des espaces de 35 à 48 degrés, comme le Taureau, le Lion, les Poissons et la Vierge, tandis que le Cancer, le Bélier et le Capricorne en comprennent de 19 à 23 seulement. Leurs constellations n'auraient point été disposées irrégulièrement au nord et au sud de l'écliptique, tantôt occupant sur ce cercle de grands intervalles, tantôt resserrées, au contraire, et empiétant l'une sur l'autre, comme le Taureau et le Bélier, le Verseau et le Capricorne. Preuves évidentes que les Grecs ont fait les signes du zodiaque avec leurs anciennes constellations.

D'après Letronne, le signe de la Balance a été introduit du temps d'Hipparque, et peut-être par Hipparque lui-même. Eudoxe, Archimède, Autolycus n'en font pas mention. Hipparque lui-même n'en parle point dans le peu qui nous reste de lui, excepté dans un seul passage qui a été falsifié probablement par un copiste (95). Il est question pour la première fois de ce nouveau signe, dans les écrits de Geminus et de Varron, un demi-siècle à peine avant notre ère ;

et comme la passion de l'astrologie fit irruption dans le monde romain, entre le règne d'Auguste et celui d'Antonin, il arriva aussi que les constellations « situées sur le chemin céleste du Soleil » acquirent une importance démesurée, chimérique. C'est à la première moitié de cette période de la domination romaine qu'appartiennent les représentations zodiacales des temples de Dendéra et d'Esné, celles des propylônes de Panopolis et des enveloppes de plusieurs momies. Ajoutons que ces vérités désormais acquises avaient été déjà soutenues par Visconti et Testa, avant même que les preuves décisives eussent été rassemblées, dans un temps où l'on donnait cours aux plus singulières théories sur la signification symbolique des représentations zodiacales et sur leurs prétendus rapports avec la précession des équinoxes. Quant à la haute antiquité que A. W. de Schlegel attribuait aux zodiaques indiens, en se fondant sur quelques passages des Lois de Manou, du Ramayana de Valmiki ou du dictionnaire d'Amarasinha, c'est un point devenu bien douteux depuis les ingénieuses recherches d'Adolphe Holtzmann (96).

Ces constellations formées au hasard, dans le cours des siècles, sans but déterminé, la grandeur incommode, l'indétermination de leurs contours, les désignations compliquées des étoiles composantes pour lesquelles il a fallu parfois épuiser des alphabets entiers, témoin le Navire Argo, le peu de goût avec lequel on a introduit dans le ciel austral la froide nomenclature d'instruments usités dans les sciences, tels que la Pendule ou le Fourneau de Chimie, à côté des allégories mythologiques, tous ces défauts accumulés ont déjà suggéré plusieurs fois des plans de réforme pour les divisions stellaires et le projet d'en *bannir toute* configuration. Il faut l'avouer, la tentative a dû paraître moins hasardée pour l'hémisphère austral que pour le nôtre; car, dans le premier, le Scorpion, le Sagittaire, le Centaure, le Navire et l'Éridan sont les seules constellations auxquelles la poésie ait donné droit de cité (97).

Ces mots de voûte étoilée (*orbis inerrans* d'Apulée) ou d'étoiles fixes (*astra fixa* de Manilius) sont autant d'expressions impropres qui rappellent, avons-nous dit (98), que l'on a réuni, ou plutôt confondu, deux idées différentes. Quand Aristote emploie l'expression de ἐνδεδεμένα ἄστρα (astres fixés) pour désigner les étoiles; quand Ptolémée les nomme προσπεφυκότες (adhérents), il est bien évident que ces désignations se rapportent à la sphère cristalline d'Anaximène. Le mouvement diurne qui entraîne tous ces astres de l'est à l'ouest, sans changer leurs distances mutuelles, avait dû conduire tout d'abord à des idées ou à des hypothèses de ce genre : « Les étoiles (ἀπλανῆ ἄστρα) appartiennent aux régions supérieures; elles y sont fixées et comme clouées sur une sphère de cristal ; les planètes (ἄστρα πλανώμενά ou πλανητά) qui ont un autre mouvement en sens inverse, appartiennent à des régions inférieures et plus voisines de nous (99). » Si dès les premiers temps de l'ère des Césars, on trouve, dans

Manilius, le terme de *Stella fixa* au lieu de *infixa* ou *affixa*, il est à croire qu'on s'en était tenu d'abord, dans l'école romaine, au sens primitif dont nous venons de parler, mais qu'à la longue, le mot *fixus* emportant avec lui le sens d'*immotus* et d'*immobilis*, il s'est fait peu à peu, dans la croyance populaire, ou plutôt dans le langage même, une confusion où l'idée d'immobilité a dû prévaloir; de telle sorte que les étoiles sont devenues *fixes* (stellæ fixæ), indépendamment de la sphère à laquelle on concevait autrefois qu'elles étaient attachées. Voilà comment Sénèque a pu dire, du monde des étoiles, *fixum et immobilem populum*.

Si nous prenons pour guides Stobée et le collecteur des « Opinions des Philosophes », et que nous suivions la trace de cette idée d'une sphère de cristal jusqu'à l'époque antique d'Anaximène, nous la retrouvons encore plus nettement formulée par Empédocle. Ce philosophe considère la sphère des fixes comme une masse solide, formée d'une partie de l'éther que l'élément igné aurait converti en cristal (100). La Lune est, à ses yeux, une matière que la puissance du feu a coagulée en forme de grêlon et qui reçoit sa lumière du Soleil. Dans la physique des anciens, et d'après leur manière de concevoir le passage de l'état fluide à l'état solide, les conceptions précédentes n'étaient point en relation nécessaire avec les idées de refroidissement et de congélation; mais l'affinité du mot κρύσταλλος avec κρύος et κρυσταίνω, et un rapprochement naturel avec la matière qui sert vulgairement de type pour la transparence, ont donné corps à des idées d'abord moins précises (1) ; on en est venu à voir, dans la voûte céleste, une sphère de glace, ou de verre, et Lactance a pu dire : *Cœlum aërem glaciatum esse*, et ailleurs : *Vitreum cœlum*. Sans doute Empédocle n'a point songé au verre, invention phénicienne, mais bien à l'air que l'éther igné aurait transformé en un corps solide éminemment translucide. Au reste, quand il s'agissait de cette glace (κρύσταλλος), on sent bien que l'idée de transparence était l'idée dominante ; on écartait celle du froid pour ne songer qu'à un corps devenu solide, tout en restant transparent. Le poëte employait le mot cristal ; mais le prosateur disait seulement κρυσταλλοειδής, semblable au cristal, témoin ce passage d'Achille Tatius, le commentateur d'Aratus, que j'ai rapporté dans l'avant-dernière note. De même, le mot πάγος (de πήγνυσθαι, se solidifier) veut bien dire aussi un morceau de glace, mais il faut se borner ici au sens relatif à la solidification.

Ce sont les Pères de l'Église qui ont transmis au moyen âge l'idée d'une voûte de cristal. Ils l'avaient prise au pied de la lettre, et, renchérissant encore sur l'idée primitive, ils imaginaient un ciel de verre formé de huit à dix couches superposées à peu près comme les peaux d'un oignon. Cette conception singulière se serait même perpétuée dans certains cloîtres de l'Europe méridionale, si j'ai bien compris le propos que me tenait un vénérable prince de l'Église, au sujet du fameux aérolithe d'Aigle, dont on était alors vivement préoccupé. Cette prétendue pierre météorique, recouverte d'une croûte vitrifiée, n'était point la pierre elle-même, disait-il, à ma grande surprise, mais un simple fragment du ciel de cristal qu'elle avait dû briser en tombant. Kepler s'était vanté, deux siècles et demi auparavant, d'avoir brisé les 77 sphères homocentriques du célèbre Girolamo Fracastoro et tous les épicycles des anciens, en démontrant que les comètes coupent et traversent en tous sens les orbites planétaires (2). Quant à savoir si de grands esprits, tels qu'Eudoxe, Ménechme, Aristote et Apollonius de Perge, ont cru à la réalité de ces sphères emboîtées l'une dans l'autre et conduisant les planètes, ou si cette conception n'était pas plutôt pour eux une combinaison fictive, servant à simplifier les calculs et à guider l'esprit à travers les difficiles détails du problème des planètes, c'est un point que j'ai traité ailleurs, et dont il est impossible de méconnaître l'importance, lorsqu'on veut rechercher dans l'histoire de l'astronomie les phases successives du développement de l'esprit humain (3).

Laissons désormais l'antique, mais artificielle division des étoiles en constellations zodiacales, et la sphère solide à laquelle on les croyait fixées. Mais avant de passer à l'étude des groupes naturels qu'elles forment en réalité et aux lois de leur distribution dans l'espace, arrêtons-nous un instant à quelques phénomènes particuliers, tels que les rayons parasites, les diamètres factices et les couleurs variées des étoiles. J'ai déjà mentionné, à propos des lunes de Jupiter (4), les rayons qui paraissent, à l'œil nu, émaner des étoiles brillantes, sortes de queues dont le nombre, la position et la longueur varient, au reste, pour chaque observateur. La vision indistincte est due à plusieurs causes de nature organique; elle dépend de l'aberration de sphéricité de l'œil, de la diffraction qui se produit aux bords de la pupille ou des cils, et de la manière irrégulière dont l'irritabilité de la rétine propage, autour de chaque point, l'impression directement reçue (5). Je vois très-régulièrement huit rayons, inclinés l'un sur l'autre de 45°, autour des étoiles de 1re, 2e et 3e grandeur. D'après la théorie d'Hassenfratz, ces queues sont les caustiques du cristallin formées par l'intersection mutuelle des rayons réfractés; elles suivent donc les mouvements de la tête, et s'inclinent avec elle à droite ou à gauche (6). Quelques astronomes de mes amis voient au-dessus des étoiles trois ou quatre rayons, et n'en voient point au-dessous. Il m'a toujours paru bien remarquable que les anciens Égyptiens aient donné constamment aux étoiles cinq rayons disposés à 72° d'intervalle; d'après Horapollo, l'image d'une étoile signifie le nombre 5 dans le langage hiéroglyphique (7).

Les queues des étoiles disparaissent, quand on les regarde à travers un très-petit trou percé dans une carte avec une aiguille; j'ai fait souvent cette épreuve sur Sirius et sur Canopus. Il en est de même lorsqu'on emploie des lunettes armées de grossissements notables; alors les étoiles apparaissent comme des points d'un éclat très-intense, ou plutôt comme des disques excessivement petits. Ces détails ne sont point sans intérêt; les effets dont il s'agit concourent à la magnificence de la voûte étoilée. Peut-être la vision indistincte favorise-t-elle cet effet; car la faible scintillation et l'absence complète de ces rayons stellaires, sous le ciel des Tropiques, m'ont toujours paru augmenter le calme de la nuit et dépeupler en quelque sorte la voûte étoilée. Voici encore, à ce sujet, une question qu'Arago a soulevée depuis bien longtemps: Pourquoi ne peut-on pas voir les étoiles de première grandeur à leur lever, malgré leur vif éclat, tandis qu'on voit le premier bord de la Lune, dès qu'il atteint l'horizon (8)?

Les instruments optiques les plus parfaits, munis des plus forts grossissements, donnent aux étoiles des diamètres factices (spurious disks), lesquels deviennent d'autant plus petits, d'après la remarque de Sir John Herschel, que l'ouverture de la lunette est elle-même plus grande (9). Les occultations d'étoiles par la Lune, sont exemptes de cette cause d'erreur, aussi l'immersion et l'émersion se font-elles instantanément; il est impossible d'assigner une fraction quelconque de seconde pour la durée de ce phénomène. Si l'étoile occultée a paru quelquefois empiéter sur le disque lunaire, c'est là un fait de diffraction ou d'inflexion des rayons de lumière dont on ne saurait rien conclure, quant aux diamètres réels des étoiles. Nous avons eu, ailleurs, occasion de rappeler que Sir William Herschel trouvait un diamètre de 0",36 à Véga de la Lyre, en employant un grossissement de 6500. Une autre fois, Arcturus étant vu à travers un brouillard épais, son disque se trouvait réduit à moins de 0",2. Ce sont les rayons parasites qui faisaient attribuer des diamètres si considérables aux étoiles, avant l'invention des lunettes : Tycho et Kepler assignaient, par exemple, à Sirius, un diamètre de 4' et de 2'20"(10). Les anneaux alternativement lumineux et obscurs qui entourent les faux disques stellaires, quand on emploie des grossissements de 200 à 300 fois, et qui deviennent irisés lorsqu'on recouvre l'objectif avec des diaphragmes de différentes formes, sont des phénomènes d'interférence et de diffraction : c'est un point désormais établi par les travaux d'Arago et d'Airy. Lorsque les étoiles sont extrêmement faibles, ces anneaux disparaissent; leurs images se réduisent à de simples points lumineux dont on peut se servir pour éprouver la perfection et la puissance optique des grandes lunettes ou des télescopes réflecteurs. Telles sont les composantes d'une étoile deux fois double, ε de la Lyre, ou la 5e et la 6e étoile qui furent découvertes par Struve, en 1826, et par Sir John Herschel, en 1832, dans le trapèze de la grande nébuleuse d'Orion, trapèze qui constitue l'étoile multiple θ d'Orion (11).

On a remarqué depuis longtemps que les étoiles et même les planètes présentent des différences de coloration assez tranchées; mais cet ordre de faits n'a pris toute son extension et son importance qu'à partir de l'époque où il a pu être étudié à l'aide des télescopes, surtout depuis qu'on a donné aux étoiles doubles une attention si vive et si soutenue. Il n'est pas question ici des changements de couleur déjà décrits plus haut, dont la scintillation est accompagnée, même dans les étoiles du blanc le plus pur. Il s'agit encore moins de la coloration passagère en rouge que la lumière stellaire éprouve à l'horizon, par suite des propriétés spéciales du milieu atmosphérique. Je veux seulement parler de la couleur propre, essentielle, de la lumière stellaire, couleur qui varie d'une étoile à l'autre, en vertu des lois particulières au développement de la lumière dans chaque corps, et suivant la nature de la surface dont elle émane. Les astronomes grecs ne connaissaient que des étoiles blanches et rouges : aujourd'hui la vision télescopique a permis de retrouver dans les espaces célestes, comme dans les corolles des phanérogames ou les oxydes métalliques, presque toutes les nuances que le spectre présente entre les limites extrêmes de la réfrangibilité, depuis les rayons rouges jusqu'aux rayons violets. Ptolémée cite, dans son catalogue, 6 étoiles couleur de feu, ὑπόκιῤῥοι (12), à savoir: Arcturus, Aldébaran, Pollux, Antarès, α d'Orion (l'épaule droite), et Sirius. Cléomède compare même la couleur rouge d'Antarès à celle de Mars (13), auquel on donnait tantôt l'épithète de πυῤῥὸς, tantôt celle de πυροειδής.

Des 6 étoiles que nous venons de citer, 5 ont encore aujourd'hui une lumière rouge ou du moins rougeâtre. On range encore Pollux au nombre des étoiles rougeâtres, mais Castor est vert-pâle (14). Sirius offre donc l'unique exemple d'un changement de couleur constaté historiquement, car la lumière de Sirius est aujourd'hui d'une blancheur parfaite. Il n'y a qu'une grande révolution, soit à la surface, soit dans la photosphère de cette étoile, de ce soleil éloigné, suivant l'antique expression d'Aristarque de Samos, qui ait pu produire ce changement de couleur, en troublant l'action des causes auxquelles était due la prédominance des rayons rouges. Cette prédominance elle-même peut être attribuée à ce que les rayons complémentaires des rayons rouges étaient absorbés par la photosphère même de l'étoile, ou par des nuages cosmiques qui se transporteraient lentement d'un point à l'autre de l'espace (15). Comme les rapides progrès de l'optique moderne donnent un vif intérêt à cette question, il serait à désirer que l'époque de ce grand événement, signalé par la disparition de la couleur rouge de Sirius, pût être déterminée entre certaines limites. Du temps de Tycho, Sirius était déjà bien certainement de couleur blanche ; car lorsqu'on vit avec surprise la nouvelle étoile qui apparut en 1572, dans la constellation de Cassiopée, avec une lumière d'une blancheur éblouissante, passer au rouge dans le mois de mars 1573, et redevenir blanche en janvier 1574, on la comparait bien, pendant la seconde période, avec Mars et Aldébaran, mais jamais avec Sirius. Peut-être Sédillot, ou d'autres savants philologues, versés dans l'astronomie des Arabes et des Perses, réussiraient-ils à découvrir quelque témoignage ancien sur la couleur de Sirius, s'ils voulaient diriger leurs recherches vers l'époque comprise entre El-Batani (Albategnius) ou El-Fergani (Alfraganus) et Abdurrahman Soufi ou Ebn-Jounis, c'est-à-dire de 880 à 1007. Ils pourraient prolonger au besoin leurs investigations jusqu'au temps de Nassir-Eddin et d'Oulough Beg. Mohammed Ebn-Kethir El-Fergani, qui observait à Rakka (Aracte), sur les bords de l'Euphrate, vers le milieu du xe siècle, signale comme rouges (*stellæ rufæ*, dit la vieille traduction latine de 1590) Aldébaran et même la Chèvre dont la couleur est aujourd'hui jaune ou tout au plus jaune rougeâtre (16); il ne parle point de Sirius. En tout cas, si Sirius avait déjà perdu sa couleur rouge avant cette époque, il serait bien singulier que El-Fergani, qui suit fidèlement Ptolémée en toutes choses, eût négligé d'indiquer le changement de couleur d'une étoile *si* célèbre. Les preuves négatives sont, à la vérité, rarement suffisantes; d'ailleurs Béteigeuze (α d'Orion), qui est rouge aujourd'hui comme du temps de Ptolémée, a été passée sous silence, dans le même endroit du livre d'El-Fergani.

On s'est toujours accordé à donner, au point de vue historique, le premier rang parmi les étoiles brillantes à Sirius, à cause du rôle capital qu'il a joué longtemps dans la chronologie, et de sa liaison intime avec les premiers développements de la civilisation sur les bords du Nil. D'après les récentes recherches de Lepsius (17), la période sothiaque et les levers héliaques de Sothis (Sirius), sur lesquels Biot a publié une excellente dissertation, ont réglé complétement l'institution du calendrier égyptien, à partir d'une époque que l'on peut faire montrer à près de 33 siècles avant notre ère, « époque à laquelle le lever héliaque de Sirius coïncidait avec le solstice d'été, et où, par suite, le débordement du Nil commençait avec le premier du mois de Pachon (le mois de l'inondation). » J'ai réuni, dans une note, des recherches très-récentes et encore inédites sur Sothis ou Sirius; elles reposent sur les relations étymologiques du copte, du zend, du sanscrit et du grec; mais elles s'adressent uniquement aux personnes qui aiment les origines de l'astronomie, et qui, dans les affinités des langues, retrouvent de précieux vestiges des connaissances de l'antiquité (18).

Outre Sirius, on compte aujourd'hui comme étoiles blanches Véga, Deneb, Régulus et l'Épi de la Vierge. Parmi les petites étoiles doubles, Struve a trouvé 300 couples dont les deux composantes sont blanches (19). La couleur jaune ou jaunâtre se remarque dans Procyon, Ataïr, la Polaire et surtout dans β de la petite Ourse. Nous avons déjà dit que Bételgeuse, Arcturus, Aldébaran, Antarès et Pollux sont rouges ou rougeâtres. Rumker a trouvé γ de la Croix d'une couleur rouge décidée; et mon ami le capitaine Bérard, excellent observateur, écrivait en 1847, de Madagascar, qu'il voyait la couleur de α de la Croix passer aussi au rouge depuis plusieurs années. Une étoile du Navire, η d'Argo, que les observations de

Sir John Herschel ont rendue célèbre, varie non-seulement d'éclat, mais encore de couleur; il en sera parlé plus loin d'une manière plus détaillée. En 1843, M. Mackay trouvait, à Calcutta, que cette étoile avait précisément la couleur d'Arcturus, c'est-à-dire qu'elle était d'un jaune rougeâtre (20). Depuis, des lettres du lieutenant Gilliss, écrites de Santiago (Chili) en 1850, nous apprennent que sa couleur est devenue encore plus foncée que celle de Mars. A la suite du *Voyage au Cap*, Sir John Herschel a donné un petit catalogue de 76 étoiles comprises entre la 7e et la 9e grandeur; toutes ces étoiles sont d'un rouge de rubis (ruby coloured). Quelques-unes paraissent vermeilles comme de petites gouttes de sang. Au delà de la 9e ou 10e grandeur, il devient réellement impossible, dit Struve, de distinguer les couleurs des étoiles. La plupart des descriptions d'étoiles variables leur assignent une couleur rouge ou du moins rougeâtre (21). Mira de la Baleine, la première étoile changeante que l'on ait découverte (22), est d'une teinte rougeâtre très-prononcée. Mais la coloration en rouge n'est point nécessairement liée au phénomène de la variabilité d'éclat; car, sans parler d'un grand nombre d'étoiles rouges qui ne sont pas variables, on peut citer plusieurs étoiles variables qui sont entièrement blanches; par exemple : Algol, dans la tête de Méduse, β de la Lyre, ε du Cocher... Quant aux étoiles bleues, dont l'existence a été signalée, pour la première fois, par Mariotte dans son *Traité des Couleurs* (23), on peut en citer plusieurs types remarquables : η de la Lyre est bleuâtre ; Dunlop a découvert, dans l'hémisphère austral, un petit amas de 3′ 1/2 de diamètre, dont toutes les étoiles sont bleues. Il y a beaucoup de systèmes binaires où l'étoile principale est blanche et le compagnon bleu ; dans d'autres, les deux étoiles sont bleues à la fois (24), comme par exemple, δ du Serpent, la 59e d'Andromède.... Lacaille avait trouvé, près de κ de la Croix du Sud, un amas d'étoiles auquel ses faibles instruments donnaient l'aspect d'une nébuleuse. Avec de puissants télescopes, on y a trouvé plus de cent étoiles diversement colorées, rouges, vertes, bleues, bleu verdâtre. Ces étoiles sont si rapprochées, qu'on dirait un *écrin* de pierres précieuses polychromes (like a superb piece of fancy jewellery) (25).

Les anciens ont cru reconnaître une symétrie remarquable dans les positions relatives de certaines étoiles de 1re grandeur. Ils avaient distingué surtout quatre étoiles diamétralement opposées dans la sphère, Aldébaran et Antarès, Régulus et Fomalhaut, auxquelles on avait donné le nom d'*étoiles royales*. Un écrivain de l'époque de Constantin, Julius Firmicus Maternus (26), fournit des détails curieux sur cette disposition régulière dont j'ai parlé ailleurs (27). Les différences d'ascension droite des étoiles royales, (*stellæ regales*) sont 11h 57m et 12h 49m. L'importance qu'on leur attribuait venait sans aucun doute des traditions de l'Orient qui pénétrèrent, sous les Césars, dans le monde romain, où elles inspirèrent un goût si vif pour l'astrologie. On retrouve, jusque dans le livre de Job, des traces de cette habitude antique de désigner les quatre régions du ciel par quatre constellations opposées : un passage obscur du 9e chapitre (verset 9) oppose, « aux chambres de l'Orient, » la *Cuisse*, c'est-à-dire la constellation boréale de la Grande Ourse, cette même *Cuisse de Taureau* que l'on a tant remarquée dans le zodiaque de Dendera et dans les papyrus mortuaires des Égyptiens (28).

Un siècle avant l'invention du télescope, on commençait à s'occuper du ciel austral, dont une grande et belle partie, commençant au 53e degré de déclinaison, était restée comme voilée pour l'antiquité et même jusque vers la fin du moyen âge. Du temps de Ptolémée, on voyait sur l'horizon d'Alexandrie : l'Autel ; les Pieds du Centaure ; la Croix du Sud, comprise alors dans le Centaure et nommée aussi plus tard, *Cæsaris Thronus*, en l'honneur d'Auguste, ainsi que le témoigne Pline (29) ; enfin Canopus, dans le Navire, que le Scoliaste de Germanicus appelle *Ptolemæon* (30). On trouve encore, dans le catalogue de l'Almageste, une étoile de 1re grandeur, Achernar (en arabe, *Achir el-nahr*), la dernière du fleuve Éridan, bien que cette étoile soit située 9e au-dessous de l'horizon d'Alexandrie. Ptolomée doit donc la connaissance de cette étoile aux relations des navigateurs qui fréquentaient la partie australe de la mer Rouge, ou la mer d'Arabie, entre Ocelis et Muziris, une des échelles du Malabar (31). Les progrès croissants de l'art nautique permirent aux modernes de pousser leurs recherches bien au delà de l'équateur, en suivant les côtes occidentales de l'Afrique. En 1484, Diégo Cam accompagné de Martin Behaim; en 1487, Barthélemy Diaz; en 1497, Vasco de Gama atteignirent le parallèle de 35° de latitude sud, dans leurs expéditions vers les Indes orientales. Mais c'est à l'époque de Vincent Yañez Pinzon, d'Amerigo Vespucci et d'Andrea Corsali, entre 1500 et 1515, que revient l'honneur des premières études qui aient été faites sur le ciel austral, les Nuées de Magellan, les Sacs de Charbon; c'est alors que l'Europe put connaître « les merveilles d'un ciel qu'on ne voit pas sur la Méditerranée. » Les mesures stellaires proprement dites commencèrent beaucoup plus tard, vers la fin du XVIe siècle et le commencement du XVIIe (32).

S'il est possible, aujourd'hui, de reconnaître certaines lois dans la distribution des étoiles et dans leurs divers degrés de condensation, c'est à une heureuse inspiration de Sir William Herschel que nous en sommes redevables. En 1785, Herschel appliqua, à l'étude du ciel, sa méthode des jauges (en anglais, process of gauging the heavens, star-gauges) dont il a été plus d'une fois question dans cet ouvrage. Cette laborieuse méthode consistait à diriger successivement vers différentes régions du ciel un télescope de 20 pieds (6 mètres), et à compter minutieusement les étoiles qui se trouvent comprises dans le champ. Le diamètre du champ de vision soustendant un angle de 15′, le télescope embrassait chaque fois 1/833000 seulement de la surface du ciel; aussi ces jauges auraient-elles exigé 83 ans de travaux continus, d'après une remarque de Struve, s'il avait fallu les étendre à la sphère entière (33). Dans les recherches de ce genre où il s'agit d'étudier le mode de distribution des étoiles, il est nécessaire de tenir compte des ordres de grandeur photométrique auxquels ces étoiles appartiennent. Si on se borne aux étoiles brillantes des 3 ou 4 premiers ordres, on trouve, en général, qu'elles sont réparties avec assez d'uniformité (34). Elles paraissent toutefois plus condensées localement dans l'hémisphère austral, depuis ε d'Orion jusqu'à α de la Croix. Là elles forment une zone resplendissante, qui suit la direction d'un grand cercle de la sphère. Les voyageurs s'accordent peu dans les jugements qu'ils portent sur la beauté relative du ciel austral et du ciel boréal; leurs divergences tiennent le plus souvent, selon moi, à ce que plusieurs observateurs ont visité les régions du sud pendant une saison où les plus belles constellations culminent de jour. Il résulte des jauges exécutées par les deux Herschel, sur la voûte entière du ciel, que les étoiles comprises entre la 5ᵉ et la 10ᵉ ou même la 15ᵉ grandeur, étoiles pour la plupart télescopiques, paraissent d'autant plus condensées que l'on se rapproche davantage de la Voie lactée (ὁ γαλαξίας κύκλος). Il y aurait donc sur la sphère un équateur de richesse stellaire, et des pôles de pauvreté stellaire, si l'on peut s'exprimer ainsi.

Le premier coïncidant avec la direction générale de la Voie lactée, l'intensité de la lumière stellaire est à son minimum vers les pôles du *cercle galactique;* elle croît rapidement à partir de ces pôles, et dans tous les sens, à mesure que la distance polaire galactique va elle-même en augmentant.

Struve a soumis à une discussion approfondie les matériaux fournis par les jauges actuellement connues. Il trouve, pour résultat définitif de son travail, qu'il y a, en moyenne, dans la Voie lactée, 30 fois plus d'étoiles (plus exactement 29,4 *fois*) que dans les régions des pôles galactiques. Pour des distances au pôle nord de la Voie lactée, exprimées par 0°, 30°, 60°, 75° et 90°, la richesse en étoiles est représentée par 4,15 ; 6,52 ; 17,68 ; 30,30 ; 122,00. Ces nombres indiquent aussi combien d'étoiles un télescope de 20 pieds, dont le champ aurait 15′ de diamètre, ferait voir dans ces diverses régions. Des deux côtés de la Voie lactée, la distribution des étoiles paraît suivre à peu près les mêmes lois; cependant la richesse stellaire absolue est un peu plus grande du côté du sud (35); sous ce rapport, le ciel austral l'emporte encore sur la région opposée.

J'avais prié le capitaine du génie Schwinck d'examiner comment les 12148 étoiles (de la 1re à la 7e grandeur) dont il a retracé les positions sur sa *Mappa cœlestis*, se distribuent entre les différentes heures d'ascension droite; voici les résultats qui m'ont été communiqués :

Du 3h 20m à 9h 20m d'Asc. dr.,	nombre des étoiles				3147
9h 20m à 15h 20m	—	—	—		2627
15h 20m à 21h 20m	—	—	—		3523
21h 20m à 3h 20m	—	—	—		2851

Ces quatre groupes s'accordent avec les résultats encore plus exacts des *Études Stellaires* de Struve. D'après Struve, les maxima tombent, pour les étoiles de la 1re et la 9e grandeur, par 6h 40m et 18h 40m; les minima, par 1h 30m et 13h 30m d'ascension droite (36).

Si l'on veut se faire une idée de la structure de l'univers et de la position ou de l'épaisseur des couches stellaires, il est essentiel de distinguer, parmi les astres innombrables qui brillent au firmament, les étoiles qui sont sporadiquement disséminées, de celles qui forment des groupes indépendants où leur condensation suit des lois particulières. Ces groupes sont des *amas stellaires*; ils contiennent souvent des milliers d'étoiles télescopiques, reliées entre elles par une dépendance évidente, et ils apparaissent à l'œil nu sous forme de nébuleuses arrondies, d'une lueur et d'un aspect cométaire. Ce sont là les étoiles nébuleuses d'Ératosthène (37) et de Ptolémée, les *nebulosæ* des Tables Alphonsines de 1252, et celles qui, suivant Galilée, «sicut areolæ sparsim per æthera subfulgent.»

Ces amas d'étoiles, à leur tour, peuvent être isolés dans le ciel, ou rassemblés et comme entassés dans certaines régions, telles que la Voie lactée ou les Nuées de Magellan. La région la plus riche en amas globulaires (*globular clusters*), appartient à la

Voie lactée; elle en forme même la partie la plus importante. Elle se trouve dans le ciel austral (38), entre la Couronne australe, le Sagittaire, la queue du Scorpion, et l'Autel, c'est-à-dire entre 16h 45m et 19h d'ascension droite. Mais les amas qui se trouvent à l'intérieur ou dans le voisinage de la Voie lactée ne sont pas tous ronds ou sphériques. On en trouve beaucoup dont les contours sont irréguliers; ils renferment alors moins d'étoiles, et leur condensation centrale est moins marquée. Dans un grand nombre d'amas globulaires, les étoiles sont toutes d'égale grandeur; dans d'autres, elles sont fort inégales. Quelquefois il y a, au centre, une belle étoile rouge (39), comme dans l'amas situé par 2h 10m d'ascension droite, et 56° 21′ de déclinaison boréale. Comment ces systèmes isolés peuvent-ils se maintenir? comment les soleils qui fourmillent à l'intérieur de ces mondes peuvent-ils accomplir leurs révolutions librement et sans chocs? c'est assurément un des plus difficiles problèmes que la dynamique puisse aborder. Les nébuleuses ne se distinguent plus guère des amas stellaires, puisqu'on les regarde maintenant comme étant formées, elles aussi, d'étoiles, mais d'étoiles plus petites ou beaucoup plus éloignées de nous. Cependant les nébuleuses paraissent suivre, dans leur distribution, des lois particulières. La connaissance de ces lois aura surtout pour effet de modifier profondément nos idées sur ce que l'on nomme, avec tant de hardiesse, la structure de l'univers. Citons seulement ici un fait bien remarquable :

à parité de grossissement et d'ouverture du télescope, les nébuleuses *rondes* sont plus facilement résolubles en étoiles que les nébuleuses *ovales* (40).

Nous signalerons maintenant quelques-uns de ces amas stellaires qui forment des systèmes isolés, véritables îles dans l'océan des mondes.

Les Pléiades : Connues dès la plus haute antiquité et des peuples les plus grossiers. C'était la constellation des navigateurs : Pleias, ἀπὸ τοῦ πλεῖν, comme dit l'ancien scoliaste d'Aratus. Cette étymologie est bien plus juste que celle des écrivains plus modernes, qui la déduisent de πλέος, pluralité. Dans la Méditerranée, la navigation durait depuis mai jusqu'au commencement de novembre, c'est-à-dire depuis le lever héliaque jusqu'au coucher héliaque des Pléiades.

La Crèche, dans l'Écrevisse : Nubecula quam Præsepia vocant inter Asellos, comme disait Pline; un νεφέλιον d'Ératosthène.

L'amas qui se trouve dans la poignée de l'épée de Persée ; les astronomes grecs en ont souvent fait mention.

La Chevelure de Bérénice : visible à la simple vue, ainsi que les trois amas précédents.

Un amas situé près d'Arcturus (N° 1663), par $13^h 34^m 12^s$ d'asc. dr. et 29° 14′ de décl., il contient plus d'un millier de petites étoiles de 10e à 12e grandeur.

Amas placé entre η et ζ d'Hercule : visible à l'œil nu pendant les belles nuits; un magnifique objet, vu à l'aide d'un télescope puissant (N° 1968); il est frangé, sur les bords, de prolongements assez singuliers. AR. $16^h 35^m 37^s$ décl. + 36° 47′; décrit pour la première fois en 1714, par Halley.

Amas situé près de ω du Centaure : décrit par Halley dès 1677; paraissant à l'œil nu comme une tache ronde d'aspect cométaire; presque aussi brillant qu'une étoile de 4e à 5e grandeur. A l'aide de télescopes puissants, on le décompose en petites étoiles de 13e à 15e grandeur, assez fortement condensées vers le centre; AR. 13h 16m 38s, décl. — 46° 35′; c'est le nº 3504 du Catalogue des nébuleuses du ciel autral de Sir John Herschel; il a 15′ de diamètre (*Voyage au Cap*, p. 21 et 105; *Outlines of Astr.*, p. 595).

Amas voisin de κ de la Croix du Sud (Nº 3435); composé d'étoiles multicolores de 12e à 16e grandeur. Ces étoiles sont distribuées sur une aire de 1/48 de degré carré. C'est une nébuleuse de Lacaille; elle a été si complétement résolue par Sir John Herschel, qu'il ne restait plus de traces de nébulosité. L'étoile centrale est absolument rouge (*Voyage au Cap*, p. 17 et 102, pl. I, fig. 2).

L'amas 47 du Toucan, de Bode; Nº 2322 du Catalogue de Sir John Herschel; un des plus merveilleux objets du ciel austral. Lorsque je vins au Pérou, pour la première fois, et que je vis cet amas plus élevé au-dessus de l'horizon, je le pris d'abord pour une comète. Il a 15 ou 20′ de diamètre, et quoiqu'il soit situé près de la petite Nuée de Magellan, sa visibilité à l'œil nu est singulièrement favorisée par sa situation dans un espace entièrement vide d'étoiles. Il est intérieurement coloré en rose pâle, entouré d'une bordure blanche concentrique, et formé d'étoiles égales de 14e à 16e grandeur. Il présente d'ailleurs tous les signes caractéristiques de la forme globulaire ou sphérique (41).

La Nébuleuse d'Andromède, près de ν de cette constellation. La résolution en étoiles de cette célèbre nébuleuse est une des plus remarquables découvertes qu'on ait faites, à notre époque, dans l'astronomie sidérale. Cette découverte est due à Georges Bond (42), adjoint de l'observatoire de Cambridge, aux États-Unis, et fut faite en mars 1848; elle montre toute la puissance optique de la lunette de cet établissement (son objectif est de 38 centimètres de diamètre); car un excellent télescope, dont le miroir n'avait pas moins de 40 centimètres de diamètre, « ne laissait pas même soupçonner la présence d'une seule étoile dans cette nébuleuse » (43). Or la lunette de Cambridge en fait distinguer plus de 1500. Peut-être l'amas stellaire d'Andromède a-t-il été connu, dès la fin du xe siècle, comme une nébuleuse de forme ovale; il est certain du moins que Simon Marius ou Mayer, de Guntzenhausen, auquel on doit la remarque des changements de couleur qui accompagnent la scintillation (44), a signalé cet amas le 15 décembre 1612, comme un nouvel astre singulier, dépourvu d'étoiles et inconnu à Tycho; c'est lui aussi qui en a donné la première description détaillée. Cinquante ans plus tard, Boulliaud, l'auteur de l'*Astronomia Philolaica*, s'est occupé du même sujet. Ce qui donne à cet amas, dont la longueur est de 2° 1/2 et la largeur de plus de 1°, un caractère tout particulier, ce sont deux bandes noires très-étroites qui traversent, comme des fissures, la figure entière, parallèlement à son grand axe. Cette configuration, observée par Bond, rappelle la singulière fissure longitudinale qui traverse également une nébuleuse non résolue de l'hémisphère austral, le N° 3501, dont Herschel a donné la description et le dessin, dans son *Voyage au Cap*, p. 20 et 105, pl. IV, fig. 2.

J'omets à dessein la grande nébuleuse d'Orion dans ce choix d'amas stellaires remarquables, malgré les découvertes importantes que Lord Rosse, aidé de son télescope gigantesque, a faites sur cette nébuleuse. Il m'a paru plus convenable de renvoyer au chapitre des nébuleuses la description des parties actuellement *résolues* dans la constellation d'Orion.

La plus grande accumulation d'amas d'étoiles, mais non de nébuleuses, se trouve dans la Voie lactée (45), (*Galaxias*, le Fleuve céleste des Arabes) (46), qui forme presque un grand cercle de la sphère incliné à l'équateur sous un angle de 63°. Le pôle nord de la Voie lactée se trouve par $12^h 47^m$ d'asc. dr. et 27° de décl. boréale, et son pôle sud par $0^h 47^m$

d'asc. droite et 27° de décl. australe. On voit que le pôle boréal de la Voie lactée est situé près de la Chevelure de Bérénice, et que son pôle austral tombe entre le Phénix et la Baleine. S'il est naturel de rapporter les lieux des planètes à l'écliptique, c'est-à-dire au grand cercle de la sphère que le Soleil décrit dans sa course annuelle, il ne l'est pas moins de rapporter l'ensemble des configurations stellaires au grand cercle de la Voie lactée, surtout quand il s'agit de rechercher le mode suivant lequel les étoiles se groupent et s'accumulent dans les diverses régions de la voûte céleste. En ce sens, la Voie lactée a le même rôle, dans l'univers sidéral, que l'écliptique dans notre monde planétaire. Elle coupe l'équateur en deux points : le premier est situé entre Procyon et Sirius, par 6^h 54^m d'asc. dr.; le second point se trouve vers la main gauche d'Antinoüs, par 19^h 15^m d'asc. dr. (en 1800). La Voie lactée divise donc la sphère céleste en deux parties un peu inégales, dont les surfaces sont dans le rapport de 8 à 9. C'est dans la plus petite que se trouve le point équinoxial du printemps. La largeur de la Voie lactée est très-variable (47). La partie la plus étroite et aussi la plus brillante a seulement 3° ou 4° de large; elle se trouve entre la proue du Navire et la Croix. Ailleurs, sa largeur va à 16° et même à 22°, par exemple entre le Serpentaire et Antinoüs; il est vrai que cette partie est divisée en deux branches (48). W. Herschel a remarqué qu'en plusieurs endroits la Voie lactée est plus large de 6° ou 7°, d'après ses jaugés, qu'elle ne le paraît à l'œil nu, quand on en juge seulement par l'effet de sa lueur stellaire (49).

La blancheur lactescente de cette zone a été attribuée longtemps à la présence d'une nébulosité générale non résoluble. Huygens avait été conduit à cette idée dès 1656, en étudiant la Voie lactée avec une lunette de 7^m,5. Mais on est parvenu plus tard, en employant toute la puissance optique des plus grands télescopes, à démontrer que cette lueur générale ne devait pas être attribuée à la présence de quelques rares nébuleuses, mais bien à des strates d'étoiles accumulées dans la même région. C'est la justification des idées que Démocrite et Manilius s'étaient formées autrefois sur « la Voie suivie par Phaéton. » Là où la Voie lactée a été décomposée en étoiles, on a vu ces étoiles « se projeter sur un fond noir entièrement dégagé de toute nébulosité : » or, la lueur générale de la Voie lactée est partout la même (50).

C'est un caractère général et très-remarquable de la Voie lactée que les amas globulaires et les nébuleuses ovales de forme régulière s'y trouvent si clairsemées (51), tandis qu'on les rencontre en si grand nombre à de grandes distances de la Voie lactée, et même dans les Nuées de Magellan. Dans ces Nuées, les étoiles isolées, les amas globulaires à tous les états possibles de condensation intérieure, et les taches nébuleuses ovales ou irrégulières sont abondamment mêlées les unes aux autres. Toutefois une partie de la Voie lactée fait exception sous ce rapport; on trouve des amas nombreux de forme sphérique dans la région comprise entre $16^h 45^m$ et $18^h 44^m$ d'asc. dr., c'est-à-dire entre l'Autel, la Couronne australe, la tête et le corps du Sagittaire, et la queue du Scorpion. On voit même, entre ε et θ du Scorpion, une de ces nébuleuses annulaires, si rares dans le ciel austral (52). Dans le champ de vision des grands télescopes (et il faut se rappeler ici que les télescopes d'Herschel de 20 pieds et de 40 pieds pénétraient dans l'espace jusqu'à 900 et 2800 fois la distance de Sirius à la Terre), la Voie lactée se montrait aussi variée, quant à sa *constitution sidérale*, qu'elle est peu régulière à l'œil nu, dans ses limites toujours mal accusées. Si quelques régions présentent de grands espaces où la lumière est uniformément répartie, il vient immédiatement après d'autres régions où des espaces brillants du plus vif éclat alternent avec des espaces pauvres en étoiles, et dessinent sur le ciel des réseaux irrégulièrement lumineux (53). On trouve même, jusque dans l'intérieur de la Voie lactée, des espaces obscurs où il est impossible de découvrir une seule étoile, fût-elle de 18e ou de 20e grandeur. A l'aspect de ces régions absolument vides, on ne saurait se défendre de l'idée que le rayon visuel a pénétré réellement dans l'espace, en traversant l'épaisseur entière de la couche stellaire qui nous environne. Les mêmes irrégularités se manifestent dans les jauges : quand celles-ci présentent une moyenne de 40 à 50 étoiles pour l'étendue d'un champ de vision de 15′ en diamètre, les jauges suivantes en comprennent souvent dix fois plus. Quelquefois, des étoiles d'un éclat supérieur brillent au milieu de la plus fine poussière stellaire, et les ordres de grandeur intermédiaires manquent totalement. Il faut pourtant remarquer ici que les étoiles dites d'ordre inférieur ne sont pas nécessairement les plus éloignées; il est possible qu'elles soient d'un volume plus faible, ou que la lumière s'y développe avec une moindre intensité.

Pour bien saisir le contraste que présentent les diverses parties de la Voie lactée, quant à l'éclat et à l'accumulation des étoiles, il faut comparer des régions très-éloignées l'une de l'autre. Le maximum de richesse et d'éclat stellaire se trouve entre la proue du Navire et le Sagittaire, ou, pour parler plus exactement, entre l'Autel, la queue du Scorpion, la main et l'arc du Sagittaire, et le pied droit du Serpentaire. « Aucune région du ciel ne présente autant d'éclat et de variété par la richesse et le nombre des objets qui s'y trouvent réunis » (54). La région de notre ciel boréal qui s'en rapproche le plus est située dans l'Aigle et dans le Cygne, vers le point de partage de la Voie lactée. Le minimum d'éclat se trouve dans les environs de la Licorne et de Persée, et le minimum de largeur sous le pied de la Croix.

Une circonstance digne de remarque augmente encore la magnificence de la Voie lactée, dans l'hémisphère austral : c'est qu'elle est coupée sous un angle d'environ 20°, entre les parallèles de 59° et de 60°, par la zone stellaire où se trouvent les étoiles les plus brillantes et sans doute aussi les plus voisines de nous, zone à laquelle appartiennent Orion, le Grand-Chien, le Scorpion, le Centaure et la Croix. Un arc de grand cercle, passant par ε d'Orion et le pied de la Croix, dessine assez bien la direction de cette zone remarquable, dont l'intersection avec la Voie lactée tombe entre α de la Croix et η d'Argo, devenue si célèbre par sa variabilité. L'effet vraiment pittoresque de la Voie lactée est encore augmenté par les diverses ramifications qu'elle présente sur les 3/5 de son trajet. La bifurcation principale a lieu près de α du Centaure, suivant Sir John Herschel (55), et non près de β du Centaure, comme l'indiquent nos cartes célestes, ni près de l'Autel, comme le veut Ptolémée (56). Les deux grandes branches se réunissent dans la constellation du Cygne.

Pour embrasser dans son ensemble le cours entier de la Voie lactée et de ses ramifications, nous ferons ici une revue rapide de ses diverses parties, en suivant l'ordre des ascensions droites. Elle passe par γ et ε de Cassiopée, envoie au sud, vers ε de Persée, un rameau qui se perd près des Pléiades et des Hyades; elle traverse, faible encore et peu brillante, les Chevreaux (Hædi) dans la main du Cocher, les pieds des Gémeaux, les cornes du Taureau, coupe l'écliptique au point solsticial d'été, couvre la massue d'Orion et traverse l'équateur vers le col de la Licorne par 6^h 54^m d'ascension droite (en 1800). A partir de ce point son éclat augmente notablement. A l'arrière du Navire, elle émet un rameau vers le sud jusqu'à γ d'Argo, où ce rameau disparaît brusquement. La branche principale continue jusqu'à 33° de déclinaison australe ; là elle s'étend en éventail sur 20° de large, puis elle s'interrompt encore et laisse un large espace vide, suivant la ligne qui joint γ et λ d'Argo. Elle reprend ensuite, avec la même largeur ; mais elle va en se rétrécissant vers les pieds de derrière du Centaure. Dans la Croix du Sud, où elle atteint son minimum de largeur, elle n'a plus que 3° ou 4°. Un peu plus loin, elle s'étend de nouveau, et se transforme en une masse plus brillante où β du Centaure, α et β de la Croix se trouvent compris, ainsi que l'espace obscur en forme de poire, qu'on nomme *Sac de Charbon* et dont j'aurai à parler bientôt dans le VIIe chapitre. C'est vers cette région remarquable, un peu au-dessous du Sac de Charbon, que la Voie lactée se rapproche le plus du pôle austral.

Elle se divise près de α du Centaure, comme je l'ai dit plus haut, et sa bifurcation se maintient, suivant les anciennes descriptions, jusque dans la constellation du Cygne. D'abord, en partant de α du Centaure, on voit un rameau étroit se diriger au nord et se perdre vers le Loup. Puis une division se montre dans le Compas, près de γ de la Règle. Le rameau septentrional présente des formes irrégulières jusque vers les pieds du Serpentaire ; là il s'évanouit tout à fait. Le rameau méridional devient alors la branche principale, traverse l'Autel et la queue du Scorpion, en se dirigeant vers l'arc du Sagittaire, et coupe l'écliptique par 276° de longitude. On le reconnaît plus loin courant à travers l'Aigle, la Flèche et le Renard jusqu'au Cygne, mais sous une forme accidentée, interrompue çà et là. En cet endroit commence une région extrêmement irrégulière; on y voit entre ε, α et γ du Cygne, une large place obscure que Sir John Herschel compare au Sac de Charbon de la Croix du Sud (57), et qui forme une espèce de centre d'où divergent trois courants partiels. Le plus brillant est facile à suivre, si on remonte par de là β du Cygne et δ de l'Aigle; mais il ne se réunit point avec le rameau mentionné plus haut, lequel s'étend jusqu'au pied d'Ophiucus. Une partie plus considérable de la Voie lactée s'étend en outre à partir de la tête de Céphée, c'est-à-dire près de Cassiopée, point de départ de toute cette description, et se dirige vers la Petite Ourse ou le pôle nord.

Les progrès extraordinaires dont l'étude de la Voie lactée est redevable à l'emploi des grands télescopes, ont fait succéder, à l'étude purement descriptive ou optique de cette partie du ciel, des aperçus plus ou moins heureux sur sa constitution physique. Thomas Wright (58), Kant, Lambert et William Herschel lui-même ne voyaient dans cette immense accumulation d'étoiles que la simple perspective d'une strate stellaire aplatie et plus ou moins régulière, au sein de laquelle notre système solaire serait placé. Quant à l'hypothèse opposée, celle de l'égale grandeur des étoiles et de leur uniforme distribution dans l'espace, tout concourt aujourd'hui à l'ébranler. Cependant William Herschel a fini, dans ses derniers travaux, par modifier lui-même sa première idée : au lieu d'une immense couche d'étoiles, cet habile et hardi scrutateur des cieux a préféré admettre enfin l'hypothèse d'un vaste anneau stellaire, qu'il avait pourtant combattue dans son beau Mémoire de 1784 (59). Les dernières observations paraissent décider en faveur d'un système d'anneaux concentriques, d'épaisseurs très-inégales, et dont les diverses couches, plus ou moins lumineuses pour nous, seraient placées à des profondeurs diverses dans l'espace. Mais l'éclat relatif de ces petites étoiles, comprises entre la 10ᵉ et la 16ᵉ grandeur, ne saurait ici nous donner la mesure de leur distance ; il est impossible d'en rien conclure de satisfaisant, quant à l'évaluation numérique du rayon des sphères auxquelles ces étoiles appartiennent (60).

Dans beaucoup de régions de la Voie lactée, la puissance de pénétration de nos instruments optiques suffit pour résoudre les nuées stellaires dans toute leur étendue, et faire voir les points lumineux sur le fond vide et noir des espaces sans fin. On peut dire alors que la vue pénètre librement dans l'espace. « It leads us, » dit Sir John Herschel, « irresistibly to the conclusion, that in these regions we see *fairly through* the starry stratum (61). » Dans certaines régions, la Voie lactée livre elle-même un passage par ses hiatus ou ses fissures. Ailleurs elle est restée impénétrable (fathomless, insondable), même pour le célèbre télescope de 40 pieds (62).

La théorie actuelle du système des anneaux galactiques et la détermination de ce que l'on appelle hardiment « le lieu du Soleil dans ce système », sont dues, en grande partie, aux récents travaux de Sir John Herschel dans l'hémisphère austral. Pour obtenir ces résultats dont on ne peut contester la vraisemblance et surtout l'intérêt, John Herschel a étudié la distribution de la lumière stellaire dans les diverses régions de la Voie lactée, et les ordres de grandeur des étoiles qui s'accumulent de plus en plus à partir des pôles galactiques, accumulation qui a été constatée, dans un espace de 30°, de chaque côté de la Voie lactée, pour les étoiles inférieures à la 11e grandeur (63), par conséquent pour les 16/17 de la totalité des étoiles. Le lieu que l'on est ainsi conduit à assigner au Soleil est excentrique : on le place sur la ligne d'intersection de l'une des couches secondaires avec le plan de l'anneau principal (64), dans une des régions les plus vides, plus près de la Croix du Sud que de la région où se trouve le nœud opposé de la Voie lactée (65). « La profondeur à laquelle notre système solaire est placé, dans la couche d'étoiles qui forme la Voie lactée, doit donc être égale à la distance des étoiles de 9e à 10e grandeur, et non point à celle des étoiles de 11e grandeur ; cette profondeur étant d'ailleurs comptée à partir de la surface méridionale de la strate stellaire (66). » Mais là où les mesures directes deviennent impossibles, par la nature même du problème, l'esprit humain, tout en pressentant la vérité, ne parvient cependant qu'à saisir une lueur incertaine.

IV

ÉTOILES NOUVELLES. — ÉTOILES CHANGEANTES A PÉRIODES CONSTATÉES. — ASTRES DONT L'ÉCLAT SUBIT DES VARIATIONS, MAIS DONT LA PÉRIODICITÉ N'A POINT ENCORE ÉTÉ RECONNUE.

Étoiles nouvelles. — L'apparition d'une étoile nouvelle a toujours excité l'étonnement, surtout quand le phénomène a été subit, quand l'étoile était de première grandeur et fortement scintillante. C'est là, en effet, ce que l'on pourrait nommer à bon droit un événement dans l'univers. Ce qui était resté, jusque-là, caché à nos regards, devient visible et révèle tout à coup son existence. La surprise, d'ailleurs, est d'autant plus vive, que de pareils événements se présentent plus rarement dans la nature. Du XVIe au XIXe siècle, les habitants de l'hémisphère boréal ont aperçu, à l'œil nu, 42 comètes, soit 14 comètes en moyenne par siècle ; tandis qu'ils n'ont été témoins que de 8 apparitions d'étoiles nouvelles, dans le même laps de temps. Leur rareté devient bien plus frappante, si on embrasse des périodes plus longues. Depuis l'époque, importante dans l'histoire de l'astronomie, où les Tables Alphonsines furent achevées, jusqu'à celle de William Herschel, de 1252 à 1800, on a compté environ 63 comètes non télescopiques, et seulement 9 étoiles nouvelles. Dans cette période donc, où la civilisation européenne permet de compter sur une attention scientifique suffisamment soutenue, le rapport des étoiles nouvelles aux comètes visibles est celui de 1 à 7. Nous ferons voir bientôt que, si on distingue avec soin, dans le catalogue chinois de Ma-tuan-lin, les étoiles nouvelles des comètes dépourvues de queues, et si l'on remonte, à l'aide de cette précieuse collection, jusqu'à l'année 150 avant notre ère, on trouve encore à peine, en 2000 ans, 20 à 22 apparitions d'étoiles dont on puisse garantir la réalité.

Avant de passer aux considérations générales, il nous paraît bon de nous arrêter, un moment, à un cas particulier, et d'étudier, dans les écrits d'un témoin oculaire, la vive impression que peut causer l'aspect inattendu d'un phénomène de ce genre. « Lorsque je quittai l'Allemagne pour retourner dans les îles danoises, dit Tycho-Brahé, je m'arrêtai (ut aulicæ vitæ fastidium lenirem) dans l'ancien cloître admirablement situé d'Herritzwaldt, appartenant à mon oncle Sténon Bille, et j'y pris l'habitude de rester dans mon laboratoire de chimie jusqu'à la nuit tombante. Un soir que je considérais, comme à l'ordinaire, la voûte céleste dont l'aspect m'est si familier, je vis avec un étonnement indicible, près du zénith, dans Cassiopée, une étoile radieuse d'une grandeur extraordinaire. Frappé de surprise, je ne savais si j'en devais croire mes yeux. Pour me convaincre qu'il n'y avait point d'illusion, et pour recueillir le témoignage d'autres personnes, je fis sortir les ouvriers occupés dans mon laboratoire, et je leur demandai, ainsi qu'à tous les passants, s'ils voyaient, comme moi, l'étoile qui venait d'apparaître tout à coup. J'appris plus tard qu'en Allemagne des voituriers et d'autres gens du peuple avaient prévenu les astronomes d'une grande apparition dans le ciel, ce qui a fourni l'occasion de renouveler les railleries accoutumées contre les hommes de science (comme pour les comètes dont la venue n'avait point été prédite).

« L'étoile nouvelle », continue Tycho, était dépourvue de queue; aucune nébulosité ne l'entourait; elle ressemblait de tout point aux autres étoiles; seulement elle scintillait encore plus que les étoiles de première grandeur. Son éclat surpassait celui de Sirius, de la Lyre et de Jupiter. On ne pouvait le comparer qu'à celui de Vénus, quand elle est le plus près possible de la Terre (alors un quart seulement de sa surface est éclairé pour nous). Des personnes pourvues d'une bonne vue pouvaient distinguer cette étoile pendant le jour, même en plein midi quand le ciel était pur. La nuit, par un ciel couvert, lorsque toutes les autres étoiles étaient voilées, l'étoile nouvelle est restée plusieurs fois visible à travers des nuages assez épais (nubes non admodum densas). Les distances de cette étoile à d'autres étoiles de Cassiopée, que je mesurai l'année suivante avec le plus grand soin, m'ont convaincu de sa complète immobilité. A partir du mois de décembre 1572, son éclat commença à diminuer; elle était alors égale à Jupiter.

En janvier 1573 elle devint moins brillante que Jupiter. Voici les résultats de mes comparaisons photométriques : en février et mars, égalité avec les étoiles du premier ordre (stellarum affixarum primi honoris; Tycho paraît n'avoir jamais voulu employer l'expression de Manilius, stellæ fixæ); en avril et mai, éclat des étoiles de 2e grandeur; en juillet et août, de 3e; en octobre et novembre, de 4e grandeur. Vers le mois de novembre, l'étoile nouvelle ne surpassait pas la 11e étoile dans le bas du dossier du trône de Cassiopée. Le passage de la 5e à la 6e grandeur eut lieu de décembre 1573 à février 1574. Le mois suivant, l'étoile nouvelle disparut, sans laisser de trace visible à la simple vue, après avoir brillé 17 mois. » Le télescope a été inventé 37 ans plus tard.

Ainsi l'étoile perdit son éclat d'une manière successive et parfaitement régulière, sans présenter des périodes de recrudescence, comme l'a fait de nos jours η d'Argo, étoile qu'on ne peut assurément appeler nouvelle. La couleur changeait aussi bien que l'éclat, ce qui donna lieu, plus tard, à une foule de conjectures erronées sur la vitesse de propagation des divers rayons colorés. Dans les premiers temps de son apparition, lorsqu'elle égalait en éclat Vénus et Jupiter, elle resta blanche pendant deux mois; elle passa ensuite au jaune, puis au rouge. Pendant l'hiver de 1573, Tycho la compare à Mars; puis il la trouve presque semblable à l'épaule droite d'Orion (Béteigeuze). Il lui trouvait surtout de l'analogie avec la couleur rouge d'Aldébaran. Au printemps de 1573, principalement vers le mois de mai, la couleur blanchâtre reparut : « albedinem quamdam sublividam induebat, qualis Saturni stellæ subesse videtur ». Elle resta ainsi, en janvier 1574, de 5e grandeur et blanche, mais d'une blancheur moins pure ; elle scintillait avec une vivacité extraordinaire pour sa grandeur; enfin elle conserva les mêmes apparences jusqu'à sa disparition totale en mars 1574.

Ces détails circonstanciés (67) montrent l'influence qu'un tel phénomène devait exercer sur les esprits, à une époque si brillante pour l'astronomie, et l'importance qu'on attachait déjà aux problèmes qu'il soulevait. Comme, malgré la rareté des étoiles nouvelles, des phénomènes de ce genre se reproduisirent 3 fois en 32 ans, sous les yeux des astronomes européens, ces événements extraordinaires et réitérés excitèrent au plus haut degré l'intérêt universel. On reconnut de plus en plus l'importance des catalogues stellaires, qui seuls peuvent donner le moyen de contrôler la nouveauté de l'étoile. On discuta leur périodicité possible (68), c'est-à-dire leur réapparition après plusieurs siècles. Tycho avança même hardiment une théorie sur la manière dont les étoiles se forment aux dépens de la matière cosmique, et sa théorie présente beaucoup d'analogie avec celle de William Herschel. Il croit que cette matière céleste est d'abord à l'état de nébulosité; qu'elle devient lumineuse par sa condensation; qu'elle s'agglomère enfin en formant des étoiles : « Cœli materiam tenuissimam, ubique nostro visui et Planetarum circuitibus perviam, in unum globum condensatum, stellam effingere ». Cette matière cosmique, universellement répandue, aurait acquis déjà un certain degré de condensation dans la Voie lactée, où elle brille d'une douce lueur argentée. C'est pourquoi l'étoile nouvelle se trouvait, comme celles qui parurent en 945 et 1264, au bord même de la Voie lactée « quo factum est quod nova stella in ipso Galaxiæ margine constiterit »; et même on reconnaît encore la place (le hiatus) que la matière de la Voie lactée a laisssée vide en se condensant (69). Ces aperçus rappellent des théories qui eurent cours au commencement du XIXe siècle, la transformation de la matière nébuleuse en amas stellaires, la force de concentration qui condense peu à peu cette matière, en donnant naissance à une étoile centrale, et toutes ces hypothèses sur la marche que suit la matière nébuleuse, pour former des globes solides. Ces idées ont régné un instant; aujourd'hui elles sont rejetées comme douteuses. Tel est le sort des hypothèses, dans l'éternelle fluctuation des opinions et des systèmes.

Je rassemble ici toutes les apparitions des étoiles nouvelles temporaires sur la certitude desquelles on peut compter jusqu'à un certain point :

(*a*) 134 avant J. C. dans le Scorpion.
(*b*) 123 après J. C. dans Ophiucus.
(*c*) 173 dans le Centaure.
(*d*) 369?

(e) 386 dans le Sagittaire.
(f) 389 dans l'Aigle.
(g) 393 dans le Scorpion.
(h) 827? dans le Scorpion.
(i) 945 entre Céphée et Cassiopée.
(k) 1012 dans le Bélier.
(l) 1203 dans le Scorpion.
(m) 1230 dans Ophiucus.
(n) 1264 entre Céphée et Cassiopée.
(o) 1572 dans Cassiopée.
(p) 1578.
(q) 1584 dans le Scorpion.
(r) 1600 dans le Cygne.
(s) 1604 dans Ophiucus.
(t) 1609.
(u) 1670 dans le Renard.
(v) 1848 dans Ophiucus.

Éclaircissements.

(a) Première apparition, entre β et ρ du Scorpion, en juillet de l'an 134 avant J. C.; extrait de la Collection chinoise de Ma-tuan-lin, traduite et coordonnée par le savant linguiste Édouard Biot (*Connaissance des temps*, pour l'an 1846, p. 61). On trouve, dans ce catalogue, la description des étoiles *extraordinaires*, d'un aspect étranger, que les Chinois nommaient *étoiles hôtes* (Ke-sing, étrangers d'une physionomie singulière). Ces étoiles sont distinguées, par les observateurs eux-mêmes, des comètes pourvues de queue; mais les étoiles nouvelles immobiles sont mêlées d'un certain nombre de comètes sans queue et changeant de position. Cependant on peut trouver un critérium important, sinon infaillible, pour les distinguer, dans l'indication d'un mouvement (Ke-sing de 1092, 1181 et 1458) ou dans l'absence de toute indication de ce genre, comme dans la formule : « le Ke-sing s'est dissous » et a disparu. On peut rappeler encore que la tête des comètes, avec ou sans queue, brille toujours d'une lumière faible et douce, et ne scintille jamais, tandis que l'éclat des étoiles extraordinaires, signalées par les Chinois, est comparé à celui de Vénus, ce qui ne saurait convenir aux comètes en général, et encore moins aux comètes sans queue. L'étoile qui parut en 134 avant J.-C., sous l'antique dynastie des Han, pourrait être, suivant Sir John Herschel, l'étoile nouvelle dont parle Pline, celle qui aurait déterminé Hipparque à entreprendre son catalogue. Le dire de Pline a été traité d'historiette par Delambre (*Hist. de l'Astr. anc.*, t. I, p. 290, et *Hist. de l'Astr. mod.*, t. I, p. 186). Mais comme Ptolémée affirme expressément (*Almag.* VII, 2, p. 13, éd. Halma) que le catalogue d'Hipparque est relatif à l'an 128 avant notre ère, et comme Hipparque observait à Rhodes et peut-être aussi à Alexandrie, entre les années 162 et 127 avant J.-C., ainsi que je l'ai déjà dit dans un autre endroit, il n'y a rien à opposer à l'assertion de Pline, ou à la conjecture d'Herschel. On peut bien croire, en effet, que le grand astronome de Nicée a observé longtemps avant l'époque où il se détermina à construire un catalogue d'étoiles. L'expression de Pline « suo ævo genita » se rapporte évidemment à la vie entière d'Hipparque. Lorsque l'étoile de 1572 apparut (celle de Tycho), on disputa longtemps sur la question de savoir si l'étoile d'Hipparque était bien une étoile nouvelle ou une comète sans queue. Tycho avait adopté la première opinion (*Progymn.*, p. 319-325). Les mots « ejusque *motu* ad dubitationem adductus » pourraient faire penser qu'il s'agissait d'une comète faible ou sans queue; mais le langage un peu factice de Pline s'accommode de toute espèce d'ambiguïté dans l'expression.

(*b*) Apparition signalée par les Chinois, en décembre de l'année 123 après notre ère, entre α d'Hercule et α d'Ophiucus; collection de Ma-tuan-lin, d'après Ed. Biot. (Il paraîtrait qu'il y aurait eu encore une autre apparition d'étoile nouvelle sous Adrien, vers l'an 130.)

(*c*) Étoile singulière et très-grande, tirée de Ma-tuan-lin, ainsi que les trois suivantes. Elle parut, le 10 décembre 173, entre α et β du Centaure, et disparut huit mois plus tard, après avoir montré *les cinq couleurs l'une après l'autre*. Édouard Biot dit *successivement*, dans sa traduction : On pourrait conclure de cette expression que cette étoile a présenté, à diverses époques, une série de couleurs analogues à celles de l'étoile de Tycho; mais Sir John Herschel croit qu'il s'agit seulement d'une scintillation colorée (*Outlines*, p. 563); c'est la même interprétation qu'Arago a donnée d'une expression presque identique dont Kepler s'était servi, pour l'étoile nouvelle de 1604 dans le Serpentaire (Arago. *Astr. pop.*, t. I, p. 426).

(*d*) Elle brilla depuis le mois de mars jusqu'au mois d'août de l'an 369.

(*e*) Entre λ et φ du Sagittaire. Le catalogue chinois indique encore ici expressément le lieu « où l'étoile demeura depuis le mois d'avril jusqu'à celui de juillet 386. » Elle était donc immobile.

(*f*) Étoile nouvelle près de α de l'Aigle; d'après le récit de Cuspinianus, témoin oculaire, elle brillait avec l'éclat de Vénus, du temps de l'empereur Honorius, elle disparut trois semaines après sans laisser de traces (70).

(*g*) Mars 393; encore dans le Scorpion, mais cette fois dans la queue; tirée du catalogue de Ma-tuan-lin.

(*h*) L'année 827 est douteuse; il est plus sûr de dire : dans la première moitié du IXe siècle. C'est en effet vers cette époque, et sous le règne du Calife Al-Mamoun, que deux célèbres astronomes arabes, Haly et Giafar Ben-Mohammed Alboumazar, observèrent, à Babylone, une étoile nouvelle « dont la lumière égalait celle de la Lune dans son premier quartier » ! Cet événement eut encore lieu dans le Scorpion : l'étoile s'évanouit après un intervalle de quatre mois.

(*i*) L'apparition de cette étoile, en 945, sous l'empereur Othon le Grand, ainsi que celle de l'an 1264, reposent uniquement sur le témoignage de l'astronome bohémien Cyprianus Leovitius, qui assure avoir puisé ses renseignements dans une

Chronique manuscrite. Cet astronome fait remarquer en même temps que les deux apparitions de 945 et de 1264 ont eu lieu entre Céphée et Cassiopée, tout près de la Voie lactée, précisément à l'endroit où l'étoile de Tycho s'est montrée en 1572. Dans les *Progymnasmata* (p. 331 et 709), Tycho prend parti pour Cyprianus Leovitius contre Pontanus et Camerarius qui le soupçonnaient d'avoir confondu des comètes à longues queues avec des étoiles nouvelles.

(*k*) D'après le témoignage d'Hepidannus, moine de Saint-Gall, mort en 1088, et dont les annales s'étendent de 709 à 1044, une étoile nouvelle d'une grandeur extraordinaire et d'un éclat éblouissant (oculos verberans) parut vers la fin du mois de mai 1012, dans le signe du Bélier, au point le plus méridional du ciel, et y resta visible pendant 3 mois. Elle parut tantôt plus grande, tantôt plus petite, et quelquefois on cessait de la voir. « Nova stella apparuit insolitæ magnitudinis, aspectu fulgurans, et oculos verberans non sine terrore. Quæ mirum in modum aliquando contractior, aliquando diffusior, etiam extinguebatur interdum. Visa est autem per tres menses in intimis finibus Austri, ultra omnia signa quæ videntur in cœlo. » (*Hepidanni Annales breves* dans Duchesne, *Historiæ Francorum Scriptores*, t. III, 1641, p. 477; Cf. aussi Schnurrer, *Chronik der Seuchen*, 1re part., p. 201.) Le manuscrit consulté par Duchesne et par Goldast place cette apparition en 1012; mais d'après de récentes critiques historiques, il faut préférer les indications d'un autre manuscrit qui est en désaccord fréquent avec le premier, et qui recule, par exemple, toutes les dates de 6 ans. Il place l'apparition de l'étoile nouvelle dans l'année 1006 (Cf. *Annales Sangallenses majores* dans Pertz, *Monumenta Germaniæ historica, Scriptorum* t. I, 1826, p. 81). De nouvelles recherches ont même rendu douteux qu'Hepidannus ait jamais écrit. Le singulier phénomène de la *variabilité* a été nommé par Chladni la *combustion* et la *destruction* d'une étoile. Hind pense que l'étoile d'Hepidannus est identique avec une autre étoile nouvelle de Ma-tuan-lin, qui aurait été vue, en Chine, dans le mois de février 1011, entre σ et φ du Sagittaire (*Notices of the R. Astr. Soc.*, t. VIII, 1848, p. 156). Mais alors il faudrait que Ma-tuan-lin se fût trompé à la fois sur l'année et sur la constellation où l'étoile a fait son apparition.

(*l*) A la fin de juillet 1203, dans la queue du Scorpion. « Étoile nouvelle, de couleur bleuâtre, sans nébulosité lumineuse, et semblable à Saturne, » d'après les catalogues chinois (Édouard Biot, dans la *Connaiss. des temps pour* 1846, p. 68).

(*m*) Encore une observation chinoise tirée de Ma-tuan-lin, dont le catalogue astronomique, contenant les positions assez exactes des comètes et des étoiles, remonte à 613 ans avant J. C., c'est-à-dire à l'époque de Thalès et de l'expédition de Colæus de Samos. La nouvelle étoile parut, vers le milieu de décembre 1230, entre Ophiucus et le Serpent. *Elle s'évanouit* à la fin de mars 1231.

(*n*) C'est l'étoile dont parle l'astronome bohémien Cyprianus Leovitius (voir plus haut (*i*) l'étoile de l'an 945). A la même époque (juillet 1264) parut une grande comète dont la queue embrassait la moitié du ciel, et qui par conséquent n'a pu être confondue avec l'étoile nouvelle qui apparut entre Céphée et Cassiopée.

(*o*) L'étoile de Tycho, du 11 novembre 1572, dans le trône de Cassiopée; Asc. dr. = 3° 26′; Décl. = 63° 3′ (pour 1800).

(*p*) En février 1578, d'après Ma-tuan-lin. La constellation n'est point indiquée. Il faut que l'éclat de cette étoile ait été bien extraordinaire pour que le catalogue chinois ajoute : « une étoile grande comme le Soleil ! »

(*q*) Le 1er juillet 1584, près de π du Scorpion; observation chinoise.

(*r*) L'étoile 34 du Cygne, d'après Bayer. Guillaume Janson, géographe distingué, qui avait observé quelque temps sous la direction de Tycho, est le premier qui ait fixé son attention sur cette nouvelle étoile située dans la poitrine du Cygne, au commencement du col; c'est ce que prouve une inscription de son globe céleste. Kepler manquant d'instruments depuis la mort de Tycho, et empêché d'ailleurs par ses voyages, ne commença à l'observer que deux années plus tard; il n'apprit même son existence que vers cette époque; circonstance singulière, car l'étoile était de 3e grandeur. «Cum mense Maio anni 1602, dit-il, primum litteris monerer de novo Cygni phænomeno....» (Kepler, *de Stella nova tertii honoris in Cygno* 1606. addition à l'ouvrage *de Stella nova in Serpent.*, p. 152, 154, 164 et 167.) On ne trouve nulle part, dans le traité de Kepler, que l'étoile nouvelle du Cygne ait débuté par être de 1re grandeur, quoiqu'on l'ait dit souvent dans des écrits récents. Kepler la nomme *parva Cygni stella*, et la classe toujours dans la 3e grandeur. Il la place par 300° 46′ d'Asc. dr. et + 36° 52′ de Décl., ce qui donne pour 1800 : 302° 36′ et + 37° 27′. L'étoile diminua d'éclat, surtout à partir de 1619, et finit par disparaître en 1621. Dominique Cassini l'a revue en 1655; elle atteignit la 3e grandeur et disparut de nouveau (Cf. Jacques Cassini, *Élém. d'Astr.*, p. 69). Hévélius l'observa de nouveau en novembre 1665; elle était d'abord très-faible; puis elle augmenta, mais sans atteindre cette fois la 3e grandeur. Entre 1677 et 1682, elle était déjà descendue à la 6e grandeur; elle est restée au ciel dans cet ordre d'éclat. Sir John Herschel la cite dans la liste des étoiles changeantes, mais non Argelander.

(*s*) Après l'étoile que l'on vit en 1572, dans Cassiopée, la plus célèbre est celle qui parut en 1604 dans le Serpentaire, par 259° 42′ d'Asc. dr. et 21° 15′ de Déclin. australe (pour 1800). A l'une, comme à l'autre, se rattache un grand nom. L'étoile nouvelle du pied droit du Serpentaire ne fut pas découverte, à la vérité, par Kepler lui-même, mais par son élève Jean Brunowski, de Bohême, le 10 octobre 1604. «Elle surpassait les étoiles de 1re grandeur, elle surpassait même Jupiter et Saturne; mais elle était moins brillante que Vénus.» Herlicius prétend l'avoir observée dès le 27 septembre. Son éclat était moindre que celui de l'étoile de Tycho, en 1572; aussi n'était-elle pas visible en plein jour comme celle-ci; mais sa scintillation était beaucoup plus vive, et c'est par là surtout qu'elle excitait l'étonnement des observateurs. Comme la scintillation se rattache toujours au phénomène de la dispersion des couleurs, il n'est pas surprenant qu'on ait tant parlé de sa lumière colorée et de ses continuelles variations. Arago (*Astronomie populaire*, t. I, p. 414) a déjà fait remarquer que l'étoile de Kepler n'a nullement présenté, comme celle de Tycho, des variations de couleur permanentes, en passant successivement, et pour un temps considérable, du blanc au jaune, du jaune au rouge, et enfin du rouge au blanc. Kepler dit, de la manière la plus nette, que cette étoile paraissait blanche, quand elle s'était élevée au-dessus des vapeurs de l'horizon. S'il parle des couleurs de l'Iris, c'est seulement pour mieux peindre le phénomène de sa scintillation colorée : « Exemplo adamantis multanguli, qui Solis radios inter convertendum ad spectantium oculos variabili fulgore revibraret, colores Iridis (stella nova in Ophiucho) successive vibratu *continuo* reciprocabat. » (*De Nova Stella Serpent.*, p. 5 et 125.) Au commencement du mois de janvier 1605, l'étoile était encore plus brillante qu'Antarès, mais un peu inférieure à Arcturus. A la fin de mars de la même année, on la fait de 3e grandeur. Le voisinage du Soleil vint interrompre les observations pendant 4 mois. Entre février et mars 1606, elle disparut sans laisser de traces. Certaines observations fort inexactes de Scipion Claramonti et du géographe Blaeu (Blaew), sur les changements de position de l'étoile nouvelle, méritent à peine une mention, ainsi que le remarque déjà J. Cassini, dans ses *Élém. d'Astron.*, p. 65; elles étaient d'ailleurs en contradiction avec le travail beaucoup plus sûr de Kepler. Le catalogue chinois de Ma-tuan-lin contient une apparition qui, pour la date et la position, présente quelque analogie avec celle de l'étoile nouvelle du Serpentaire. Le 30 septembre 1604, on vit en Chine, près de π du Scorpion, une étoile de couleur orangée (« de la grosseur d'une boule »?). Elle brilla au sud-ouest jusqu'au mois de novembre de la même année, et devint alors invisible. Elle reparut, le 14 janvier 1605, au sud-est; mais elle devint un peu plus obscure en mars 1606 (*Connaissance des temps pour* 1846, p. 59). Le lieu désigné ici par π du

Scorpion peut être aisément confondu avec le pied du Serpentaire; mais les expressions *sud-ouest* et *sud-est*, la réapparition, et surtout la circonstance qu'aucune disparition finale n'est indiquée, répandent quelques doutes sur l'identité des deux astres.

(*t*) Encore une nouvelle étoile de Ma-tuan-lin; grandeur considérable; vue au sud-ouest. Il n'y a pas d'autres indications.

(*u*) Étoile nouvelle, découverte le 20 juin 1670, par le chartreux Anthelme, dans la tête du Renard, assez près de β du Cygne, Asc. dr. = 294° 27′; Décl. = + 26° 47′. Elle était d'abord de 3e grandeur seulement; elle descendit ensuite à la 5e grandeur, vers le 10 août. Elle disparut au bout de 3 mois, mais pour reparaître le 17 mars 1671, avec l'éclat d'une étoile de 4e grandeur. Dominique Cassini l'observa assidûment en avril 1671; il lui trouvait une lumière fort variable. On pensa qu'elle reviendrait, avec le même éclat, au bout d'une période de 10 mois; il n'en fut rien. On la chercha vainement en février 1672. Ce ne fut que le 29 mars de la même année qu'elle fit sa réapparition, mais elle était seulement de 6e grandeur, et depuis ce temps on ne l'a jamais revue (Jacques Cassini, *Éléments d'Astr.*, p. 69-71). Cette apparition engagea Dominique Cassini à rechercher les étoiles qui n'avaient point encore été vues (par lui!). Il pense en avoir trouvé 14 de 4e, 5e et 6e grandeur (8 dans Cassiopée, 2 dans l'Éridan et 4 près du pôle boréal). Comme nous manquons de tout renseignement sur ces étoiles, de même que sur celles dont Maraldi s'est occupé de 1691 à 1709, on doit les considérer comme étant plus que douteuses, et il nous est impossible d'en faire autrement mention (Jacques Cassini, *Élém. d'Astr.*, p. 73-77; Delambre, *Hist. de l'Astr. mod.*, t. II, p. 780).

(*v*) Depuis l'apparition de l'étoile nouvelle du Renard, il se passa 178 ans sans qu'un phénomène semblable se présentât; cependant le ciel avait été exploré avec le plus grand soin, pendant cet intervalle, grâce à l'emploi assidu des lunettes et à la construction de catalogues stellaires de plus en plus exacts. Enfin le 28 avril 1848, Hind découvrit une étoile nouvelle à l'observatoire particulier de Bishop (South Ville, Regent's Park). Son étoile était de 5e grandeur, de couleur rougeâtre, et située dans le Serpentaire par $16^h 50^m 59^s$ d'Asc. dr. et $12° 39' 16''$ de Décl. australe (pour 1848). Pour aucune autre étoile nouvelle, la nouveauté de l'apparition ou l'invariabilité de position n'ont été constatées avec autant de soin et d'exactitude. Elle est aujourd'hui (1850) de 11e grandeur à peine ; d'après les observations assidues de Lichtenberger, il est probable qu'elle va bientôt disparaître totalement (*Notices of the Astr. Soc.*, t. VIII, p. 146 et 155-158).

Ce tableau des étoiles nouvelles qui ont paru et disparu depuis 2000 ans, est peut-être un peu plus complet que les tableaux du même genre publiés jusqu'à ce jour. Il nous suggère les remarques suivantes. On doit distinguer trois classes de phénomènes : les étoiles qui apparaissent subitement et disparaissent au bout d'un temps plus ou moins long; celles dont l'éclat est soumis à des variations périodiques déterminées dès à présent ; et celles qui, comme η d'Argo, augmentent tout d'un coup d'éclat, et présentent ensuite des variations dont la loi nous échappe. L'étoile nouvelle de l'an 1600 (dans le Cygne), qui disparut tout à fait, mais seulement sans doute pour l'œil nu, et reparaissant ensuite, resta définitivement à l'état d'étoile de 6e grandeur, nous montre bien l'affinité des phénomènes des deux premières classes. On croyait déjà, du temps de Tycho, que l'étoile nouvelle de 1572 (dans Cassiopée) pourrait bien être la même que celles de 945 et de 1264.

Comme les intervalles, peut-être un peu incertains, sont de 319 et de 308 ans, Goodricke soupçonna une période de trois siècles; Keill et Pigott la réduisirent de moitié et en firent une période de 150 ans. Mais Arago a montré que l'étoile de 1572 ne saurait être rangée, avec vraisemblance, au nombre des étoiles périodiquement variables (71). Rien, jusqu'ici, n'autorise à considérer *toutes* les étoiles nouvelles comme de simples étoiles variables à longue période, qui nous seraient restées inconnues, à cause de la longueur même de leur période. Si, par exemple, la lumière propre de tous les soleils du firmament résulte du jeu des actions électro-magnétiques dans leurs photosphères, il n'est pas nécessaire de recourir à une condensation locale et temporaire de l'éther, ou à l'interposition momentanée de prétendus nuages cosmiques, pour expliquer les variations de cette lumière, que ces variations soient d'ailleurs régulières ou non, qu'elles se reproduisent à des époques marquées, ou qu'elles aient lieu une seule fois. Les phénomènes de lumière qui naissent des actions électriques à la surface de notre propre globe, les éclairs, par exemple, ou les aurores polaires, ne montrent-ils pas, au milieu de nombreuses irrégularités apparentes, une certaine périodicité dépendant des saisons ou même des heures du jour? On peut en dire autant des petits nuages qui se forment souvent, plusieurs jours de suite, par un ciel serein, et toujours aux mêmes places; témoin les anomalies persistantes qu'on retrouve ensuite dans les observations astronomiques instituées dans de pareilles circonstances.

Une des particularités les plus intéressantes à mes yeux, dans ces phénomènes, c'est que les étoiles nouvelles apparaissent presque toutes avec le plus vif éclat : elles surpassent, de prime abord, les étoiles de première grandeur, et pour la vivacité de la lumière et pour celle de la scintillation ; en un mot, on ne les voit pas, du moins à l'œil nu, atteindre par degrés leur maximum d'éclat. Kepler attachait tant d'importance à cette espèce de criterium (72), qu'il s'en faisait un argument contre les assertions du Politien. Ce dernier prétendait avoir découvert l'étoile nouvelle du Serpentaire (en 1604) longtemps avant Brunowski ; sa réclamation, contestée par Kepler, était conçue en ces termes : « Apparuit nova stella parva, et postea de die in diem crescendo apparuit lumine non multo inferior Venere, superior Jove. » Trois étoiles seulement font exception à la règle, et ont présenté une augmentation d'éclat progressive ; ce sont : l'étoile de 3e grandeur de 1600 (dans le Cygne), celle de 1670 (dans le Renard), et l'étoile nouvelle de Hind dans le Serpentaire (en 1848).

Il est bien à regretter que ces phénomènes soient devenus si rares, depuis 178 ans. Ils ne se sont présentés en effet que deux fois pendant ce long intervalle, tandis qu'ils s'étaient concentrés, pour ainsi dire, dans les siècles précédents : 4 en 24 ans, vers la fin du IVe siècle ; 3 en 61 ans, au XIIIe ; et 6 en 37 ans, vers l'époque de Tycho et de Kepler, entre la fin du XVIe et le commencement du XVIIe siècle. Je compte ici, bien entendu, les *étoiles extraordinaires* observées par les Chinois, car, au dire des juges compétents, la majeure partie de ces observations est digne de confiance. A la vérité, les étoiles vues en Europe n'ont point toujours été consignées dans la collection de Ma-tuan-lin; celle de Tycho (1572) ne s'y trouve point; peut-être même celle de Kepler (1604) ne saurait-elle être identifiée avec aucune des étoiles observées en Chine. La raison de ces discordances m'échappe; il est tout aussi difficile d'en rendre compte, que d'expliquer comment le grand phénomène lumineux, observé en Chine au mois de février 1570, n'a point été aperçu et mentionné par les Européens. Dans tous les cas, ce n'est pas la différence des longitudes des deux pays (114°) qui pourrait expliquer ces contradictions. Mais les personnes habituées à ce genre de recherches savent que l'absence de toute mention historique, en fait d'événements politiques ou célestes, ne prouve rien contre leur existence. Que l'on compare d'ailleurs entre eux les trois catalogues compris dans la collection de Ma-tuan-lin, et l'on trouvera dans l'un d'eux des apparitions de comètes, par exemple celles de 1385 et de 1495, qui ne sont point rapportées dans les autres ou dans l'un des autres.

Les anciens et les modernes, Tycho et Kepler, comme Sir John Herschel et Hind, ont fait remarquer que la plupart des étoiles nouvelles parurent dans l'intérieur ou sur les bords de la Voie lactée.

Les 4/5 de ces étoiles observées en Europe ou en Chine sont dans ce cas. La Voie lactée est-elle un simple agrégat d'étoiles télescopiques, dont la réunion en strates annulaires nous offre l'apparence d'une douce lumière nébuleuse? Alors l'idée de Tycho porte complétement à faux; il n'est plus permis de se représenter les étoiles nouvelles comme de simples formations opérées sous nos yeux aux dépens de la matière cosmique. Sans doute la gravitation générale s'exerce aussi dans ces couches stellaires, dans ces amas d'étoiles plus ou moins condensées; on peut même concevoir un mouvement de rotation autour d'un centre commun; mais on ne saurait aller plus loin sans tomber dans le domaine de l'indétermination et des mythes astrognosiques. Parmi les 21 étoiles nouvelles citées dans la liste précédente, 5 appartiennent au Scorpion (134, 393, 827, 1203, 1584); 3 à Cassiopée et à Céphée (945, 1264, 1572); 4 au Serpentaire (123, 1230, 1604, 1848). Celle de 1012, l'étoile du moine de Saint-Gall, a paru dans une région très-éloignée de la Voie lactée, dans le Bélier. Kepler a même cité, comme une seconde exception à la règle générale, l'étoile de la Baleine qui passait alors pour nouvelle, parce que Fabricius, après l'avoir découverte en 1596, l'avait vue disparaître au mois d'octobre de la même année (Kepler, *de Stella nova Serp.*, p. 112). Toujours est-il que la fréquence de ces apparitions dans les mêmes constellations, c'est-à-dire dans de certaines directions déterminées par les étoiles du Scorpion, par exemple, ou celles de Cassiopée, peut porter à croire que la production de ces phénomènes est favorisée par des causes tout à fait locales.

La plus courte durée de l'incandescence des étoiles nouvelles s'est présentée dans les apparitions des années 389, 827 et 1012. La première a brillé 3 semaines, la seconde, 1 mois, et la troisième s'est éteinte au bout de 3 mois. L'étoile de Tycho, au contraire, a duré 17 mois; celle de Kepler (en 1600, dans le Cygne) est restée visible pendant 21 années entières. Elle reparut en 1655, de 3ᵉ grandeur comme la première fois, mais pour se fixer ensuite à la 6ᵉ grandeur. Cependant Argelander n'a pas cru devoir la placer dans la classe des étoiles périodiquement variables.

Étoiles disparues. — L'étude et l'énumération exacte de ces étoiles sont importantes pour la recherche des petites planètes, qui existent probablement en si grand nombre dans certaines régions de notre système planétaire; mais malgré l'exactitude avec laquelle les positions d'une multitude d'étoiles télescopiques ont été enregistrées dans les catalogues et les cartes modernes, il est souvent difficile de constater d'une manière irrécusable, qu'une étoile manque au ciel depuis une époque déterminée. Les meilleurs catalogues sont souvent entachés de fautes provenant de l'observation, des calculs de réduction et surtout de l'impression (73). D'ailleurs ce fait qu'un astre disparaît de la place où il a été vu une première fois, peut tenir tout aussi bien à un mouvement propre qu'à un affaiblissement réel de sa lumière. Ce que nous ne voyons plus n'a donc pas nécessairement disparu. L'idée d'une destruction, d'une combustion réelle des étoiles devenues invisibles, appartient à l'époque de Tycho. Pline lui-même pose cette question, dans un beau passage sur Hipparque : « stellæ an obirent nascerenturve. » L'éternel jeu des créations et des destructions apparentes ne conclut point à un anéantissement de la matière ; c'est une pure transition vers de nouvelles formes, déterminées par l'action de forces nouvelles. Des astres devenus obscurs, peuvent redevenir subitement lumineux par le jeu renouvelé des mêmes actions qui y avaient primitivement développé la lumière.

Étoiles périodiquement variables. — Puisque tout est en mouvement sur la voûte céleste, puisque tout change dans le temps et dans l'espace, l'analogie nous conduit à admettre que si les étoiles, prises dans leur ensemble, possèdent des mouvements réels, et non point de simples mouvements apparents, de même leurs surfaces ou leurs photosphères peuvent être le siége de variations réelles de lumière. Pour le plus grand nombre des étoiles, ces variations se reproduisent périodiquement, mais par périodes excessivement longues, qui n'ont pu être encore déterminées, et sont peut-être même à jamais indéterminables. Pour le petit nombre, ces variations non périodiques se produisent pendant un temps plus ou moins court, comme par une révolution subite. Je n'ai point à m'occuper ici de cette dernière classe de phénomènes, dont une belle étoile du Navire nous a offert récemment un remarquable exemple : je ne veux parler que des étoiles changeantes dont les périodes ont été déjà reconnues et mesurées. Il était essentiel, avant tout, de distinguer soigneusement entre trois grands phénomènes de la nature sidérale, dont on n'a pu encore saisir la connexité, à savoir : la périodicité constatée de certaines étoiles variables; l'apparition des étoiles nouvelles; les changements subits d'éclat que présentent d'autres étoiles, connues depuis longtemps pour avoir toujours conservé jusque-là le même éclat uniforme. C'est uniquement, ai-je dit, de la première classe de variations que nous aurons à nous occuper ici. Mira Ceti, étoile située dans le col de la Baleine, en a offert le premier exemple, exactement observé (1638). Un pasteur protestant de la Frise orientale, David Fabricius, père de l'astronome auquel on doit la découverte des taches du Soleil, avait déjà remarqué cette étoile en 1596; le 13 août, elle lui paraissait être de 3ᵉ grandeur, et il la vit disparaître dans le mois d'octobre de la même année. Mais ce fut un professeur de Franeker, Jean Phocylides Holwarda, qui découvrit, 42 ans plus tard, les alternatives d'éclat et d'extinction, en un mot la variabilité de cette étoile. Cette découverte fut suivie, dans le même siècle, de celle de deux autres variables : β de Persée (1669), décrite par Montanari, et χ du Cygne (1687), par Kirch.

Les irrégularités singulières qu'on ne tarda point à remarquer dans les périodes, et le nombre croissant des étoiles variables, ont appelé le plus vif intérêt sur cette étude, dès le commencement du XIXe siècle. Considérant la difficulté du sujet, animé d'ailleurs du désir de présenter, dans cette partie de mon ouvrage, les éléments numériques de la variabilité, avec toute l'exactitude requise par l'état actuel de la science, je me suis déterminé à invoquer le secours amical de l'astronome qui s'est le plus occupé de cette question et dont les brillants travaux ont fait faire tant de progrès à l'étude des étoiles périodiquement variables. Les questions et les doutes, auxquels mon propre travail a pu donner lieu, ont été soumis avec confiance à mon excellent ami Argelander, directeur de l'observatoire de Bonn; c'est à ses communications, encore entièrement inédites, que je dois ce qui suit.

Les étoiles variables sont, pour la plupart, tout à fait rouges ou rougeâtres, mais toutes ne le sont pas. Par exemple, β de Persée (Algol dans la tête de Méduse), β de la Lyre et ε du Cocher sont des étoiles blanches; η de l'Aigle est un peu jaunâtre; ζ des Gémeaux l'est aussi, mais moins. On a affirmé autrefois, sans preuves bien réelles, que certaines étoiles variables, particulièrement Mira de la Baleine, sont plus rouges, lorsque leur éclat va en décroissant, que dans la période inverse. Dans l'étoile double α d'Hercule, la composante principale, rouge suivant Sir William Herschel, jaune suivant Struve, est une étoile variable; elle a pour compagnon une étoile d'un bleu foncé que l'on a crue également variable, parce que les estimations de sa grandeur présentaient de notables divergences (de la 5ᵉ à la 7ᵉ grandeur); mais cette opinion paraît très-problématique. Struve lui-même dit seulement : Suspicor minorem esse variabilem (74). La variabilité n'est nullement liée à la teinte rouge. Il y a beaucoup d'étoiles rougeâtres et même fortement teintes en rouge, comme Arcturus et Aldébaran, dans lesquelles on n'a pu découvrir le moindre changement d'éclat. Il est encore fort douteux qu'on doive ranger parmi les variables une étoile de Céphée, à laquelle W. Herschel donnait, en 1782, le nom d'*étoile grenat*, à cause de sa couleur d'un rouge extrêmement vif. C'est le nº 7582 du Catalogue de l'Association Britannique.

Il est difficile d'assigner exactement le nombre des étoiles périodiques, parce que les périodes actuellement déterminées ne méritent pas toutes une égale confiance. Par exemple, les deux variables de Pégase, α de l'Hydre, ι du Cocher, α de Cassiopée n'offrent pas la même certitude que Mira de la Baleine, Algol et δ de Céphée. Si donc il s'agit de former un tableau des étoiles périodiques, la première chose à faire est de fixer le degré d'exactitude dont on veut se contenter. Argelander porte à 24 seulement le nombre des périodes actuellement connues avec une précision satisfaisante (75). Tel est aussi le nombre des étoiles inscrites dans la liste qu'on trouvera plus loin.

De même que le phénomène de la variabilité se retrouve à la fois dans des étoiles rouges et dans des étoiles blanches, de même il paraît affecter indifféremment divers ordres de grandeur. Par exemple, α d'Orion est de 1re grandeur; Mira de la Baleine est de 2e, comme α de l'Hydre, α de Cassiopée et β de Pégase; β de Persée est de 2e à 3e grandeur; η de l'Aigle et β de la Lyre, de 3e à 4e. Il y a aussi des variables parmi les étoiles comprises entre la 6e et la 9e grandeur, et même elles sont là beaucoup plus nombreuses. Telles sont les variables de la Couronne, de la Vierge, de l'Écrevisse et du Verseau. L'étoile χ du Cygne présente en outre de grandes oscillations d'éclat à son maximum.

Que les périodes des étoiles variables soient très-irrégulières, c'est ce qu'on avait reconnu depuis longtemps; mais que ces irrégularités mêmes soient soumises à certaines lois fixes, c'est ce qu'Argelander a su établir de la manière la plus irrécusable : il se propose d'en donner les preuves dans un Mémoire détaillé qu'il prépare en ce moment. Pour χ du Cygne, il admet aujourd'hui deux perturbations dans la période, l'une de 100, l'autre de 8 1/2 périodes élémentaires; ces deux perturbations lui paraissent plus probables qu'une seule de 108 périodes. A quelle cause faut-il rapporter ces perturbations? Faut-il chercher cette cause dans l'atmosphère propre de l'étoile même, ou dans la révolution d'un satellite circulant autour de χ du Cygne, comme autour d'un soleil, et agissant par attraction sur sa photosphère? Ce sont là des questions auxquelles il est encore impossible de répondre.

L'étoile qui présente les irrégularités les plus fortes, dans ses changements d'éclat, est assurément la variable de l'Écu de Sobieski, car cette étoile descend parfois de la 5.4e grandeur à la 9e. Elle a même disparu complétement, au dire de Pigott, vers la fin du dernier siècle. A d'autres époques, ses oscillations se sont restreintes entre la 6.5e et la 6e grandeur. Le maximum d'éclat de χ du Cygne varie entre la 6.7e et la 4e grandeur; celui de Mira entre la 4e et la 2. 1re grandeur.

La variable δ de Céphée présente dans ses périodes une régularité frappante; elle surpasse, à cet égard, toutes les autres étoiles changeantes, comme le prouvent les observations de 87 minima, qui ont eu lieu entre le 10 octobre 1840 et le 8 janvier 1848. Pour ι du Cocher, un infatigable observateur, M. Heis, à Aix-la-Chapelle, trouve que les variations du maximum d'éclat sont comprises entre la 3.4e grandeur et la 4.2e.

Mira ou ο de la Baleine présente de grandes différences, aux époques du maximum d'éclat. Le 6 novembre 1779, par exemple, Mira était à peine inférieure à Aldébaran; plus d'une fois elle a dépassé la 2e grandeur. Mais, à d'autres époques, elle n'a même pas atteint l'éclat de δ de la Baleine (4e gr.). Sa grandeur moyenne est égale à celle de γ de la Baleine (3e gr.). Si l'on désigne par 0 l'éclat des dernières étoiles visibles à l'œil nu, et celui d'Aldébaran par 50, on peut dire que Mira oscille, vers son maximum, entre 20 et 47. Son éclat probable peut être représenté par 30; mais elle est plus souvent au-dessous qu'au-dessus de cette limite. Ces derniers écarts sont, du reste, les plus frappants. On n'a pu, jusqu'à présent, rattacher les oscillations de Mira à aucune période bien nette; il y a seulement quelque raison de soupçonner une période de 40 ans et une seconde période de 160 ans.

D'une étoile à l'autre, les durées des changements d'éclat varient beaucoup : les extrêmes sont dans le rapport de 1 à 250. La plus courte période est, sans contredit, celle de β de Persée, dont la durée est de 68 heures 49 minutes; à moins pourtant qu'une période plus courte (moins de 2 jours), attribuée à la Polaire, ne se confirme. Après β de Persée, viennent δ de Céphée (5 jours 8^h 49^m), η de l'Aigle (7^j 4^h 14^m), et ξ des Gémeaux (10^j 3^h 35^m). Les plus longues périodes sont celles de 30 de l'Hydre d'Hévélius (495^j), de χ du Cygne (406^j), de la variable du Verseau (388^j), de S du Serpent (367^j), et enfin de Mira ou o de la Baleine (332^j). Pour plusieurs variables, il est parfaitement établi que l'éclat augmente plus rapidement qu'il ne décroît, phénomène dont δ de Céphée présente l'exemple le plus remarquable. Pour d'autres étoiles, par exemple β de la Lyre, ces deux phases sont d'égale durée. Quelquefois ces rapports présentent eux-mêmes des anomalies dans la même étoile, mais à des époques différentes de leurs variations. En général, Mira augmente, comme δ de Céphée, plus rapidement qu'elle ne décroît; mais on a pu aussi observer l'inverse dans la même étoile.

Pour ce qui est des *périodes de périodes*, on peut

citer Algol, Mira, β de la Lyre et très-probablement χ du Cygne, qui en présentent plusieurs avec beaucoup de netteté. On ne doute plus aujourd'hui de la décroissance progressive des périodes d'Algol. Goodricke ne s'en était pas aperçu; mais elle ne pouvait échapper à Argelander qui avait rassemblé, en 1842, plus de 100 bonnes observations dont les extrêmes embrassaient 58 années, c'est-à-dire 7600 périodes (Schumacher's *Astron. Nachr.*, n°s 472 et 624). La décroissance de la durée devient actuellement de plus en plus sensible (77). Quant à la période des maxima d'éclat de Mira, Argelander a discuté toutes les observations, y compris le maximum observé en 1596 par Fabricius, et il en a déduit une formule par laquelle tous les maxima sont représentés avec une erreur probable de 7 jours (sur une longue période de $331^j 8^h$). Cette erreur probable serait de 15 jours, si on adoptait une période constante (78).

Le double maximum et le double minimum, qui ont lieu à chaque période de β de la Lyre (près de 13^j), avaient été déjà signalés par Goodricke, à qui nous devons la découverte de cette étoile variable; les observations récentes ont fait disparaître tous les doutes à cet égard (79). Il est bien remarquable que l'étoile atteigne le même éclat dans ses deux maxima, tandis que, vers le minimum principal, elle est d'une demi-grandeur plus faible qu'au second minimum. Depuis la découverte de la variabilité de β de la Lyre, la *période dans la période* est devenue probablement de plus en plus longue. D'abord les changements étaient plus rapides; puis ils se ralentirent de plus en plus jusque vers l'époque comprise entre 1840 et 1844; alors cessa l'accroissement de la durée qui devint sensiblement constante. Aujourd'hui elle commence certainement à décroître. La variable δ de Céphée présente quelque chose d'analogue au double maximum de β de la Lyre; car la décroissance de l'éclat ne suit point un cours uniforme. Après avoir été d'abord assez rapide, elle offre ensuite un temps d'arrêt, ou du moins une vitesse bien plus faible, jusqu'à un certain moment à partir duquel la décroissance reprend son cours avec rapidité. Les phénomènes se présentent en effet, pour certaines étoiles, comme si une cause quelconque empêchait la lumière de s'élever librement à un deuxième maximum d'intensité. Quant à χ du Cygne, il y a très-probablement deux périodes de variabilité : une longue période formée de 100 périodes secondaires et une autre de 8 1/2 périodes.

Il est difficile de dire, même d'une manière générale, si les étoiles variables à courtes périodes présentent plus de régularité que les étoiles à lentes variations. Les déviations relatives à une période constante ne peuvent être raisonnablement présentées en nombres absolus; il faut les évaluer en parties de la période même. Commençons par les étoiles à longues périodes, telles que χ du Cygne, Mira de la Baleine et 30 de l'Hydre. Pour χ du Cygne, la période la plus probable est de 406^{j},0634, en suivant l'hypothèse d'une variation uniforme ; les écarts vont alors à 39,4 jours. En faisant la part des erreurs d'observations, les écarts s'élèvent encore à 29 ou 30 jours, c'est-à-dire à 1/14 de la période entière. Pour Mira de la Baleine (80), une Période constante de 331^j,340 donne des écarts de 55^j,5, même en laissant de côté l'observation de David Fabricius. Veut-on réduire ces écarts à 40 jours, afin de *tenir* compte des erreurs inévitables de l'observation ? les erreurs iront encore à 1/8 de la période, c'est-à-dire au double, en proportion, des écarts relatifs à χ du Cygne. Enfin, pour 30 de l'Hydre, dont la période est de 495 jours, les écarts sont encore plus considérables; ils vont peut-être à 1/5. C'est depuis 1840 seulement que les étoiles variables à périodes très-courtes ont été observées d'une manière continue et avec toute l'exactitude requise. Le problème que nous agitons ici devient donc plus difficile, quand il s'agit de cette classe d'étoiles, où cependant les écarts semblent être réellement moins considérables. Pour η de l'Aigle, dont la période est de 7 jours 4 heures, ils ne sont que de 1/16 ou 1/17 de la période entière; dans β de la Lyre (période=12^j 21^h), ils descendent à 1/27 ou même à 1/30. Mais ces recherches sont encore exposées à bien des incertitudes. On a observé de 1700 à 1800 périodes de β de la Lyre, 279 de Mira, 145 seulement de χ du Cygne.

On demandera si les étoiles, qui ont procédé longtemps par périodes régulières dans leurs variations, peuvent cesser d'être variables : la réponse paraît devoir être négative. De même qu'il existe des étoiles dont les variations sont tantôt faibles, tantôt plus marquées, par exemple, la variable de l'Écu de Sobieski, de même il paraît y avoir des étoiles dont les variations sont par moments si faibles, qu'elles échappent à nos moyens bornés d'investigation. On peut compter, parmi ces dernières, la variable de la Couronne boréale (nº 5236 du *Catalogue de l'Association britannique*), que Pigott a découverte et observée quelque temps. Pendant l'hiver de 1795 à 1796, cette étoile était restée complétement invisible; plus tard, elle reparut; ses variations furent alors observées par Koch. En 1817, Harding et Westphal lui trouvaient une lumière presque constante; en 1824, Olbers put observer de nouveau ses changements d'éclat. Les variations ont cessé encore une fois, et cette nouvelle phase a été étudiée avec soin par Argelander, depuis le mois d'août 1843 jusqu'en septembre 1845. A la fin de septembre, l'étoile recommença à diminuer; en octobre, elle n'était plus visible dans un chercheur de comètes; elle reparut en février 1846, et atteignit sa grandeur ordinaire (la 6ᵉ gr.) vers le commencement de juin. Depuis cette époque, elle a conservé le même éclat, sauf de petites oscillations dont on ne peut être bien certain. La variable du Verseau appartient à cette classe mystérieuse d'étoiles variables; peut-être en est-il de même de l'étoile de Janson et de Kepler (dans le Cygne, en 1600), dont nous avons déjà parlé, quand il était question des étoiles nouvelles.

LISTE DES ÉTOILES VARIABLES,

PAR FR. ARGELANDER.

Nos	NOMS DES ÉTOILES.	DURÉE de la PÉRIODE.			ÉCLAT AU MAXIMUM.	ÉCLAT AU MINIMUM.	NOM DE L'AUTEUR et date DE LA DÉCOUVERTE.	
		jours	heur.	m.	grandeur.	grandeur		
1	ο Baleine......	331	20	—	4 à 2.1	0	Holwarda	1639
2	β Persée......	2	20	49	2.3	4	Montanari	1669
3	χ Cygne.......	406	1	30	6.7 à 4	0	Gottfr. Kirch	1687
4	30 Hydre (Hév.)..	495	—	—	5 à 4	0	Maraldi	1704
5	Lion R, 420 M.	312	18	—	5	0	Koch	1782
6	η Aigle........	7	4	14	3.4	5.4	E. Pigott	1784
7	β Lyre.........	12	21	45	3.4	4.5	Goodricke	1784
8	δ Céphée......	5	8	49	4.3	5.4	Goodricke	1784
9	α Hercule	66	8	—	3	3.4	W. Herschel	1795
10	Couronne R...	323	—	—	6	0	E. Pigott	1795
11	Écu R........	71	17	—	6.5 à 5.4	9 à 6	E. Pigott	1795
12	Vierge R......	145	21	—	7 à 6.7	0	Harding	1809
13	Verseau R...	388	13	—	9 à 6.7	0	Harding	1810
14	Serpent R....	359	—	—	6.7	0	Harding	1826
15	Serpent S....	367	5	—	8 à 7.8	0	Harding	1828
16	Écrevisse R ..	380	—	—	7	0	Scwherd	1829
17	α Cassiopée....	79	3	—	2	3.2	Birt	1831
18	α Orion........	196	0	—	1	1.2	J. Herschel	1836
19	α Hydre........	55	—	—	2	2.3	J. Herschel	1837
20	ε Cocher......		?		3.4	4.5	Heis	1846
21	ζ Gémeaux....	10	3	35	4.3	5.4	Schmidt	1847
22	β Pégase......	10	23	—	2	2.3	Schmidt	1848
23	Pégase R.....	350	—	—	8	0	Hind	1848
24	Écrevisse S...		?		7.8	0	Hind	1848

REMARQUES SUR LE TABLEAU PRÉCÉDENT.

Le 0 placé dans la colonne du minimum signifie que l'étoile est, à cette époque, au-dessous de la 10e grandeur. Pour désigner d'une manière simple et commode à la fois les petites étoiles variables qui n'ont point encore reçu de nom ni de signe, je me suis permis de leur donner des lettres tirées du grand alphabet, les lettres grecques et les minuscules latines ayant été déjà épuisées en grande partie par Bayer.

Outre les variables inscrites dans le tableau, il y a encore presque autant d'étoiles que l'on soupçonne de variabilité, parce que divers observateurs leur ont assigné des grandeurs différentes. Mais comme ces estimations purement occasionnelles ne sauraient prétendre à une grande exactitude, et comme les astronomes ont chacun leur manière particulière d'apprécier les grandeurs, il m'a paru plus sûr de ne pas tenir compte de cette classe d'étoiles, tant qu'un même observateur n'en aura pas constaté les variations par une étude directe, faite à des époques différentes. Toutes les étoiles du tableau sont dans ce dernier cas; l'existence de leurs variations périodiques est certaine, même lorsque la période n'a pas pu être déterminée. Les périodes indiquées dans le tableau reposent, presque toutes, sur les recherches auxquelles j'ai soumis l'ensemble des anciennes observations et les observations encore inédites que j'ai faites pendant les dix dernières années. Les exceptions seront indiquées dans les notes suivantes, où chaque étoile est considérée isolément.

Les positions données dans ces notes sont exprimées en ascensions droites et en déclinaisons pour 1850. L'expression souvent employée de *degré* désigne des différences d'éclat encore sensibles, avec quelque certitude, soit à l'œil nu, soit à l'œil armé d'une lunette de Frauenhofer, dont la longueur focale égale 65 centimètres, lorsqu'il s'agit d'étoiles invisibles à la vue simple. Pour les étoiles au-dessus de la 6e grandeur, un *degré* forme à peu près un dixième de la différence d'éclat entre deux ordres de grandeur consécutifs; mais pour les étoiles plus faibles, les intervalles des grandeurs ordinaires sont sensiblement plus petits.

(1) ο de la Baleine, AR. 32° 57′ Décl. — 3° 40′ ; nommée aussi *Mira* à cause des singulières variations de sa lumière, les premières qui aient été remarquées. La périodicité de cette étoile a été reconnue pendant la seconde moitié du XVII° siècle ; Boulliaud portait à 333 jours la durée de sa période. On trouva en même temps que cette durée est tantôt plus longue, tantôt plus courte, et que l'étoile n'a pas toujours le même éclat, au moment de son maximum d'intensité. Ces remarques ont été complétement confirmées par les observations faites depuis cette époque, mais on n'a pu décider si l'étoile devient complétement invisible à son minimum d'éclat. On l'a vue quelquefois descendre à la 11° ou 12° grandeur ; quelquefois aussi on n'a pas réussi à la voir avec des lunettes de 1m à 1m,3. Ce qui est certain, c'est qu'elle reste longtemps au-dessous de la 10° grandeur. On n'a guère observé par delà cette limite ; le plus souvent on s'est borné à attendre que l'étoile redevînt visible à l'œil nu (de 6° grandeur) pour recommencer les observations. A partir de la 6° grandeur, sa lumière augmente rapidement d'abord, ensuite avec plus de lenteur, puis d'une manière à peine sensible. Elle décroît ensuite, d'abord lentement, puis avec rapidité. En moyenne, l'éclat augmente à partir de la 6° grandeur, pendant 50 jours ; il diminue jusqu'à la 6° grandeur, pendant 69 jours ; ce qui donne 4 mois environ pour la durée totale de la visibilité à la simple vue. Mais cette durée est seulement une moyenne ; la durée effective a été quelquefois de 5 mois ; à d'autres époques, elle n'a point dépassé 3 mois. De même, les durées de l'accroissement et de la diminution de l'éclat présentent de grandes oscillations, et la première a été parfois plus longue que l'autre. C'est ce qui a eu lieu en 1840 : l'étoile a mis 62 jours à atteindre son maximum d'éclat, et 49 jours à redescendre au point d'invisibilité pour l'œil nu. La plus courte période ascendante a été de 30 jours

en 1679; la plus longue, de 67 jours, en 1709. La plus longue période descendante eut lieu en 1839, où elle fut de 91 jours; la plus courte, en 1660, où elle dura 52 jours. Quelquefois l'étoile change à peine pendant un mois, vers l'époque de son plus grand éclat; d'autres fois un intervalle de peu de jours suffit pour rendre ses variations sensibles. En 1678 et en 1847, on a remarqué un temps d'arrêt au milieu de la période descendante, ou du moins un temps pendant lequel la lumière a diminué d'une manière à peine perceptible.

L'éclat n'est pas toujours le même, avons-nous dit, à l'époque du maximum. En désignant par 0 l'éclat des plus faibles étoiles encore visibles à l'œil nu et celui d'Aldébaran (1re gr.) par 50, on peut dire que Mira oscille entre 20 et 47 vers son maximum, c'est-à-dire entre la 4e et la 1-2e grandeur; son éclat moyen est représenté par 28, c'est-à-dire égal à celui de l'étoile γ de la Baleine. La durée de la période ne s'est pas montrée moins irrégulière. Elle est en moyenne de 331 jours 20 heures, mais ses oscillations vont à un mois entier; car la plus courte période comprise entre deux maxima consécutifs a été de 306 jours, et la plus longue de 367 jours. Ces irrégularités deviennent encore plus frappantes, quand on compare les époques des maxima observés avec les époques calculées dans l'hypothèse d'une période invariable. Les différences entre le calcul et l'observation vont alors à 50 jours, et même ces écarts conservent à peu près la même grandeur et le même sens plusieurs années de suite. C'est une preuve manifeste qu'il existe une perturbation à longue période dans les changements de lumière de cette étoile; seulement un calcul plus exact montre qu'une perturbation unique ne suffit pas, et qu'il faut en admettre plusieurs, engendrées sans doute par la même cause. Une de ces perturbations revient à chaque intervalle de 11 périodes élémentaires; la durée de la 2e comprend 88 de ces périodes; celle de la 3e, 176, et celle de la 4e, 264. C'est l'ensemble de ces inégalités périodiques que représente la formule de sinus rapportée dans la note 78, formule avec laquelle les observations des maxima s'accordent très-bien, quoiquelle laisse encore subsister des écarts dont les erreurs d'observation ne peuvent rendre compte.

(2) β de Persée, Algol; AR. 44° 36′, Décl. + 40° 22′. Geminiano Montanari a remarqué le premier, en 1667, la variabilité de cette étoile dont Maraldi s'est aussi occupé; mais c'est Goodricke qui a reconnu, en 1782, la périodicité de ces variations. La raison en est, sans doute, que cette étoile ne change pas d'éclat peu à peu, comme la plupart des étoiles variables, mais qu'elle reste constamment de 2-3e grandeur pendant 2 jours 13 heures, tandis qu'elle emploie seulement 7 à 8 heures pour décroître et descendre à la 4e grandeur. Les changements d'éclat ne sont pas tout à fait réguliers; ils sont plus rapides à l'époque du minimum : aussi peut-on en déterminer l'instant, à 10 ou 15 minutes près. Il est encore bien digne de remarque que cette étoile, après avoir commencé à croître en lumière pendant une heure environ, s'arrête et conserve la même clarté pendant l'heure suivante; elle reprend ensuite son mouvement ascendant d'une manière marquée. On avait regardé jusqu'ici la durée de la période comme absolument constante, et Wurm représentait bien les observations par une période de 2 jours 21 heures 48 minutes 58 secondes et demie. Mais des calculs plus exacts, basés sur un intervalle de temps deux fois plus grand que celui dont Wurm avait pu se servir, ont montré que la période se raccourcit de plus en plus. Elle était en 1784, de $2^j\ 20^h\ 48^m\ 59^s,4$, et en 1842, de $2^j\ 20^h\ 48^m\ 55^s,2$ seulement. Il résulte encore, avec vraisemblance, des observations les plus récentes, que cette diminution de la période est plus rapide aujourd'hui qu'autrefois, en sorte qu'il faudra ici tôt ou tard, une formule de sinus pour représenter ces perturbations de la période principale. Au reste, la diminution actuelle de la période s'expliquerait, en supposant qu'Algol se rapproche de nous à raison de 371 myriamètres par an, ou, ce qui revient au même, qu'il s'éloigne de nous avec une vitesse décroissant dans le même rapport. Dans l'un et l'autre cas la lumière nous parviendrait chaque année un peu plus tôt qu'elle ne

le ferait dans l'hypothèse d'une position constante, et cette avance, d'environ 12 millièmes de seconde, suffirait pour rendre compte de la diminution observée. Si telle est l'explication véritable, une formule de sinus deviendra nécessaire dans quelque temps.

(3) χ du Cygne, AR. 296° 12′, Décl. + 32° 32′. Cette étoile présente à peu près les mêmes irrégularités que Mira; les écarts des maxima que l'on a observés, comparés à ceux qui résultent du calcul fait dans l'hypothèse d'une période uniforme, vont à 40 jours; mais ils se réduisent considérablement, quand on introduit une perturbation de 8 1/2 périodes élémentaires et une autre de 100 périodes. A son maximum, l'étoile atteint l'éclat des étoiles faibles de 5ᵉ grandeur, c'est-à-dire un *degré* de plus que la 17ᵉ du Cygne. Les oscillations de l'éclat maximum sont aussi très-notables; elles varient de 13 degrés au-dessous à 10 degrés au-dessus de l'éclat moyen. Lorsque l'étoile avait son éclat maximum le plus faible, elle était totalement invisible à l'œil nu: en 1847, au contraire, on put la voir sans lunette, pendant 97 jours entiers. La durée moyenne de sa visibilité est de 52 jours, dont 20 appartiennent, en moyenne, à la phase ascendante, et 32 à la phase de diminution.

(4) 30 de l'Hydre d'Hévélius, AR. 200° 23′, Décl. — 22° 30′. Cette étoile n'est visible que pendant peu de temps chaque année, à cause de sa position très-australe; tout ce qu'on peut en dire, c'est que sa période et son éclat maximum présentent de grandes irrégularités.

(5) R du Lion, ou 420 de Mayer; AR. 144° 51′, Décl. + 12° 7′. On la confond souvent avec des étoiles voisines (18 et 19 du Lion); aussi a-t-elle été fort peu observée. Elle l'a été assez cependant, pour montrer que sa période n'est pas très-régulière. Son éclat maximum paraît varier aussi de quelques *degrés*.

(6) η de l'Aigle ou η d'Antinoüs; AR. 296° 12′, Décl. + 0° 37′. La période assez constante de cette étoile est de 7ʲ 4ʰ 13ᵐ 53ˢ. Toutefois les observations décèlent de petites oscillations de 20 secondes qui se manifestent au bout d'un temps suffisamment long. Quant aux variations d'éclat, elles sont très-régu-

lières ; les écarts ne dépassent point les limites de ce qu'on peut imputer aux erreurs d'observation. A son minimum, elle est d'un degré au-dessous de ι de l'Aigle. Son éclat augmente d'abord lentement, puis avec rapidité, ensuite avec plus de lenteur, et 2 jours 9 heures après l'instant du minimum, elle atteint son plus grand éclat. Elle est alors près de 3 degrés au-dessus de β et 2 degrés au-dessous de δ de l'Aigle. A partir du maximum, la lumière ne décroît pas aussi régulièrement, car vers le moment où elle atteint l'éclat de β (1 jour 10 heures après le maximum), elle varie avec plus de lenteur que dans les heures précédentes ou suivantes.

(7) β de la Lyre, AR. 281° 8′, Décl. + 33° 11′ ; cette étoile est remarquable par ses deux maxima et ses deux minima. Après avoir été d'un tiers de degré au-dessous de ζ de la Lyre, à l'époque du plus faible éclat, elle met 3j 5h à atteindre son premier maximum où elle est de 3/4 de degré plus faible que γ de la Lyre. 3 jours et 3 heures après, elle arrive à son second minimum qui dépasse ζ de la Lyre de 5 degrés. Après un nouvel intervalle de 3j 2h, elle atteint, à son deuxième maximum, le même éclat qu'au premier ; enfin elle met 3j 12h à revenir à son plus faible éclat. L'ensemble de ces phases comprend donc 12j 21h 46m 40s. Mais cette durée de la période ne peut compter que pour les années 1840-1844 ; antérieurement, elle était plus courte de 2 1/2 heures en 1784, de plus d'une heure en 1817 et 1818, et aujourd'hui elle paraît subir de nouveau une diminution. Il n'y a donc pas à douter que la formule de sa période ne doive être aussi une fonction de sinus.

(8) δ de Céphée, AR. 335° 54′, Décl. + 57° 30′. C'est de toutes les étoiles connues la plus régulière sous tous les rapports. Une période de 5j 8h 47m 39s,5 représente toutes les observations, depuis 1784 jusqu'à ce moment, avec la précision des observations elles-mêmes ; les petites différences qui se présentent dans la marche des variations de lumière peuvent être attribuées aux erreurs ordinaires de l'observation. A son minimum, l'étoile est 3/4 de degré au-dessus de ε de Céphée ; elle

égale, à son maximum, l'étoile ι de la même constellation. Pour passer du minimum au maximum, elle emploie 1j 15h, et plus du double de ce temps, c'est-à-dire 3j 18h, pour revenir au minimum. Mais dans cette dernière phase, elle reste 8h presque sans varier; pendant un jour entier ses changements sont très-peu notables.

(9) α d'Hercule, AR. 256° 57′, Décl. + 14° 34′. Étoile double très-rouge, dont les variations sont très-irrégulières, quant à la période et quant à l'éclat. Souvent sa lumière reste invariable des mois entiers. A d'autres époques, son maximum dépasse son minimum de 5 degrés; aussi sa période est-elle très-incertaine. W. Herschel lui supposait une durée de 63 jours; je la portais moi-même à 95 jours, jusqu'à ce que la discussion de mes propres observations, continuées pendant 7 ans, m'eût conduit à la période consignée dans le tableau précédent. Heis croit pouvoir représenter les observations par une période de 184,9 jours comprenant deux maxima et deux minima.

(10) R de la Couronne, AR. 235° 36′, Décl. + 28° 37′. Cette étoile n'est variable que d'une manière purement temporaire. La période a été calculée par Koch d'après ses propres observations, qui sont malheureusement perdues.

(11) R de l'Écu de Sobieski, AR. 279° 52′, Décl. — 5° 51′. Les oscillations de l'éclat de cette étoile sont souvent restreintes à un petit nombre de degrés; mais aussi, en d'autres temps, elle descend de la 5e à la 9e grandeur. Elle a encore été trop peu observée jusqu'ici pour qu'on puisse décider si ces alternatives suivent ou non une marche régulière. De même la durée de la période présente de notables fluctuations.

(12) R de la Vierge, AR. 187° 43′, Décl. + 7° 49′. La période et l'éclat maximum sont assez constants; il y a pourtant des écarts trop considérables, à mon gré, pour pouvoir être attribués uniquement aux erreurs d'observation.

(13) R du Verseau, AR. 354° 11′, Décl. — 16° 6′.

(14) R du Serpent, AR. 235° 57′, Décl. + 15° 36′.

(15) S du Serpent, AR. 228° 40′, Décl. + 14° 52′.

(16) R de l'Écrevisse, AR. 122° 6′, Décl. + 12° 9′.

Il n'y a rien de plus à dire, sur ces quatre étoiles, que ce que donne le tableau.

(17) α de Cassiopée, AR. 8° 0′, Décl. + 55° 43′. Étoile très-difficile à observer; la différence entre le maximum et le minimum n'est que d'un petit nombre de degrés; d'ailleurs cette différence est aussi variable que la durée de la période. Ces difficultés expliquent le peu d'accord des résultats obtenus. La période indiquée dans le tableau représente d'une manière satisfaisante les observations de 1782 à 1849; elle me paraît être la plus vraisemblable.

(18) α d'Orion, AR. 86° 46′ Décl. + 7° 22′. Encore une étoile dont la variation d'éclat n'est que de 4 degrés, du minimum au maximum. Elle augmente d'éclat pendant 91 1/2 jours; elle décroît pendant 104 1/2 jours, sur lesquels elle reste 50 jours sans changer (du 20° au 70° jour). Quelquefois ses variations sont encore plus faibles et à peine sensibles. Elle est très-rouge.

(19) α de l'Hydre, AR. 140° 3′, Décl. — 8° 1′. C'est la plus difficile à observer, et sa période est encore tout à fait incertaine. Sir John Herschel lui donne de 29 à 30 jours.

(20) ε du Cocher, AR. 72° 48′, Décl. + 43° 36′. Les changements d'éclat de cette étoile sont très-variables, ou bien il y a plusieurs maxima et minima pendant une période de quelques années. Il faut attendre bien des années encore avant de pouvoir trancher la question.

(21) ζ des Gémeaux, AR. 103° 48′, Décl. + 20° 47′. Cette étoile s'est montrée jusqu'ici très-régulière dans ses changements d'éclat. A son minimum, elle tient le milieu entre ν et υ des Gémeaux; à son maximum, elle n'atteint pas tout à fait l'éclat de λ. La phase ascendante dure $4^j\ 21^h$ et la phase descendante $5^j\ 6^h$.

(22) β de Pégase, AR. 344° 7′, Décl. + 27° 16′. La période est assez bien déterminée; mais il est encore impossible de rien dire sur la marche de ses variations d'éclat.

(23) R de Pégase, AR. 344° 17′, Décl. + 9° 43′.
(24) *s* de l'Écrevisse, AR. 128° 50′, Décl. + 19° 34′.
Il n'y a encore rien à dire sur ces deux dernières étoiles.

A Bonn, août 1850.

FR. ARGELANDER.

Variations dont les périodes restent encore inconnues. — Quand il s'agit de soumettre à l'analyse scientifique des faits importants par le rôle qu'ils jouent dans le Cosmos, que ces faits appartiennent d'ailleurs au règne tellurique ou à la sphère sidérale, une réserve nous est imposée, c'est de ne pas chercher prématurément à relier entre eux des phénomènes dont les causes immédiates sont encore entourées d'obscurité. Aussi nous plaisons-nous à établir une ligne de démarcation entre les étoiles nouvelles qui ont complétement disparu (celle de 1572, dans Cassiopée) et les étoiles nouvelles qui sont restées au ciel (dans le Cygne, en 1600). Nous distinguerons encore les étoiles variables à périodes déterminées (Mira, Algol) de celles dont l'éclat change, sans qu'on ait pu découvrir la loi de leurs variations (η d'Argo). Il n'est pas invraisemblable, mais aussi il n'est nullement nécessaire, que ces quatre classes de phénomènes (81) aient même origine; peut-être dépendent-ils de la nature des surfaces, ou des photosphères de ces soleils éloignés.

Pour décrire les étoiles nouvelles, nous avons commencé par le phénomène le plus frappant de cet ordre, la subite apparition de l'étoile de Tycho; pour les mêmes raisons, nous présenterons ici, comme type des variations non périodiques de la lumière stellaire, celle d'une étoile remarquable, η d'Argo, dont les phases durent encore de nos jours. Cette étoile est située dans la grande et brillante constellation du Navire, « la joie du ciel austral. » Dès 1677, Halley, à son retour de l'île de Sainte-Hélène, émettait des doutes nombreux sur la constance d'éclat des étoiles du Navire Argo; il avait surtout en vue celles qui se trouvent sur le bouclier de la proue et sur le tillac (ἀσπιδίσκη et κατάστρωμα), dont Ptolémée a indiqué les grandeurs (82). Mais l'incertitude des désignations anciennes, les nombreuses variantes des manuscrits de l'Almageste, et surtout la difficulté d'obtenir des évaluations exactes sur l'éclat des étoiles, ne permirent point à Halley de transformer ses soupçons en certitude. En 1677, Halley rangeait η d'Argo parmi les étoiles de 4e grandeur; en 1751, Lacaille la trouvait déjà de 2e grandeur. Plus tard, elle reprit son faible éclat primitif, puisque Burchell la vit de 4e grandeur, pendant son séjour dans le sud de l'Afrique (de 1811 à 1815). Depuis 1822 jusqu'en 1826, elle fut de 2e grandeur pour Fallows et Brisbane; Burchell, qui se trouvait en 1827 à San Paulo, au Brésil, la trouva de 1re grandeur et presque égale à α de la Croix. Un an plus tard, elle était revenue à la 2e grandeur. C'est à cette classe qu'elle appartenait, quand Burchell l'observait à Goyaz, le 29 février 1828; c'est sous cette grandeur que Johnson et Taylor l'inscrivirent dans les catalogues de 1829 à 1833; et quand Sir John Herschel vint observer au Cap de

Bonne-Espérance, il la plaça constamment, de 1834 à 1837, entre la 2e et la 1re grandeur.

Mais, le 16 décembre 1837, pendant que cet illustre astronome s'apprêtait à mesurer l'intensité de la lumière émise par l'innombrable quantité de petites étoiles de 11e à 16e grandeur qui forment autour de η d'Argo une magnifique nébuleuse, son attention fut attirée par un phénomène étrange; η d'Argo, qu'il avait si souvent observée auparavant, avait augmenté d'éclat avec tant de rapidité, qu'elle était devenue égale à α du Centaure; elle surpassait d'ailleurs toutes les autres étoiles de 1re grandeur, sauf Canopus et Sirius. Cette fois, elle atteignit son maximum vers le 2 janvier 1838. Bientôt elle s'affaiblit; elle devint inférieure à Arcturus, tout en restant encore, vers le milieu d'avril 1838, plus brillante qu'Aldébaran. Elle continua à décroître jusqu'en mars 1843, sans tomber cependant au-dessous de la 1re grandeur; puis elle augmenta de nouveau, surtout en avril 1843, et avec une rapidité telle, que, d'après les observations de Mackay, à Calcutta, et celles de Maclear, au Cap, η d'Argo surpassait Canopus et devint presque égale à Sirius (83). L'étoile a conservé cet éclat extraordinaire jusqu'au commencement de l'année précédente. Un observateur distingué, le lieutenant Gilliss, chef de l'expédition astronomique que les États-Unis ont envoyée au Chili, écrivait de Santiago, en février 1850 : « aujourd'hui η d'Argo, avec sa couleur d'un rouge jaunâtre, plus sombre que celle de Mars, se rapproche extrêmement de Canopus pour l'éclat; elle est plus brillante que la lumière réunie des deux composantes de α du Centaure (84). » Depuis l'apparition de 1604, dans le Serpentaire, aucun phénomène stellaire ne s'est produit avec tant d'intensité; aucun non plus n'a présenté une si longue durée, car celui-ci dure depuis 7 ans. Dans les 173 années (1677-1850) pendant lesquelles nous avons eu des renseignements plus ou moins suivis sur l'éclat de la belle étoile du Navire, ses variations de lumière nous ont offert 8 ou 9 alternatives d'affaiblissement et de recrudescence. Par un hasard heureux où les astronomes ne manqueront pas de puiser un nouveau motif de persévérer dans des recherches si délicates, l'apparition de ces brillants phénomènes a coïncidé avec l'époque de la célèbre expédition de Sir John Herschel au Cap de Bonne-Espérance.

On a remarqué des variations analogues, dont la périodicité nous échappe également, dans d'autres étoiles isolées et dans les couples stellaires observés par Struve (*Stellarum compos. Mensuræ microm.*, p. LXXI-LXXIII). Les exemples dont nous nous contenterons ici sont basés sur les évaluations photométriques que le même astronome a faites à des époques différentes, et non sur l'ordre des lettres de l'Uranométrie de Bayer. Dans un court traité *de fide Uranometriæ Bayerianæ* (1842, p. 15), Argelander a prouvé, sans réplique, que Bayer ne s'est nullement astreint à désigner les plus belles étoiles par les premières lettres de l'alphabet, mais qu'il s'est laissé guider habituellement par la position des étoiles. Il leur assignait les lettres successives de l'alphabet, en suivant la figure de la constellation depuis la tête jusqu'aux pieds. C'est pourtant la distribution des lettres dans l'Uranométrie de Bayer qui a fait croire si longtemps qu'un changement d'éclat avait eu lieu dans plusieurs belles étoiles, telles que α de l'Aigle, Castor et Alphard, ou α de l'Hydre.

Struve, en 1838, et Sir John Herschel ont vu la Chèvre augmenter d'éclat. Le dernier trouve actuellement la Chèvre un peu plus brillante que Véga ; il la trouvait plus faible autrefois (85). Galle et Heis ont comparé récemment ces deux étoiles et partagent cette opinion. Heis trouve Véga plus faible de 5 à 6 *degrés;* c'est plus d'une demi-grandeur de différence.

Les variations de lumière des étoiles qui forment la Grande et la Petite Ourse méritent une attention particulière. « L'étoile η de la Grande Ourse, dit Sir John Herschel, est certainement aujourd'hui la plus brillante des 7 belles étoiles de cette constellation, tandis qu'en 1837, ε avait le premier rang. » Cette remarque m'a engagé à consulter M. Heis, qui observe avec tant de soin et d'ardeur les variations de la lumière stellaire. « D'après la moyenne de toutes les observations que j'ai faites à Aix-la-Chapelle, depuis 1842 jusqu'en 1850, écrit M. Heis, je trouve la série suivante : 1° ε de la grande Ourse, ou Alioth ; 2° α ou Dubhé ; 3° η ou Benetnasch ; 4° ζ ou Mizar ; 5° β ; 6° γ ; 7° δ. Les trois étoiles ε, α et η sont si près d'être égales, que le moindre trouble dans l'atmosphère pourrait rendre l'ordre des grandeurs difficile à reconnaître; ζ est décidément inférieur aux trois précédentes. Les étoiles β et γ, toutes deux remarquablement plus faibles que ζ, sont presque égales entre elles; enfin δ, que les anciennes cartes font égale à β et γ, est au-dessous de ces étoiles de plus d'une grandeur. L'étoile ε est positivement variable. Quoique ε soit d'ordinaire plus brillante que α, je l'ai vue cependant, 5 fois en 3 ans, décidément plus faible que α. Je considère aussi β de la Grande Ourse comme variable, sans pouvoir en assigner la période. Sir John Herschel trouvait β de la Petite Ourse beaucoup plus brillante que la Polaire, en 1840 et 1841; le contraire a été observé par lui en 1846. Il soupçonne une variabilité pour β (86). Depuis 1843, j'ai trouvé ordinairement la Polaire inférieure à β de la Petite Ourse; mais depuis octobre 1843 jusqu'en juillet 1849, la Polaire a été, d'après mes notes, 1,4 fois plus brillante que β. J'ai d'ailleurs eu de fréquentes occasions de m'assurer que la couleur rougeâtre de cette dernière n'est pas toujours constante; elle tire parfois plus ou moins sur le jaune; d'autres fois elle est d'un rouge tranché. » (87). Cette laborieuse étude de l'éclat relatif des astres est condamnée à rester un peu incertaine, tant que l'estime pure et simple, opérée à l'œil nu, n'aura pas fait place à des procédés de mesure basés sur les récents progrès de l'optique (88). La possibilité de parvenir à un pareil résultat ne devrait pas être mise en doute par les astronomes et les physiciens.

Une grande analogie doit vraisemblablement exister, quant au mode de génération de la lumière, entre tous les astres brillant de leur propre éclat, et par suite entre le corps central de notre système planétaire et les soleils étrangers, c'est-à-dire les étoiles. Cette analogie a fait pressentir depuis longtemps qu'il existe aussi une liaison entre les variations, périodiques ou non, de la lumière stellaire ou solaire et l'histoire météorologique de notre planète (89). On comprend toute l'importance de ces phénomènes, quand on considère que les variations de la quantité de chaleur que notre planète reçoit du Soleil, dans le cours des siècles, ont dû régler le développement de la vie organique et sa distribution suivant les divers degrés de latitude. L'étoile variable du col de la Baleine (Mira Ceti) varie de la 2ᵉ à la 11ᵉ grandeur, et va même jusqu'à disparaître; η du Navire Argo oscille entre la 4ᵉ et la 1ʳᵉ grandeur; elle atteint même l'éclat de Canopus et presque celui de Sirius. Si notre Soleil a éprouvé des variations semblables, ou seulement une faible partie des changements d'intensité dont nous venons de donner le tableau (et pourquoi serait-il différent des autres soleils?), de pareilles alternatives d'affaiblissement et de recrudescence, dans l'émission de la lumière et de la chaleur, peuvent avoir eu les conséquences les plus graves, les plus formidables même, pour notre planète; elles serviraient amplement à expliquer les anciennes révolutions du globe et les plus grands phénomènes géologiques. William Herschel et Laplace ont, les premiers, agité cette question. Si j'expose ici de tels aperçus, ce n'est pas que je prétende y trouver la solution complète du problème des variations de chaleur à la surface du globe. Non, la haute température primitive de notre planète a résulté de sa formation même et de la condensation progressive de sa matière; les couches profondes ont rayonné leur chaleur à travers les crevasses du sol et les failles restées béantes; le jeu des courants électriques, l'inégale distribution des mers et des continents peuvent avoir rendu, dans les temps primitifs, la distribution de la chaleur totalement indépendante de la latitude, c'est-à-dire de la position relative d'un corps central. Les considérations cosmiques ne doivent pas être envisagées sous une seule face; il faut se garder de les restreindre à de pures spéculations astrognostiques.

V

MOUVEMENTS PROPRES DES ÉTOILES. — EXISTENCE PROBLÉMATIQUE D'ASTRES OBSCURS. — PARALLAXES, DISTANCES DE QUELQUES ÉTOILES. — DOUTES SUR L'EXISTENCE D'UN CORPS CENTRAL DANS L'UNIVERS STELLAIRE.

Dans les étoiles, ce n'est pas seulement la couleur ou l'éclat qui varie; en dépit de leur antique dénomination de *fixes*, elles changent de position dans l'espace absolu; chaque étoile est isolément animée d'un perpétuel mouvement de progression. Où trouver, dans l'univers, un point absolument fixe? et si on ose s'élever jusqu'à la conception d'un système général, comment démêler les conditions de stabilité au milieu de cette infinie variété de mouvements et de vitesses? De toutes les étoiles brillantes qu'ont observées les anciens, pas une n'occupe aujourd'hui la même place au firmament. J'ai dit ailleurs qu'Arcturus, μ de Cassiopée et la 61ᵉ du Cygne s'étaient déplacées, depuis 20 siècles, de quantités angulairement équivalentes à 2 1/2, 3 1/2 et 6 fois le diamètre du disque de la Lune. Une autre étoile, dont l'éclat atteint presque l'extrême limite de la visibilité à l'œil nu, la 1830ᵉ du catalogue de Groombridge (6-7ᵉ ou 7ᵉ gr.) marche, avec encore plus de vitesse, droit sur l'amas d'étoiles de 5ᵉ et de

6e grandeur qui forme la Chevelure de Bérénice. Si cette étoile conserve pendant 71 siècles la vitesse et la direction actuelle de son mouvement, elle quittera la Grande Ourse, décrira un arc égal à près de 27 fois le diamètre de la Lune, et viendra se projeter juste au milieu de l'amas si clair-semé de la Chevelure. Dans le même laps de temps, vingt étoiles se seront déplacées de plus de deux degrés (90). Or comme les mouvements propres, déjà connus et mesurés, varient de 0″, 05 à 7″, 7, c'est-à-dire dans le rapport de 1 à 154, il est évident que les distances mutuelles des étoiles doivent s'altérer à la longue, et que la figure actuelle des constellations ne peut toujours durer. La Croix du Sud, par exemple, ne conservera pas toujours sa forme caractéristique, car ses quatre étoiles marchent en sens différent, et avec des vitesses inégales. On ne saurait calculer aujourd'hui combien de myriades d'années doivent s'écouler jusqu'à son entière dislocation; qu'importe? ni pour l'espace, ni pour le temps il n'existe de termes absolus de grandeur ou de petitesse.

Veut-on embrasser, d'une manière générale, les changements qui s'opèrent au ciel et qui doivent imprimer, dans le cours des siècles, une autre physionomie à l'aspect du firmament? Alors il faut procéder par énumération, et distinguer, parmi les causes qui président à ces variations : 1° la précession des équinoxes, dont l'effet est de faire monter de nouvelles étoiles sur l'horizon et d'en rendre d'autres pour longtemps invisibles; 2° le changement d'éclat, périodique ou non périodique, d'un grand nombre d'étoiles; 3° l'apparition subite d'étoiles *nouvelles* dont plusieurs sont restées au ciel; 4° la révolution des étoiles binaires autour de leur centre de gravité commun. Au milieu de ces étoiles prétendues fixes, qui changent à la fois d'éclat, de couleur et de position, nous pouvons suivre les mouvements bien autrement rapides des 20 planètes principales de notre monde solaire et de leur 20 satellites (le nombre des astres secondaires de notre système est actuellement de quarante; à l'époque de Copernic et de Tycho, le restaurateur de l'astronomie pratique, on n'en connaissait que sept). On pourrait encore ranger parmi les corps planétaires près de 200 comètes calculées, dont 5 sont à courtes périodes. Celles-ci doivent être nommées comètes *intérieures*, puisque leurs trajectoires sont comprises dans les orbites des planètes. Lorsque ces astres deviennent visibles à l'œil nu, pendant la durée presque toujours très-courte de leurs apparitions, ils contribuent comme les planètes proprement dites, et comme les étoiles nouvelles qui apparaissent subitement avec un vif éclat, à augmenter l'attrait du tableau déjà si brillant, j'ai presque dit si pittoresque, de la voûte étoilée.

L'étude des mouvements propres des étoiles se rattache d'une manière intime, dans l'histoire des sciences astronomiques, aux progrès des instruments et des méthodes d'observation. Cette étude ne pouvait d'ailleurs être tentée avec fruit, que depuis l'époque où l'on appliqua les lunettes aux instruments destinés à mesurer les angles : pas décisif, qu'il fallait franchir, avant de pouvoir faire succéder la précision d'une seconde, ou même d'une fraction de seconde d'arc, à la précision d'une minute, qu'au prix des plus grands efforts, Tycho avait su, le premier, donner à ses observations. Sans cet immense progrès, nous n'aurions, aujourd'hui encore, qu'un moyen de trancher la question des mouvements propres : ce serait de comparer entre elles des observations séparées par une longue série de siècles. Telle fut, en effet, la marche suivie par Halley en 1717. Il rapprocha les positions modernes des positions du catalogue d'Hipparque, et par les différences qu'il trouva de cette manière, il se crut fondé à attribuer des mouvements propres à trois étoiles principales, Sirius, Arcturus et Aldébaran. L'intervalle de temps compris entre ces observations était de 1844 ans (91). Mais, plus tard, la précision des travaux de Rœmer et la haute idée qu'on s'était faite de la valeur des ascensions droites conservées dans le *Triduum* de l'astronome danois déterminèrent successivement Tobie Mayer en 1750, Maskelyne en 1770, et Piazzi en 1800, à se contenter du faible intervalle compris entre leur époque et celle de Rœmer, et à comparer leurs observations aux siennes (92). C'est ainsi que le phénomène des mouvements propres des étoiles a pu être reconnu, dans sa généralité, dès le milieu du dernier siècle. Mais les premières déterminations numériquement exactes datent seulement de 1783, et sont dues à W. Herschel, qui prit pour base les observations de Flamsteed (93); elles sont dues surtout aux admirables travaux de Bessel et d'Argelander, qui ont comparé leurs propres catalogues avec les positions observées par Bradley, vers 1755.

Cette découverte des mouvements propres des étoiles est de la plus haute importance pour l'astronomie physique; elle a fait connaître le mouvement qui emporte notre propre système solaire à travers les espaces célestes, et même la direction dans laquelle cette translation s'accomplit. Jamais nous n'aurions rien su d'un tel phénomène, si le mouvement progressif des étoiles avait échappé à nos mesures par sa petitesse même. Il y a plus : les efforts inouïs qui ont été tentés pour déterminer ce mouvement en grandeur et en direction, pour mesurer la *parallaxe* des étoiles ou leurs distances, ont eu cette conséquence immédiate de porter l'art d'observer au plus haut degré de perfection, et de l'y maintenir, surtout depuis 1830, soit par les progrès incessamment stimulés des appareils micrométriques, soit par l'emploi de plus en plus intelligent des grands cercles méridiens, des grands héliomètres et des grandes lunettes montées parallatiquement.

Nous avons vu, au début de ce chapitre, que les mouvements propres des étoiles varient, de l'une à l'autre, depuis 1/20 de seconde jusqu'à près de 8″. Mais ce ne sont point les étoiles les plus brillantes qui possèdent les plus forts mouvements; ce sont des étoiles de 5e, de 6e et même de 7e grandeur (94). Voici les plus remarquables sous ce rapport : Arcturus, 1re gr., mouvement propre = 2″,25 ; α du Centaure, 1re gr. 3″,58 (95) ; μ de Cassiopée, 6e gr. 3″,74 ; l'étoile double δ de l'Éridan, 5-4e gr. 4″,08 ; l'étoile double 61 du Cygne, 5-6e gr. 5″,123 (son mouvement a été reconnu par Bessel, en 1812, sur les observations de Bradley, comparées avec celles de Piazzi) ; une étoile située sur la limite qui sépare les Chiens de Chasse de la Grande Ourse (96), et portant le no 1830 dans le Catalogue des étoiles circompolaires de Groombridge, 7e gr. 6″,974, d'après Argelander ; ε de l'Indien 7″,74, d'après d'Arrest (97) ; 2151 de la Poupe du Navire, 6e gr. 7″,871. Opposons à ces résultats exceptionnels une donnée plus générale : en prenant la moyenne arithmétique des mouvements propres stellaires, pour toutes les régions du ciel où ces mouvements sont actuellement bien constatés, Mædler n'a trouvé que 0″,102 (98).

Par suite de ses recherches sur « la variabilité des mouvements propres de Sirius et de Procyon, » Bessel, le plus grand astronome de notre époque, est arrivé, en 1844, à des conséquences bien remarquables. Il était convaincu, peu de temps avant la douloureuse maladie qui a causé sa mort, « que les étoiles dont les mouvements propres présentent des variations sensibles, appartiennent à des systèmes qui occupent des espaces assez faibles relativement aux énormes distances mutuelles des étoiles. » La croyance de Bessel à l'existence de couples stellaires où l'un des astres composants serait privé de lumière était si ferme, comme le prouverait au besoin sa longue correspondance avec moi, qu'elle réussit à éveiller l'attention universelle, indépendamment de l'intérêt qui s'attache naturellement à toute conception capable d'élargir le cercle de nos connaissances sur l'univers sidéral. « Le corps attirant, dit le célèbre observateur, doit être ou très-près de l'étoile dont le mouvement propre présente des variations sensibles, ou très-près de notre propre Soleil. Or, comme la présence d'un corps attirant, doué d'une masse considérable et placé à très-petite distance du Soleil, n'est nullement accusée par les mouvements de notre système planétaire, on se trouve ramené à l'autre alternative; il faut admettre que le corps attirant est placé très-près de l'étoile elle-même. C'est là la seule explication admissible des variations que le mouvement propre de Sirius a subies dans le cours d'un siècle (99). » Bessel m'écrivait, en juillet 1844: « ... Je n'en persiste pas moins à croire que Sirius et Procyon sont de véritables étoiles doubles, composées chacune d'une étoile visible et d'une étoile invisible. » Et comme j'avais exprimé, en plaisantant, quelques scrupules au sujet de ce *monde fantastique* que l'on allait peupler d'astres obscurs, il ajoutait: « Il n'y a aucune raison de considérer la faculté d'émettre la lumière comme une propriété essentielle des corps. De ce que des étoiles sans nombre sont visibles, il ne résulte évidemment aucune preuve contre l'existence d'étoiles invisibles, également innombrables. La difficulté principale, celle d'expliquer physiquement la variabilité d'un mouvement propre, sera levée d'une manière satisfaisante, en supposant qu'il existe des astres obscurs. On ne peut rien objecter à cette simple hypothèse : des variations de vitesse ne peuvent résulter que de l'action de certaines forces, et ces forces doivent agir d'après les lois de Newton. »

Un an après la mort de Bessel, Fuss entreprit, sur l'invitation de Struve, de rechercher, de son côté, la cause des anomalies présentées par Sirius et Procyon. Il employa dans ce but de nouvelles observations faites à Poulkova, à l'aide de la lunette méridienne d'Ertel, et compara les résultats ainsi obtenus avec d'anciennes observations convenablement réduites. La conclusion de Struve et de Fuss est contraire à la pensée de Bessel (100). Mais un grand travail que Péters vient de terminer à Kœnigsberg, et des recherches analogues entreprises par Schubert, calculateur du *Nautical Almanach* des États-Unis, ont donné gain de cause à cette hypothèse.

La croyance aux étoiles dépourvues de lumière s'était déjà répandue dans l'antiquité grecque, et surtout dans les premiers temps du christianisme. On admettait « qu'au milieu des étoiles brillantes, dont les vapeurs alimentent la combustion, se meuvent encore d'autres corps de nature terrestre, qui restent invisibles pour nous (1). » Plus tard, l'extinction complète des étoiles nouvelles, surtout de celles que Tycho et Kepler observèrent avec tant de soin dans Cassiopée et le Serpentaire, parut devoir donner une base plus assurée à cette croyance. Comme on pensait, dès cette époque, que la première étoile avait déjà paru deux fois, à 300 ans de distance, l'idée d'un anéantissement réel, d'une destruction complète ne pouvait se présenter à l'esprit. L'immortel auteur de la *Mécanique Céleste* croyait aussi à l'existence de masses non lumineuses dans l'univers; il basait sa conjecture sur les apparitions de 1572 et de 1604. « Ces astres devenus invisibles, après avoir surpassé l'éclat de Jupiter même, n'ont point changé de place pendant leur apparition (ils ont seulement cessé d'émettre de la lumière). Il existe donc, dans l'espace céleste, des corps opaques aussi considérables et peut-être en aussi grand nombre que les étoiles (2) » De même Mædler dit, dans ses *Recherches sur le Système sidéral* (3) : « Un corps obscur pourrait être corps central; il pourrait être entouré de corps obscurs, de même que le Soleil n'est entouré immédiatement que de planètes dépourvues de toute lumière propre. Les mouvements de Sirius et de Procyon, signalés par Bessel, conduisent d'ailleurs nécessairement (?) à admettre des cas où certains astres brillants seraient de simples satellites, subordonnés à des masses obscures. » Quelques partisans de la théorie de l'émission admettent que de telles masses peuvent rayonner de la lumière, tout en restant invisibles pour nous; il suffit que leurs dimensions ou leurs masses soient telles, que les atomes de lumière qu'ils émettent soient retenus ou ramenés vers le centre par la force d'attraction de la masse, et cela, à partir d'une certaine limite que les molécules lumineuses ne sauraient dépasser (4). S'il existe, comme on peut le croire, des corps obscurs ou invisibles dans l'univers, des corps où la lumière ne se développe point, toujours est-il qu'ils ne sauraient se trouver près de notre système de planètes et de comètes, à moins que leur masse ne soit extrêmement faible, sans quoi leur présence se serait déjà trahie par des perturbations sensibles.

La recherche des mouvements stellaires, qu'ils soient réels ou seulement apparents et produits par le simple développement de l'observateur; la mesure de la distance des étoiles par celle de leurs parallaxes; la détermination du sens et de la vitesse du mouvement de translation de notre système planétaire, sont trois importants problèmes, intimement liés par leur nature même et par les moyens que l'on peut employer pour obtenir leur solution plus ou moins complète. Nul progrès dans les méthodes, nul perfectionnement dans les appareils de mesure n'ont été réalisés en vue d'attaquer un de ces difficiles problèmes, sans produire aussitôt, pour la solution des deux autres, d'inestimables résultats. Je commencerai de préférence par la question des parallaxes ou des distances de certaines étoiles choisies, afin de compléter l'exposition des notions acquises sur les étoiles prises isolément.

Galilée proposait, dès le commencement du XVIIe siècle, de « mesurer les distances, sans doute fort inégales, qui séparent les étoiles de notre système solaire. » Il avait même pressenti, avec une admirable sagacité, qu'on trouverait le meilleur moyen de déterminer la parallaxe, non dans la mesure des distances angulaires au pôle ou au zénith, mais « dans la comparaison faite avec soin des positions respectives de deux étoiles très-voisines. » C'était, en termes généraux, l'indication formelle des méthodes micrométriques qui furent appliquées plus tard par W. Herschel en 1781, puis par Struve et par Bessel. « Perchè io non credo, dit Galilée (5) dans sa *Giornata terza*, che tutte le stelle siano sparse in una sferica superficie *egualmente distante da un centro;* ma stimo che le loro lontananze da noi siano talmente varie, che alcune ve ne possano esser 2 e 3 volte più remote di alcune altre; talchè quando si trovasse col Telescopio *qualche picciolissima stella vicinissima ad alcuna delle maggiori*, e che però quella fusse altissima, *potrebbe accadere, che qualche sensibil mutazione succedesse tra di loro.* » Le système de Copernic posait en effet ce problème; en l'adoptant, on se trouvait entraîné à rechercher dans les changements de position des étoiles la démonstration du mouvement annuel de la Terre autour du Soleil. Aussi lorsque Kepler eut prouvé, par les observations de Tycho, que les positions apparentes des étoiles ne manifestaient aucune trace sensible de déplacement parallactique, du moins si l'on s'en tient à la précision d'une minute d'arc (tel était le degré d'exactitude que Tycho lui-même attribuait à ses mesures de distance), les coperniciens durent conclure que le diamètre de l'orbite terrestre, malgré ses 306 millions de kilomètres, est une base géométrique beaucoup trop faible, relativement à l'énorme distance des étoiles fixes.

L'espoir d'arriver jamais à déterminer ces distances devait donc uniquement reposer sur les progrès futurs des appareils optiques et des instruments de mesure, c'est-à-dire sur la possibilité d'évaluer avec précision de très-petits angles. Aussi longtemps qu'on ne put répondre de cette précision qu'à une minute près, l'absence de parallaxe sensible prouvait seulement que la distance des étoiles fixes surpasse 3438 rayons de l'orbite terrestre, c'est-à-dire 3438 fois la distance de la Terre au Soleil (6). A mesure que l'exactitude des observations a été en croissant, cette limite s'est élevée dans le même rapport. Les observations de Bradley, exactes à 1″ près, rejetaient les étoiles les plus proches à 206265 fois la distance de la Terre au Soleil. Depuis l'époque brillante où Frauenhofer construisit ses admirables instruments, la précision des mesures a été portée à 0″,1; le rayon de l'orbite terrestre n'est plus insuffisant que pour des étoiles dont la distance surpasserait 2062648 fois la longueur de cette base géométrique.

L'ingénieux appareil zénithal construit, en 1669, par Robert Hooke, contemporain de Newton, ne put conduire au but proposé. Picard, Horrebow (le calculateur des seules observations de Rœmer qui aient été sauvées), et Flamsteed croyaient avoir trouvé des parallaxes de plusieurs secondes, parce qu'ils confondaient certains déplacements apparents des étoiles avec l'effet parallactique du mouvement annuel. John Michell, au contraire (*Philos. Trans.*, 1767, t. LVII, p. 234-264), attribuait aux étoiles les plus proches une parallaxe de moins de 0″,02, « qu'on ne pourrait reconnaître à moins d'employer un grossissement de 12000 fois. » L'opinion très-répandue que la supériorité d'éclat d'une étoile est un indice assuré de proximité, engagea Calandrelli et le célèbre Piazzi (1805) dans une série de recherches peu heureuses sur les parallaxes de Véga, d'Aldébaran, de Sirius et de Procyon. Il faut en dire autant des recherches de Brinkley (1815) : Pond d'abord et ensuite Airy les ont victorieusement combattues. Les premières notions satisfaisantes sur les parallaxes ont été obtenues par la voie des mesures micrométriques ; mais elles ne commencèrent à se produire qu'à dater de 1832.

Dans un important mémoire sur la distance des étoiles (7), Péters évalue à 33 le nombre des parallaxes déjà déterminées. Nous n'en citerons que 9 ; ce sont celles qui méritent le plus de confiance, encore ne la méritent-elles pas toutes au même degré. Nous suivrons d'ailleurs l'ordre chronologique.

L'étoile devenue si célèbre par les travaux de Bessel, la 61ᵉ du Cygne, doit avoir ici le premier rang.

Dès 1812, l'astronome de Kœnigsberg avait découvert le mouvement propre considérable de cette étoile double, dont les composantes sont au-dessous de la 6ᵉ grandeur; mais ce ne fut qu'en 1838 qu'il en détermina la parallaxe à l'aide de son héliomètre. Mes amis Arago et Mathieu avaient observé la distance zénithale de la 61ᵉ du Cygne, depuis le mois d'août 1812 jusqu'au mois de novembre de l'année suivante, afin d'en mesurer la parallaxe absolue. Ils tirèrent de leurs observations la conséquence très-juste que la parallaxe de cette étoile est au-dessous d'une demi-seconde (8). En 1815 et en 1816, Bessel n'avait encore pu obtenir aucun résultat admissible (ce sont ses propres termes) (9); mais les observations instituées à l'aide du grand héliomètre de Frauenhofer, depuis le mois d'août 1837 jusqu'en octobre 1838, lui donnèrent enfin une parallaxe de 0″,3483, c'est-à-dire une distance égale à 592200 fois celle de la Terre au Soleil. La lumière emploie 9 ans et 1/4 à parcourir cet espace. Les observations faites en 1842 par Péters ont confirmé ce résultat, puisqu'elles ont donné 0″,3490. Le même astronome a modifié plus tard le résultat de Bessel, en y introduisant une petite correction relative aux variations de température; il a trouvé ainsi 0″,3744 (10).

La parallaxe de la plus belle étoile double du ciel austral, α du Centaure, a été déterminée, en 1832, par les observations de Henderson au Cap de Bonne-Espérance, et par celles de Maclear en 1839. Le résultat est 0″,9128 (11). C'est donc l'étoile la plus voisine de nous, parmi celles dont on a mesuré la distance ; elle est trois fois plus rapprochée que la 61e du Cygne.

W. Struve s'est longtemps occupé de la parallaxe de α de la Lyre. Ses premières observations datent de 1836 ; elles donnaient un résultat compris entre 0″,07 et 0″,18 (12). Plus tard il obtint, pour valeur définitive, le nombre 0″,2613, qui correspond à 771400 rayons de l'orbite terrestre, distance parcourue en 12 ans par la lumière (13). Péters a trouvé seulement 0″,103. Ainsi la plus brillante étoile du ciel boréal serait encore plus éloignée qu'une petite étoile de 6e grandeur, la 61e du Cygne, que l'œil distingue avec quelque peine sur la voûte céleste.

La parallaxe de l'étoile polaire a été déduite, par Péters, d'observations continuées pendant vingt ans à Dorpat, de 1818 à 1838. Péters a trouvé 0″,106, résultat d'autant plus satisfaisant que les observations dont il procède assignent, en même temps, à la constante de l'aberration une valeur de 20″,455, presqu'identique à celle de W. Struve (14).

L'étoile 1830 du catalogue de Groombridge, à laquelle Argelander a reconnu le plus fort mouvement propre de tout le ciel boréal, a pour parallaxe 0″,226 d'après une série de 48 distances zénithales très-exactes que Péters a observées à Poulkova en 1842 et 1843. Faye avait cru devoir assigner à cette étoile une parallaxe 5 fois plus forte (1″,08), supérieure par conséquent à celle de α du Centaure. Afin de lever les doutes qui pouvaient rester encore sur la distance de la 1830ᵉ de Groombridge, Otto Struve entreprit d'en déterminer la parallaxe, au moyen du grand équatorial de Poulkova. Ses recherches amenèrent un résultat inattendu ; il fut conduit, par la discussion d'une des plus belles séries d'observations qui aient jamais été faites, à affirmer que la parallaxe de cette étoile devait être au-dessous d'un dixième de seconde. Bessel avait résolu, en 1842, d'appliquer à cette étoile la méthode et l'instrument qui avaient si bien réussi pour le 61ᵉ du Cygne. Les observations faites par Schlüter, et calculées par Wichmann, à Kœnigsberg, ont donné une parallaxe intermédiaire entre celles de Péters et de O. Struve. Ces trois mesures s'accordent donc à établir que la parallaxe de la 1830ᵉ de Groombridge ne saurait dépasser une assez petite fraction de la seconde d'arc (15).

ÉTOILES.	PARALLAXE.	ERREUR probable.	NOMS DES OBSERVATEURS.
α du Centaure.	0″,913	0″,070	Henderson et Maclear.
61ᵉ du Cygne.	0 ,3744	0 ,020	Bessel.
Sirius.	0 ,230	»	Henderson.
1830 Groombridge.	0 ,226	0 ,141	Péters.
»	0 ,1825	0 ,0185	Schlüter et Wichmann.
»	0 ,034	0 ,029	Otto Struve.
ι de la Grande-Ourse.	0 ,133	0 ,106	Péters.
Arcturus.	0 ,127	0 ,073	Péters.
α de la Lyre.	0 ,207	0 ,038	Struve et Péters.
La Polaire.	0 ,106	0 ,012	Péters.
La Chèvre.	0 ,046	0 ,200	Péters.

En général, les résultats obtenus jusqu'ici n'établissent nullement que les étoiles les plus brillantes soient aussi les plus proches. Si la parallaxe de α du Centaure est la plus grande de toutes, on voit en même temps que celles de α de la Lyre, d'Arcturus et de la Chèvre surtout sont bien inférieures à la parallaxe d'une étoile de 6ᵉ grandeur, la 61ᵉ du Cygne. Il en est de même des mouvements propres. Après la 2151ᵉ de la Poupe et ε de l'Indien, les étoiles douées du mouvement le plus rapide sont la 61ᵉ du Cygne (5″,123 par an) et le nᵒ 1830 de Groombridge, appelé aussi, en France, étoile d'Argelander (6″,974 par an). Ces étoiles sont 3 à 4 fois plus éloignées que α du Centaure dont le mouvement propre ne dépasse point 3″,58. Le volume, la masse, l'éclat, le mouvement propre et la distance ont sans doute entre eux des relations fort complexes (16), et s'il est à présumer que les étoiles les plus brillantes sont aussi, en thèse générale, les plus rapprochées de nous, il peut y avoir également de petites étoiles très-éloignées, dont la photosphère ou la surface soit capable d'émettre une lumière très-vive. Les étoiles classées dans le 1ᵉʳ ordre de grandeur, à cause de leur éclat, pourraient donc être situées plus loin que des étoiles de 4ᵉ ou même de 6ᵉ grandeur. Si nous quittons l'immense couche stellaire dont notre système fait partie, pour descendre, degré par degré, jusqu'à notre monde planétaire ou plus bas encore, jusqu'aux mondes inférieurs de Saturne et de Jupiter, nous voyons constamment un corps central entouré de masses subordonnées, dont la grandeur et l'éclat ne paraissent guère dépendre des distances. Rien ne saurait donner autant d'attrait à l'étude encore si peu avancée des distances stellaires que la relation étroite qui rattache nécessairement la connaissance des parallaxes à celle de la structure générale de l'univers.

Le génie humain a su tirer parti, pour ce genre de recherches, de la propagation successive de la lumière, et y trouver une ressource nouvelle, bien différente des moyens dont j'ai parlé plus haut. Cette ingénieuse conception mérite assurément de trouver place ici. Savary, qui a été sitôt ravi aux sciences, a montré comment certains effets de l'aberration, particuliers aux étoiles doubles, pourraient servir à déterminer leurs parallaxes. Si le plan de l'orbite décrite par le satellite autour de l'étoile centrale n'est point perpendiculaire au rayon visuel dirigé de la Terre vers l'étoile, si ce plan se trouve placé à peu près dans la direction du rayon visuel, le satellite paraîtra décrire une orbite presque rectiligne. Or son orbite réelle peut être alors idéalement décomposée en deux parties, dans le sens du rayon visuel : l'une, où le satellite se rapproche constamment de la Terre; l'autre où il s'en éloigne constamment. Dans le premier cas, l'espace que la lumière doit parcourir pour arriver jusqu'à nous va en diminuant; cet espace va en croissant, dans le second cas. Il en résulte que le satellite emploiera des temps différents, non pas en réalité mais en apparence, à décrire ces deux moitiés de son orbite, que je supposerai circulaire, pour plus de simplicité. Si donc la grandeur de cette orbite est telle que la lumière ait besoin de plusieurs jours ou de plusieurs semaines pour la traverser, la demi-différence des durées apparentes des deux demi-révolutions donnera la mesure du temps que la lumière emploie à parcourir l'étendue de l'orbite, dans le sens de notre rayon visuel; tandis que la somme de ces durées apparentes indiquera la durée réelle de la révolution entière. Or, on connaît la vitesse absolue de la lumière ; elle parcourt 2663 millions de myriamètres en 24 heures. Il s'ensuit qu'une des dimensions absolues de l'orbite peut être calculée en myriamètres ; après quoi la simple détermination micrométrique de l'angle sous lequel cette ligne est vue par l'observateur fournit immédiatement la parallaxe ou la distance de l'étoile principale (17).

De même que la détermination des parallaxes nous enseigne les distances mutuelles des étoiles et leur vrai lieu dans l'univers; de même l'étude des mouvements propres, en grandeur et en direction, peut nous conduire à la solution de deux nouveaux problèmes, savoir : le mouvement de translation du système solaire dans l'espace (18), et la position du centre de gravité de l'univers sidéral tout entier. Hâtons-nous de dire qu'en pareille matière toute notion irréductible à de simples relations de nombres est, par cela même, impropre à manifester, avec la clarté nécessaire, la connexion des causes et des effets. Des deux problèmes dont il vient d'être parlé, le premier est donc le seul qui n'offre point le caractère d'une indétermination absolue. On peut citer, comme preuve à l'appui, les excellentes recherches d'Argelander. Quant au second problème, relatif à la structure même de l'univers, l'esprit ne saurait s'élever à la conception nette et claire du jeu des forces innombrables qu'il devrait comprendre. La solution manque d'ailleurs, d'après l'aveu même de Mædler qui a fait tant d'efforts ingénieux pour l'obtenir, de l'évidence indispensable à toute démonstration réellement scientifique (19).

Lorsqu'on a tenu un compte exact des effets dus à la précession des équinoxes, à la nutation de l'axe terrestre, à l'aberration de la lumière et aux changements parallactiques, engendrés par le mouvement annuel de la Terre autour du Soleil, les mouvements apparents des étoiles contiennent encore, outre les déplacements qui leur appartiennent en réalité, une trace quelconque du mouvement de translation générale du système solaire. Dans son beau Mémoire sur la nutation (1748), Bradley a entrevu, le premier, le mouvement propre du Soleil; il a même indiqué la meilleure marche à suivre pour contrôler cette hypothèse (20). « Si l'on vient à reconnaître, dit Bradley, *que notre système planétaire change de place dans l'espace absolu*, on devra pouvoir observer, dans la suite des temps, une variation apparente dans les distances angulaires des étoiles; et comme les étoiles voisines en seront affectées plus que les étoiles éloignées, il résulte de là que les positions de ces deux classes d'étoiles paraîtront changer, les unes relativement aux autres, quoiqu'elles soient restées immobiles en réalité. Si, au contraire, notre soleil est en repos et que ce soient les étoiles qui se meuvent, alors leurs positions apparentes changeront encore ; ces variations seront d'autant plus sensibles, que les étoiles se trouveront plus près de la Terre et plus favorablement placées par rapport à nous. Les changements de position des étoiles peuvent, d'ailleurs, dépendre d'un si grand nombre de causes, qu'il faudra peut être attendre bien des siècles avant d'en pouvoir reconnaître les lois. »

Depuis Bradley, Tobie Mayer, Lambert et Lalande ont discuté, dans leurs écrits, tantôt la possibilité, tantôt la vraisemblance du mouvement de translation du système solaire. William Herschel est le premier qui ait tenté, dans ses Mémoires de 1783, 1805 et 1806, d'établir cette conjecture sur des faits observés. Il trouva (ce qui a été confirmé depuis par un grand nombre de travaux plus exacts) que notre système solaire se dirige vers un point situé dans la constellation d'Hercule, par 260° 44′ d'ascension droite et 26° 16′ de déclinaison boréale (pour 1800). En comparant les positions qu'un grand nombre d'étoiles ont occupées dans le ciel, à diverses époques, Argelander a trouvé, pour la position de ce point :

en 1800, AR. 257° 54′,1 Décl. + 28° 49′,2,
et pour 1850, 258 23 ,6 + 28 45 ,6;

Otto Struve a déduit de 392 étoiles :

en 1800, AR. 261° 26′,9 Décl. + 37° 35′,5,
et pour 1850, 261 52 ,6 + 37 33 ,0.

D'après Gauss (21), le point cherché se trouve dans un quadrilatère dont les sommets ont pour positions :

AR.	Décl.
258°40′	+ 30°40′
258 42	30 57
259 13	31 0
260 4	30 32

Il restait encore à examiner ce que donneraient les étoiles de l'hémisphère austral, invisibles dans nos climats. Galloway s'est occupé de ces calculs avec un zèle tout particulier (22); il a comparé des observations très-récentes, faites par Johnson à Sainte-Hélène, et par Henderson au Cap de Bonne-Espérance (1830), avec les anciennes déterminations de Lacaille et de Bradley (1750 et 1757). Le résultat a été:

		AR.	Décl.
	pour 1790,	260° 0′	+ 34°23′ ;
ainsi,	pour 1800,	260 5	+ 34 22,
et	pour 1850,	260 33	+ 34 20.

L'accord de ce résultat avec ce que les étoiles boréales avaient déjà donné, est extrêmement satisfaisant.

La direction du mouvement progressif de notre système solaire étant ainsi déterminée, avec un certain degré d'approximation, une question se présente naturellement, à savoir : l'univers sidéral est-il une simple aggrégation fortuite de systèmes partiels, indépendants les uns des autres, ou est-il lui-même un système plus vaste, dans lequel tous les astres tourneraient ensemble autour du centre de gravité général? On peut même demander si le centre de l'univers tombe dans le vide, ou s'il doit être matériellement représenté par un corps central d'une masse prépondérante. Ici nous entrons dans le domaine des pures conjectures. On peut, il est vrai, leur donner des dehors scientifiques; mais l'insuffisance radicale des données fournies par l'observation ou par l'analogie ne permettra jamais d'élever ces hypothèses au degré de consistance et de netteté que l'on trouve dans d'autres branches de la science. Vouloir traiter à fond un pareil problème, prétendre appliquer là les ressources de l'analyse mathématique, c'est oublier que les mouvements propres d'un nombre infini de petites étoiles (de la 10e à la 14e grandeur) nous restent inconnus, et que ce sont précisément de telles étoiles qui constituent la partie la plus considérable des anneaux ou des couches stellaires de la Voie lactée. L'étude de notre propre monde planétaire, où l'on remonte successivement des petits systèmes partiels de Jupiter, de Saturne et d'Uranus à la conception du système solaire qui les comprend tous, a pu offrir, pour l'étude de l'univers, la tentation d'une analogie facile. De là l'idée d'un monde stellaire, où des groupes partiels, nombreux, situés à des intervalles immenses les uns des autres, seraient coordonnés mutuellement par un lien d'ordre supérieur, tel que l'attraction prépondérante d'un grand corps central, espèce de *Soleil de l'univers* (23). Mais les faits acquis contredisent ces conjectures uniquement basées sur la vague analogie qu'elles tendent à établir entre l'univers sidéral et notre système solaire. Dans les étoiles *multiples*, par exemple, est-ce que des astres lumineux par eux-mêmes, des soleils, en un mot, ne tournent pas autour d'un centre de gravité, placé bien loin d'eux dans l'espace? Et même, dans notre propre monde, le centre du Soleil est-il donc le véritable centre des mouvements planétaires? Non : le centre des mouvements, c'est le centre de gravité général de toutes les masses qui composent le système. Tantôt le centre de gravité tombe, en vertu des positions respectives des planètes prépondérantes (Jupiter et Saturne), à l'intérieur du Soleil; tantôt, et c'est le cas le plus fréquent, il tombe hors du Soleil (24). Pour les étoiles doubles, le centre de gravité est placé dans le vide. Dans notre système solaire, ce point se trouve tantôt dans le vide, tantôt dans un lieu occupé par la matière. On pourrait même imaginer, pour plier à l'analogie les étoiles binaires ou multiples, qu'il existe au centre de leurs mouvements un corps obscur ou faiblement éclairé d'une lumière étrangère; mais ce serait s'engager beaucoup trop avant dans le domaine des mythes et des hypothèses gratuites.

Voici cependant une considération plus digne d'attention. Si les mouvements propres des étoiles diversement éloignées et du Soleil lui-même s'accomplissaient dans d'immenses cercles concentriques, le centre de ces mouvements devrait se trouver à 90° du point vers lequel notre système solaire se dirige (25). Dans cet ordre d'idées, il devient important d'étudier de quelle manière les mouvements propres, lents ou rapides des étoiles se répartissent sur le ciel. Argelander a examiné, avec sa réserve et sa sagacité habituelles, jusqu'à quel degré de vraisemblance on pouvait chercher le centre général des gravitations de notre strate stellaire dans la constellation de Persée (26). Mædler se prononce pour le groupe des Pléiades. Il va plus loin, et tout en rejetant l'idée d'un corps central doué d'une masse prépondérante, il place le centre de gravité général dans Alcyone (η du Taureau), la plus belle des Pléiades (27). Je n'ai point à discuter ici une pareille conjecture, ni à examiner si elle est fondée ou seulement vraisemblable (28). On peut la repousser; on accordera, du moins, à l'actif directeur de l'Observatoire de Dorpat, que ses recherches ne seront point inutiles pour quelques parties de l'astronomie physique. Il lui restera surtout le mérite d'avoir péniblement réduit et discuté les positions et les mouvements propres de plus de 800 étoiles.

VI

ÉTOILES DOUBLES ET MULTIPLES. — LEUR NOMBRE ET LEURS DISTANCES MUTUELLES. — DURÉES DE LA RÉVOLUTION DE DEUX SOLEILS AUTOUR DE LEUR CENTRE DE GRAVITÉ COMMUN.

Puisque le système général de l'univers a été plutôt soupçonné qu'entrevu, laissons là les considérations d'ensemble, pour descendre aux systèmes partiels. Ici, nous retrouvons un sol plus ferme, des phénomènes plus accessibles à l'observateur. Les étoiles doubles, ou plus généralement encore, les étoiles multiples sont des systèmes composés d'un très-petit nombre d'astres lumineux par eux-mêmes, véritables soleils que réunit le lien d'une gravitation réciproque, et qui exécutent leurs mouvements dans des courbes fermées. Avant que l'observation n'eût révélé leur existence, on ne connaissait de pareils mouvements que dans notre système solaire, où les planètes accomplissent aussi leurs révolutions dans des trajectoires limitées (29). Mais cette analogie, purement apparente, a longtemps conduit à des idées fausses. On appliquait le nom d'étoile double à tout couple d'étoiles dont le rapprochement ne permettait pas à l'œil désarmé d'opérer la séparation (Castor, α de la Lyre, β d'Orion, α du Centaure); tandis qu'il aurait fallu distinguer deux classes fort différentes de couples stellaires : ceux qui paraissent tels, à cause de la situation particulière de l'observateur, quoique les étoiles, en apparence réunies, appartiennent en réalité à des régions ou à des couches tout à fait différentes; et ceux qui sont formés d'étoiles réellement voisines, d'étoiles placées, dès lors, sous l'influence de leur gravitation réciproque. Ceux-ci sont de vrais systèmes partiels. On donne à ces deux classes les noms d'étoiles doubles *optiques* et d'étoiles doubles *physiques*. Lorsque la distance est grande et le mouvement très-lent, ces dernières peuvent être aisément confondues avec les couples purement optiques. Alcor, petite étoile dont les astronomes arabes ont souvent parlé, parce qu'elle est visible à l'œil nu, quand l'air est pur et la vue très-perçante, constitue avec ζ de la queue de la Grande Ourse un couple optique dans toute l'étendue du mot, je veux dire un couple d'étoiles physiquement indépendantes. J'ai rappelé ailleurs combien une grande proximité, apparente ou réelle, peut apporter d'obstacles à la séparation optique des étoiles formant couple, surtout si l'une des deux possède un éclat prépondérant. Les queues stellaires et d'autres illusions d'origine organique qui produisent la vision indistincte, ont été aussi discutées en leur lieu (30).

Sans avoir jamais fait, des étoiles doubles, un but spécial de recherches télescopiques, Galilée, dont les lunettes étaient d'ailleurs beaucoup trop faibles pour un pareil sujet, avait remarqué cependant l'existence des couples *optiques*. Dans un passage célèbre de sa *Giornata terza*, il indique aux astronomes le parti qu'ils pourraient tirer de ces étoiles, pour en déterminer la parallaxe (quando si trovasse nel telescopio qualche picciolissima stella, vicinissima ad alcuna delle maggiori) (31). C'est à peine si l'on comptait 20 étoiles doubles, vers le milieu du siècle passé, en excluant celles dont la distance surpasse 32″. Aujourd'hui, on en connaît 6000 dans les deux hémisphères, grâce aux immenses travaux de William Herschel, de John Herschel et de Struve. Parmi les plus anciens couples connus on peut citer : ζ de la Grande Ourse, signalée, en 1700, par Gottfried Kirch ; α du Centaure, en 1709 par le Père Feuillée ; γ de la Vierge, en 1718 ; α des Gémeaux, en 1719 ; la 61ᵉ du Cygne, en 1753; (ces trois derniers ont été observés par Bradley qui en a déterminé les angles de position et les distances) ; p d'Ophiucus ; ζ de l'Écrevisse.... (32). Peu à peu, leur nombre est allé en augmentant, depuis Flamsteed qui se servait déjà d'un micromètre, jusqu'à Tobie Mayer dont le catalogue parut en 1756. Deux profonds penseurs, Lambert (*Photometria*, 1760 ; *Lettres cosmologiques sur la Structure de l'Univers*, 1761) et John Michell (1767) n'ont point observé eux-mêmes les étoiles doubles ; mais ils ont publié les premières notions exactes sur les rapports d'attraction mutuelle qui doivent exister entre les composantes de ces systèmes partiels. Lambert pensait, avec Kepler, que les soleils éloignés doivent être entourés, comme notre propre

Soleil, d'un cortége d'astres obscurs, semblables à nos planètes et à nos comètes. Quant aux étoiles très-rapprochées l'une de l'autre, il croyait, tout en paraissant pencher pour l'hypothèse d'un corps central obscur, que ces étoiles devaient tourner autour de leur centre de gravité commun, et accomplir leur révolution dans un espace de temps assez restreint (33). Michell, qui ne connaissait point les idées émises par Kant et par Lambert, suivit une autre voie. Il appliqua le calcul des probabilités à l'étude des groupes stellaires et surtout aux étoiles multiples, binaires ou quaternaires (34). Il prouva qu'il y avait 500 000 à parier contre 1, que la réunion des 6 étoiles principales des Pléiades ne pouvait être l'effet du hasard, et qu'une cause quelconque avait dû en déterminer le rapprochement. Il se montre si persuadé de l'existence d'étoiles tournant l'une autour de l'autre, qu'il propose l'étude de ces systèmes partiels comme un moyen de résoudre certains problèmes astronomiques (35).

Christian Mayer, astronome de Manheim, a le grand mérite d'avoir, le premier, sérieusement observé les étoiles doubles (en 1778). La désignation peu convenable de *satellites* et surtout l'application qu'il avait cru devoir en faire à des étoiles qu'il rattachait à Arcturus, quoiqu'elles en fussent éloignées de 2°30′ et de 2°55′, l'exposèrent aux railleries de ses contemporains et à la critique par trop amère d'un célèbre géomètre, Nicolas Fuss. Était-il vraisemblable, en effet, que des corps planétaires pussent être visibles pour nous, s'ils empruntaient leur lumière à des sources si éloignées? On rejeta donc les idées systématiques de Mayer : on se crut même le droit de rejeter aussi ses observations. Il disait pourtant, en propres termes, dans sa réponse aux critiques du Père Maximilien Hell, directeur de l'observatoire impérial de Vienne : « Ou bien les petites étoiles qui sont placées si près des grandes sont sans lumière propre et simplement éclairées comme des planètes; ou bien l'étoile centrale et son satellite sont deux soleils, brillant de leur propre éclat, qui tournent l'un autour de l'autre. » Ce qu'il y a de capital dans les travaux de Christian Mayer a été dignement reconnu, longtemps après sa mort, par Struve et par Mædler, qui ont fait valoir ses droits à la reconnaissance des astronomes. Dans ses deux traités : *Défense des nouvelles Observations sur les Satellites d'Étoiles* (en allemand, 1778), et *Dissert. de novis in Cœlo sidereo Phænomenis* (1779), on trouve la description de 80 étoiles doubles qu'il avait observées; parmi ces couples, 67 ont une distance moindre que 32''. La plupart avaient été découverts par C. Mayer, à l'aide de l'excellente lunette de 2^{m}, 6 de longueur focale, dont le quart de cercle mural de Manheim était pourvu. « Quelques-uns sont encore comptés, aujourd'hui, parmi les objets les plus difficiles, que des instruments puissants peuvent seuls faire distinguer : tels sont ρ et 71 d'Hercule, la 5e de la Lyre et ω des Poissons. » A la vérité, Mayer observait seulement, à l'aide des instruments méridiens (comme on l'a fait d'ailleurs longtemps encore après lui), les différences d'ascension droite ou de déclinaison ; mais quand il voulut comparer ses résultats aux observations anciennes, pour mettre en évidence les changements de position, il ne sut pas toujours très-bien démêler ce qui provenait seulement de certains mouvements propres (36).

Ces faibles mais mémorables débuts furent suivis des travaux gigantesques de W. Herschel, comprenant une longue période de plus de 25 années. Quoique son premier Catalogue d'étoiles doubles soit postérieur de quatre ans au traité que C. Mayer avait publié sur le même sujet, il n'en est pas moins vrai que ses observations remontent à l'an 1779, et même à 1776, si l'on tient compte de ses recherches sur le trapèze de la grande nébuleuse d'Orion. Presque tout ce que nous savons aujourd'hui sur les étoiles doubles a sa racine dans les travaux de W. Herschel. Non-seulement Herschel a publié des Catalogues en 1782, 1783 et 1804 qui contiennent 846 couples stellaires, presque tous découverts et mesurés par lui (37); mais, ce qui importe bien plus que l'augmentation du nombre, Herschel a exercé son génie d'observation et sa sagacité sur tout ce qui a rapport aux orbites, à la durée présumée des révolutions, à l'éclat de la lumière, au contraste des couleurs, à la classification des divers couples d'après les distances mutuelles des étoiles composantes. Doué de la plus vive imagination, et malgré cela procédant toujours avec une extrême réserve, ce ne fut qu'on

1794 qu'Herschel osa exprimer ses idées sur la nature des relations qui peuvent exister entre l'étoile principale et le compagnon, et établir enfin une distinction profonde entre les étoiles doubles physiques et les étoiles doubles optiques. Neuf ans plus tard, il développa la connexité générale de ces phénomènes, dans le 93e volume des *Philosophical Transactions.* La science était désormais en possession d'une théorie complète de ces systèmes partiels, où nous voyons des soleils tourner autour de leur centre de gravité commun. On sut alors que la force d'attraction qui gouverne notre système, qui s'étend du Soleil à Neptune et même 28 fois plus loin, puisque l'attraction solaire agit encore, à 131 000 millions de kilomètres, sur la grande comète de 1680, la retient dans son orbite et la force à revenir, on apprit, dis-je, que cette force règne aussi dans les autres mondes et gouverne les systèmes stellaires les plus éloignés. Mais quoique W. Herschel eût reconnu, avec une netteté parfaite, la connexité générale de ces phénomènes, il faut avouer que les observations étaient encore bien incomplètes au commencement du XIXe siècle. Les angles de position qu'il avait mesurés, joints à ceux qu'on pouvait déduire d'observations plus anciennes, ne comprenaient pas un intervalle suffisant pour permettre de calculer, avec certitude, la durée des révolutions et les autres éléments des orbites stellaires. De tels calculs devaient conduire à des erreurs; Sir John Herschel lui-même rapelle les périodes de 334 ans qu'on assignait alors à Castor, au lieu de 520 ans (38); de 708 ans à γ de la Vierge, au lieu de 169, et celle de 1200 ans qu'on donnait à γ du Lion (la 1424[e] du grand Catalogue de Struve, magnifique étoile double, dont les couleurs sont le jaune d'or et le vert rougeâtre).

Après William Herschel, W. Struve, de 1813 à 1842, et Sir John Herschel, de 1819 à 1838, ont mis au service de cette importante branche de l'astronomie une activité non moins admirable et des instruments plus parfaits, surtout pour les appareils micrométriques. En 1820, Struve publia, à Dorpat, son premier Catalogue contenant 796 étoiles doubles. Un deuxième Catalogue parut en 1824; il contenait 3112 étoiles doubles, toutes au-dessus de la 9e grandeur et ayant moins de 32″ de distance. Les 5/6 de cette collection se composaient d'étoiles doubles jusqu'alors inconnues; Struve les avait découvertes à l'aide de la grande lunette de Frauenhofer, en soumettant plus de 120 000 étoiles à une révision minutieuse. Le troisième Catalogue de Struve est de 1837; il constitue l'œuvre capitale intitulée: *Stellarum compositarum Mensuræ micrometricæ* (39). Ce livre contient seulement 2787 étoiles doubles, attendu que certains objets observés d'une manière incomplète en ont été soigneusement exclus.

Ce nombre déjà si considérable a été encore augmenté, grâce à des travaux qui feront époque dans l'histoire astronomique de l'hémisphère austral. Pendant un séjour de quatre ans au Cap de Bonne-Espérance, à Feldhausen, J. Herschel a observé plus de 2100 étoiles doubles, dont quelques-unes seulement étaient déjà connues (40). Toutes ces observations africaines ont été faites à l'aide d'un télescope de 20 pieds (6 mètres), calculées et réduites à 1830, et coordonnées de manière à faire suite à six catalogues antérieurs que Sir John Herschel avait déjà publiés dans la 6ᵉ et la 9ᵉ partie de la riche collection des *Memoirs of the R. Astronomical Society* (41). Les six catalogues européens contenaient déjà 3346 étoiles doubles, dont 380 ont été observées en commun par Sir John Herschel et Sir James South, en 1825.

La série historique de ces travaux montre comment la science s'est élevée successivement, dans le cours d'un demi-siècle, à la connaissance approfondie des systèmes stellaires *partiels* et surtout des systèmes *binaires*. On peut aujourd'hui, avec quelque certitude, porter à 6000 le nombre des étoiles doubles, en tenant compte de celles qui ont été découvertes par Bessel avec son magnifique héliomètre de Frauenhofer ; par Argelander, à Abo, de 1827 à 1835 (42) ; par Encke et Galle, à Berlin, de 1836 à 1839 ; par Preuss et Otto Struve à Poulkova (depuis le grand catalogue de 1837) ; par Mædler à Dorpat, et par Mitchell à Cincinnati, où il emploie une lunette de Munich de 5ᵐ,5 de longueur. Parmi ces 6000 couples dont les étoiles composantes paraissent si rapprochées, même pour l'œil muni des plus puissants télescopes, combien y a-t-il d'étoiles doubles purement optiques et combien de couples où les deux étoiles, soumises aux lois d'une attraction mutuelle, circulent dans des courbes fermées et constituent un système véritable? C'est assurément là une question capitale, mais il est malaisé d'y répondre aujourd'hui. En fait, le nombre des couples où l'on peut prouver que le satellite se meut autour de l'étoile centrale va toujours en augmentant. Des mouvements d'une lenteur extrême, une position défavorable de l'orbite peuvent faire méconnaître longtemps le caractère d'un couple stellaire, et le faire ranger à tort parmi les étoiles optiquement doubles. Cependant la constatation de mouvements *relatifs* n'est pas le seul critérium. Si les deux étoiles d'un même couple sont animées du même mouvement de *translation*, si elles marchent ensemble dans l'espace absolu, de même que Jupiter, Saturne, Uranus, Neptune entraînent avec eux leurs cortéges de satellites, et sont entraînés eux-mêmes, avec tout le système solaire, dans une même direction, alors on peut prononcer sur la nature de ce couple; ses étoiles composantes sont reliées physiquement; elles appartiennent à un même système. Les travaux de Bessel et d'Argelander sur les mouvements propres des étoiles ont conduit ainsi à reconnaître un certain nombre de véritables systèmes stellaires. Nous devons à Mædler la remarque suivante. Jusqu'en 1836, on ne connaissait, sur 2640 étoiles doubles cataloguées, que 58 couples dans lesquels des changements de position relative avaient été constatés, et 105 où l'existence de tels changements pouvait paraître plus ou moins vraisemblable. Aujourd'hui le rapport numérique des étoiles physiquement doubles à celles qui le sont optiquement a bien changé. D'après un tableau publié en 1849, sur 6000 couples, on en a trouvé 650 dont les composantes ont changé manifestement de position relative (43). Autrefois on ne connaissait qu'un couple physique, sur 16 étoiles doubles; aujourd'hui leur rapport est celui de 1 à 9.

Quant à la distribution des étoiles doubles, soit dans l'espace absolu, soit même, plus simplement, sur la voûte apparente des cieux, on est encore bien peu avancé, et il est difficile d'assigner des nombres exacts. On sait, par exemple, dans quelle région se trouve la majeure partie des étoiles doubles : c'est celle des constellations d'Andromède, du Bouvier, de la Grande-Ourse, du Lynx et d'Orion, pour l'hémisphère boréal. Pour le ciel austral, Sir John Herschel a remarqué « que dans la partie extra-tropicale de cet hémisphère, le nombre des étoiles multiples est beaucoup plus faible que dans la partie correspondante de la zône opposée. » Malgré ce que ce résultat peut avoir d'inattendu, il n'en mérite pas moins toute confiance, car les belles régions du ciel austral ont été explorées sous les conditions atmosphériques les plus favorables, et par un observateur des plus habiles, à l'aide d'un puissant télescope de 6 mètres de longueur focale qui séparait des couples d'étoiles de 8e grandeur, même lorsque des distances ne dépassaient point 3/4 de seconde (44).

Un des caractères les plus remarquables des étoiles doubles, c'est le contraste de couleur qu'elles présentent dans une foule de cas. Struve a examiné, dans son grand ouvrage de 1837 (45), les couleurs de 600 étoiles doubles, choisies parmi les plus brillantes; voici les résultats de sa discussion. Dans 375 couples stellaires, les deux étoiles ont la même couleur, au même degré d'intensité. Dans 101 couples, les étoiles sont aussi de même teinte; mais on remarque une différence quant à l'intensité de leurs colorations respectives. Struve en a trouvé 120, c'est-à-dire 1/5 du nombre total, où les couleurs diffèrent complétement. Les couples où l'étoile principale et le compagnon ont même couleur, sont donc 4 fois plus nombreux. Les étoiles blanches forment près de la moitié de ces 600 couples. Parmi les étoiles doubles à deux couleurs, on rencontre souvent l'association du jaune et du bleu, comme dans ι de l'Écrevisse, ou de l'orangé et du vert, comme dans l'étoile triple γ d'Andromède (46).

Arago a fait remarquer, en 1825, que les étoiles doubles bicolores présentent souvent deux couleurs complémentaires, c'est-à-dire deux couleurs dont la réunion forme du blanc (47). On sait, en optique, qu'un objet faiblement éclairé paraîtra vert, par un effet de contraste, si on le place à côté de quelque autre objet d'un rouge éclatant; il paraîtra bleu, si l'objet voisin brille d'une vive lumière jaune. Mais, en faisant cette remarque, Arago a prudemment rappelé que si la teinte verte ou bleue du compagnon pouvait s'expliquer par un effet de contraste, lorsque l'étoile centrale est elle-même teinte de rouge ou de jaune, il faudrait se garder, cependant, de généraliser ce mode d'explication au point de nier, par exemple, l'existence d'étoiles réellement vertes ou bleues (48). Il cite, en effet, plusieurs couples dans lesquels une étoile brillante et blanche a pour compagnon une petite étoile bleue (1527 du Lion, 1768 des Chiens de Chasse); il cite encore δ du Serpent, dont les composantes sont bleues toutes deux (49); il propose enfin de vérifier si les teintes complémentaires sont réellement un effet de contraste, en couvrant l'étoile principale avec un fil ou un diaphragme, lorsque la distance des deux étoiles le permet. Ordinairement, c'est la petite étoile seule qui est bleue; cependant on voit le contraire dans la 23ᵉ d'Orion (696 du Catalogue de Struve, p. LXXX), dont l'étoile principale est bleuâtre, tandis que le compagnon est d'un blanc parfait. Si les soleils, dont ces systèmes multiples se composent, sont entourés de planètes invisibles pour nous, ces planètes doivent avoir leurs jours *blancs*, *bleus*, *rouges* et *verts* (50).

Il faut, pour plus d'un motif, se garder de généraliser trop tôt en pareilles matières. Nous avons vu (51) que toutes les étoiles colorées ne sont pas nécessairement des étoiles variables; de même les étoiles doubles d'une ou de plusieurs couleurs ne sont pas toujours des étoiles physiquement doubles. De ce que certaines coïncidences se reproduisent souvent sous nos yeux, il n'en faudrait pas toujours conclure que ces coïncidences sont des faits nécessaires, surtout quand il s'agit d'étoiles périodiquement variables, ou d'étoiles tournant dans des systèmes partiels autour d'un centre de gravité commun. En notant avec soin les couleurs des étoiles doubles jusqu'à la 9e grandeur, c'est-à-dire jusqu'à la limite où la coloration cesse d'être perceptible, on y a retrouvé toutes les nuances du spectre solaire; mais ces teintes ne se répartissent pas indifféremment entre les deux composantes. Quand l'étoile principale n'est pas blanche, sa couleur se rapproche, en général, de l'extrémité rouge du spectre, c'est-à-dire de celle des rayons les moins réfrangibles; tandis que la couleur du satellite tire sur le violet, et correspond ainsi aux rayons les plus réfrangibles. Les étoiles rougeâtres sont deux fois plus nombreuses que les étoiles bleues ou bleuâtres; les blanches sont 2 1/2 fois plus nombreuses que les étoiles plus ou moins rouges. Il est encore digne de remarque qu'une grande différence de coloration se rencontre d'ordinaire avec une grande inégalité d'éclat. Deux couples que leur vive lumière permet d'observer en plein jour, ζ du Bouvier et γ du Lion, se composent, l'un de deux étoiles blanches de 3e et de 4e grandeur, l'autre d'une étoile principale de 2e grandeur et d'un satellite de 3e,5 grandeur. Celle-ci, γ du Lion, est la plus belle étoile double du ciel boréal, de même que α du Centaure (52) et α de la Croix sont les plus belles de l'hémisphère austral. Quant à ζ du Bouvier, il présente, avec α du Centaure et γ de la Vierge, une assez rare particularité, à savoir, la réunion de deux grandes étoiles d'un éclat peu différent.

Il règne encore bien des incertitudes et des désaccords sur la question de la variabilité d'éclat, considérée par rapport aux étoiles doubles, surtout quand il s'agit du compagnon. J'ai déjà dit (53) que l'étoile principale de α d'Hercule offre assez peu de régularité dans ses variations. Struve a observé des changements d'éclat dans les deux étoiles de γ de la Vierge qui sont à peu près de la même couleur jaunâtre et du même éclat (3ᵉ gr.), et dans le nº 2718 de son grand Catalogue. Peut-être ces changements proviennent-ils du mouvement de rotation de ces soleils autour de leurs axes (54). Après les changements d'éclat, disons un mot des changements de couleur. On a soupçonné des variations de ce genre dans γ du Lion et γ du Dauphin; mais la question reste encore indécise. On n'a pas réussi à constater que des étoiles blanches soient devenues colorées, ou que des étoiles colorées soient devenues blanches, comme cela paraît avoir eu lieu pour une étoile isolée, pour Sirius (55). S'il s'agit de simples variations de nuances, la discussion doit tenir compte de nombreuses causes d'erreur, parmi lesquelles il faut mettre, au premier rang, l'individualité organique de chaque observateur et même les propriétés optiques de chaque instrument. On sait, par exemple, que les miroirs des télescopes ont pour effet de teindre plus ou moins en rouge tous les rayons lumineux qu'ils réfléchissent.

Parmi les étoiles multiples, on trouve : des étoiles triples, comme ξ de la Balance, ζ de l'Écrevisse, la

12ᵉ du Lynx, la 11ᵉ de la Licorne; des étoiles quadruples, telles que les nᵒˢ 102 et 2681 du catalogue de Struve, α d'Andromède et ε de la Lyre; enfin une étoile sextuple, θ d'Orion, qui forme le célèbre trapèze de la grande nébuleuse d'Orion. Très-probablement cette étoile sextuple constitue un véritable système, car les 5 petites étoiles de 6ᵉ,3 grandeur, de 7ᵉ, de 8ᵉ, de 11ᵉ,3 et de 12ᵉ grandeur partagent le mouvement propre de l'étoile principale (4ᵉ,7 gr.). Toutefois on n'y a pas encore remarqué le moindre déplacement relatif (56). Dans les étoiles triples ξ de la Balance et ζ de l'Écrevisse, au contraire, les mouvements révolutifs de tous les satellites ont été parfaitement constatés. La dernière se compose de 3 étoiles de 3ᵉ grandeur, d'un éclat peu différent, et le satellite le plus voisin de l'étoile centrale paraît avoir un mouvement dix fois plus rapide que le plus éloigné.

Le nombre des étoiles doubles dont les orbites ont pu être calculées monte aujourd'hui à 4; il y en a encore 10 ou 12 dont les éléments seront probablement bientôt connus avec un degré suffisant d'approximation (57). Parmi ces étoiles, ζ d'Hercule a déjà accompli, sous nos yeux, deux révolutions entières; il a offert deux fois, en 1802 et en 1831, le curieux spectacle d'une étoile occultée par une autre étoile (58).

C'est à Savary que l'on doit les premiers calculs relatifs à la détermination des éléments de l'orbite d'une étoile double; il avait choisi ξ de la Grande-

Ourse pour sujet de ses recherches. Puis vinrent les méthodes et les calculs d'Encke et de Sir John Herschel; plus tard encore, les travaux de Bessel, de Struve, de Mædler, de Hind, de Smith, du capitaine Jacob et d'Yvon Villarceau. Les méthodes de Savary et d'Encke exigent 4 observations complètes, correspondant à des époques suffisamment éloignées l'une de l'autre. Celles de Sir John Herschel et d'Yvon Villarceau sont destinées à utiliser immédiatement l'ensemble des observations. Les plus courtes durées des révolutions, dans les étoiles doubles, sont de 36, 61, 66 et 77 ans; elles sont donc intermédiaires entre celle de Saturne et celle d'Uranus. La plus longue révolution, parmi celles dont la durée a pu être déterminée avec quelque apparence de succès, est de 500 ans, c'est-à-dire triple du temps de la révolution du Neptune de Le Verrier. L'excentricité des ellipses stellaires est très-considérable, à en juger d'après les faits actuellement connus. Par exemple, celle des ellipses de γ de la Vierge (0,87) et de α du Centaure (0,95 ou 0,72) en font des orbites véritablement cométaires; et même, la comète intérieure de Faye, comète dont l'orbite, il est vrai, s'éloigne le moins de la forme circulaire, a une excentricité (0,55) plus faible que ces deux étoiles doubles. Les orbites des autres étoiles sont comparativement peu excentriques.

Si, dans un couple stellaire, on considère l'une des deux étoiles, la plus brillante, par exemple, comme étant en repos, et qu'on la prenne pour centre du mouvement de la seconde étoile, on peut conclure des observations et des calculs actuels que la courbe décrite par le compagnon autour de l'étoile centrale est une ellipse, dans laquelle le rayon vecteur décrit des aires égales en temps égaux. C'est ainsi qu'en multipliant les mesures d'angle de position et de distance, on a pu s'assurer que les soleils de ces divers systèmes obéissent aux mêmes lois de gravitation que les planètes de notre propre monde. Il a fallu un demi-siècle d'efforts pour asseoir enfin ce grand résultat sur des bases solides; mais aussi ce demi-siècle comptera comme une grande époque dans l'histoire des sciences qui s'élèvent jusqu'au point de vue cosmique. Des astres auxquels une vieille habitude a conservé le nom de *fixes*, quoiqu'ils ne soient ni *fixés*, ni même *immobiles* sur la voûte céleste, se sont mutuellement occultés sous nos yeux. La connaissance de ces systèmes partiels, où des mouvements s'accomplissent ainsi en dehors de toute influence extérieure, ouvre à la pensée un champ d'autant plus large, que déjà ces systèmes apparaissent, à leur tour, comme de simples détails, dans le vaste ensemble des mouvements qui animent les espaces célestes.

ÉLÉMENTS DES ORBITES DES ÉTOILES DOUBLES.

NOMS et grandeurs DES ÉTOILES.	DEMI grand AXE.	EXCENTRICITÉ.	DURÉE de la RÉVOLUTION.	NOMS DES CALCULATEURS.	
ξ Grande-Ourse	3″,857	0,4164	58ans,262	Savary	1830
4ᵉ et 5ᵉ gr.	3 ,278	0,3777	60 ,720	J. Herschel	(1849)
	2 ,295	0,4037	61 ,300	Mædler	1847
	2 ,439	0,4315	61 ,576	Y. Villarceau	1848
p d'Ophiucus	4″,328	0,4300	73 ,862	Encke	1832
4ᵉ et 6ᵉ gr.	4 ,966	0,4445	92 ,338	Y. Villarceau	1849
	4 ,8	0,4781	92	Mædler	1849
ζ d'Hercule	1″,208	0,4320	30 ,22	Mædler	1847
3ᵉ et 6ᵉ,5 gr.	1 ,254	0,4482	36 ,357	Y. Villarceau	1847
η Couronne	0″,902	0,2891	42 ,50	Mædler.	1847
5ᵉ,5 et 6ᵉ gr.	1 ,012	0,4744	43 ,501	Y. Villarceau	1847
	1 ,111	0,4695	66 ,257	Id. 2ᵉ solution.	
Castor	8″,086	0,7582	252 ,66	J. Herschel	(1849)
2ᵉ,7 et 3ᵉ,7 gr.	5 ,692	0,2194	519 ,77	Mædler	1847
	6 ,300	0,2405	632 ,27	Hind	1849
γ de la Vierge	3″,580	0,8795	182 ,12	J. Herschel	(1849)
3ᵉ et 3ᵉ gr.	3 ,863	0,8806	169 ,44	Mædler	1847
	3 ,446	0,8699	158 ,787	Y. Villarceau	1848
	»	$-0,0016 f$	$-0,081 f$	$f > -1$ et $< +1$	
	$+1''.g$	$+0,0426 g$	$+69,4\ g$	$g > -0,42$ et $< +0,15$	
ζ de l'Écrevisse	0″,934	0,3662	58 ,59	Y. Villarceau	1849
5ᵉ et 6ᵉ gr.	0 ,892	0,4438	58 ,27	Mædler	(1849)
α du Centaure	15″,500	0,9500	77 ,00	Capit. Jacob	1848
1ʳᵉ et 2ᵉ gr.	12 ,128	0,7187	78 ,486	Y. Villarceau	1848

REMARQUES SUR LE TABLEAU PRÉCÉDENT.

Les orbites des 4 premières étoiles doubles paraissent être assez bien déterminées aujourd'hui. Il n'en est pas de même des 4 dernières : pour celles-là, les observations actuelles ne fournissent pas assez de données réellement distinctes pour qu'on puisse en déduire les 7 éléments de l'orbite.

Il était impossible de ne pas rappeler, dans ce tableau, les calculs de Savary et d'Encke sur ξ de la Grande Ourse et p d'Ophiucus. Ces calculs ont, en effet, une valeur historique, parce que ce sont les premières applications des méthodes de calcul que ces deux astronomes éminents ont proposées. Mais comme en 1830 et en 1832 les données de l'observation étaient encore insuffisantes, il ne faut pas s'étonner des discordances que l'on ne manquera pas de remarquer entre les éléments d'Encke ou de Savary et ceux de J. Herschel, de Mædler ou d'Yvon Villarceau. Les déterminations *récentes* relatives aux 4 premières étoiles s'accordent beaucoup mieux, et tout fait espérer que les éléments consignés dans ce tableau n'auront plus à subir désormais de très-graves modifications.

Cependant η de la Couronne présente une singulière anomalie. Tous les astronomes qui se sont occupés de cette étoile, jusqu'en 1847, lui assignaient une révolution de 43 ans. Villarceau a trouvé, en 1847, que le problème était susceptible de recevoir deux solutions entièrement distinctes, dont l'une conclut à 43 ans et l'autre à 66 ans de révolution. A l'époque où ces derniers calculs furent exécutés, il n'y avait aucun motif décisif d'adopter une de ces orbites de préférence à l'autre; mais les observations récentes de O. Struve paraissent décider en faveur de la seconde solution, celle de 66 ans, dont les calculateurs précédents ne s'étaient point avisés.

Comme les nombres du tableau ne donneraient pas une idée complète de ces deux solutions, je mets ici en regard, pour chacune d'elles, les 7 éléments fondamentaux de l'orbite :

	1re solution.	2e solution plus probable.
Temps de la révolution..........	42ans,501	66ans,257
Demi-grand axe..............	1″,012	1″,111
Excentricité	0″,1744	0″,1695
Inclinaison	65°39′,2	58° 3′,3
Longitude du nœud...........	10° 26′,6	4° 20′,7
Longitude du périhélie..........	237° 36′,1	198°57′,5
Temps du passage au périhélie vrai.	1805,666	1780,124
	1848,167	1846,384

La cause de cette singulière anomalie est elle-même digne d'intérêt. Dans les mesures d'étoiles doubles, c'est la plus belle des deux étoiles d'un même couple que l'on prend pour centre; on la considère comme relativement fixe, et on lui rapporte les positions occupées par la seconde étoile, considérée dès lors comme un satellite. Cela posé, lorsque les deux étoiles sont à peu près égales et de même couleur, et que les observations sont séparées par un grand nombre d'années, comme cela eut lieu effectivement à l'époque des grands travaux d'Herschel, on risque de se tromper d'étoile et de prendre pour fixe celle qui était d'abord considérée comme mobile. D'ordinaire la confusion ne saurait être de longue durée; elle n'a d'ailleurs d'autre inconvénient que de changer de 180° les angles observés, et il est facile de réparer l'erreur. Mais, pour η de la Couronne, un concours fortuit de circonstances laisse subsister en entier une ambiguïté de ce genre, dans l'interprétation des angles de position mesurés par W. Herschel. Malgré la plus minutieuse discussion de toutes les circonstances propres à guider le choix du calculateur, Villarceau n'a pu qu'indiquer des probabilités en faveur de l'orbite de 66 ans, et il a dû présenter la double solution à laquelle les données actuelles le conduisaient, tout en fixant à 1853 l'époque où il ne sera plus possible d'hésiter entre les deux orbites. Je viens de dire que les dernières observations de Poulkova décident déjà en faveur de l'orbite de 66 ans (59).

Les discordances des éléments qui ont été assignés aux 4 dernières étoiles, par différents calculateurs, montrent assez l'insuffisance des données actuelles de l'observation. Villarceau s'est même vu forcé de laisser subsister deux indéterminées, g et f dans l'expression des éléments de γ de la Vierge, une dans celle de ζ de l'Écrevisse et deux dans celles de α du Centaure (le tableau ne contient que les indéterminées de la première). Ici l'incertitude est d'une tout autre nature que pour η de la Couronne. Il ne s'agit plus d'opter entre deux orbites différentes qui seules peuvent satisfaire aux observations, mais de choisir parmi un nombre infini d'orbites, comprises entre des limites données. Ainsi on sait seulement, pour γ de la Vierge, que la durée de la révolution est comprise entre 125 et 164 ans, d'après les indéterminées du tableau, ou, plus exactement, entre 128 et 166 ans, toutes les valeurs intermédiaires étant à peu près également admissibles.

Les éléments de γ de la Vierge, de ζ de l'Écrevisse et de α du Centaure, calculés par Y. Villarceau, n'ont encore été publiés nulle part; j'en dois la communication à l'obligeance de cet excellent astronome.

NOTES

On a supprimé le chiffre des centaines dans l'indication numérique des notes; cette suppression n'occasionnera point d'incertitude, attendu qu'au numéro du renvoi est toujours joint le chiffre exact de la page correspondante.

NOTES

(1) [page 2]. *Cosmos*, t. I, p. 59-62 et 152.

(2) [page 5]. *Cosmos*, t. I, p. 4-6; t. II, p. 9-11 et 104.

(3) [page 5]. *Cosmos*, t. II, p. 27-33 et 48-53.

(4) [page 5]. *Cosmos*, t. I, p. 428-431 et t. II, p. 128-131.

(5) [page 6]. M. von Olfers, *Ueberreste vorweltlicher Riesenthiere in Beziehung auf ostasiatische Sagen*, dans les *Mémoires de l'Acad. de Berlin*, 1839, p. 51. Sur l'opinion d'Empédocle au sujet de la disparition des anciennes formes animales on peut voir Hegel, *Geschichte der Philosophie*, t. II, p. 344.

(6) [page 6]. Voyez, sur l'arbre du monde (Ygdrasil) et sur la source retentissante de Hvergelmir, Jacob Grimm, *deutsche Mythologie*, 1844, p. 530 et 756, et Mallet, *Monuments de la Mythol. et de la poésie des Celtes*, 1756, p. 110.

(7) [page 8]. *Cosmos*, t. I, p. 34-37 et 66-76.

(8) [page 9]. *Cosmos*, t. II, p. 574 n. 100.

(9) [page 9]. En établissant d'une manière générale, dans les considérations qui servent d'introduction au *Cosmos*, t. I, p. 37, que le dernier but des sciences expérimentales est de découvrir les lois des phénomènes, peut-être aurais-je dû me borner à dire, afin d'éviter toute fausse interprétation, qu'il en est ainsi en effet pour beaucoup de classes de phénomènes. La

netteté avec laquelle je me suis exprimé, dans le second volume (p. 375 et 420), sur la relation que l'on peut établir entre le rôle de Newton et celui de Kepler, prouve assez, j'espère, que je ne confonds pas la découverte des lois naturelles avec leur interprétation, c'est-à-dire avec l'explication des phénomènes, et répondait d'avance aux objections que l'on a pu me faire. Je disais à propos de Kepler : « Le riche fonds d'observations précises fournies par Tycho donna les moyens de découvrir les lois éternelles du monde planétaire qui répandirent plus tard sur le nom de Kepler un éclat impérissable, et qui, interprétées par Newton, démontrées par lui théoriquement et comme un résultat nécessaire, ont été transportées dans la sphère lumineuse de la pensée, et ont fondé la connaissance rationnelle de la nature. » Et au sujet de Newton : « Nous terminons en faisant voir comment la connaissance de la forme de la Terre est sortie, par voie de déduction, de raisonnements théoriques. Newton s'éleva à l'explication du système du monde, parce qu'il eut le bonheur de découvrir la force dont les lois de Kepler ne sont que les conséquences inévitables. » On peut consulter sur ce point, c'est-à-dire sur la différence qui existe entre la recherche des lois et celle des causes, les excellentes remarques contenues dans le livre de Sir John Herschel, *Address for the fifteenth Meeting of the Britan. Assoc. at Cambridge*, 1845, p. XLII, et *Edinburgh Review*, t. 87, 1848, p. 180-183.

(10) [page 10]. Dans le remarquable passage (*Metaph.*, XII, 8, p. 1074, éd. Bekker) où Aristote fait mention des restes de la sagesse primitive qui a disparu de la terre, il est parlé clairement et librement du culte des forces naturelles et de divinités semblables aux hommes : « Beaucoup d'autres mythes, dit Aristote, ont été ajoutés, pour convaincre la foule, pour servir d'appui aux lois, et en vue d'autres buts non moins utiles. »

(11) [page 10]. Cette distinction importante des deux directions suivies par la philosophie de la nature (τρόποι) est nettement indiquée dans les *Physicæ Auscultationes* d'Aristote (I, 4,

p. 187, éd. Bekker). Voyez aussi Brandis, dans le *Rheinisches Museum für Philologie*, 3e année, p. 113.

(12) [page 11]. *Cosmos*, t. I, p. 140 et 176, n. 87; t. II, p. 371 et 593, n. 27. Un remarquable passage de Simplicius (p. 491) oppose très-nettement la force centripète à la force centrifuge. Il y est fait mention de l'équilibre des corps célestes, tant que la force centrifuge contre-balancera la pesanteur qui attire les corps vers les régions inférieures. C'est par la même raison que dans le Traité de Plutarque, *de Facie in orbe Lunæ*, p. 923, la Lune suspendue au-dessus de la Terre est comparée à une pierre dans une fronde. Sur le sens propre de la περιχώρησις d'Anaxagore, voyez le recueil des fragments de ce philosophe, publié par Schaubach, 1827, p. 107-109.

(13) [page 11]. Schaubach, *ibid.*, p. 151-156 et 185-189. Sur les plantes considérées comme animées aussi par l'esprit (νοῦς). Voyez Aristote, *de Plantis*, I, 1, p. 815, éd. Bekker.

(14) [page 12]. Sur cette partie de la physique mathématique de Platon, voyez Boeckh, *de Platonico system. cœlestium globorum*, 1810 et 1811; H. Martin, *Études sur le Timée*, t. II, p. 234-242, et Brandis, *Geschichte der Griechisch-Rœmischen Philosophie*, 2e part., sect. 1, 1844, p. 375.

(15) [page 13]. *Cosmos*, t. II, p. 426, Comp. Gruppe, *ueber die Fragmente des Archytas*, 1840, p. 33.

(16) [page 13]. Aristote, *Polit.* VII, 4, p. 1326; *Metaphys.* XII, 7, p. 1072, et XII, 10, p. 1074, éd. Bekker. Le traité du Pseudo-Aristote, *de Mundo*, qu'Osann attribue à Chrysippe (*Cosmos*, t. II, p. 14), contient aussi, au chap. 6, p. 397, un passage éloquent sur l'ordonnateur et le conservateur du monde.

(17) [page 13]. Les preuves à l'appui sont rassemblées dans H. Ritter, *Histoire de la philosophie*, trad. par Tissot, t. III, p. 155-160.

(18) [page 13] Voyez Aristote, *de Anima*, II, 7, p. 419. Dans ce passage, l'analogie de la vue avec l'ouïe est très-clairement exprimée; mais dans d'autres, Aristote a modifié diversement sa théorie de la vision. Ainsi, on lit dans le Traité *de Insomniis* (c. 2, p. 459, éd. Bekker): «Il est évident que la vue est non-seulement passive, mais active; qu'elle ne se borne pas à recevoir l'action de l'air, mais qu'elle réagit sur le milieu dans lequel s'opère la vision.» Aristote cite comme preuve que, en certaines circonstances, un miroir de métal très-pur garde à sa surface, dès qu'une femme y a jeté les yeux, une trace nuageuse difficile à effacer. Comp. Martin, *Études sur le Timée de Platon*, t. II, p. 159-163.

(19) [page 14]. Aristote, *de Partibus Animalium*, IV, 5, p. 681, l. 12, éd. Bekker.

(20) [page 14]. Aristote, *Histor. Animal.*, IX, 1, p. 588, éd. Bekker. Si, dans le règne animal, il manque sur la terre quelques représentants des quatre éléments, ceux, par exemple, qui correspondent au feu le plus pur, il n'est pas impossible que ces degrés intermédiaires existent dans la Lune (Biese, *die Philosophie des Aristoteles*, t. II, p. 186.) Il est assez singulier qu'Aristote cherche dans la Lune les anneaux de la chaîne que nous recomposons tout entière avec les formes évanouies des animaux ou des plantes.

(21) [page 14]. Aristote, *Metaphys.*, XIII, 3, p. 1090, l. 20, éd. Bekker.

(22) [page 15]. L'ἀντιπερίστασις d'Aristote joue particulièrement un grand rôle dans toutes les explications des phénomènes météorologiques. Voyez les Traités *de Generatione et Interitu*, II, 3, p. 330, les *Meteorologica*, I, 12, et III, 3, p. 372, et les *Problemata*, XIV, 3, VIII, nº 9, p. 888, et XIV, nº 3, p. 909, Traités qui, s'ils ne sont pas d'Aristote, sont du moins composés d'après les principes aristotéliques. Dans l'ancienne hypothèse de la polarité (κατ' ἀντιπερίστασιν), les conditions analogues

s'attirent et les conditions opposées se repoussent (+ et —), Voyez Ideler, *Meteorol. veter. Græcorum et Romanorum*, 1832, p. 10. Les conditions opposées, au lieu de se neutraliser en se combinant, augmentent plutôt la *tension*. Le froid (ψυχρόν) l'emporte sur le chaud (θερμόν). C'est le contraire de ce qui arrive « dans la formation de la grêle, lorsque les nuages s'abaissent dans des couches d'air plus chaudes, et que la chaleur du milieu ambiant accélère le refroidissement des particules déjà froides. » Aristote explique par son ἀντιπερίστασις, c'est-à-dire par une espèce de polarité de la chaleur, ce que la physique moderne explique par la conductibilité, le rayonnement, la condensation et les changements produits dans la capacité des corps pour la chaleur. Voyez les ingénieuses considérations de Paul Erman, dans les *Mémoires de l'Académie de Berlin*, 1815, p. 128.

(23) [page 15]. « C'est au mouvement de la sphère céleste que doivent être rapportées toutes les modifications des corps et tous les phénomènes terrestres. » Aristote, *Metorol.*, I, 2, p. 339, et *de Generatione et Interitu*, II, 10, p. 336, éd. Bekker.

(24) [page 15]. Aristote, *de Cœlo*, I, 9, p. 279; II, 3, p. 286, et 13, p. 292, éd. Bekker. Comp. Biese, t. I, p. 352-357.

(25) [page 16]. Aristote, *Physicæ Auscultationes*, II, 8, p. 199; *de Anima*, III, 12, p. 434; *de Animalium Generatione*, V, 1, p. 778, éd. Bekker.

(26) [page 16]. Voyez Aristote, *Meteorol.*, XII, 8, p. 1074, passage dont il existe une remarquable explication dans le commentaire d'Alexandre d'Aphrodisie. Les astres ne sont pas des corps inanimés, ils doivent être considérés plutôt comme des êtres agissants et vivants; ils sont la partie divine des phénomènes, τὰ θειότερα τῶν φανερῶν (Aristote, *de Cœlo*, I, p. 278; II, 1, p. 284, et 12, p. 292). Dans le petit Traité *de Mundo* faussement attribué à Aristote, et où respire souvent une dispo-

sition religieuse, particulièrement lorsque l'auteur dépeint la toute-puissance du Dieu qui conserve le monde (c. 6, p. 400), le haut éther est appelé divin (c. 2, p. 392). Ce que Kepler, guidé par sa riche imagination, nomme, dans son *Mysterium cosmographicum* (c. 20, p. 71), des esprits moteurs (animæ motrices), n'est autre chose que la force (virtus) qui a son siége principal dans le Soleil (anima mundi), force qui varie avec la distance, en suivant les mêmes lois que l'intensité de la lumière, et qui retient les planètes dans leurs orbites elliptiques. Voyez Apelt, *Epochen der Geschichte der Menschheit*, t. I, p. 274.

(27) [page 16]. *Cosmos*, t. II, p. 295-307.

(28) [page 17]. Voyez une ingénieuse et savante analyse des écrits du philosophe de Nola, dans le livre de M. Christian Bartholmèss, *Jordano Bruno*, t. II, 1847, p. 129, 149 et 201.

(29) [page 18]. Il fut brûlé à Rome en vertu de cette sentence : ut quam clementissime et citra sanguinis effusionem puniretur. Bruno avait été enfermé pendant six ans sous les plombs de Venise, et pendant deux ans dans les cachots de l'inquisition, à Rome. Lorsque l'arrêt de mort lui fut annoncé, cet homme, que rien ne pouvait faire fléchir, prononça ces belles et courageuses paroles : Majori forsitan cum timore sententiam in me fertis quam ego accipiam. Après qu'il se fut enfui de l'Italie en 1580, il professa à Genève, à Lyon, à Toulouse, à Paris, à Oxford, à Marburg, à Wittenberg qu'il nomme l'Athènes de l'Allemagne, à Prague, à Helmsted où il acheva l'éducation scientifique du duc Jules de Brunswick-Wolfenbüttel, et enfin en 1592 à Padoue. (Bartholmèss, t. I, p. 167-178).

(30) [page 18]. Bartholmèss, t. II, p. 219, 232 et 370. Bruno rassembla soigneusement les diverses observations auxquelles donna lieu ce grand événement céleste d'une nouvelle étoile apparaissant, en 1572, dans Cassiopée. On a souvent, de nos jours, examiné le lien qui rattache la philosophie

naturelle de Bruno à celle de deux de ses compatriotes, Bernardino Telesio et Thomas Campanella, ainsi qu'à celle d'un cardinal platonicien, Nicolas Krebs, de Cusa (*Cosmos*, t. II, p. 595).

(31) [page 19]. « Si duo lapides in aliquo loco Mundi collocarentur propinqui invicem, extra orbem virtutis tertii cognati corporis; illi lapides ad similitudinem duorum Magneticorum corporum coirent loco intermedio, quilibet accedens ad alterum tanto intervallo, quanta est alterius moles in comparatione. Si Luna et Terra non retinerentur vi animali (!) aut alia aliqua æquipollente, quælibet in suo circuitu, Terra adscenderet ad Lunam quinquagesima quarta parte intervalli, Luna descenderet ad Terram quinquaginta tribus circiter partibus intervalli ; ibi jungerentur, posito tamen quod substantia utriusque sit unius et ejusdem densitatis. » (Kepler, *Astronomia nova, seu Physica cœlestis de Motibus Stellæ Martis*, 1609, Introd. fol. 5). Sur les idées que l'on se faisait plus anciennement de la gravitation, Voyez *Cosmos*, t. II, p. 371, 593, n. 26 et 27.

(32) [page 19]. « Si terra cessaret attrahere ad se aquas suas, aquæ marinæ omnes elevarentur et in corpus Lunæ influerent. Orbis virtutis tractoriæ, quæ est in Luna, porrigitur usque ad terras, et prolectat aquas quacunque in verticem loci incidit sub Zonam torridam, quippe in occursum suum quacunque in verticem loci incidit, insensibiliter in maribus inclusis, sensibiliter ibi ubi sunt latissimi alvei Oceani propinqui, aquisque spaciosa reciprocationis libertas. » (Kepler, *ibid*). « Undas a Luna trahi ut ferrum a Magnete..... » (Kepler, *Harmonices Mundi* libri quinque, 1619, l. IV, c. 7, p. 162). Ce livre qui renferme tant d'admirables choses et, entre autres, le fondement de la troisième loi de Kepler, en vertu de laquelle les carrés des temps de la révolution des planètes sont entre eux comme les cubes des distances moyennes, est défiguré par les plus étranges fantaisies sur la respiration, la nourriture et la cha-

leur de la Terre considérée comme un animal vivant, sur l'âme de cet animal, sa mémoire (memoria animæ terræ), et jusque sur son imagination créatrice (animæ telluris imaginatio). Ce grand homme tenait si fermement à ces rêveries qu'elles fournirent matière à une contestation sérieuse de priorité avec Robert Fludd, d'Oxford, l'auteur mythique du *Macrocosmos*, qui paraît n'avoir pas été étranger à l'invention du thermomètre (*Harmonice Mundi*, p. 252). — L'attraction des masses est souvent confondue, dans les écrits de Kepler, avec l'attraction magnétique : « Corpus Solis esse magneticum. Virtutem quæ planetas movet residere in corpore Solis » (*Stella Martis*, 3° part. c. 32 et 34); il suppose à chaque planète un axe magnétique qui est toujours invariablement dirigé vers la même région du ciel (Apelt, *John. Keppler's astronom. Weltansicht*, 1849, p. 73).

(33) [page 20]. *Cosmos*, t. II, p. 390 et 607, n. 55.

(34) [page 20]. Baillet, *la Vie de M. Des-Cartes*, 1691, 1re part., p. 197, et *Œuvres de Descartes*, publiées par Victor Cousin, t. I, 1824, p. 101.

(35) [page 21]. Voyez les lettres de Descartes au P. Mersenne, en date du 19 nov. 1633 et du 5 janv. 1634, dans la Vie de Descartes par Baillet, 1re part., p. 244-247.

(36) [page 21]. La traduction latine est intitulée : *Mundus sive dissertatio de Lumine ut et de aliis Sensuum Objectis primariis*. Voyez R. Descartes, *Opuscula posthuma physica et mathematica*, Amst., 1704.

(37) [page 22]. « Lunam aquis carere et aere : marium similitudinem in luna nullam reperio. Nam regiones planas quæ montosis multo obscuriores sunt, quasque vulgo pro maribus haberi video et oceanorum nominibus insigniri, in his ipsis, longiore telescopio inspectis, civitates exiguas inesse comperio rotundas, umbris intus cadentibus; quod maris superficiei con-

venire nequit : tum ipsi campi illi latiores non prorsus æquabilem superficiem preferunt, cum diligentius eos intuemur. Quodcirca maria esse non possunt, sed materia constare debent minus candicante quam quæ est partibus asperioribus, in quibus rursus quædam viridiori lumine cæteras præcellunt. » (Hugenii *Cosmotheoros*, ed. alt. 1699, l. II, p. 114). Huygens suppose cependant qu'il y a dans Jupiter de nombreux orages, et qu'il y pleut abondamment. « Ventorum flatus ex illa nubium Jovialium mutabili facie cognoscitur (l. I, p. 69). » Les rêveries de Huygens sur les habitants des planètes lointaines, rêveries indignes d'un aussi grand géomètre, ont malheureusement été reproduites par Emmanuel Kant dans un ouvrage excellent d'ailleurs: *Allgemeine Naturgeschichte und Theorie des Himmels*, 1755, p. 173-192.

(38) [page 22]. Laplace, des Oscillations de l'Atmosphère, du Flux solaire et lunaire, dans la *Mécanique céleste*, l. IV, et dans l'*Exposition du Système du Monde*, 1824, p. 291-296.

(39) [page 23]. Adjicere jam licet de spiritu quodam subtilissimo corpora crassa pervadente et in iisdem latente, cujus vi et actionibus particulæ corporum ad *minimas distantias* se mutuo *attrahunt* et contiguæ factæ cohærent. (Newton, *Principia Philos. natur.*, éd. Le Seuer et Jacquier, 1760, Schol. gen., t. III, p. 676.) Voyez aussi du même auteur, *Opticks*, 1718, Prop. 31, p. 305 et 353, 367 et 372; Laplace, *Système du Monde*, p. 384; *Cosmos*, t. I, p. 59 et 445.

(40) [page 24]. Hactenus phænomena cœlorum et maris nostri per vim gravitatis exposui, sed causam gravitatis nondum assignavi. Oritur utique hæc vis a causa aliqua, quæ penetrat ad usque centra solis et planetarum, sine virtutis diminutione; quæque agit non pro quantitate superficierum particularum, in quas agit (ut solent causæ mechanicæ), sed pro quantitate materiæ solidæ. — Rationem harum gravitatis proprietatum ex phænomenis nondum potui deducere et hypotheses non fingo.

Satis est quod gravitas revera existat et agat secundum leges a nobis expositas (Newton, *Principia Philos. natur.*, p. 670). — To tell us that every species of things is endow'd with an occult specifick quality by which it acts and produces manifest effects, is to tell us nothing : but to derive two or three general principles, of motion from phænomena, and afterwards to tell us how the properties and actions of all corporeal things follow from those manifest principles, would be a very great step in Philosophy, though the causes of those principles were not yet discovered : and therefore I scruple not to propose the principles of motion and leave their causes to be found out. (Newton, *Opticks*, p. 377). Plus haut (Prop. 31, p. 351), il avait déjà dit : Bodies act one upon another by the attraction of gravity, magnetism and electricity, and it is not improbable that there may be more attractive powers than these. How these attractions may be performed, I do not here consider. What I call attraction, may be performed by *impulse* or by homo other means unknown to me. I use that word here to signify only in general any force by which bodies tend to wards one another, whatsoever by the cause.

(41) (page 41). « I suppose the rarer æther within bodies and the denser without them, » dit Newton (*Opera*, IV, éd. Samuel Horsley, 1782, p. 386). A propos de la diffraction découverte par Grimaldi, on lit à la fin d'une lettre de Newton à Robert Boyle, en date du mois de février 1678 (p. 394) : I shall set down one conjecture more which came into my mind : it is about the cause of gravity..... Des lettres écrites à Oldenburg, en décembre 1675, prouvent qu'à cette époque Newton n'était pas encore revenu sur l'hypothèse de l'éther ; il croyait alors que l'impulsion de la lumière matérielle mettait l'éther en vibration, et que les vibrations de cet éther, assez semblable à un fluide nerveux, ne pouvaient pas elles-mêmes produire la lumière. Voyez au sujet des débats de Newton avec Hooke, Horsley, t. IV, p. 376-380.

(42) [page 14]. Brewster, *Life of Sir Isaac Newton*, p. 303-305.

(43) [page 24]. Cette déclaration qu'il ne prenait pas la gravitation *for an essential property of bodies*, déclaration faite par Newton dans son *Second Advertissement*, ne s'accorde pas avec l'existence des forces attractives et répulsives qu'il attribue à toutes les molécules, afin d'expliquer, conformément à la théorie de l'émission, les phénomènes de la réfraction et de la réflexion des rayons lumineux (Newton, *Opticks*, l. II, Prop. 8, p. 241; Brewster, *Life of Sir Isaac Newton*, p. 301). D'après Kant (*Metaphysische Anfangsgründe der Naturwissenschaft*, 1800, p. 28) on ne saurait comprendre l'existence de la matière, sans ces forces attractives et répulsives. Selon lui, tous les phénomènes physiques sont produits par le conflit de ces deux forces fondamentales, ainsi que l'avait dit déjà Goodwin Knight (*Philos. Transact.*, 1748, p. 264). Les systèmes atomistiques, diamétralement opposés aux théories dynamiques de Kant, attribuent la force attractive aux molécules solides et indivisibles dont tous les corps sont composés, et la force répulsive aux atmosphères de calorique qui entourent ces molécules. Dans cette hypothèse, d'après laquelle le calorique est considéré comme une matière en état d'expansion continuelle, on admet deux matières, c'est-à-dire deux substances élémentaires, comme dans le mythe des deux éthers (Newton, *Opticks*, Prop. 28, p. 339). Mais alors il reste à demander ce qui produit l'expansion de la matière même du calorique. Si l'on veut, toujours d'après les hypothèses atomistiques, comparer la densité des molécules avec celle des corps qu'elles composent, on est conduit à ce résultat, que les intervalles des molécules sont beaucoup plus grands que leurs diamètres.

(44) [page 26]. *Cosmos*, t. I, p. 102-107.

(45) [page 26]. *Cosmos*, t. I, p. 46 et 49-58.

(46) [page 27]. Guillaume de Humboldt, *Gesammelte Werke*, t. I, p. 23.

(47) [page 28]. *Cosmos*, t. I, p. 81 et 85.

(48) [page 29]. *Cosmos*, t. I, p. 51.

(49) [page 30]. Halley, dans les *Philos. Transact.* for 1717, t. XXX, p. 736.

(50) [page 30]. Pseudo-Plutarque, *de Placitis Philosoph.* II, 15-16; Stobée *Eclog. phys.* p. 582; Platon, *Timée*, p. 40.

(51) [page 31]. Macrobe, *Somnium Scipionis*, I, 9-10. Cicéron, *de Natura Deorum*, III, 21, emploie l'expression de Stellæ inerrantes.

(52) [page 31]. Le passage décisif pour l'expression technique de ἐνδεδεμένα ἄστρα est dans Aristote, *de Cœlo*, II, 8, p. 289 lin. 34, p. 290 lin. 19, éd. Bekker. Ces désignations différentes avaient déjà attiré mon attention lors de mes recherches sur l'Optique de Ptolémée. M. le professeur Franz, dont j'aime à mettre souvent l'érudition philologique à profit, remarque que Ptolémée dit aussi, en parlant des étoiles (*Syntax.* VII, 1) : ὥσπερ προσπεφυκότες, *comme si elles étaient adhérentes.* Quant à l'expression de σφαῖρα ἀπλανής (*orbis inerrans*), Ptolémée fait la critique suivante : « en tant que les étoiles conservent invariablement leurs distances mutuelles, c'est à bon droit que nous les nommons ἀπλανεῖς; mais s'il s'agit de la sphère entière où elles sont attachées, la désignation de ἀπλανής est impropre, puisque cette sphère possède un mouvement particulier. »

(53) [page 31]. Cicéron, *de Nat. Deor.*, I, 13; Pline, II, 6 et 24; Manilius, II, 35.

(54) [page 33]. *Cosmos*, t. I, p. 93. Voyez aussi les excellentes considérations de Encke, *Ueber die Anordnung des Sternsystems*, 1844, p. 7.

(55) [page 34]. *Cosmos*, t. I, p. 176.

(56) [page 34]. Aristote, *de Cœlo*, I, 7, p. 276, éd. Bekker.

(57) [page 35]. Sir John Herschel, *Outlines of Astronomy*, 1849, § 803, p. 541.

(58) [page 35]. Bessel, dans le Schumacher's *Jahrbuch* für 1839, p. 50.

(59) [page 36]. Ehrenberg dans les *Mémoires de l'Académie de Berlin*, 1838, p. 59, et dans les *Infusionsthieren*, p. 170.

(60) [page 36]. Déjà Aristote prouve, contre Leucippe et Démocrite, qu'il ne peut exister dans le monde d'espace inoccupé par la matière, de *vide*, en un mot (*Phys. Auscult.*, IV, 6-10, p. 213-217, Bekker).

(61) [page 37]. « *Akâ'sa* est, d'après le dictionnaire sanscrit de Wilson : the subtle and ætherial fluid, supposed to fill and pervade the Universe, and to be the peculiar vehicle of life and sound. Le mot *âkâ'sa* (brillant, lumineux) a pour racine *kâ's*, briller, uni à la préposition *â*. Le règne des cinq éléments se dit *pantschatâ* ou *pantschatra*, et la mort se trouve désignée par cette singulière périphrase *prâpta-pantschatra*, ayant obtenu le règne des cinq, c'est-à-dire, qui s'est dissous dans les cinq éléments. L'expression se trouve dans le texte de l'*Amara-kocha*, dictionnaire d'Amarasinha. » (Bopp.) — Il est question des cinq éléments dans l'excellent traité de Colebrooke sur la philosophie *sânkhya* (*Transact. of the Asiat. Soc.*, t. I ; Lond., 1827, p. 31). Strabon parle aussi, d'après Mégasthène (XV, § 59, p. 713, éd. Casaubon), du cinquième élément des Hindous, lequel a tout formé ; mais il n'en dit pas le nom.

(62) [page 37]. Empédocle, v. 216, appelle l'éther παμφανόων, *radieux*, c'est-à-dire, lumineux par lui-même.

(63) [page 37]. Platon, *Cratyle*, 410 B, où se trouve le mot ἀειθεήρ. Aristote (*de Cœlo*, I, 3, p. 270, Bekk.) dit, contraire-

ment à l'opinion d'Anaxagore : αἰθέρα προσωνόμασαν τὸν ἀνωτάτω τόπον, ἀπὸ τοῦ θεῖν ἀεὶ τὸν ἀΐδιον χρόνον θέμενοι τὴν ἐπωνυμίαν αὐτῷ. Ἀναξαγόρας δὲ καταχέχρηται τῷ ὀνόματι τούτῳ οὐ καλῶς· ὀνομάζει γὰρ αἰθέρα ἀντὶ πυρός. On trouve plus de détails encore dans Aristote, I, 3, p. 339, lin. 21-34, Bekk. : « Ce que l'on nomme éther a une signification primitive qu'Anaxagore paraît confondre avec le feu; car la région supérieure est remplie de feu, et Anaxagore parle de cette région, comme s'il la prenait pour celle de l'éther lui-même; en cela il a raison, car les anciens ont considéré le corps qui se meut d'un mouvement éternel comme participant de la nature divine, et, pour cette raison, ils l'ont nommé éther, afin d'indiquer que cette substance n'a pas d'analogue parmi nous. Quant à ceux qui considèrent comme étant de feu l'espace environnant, ainsi que les corps qui s'y meuvent, et qui pensent que le reste de l'espace compris entre les astres et la Terre est plein d'air, ils ne tarderaient pas à abandonner une idée aussi puérile, s'ils voulaient tenir un compte exact des recherches les plus récentes des mathématiciens. » La même étymologie, qui fait remonter à l'idée de divinité celle de rotation perpétuelle, a été reproduite par l'aristotélicien ou le stoïcien, auteur du livre *de Mundo* (c. 2, p. 392, Bekk.). Voici à ce sujet une remarque fort juste du professeur Franz : « Le jeu de mots fondé sur la ressemblance de θεῖον, *divin*, avec le θεῖν du σῶμα ἀεὶ θεῖν, *corps emporté par un mouvement perpétuel*, et dont il est question dans les *Meteorologica*, est une indication bien frappante de la prépondérance que l'imagination exerçait chez les anciens; c'est une preuve de plus de leur peu d'aptitude à saisir nettement les véritables étymologies. » — Le professeur Buschmann signale un mot sanscrit, *âschtra*, qui signifie éther ou atmosphère, et dont la ressemblance avec le mot grec αἰθήρ est très-grande; Vans Kennedy avait déjà rapproché ces deux mots (*Researches into the Origin and Affinity of the principal Languages of Asia and Europe*, 1828, p. 279). On peut encore citer, pour le même mot, la racine *as*, *asch*, à laquelle les Hindous attachaient le sens de *briller* ou d'*éclairer*.

(64) [page 38]. Aristote *de Cœlo*, IV, 1 et 3-4, p. 308 et 311-312, Bekk. Si le Stagirite refuse à l'éther le nom de cinquième élément, ce que nient, il est vrai, H. Ritter (*Histoire de la Philosophie*, t. III, p. 246) et H. Martin (*Études sur le Timée de Platon*, t. II, p. 150), sa seule raison consiste à dire que l'éther, pris pour un état de la matière, manque de terme correspondant (Biese, *Philosophie des Aristoteles*, t. II, p. 66). Les pythagoriciens considéraient l'éther comme un cinquième élément et le représentaient, dans leur système géométrique, par le cinquième corps régulier, le dodécaèdre, composé de 12 pentagones. (H. Martin, *ibid.* t. II, p. 245-250).

(65) [page 38]. Voyez les preuves rassemblées par Biese, t. II, p. 93.

(66) [page 39]. *Cosmos*, t. I, p. 173, 486, n. 18.

(67) [page 39]. Voyez le beau passage sur l'influence des rayons solaires, dans J. Herschel, *Outlines of Astron.* p. 237 : « By the vivifying action of the sun's rays vegetables are enabled to draw support from inorganic matter and become, in their turn, the support of animals and of man, and the sources of those *great deposits of dynamical efficiency which are laid up for human use in our coal strata*. By them the waters of the sea are made to circulate in vapour through the air, and irrigate the land, producing springs and rivers. By them are produced all disturbances of the chemical equilibrium of the elements of nature, which, by a series of compositions and decompositions, give rise to new products, and originate a transfer of materials.... »

(68) [page 40]. *Philos. Transact.* for 1795, t. LXXXV, p. 318; John Herschel, *Outlines of Astron.*, p. 238; *Cosmos*, t. I, p. 212 et 509, n° 63.

(69) [page 40]. Bessel, dans les Schumacher's *Astron. Nachr.*, t. XIII, 1836, n° 300, p. 201.

(70) [page 40]. Bessel, *ibid.* p. 186-192 et 220.

(71) [page 41]. Fourier, *Théorie analytique de la Chaleur*, 1822, p. IX (*Annales de Chimie et de Physique*, t. III, 1816, p. 350; t. IV, 1817, p. 128; t. VI, 1817, p. 259; t. XIII, 1820, p. 418). — Poisson a tenté d'évaluer numériquement la perte que la chaleur stellaire éprouve dans l'espace, en traversant l'éther. (*Théorie mathématique de la Chaleur*, § 196, p. 436; § 200, p. 447, et § 228, p. 521).

(72) [page 41]. Sur la chaleur émise par les étoiles, voyez Aristote, *Meteor.*, I, 3, p. 340, lin. 58; et sur la hauteur des couches atmosphériques qui possèdent le maximum de chaleur, Sénèque, *Natur. Quæst.* II, 10 : « Superiora enim aeris calorem vicinorum siderum sentiunt.... »

(73) [page 41]. Pseudo-Plutarque *De placitis Philosoph.* II, 13.

(74) [page 42]. Arago, sur la température du pôle et des espaces célestes, dans l'*Annuaire du Bur. des Longit.* pour 1825, p. 189, et pour 1834, p. 192; *Astron. pop.*, t. II, p. 479; Saigey, *Physique du Globe*, 1832, p. 60-78. En se fondant sur des discussions relatives à la réfraction, Svanberg trouve, pour la température de l'espace, — 50°,3 (Berzélius, *Jahresbericht* für 1830, p. 51); Arago, d'après des observations faites près des pôles, — 56°,7; Péclet, — 60°; Saigey, s'appuyant sur le décroissement de la chaleur dans l'atmosphère, déduit de 367 observations, faites par moi sur la chaîne des Andes et de Mexico, — 65°; le même, d'après des observations thermométriques faites sur le Mont-Blanc et dans l'ascension aérostatique de Gay-Lussac, — 77°; Sir John Herschel (*Edinburgh Review*, t. 87, 1848, p. 223), — 132° F., c'est-à-dire — 91° cent. Poisson admet que la température de l'espace doit surpasser celle des couches extrêmes de l'atmosphère (§ 227, p. 520); or, comme la température moyenne des îles Melville, par 74° 47′ de latitude, est de — 18°,7, Poisson assigne à l'espace une température de — 13° seulement; tandis que Pouillet lui donne — 142°, d'après des recherches actinométriques (*Comptes rendus de l'Acad.*

des Sciences, t. VII, 1838, p. 25-65). Ces énormes discordances sont bien de nature à faire naître des doutes sur l'efficacité des moyens auxquels on a eu recours jusqu'à présent.

(75) [page 43]. Poisson, *Théorie mathém. de la Chaleur*, p. 427 et 438. D'après lui, la solidification des couches terrestres aurait commencé par le centre, et se serait avancée peu à peu jusqu'à la surface. Voyez aussi *Cosmos*, t. I, p. 199.

(76) [page 43]. *Cosmos*, t. I, p. 88 et 162.

(77) [page 44]. « Were no atmosphere, a thermometer, freely exposed (at sunset) to the heating influence of the earth's radiation, and the cooling power of its own into space, would indicate a medium temperature between that of the celestial spaces (— 132° Fahr. = — 91° cent.) and that of the earth's surface below it (82° F. = 27°,7 cent. at the equator, — 3°,5 F. = — 19°,5 cent. in the Polar Sea). Under the equator, then, it would stand, on the average, at — 25° F. = — 31°,9 cent., and in the Polar Sea at — 68° F. = — 55°,5 cent. The presence of the atmosphere tends to prevent the thermometer so exposed from attaining these extreme low temperatures : first, by imparting heat by conduction ; secondly by impeding radiation outwards. » Sir John Herschel, dans l'*Edinburgh Review*, t. 87, 1848, p. 223. — « Si la chaleur des espaces planétaires n'existait point, notre atmosphère éprouverait un refroidissement dont on ne peut fixer la limite. Probablement la vie des plantes et des animaux serait impossible à la surface du globe, ou reléguée dans une étroite zone de cette surface. » Saigey, *Physique du Globe*, p. 77.

(78) [page 45]. *Traité de la Comète de 1743, avec une Addition sur la force de la Lumière et sa propagation dans l'éther, et sur la distance des étoiles fixes*, par Loys de Chéseaux (1744). Sur la transparence des espaces, voyez Olbers dans le Bode's *Jahrbuch* für 1826, p. 110-121 ; Struve, *Études d'Astron. stel-*

laire, 1847, p. 83-93 et note 95; Sir John Herschel, *Outlines of Astron.*, § 798, et *Cosmos*, t. I, p. 172.

(79) [page 45]. Halley, on the infinity of the Sphere of fix'd Stars, dans les *Philos. Transact.*, t. XXXI, for the year 1720, p. 22-26.

(80) [page 45]. *Cosmos*, t. I, p. 95.

(81) [page 46]. « Throughout by far the larger portion of the extent of the Milky Way in both hemispheres, the *general blackness* of the ground of the heavens, on wich its stars are projected, etc...... In those regions where that zone is clearly resolved into stars well separated and seen projected *on a black ground*, and where we look out beyond them into space.....» (Sir John Herschel, *Outlines*, p. 537 et 539.)

(82) [page 46]. *Cosmos*, t. I, p. 92, 120 et 458, n. 53; Laplace, *Essai philosophique sur les Probabilités*, 1825, p. 133; Arago, *Astronomie populaire*, t. II, p. 287-298; John Herschel, *Outlines of Astron.*, § 577.

(83) [page 46]. Le mouvement oscillatoire des effluves lumineuses qui ont paru sortir de la tête de certaines comètes, de celle de 1744, par exemple, et de celle de Halley, en 1835, effluves qui ont été observées du 12 au 22 octobre 1835, par Bessel (*Astron. Nachr.* n°s 300-302, p. 185-232), « peut influer, dans quelques cas particuliers, sur les mouvements de translation et de rotation de certaines comètes. Ces effluves font même présumer (p. 201 et 229) qu'il se produit alors une force polaire différente de la force d'attraction ordinaire du Soleil. » Mais la diminution de la période de 3 ans 1/2 de la comète d'Encke suit une marche trop régulière, depuis 63 ans, pour pouvoir être attribuée à l'effet accumulé d'une série d'effluves, dont l'émission ne saurait être qu'accidentelle. Cf. sur cette discussion, importante au point de vue cosmique, Bessel, dans les *Astron. Nachr.* de Schumacher, n° 289, p. 6, et n° 310, p. 345-350,

avec le traité d'Encke, sur l'hypothèse d'un milieu résistant, *ibid.*, n 305, p. 265-274.

(84) [page 46]. Olbers, dans les *Astron. Nachr.*, n° 268, p. 58.

(85) [page 47]. *Outlines of Astron.*, § 556 et 597.

(86) [page 47]. « En assimilant la matière très-rare qui remplit les espaces célestes, quant à ses propriétés réfringentes, aux gaz terrestres, la densité de cette matière ne saurait dépasser une certaine limite, dont les observations des étoiles changeantes, par exemple celles d'Algol ou de β de Persée, peuvent assigner la valeur. » (Arago, dans l'*Annuaire* pour 1842, p. 336, *Astron. popul.*, t. I, p. 408).

(87) [page 48]. Wollaston, dans les *Philos. transact.* for 1822, p. 89; Sir John Herschel, *Outlines*, § 34 et 36.

(87) [page 48]. Newton, *Princ. mathem.*, t. III, 1760, p. 671 : « Vapores, qui ex sole et stellis fixis et *caudis cometarum* oriuntur, incidere *possunt* in atmosphæras planetarum.... »

(89) [page 48]. *Cosmos*, t. I, p. 138 et 152.

(90) [page 49]. *Cosmos*, t. II, p. 380-396, et 600-608.

(91) [page 49]. Delambre, *Hist. de l'Astron. mod.*, t. II, p. 255, 269 et 272. Morin dit lui-même dans sa *Scientia longitudinum*, publiée en 1634 : « Applicatio tubi optici ad alhidadam pro stellis fixis prompte et accurate mensurandis a me excogitata est. » Picard ne se servait point encore de lunette, en 1667, pour son quart de cercle; et Hévélius, lorsque Halley lui rendit visite, en 1679, pour juger de l'exactitude de ses mesures de hauteur, observait à l'aide de dioptres ou de pinnules perfectionnées (Baily, *Catal. of Stars*, p. 38).

(92) [page 50]. L'infortuné Gascoigne, dont le mérite est resté longtemps méconnu, périt, âgé de vingt-trois ans à

peine, à la bataille de Marston Moor, que Cromwell livra aux troupes royales. Voyez Derham, dans les *Philos. Transact.*, t. XXX, for 1717-1719, p. 603-610. C'est à lui qu'appartient une invention que l'on a longtemps attribuée à Picard et à Auzout, et qui a donné une puissante impulsion à l'astronomie d'observation, c'est-à-dire à l'astronomie dont le but principal est de déterminer les positions des astres.

(93) [page 50]. *Cosmos*, t. II, p. 210.

(94) [page 51]. Le passage où Strabon (lib. III, p. 138, Casaub.) cherche à combattre l'opinion de Posidonius, est ainsi conçu, d'après les manuscrits : « L'image du Soleil paraît agrandie, sur la mer, à son lever aussi bien qu'à son coucher, parce que les vapeurs montent en plus grande quantité de l'élément humide; car l'œil qui regarde à travers les vapeurs reçoit, *comme lorsqu'il regarde à travers un tuyau*, des rayons brisés qui forment une image de forme plus grande; et la même chose arrive, lorsqu'il aperçoit, à travers un nuage sec et mince, le Soleil ou la Lune à leur coucher; dans ce dernier cas, l'astre paraît aussi rougeâtre. » On a cru, encore tout récemment, que ce passage avait été altéré (Kramer, dans son édition de Strabon 1844, t. I, p. 211), et qu'au lieu de δι' αὐλῶν, il fallait lire δι' ὑάλων, *à travers des globes de verre* (Schneider, *Eclog. phys.*, t. II, p. 273). La puissance amplifiante du globe de verre rempli d'eau (Sénèque, *Natur. Quæst.*, I, 6) était aussi bien connue des anciens que les effets des verres ou des cristaux ardents (Aristophane, *Nubes*, v. 765) et de l'émeraude de Néron (Pline, XXXVII, 5); mais ces globes ne pouvaient en rien servir aux instruments astronomiques (Cf. *Cosmos*, t. II, p. 552, n. 44). Les hauteurs du Soleil, mesurées à travers des nuages légers et peu épais ou même à travers des vapeurs volcaniques, ne présentent aucune trace d'anomalies dans la réfraction ordinaire des rayons de lumière (Humboldt, *Recueil d'Observ. astron.*, t. I, p. 123). Le colonel Baeyer a trouvé que des couches de brouillard, ou des vapeurs interposées à dessein, ne produisaient aucune

déviation angulaire dans la lumière des signaux héliotropiques, ce qui confirme d'ailleurs les résultats d'Arago. Péters a comparé, à Poulkova, des hauteurs d'étoiles observées soit par un ciel serein, soit par un ciel couvert de légers nuages, et n'a point trouvé de différence qui atteignît 0″,017. (*Recherches sur la Parallaxe des étoiles*, 1848, p. 80 et 140-143; Struve, *Études stellaires*, p. 98). — Sur les tuyaux employés, par les Arabes, dans leurs instruments astronomiques, voyez Jourdain, *Sur l'Observatoire de Meragah*, p. 27, et A. Sédillot, *Mémoire sur les instruments astronomiques des Arabes*, 1841, p. 198. Les astronomes arabes ont aussi le mérite d'avoir employé, les premiers, de grands gnomons munis d'ouvertures circulaires. Dans le sextant colossal d'Abou Mohammed al-Chokandi, l'arc était divisé de 5 en 5 minutes, et recevait par une ouverture circulaire l'image du Soleil. « A midi, les rayons du Soleil passaient par une ouverture pratiquée dans la voûte de l'Observatoire qui couvrait l'instrument, suivaient le *tuyau* et formaient, sur la concavité du sextant, une image circulaire dont le centre donnait, sur l'arc gradué, le complément de la hauteur du Soleil. Cet instrument ne diffère de notre mural qu'en ce qu'il était garni d'un simple tuyau au lieu d'une lunette. » (Sédillot, p. 37, 202 et 205). Les dioptres ou pinnules percées d'une ouverture ont été employées par les Grecs et les Arabes, pour déterminer le diamètre de la Lune : le trou rond de la pinnule objective mobile était plus grand que le trou de la pinnule oculaire fixe, et on faisait mouvoir la première en la rapprochant ou en l'écartant de la seconde, jusqu'à ce que le disque de la Lune, vu à travers la pinnule oculaire, parût remplir entièrement l'ouverture ronde de la pinnule objective. (Delambre, *Hist. de l'Astron. du moyen âge*, p. 201, et Sédillot, p. 198). Ces pinnules, avec leurs ouvertures circulaires ou en fente, paraissent avoir été introduites par Hipparque; Archimède se servait de deux petits cylindres fixés sur la même alidade (Bailly, *Hist. de l'Astron. mod.*, 2e édit., 1785, t. I, p. 480). Voyez aussi : *Théon d'Alexandrie*, Basle., 1538, p. 257 et 262;

les *Hypotyp.* de Proclus Diadochus, éd. Halma, 1820, p. 107 et 110, et Ptolémée, *Almageste*, éd. Halma, t. I, Par., 1813, p. LVII.

(95) [page 52]. D'après Arago. Voyez Moigno, *Répertoire d'Optique moderne*, 1847, p. 153.

(96) [page 53]. Voyez, sur les raies noires du spectre solaire dans l'image daguerrienne, les *Comptes rendus des séances de l'Académie des Sciences*, t. XIV, 1842, p. 902-704, et t. XVI, 1843, p. 402-407.

(97) [page 53]. *Cosmos*, t. II, p. 397.

(98) [page 54]. Quant à l'importante question de distinguer entre la lumière propre et la lumière réfléchie, on peut citer, comme exemple, les recherches d'Arago sur la lumière des comètes. En employant un appareil fondé sur la polarisation chromatique dont il avait fait la découverte en 1811, Arago a trouvé que la lumière de la comète de Halley (1835) donnait lieu à deux images teintes de deux couleurs complémentaires, telles que le rouge et le vert, ce qui prouve que cette lumière contenait de la lumière solaire réfléchie. J'ai assisté moi-même à des recherches plus anciennes, faites en vue de comparer, à l'aide du polariscope, les propriétés de la lumière propre de la Chèvre avec celles de la lumière d'une comète qui s'était dégagée tout à coup des rayons du Soleil, au commencement de juillet 1819. (Arago, *Astron. popul.*, t. II, p. 421 ; *Cosmos*, t. I, p. 118 et 457; Bessel, dans le Schumacher's *Jahrbuch* für 1837, p. 169).

(99) [page 54]. Lettre de M. Arago à M. Alexandre de Humboldt, 1840, p. 37 : « A l'aide d'un polariscope de mon invention, je reconnus (avant 1820), que la lumière de tous les corps terrestres incandescents, *solides* ou *liquides*, est de la lumière naturelle, tant qu'elle émane du corps sous des incidences perpendiculaires. La lumière, au contraire, qui sort de la sur-

face incandescente sous un angle aigu, offre des marques manifestes de polarisation. Je ne m'arrête pas à te rappeler ici, comment je déduisis de ce fait la conséquence curieuse que la lumière ne s'engendre pas seulement à la surface des corps; qu'une portion naît *dans leur substance même*, cette substance fût-elle du platine. J'ai seulement besoin de dire qu'en répétant la même série d'épreuves et avec les mêmes instruments sur la lumière que lance une substance *gazeuse* enflammée, on ne lui trouve, *sous quelque inclinaison que ce soit*, aucun des caractères de la *lumière polarisée*; que la lumière des gaz, prise à la sortie de la surface enflammée, est de la lumière naturelle, ce qui n'empêche pas qu'elle ne se polarise ensuite complétement, si on la soumet à des réflexions ou à des réfractions convenables. De là une méthode très-simple pour découvrir à 40 millions de lieues de distance la nature du Soleil. La lumière provenant *du bord de cet astre*, la lumière émanée de la matière solaire *sous un angle aigu*, et nous arrivant sans avoir éprouvé en route des réflexions ou réfractions sensibles, offre-t-elle des traces de polarisation, le Soleil est un corps *solide* ou *liquide*. S'il n'y a, au contraire, aucun indice de polarisation dans la lumière du bord, la *partie incandescente* du Soleil *est gazeuse*. C'est par cet enchaînement méthodique d'observations qu'on peut arriver à des notions exactes sur la constitution physique du Soleil. » Sur les enveloppes du Soleil, voyez Arago, *Astron. popul.*, t. II, p. 101-104. Je reproduis ici, sous leur forme originale, tous les éclaircissements détaillés que j'emprunte aux écrits imprimés ou manuscrits d'Arago, sur divers points d'optique. En conservant les propres paroles de mon ami, j'ai pour but d'éviter les méprises ou les altérations auxquelles les incertitudes de la terminologie scientifique pourraient donner lieu, dans les nombreuses traductions qui sont faites de cet ouvrage.

(100) [page 54]. Sur l'effet d'une lame de tourmaline taillée parallèlement aux arêtes du prisme, servant, lorsqu'elle est

convenablement située, à éliminer en totalité les rayons réfléchis par la surface de la mer, et mêlés à la lumière provenant de l'écueil, voyez Arago, *Instructions de la Bonite*, *Œuvres Complètes*, t. IX.

(1) [page 54]. De la possibilité de déterminer les pouvoirs réfringents des corps, d'après leur composition chimique (recherches appliquées aux rapports de l'oxygène et de l'azote, dans l'air atmosphérique, à la proportion de l'hydrogène dans l'ammoniaque et dans l'eau, à l'acide carbonique, l'alcool et le diamant), dans Biot et Arago, *Mémoire sur les affinités des corps pour la lumière*, mars 1806, *Mémoires mathém. et phys. de l'Institut*, t. VII, p. 327-346; Humboldt, *Mémoire sur les Réfractions astronomiques dans la zone torride*, dans le *Recueil d'Observ. astron.*, t. I, p. 115 et 122.

(2) [page 54]. Expériences de M. Arago sur la puissance réfractive des corps diaphanes (de l'air sec et de l'air humide) par le déplacement des franges, dans Moigno, *Répertoire d'Optique mod.* 1847, p. 159-162.

(3) [page 55]. Pour renverser l'assertion d'Aratus, à savoir, que l'on voit seulement 6 étoiles dans les Pléiades, Hipparque dit (ad Arati *Phænom.* I, p. 190 in *Uranologio Petavii*): « Une étoile a échappé à Aratus; car si l'on fixe attentivement les Pléiades, par une *nuit pure et sans lune*, on y voit 7 étoiles. D'après cela, il paraît étonnant qu'Attalus, dans sa description des Pléiades, ait laissé passer cette méprise d'Aratus, comme si le dire de ce dernier avait été trouvé conforme à la réalité. » Dans les *Catastérismes* attribués à Eratosthène (XXIII), Mérope est nommée παναφανής, *l'invisible*. Quant au rapport présumé entre le nom de l'étoile *voilée* (une fille d'Atlas) et les mythes géographiques qu'on trouve dans la *Méropide* de Théopompe, ou avec le *grand continent Saturnien* de Plutarque et l'Atlantide, voyez Humboldt, *Examen crit. de l'Hist. de la Géographie*, t. I, p. 170, et Ideler, *Untersuchungen über den*

Ursprung und die Bedeutung der Sternnamen 1809, p. 115. Quant aux positions astronomiques, voyez Mædler, *Untersuch. über die Fixsternsysteme*, 2e part. 1848, p. 36 et 166, et Baily dans les *Mem. of the Astron. Soc.*, t. XIII, p. 33.

(4) [page 56]. Ideler, *Sternnamen*, p. 19 et 25. — « On observe, dit Arago, qu'une lumière forte fait disparaître une lumière faible placée dans le voisinage. Quelle peut en être la cause ? Il est possible physiologiquement que l'ébranlement communiqué à *la rétine* par la lumière forte s'étende au delà des points que la lumière forte a frappés, et que cet ébranlement secondaire absorbe et neutralise en quelque sorte l'ébranlement provenant de la seconde et faible lumière. Mais sans entrer dans ces causes physiologiques, il y a une cause directe qu'on peut indiquer pour la disparition de la faible lumière : c'est que les rayons provenant de la grande n'ont pas seulement formé une image nette sur la rétine, mais se sont dispersés aussi sur toutes les parties de cet organe, à cause des imperfections de transparence de la cornée. — Les rayons du corps plus brillant *a*, en traversant la cornée, se comportent comme en *traversant un corps légèrement dépoli*. Une partie de ces rayons réfractés régulièrement forme l'image même de *a*, l'autre partie *dispersée* éclaire la totalité de la rétine. C'est donc sur ce fond lumineux que se projette l'image de l'objet voisin *b*. Cette dernière image doit donc ou disparaître ou être affaiblie. *De jour*, deux causes contribuent à l'affaiblissement des étoiles. L'une de ces causes c'est l'image distincte de celle portion de l'atmosphère comprise dans la direction de l'étoile (de la portion aérienne placée entre l'œil et l'étoile) et sur laquelle l'image de l'étoile vient de se peindre ; l'autre cause c'est la lumière diffuse provenant de la dispersion que les défauts de la cornée impriment aux rayons émanant de tous les points de l'atmosphère visible. *De nuit*, les couches atmosphériques interposées entre l'œil et l'étoile vers laquelle on vise n'agissent pas ; chaque étoile du firmament forme une

image plus nette, mais une partie de leur lumière se trouve dispersée à cause du manque de diaphanéité de la cornée. Le même raisonnement s'applique à une deuxième, troisième..... millième étoile. La rétine se trouve donc éclairée en totalité par une lumière diffuse, proportionnelle au nombre de ces étoiles et à leur éclat. On conçoit par là que cette somme de lumière diffuse affaiblisse ou fasse entièrement disparaître l'image de l'étoile vers laquelle on dirige la vue. » (Arago, *Manuscrit de* 1847; *Astron. popul*, t. I, p. 192-198).

(5) [page 57]. Arago dans l'*Annuaire* pour 1842, p. 284, et dans les *Comptes rendus*, t. XV, 1842, p. 750 (Schumacher's *Astron. Nachr.*, n° 702). « Relativement à vos conjectures sur la visibilité des satellites de Jupiter, m'écrit M. le Dr Galle, je me suis occupé de déterminer leur grandeur par voie d'estime. J'ai trouvé, contre mon attente, que ces satellites ne sont point de 5e grandeur, mais de 6e ou de 7e grandeur tout au plus. Seulement le 3e satellite, qui est le plus brillant, paraissait égaler en éclat une étoile voisine de 6e grandeur que je pouvais encore distinguer à l'œil nu, à quelque distance de Jupiter. En tenant compte de l'effet produit par la vive lumière de Jupiter, j'estime que ce satellite paraîtrait peut-être de 5e ou de 6e grandeur, s'il était isolé. Le quatrième satellite se trouvait dans sa plus grande élongation ; cependant je ne l'estime pas au-dessus de la 7e grandeur. Les rayons de Jupiter n'auraient point empêché ce satellite d'être visible, s'il eût dépassé cette grandeur. En comparant Aldébaran avec l'étoile voisine θ du Taureau, où l'on distingue nettement deux étoiles séparées par un intervalle de 5′ 1/2, je me suis assuré que, pour un œil ordinaire, les rayons de Jupiter s'étendent à 5′ ou 6′ au moins. » Ces évaluations s'accordent avec celles d'Arago ; celui-ci croit même que les faux rayons peuvent avoir une étendue double pour quelques personnes. On sait d'ailleurs que les distances moyennes des quatre satellites au centre de Jupiter sont 1′ 51″, 2′ 57″, 4′ 42″ et 8′ 16″. « Si nous supposons que l'image

de Jupiter, dans certains yeux exceptionnels, s'épanouisse seulement par des rayons d'une ou deux minutes d'amplitude, il ne semblera pas impossible que les satellites soient de temps en temps aperçus, sans avoir besoin de recourir à l'artifice de l'amplification. Pour vérifier cette conjecture, j'ai fait construire une petite lunette dans laquelle l'objectif et l'oculaire ont à peu près le même foyer, et qui dès lors *ne grossit point*. Cette lunette ne détruit pas entièrement les rayons divergents, mais elle en réduit considérablement la longueur. Cela a suffi pour qu'un satellite, convenablement écarté de la planète, soit devenu visible. Le fait a été constaté par tous les jeunes astronomes de l'Observatoire. » (Arago, dans les *Comptes rendus*, t. XV, 1842, p. 751). — On peut citer, comme un remarquable exemple du degré de pénétration que la vue atteint chez certains individus, et de la grande sensibilité de la rétine, le cas d'un maître tailleur, nommé Schœn, qui mourut à Breslau, en 1837, et sur lequel l'habile et savant directeur de l'Observatoire de cette ville, M. Boguslawski, m'a fait d'intéressantes communications. « On s'est assuré plusieurs fois, depuis 1820, par des épreuves sérieuses, que Schœn distinguait les satellites de Jupiter, lorsque la nuit était sereine et sans lune. Il en indiquait exactement les positions; il pouvait même le faire pour plusieurs satellites à la fois. Quand on lui dit que les faux rayons des astres empêchaient les autres personnes d'en faire autant, Schœn exprima son étonnement sur ces faux rayons si gênants pour d'autres que pour lui. D'après les vifs débats qui s'élevèrent entre lui et les personnes présentes à ces expériences, sur la difficulté de voir les satellites à l'œil nu, il fallut bien conclure que, pour Schœn, les étoiles et les planètes étaient dépourvues de rayons parasites et paraissaient comme de simples points brillants. C'était le troisième satellite qu'il distinguait le mieux; il voyait aussi très-bien le premier vers ses plus grandes digressions; mais il ne vit jamais le second ni le quatrième seul. Lorsque l'état du ciel n'était pas tout à fait favorable, les satellites lui apparaissaient comme de faibles lignes lumineuses. Jamais, dans ces expériences, il ne lui arriva de confondre les satellites avec de petites étoiles, sans doute à cause de la scintillation de celles-ci, et de leur lumière moins calme. Quelques années avant sa mort, Schœn se plaignait à moi de l'affaiblissement de sa vue ; ses yeux ne pouvaient plus distinguer les lunes de Jupiter; même quand l'air était pur, elles ne lui apparaissaient plus isolément que comme de faibles traits de lumière. » Les résultats de ces recherches s'accordent très-bien avec ce que l'on sait depuis longtemps sur l'éclat relatif des satellites de Jupiter ; car, pour des individus doués d'organes si parfaits et si sensibles, il est probable que l'éclat et la nature de la lumière ont plus d'effet que les distances des satellites à la planète. Schœn ne vit jamais le 2e ni le 4e satellite. Le 2e est le plus petit de tous ; le 4e est, à la vérité, le plus éloigné et même le plus brillant après le 3e ; mais sa couleur s'assombrit périodiquement, et c'est presque toujours le plus faible des quatre satellites. Quant au 3e et au 1er, que Schœn voyait le plus aisément et le plus souvent à l'œil nu, l'un (le 3e) est le plus grand, celui qui d'ordinaire brille le plus, et sa lumière est d'un jaune bien tranché; l'autre (le 1er) surpasse quelquefois, par l'éclat de sa vive lumière jaune, le 3e satellite bien qu'il soit beaucoup plus petit. (Mædler, *Astron.*, 1846, p. 231-234 et 439). Quant à la question de savoir comment des points brillants très-éloignés peuvent être vus sous forme de raies lumineuses, on peut consulter Sturm et Airy dans les *Comptes rendus*, t. XX, p. 764-766.

(6) [page 58]. « L'image *épanouie* d'une étoile de 7e grandeur n'ébranle pas suffisamment la rétine : elle n'y fait pas naître une sensation appréciable de lumière. Si l'image *n'était point épanouie* (par des rayons divergents), la sensation aurait plus de force, et l'étoile se verrait. La première classe d'étoiles invisibles à l'œil nu ne serait plus alors la septième : pour la trouver, il faudrait peut-être descendre alors jusqu'à la 12e. Considérons un groupe d'étoiles de 7e grandeur, tellement rap-

prochées les unes des autres que les intervalles échappent nécessairement à l'œil. *Si la vision avait de la netteté*, si l'image de chaque étoile était très-petite et bien terminée, l'observateur apercevrait un champ de lumière dont chaque point aurait l'*éclat concentré* d'une étoile de 7e grandeur. L'*éclat concentré* d'une étoile de 7e grandeur suffit à la vision à l'œil nu. Le groupe serait donc visible à l'œil nu. Dilatons maintenant sur la rétine l'image de chaque étoile du groupe ; remplaçons chaque point de l'ancienne image générale par un petit cercle : ces cercles empiéteront les uns sur les autres, et les divers points de la rétine se trouveront éclairés par de la lumière venant simultanément de plusieurs étoiles. Pour peu qu'on y réfléchisse, il restera évident qu'excepté sur les bords de l'image générale, l'aire lumineuse ainsi éclairée a précisément, à cause de la superposition des cercles, la même intensité que dans le cas où chaque étoile n'éclaire qu'un seul point au fond de l'œil ; mais si chacun de ces points reçoit une lumière égale en intensité à la lumière concentrée d'une étoile de 7e grandeur, il est clair que l'épanouissement des images individuelles des étoiles contiguës ne doit pas empêcher la visibilité de l'ensemble. Les instruments télescopiques ont, quoiqu'à un beaucoup moindre degré, le défaut de donner aussi aux étoiles un *diamètre sensible et factice*. Avec ces instruments, comme à l'œil nu, on doit donc apercevoir des groupes, composés d'étoiles inférieures en intensité à celles que les mêmes lunettes ou télescopes feraient apercevoir isolément. » Arago, dans l'*Annuaire du Bur. des Longit.* pour l'an 1842, p. 284 ; *Astron. popul.*, t. I, p. 186-192.

(7) [page 58]. Sir William Herschel dans les *Philos. Transac.* for 1803, t. 93, p. 225, et for 1805, t. 95, p. 184. Voyez aussi Arago dans l'*Annuaire* pour 1842, p. 360-374 ; *Astron. popul.*, t. I, p. 364-374.

(8) [page 62]. Humboldt, *Relation hist. du Voyage aux Régions équinox.*, t. I, p. 92-97, et Bouguer, *Traité d'Optique*, p. 360 et 365. Voyez aussi le cap. Beechey dans le *Manual of*

scientific Enquiry for the use of the R. Navy, 1849, p. 71).

(9) [page 62]. Le passage d'Aristote, cité par Buffon, se trouve dans un livre où on ne se serait guère avisé de le chercher, le livre *de General. Animal.*, V. 1, p. 780, Bekker. En voici la traduction exacte : « Voir bien, c'est d'une part, voir de loin, d'autre part, c'est distinguer nettement les différences des objets perçus. Ces deux facultés ne se trouvent pas toujours réunies dans le même individu. Car celui qui met sa main au-dessus de ses yeux, ou qui *regarde à travers un tuyau*, n'est ni plus ni moins pour cela en état de démêler les différences de couleurs, et cependant, il pourra voir des objets situés à de plus grandes distances. De là vient aussi que *les personnes placées dans des cavernes et des citernes voient quelquefois des étoiles.* » ὀρύγματα et surtout φρέατα sont des citernes souterraines ou des espèces de silos naturels creusés par des sources. Or, en Grèce, d'après le témoignage oculaire de M. le professeur Franz, ces cavités communiquent avec l'air et la lumière par un puits vertical, et ce puits s'élargit par en bas comme le goulot d'une bouteille. Pline dit (l. II, c. 14) : « Altitudo cogit minores videri stellas; affixas cœlo Solis fulgor interdiu non cerni, quum æque ac noctu luceant : idque manifestum fiat *defectu Solis et præaltis puteis.* » Cléomède (*Cycl. Theor.*, p. 83, Bake), ne parle point d'étoiles vues en plein jour, mais il suppose « que le soleil, vu du fond de citernes profondes, paraît agrandi, à cause de l'obscurité et de l'humidité de l'air. »

(10) [page 63]. « We have ourselves heard it stated by a celebrated Optician, that the earliest circumstance which drew his attention to astronomy, was the regular appearance, at a certain hour, for several successive days, of a considerable star, through the shaft of a chimney. » John Herschel, *Outlines of Astron.*, § 61. Les ramoneurs que j'ai interrogés à ce sujet, se sont presque tous accordés à dire qu'ils n'avaient jamais vu d'étoile en plein jour, mais que, pendant la nuit, ils voyaient

la voûte du ciel tout à fait proche, et que les étoiles leur paraissaient comme agrandies. Je m'abstiens de toute appréciation sur la connexité de ces deux illusions.

(11) [page 63]. Saussure, *Voyage dans les Alpes*, Neufchâtel, 1779, 4°, t. IV, § 2007, p. 199.

(12) [page 64]. Humboldt, *Essai sur la Géographie des Plantes*, p. 103; et *Voyage aux Régions équinox.*, t. I, p. 113 et 248.

(13) [page 65]. Humboldt dans la *Monatlicher Correspondenz zur Erd- und Himmels-Kunde* du baron de Zach, t. I, 1800, p. 396; et dans le *Voyage aux Régions équinox.*, t. I, page 125 : « On croyait voir de petites fusées lancées dans l'air. Des points lumineux, élevés de 7 à 8 degrés, paraissaient d'abord se mouvoir dans le sens vertical; puis leur mouvement se convertissait en une véritable oscillation horizontale. Ces points lumineux étaient des images de plusieurs étoiles agrandies (en apparence) par les vapeurs, et revenant au même point d'où elles étaient parties. »

(14) [page 66]. Le prince Adalbert de Prusse, *Aus meinem Tagebuche*, 1847, p. 213. Le phénomène dont il s'agit ici, aurait-il quelque rapport avec les oscillations de la Polaire, de 10″ à 12″ d'amplitude, que Carlini a remarquées plusieurs fois, lorsqu'il observait les passages de la Polaire à l'aide de la lunette méridienne à fort grossissement de l'observatoire de Milan? Voyez Zach, *Correspondance astronom. et géogr.*, t. II, 1819, p. 84. Brandes ramène cette apparence à un effet de mirage (Gehler's *umgearb. phys. Wœrterbuch*, t. IV, p. 519). Un excellent observateur, le colonel Baeyer, a vu aussi la lumière héliotropique présenter des oscillations horizontales.

(15) [page 70]. Dans ces derniers temps, Uytenbroeck a fait connaître les services éminents de Constantin Huygens et ses talents comme constructeur d'instruments optiques, dans son

Oratio de fratribus Christiano atque Constantino Hugenio, artis dioptricæ cultoribus, 1838. Voyez aussi le savant directeur de l'observatoire de Leyde, le professeur Kaiser, dans les Schumacher's *Astron. Nachr.*, n° 592, p. 246.

(16) [page 70]. Arago dans l'*Astron. popul.*, t. I, p. 181.

(17) [page 70]. « Nous avons placé ces grands verres, dit Dominique Cassini, tantôt sur un grand mât, tantôt sur la *tour de bois venue de Marly*; enfin nous les avons mis dans un tuyau monté sur un support en forme d'échelle à trois faces, ce qui a eu (dans la découverte des satellites de Saturne) le succès que nous en avions espéré. » (Delambre, *Hist. de l'Astron. moderne*, t. II, p. 785). La longueur excessive de ces instruments d'optique rappelle les instruments des Arabes, les quarts de cercle de 58 mètres de rayon : l'arc divisé recevait l'image du Soleil dont la lumière pénétrait par un petit trou rond, à l'instar des gnomons. Un quart de cercle de ce genre avait été érigé à Samarcande ; c'était probablement une imitation amplifiée du sextant de 18^{m}, 5 de hauteur d'Al-Chokandi. Voyez Sédillot, *Prolégomènes des Tables d'Olough Beigh*. 1847, p. LVII et CXXIX.

(18) [page 71]. Delambre, *Hist. de l'Astron. mod.*, t. II, p. 594. Un capucin, Schyrle van Rheita, écrivain mystique, mais très-versé dans les matières d'optique, avait déjà parlé, dans son *Oculus Enoch et Eliæ* (Antverp., 1645), de la prochaine possibilité de construire des lunettes portant un grossissement de 4000 fois; il voulait s'en servir pour exécuter des cartes très-exactes de la Lune. Voyez aussi *Cosmos*, t. II, p. 605, n. 48.

(19) [page 71]. *Edinb. Encyclopædia*, t. XX, p. 479.

(20) [page 72]. Struve, *Etudes d'Astron. stellaire*. 1847, note 59, p. 24. Quoique j'aie adopté partout les mesures françaises, j'ai conservé dans le texte les désignations de 40, 20 et 7 pieds anglais pour les longueurs des télescopes d'Herschel.

Non-seulement ces désignations sont plus commodes, mais encore elles ont reçu une espèce de consécration historique par les grands travaux du père et du fils, en Angleterre et à Feldhausen, au Cap de Bonne-Espérance.

(21) [page 73]. Schumacher's *Astron. Nachr.*, nos 371 et 611. Cauchoix et Lerebours ont aussi construit des objectifs de plus de 34 centimètres de diamètre et de 7m,7 de foyer.

(22) [page 74]. Struve, *Stellarum duplicium et multiplicium Mensuræ micrometricæ*, p. 2-41.

(23) [page 75]. M. Airy a décrit et comparé récemment les procédés qui ont été suivis dans la construction de ces deux télescopes; les proportions de l'alliage, la fusion du métal, les appareils de polissage, les appareils pour l'installation des miroirs. Voyez *Abstr. of the Astron. Soc.*, t. IX, n° 5 (march 1849). On y lit ce qui suit sur les effets du miroir de 6 pieds de diamètre (1m,83) de Lord Rosse (p. 120) : « The Astronomer royal (Mr Airy) alluded to the impression made by the enormous light of the telescope : partly by the modifications produced in the appearances of nebulæ already figured, partly by the great number of stars seen even at a distance from the Milky Way, and partly from the prodigious brilliancy of *Saturn*. The account given by another astronomer of the appearance of *Jupiter* was, that it resembled a coach-lamp in the telescope; and this well expresses the blaze of light which is seen in the instrument. » Voyez aussi Sir John Herschel, *Outlines of Astron.*, § 870 : « The sublimity of the spectacle afforded by the magnificent reflecting telescope constructed by Lord Rosse of some of the larger globular clusters of nebulæ is declared by all, who have witnessed it, to be such as no words can express. This telescope has resolved or rendered resolvable multitudes of nebulæ which had resisted all inferior powers. »

(24) [page 76]. Delambre, *Hist. de l'Astron. mod.*, t. II, p. 255.

(25) [page 76]. Struve, *Mens. microm.*, p. XLIV.

(26) [page 77]. Schumacher's *Jahrbuch* für 1839, p. 100.

(27) [page 77]. « La *lumière atmosphérique diffuse* ne peut s'expliquer par le reflet des rayons solaires sur la surface de séparation des couches de différentes densités dont on suppose l'atmosphère composée. En effet, supposons le Soleil placé à l'horizon, les surfaces de séparation dans la direction du zénith seraient horizontales, par conséquent la réflexion serait horizontale aussi, et nous ne verrions aucune lumière au zénith. Dans la supposition des couches, aucun rayon ne nous arriverait par voie d'une première réflexion. Ce ne seraient que les réflexions multiples qui pourraient agir. Donc, pour expliquer la *lumière diffuse*, il faut se figurer l'atmosphère composée de molécules (sphériques par exemple) dont chacune donne une image du Soleil à peu près comme les boules de verre que nous plaçons dans nos jardins. L'air pur est bleu, parce que d'après Newton les molécules de l'air ont l'*épaisseur* qui convient à la réflexion des rayons bleus. Il est donc naturel que les petites images du Soleil que de tous côtés réfléchissent les molécules sphériques de l'air et qui sont la lumière diffuse, aient une teinte bleue; mais ce bleu n'est pas du bleu pur, c'est un blanc dans lequel le bleu prédomine. Lorsque le ciel n'est pas dans toute sa pureté et que l'air est mêlé de vapeurs visibles, la lumière diffuse reçoit beaucoup de blanc. Comme la lune est jaune, le bleu de l'air pendant la nuit est un peu verdâtre, c'est-à-dire mélangé de bleu et de jaune. » (Arago, *manuscrit* de 1847.)

(28) [page 77]. *D'un des effets des lunettes sur la visibilité des étoiles.* (Lettre de Mr. Arago à Mr. de Humboldt, en déc. 1847.)

« L'œil n'est doué que d'une sensibilité circonscrite, bornée. Quand la lumière qui frappe la rétine n'a pas assez d'intensité, l'œil ne sent rien. C'est par un manque d'intensité que beaucoup d'étoiles, même dans les nuits les plus profondes, échappent à nos observations. Les lunettes ont pour effet, *quant aux étoiles*, d'augmenter l'intensité de l'image. Le faisceau cylindrique de rayons parallèles venant d'une étoile, qui s'appuie sur la surface de la lentille objective et qui a cette surface pour base, se trouve considérablement resserré à la sortie de la lentille oculaire. Le diamètre du premier cylindre est au diamètre du second, comme la distance focale de l'objectif est à la distance focale de l'oculaire, ou bien comme le diamètre de l'objectif est au diamètre de la portion d'oculaire qu'occupe le faisceau émergent. Les intensités de lumière dans les deux cylindres en question (dans les deux cylindres incident et émergent) doivent être entre elles comme les étendues superficielles des bases. Ainsi la lumière émergente sera plus condensée, plus intense que la lumière naturelle tombant sur l'objectif, dans le rapport de la surface de cet objectif à la surface circulaire de la base du faisceau émergent. Le faisceau émergent, quand la lunette grossit, étant plus étroit que le faisceau cylindrique qui tombe sur l'objectif, il est évident que la pupille, quelle que soit son ouverture, recueillera plus de rayons par l'intermédiaire de la lunette que sans elle. La lunette augmentera donc toujours l'intensité de la lumière des étoiles.

« Le cas le plus favorable, quant à l'effet des lunettes, est évidemment celui où l'œil reçoit la totalité du faisceau émergent, le cas où ce faisceau a moins de diamètre que la pupille. Alors toute la lumière que l'objectif embrasse, concourt, par l'entremise du télescope, à la formation de l'image. A l'œil nu, au contraire, une portion seule de cette même lumière est mise à profit : c'est la petite portion que la surface de la pupille découpe dans le faisceau incident naturel. L'intensité de l'image télescopique d'une étoile est donc à l'intensité de l'image à l'œil nu, comme la surface de l'objectif est à celle de la pupille.

« Ce qui précède est relatif à la visibilité d'un seul point, d'une seule étoile. Venons à l'observation d'un objet ayant des dimensions angulaires sensibles, à l'observation d'une *planète*. Dans les cas les plus favorables, c'est-à-dire lorsque la pupille reçoit la totalité du pinceau émergent, l'intensité de l'image de chaque point de la planète se calculera par la proportion que nous venons de donner. La quantité totale de lumière concourant à former l'ensemble de l'image à l'œil nu, sera donc aussi à la quantité totale de lumière qui forme l'image de la planète à l'aide d'une lunette, comme la surface de la pupille est à la surface de l'objectif. Les intensités comparatives, non plus de points isolés, mais des deux images d'une planète, qui se forment sur la rétine à l'œil nu, et par l'intermédiaire d'une lunette, doivent évidemment diminuer proportionnellement aux étendues superficielles de ces deux images. Les dimensions linéaires des deux images sont entre elles comme le diamètre de l'objectif est au diamètre du faisceau émergent. Le nombre de fois que la surface de l'image amplifiée surpasse la surface de l'image à l'œil nu, s'obtiendra donc en divisant le carré du diamètre de l'objectif par le carré du diamètre du faisceau émergent, ou bien la surface de l'objectif par la surface de la base circulaire du faisceau émergent.

« Nous avons déjà obtenu le rapport des quantités totales de lumière qui engendrent les deux images d'une planète, en divisant la surface de l'objectif par la surface de la pupille. Ce nombre est plus petit que le quotient auquel on arrive en divisant a surface de l'objectif par la surface du faisceau émergent. Il en résulte, quant aux planètes, qu'une lunette fait moins gagner en intensité de lumière, qu'elle ne fait perdre en agrandissant la surface des images sur la rétine ; l'intensité de ces images doit donc aller continuellement en s'affaiblissant à mesure que le pouvoir amplificatif de la lunette ou du télescope s'accroît.

« L'atmosphère peut être considérée comme une planète à dimensions indéfinies. La portion qu'on en verra dans une lunette, subira donc aussi la loi d'affaiblissement que nous venons d'indiquer. Le rapport entre l'intensité de la lumière d'une planète et le champ de lumière atmosphérique à travers lequel on la verra, sera le même à l'œil nu et dans les lunettes de tous les grossissements, de toutes les dimensions. Les lunettes, sous le rapport de l'intensité, ne favorisent donc pas la visibilité des planètes.

« Il n'en est point ainsi des *étoiles*. L'intensité de l'image d'une étoile est plus forte avec une lunette qu'à l'œil nu ; au contraire, le champ de la vision, uniformément éclairé dans les deux cas par la lumière atmosphérique, est plus clair à l'œil nu que dans la lunette. Il y a donc deux raisons, sans sortir des considérations d'intensité, pour que dans une lunette l'image de l'étoile prédomine sur celle de l'atmosphère, notablement plus qu'à l'œil nu.

« Cette prédominance doit aller graduellement en augmentant avec le grossissement. En effet, abstraction faite de certaine augmentation de diamètre de l'étoile, conséquence de divers effets de *diffraction* ou d'*interférences*, abstraction faite aussi d'une plus forte réflexion que la lumière subit sur les surfaces plus obliques des oculaires de très-courts foyers, l'intensité de la lumière de l'étoile est constante tant que l'ouverture de l'objectif ne varie pas. Comme on l'a vu, la clarté du champ de la lunette, au contraire, diminue sans cesse à mesure que le pouvoir amplificatif s'accroît. Donc, toutes autres circonstances restant égales, une étoile sera d'autant plus visible, sa prédominance sur la lumière du champ du télescope sera d'autant plus tranchée qu'on fera usage d'un grossissement plus fort. » (Arago, *Astron. popul.*, t. I, p. 186-188 et p. 197-198). — J'extrais encore ce qui suit de l'*Annuaire du Bureau des Longit. pour* 1846 (Notices scient. par M. Arago), p. 381 : « L'expérience a montré que pour le commun des hommes, deux espaces éclairés et contigus ne se distinguent pas l'un de l'autre, à moins que leurs intensités comparatives ne présentent, au minimum, une différence de 1/60. Quand une lunette est tournée vers le firmament, son champ semble uniformément éclairé : c'est qu'alors il existe, dans un plan passant par le foyer et perpendiculaire à l'axe de l'objectif, une *image indéfinie* de la région atmosphérique vers laquelle la lunette est dirigée. Supposons qu'un astre, c'est-à-dire un objet situé bien au delà de l'atmosphère, se trouve dans la direction de la lunette : son image ne sera visible qu'autant qu'elle augmentera de 1/60, au moins, l'intensité de la portion de l'image focale indéfinie de l'atmosphère, sur laquelle sa propre image limitée ira se placer. Sans cela, le champ visuel continuera à paraître partout de la même intensité. »

(29) [page 79]. Arago a publié, pour la première fois, son explication de la scintillation, dans un appendice au 4e livre de mon *Voyage aux Régions équinoxiales*, t. I, p. 623. Je suis heureux de pouvoir enrichir le chapitre relatif à la vision naturelle et télescopique des éclaircissements qui suivent, et que je reproduits textuellement, d'après les motifs indiqués dans la page 285.

Des causes de la Scintillation des étoiles.

« Ce qu'il y a de plus remarquable dans le phénomène de la scintillation, c'est le changement de couleur. Ce changement est beaucoup plus fréquent que l'observation ordinaire ne l'indique. En effet, en agitant la lunette, on transforme l'image dans une ligne ou un cercle, et tous les points de cette ligne ou de ce cercle paraissent de couleurs différentes. C'est la résultante de la superposition de toutes ces images que l'on voit, lorsqu'on laisse la lunette immobile. Les rayons qui se réunissent au foyer d'une lentille, vibrent d'accord ou en désaccord, s'ajoutent ou se détruisent, suivant que les couches qu'ils ont traversées ont telle ou telle réfringence. L'ensemble des rayons rouges peut se détruire *seul*, si ceux de droite et de gauche et ceux de haut et de bas ont traversé des milieux inégalement réfringents. Nous avons dit *seul*, parce que la différence de réfringence qui correspond à la destruction du rayon rouge, n'est pas la même que celle qui amène la destruction du rayon vert, et réciproquement. Maintenant si des rayons rouges sont détruits, ce qui reste sera le blanc moins le rouge, c'est-à-dire du vert. Si le vert au contraire est détruit par *interférence*, l'image sera du blanc moins le vert, c'est-à-dire du rouge. Pour expliquer pourquoi les planètes à grand diamètre ne scintillent pas ou très-peu, il faut se rappeler que le disque peut être considéré comme une agrégation d'étoiles ou de petits points qui scintillent isolément; mais les images de différentes couleurs que chacun de ces points pris isolément donnerait, empiétant les unes sur les autres, formeraient du blanc. Lorsqu'on place un diaphragme ou un bouchon percé d'un trou sur l'objectif d'une lunette, les étoiles acquièrent un disque entouré d'une série d'anneaux lumineux. Si l'on enfonce l'oculaire, le disque de l'étoile augmente de diamètre, et il se produit dans son centre un trou obscur; si on l'enfonce davantage, un point lumineux se substitue au point noir. Un nouvel enfoncement donne naissance à un centre noir, etc. Prenons la lunette lorsque le centre de l'image est noir, et visons à une étoile qui ne scintille pas : le centre restera noir, comme il l'était auparavant. Si au contraire on dirige la lunette à une étoile qui scintille, on verra le centre de l'image lumineux et obscur par intermittence. Dans la position où le centre de l'image est occupé par un point lumineux, on verra ce point disparaître et renaître successivement. Cette disparition ou réapparition du point central est la preuve directe de l'*interférence* variable des rayons. Pour bien concevoir l'absence de lumière au centre de ces images dilatées, il faut se rappeler que les rayons régulièrement réfractés par l'objectif ne se réunissent et ne peuvent par conséquent *interférer* qu'au foyer : par conséquent les images dilatées que ces rayons peuvent produire, resteraient toujours pleines (sans trou). Si dans une certaine position de l'oculaire un trou se présente au centre de l'image, c'est que les rayons régulièrement réfractés *interfèrent* avec des rayons *diffractés* sur les bords du diaphragme circulaire. Le phénomène n'est pas constant, parceque les rayons qui interfèrent dans un certain moment, n'interfèrent pas un instant après, lorsqu'ils ont traversé des couches atmosphériques dont le pouvoir réfringent a varié. On trouve dans cette expérience la preuve manifeste du rôle que joue dans le phénomène de la scintillation l'inégale réfrangibilité des couches atmosphériques traversées par les rayons dont le faisceau est très-étroit.

« Il résulte de ces considérations que l'explication des scintillations ne peut être rattachée qu'aux phénomènes des *interférences lumineuses*. Les rayons des étoiles, après avoir traversé une atmosphère où il existe des couches inégalement chaudes, inégalement denses, inégalement humides, vont se réunir au foyer d'une lentille, pour y former des images d'intensité et de couleurs perpétuellement changeantes, c'est-à-dire des images telles que la scintillation les présente. Il y a aussi scintillation hors du foyer des lunettes. Les explications proposées par Galilée, Scaliger, Kepler, Descartes, Hooke, Huygens, Newton et John Michell, que j'ai examinées dans un mémoire présenté à l'Institut en 1840 (*Comptes rendus*, t. X, p. 83), sont inadmissibles. Thomas Young, auquel nous devons les premières lois des interférences, a cru inexplicable le phénomène de la scintillation. La fausseté de l'ancienne explication par des vapeurs qui voltigent et se déplacent, est déjà prouvée par la circonstance que nous voyons la scintillation des yeux, ce qui supposerait un déplacement d'une minute. Les ondulations des bords du Soleil sont de 4″ à 5″ et peut-être des pièces qui *manquent*, donc encore effet de l'interférence des rayons. » (*Extrait des manuscrits d'Arago*, 1847).

(30) [p. 81]. Arago, dans l'*Annuaire* pour 1831, p. 168.

(31) [p. 82]. Aristote, *de Cœlo*, II, 8, p. 290, Bekker.

(32) [p. 82]. *Cosmos*, t. II, p. 389.

(33) [p. 83]. Causæ scintillationis, dans Kepler, *de Stella nova in pede Serpentarii*, 1606, c. 18, p. 92-97.

(34) [p. 83]. Lettre de M. Garcin, Dr en médecine, à M. de Réaumur, dans l'*Hist. de l'Académie royale des Sciences*, année 1743, p. 28-32.

(35) [p. 86]. Humboldt, *Voyage aux Régions équinox.*, t. I,

p. 511 et 512; t. II, p. 202-208, et *Tableaux de la nature*, 3ᵉ éd., 1851, t. I, p. 25 et 247 de la trad. franç. « En Arabie, dit Garcin, de même qu'à Bender-Abassi, port fameux du golfe Persique, l'air est parfaitement serein presque toute l'année. Le printemps, l'été et l'automne se passent, sans qu'on y voie la moindre rosée. Dans ces mêmes temps tout le monde couche dehors sur le haut des maisons. Quand on est ainsi couché, il n'est pas possible d'exprimer le plaisir qu'on prend à contempler la beauté du ciel, l'éclat des étoiles. C'est une lumière pure, ferme et éclatante, sans étincellement. Ce n'est qu'au milieu de l'hiver que la scintillation, quoique très-faible, s'y fait apercevoir. » Garcin, dans l'*Hist. de l'Académie des Sciences*, 1743, p. 30.

(36) [page 86]. Bacon dit, à propos des illusions qui proviennent de la propagation successive du son et de la lumière : « Atque hoc cum similibus nobis quandoque dubitationem peperit plane monstrosam; videlicet, utrum cœli sereni et stellati facies ad idem tempus cernatur, quando vere existit, an potius aliquanto post; et utrum non sit (quatenus ad visum cœlestium) non minus tempus verum et tempus visum, quam locus verus et locus visus, qui notatur ab astronomis in parallaxibus. Adeo incredibile nobis videbatur, species sive radios corporum cœlestium, per tam immensa spatia milliarium, subito deferri posse ad visum; sed potius debere eas in tempore aliquo notabili delabi. Verum illa dubitatio (quoad majus aliquod intervallum temporis inter tempus verum et visum) postea plane evanuit, reputantibus nobis..... » *The Works of Francis Bacon*, t. I, Lond. 1740 (*Novum Organum*), p. 371. Il revient ensuite sur ses pas, absolument comme les anciens, et rejette les aperçus si vrais qu'il vient à peine d'énoncer. — Cf. Somerville, *the Connexion of the Physical Sciences*, p. 36, et *Cosmos*, t. I, p. 175.

(37) [page 86]. Voyez l'exposition de la méthode d'Arago dans l'*Annuaire du Bureau des Longitudes* pour 1842, p. 337-343. « L'observation attentive des phases d'Algol à six mois

d'intervalle servira à déterminer directement la vitesse de la lumière de cette étoile. Près du maximum et du minimum le changement d'intensité s'opère lentement ; il est, au contraire, rapide à certaines époques intermédiaires entre celles qui correspondent aux deux états extrêmes, quand Algol, soit en diminuant, soit en augmentant d'éclat, passe par la troisième grandeur. »

(38) [page 87]. Newton, *Opticks*, 2e édit. (Lond. 1718), p. 325 : « Light moves from the Sun to us 7 or 8 minutes of time. » Newton compare la vitesse de la lumière à celle du son (370 mètres par seconde). Comme il admet, d'après les observations des éclipses des satellites de Jupiter (la mort de ce grand homme précéda d'environ 6 mois la découverte de l'aberration par Bradley), que la lumière vient du Soleil à la Terre en 7m 30s, parcourant ainsi un espace qu'il évalue à 70 millions de milles anglais, il s'ensuit que la vitesse de la lumière serait de 155555 5/9 milles anglais par seconde. La réduction de ces milles en milles géographiques de 15 au degré de l'équateur présente quelque incertitude, selon que l'on admet telle ou telle évaluation des dimensions du globe terrestre. Le mille anglais vaut 5280 pieds anglais ou 1609m,31449. Si on admet les résultats de Bessel pour l'ellipsoïde terrestre (*Éphémér. de Berlin* pour 1852), on trouve, avec les données de Newton, une vitesse de 33736 milles géographiques, ou de 25034 myriamètres. Mais Newton supposait la parallaxe du Soleil de 12″. En calculant avec la vraie parallaxe déterminée par Encke, d'après les passages de Vénus, à savoir 8″,57116, la distance parcourue devient plus grande que Newton ne l'avait supposée, et l'on trouve 47232 milles géographiques ou 35048 myriamètres ; c'est-à-dire une vitesse trop forte, tandis qu'elle était trop faible tout à l'heure. Un fait bien remarquable, qui a pourtant échappé à Delambre (*Hist. de l'Astronomie moderne*, t. II, p. 653), c'est que les 7m 30s assignées par Newton pour le temps que la lumière met à venir du Soleil à la Terre, se rapprochent beau-

coup de la vérité; l'erreur est de 47ˢ seulement, tandis que les autres astronomes adoptaient des évaluations tout à fait exagérées. Depuis la découverte de Rœmer, en 1675, jusqu'au commencement du XVIIIᵉ siècle, ces évaluations ont oscillé entre 11ᵐ et 14ᵐ 10ˢ. Sans doute celle de Newton était basée sur des observations anglaises plus récentes du 1ᵉʳ satellite. Le premier mémoire où Rœmer, élève de Picard, a consigné sa découverte, date du 22 novembre 1675. Il avait trouvé, par 40 immersions et émersions des satellites de Jupiter, « un retardement de lumière de 22 minutes pour l'intervalle qui est le double de celui qu'il y a d'ici au Soleil » (*Mémoires de l'Acad.*, 1666-1699, t. X, 1730, p. 400). Cassini ne nia point le fait du retardement; mais il en contesta la valeur indiquée, par la raison, d'ailleurs complétement erronée, que chaque satellite donne un résultat différent. Dix-sept ans après que Rœmer eut quitté Paris, Du Hamel, secrétaire de l'Académie, admettait 10 à 11 minutes, tout en citant Rœmer (*Regiæ Scientiarum Academiæ Historia* 1698, p. 145); mais nous savons, par Peter Horrebow (*Basis Astronomiæ sive triduum Rœmerianum*, 1735, p. 122-129), que Rœmer voulait publier, en 1704, 6 ans avant sa mort, un ouvrage sur la vitesse de la lumière, et qu'il tenait fermement pour son premier nombre de 11ᵐ. Il en est de même de Huygens (*Tract. de Lumine*, c. I, p. 7). Cassini procède autrement; il trouve 7ᵐ 5ˢ par le premier satellite, 14ᵐ 12ˢ par le second, et admet, dans ses tables, 14ᵐ 10ˢ *pro perugrando diametri semissi*. L'erreur allait donc en croissant. (Cf. Horrebow, *Triduum*, p. 129; Cassini, *Hypothèses et Satellites de Jupiter* dans les *Mém. de l'Acad.*, 1666-1699, t. VII, p. 435 et 475; Delambre, *Hist. de l'Astron. mod.*, t. II, p. 751 et 782; Du Hamel, *Physica*, p. 435).

(39) [page 87]. Delambre, *Hist. de l'Astron. mod.*, t. II, p. 653.

(40) [page 87]. *Reduction of Bradley's observations at Kew*

and Wansted, 1836, p. 22; Schumacher's *Astron. Nachr.*, t. XIII, 1836, n° 309; *Miscellaneous Works and Correspondence of the Rev. James Bradley* by prof. Rigaud, Oxford, 1832. — Pour les théories de l'aberration basées sur l'hypothèse des ondulations de l'éther, voy. Doppler, dans les *Abhandl. der königl. böhmischen Gesellschaft der Wissenschaften*, 5e série, t. III, p. 745-765. Voici un fait capital pour l'histoire des grandes découvertes astronomiques. Plus d'un demi-siècle avant que Bradley eût découvert l'explication et la loi de l'aberration des fixes, Picard avait remarqué, très-probablement dès 1667, que les déclinaisons de la Polaire présentaient une variation périodique d'environ 20″, « dont la parallaxe ni la réfraction ne pouvaient rendre compte, et qui paraissait subir des changements très-réguliers d'une saison à l'autre ». Delambre, *Hist. de l'Astron. mod.*, t. II, p. 616). Picard était donc sur la voie qui devait conduire à la découverte de la vitesse de la lumière directe, avant même que son élève Rœmer eût fait connaître la vitesse de la lumière réfléchie.

(41) [page 87]. Schumacher's *Astron. Nachr.*, t. XXI, 1844, n° 484; Struve, *Études d'Astron. stellaire*, p. 103 et 107. (Voyez aussi *Cosmos*, t. I, p. 174). Dans l'*Annuaire* pour 1842, p. 287, la vitesse de la lumière est évaluée à 30800 myriamètres (77000 lieues de 4000 mètres par seconde). Cette évaluation est celle qui se rapproche le plus de celle de Struve. La vitesse déterminée à l'observatoire de Poulkova est, en effet, de 30834 myriamètres. Quant à la différence, un instant supposée, entre la vitesse de la lumière de la Polaire et de son compagnon, et aux doutes que Struve lui-même a élevés au sujet de ses premières conclusions, voyez Mædler, *Astronomie*, 1849, p. 393. William Richardson a donné une évaluation plus grande pour le temps que la lumière emploie à venir du Soleil à la Terre; il donne 8′19″,28, d'où résulte une vitesse de 30737 myriamètres à la seconde. (*Mem. of the Astron. Society*, t. IV, 1re part., p. 68.)

(42) [page 89]. Fizeau a exprimé son résultat en lieues de

25 au degré du méridien, c'est-à-dire de 4444^{m},44 ; la vitesse serait de 70948 de ces lieues (*Comptes rendus*, t. XXIX, p. 92). Dans Moigno, *Répert. d'Optique moderne*, 3e part., p. 1162, le résultat indiqué est de 70843 lieues de 25 au degré; c'est celui qui se rapproche le plus de celui de Bradley, d'après les réductions de Busch.

(43) [page 89]. « D'après la théorie mathématique dans le système des ondes, les rayons de différentes couleurs, les rayons dont les ondulations sont inégales, doivent néanmoins se propager dans l'Éther avec la même vitesse. Il n'y a pas de différence à cet égard entre la propagation des ondes sonores, lesquelles se propagent dans l'air avec la même rapidité. Cette égalité de propagation des ondes sonores est bien établie expérimentalement par la similitude d'effet que produit une musique donnée à toutes distances du lieu où l'on l'exécute. La principale difficulté, je dirai l'unique difficulté qu'on eût élevée contre le système des ondes, consistait donc à expliquer comment la vitesse de propagation des rayons de différentes couleurs dans des corps différents pouvait être dissemblable et servir à rendre compte de l'inégalité de réfraction de ces rayons ou de la dispersion. On a montré récemment que cette difficulté n'est pas insurmontable; qu'on peut constituer l'Éther dans les corps inégalement denses, de manière que les rayons à ondulations dissemblables s'y propagent avec des vitesses inégales : reste à déterminer si les conceptions des géomètres à cet égard sont conformes à la nature des choses. Voici les amplitudes des ondulations déduites expérimentalement d'une série de faits relatifs aux interférences :

Violet.......... 0^{mm},000423
Jaune.......... 0^{mm},000551
Rouge.......... 0^{mm},000620

La vitesse de transmission des rayons de différentes couleurs dans les espaces célestes est la même dans le système des ondes et tout à fait indépendante de l'étendue ou de la vitesse des ondulations. » Arago, *Manuscrit* de 1849. Voyez aussi l'*Astron. popul.*, t. I, p. 405-408. — Les longueurs d'ondes de l'Éther et leur vitesse de vibration déterminent les caractères des rayons lumineux. Pour les rayons les plus réfrangibles (le violet), le nombre des ondulations est de 662 billions par seconde. Les rayons rouges exécutent des vibrations plus lentes et d'une amplitude plus grande; le nombre des vibrations est de 451 billions par seconde.

(44) [page 96]. J'ai prouvé, il y a bien des années, par des observations directes que les rayons des étoiles vers lesquelles la Terre marche, et les rayons des étoiles dont la Terre s'éloigne, se réfractent exactement de la même quantité. Un tel résultat ne peut se concilier *avec la théorie de l'émission* qu'à l'aide d'une addition importante à faire à cette théorie : il faut admettre que les corps lumineux émettent des rayons de toutes les vitesses, et que les seuls rayons d'une vitesse déterminée sont visibles, qu'eux seuls produisent dans l'œil la sensation de lumière. Dans la théorie de l'émission, le rouge, le jaune, le vert, le bleu, le violet solaires sont respectivement accompagnés de rayons pareils, mais obscurs par défaut ou par excès de vitesse. A plus de vitesse correspond une moindre réfraction, comme moins de vitesse entraîne une réfraction plus grande. Ainsi chaque rayon rouge visible est accompagné de rayons obscurs de la même nature, qui se réfractent les uns plus, les autres moins que lui : ainsi *il existe des rayons dans les stries noires* de la portion rouge du spectre; la même chose doit être admise des stries situées dans les portions jaunes, vertes, bleues et violettes. » Arago, *Comptes rendus de l'Acad. des Sciences*, t. XVI, 1843, p. 404. Voyez aussi t. VIII, 1839, p. 326, et Poisson, *Traité de mécanique*, 2e éd. 1833, t. I, § 168. D'après les vues propres à la théorie des ondulations, les astres émettent des rayons de lumière dont les vitesses d'oscillations transversales présentent une variété infinie.

(15) [page 90]. Wheatstone dans les *Philos. Transact. of the Royal Society* for 1834, p. 589 et 591. D'après les recherches décrites dans ce mémoire (p. 591), il paraît que l'œil est capable d'apprécier des impressions lumineuses « dont la durée ne dépasse point un millionième de seconde. » Sur l'hypothèse, mentionnée dans le texte, d'après laquelle la lumière polaire aurait de l'analogie avec la lumière du Soleil, voyez Sir John Herschel, *Results of Astron. Observ. at the Cape of Good Hope*, 1847, p. 351. Arago a fait mention dans les *Comptes rendus*, t. VII, 1838, p. 956, d'un appareil rotatoire de Wheatstone, perfectionné par Bréguet, qu'il se proposait d'employer pour décider entre la théorie de l'émission et celle des ondulations, en partant de ce fait que, dans la première hypothèse, la lumière doit aller plus lentement dans l'air que dans l'eau, tandis que le contraire doit avoir lieu dans la seconde (*Comptes rendus* pour 1850, t. XXX, p. 489-495 et 556).

(16) [page 92]. Steinheil, dans les *Astron. Nachr.*, nº 679 (1849), p. 97-100; Walker, dans les *Proceedings of the American Philosophical Society*, t. V, p. 128. (Voyez les propositions plus anciennes de Pouillet dans les *Comptes rendus*, t. XIX, p. 1386.) Des recherches ingénieuses et plus nouvelles encore de Mitchell, directeur de l'observatoire de Cincinnati (Gould's *Astr. journal*, déc. 1849, p. 3 : On the velocity of the electr. wave), et de Fizeau et Gounelle, à Paris, en avril 1850, s'éloignent à la fois des résultats de Wheatstone et de ceux de Walker. Les espérances mentionnées dans les *Comptes rendus*, t. XXX, p. 439, révèlent des différences frappantes entre les conducteurs de différentes natures, tels que le fer et le cuivre.

(17) [page 93]. Voyez Poggendorff, dans ses *Annalen*, t. LXXIII, 1848, p. 337, et Pouillet, *Comptes rendus*, t. XXX, p. 501.

(18) [page 93]. Riess, dans les *Poggend. Ann.*, t. 78, p. 433. — Sur le rôle de conducteur refusé à la partie du globe terrestre

interposée, voyez les importantes recherches de Guillemin *Sur le courant dans une pile isolée et sans communication entre les pôles*, dans les *Comptes rendus*, t. XXIX, p. 521. « Quand on remplace un fil par la terre dans les télégraphes électriques, la terre sert plutôt de réservoir commun que de moyen d'union entre les deux extrémités du fil. »

(49). [page 93]. Mædler, *Astron.*, p. 380. Laplace, d'après Moigno, *Répertoire d'Optique moderne*, 1847, t. I, p. 72 : « Selon la théorie de l'émission, on croit pouvoir démontrer que si le diamètre d'une étoile fixe était 250 fois plus grand que celui du Soleil, sa densité restant la même, l'attraction exercée à sa surface détruirait la quantité de mouvement de la molécule lumineuse émise, de sorte qu'elle serait invisible à de grandes distances. » Mais si on attribue, avec William Herschel, un diamètre apparent de 0″,1 à Arcturus, il en résulte que le diamètre réel de cette étoile est 11 fois seulement plus grand que celui du Soleil (*Cosmos*, t. I, p. 155 et 484). Il faudrait d'ailleurs que la vitesse de la lumière variât avec la grandeur des astres qui l'émettent : c'est ce que l'observation n'a nullement confirmé. Arago dit, dans les *Comptes rendus*, t. VIII, p. 326 : « Les expériences sur l'égale déviation prismatique des étoiles vers lesquelles la Terre marche ou dont elle s'éloigne, rend compte de l'égalité de vitesse apparente des rayons de toutes les étoiles. »

(50) [page 95]. Érastothène, *Catasterismi*, éd. Schaubach, 1795, et *Eratosthenica*, éd. God. Bernhardy, 1822, p. 110-116. Dans cette description, on distingue les étoiles en λαμπροί (μεγάλοι) et en ἀμαυροί (c. 2, 11, 41). Telle est aussi la division adoptée par Ptolémée. Quant aux étoiles qu'il appelle ἀμόρφωτοι, ce sont celles qui n'appartiennent à aucune constellation.

(51) [page 96]. Ptolémée, *Almageste*, éd. Halma, t. II, p. 40. On lit aussi dans les *Catasterismi* d'Eratosthène, c. 22,

p. 18 : ἡ δὲ κεφαλὴ καὶ ἡ ἅρπη ἄναπτος ὁρᾶται, διὰ δὲ νεφελώδους συστροφῆς δοκεῖ τισιν ὁρᾶσθαι. De même dans Geminus, *Phæn.*, éd. Hilder, 1590, p. 46.

(52) [page 96]. *Cosmos*, t. II, p. 395 et 608, n. 63.

(53) [page 97]. Muhamedis Alfragani *Chronologica et Astron. Elementa*, 1590, c. XXIV, p. 118.

(54) [page 97]. On trouve, dans certains manuscrits de l'Almageste, l'indication de ces ordres de grandeur intermédiaires ; car plusieurs désignations de grandeur sont accompagnées des mots μείζων et ἐλάσσων (*Cod. Paris.*, n° 2389). Tycho exprimait ces grandeurs intermédiaires par des points.

(55) [page 98]. Sir John Herschel, *Outlines of Astron.*, p. 520-527.

(56) [page 99]. Il s'agit du sextant à miroirs employé pour déterminer l'éclat relatif des étoiles; je m'en suis servi, sous les tropiques, beaucoup plus souvent que des diaphragmes, qui m'avaient été cependant recommandés par Borda. Je commençai ce travail sous le beau ciel de Cumana, et je le continuai plus tard, dans l'hémisphère austral, jusqu'en 1803. Mais alors les circonstances n'étaient plus aussi favorables, quoique je fusse placé sur les plateaux des Andes et sur les rivages de la mer du Sud, près de Guayaquil. Dans l'échelle arbitraire que je m'étais construite, j'avais représenté par 100 Sirius, la plus brillante de toutes les étoiles; les étoiles de 1re grandeur allaient de 100 à 80; celles de 2e, de 80 à 60; celles de 3e, de 60 à 45; celles de 4e, de 45 à 30, et enfin les étoiles de 5e grandeur se trouvaient comprises entre les nombres 30 et 20 de mon échelle. Je révisai principalement les constellations du Navire et de la Grue, où je croyais pouvoir trouver des changements survenus depuis l'époque de La Caille. En combinant avec soin mes diverses évaluations, et en multipliant les termes de comparaison, il me sembla que l'éclat de Sirius surpassait celui de Canopus, dans le même rapport que

l'éclat de α du Centaure surpasse celui d'Achernar. L'échelle arbitraire dont je me suis servi s'oppose à ce qu'on puisse comparer immédiatement mes résultats à ceux que sir John Herschel a publiés depuis 1838. Voyez mon *Recueil d'Observ. astron.*, t. I, p. LXXI, et ma *Relat. hist. du Voyage aux Régions équinox.*, t. I, p. 518 et 624. Voyez aussi la *Lettre de M. de Humboldt à M. Schumacher*, en février 1839, dans les *Astron. Nachr.*, n° 374. Il est dit dans cette lettre : « M. Arago, qui possède des moyens photométriques entièrement différents de ceux qui ont été publiés jusqu'ici, m'avait rassuré sur la partie des erreurs qui pouvaient provenir du changement d'inclinaison d'un miroir étamé sur la face intérieure. Il blâme d'ailleurs le principe de ma méthode et le regarde comme peu susceptible de perfectionnement, non-seulement à cause de la différence des angles entre l'étoile vue directement et celle qui est amenée par réflexion, mais surtout parce que le résultat de la mesure d'intensité dépend de la partie de l'œil qui se trouve en face de l'oculaire. Il y a erreur lorsque la pupille n'est pas très-exactement à la hauteur de la limite inférieure de la partie non étamée du petit miroir. »

(57) (page 99). Cf. Steinheil, *Elemente der Helligkeits-Messungen am Sternenhimmel*, Munich, 1836 (Schumacher's *Astron. Nachr.*, n° 609), et J. Herschel, *Results of astronomical Observations made during the years 1834-1838, At the Cape of Good Hope*, Lond., 1847, p. 353-357. En 1846, Seidel a déterminé, avec le photomètre de Steinheil, la quantité de lumière de plusieurs étoiles de première grandeur qui s'élèvent à une hauteur suffisante dans nos climats. Il prend Véga pour unité et trouve les résultats suivants :

Sirius.	5,13
Rigel.	1,30
Véga.	1,00
Arcturus.	0,84
La Chèvre.	0,83

Procyon.	0,71
L'Épi.	0,49
Ataïr.	0,40
Aldébaran.	0,36
Deneb.	0,35
Régulus.	0,34
Pollux.	0,30

L'éclat de Rigel paraît aller en croissant et Bételgeuse manque dans le tableau, parce qu'elle est variable; sa variabilité s'est principalement décelée entre les années 1836 et 1839 (*Outlines*, p. 543).

(58) [page 100]. Voyez, sur les bases numériques des résultats photométriques, 4 tables de Sir John Herschel qui se trouvent dans les *Observations at the Cape*, p. 341, 367-371 et 440, et dans les *Outlines of Astron.*, p. 522-525 et 645-646. On peut consulter, pour une simple série des étoiles rangées dans l'ordre de leurs éclats relatifs, mais sans indications numériques, le *Manual of scient. Enquiry prepared for the use of the R. Navy*, 1849, p. 12.

(59) [page 100]. Argelander, *Durchmusterung des nördl. Himmels* zwischen 45° und 80° Decl., 1846, p. XXIV-XXVI; Sir John Herschel, *Observations at the Cape*, p. 327, 340 et 365.

(60) [page 101]. J. Herschel, *ibid.*, p. 304 et *Outlines*, p. 522.

(61) [page 101]. *Philos. Transact.*, t. LVII, for the year 1707, p. 234.

(62) [page 101]. Wollaston dans les *Philos. Transact.*, for 1829, p. 27; Herschel, *Outlines*, p. 553. La comparaison faite par Wollaston, entre la lumière du Soleil et celle de la Lune, date de 1799; elle est basée sur les ombres projetées par la lumière des bougies, tandis que dans les recherches de 1826 et 1827 sur le Soleil et Sirius, on a recours à des images formées, par réflexion, sur une boule de verre. Les premières comparai-

sons photométriques entre le Soleil et la Lune diffèrent beaucoup des résultats que j'ai cités ici. En se fondant sur des aperçus théoriques, Michell et Euler avaient trouvé 450000 et 374000. D'après des mesures opérées à l'aide des ombres de la flamme des bougies, Bouguer trouvait seulement 300000. Lambert affirme que Vénus, à son maximum d'éclat, est encore 3000 fois plus faible que la pleine Lune. D'après Steinheil, le Soleil devrait être 3286500 fois plus éloigné qu'il ne l'est réellement, pour que son éclat fût réduit pour nous à celui d'Arcturus (Struve, *Stellarum compositarum Mensuræ micrometicæ*, p. CLXIII); et l'éclat apparent d'Arcturus, au dire de John Herschel, est seulement la moitié de celui de Canopus (Herschel, *Observ. at the Cape*, p. 34). Toutes ces relations photométriques, et surtout l'importante comparaison de la lumière du Soleil avec la lumière cendrée de la Lune, si variable suivant les positions de notre satellite par rapport au corps éclairant, la Terre, méritent bien de devenir l'objet de recherches définitives et plus approfondies.

(63) [page 101]. *Outlines of Astron.*, p. 553; *Astron. Observ. at the Cape*, p. 363.

(64) [page 102]. William Herschel, *on the Nature of the Sun and Fixed Stars*, dans les *Philos. Transact.* for 1795, p. 62, et *on the Changes that happen to the Fixed Stars* dans les *Philos. Transact.* for 1796, p. 186. Cf. aussi Sir John Herschel, *Observ. at the Cape*, p. 350-352.

(65) [page 103]. Extrait d'une lettre de M. Arago à M. de Humboldt (mai 1850).

1° *Mesures photométriques.*

« Il n'existe pas de photomètre proprement dit, c'est-à-dire d'instrument donnant l'intensité d'une lumière isolée; le photomètre de Leslie, à l'aide duquel il avait eu l'audace de vouloir comparer la lumière de la Lune à la lumière du Soleil, par des actions calorifiques, est complétement défectueux. J'ai prouvé, en effet, que ce prétendu photomètre monte, quand on l'expose à la lumière du Soleil, qu'il descend sous l'action de la lumière du feu ordinaire, et qu'il reste complétement stationnaire lorsqu'il reçoit la lumière d'une lampe d'Argand. Tout ce qu'on a pu faire jusqu'ici, c'est de comparer entre elles deux lumières en présence, et cette comparaison n'est même à l'abri de toute objection que lorsqu'on ramène ces deux lumières à l'égalité par un affaiblissement graduel de la lumière la plus forte. C'est comme critérium de cette égalité que j'ai employé les anneaux colorés. Si l'on place l'une sur l'autre deux lentilles d'un long foyer, il se forme autour de leur point de contact des anneaux colorés tant par voie de réflexion que par voie de transmission. Les anneaux réfléchis sont complémentaires en couleur des anneaux transmis; ces deux séries d'anneaux se neutralisent mutuellement quant les deux lumières qui la forment et qui arrivent simultanément sur les deux lentilles sont égales entre elles.

« Dans le cas contraire, on voit des traces ou d'anneaux réfléchis ou d'anneaux transmis, suivant que la lumière qui forme les premiers est plus forte ou plus faible que la lumière à laquelle on doit les seconds. C'est dans ce sens seulement que les anneaux colorés jouent un rôle dans les mesures de la lumière auxquelles je me suis livré. »

2° *Cyanomètre.*

« Mon Cyanomètre est une extension de mon Polariscope. Ce dernier instrument, comme tu sais, se compose d'un tube fermé à l'une de ses extrémités par une plaque de cristal de roche perpendiculaire à l'axe, de 5 millimètres d'épaisseur, et d'un prisme doué de la double réfraction, placé du côté de l'œil. Parmi les couleurs variées que donne cet appareil, lorsque de la lumière polarisée le traverse, et qu'on fait tourner le prisme sur lui-même, se trouve, par un heureux hasard, la nuance du bleu de ciel. Cette couleur bleue fort affaiblie, c'est-à-dire très-mélangée de blanc, lorsque la lumière est presque neutre, augmente d'intensité progressivement, à mesure que les rayons qui pénètrent dans l'instrument renferment une plus grande proportion de rayons polarisés.

« Supposons donc que le Polariscope soit dirigé sur une feuille de papier blanc; qu'entre cette feuille et la lame de cristal de roche il existe une pile de plaques de verre susceptible de changer d'inclinaison, ce qui rendra la lumière éclairante du papier plus ou moins polarisée, la couleur bleue fournie par l'instrument va en augmentant avec l'inclinaison de la pile, et l'on s'arrête lorsque cette couleur paraît la même que celle de la région de l'atmosphère dont on veut déterminer la teinte cyanométrique, et qu'on regarde à l'œil nu immédiatement à côté de l'instrument. La mesure de cette teinte est donnée par l'inclinaison de la pile. Si cette dernière partie de l'instrument se compose du même nombre de plaques et d'une même espèce de verre, les observations faites dans divers lieux seront parfaitement comparables entre elles. »

(66) [page 103]. Argelander, *de Fide Uranometriæ Bayeri*, p. 14-23. « In eadem classe littera prior majorem splendorem nullo modo indicat » (§ 9). Les désignations de Bayer ne prouvent donc point que Castor ait été, en 1603, plus brillant que Pollux.

(67) [page 112]. *Cosmos*, t. III, p. 45, 279, n. 78 et 280, n. 79.

(68) [page 113]. *Cosmos*, t. I, p. 204 et 501, n. 44.

(69) [page 115]. On the space-penetrating power of telescopes, dans sir John Herschel, *Outlines of Astron.*, § 803.

(70) [page 116]. Je ne saurais condenser en une seule note toutes les raisons sur lesquelles les vues d'Argelander sont fondées. Il me suffira de donner ici un extrait de sa correspondance avec moi.

« Il y a quelques années (en 1843), vous aviez invité le capitaine Schwinck à déterminer, d'après sa *Mappa cœlestis*, le nombre de toutes les étoiles que la voûte céleste nous présente, depuis la 1re jusqu'à la 7e grandeur inclusivement. Dans l'espace compris entre — 30° et le pôle nord, il a trouvé 12148 étoiles; par conséquent, si nous supposons que l'accumulation soit la même dans le reste du ciel, c'est-à-dire depuis — 30° jusqu'au pôle sud, il y aurait 16200 étoiles de ces diverses grandeurs sur tout le firmament. Cette évaluation me paraît très-voisine de la vérité. On sait que si l'on se borne à considérer les étoiles en masse, chaque ordre de grandeur contient environ trois fois plus d'étoiles que l'ordre précédent (Struve, *Catalogus Stellarum duplicium*, p. XXXIV; Argelander, *Bonner Zonen*, p. XXVI). Or j'ai relevé, dans mon *Uranométrie*, 1441 étoiles de 6e grandeur au nord de l'équateur : il suit de là qu'il y en aurait 3000 environ sur le ciel entier. Mais les étoiles de 6-7e grandeur n'y sont point comprises, et cependant, quand on ne veut tenir compte que des ordres entiers, il faudrait adjoindre les étoiles de 6-7e grandeur à celles de 6e. Je crois qu'on peut porter leur nombre à 1000, et qu'il faut compter dès lors 4000 étoiles de 6e grandeur. La règle ci-dessus donnera donc 12000 étoiles de l'ordre suivant, c'est-à-dire de 7e grandeur, et 18000 étoiles, depuis la 1re jusqu'à la 7e grandeur inclusivement. Je me rapproche encore plus du nombre donné par Schwinck, en employant d'autres considérations sur le nombre des étoiles de 7e grandeur que j'ai enregistrées dans mes zones. J'en ai observé 2251 ; mais il faut tenir compte, bien entendu, de celles qui ont été observées plus d'une fois et de celles qui m'ont échappé probablement (p. XXVI). En procédant ainsi, je trouve qu'il doit y avoir 2840 étoiles de 7e grandeur, depuis 45° jusqu'à 80° de déclinaison boréale, et près de 17000 pour tout le ciel. — Dans la *Description de l'Observatoire de Poulkova*, p. 268, Struve porte à 13400 le nombre des étoiles des 7 premiers ordres qui se trouvent comprises entre — 15° et + 90°, c'est-à-dire dans la région révisée par lui ; il en résulterait un nombre de 21300 pour tout le ciel. Dans la préface du *Catal. e zonis Regiomontanis ded.*, p. XXXII, Struve trouve, de — 15° à + 15°, en employant le calcul des probabilités, 3903 pour le nombre des étoiles de 1re à 7e grandeur, et, par suite, 15050 pour le ciel entier. Ce dernier nombre est trop faible, parce que Bessel attribuait aux belles étoiles des grandeurs plus faibles que moi; la différence est à peu près d'une demi-grandeur. Il ne s'agit ici que d'obtenir une évaluation moyenne, et on peut, à mon gré, adopter le nombre de 18000 pour les étoiles de 1re à 7e grandeur. Dans le passage des *Outlines of Astronomy* que vous me citez, sir John Herschel ne parle que des étoiles déjà cataloguées : The whole number of stars already registered down to the seventh magnitude, inclusive, amounting to from 12000 to 15000. Quant aux étoiles plus faibles de 8e et de 9e grandeur, Struve a compté dans la zone de — 15° à + 15° : 10557 étoiles de 8e grandeur, 37739 étoiles de 9e grandeur; par conséquent, on aura, dans le ciel entier, 40800 étoiles de 8e, et 145800 étoiles de 9e grandeur. D'après cela nous aurions, de la 1re à la 9e grandeur inclusivement, 15100 + 40800 + 145800 = 201700 étoiles. Struve est arrivé à ces évaluations en comparant avec soin des zones ou des parties de zones qui répondent à des régions analogues dans le ciel, et en prenant toujours pour guide une saine théorie des probabilités. Il s'agissait, en effet, dans ces recherches, de conclure le nombre des étoiles réellement existantes dans le ciel, en tenant compte des étoiles qui ont été plusieurs fois observées et reproduites dans différentes zones, et de celles qui n'y ont été marquées qu'une seule fois. Ses calculs méritent assurément une grande confiance, car ils sont basés sur des nombres considérables. — L'ensemble des zones de Bessel, comprises entre — 15° et + 45°, contient environ 61000 étoiles, déduction faite des étoiles observées plusieurs fois et des étoiles de 9—10e grandeur. De là on peut conclure 101500 étoiles environ pour cette partie du ciel, si on tient compte du nombre probable de celles qui ont échappé à l'observation. Mes zones s'étendent de + 45° à + 80°; elles comprennent environ 22000 étoiles (*Durchmusterung des nördl. Himmels*, p. xxv) ; il faut en retrancher à peu près 3000 étoiles de 9-10e grandeur ; reste 19000. Or mes zones sont un peu plus riches que celles de Bessel ; je crois donc ne pas devoir supposer plus de 28500 étoiles réellement existantes entre les limites de + 45° et de + 80°. Nous aurions ainsi 130000 étoiles jusqu'à la 9e grandeur entre — 15° et + 80°. Cette dernière zone formant les 0,62184 du ciel entier, nous aurions donc, toute proportion gardée, 209060 étoiles sur tout le firmament. C'est à peu près le nombre de Struve ; le nôtre est même sensiblement plus fort, en réalité, parce que Struve a compté les étoiles de 9-10e grandeur avec les étoiles de 9e grandeur. — Les nombres qui me paraissent admissibles pour les divers ordres de grandeurs, depuis la 1re jusqu'à la 9e inclusivement, seraient donc : 20, 65, 190, 425, 1100, 3200, 13000, 40000, 142000 qui forment une somme de 200000 ; tel est le nombre des étoiles comprises entre la 1re et la 9e grandeur. — Vous m'objectez que Lalande (*Hist. céleste*, p. iv) porte à 6000 le nombre des étoiles visibles à l'œil nu qu'il a observées. Je fais remarquer, à ce sujet, qu'il y a dans ce nombre beaucoup d'étoiles observées deux fois et plus ; si on les exclut, il reste 3800 étoiles pour la région étudiée par Lalande et comprise entre — 26° 30′ et + 90°. Cette région formant les 0,72310 du ciel entier, on trouve, par une simple proportion, qu'il doit y avoir en tout 5255 étoiles visibles à l'œil nu. Une révision de l'*Uranographie* de Bode (17240 étoiles), composée, comme l'on sait, de matériaux fort peu homogènes, ne donne pas plus de 5600 étoiles de 1re à 6e grandeur, lorsque l'on élimine celles de 6-7e qui ont été indûment élevées à la 6e grandeur. Enfin, des calculs semblables, effectués sur les étoiles de 1re à 6e grandeur observées par La Caille entre le pôle sud et le tropique du Capricorne, conduisent à deux limites, 3960 et 5900, entre lesquelles le nombre des étoiles visibles sur tout le ciel doit se trouver compris. Tous ces résultats se trouvent donc ramenés aux nombres moyens que je vous avais communiqués. Vous voyez avec quel empressement je me suis efforcé de remplir votre vœu, en soumettant ces nombres à une recherche approfondie. Permettez-moi d'ajouter que M. le professeur Heis, à Aix-la-Chapelle, s'occupe, depuis plusieurs années, de réviser avec soin mon *Uranométrie*. D'après les parties déjà terminées de ce travail, et les additions considérables qu'un observateur habile, doué d'une vue excellente, a faites à cet ouvrage, je trouve 2836 étoiles de 1re à 6e grandeur inclusivement, pour l'hémisphère boréal. Supposons que les étoiles soient réparties de même dans les deux hémisphères, il y aurait donc encore 5672 étoiles visibles à l'œil nu pour la meilleure vue. » (Extrait des Manuscrits d'Argelander, mars 1850.)

(71) [page 116]. Schubert compte 7000 étoiles jusqu'à la 6e grandeur (c'est presque le nombre que j'ai donné dans le 1er vol. du *Cosmos*, p. 169) et plus de 5000 pour la partie du ciel visible sur l'horizon de Paris. Il compte 70000 étoiles jusqu'à la 8e grandeur pour le ciel entier (*Astronomie*, 3e part., p. 54). Ces nombres sont tous trop forts. Argelander ne trouve que 58000 étoiles de la 1re à la 8e grandeur.

(72) [page 117]. Patrocinatur vastitas cœli, immensa discreta altitudine in duo atque septuaginta signa. Hæc sunt rerum et animantium effigies, in quas digessere cœlum periti. In his quidem mille sexcentas adnotavere stellas, insignes videlicet effectu visuve.... (Pline II, 41). — Hipparchus nunquam satis laudatus, ut quo nemo magis approbaverit cognationem cum homine siderum animasque nostras partem esse cœli, novam stellam et aliam in ævo suo genitam deprehendit, ejusque motu, qua die fulsit, ad dubitationem est adductus, anne hoc sæpius fieret moverenturque et eæ quas putamus affixas; itemque ausus rem etiam Deo improbam, adnumerare posteris stellas ac sidera ad nomen expungere, organis excogitatis, per quæ singularum loca atque magnitudines signaret, ut facile discerni posset ex eo, non modo an obirent nascerenturve, sed an omnino aliqua transirent moverenturve, item an crescerent minuerenturque,

cœlo in hereditate cunctis relicto, si quisquam qui cretionem eam caperet inventus esset (Pline, II, 26).

(73) [page 118]. Delambre, *Hist. de l'Astron. anc.*, t. I, p. 290, et *Hist. de l'Astron. mod.*, t. II, p. 186.

(74) [page 118]. *Outlines*, § 831; Édouard Biot, *sur les Étoiles extraordinaires observées en Chine*, dans la *Connaissance des Temps* pour 1846.

(75) [page 118]. Aratus a eu le singulier bonheur d'être loué presque en même temps par Ovide (*Amor.*, I, 15) et par l'apôtre saint Paul, à Athènes, dans une Épître contre les épicuriens et les stoïciens (*Act. Apost.*, cap. 17, v. 28). Saint Paul ne cite pas le nom d'Aratus; mais il rappelle, à ne pas s'y méprendre, un vers de ce poëte (*Phæn*, v. 5), sur le lien étroit qui rattache les mortels à la divinité.

(76) [page 119]. Ideler, *Untersuch, über den Ursprung der Sternnamen*, p. XXX-XXXV. Baily examine aussi à quelles années de notre ère se rapportent les observations d'Aristille, ainsi que les catalogues d'Hipparque (128 et non 140 av. J. C.) et de Ptolémée (138 ap. J. C.). *Mem. of the Astron. Soc.*, t. XIII, 1843, p. 12 et 15.

(77) [page 119]. Cf. Delambre, *Hist. de l'Astron. anc.*, t. I, p. 184, t. II, p. 260. Il est peu vraisemblable qu'Hipparque, qui désigne toujours les étoiles par leurs ascensions droites et leurs déclinaisons, se soit servi, comme Ptolémée, des longitudes et des latitudes dans son catalogue. Cette opinion est contredite par l'*Almageste* (l. VII, c. 4), où les coordonnées écliptiques sont signalées comme une nouveauté qui facilite l'intelligence du mouvement des étoiles autour du pôle de l'écliptique. Le catalogue d'étoiles avec les *longitudes* en regard, que Petrus Victorius a trouvé dans un manuscrit de la bibliothèque des Médicis, et qu'il a publié, à Florence, en 1567, avec une vie d'Aratus, a été attribué, il est vrai, à Hipparque, par Victorius lui-même, mais sans preuves à l'appui. Cette table paraît être

une simple copie du catalogue de Ptolémée, faite sur un ancien manuscrit de l'Almageste, dont on aurait laissé de côté toutes les *latitudes*. Comme Ptolémée ne possédait qu'une évaluation imparfaite de la précession des équinoxes (il la supposait trop lente d'environ 28/100, *Almag.* VII, c. 2, p. 13, éd. Halma), il en résulte que son catalogue, au lieu de répondre, comme Ptolémée le voulait, au commencement du règne d'Antonin, répond en réalité à une époque bien antérieure, savoir à l'an 63 ap. J. C. (Ideler, *Untersuchungen ueber die Sternnamen*, p. XXXIV). Cf. aussi les considérations et les tables auxiliaires que Encke a publiées, dans les *Astron. Nachr.* de Schumacher, n° 608, p. 113-126, pour faciliter le calcul du transport des positions modernes des étoiles à l'époque d'Hipparque. Au reste l'époque pour laquelle le catalogue de Ptolémée représente l'état du ciel, à l'insu de son auteur, coïncide très-probablement avec celle où l'on peut reporter les Catastérismes du Pseudo-Ératosthène. J'ai fait remarquer ailleurs que les Catastérismes sont postérieurs à Hygin, contemporain d'Auguste. Ils paraissent avoir été empruntés à ce dernier, et n'avoir aucun rapport avec le poëme d'*Hermès* du véritable Ératosthène (*Eratosthenica*, compos. God. Bernhardy, 1822, 114, 116 et 129). Au reste, ces Catastérismes contiennent à peine 700 étoiles, réparties entre les diverses constellations.

(78) [page 120]. *Cosmos*, t. II, p. 272 et 539, n. 10 et 11. La Bibliothèque de Paris contient un manuscrit des *Tables Ilkhanines*, écrit de la main du fils de Nassir-Eddin. Leur nom vient du titre de *Ilkhan* porté par les princes tartares qui régnèrent en Perse. Reinaud, *Introd. de la Géogr. d'Aboulféda*, 1848, p. CXXXIX.

(79) [page 121]. Sédillot fils, *Prolégomènes des Tables astron. d'Oulough-Beg*, 1847, p. CXXXIV, note 2; Delambre, *Hist. de l'Astron. du moyen âge*, p. 8.

(80) [page 121]. Dans mes recherches sur la valeur relative

des positions géographiques dans l'Asie centrale (*Asie centrale*, t. III, p. 581-596), j'ai donné les latitudes de Samarcande et de Bokhara, d'après les manuscrits arabes et persans de la Bibliothèque de Paris. Je crois avoir prouvé que la première surpasse 39° 52', tandis que les meilleurs manuscrits d'Olough-Beg donnent 39° 37'; le *Kitab-al-athual* d'Alfarès et le *Kanun* d'Albirouni donnent même 40° pour la latitude de Samarcande. Je crois devoir faire remarquer ici, de nouveau, combien il serait important, pour la géographie et pour l'histoire de l'astronomie, de déterminer enfin la longitude et la latitude de Samarcande par de nouvelles observations dignes de confiance. Nous connaissons la latitude de Bokhara par les observations de Burnes; elle est de 39° 43' 41''. Les erreurs des deux beaux manuscrits arabes et persans de la Bibliothèque de Paris (n. 164 et n. 2460) sont donc seulement de 7 à 8'; tandis que le Major Rennell, si heureux d'ordinaire dans ses combinaisons, s'est trompé de 19' sur la latitude de Bokhara. (Humboldt, *Asie centrale*, t. III, p. 592, et Sédillot, dans les *Prolég. d'Olough-Beg*, p. CXXIII-CXXV.)

(81) [page 122]. *Cosmos*, t. II, p. 349-352 et 376-377; Humboldt, *Examen crit. de l'hist. de la Géogr.* t. IV, p. 321-336, t. V, p. 226-238.

(82) [page 122]. Carpani *Paralipomenon*, l. VIII, c. 10 (Opp., t. IX, éd. Lugd., 1663, p. 508).

(83) [page 123]. *Cosmos*, t. I, p. 93-96.

(84) [page 124]. Baily, *Catal. of those Stars in the Histoire céleste de Jérôme de Lalande, for which tables of reduction to the epoch 1800 have been published by prof. Schumacher*, 1847, p. 1195. Sur les progrès dont l'astronomie est redevable à la perfection des catalogues d'étoiles, voyez les considérations de Sir John Herschel dans le *Catal. of the British Association*, 1845, p. 4, § 10. Cf. aussi, sur les étoiles *perdues*, Schumacher, *Astron. Nachr.* n° 624, et Bode, *Jahrbuch* für 1817, p. 249.

(85) [page 125]. *Memoirs of the Royal Astron. Soc.*, t. XIII, 1843, p. 33 et 168.

(86) [page 125]. Bessel, *Fundamenta Astronomiæ* pro anno 1755, deducta ex observationibus viri incomparabilis James Bradley in Specula astronomica Grenovicensi, 1818. Cf. aussi Bessel, *Tabulæ Regiomontanæ, reductionum observationum astronomicarum, ab anno 1750 usque ad annum 1850 computatæ*, 1830.

(87) [page 126]. Je réunis ici dans une seule note les indications relatives à la richesse des catalogues stellaires. Le nom de l'observateur est suivi du nombre des positions d'étoiles qu'il a déterminées. La Caille, 9766 étoiles australes, jusqu'à la 7e gr. inclus., réduites à 1750 par Henderson. Ce grand travail a été accompli par La Caille en moins de dix mois, de 1751 à 1752, à l'aide d'une lunette qui n'avait qu'un grossissement de 8 fois. Tobie Mayer, 998 étoiles, pour 1756. Flamsteed, 2866, augmentées de 564 par les soins de Baily (*Mem. of the Astron. Soc.*, t. IV, p. 129-164). Bradley, 3222, réduites à 1755 par Bessel. Pond, 1112. Piazzi, 7646, pour 1800. Sir Thomas Brisbane et Rümker, 7385 étoiles australes observées à la Nouvelle-Hollande dans les années 1822-1828. Airy, 2156 étoiles réduites à 1845. Rümker, 12000, à Hambourg. Argelander (catal. d'Abo), 560. Taylor, 11015 à Madras. Le *British Association Catalogue of Stars*, 1845, calculé sous la direction de Baily, contient 8377 étoiles depuis la 1re jusqu'à la 7-8e gr. Nous possédons en outre, pour le ciel austral, les riches catalogues de Henderson, de Fallows, de Maclear, au Cap, et de Johnson, à Sainte-Hélène.

(88) [page 126]. Weisse, *Positiones mediæ stellarum fixarum in Zonis Regiomontanis a Besselio inter — 15° et + 15° decl. observatorum* ad annum 1825 reductæ (1846), avec une importante préface de Struve.

(89) [page 126]. Encke, *Gedächtnissrede auf Bessel*, p. 13.

(90) [page 128]. Cf. Struve, *Études d'Astron. stellaire*, 1847, p. 66 et 72; *Cosmos*, t. I, p. 160; Mædler, *Astron.*, 4e éd., p. 417.

(91) [page 131]. *Cosmos*, t. II, p. 196 et 513, n. 11.

(92) [page 131]. Ideler, *Untersuch. über die Sternnamen*, p. XI, 47, 139, 144 et 243; Letronne, *Sur l'origine du Zodiaque grec*, 1840, p. 25.

(93) [page 132]. Letronne, *ibid.*, p. 25, et Carteron, *Analyse des Recherches de M. Letronne sur les représentations zodiacales*, 1843, p. 119. « Il est très-douteux qu'Eudoxe (*Ol.* 103) ait jamais employé le mot ζωδιακός. On le trouve pour la première fois dans Euclide et dans le Commentaire d'Hipparque sur Aratus (*Ol.* 160). Le nom d'écliptique, ἐκλειπτικός, est aussi fort récent. » (Cf. Martin, dans son commentaire sur Théon de Smyrne, *Liber de Astronomia*, 1849, p. 50 et 60).

(94). [page 132]. Letronne, *Orig. du Zod.*, p. 25 et *Analyse crit. des Représ. zod.*, 1846, p. 15. Ideler et Lepsius tiennent aussi pour vraisemblable « que le zodiaque chaldéen, avec ses divisions et son nom, avait été introduit chez les Grecs dès le 7e siècle avant notre ère; mais que les constellations zodiacales proprement dites pénétrèrent plus tard et successivement dans leur littérature astronomique. » (Lepsius, *Chronologie der Ægypter*, 1849, p. 65 et 124). Ideler penche à croire que les Orientaux avaient des noms, mais point de constellations, pour les dodécatémories. Lepsius trouve naturel « que les Grecs, à une époque où la plus grande partie de leur sphère était vide, aient adopté les constellations chaldéennes dont les 12 divisions du zodiaque portent les noms. » Mais ne pourrait-on demander, en suivant cette hypothèse, pourquoi les Grecs n'ont eu d'abord que 11 signes et comment il se fait qu'ils n'aient point emprunté les 12 constellations chaldéennes à la fois? S'ils avaient eu tout d'abord les 12 signes, il aurait été bien inutile d'en rejeter un, pour le rétablir ensuite quelque temps après.

(95) [page 133]. Sur un passage intercalé par un copiste dans le texte d'Hipparque, voy. Letronne, *Orig. du Zod.*, 1840, p. 20. Dès 1812, à une époque où j'étais persuadé que les Grecs avaient dû connaître fort anciennement le signe de la Balance, j'ai soigneusement rassemblé et discuté tous les passages des écrivains de l'antiquité grecque ou romaine où la Constellation de la Balance est désignée comme un signe du zodiaque. J'avais signalé, dans ce travail, le passage d'Hipparque (*Comment. in Aratum*, l. III, c. 2), dans lequel se trouve cité le θηρίον (du Centaure au pied de devant). Je n'avais pas oublié non plus le remarquable passage de l'Almageste, l. IX, c. 7 (Halma, t. II, p. 170), dans lequel Ptolémée rapporte une observation qui n'a certainement pas été faite à Babylone, mais bien par des astrologues chaldéens dispersés en Syrie ou à Alexandrie : pour désigner la Balance, il emploie les mots de κατὰ χαλδαίους, et il l'oppose aux Serres du Scorpion. (*Vues des Cordillères et Monuments des peuples indigènes de l'Amérique*, t. II, p. 380). Buttmann prétendait, contre toute vraisemblance, que les χηλαί désignaient originairement les deux plateaux de la Balance et qu'elles avaient été considérées plus tard, par méprise, comme formant les serres du Scorpion. (Cf. Ideler, *Untersuch über die astron. Beobacht. der Alten*, p. 374, et *über die Sternnamen*, p. 174-177; Carteron, *Recherches de M. Letronne*, p. 113.) Quoi qu'il en soit, on sait combien certains noms des 27 maisons de la Lune présentent d'analogie avec les noms des 12 maisons du Soleil dans le zodiaque; or je suis frappé de retrouver le signe de la Balance parmi les Nakschatras ou maisons de la Lune des Indous, dont on ne saurait contester la haute antiquité. (*Vues des Cordillères*, t. II, p. 6-12.)

(96) [page 134]. Cf. A. W. de Schlegel, *über Sternbilder des Tierkreises im alten Indien*, dans la *Zeitschrift für die Kunde des Morgenlandes*, t. I, 3ᵉ liv., 1837, et *Commentatio de Zodiaci antiquitate et origine*, 1839, avec Adolphe Holtzman,

über den griechischen Ursprung des indischen Thierkreises, 1841, p. 9, 16 et 23. On lit dans ce dernier ouvrage : « Les passages extraits de l'Amarakoscha et du Ramayana ne laissent place à aucun doute : ils parlent du zodiaque même dans les termes les plus clairs. Mais s'il est vrai que les ouvrages dont ces passages sont tirés ont été composés avant que les Hindous pussent avoir connaissance du zodiaque des Grecs, il reste encore à examiner si ces passages ne seraient point des additions postérieures. »

(97) [page 135]. Cf. Buttmann, dans le *Berliner astron. Jahrbuch* für 1822, p. 93; Olbers, sur les constellations les plus récentes, dans le Schumacher's *Jahrbuch* für 1840, p. 238-251, et Sir John Herschel, *Revision and Re-arrangement of the Constellations*, with special reference to those of the Southern Hemisphere, dans les *Memoirs of the Astron. Soc.*, t. XII, p. 201-224 (avec un tableau très-exact des étoiles australes rangées par ordre de grandeur, depuis la 1re jusqu'à la 4e). A propos de la discussion que Lalande soutint très sérieusement contre Bode, pour défendre ses constellations du Chat domestique et du Custos segetum (*le Messier!*), Olbers fait remarquer que, « pour faire une place dans le ciel aux *Honneurs de Frédéric* (constellation imaginée par Bode), Andromède avait dû retirer son bras du lieu qu'il occupait depuis 3000 ans. »

(98) [page 135]. *Cosmos*, t. III, p. 30 et 274, n. 51-53.

(99) [page 135]. D'après Démocrite et son élève Métrodore; voyez Stobée, *Ecloga physica*, p. 582.

(100) [page 136]. Plutarque, *de Placit. Phil.*, II, 11 ; Diog. Laerte, VIII, 77; Achilles Tatius *ad Arat.*, c. 5 : Ἐμπ. κρυσταλλώδη τοῦτον (τὸν οὐρανὸν) εἶναί φησιν, ἐκ τοῦ παγετώδους συλλεγέντα; de même on trouve seulement l'épithète de *cristalloïde* dans Diog. Laerte, VIII, 77, et dans Galenus, *Hist. phil.*, 12 (Sturz, *Empedocles Agrigent.*, t. I, p. 321). On lit dans Lactance *de opificio Dei*, c. 17: « An, si mihi quispiam dixerit *aeneum* esse cœlum, aut *vitreum*,

aut, ut Empedocles ait, aërem *glaciatum*, statimne assentiar, quia cœlum ex qua materia sit, ignorem? » Quant à ce *cœlum vitreum*, les Grecs ne nous ont laissé aucun témoignage plus ancien que ce passage. Un astre seulement, le Soleil, a été nommé par Philolaüs un *corps vitré* qui reçoit et réfléchit vers nous les rayons du feu central. L'opinion d'Empédocle, rapportée dans le texte, sur la Lune *arrondie en forme de grêlon*, et réfléchissant la lumière du Soleil, a été mentionnée par Plutarque (*de facie in orbe Lunæ*, cap. 5). Cf. Eusèbe, *Præp. Evangel.*, I, p. 24 D. Si, dans Homère et dans Pindare, le ciel est nommé χάλκεος et σιδήρεος, de telles expressions n'ont pas d'autre valeur que celles de *cœur de bronze* ou de *voix d'airain*; elles indiquent seulement le solide, le durable, l'impérissable (Vœlcker, *über Homerische Geographie*, 1830 p. 5). Le mot κρύσταλλος, employé pour désigner le cristal de roche transparent comme la glace, se trouve non-seulement dans Pline, mais, avant lui, dans Denys le Périégète, 781., dans Ælien, et dans Strabon, XV, p. 717, Casaub. Il n'est pas possible que les anciens aient puisé l'idée d'assimiler leur ciel de cristal à une voûte de glace (aër glaciatus de Lactance) dans la connaissance du décroissement de la température des couches atmosphériques. Malgré les excursions dans les pays de montagnes, et l'aspect des cimes couvertes de neiges éternelles, ils se représentaient, par-dessus l'atmosphère proprement dite, la région de l'éther igné et des étoiles auxquelles ils attribuaient aussi une chaleur propre (Aristote, *Meteorol.*, I, 3 ; *de Cœlo*, II, 7, p. 289). — Après avoir parlé (*de Cœlo*, II, p. 290) des sons célestes « que les hommes ne sauraient entendre, selon les pythagoriciens, parce qu'ils sont continus et que les sons, pour être perçus, doivent être interrompus par des silences », Aristote soutient une thèse opposée, mais tout aussi singulière. Il admet que les sphères célestes échauffent, par leurs mouvements, l'air placé au-dessous, sans s'échauffer elles-mêmes. Il y aurait ainsi, non pas une production de sons, mais une production de chaleur. « Le mouvement de la sphère des fixes est le plus rapide (Aristote, *de Cœlo*, II, 10, p. 291); pendant que cette sphère se meut circulairement avec les corps qui y sont attachés, les espaces placés immédiatement au dessous s'échauffent fortement, à cause du mouvement des sphères, et la chaleur ainsi engendrée se propage en bas jusqu'à la Terre. » (*Meteorol.*, I, 3, p. 340.) J'ai toujours été frappé du soin que le Stagirite met à éviter le mot de *ciel de cristal;* son expression de ἐνδεδεμένα ἄστρα, *astres attachés*, se rapporte à la conception d'une sphère solide, mais sans rien spécifier sur l'espèce de matière dont elle est formée. Cicéron lui-même ne s'explique pas davantage sur ce point; seulement on trouve dans son commentateur Macrobe (*in Cicer. Somnium Scipionis*, I, c. 20, p. 99. éd. Bip.) quelques idées plus hardies sur le décroissement de la température avec la hauteur. D'après lui, les zones extrêmes du ciel ont en partage un froid éternel. « Ita enim non solum terram sed ipsum quoque cœlum, quod vere mundus vocatur, temperari a sole certissimum est, ut extremitates ejus, quæ a via solis longissime recesserunt, omni careant beneficio caloris et una frigoris perpetuitate torpescant. » Ces extremitates cœli où l'évêque d'Hippone (*Saint Augustin*, éd. Antv., 1700, I, p. 102, et III, p. 99) plaçait une région d'eau glacée voisine de Saturne, la planète la plus élevée et par conséquent la plus froide, sont toujours considérées comme faisant partie de l'atmosphère ; car c'est seulement en dehors de ces limites extrêmes que se trouve l'éther igné (*Macrobe*, I, c. 19, p. 93). Par une singularité dont on ne se rend pas compte, cet éther igné n'empêche point le froid de régner éternellement dans la région voisine. « Stellæ, supra cœlum locatæ, in ipso purissimo æthere sunt, in quo omne, quidquid est, lux naturalis et sua est (la région des astres brillant par eux-mêmes), quæ tota cum igne suo ita sphæræ solis incumbit, ut cœli zonæ, quæ procul a sole sunt, perpetuo frigore oppressæ sint. » Si j'ai cru devoir développer ici avec détail la connexité des idées physiques et météoroligiques des Grecs et des Romains, c'est qu'à part les travaux d'Ukert, d'Henri Martin et les excellents fragments sur la *Meteorologia Veterum* de J. Ideler, ce sujet avait été à peine ébauché jusqu'ici.

(1) [page 137]. Que le feu ait la puissance de déterminer la solidification (Aristote, *Probl.* XIV, 11), que la congélation même puisse être déterminée par la chaleur, ce sont là des opinions profondément enracinées dans la physique des anciens. Elles reposent, en dernière analyse, sur une brillante théorie des contraires (Antiperistasis), sur un obscur pressentiment de la polarité, manifestée dans des états ou des qualités opposées d'une même matière. Cf. *Cosmos*, t. III, p. 15 et 29. La grêle se forme avec d'autant plus d'abondance que les couches d'air sont plus *échauffées* (Aristote, *Meteor.* I, 12). Pendant la pêche d'hiver, sur les côtes du Pont-Euxin, on employait de l'eau *chaude* pour que la glace augmentât tout autour des tuyaux plantés au fond de la mer (Alexandre d'Aphrodisie, fol. 86 et Plutarque, *de primo frigido*, c. 12).

(2) [page 138]. Kepler dit expressément (*Stella Martis*, fol. 9) : Solidos orbes rejeci : et (*Stella Nova*, 1606, cap. 2, p. 8) : Planeta in puro æthere, perinde atque aves in aëre, cursus suos conficiunt (Cf. aussi p. 122). Mais il avait commencé par admettre une sphère solide et formée de glace : Orbis ex aqua factus gelu concreta propter solis absentiam (Kepler, *Epit. Astron.*, *Copern.* I, 2, p. 51). Vingt siècles avant Kepler, Empédocle soutenait déjà que les étoiles étaient attachées à un ciel de cristal, mais que « les planètes étaient libres et indépendantes » (τοὺς δὲ πλανήτας ἀνεῖσθαι). Cf. Plutarque, *de Plac. Philos.*, II, 13 ; Empéd., I, p. 335, éd. Sturz ; Eusèbe, *Præp. evang.*, XV, 30, col. 1688, p. 839. Il est difficile de comprendre comment Platon (mais non Aristote) peut attribuer un mouvement de *rotation* aux étoiles, tout en les supposant fixées à un orbe solide (*Timée*, p. 40 B).

(3) [page 138]. *Cosmos*, t. II, p. 376 et 509, n. 38.

(4) [page 139]. *Cosmos*, t. III, p. 57 et 288, n. 5.

(5) [page 139]. « Les principales causes de la vue indistincte sont : aberration de sphéricité de l'œil, diffraction sur les bords de la pupille, communication d'irritabilité à des points voisins sur la rétine. La vue confuse est celle où le foyer ne tombe pas exactement sur la rétine, mais tombe ou devant ou derrière la rétine. Les queues des étoiles sont l'effet de la vision indistincte, autant qu'elle dépend de la constitution du cristallin. D'après un très-ancien mémoire de Hassenfratz (1809) « les queues au nombre de 4 ou 8 qu'offrent les étoiles ou une bougie vue à 25 mètres de distance, sont les caustiques du cristallin formées par l'intersection des rayons réfractés. » Ces caustiques se meuvent à mesure que nous inclinons la tête. — La propriété de la lunette de terminer l'image fait qu'elle concentre dans un petit espace la lumière qui sans cela en aurait occupé un plus grand. Cela est vrai pour les étoiles fixes et pour les disques des planètes. La lumière des étoiles qui n'ont pas de disques réels, conserve la même intensité, quel que soit le grossissement. Le fond de l'air, duquel se détache l'étoile dans la lunette, devient plus noir par le grossissement qui dilate les molécules de l'air qu'embrasse le champ de la lunette. Les planètes à vrais disques deviennent elles-mêmes plus pâles par cet effet de dilatation. — Quand la peinture focale est nette, quand les rayons partis d'*un point* de l'objet se sont concentrés en *un seul point* dans l'image, l'oculaire donne des résultats satisfaisants. Si au contraire les rayons émanés d'un point ne se réunissent pas au foyer en un seul point, s'ils y forment *un petit cercle*, les images de deux points contigus de l'objet empiètent nécessairement l'une sur l'autre; leurs rayons se confondent. Cette confusion la lentille oculaire ne saurait la faire disparaître. L'office qu'elle remplit exclusivement, c'est de grossir; elle grossit tout ce qui est dans l'image, les défauts comme le reste. Les étoiles n'ayant pas de diamètres angulaires sensibles, ceux qu'elles conservent toujours tiennent pour la plus grande partie au manque de perfection des instruments (à la courbure moins régulière donnée aux deux faces de la lentille objective) et à quelques

défauts et aberrations de notre œil. Plus une étoile semble petite, tout étant égal quant au diamètre de l'objectif, au grossissement employé et à l'éclat de l'étoile observée, et plus la lunette a de perfection. Or le meilleur moyen de juger si les étoiles sont très-petites, si des points sont représentés au foyer par de simples points, c'est évidemment de viser à des étoiles excessivement rapprochées entre elles et de voir si dans les étoiles doubles connues les images se confondent, si elles empiètent l'une sur l'autre, ou bien si on les aperçoit bien nettement séparées. » (Arago, *Manuscrits* de 1834 et de 1847.)

(6) [page 139]. Hassenfratz, *sur les rayons divergents des étoiles*, dans Delamétherie, *Journal de Physique*, t. LXIX, 1809, p. 324.

(7) [page 139]. Horapollinis Niloi *Hieroglyphica*, éd. Conr. Leemans, 1835, c. 13, p. 20. Le savant éditeur rappelle (p. 194), en combattant l'opinion de Jomard (*Descript. de l'Égypte*, t. VII, p. 423), qu'on n'a point encore rencontré l'étoile comme symbole du nombre 5, ni sur les monuments, ni dans les papyrus.

(8) [page 140]. Lorsque je naviguais sur la mer du Sud, à bord de vaisseaux espagnols, j'ai trouvé, chez les matelots, la croyance que, pour déterminer l'âge de la Lune avant le premier quartier, il suffisait de la regarder à travers un tissu de soie et de compter les images multiples que l'on perçoit ainsi. — Ce serait là un phénomène de diffraction réticulaire.

(9) [page 140]. *Outlines*, § 816. Arago a fait croître le faux disque d'Aldébaran depuis 4″ jusqu'à 15″, en rétrécissant de plus en plus l'ouverture de l'objectif.

(10) [page 141]. Delambre, *Hist. de l'Astron. mod.*, t. I, p. 193 ; Arago, *Astron. popul.*, t. I, p. 366.

(11) [page 141]. « Minute and very close companions, the severest tests wich can be applied to a telescope; » *Outlines*], § 837. Cf. aussi Sir John Herschel, *Voyage au Cap*, p. 29, et Arago

dans l'*Astron. popul.*, t. I, p. 484-487. Voici les satellites qui peuvent servir d'épreuves pour les intruments optiques à grossissements considérables : le 1er et le 4e satellite d'Uranus, revus, en 1847, par Lassell et Otto Struve ; le 1er, le 2e et le 7e satellite de Saturne (Mimas, Encelade et Hypérion découvert par Bond) ; le satellite de Neptune découvert par Lassell. Cette idée de pénétrer dans les profondeurs des cieux a conduit Bacon, dans un passage où il adresse à Galilée d'éloquentes louanges, tout en lui attribuant à tort l'invention des lunettes, à prendre, pour terme de comparaison, les vaisseaux qui portent les navigateurs sur un océan inconnu, « ut propiora exercere possint cum cœlestibus commercia ; » *Works of Francis Bacon*, 1740, t. I. *Novum Organon*, p. 361.

(12) [page 142]. « L'expression ὑπόκιῤῥος, dont Ptolémée se sert dans son catalogue et qu'il applique uniformément aux 6 étoiles qu'il cite pour leur couleur, indique un faible degré de coloration intermédiaire entre le jaune et le rouge de feu. Elle signifie exactement une nuance faible du rouge de feu. Quant aux autres étoiles, Ptolémée paraît leur attribuer d'une manière générale, l'épithète de ξανθός, blond ardent (*Almag.*, VIII, 3, éd. Halma, t. II, p. 94). D'après Galien (*Meth. med.*, 12) κιῤῥός signifie une couleur rouge de feu pâle, tirant sur le jaune. Aulu-Gelle compare ce mot à *melinus* dont le sens est, suivant Servius, identique à celui de *gilvus* et de *fulvus*. Sirius est cité par Sénèque (*Natur. Quæst.*, I, 1) comme étant *plus rouge que Mars;* cette étoile est d'ailleurs du nombre de celles que l'Almageste nomme ὑπόκιῤῥοι. On ne saurait donc douter que ce dernier mot n'indique la prédominance ou, du moins, une certaine proportion de rayons rouges dans la lumière de cette étoile. On a dit que Cicéron avait traduit par *rutilus* l'adjectif ποικίλος qu'Aratus a appliqué à Sirius (v. 327) ; mais cette assertion est erronée. Cicéron dit, v. 348 :

Namque pedes subter rutilo cum lumine claret
Fervidus ille Canis stellarum luce refulgens;

mais *rutilo cum lumine* n'est point la traduction du mot ποικίλος; c'est simplement une addition du traducteur. » (Extrait de lettres du professeur Franz.) « Si on substituant *rutilus*, dit Arago, au terme grec d'Aratus, l'orateur romain renonce à dessein à la fidélité, il faut supposer que lui-même avait reconnu les propriétés rutilantes de la lumière de Sirius. » (*Annuaire* pour 1842, p. 351.)

(13) [page 142]. Cléomède. *Cycl. Theor.*, I, 11, p. 59.

(14) [page 143]. Mædler, *Astron.*, 1849, p. 391.

(15) [page 143]. Sir John Herschel dans l'*Edinb. Review*, t. 87, 1848, p. 189, et dans les *Astron. Nachr.* de Schumacher, 1839, n° 372: « It seems much more likely that in Sirius a red colour should be the effect of a medium interfered, than that in the short space of 2000 years so vast a body should have actually undergone such a material change in its physical constitution. It may be supposed the existence of some sort of *cosmical cloudiness*, subject to internal movements, depending on causes of which we are ignorant. » (Cf. Arago dans l'*Annuaire* pour 1842, p. 350-353.)

(16) [page 144]. Dans les *Muhamedis Alfragani chronologica et astronomica elementa*, ed. Jacobus Christmannus, 1590, c. 22, p. 97, on trouve : « Stella ruffa in Tauro Aldebaran; stella ruffa *in Geminis* quæ appellatur *Hajok*, hoc est Capra. » Or *Alhajoc*, *Aijuk* sont les désignations habituelles de la Chèvre, dans les traductions arabes de l'Almageste et même dans les traductions latines faites sur des textes arabes. A ce sujet, Argelander remarque avec raison que Ptolémée, dans un ouvrage astrologique (Τετράβιβλος σύνταξις) dont le style et les plus anciens témoignages établissent l'authenticité, a comparé les étoiles aux planètes par rapport à la coloration, et qu'il rapproche ainsi la Chèvre, *Aurigæ stella*, de la *Martis stella*, quæ urit sicut congruit igneo ipsius colori. Cf. Ptolémée, *Quadripart.*

construct. libri IV, Basil. 1551, p. 383. De même Riccioli range la Chèvre parmi les étoiles rouges, à côté d'Antarès, d'Aldebaran et d'Arcturus. (*Almagestum novum*, éd. 1650, t. I, pars 1, l. 6, c. 2, p. 394.)

(17) [page 144]. Voyez *Chronologie der Ægypter* par Richard Lepsius, t. I, 1849, p. 190-195 et 213. Le calendrier égyptien, avec l'ensemble de ses dispositions, a été établi 3285 ans avant notre ère, c'est-à-dire un siècle et demi environ après l'érection de la grande pyramide de Chéops-Choufou, et 940 ans avant la date ordinairement assignée au déluge (Cf. *Cosmos*, t. II, p. 477). On sait, par les mesures du colonel Wyse, que la galerie souterraine très-étroite qui donne accès dans l'intérieur de la pyramide est inclinée presque exactement de 26° 15', et que la direction de cette galerie répondait ainsi à la hauteur que α du Dragon, l'étoile polaire du temps de Chéops, avait alors à Gizeh, lors de sa culmination inférieure. Mais les calculs relatifs à cette circonstance supposent, pour l'époque de la construction de la pyramide, l'année 3970 avant J.-C. (*Outlines of Astron.*, § 319), et non pas 3430, comme nous l'avions admis dans le *Cosmos*, d'après Lepsius. Au reste, cette différence de 540 années s'oppose d'autant moins à ce que α du Dragon ait pu être prise pour étoile polaire, que sa distance au pôle, en l'année 3970, n'était encore que de 3° 44'.

(18) [page 145]. J'extrais ce qui suit de la correspondance amicale du professeur Lepsius (février 1850) : « Le nom égyptien de Sirius est *Sothis*; il se trouve ainsi désigné comme un astre femelle. De là vient le grec ἡ Σῶθις, identique avec la déesse *Sote* (plus souvent *Sit* dans la langue hiéroglyphique), et avec Isis-Sothis, dans le temple de Ramsès le Grand, à Thèbes (Lepsius, *Chronol. der Ægypter*, t. I, p. 119 et 136). La signification de la racine se retrouve dans la langue copte qui offre une nombreuse famille de mots de même origine, dont les divers membres présentent à la vérité beaucoup de divergences, mais que l'on peut réunir cependant et coordonner

comme il suit. Par une triple dérivation du sens primitif de *projeter*, *projicere* (sagittam, telum), on trouve : 1° ensemencer, seminare ; puis, extendere, étendre, bander, étendre une corde ; enfin, ce qui est plus important ici, *rayonner la lumière* et *briller*, comme les étoiles et le feu. On peut faire rentrer, dans la même série d'idées, les noms des divinités : *Satis* (qui lance des traits), *Sothis* (qui rayonne) et *Seth* (qui brûle). On peut déduire encore des hiéroglyphes : *sit* ou *seti*, la flèche et aussi le rayon ; *seta*, filer ; *setu*, semences répandues. *Sothis* désigne principalement l'astre *radieux* qui règle les saisons et les périodes de temps. Le petit triangle, toujours peint en jaune, qui est un signe symbolique de Sothis, prend une signification remarquable, lorsqu'il se trouve reproduit plusieurs fois dans un certain ordre (sur trois lignes émergeant du bas du disque solaire) ; c'est alors la représentation du *soleil rayonnant*. *Seth* est le dieu du feu, le destructeur. Il contraste avec *Satis*, déesse femelle, symbole du Nil fécondant, qui imprègne d'une chaude humidité les semences. *Satis* est la déesse des Cataractes, parce que c'est à l'époque de l'apparition de Sothis dans le ciel, vers le solstice d'été, que les eaux du Nil commencent à s'enfler. Vettius Valens nomme l'étoile même Σίθ au lieu de *Sothis ;* toujours est-il qu'il est impossible d'identifier, comme le fait Ideler (*Handbuch der Chronol.*, t. I, p. 120), Thoth avec Seth ou Sothis ; il n'y a aucune analogie entre ces noms, ni pour le fond, ni pour la forme (Lepsius, t. I, p. 136).

Après ces origines égyptiennes, voici les étymologies tirées du grec, du zend et du sanscrit. « Σείρ, *le Soleil,* dit le professeur Franz, est un radical fort ancien qui ne diffère que par la prononciation de θέρ, θέρος, *la chaleur*, *l'été*, dans lequels une altération a eu lieu, comme dans le passage de τεῖρος à τέρος ou τέρας. Pour démontrer la justesse du rapport qui vient d'être indiqué entre les radicaux σείρ et θέρ, θέρος, nous pouvons citer non-seulement l'épithète de θερείτατος dans Aratus, v. 149 (Ideler, *Sternnamen*, p. 241), mais encore l'emploi de dérivations postérieures du radical σείρ, à savoir les formes σειρός, σείριος, σειρινός, *chaud, brûlant.* Il est en effet bien significatif que σειρινὰ ἱμάτια soit aussi usité que θερινὰ ἱμάτια, légers habillements d'été. Mais la forme σείριος devait devenir prédominante; elle a formé l'adjectif appliqué à tous les astres auxquels on attribuait de l'influence sur la chaleur estivale. C'est ainsi que le poëte Archiloque nomme le Soleil σείριος ἀστήρ, et qu'Ibycus désigne les astres par la désignation générale de σείρια, *les brillants.* Il est impossible, par exemple, de douter qu'il s'agisse du Soleil dans ce vers d'Archiloque : πολλοὺς μὲν αὐτοῦ σείριος καταυανεῖ ὀξὺς ἐλλάμπων. D'après Hésychius et Suidas, le terme Σείριος désigne à la fois le Soleil et Sirius. Il n'en est plus de même, suivant Tzetzès et Proclus, d'un passage d'Hésiode (*Opera et Dies*, v. 417) où le Soleil se trouve désigné, mais non l'étoile du Chien; je partage entièrement, sur ce point, l'opinion du récent éditeur de Théon de Smyrne, M. H. Martin. De l'adjectif σείριος, qui s'est établi comme une sorte d'*epitheton perpetuum* pour l'étoile du Chien, vient le verbe σειριᾶν que l'on peut traduire par *scintiller.* Aratus, v. 331, dit de Sirius : ὀξέα σειριάει, *il scintille vivement.* Le mot Σειρήν, *Sirène*, a une étymologie tout à fait différente; et vous avez eu parfaitement raison de penser qu'il n'a pas d'autre analogie qu'une ressemblance de son fortuite avec le nom de l'étoile du Chien. L'erreur est du côté de ceux qui veulent, d'après Théon de Smyrne (*Liber de Astronomia*, 1850, p. 202), faire dériver Σειρήν de σειριάζειν; ce dernier mot ne serait du reste qu'une forme invraisemblable du verbe σειριᾶν. Tandis que σείριος exprime la chaleur et la lumière en mouvement, le mot Σειρήν est dérivé d'une racine qui se rapporte aux sons continus, au murmure produit par certains phénomènes naturels. Je crois en effet que Σειρήν se rattache à εἴρειν (Platon, *Cratyl.* 398 D. τὸ γὰρ εἴρειν λέγειν ἐστί) dont l'aspiration, forte d'abord, aurait été remplacée par le sifflement du Σ. » (Extrait des lettres du prof. Franz, janvier 1850).

« Le grec Σείρ, le Soleil, se déduit aisément, d'après Bopp, du mot sanscrit *svar* qui, à la vérité, ne désigne pas le *Soleil*, mais bien le *ciel*, en raison de son éclat. La désignation ordinaire du Soleil, en sanscrit, est *sûrya*, forme contractée de l'inusité *svârya*. Le radical *svar* signifie, en général, *briller*, *éclairer*. Le nom zend du Soleil est *hvare*, avec un *h* à la place de l'*s*. Quant aux formes grecques θέρ, θέρος et θερμός, elles viennent du sanscrit *gharma* (nom. *gharmas*), chaleur. »

Le savant éditeur du *Rigveda*, Max Müller, fait remarquer que « le nom astronomique de l'étoile du Chien, chez les Hindous, est *Lubdhaka*, *le chasseur*. Or, le voisinage d'Orion donne à penser que, pour les peuples *ariens*, ces deux constellations devaient avoir originairement une relation mutuelle. » Au reste, Müller fait dériver « Σείριος du mot *sira* des Védas (d'où l'adjectif *sairya*) et de la racine *sri*, aller, marcher ; de la sorte, le Soleil et Sirius auraient été nommés primitivement étoiles errantes. » (Cf. aussi Pott, *Etymologische Forschungen*, 1833, p. 130).

(19) [page 145]. Struve, *Stellarum compositarum Mensuræ micrometricæ*, 1837, p. LXXIV et LXXXIII.

(20) [page 146]. Sir John Herschel, *Voyage au Cap*, p. 34.

(21) [page 146]. Mædler, *Astronomie*, p. 436.

(22) [page 146]. *Cosmos*, t. II, p. 304 et 608, n. 03.

(23) [page 146]. Arago, *Astron. popul.*, t. I, p. 400.

(24) [page 147]. Struve, *Stellar comp.*, p. LXXXII.

(25) [page 147]. Sir John Herschel, *Voyage au Cap*, p. 17, et 102 (*Nebulæ and Clusters*, n° 3435).

(26) [page 147]. Humboldt, *Vue des Cordillères et Monuments des peuples indigènes de l'Amérique*, t. II, p. 55.

(27) [page 147]. Julii Firmici Materni *Astron.* libri VIII, Basil. 1551, lib. VI, cap. 1, p. 150.

(28) [page 148]. Lepsius, *Chron. der Ægypter*, t. I, p. 143. « Le texte hébreu cite : *Asch*, le géant (Orion?), la constellation aux nombreuses étoiles (les Pléiades?) et les Chambres

du Sud. Les Septante traduisent : ὁ ποιῶν Πλειάδα καὶ Ἕσπερον καὶ Ἀρκτοῦρον καὶ ταμιεῖα νότου. »

(29) [page 148]. Ideler, *Sternnamen*, p. 295.

(30) [page 148]. Martianus Capella change le Ptolemæon en Ptolemæus ; ces deux noms avaient été imaginés par les flatteurs de la cour d'Égypte. Amerigo Vespucci croyait avoir vu trois Canopus, dont un était entièrement obscur (fosco) ; Canopus ingens et niger, dit la traduction latine. Il s'agissait sans doute d'un des Sacs à Charbon (Humboldt, *Examen crit. de la Géogr.* t. V, p. 227-229). Dans l'ouvrage cité ci-dessus, *Elem. Chronol. et Astron.* de El-Fergani (p. 100), on lit que les pèlerins chrétiens avaient l'habitude de donner au *Sohel* des Arabes (Canopus) le nom d'*étoile de Sainte Catherine*, parce qu'ils étaient joyeux de la voir et de se guider sur elle, pour aller de Gaza au mont Sinaï. D'après la plus ancienne épopée de l'antiquité hindoue, le *Ramayana*, les étoiles voisines du pôle austral seraient d'une création plus récente que les étoiles du nord. Un magnifique épisode de ce vieux poëme en donne une raison assez étrange. Lorsque les Hindous brahmaniques pénétrèrent dans la presqu'île du Gange, en quittant les régions situées par 30° de latitude nord, pour envahir, en marchant vers le sud-est, les contrées tropicales dont ils firent la conquête, ils virent de nouveaux astres s'élever à l'horizon, à mesure qu'ils avançaient vers l'île de Ceylan. De ces astres ils firent, d'après leurs anciennes coutumes, des constellations nouvelles ; mais plus tard, la tradition transforma hardiment ces constellations en une *création nouvelle* de Visvamitra « qui voulut surpasser dans son œuvre la splendeur du ciel boréal. » (A. G. de Schlegel dans la *Zeitschrift für die Kunde des Morgenlandes*, t. I, p. 240). Évidemment ce vieux mythe a été inspiré par la surprise que les peuples ont dû éprouver dans leurs migrations, en voyant des régions célestes toutes nouvelles pour eux. Mais l'aspect des cieux ne varie pas seulement pour les voyageurs, dont un célèbre poëte espagnol, Garcilaso de la Vega, disait : mudan

de pays y de estrellas, ils changent à la fois de pays et d'étoiles. Si les traditions locales de certains peuples fixés au sol pouvaient remonter assez haut, nul doute qu'elles ne conservassent quelque trace de variations d'un autre genre. Les étoiles viennent à nous et s'éloignent ensuite, en vertu de la précession; peu à peu les constellations disparaissent, tandis qu'on voit s'élever lentement au-dessus de l'horizon, des étoiles brillantes auparavant invisibles, telles que celles des pieds du Centaure, de la Croix du Sud, de l'Éridan ou du Navire. J'ai rappelé ailleurs que, 2900 ans avant notre ère, la Croix du Sud brillait sur l'horizon de Berlin et s'élevait alors à 7° de hauteur. Ces 29 siècles ne nous reportent pas à une époque historiquement bien reculée, car les grandes pyramides existaient déjà 5 siècles auparavant (Cf. *Cosmos*, t. I, p. 167; t. II, p. 354). Mais jamais Canopus n'a été visible à Berlin, parce que sa distance au pôle de l'écliptique ne dépasse pas 14°; il faudrait 1° de plus, pour que cette étoile eût pu atteindre notre horizon.

(31) [page 148]. *Cosmos*, t. II, p. 203.

(32) [page 149]. Olbers dans le *Jahrbuch* für 1840 de Schumacher, p. 249, et *Cosmos*, t. III, p. 121.

(33) [page 150]. Struve, *Etudes d'Astron. stellaire*, note 74, p. 31.

(34) [page 150]. *Outlines of Astron.*, § 785.

(35) [page 151]. *Outlines of Astron.*, § 795 et 796; Struve, *Etudes d'Astron. stellaire*, p. 66-73 et note 75.

(36) [page 152]. Struve, p. 59. Schwinck trouve dans ses cartes :

de	0° à 90° d'AR.	2858 étoiles.
de	90 à 180	3011
de	180 à 270	2688
de	270 à 360	3591

La somme est 12148 étoiles jusqu'à la 7ᵉ grandeur.

(37) [page 152]. Voyez, sur le *Cercle nébuleux* qui se trouve dans la poignée de l'épée de Persée, Eratosthène, *Cataster.*, c. 22, p. 51, éd. Shaubach.

(38) [page 153]. John Herschel, *Voyage au Cap*, § 105, p. 156.

(39) [page 153]. *Outlines*, § 864-869, p. 591-596; Mædler, *Astron.*, p. 764.

(40) [page 154]. *Voyage au Cap*, § 29, p. 19.

(41) [page 155]. « A stupendous object, a most magnificent *globular* cluster, dit Sir John Herschel, *completely insulated*, upon a ground of the sky perfectly *black* throughout the whole breadth of the sweep. » (*Voyage au Cap*, p. 18 et 51, Pl. III, fig. 1; *Outlines*, § 895, p. 615).

(42) [page 155]. Bond, dans les *Memoirs of the American Academy of Arts and Sciences*, new series, t. III, p. 75.

(42) [page 155]. *Outlines*, § 874, p. 601.

(44) [page 156]. Delambre, *Hist. de l'Astron. moderne*, t. I, p. 697.

(45) [page 156]. C'est à Sir John Herschel que nous devons la première description complète de la Voie lactée dans les deux hémisphères. Voyez les §§ 316-335 de l'ouvrage que nous avons partout nommé *Voyage au Cap*, et dont le véritable titre est : *Results of Astronomical Observations* made during the years 1834-1838, at the *Cape of Good Hope*. Voyez encore l'ouvrage plus récent de J. Herschel, *Outlines of Astronomy*, § 787-799. J'aurais pu tirer parti des observations que j'ai faites, pendant mon long séjour dans l'hémisphère austral, sur l'éclat si inégal des diverses régions de la Voie lactée, etc... ; mais je n'avais à ma disposition que des instruments d'une faiblesse optique extrême en comparaison de ceux de Sir John Herschel ; aussi, pour éviter de mêler le certain à l'incertain, ai-je pris le parti de m'en tenir exclusivement aux travaux de cet éminent astro-

nome. Cf. aussi Struve, *Études d'Astron. stellaire*, p. 35-79, Mædler, *Astron.*, 1849, § 213; *Cosmos*, t. I, p. 169.

(46) [page 156]. En assimilant la Voie lactée à un fleuve céleste, les Arabes furent conduits à donner à une partie de la constellation du Sagittaire, dont l'arc se trouve dans une région brillante de cette zone, le nom de *l'animal qui va s'abreuver*, et cet animal était précisément l'Autruche qui éprouve si peu la sensation de la soif. (Ideler, *Untersuch. über den Ursprung und die Bedeutung der Sternnamen*, p. 78, 183 et 187; Niebuhr, *Beschreibung von Arabien*, p. 112).

(47) [page 157]. *Outlines*, p. 529; Schubert, *Astron.*, 3 part., p. 71.

(48) [page 157]. Struve, *Études d'Astron. stellaire*, p. 41.

(49) [page 158]. *Cosmos*, t. I, p. 169 et 495, n. 9.

(50) [page 158]. « Stars standing on a clear black ground (*Voyage au Cap*, p. 391). This remarkable belt (the milky way, when examined through powerful telescopes) is found (wonderful to relate!) *to consist entirely of stars scattered by millions*, like glittering dust, on the *black ground* of the general heavens. » (*Outlines*, p. 182, 537 et 539).

(51) [page 158]. « *Globular clusters*, except in one region of small extent (between 16^h 45^m and 19^h in RA.), and *nebulæ of regular elliptic forms* are comparatively rare in the Milky Way, and are found congregated in the greatest abundance in a part of the heavens the most remote possible from that circle. » (*Outlines*, p. 614). Huygens avait remarqué, dès 1656, combien la Voie lactée était pauvre en nébuleuses. Dans le même passage où il signale et décrit la grande nébuleuse d'Orion, qu'il découvrit en 1656 à l'aide d'une lunette de 9 mètres, il dit (ainsi que je l'ai déjà fait remarquer dans le second volume du *Cosmos*, p. 905) : Viam lacteam perspicillis inspectam nullas habere nebulas; il ajoute que la Voie lactée

est, comme toutes les nébuleuses, un grand amas d'étoiles. Ce passage se trouve dans Hugenii *Opera varia*, 1724, p. 593.

(52) [page 159]. *Voyage au Cap*, § 105, 107 et 328. Sur l'anneau nébuleux, n° 3686, voyez p. 114.

(53) [page 159]. « Intervals absolutely dark *and completely void of any star* of the smallest telescopic magnitude. » (*Outlines*, p. 536.)

(54) [page 160]. « No region of the heavens is fuller of objects, beautiful and remarkable in themselves, and rendered still mor so by their mode of association and by the peculiar features assumed by the Milky Way, which are without a parallel in any other part of its course. » (*Voyage au Cap*, p. 386.) Ces expressions si vives de Sir John Herschel répondent parfaitement à l'impression que j'ai moi-même éprouvée. Le capitaine Jacob (Bombay Engineers) dépeint avec une vérité frappante l'éclat de la Voie lactée dans le voisinage de la Croix du Sud : « Such is the general blaze of star-light near the Cross from that part of the sky, that a person is immediately made aware of its having risen above the horizon, though he should not be at the time looking at the heavens, by the increase of general illumination of the atmosphere, resembling the effect of the young moon. Voyez Piazzi Smyth, *on the Orbit of α Cent.* dans les *Transact. of the Royal Soc. of Edinburgh*, t. XVI, p. 445.

(55) [page 161]. *Outlines*, § 789 et 791 ; *Voyage au Cap*, § 325.

(56) [page 161]. *Almageste*, l. VIII, c. 2 (t. II, p. 84 et 90, éd. Halma). La description de Ptolémée est excellente par endroits; elle est surtout bien supérieure à celle d'Aristote, *Meteorol.*, l. I, p. 29 et 34, éd. d'Ideler.

(57) [page 163]. *Outlines*, p. 531. Il y a aussi une tache sombre entre α et γ de Cassiopée. L'obscurité de cet espace

doit être attribuée à un effet de contraste produit par l'éclat des régions environnantes. Cf. Struve, *Études stellaires*, n. 58.

(58) [page 163]. Morgan a donné, dans le *Philos. Magazine*, sér. III, n. 32, p. 241, un extrait de l'ouvrage extrêmement rare de Thomas Wright, de Durham, *Theory of the Universe*, London, 1750. Thomas Wright, dont le livre a acquis tant d'intérêt pour les astronomes, par suite des ingénieuses spéculations de Kant et de William Herschel sur la forme de notre nébuleuse, n'observait lui-même qu'avec un télescope de 32 centimètres de foyer.

(59) [page 164]. Pfaff, dans les *sämmtl. Schriften* de W. Herschel, t. I (1826), p. 78-81; Struve, *Études stell.*, p. 35-44.

(60) [page 164]. Encke, dans les *Astron. Nachr.* de Schumacher, n° 622 (1847), p. 341-346.

(61) [page 164]. *Outlines*, p. 536. A la page suivante, on trouve sur le même sujet: « In such cases it is equally impossible not to perceive that we are looking *through* a sheet of stars of no great thickness compared with the distance which separates them from us. »

(62) [page 164]. Struve, *Études stell.* p. 63. Quelquefois les plus grands télescopes rencontrent, dans la Voie lactée, de ces places où l'existence de la couche stellaire n'est plus annoncée par d'innombrabless points lumineux, mais par une nébulosité vague, d'apparence mouchetée ou pointillée (by an uniform dotting or stippling of the field of view). Voyez, dans le *Voyage au Cap*, p. 390, le paragraphe « on some indications of very remote telescopic branches of the Milky Way, or of an independent sidereal System, or Systems, bearing a resemblance to such branches. »

(63) [page 165]. *Voyage au Cap*, § 314.

(64) [page 165]. Sir William Herschel dans les *Philos. Transact.* for 1785, p. 21; Sir John Herschel, *Voy. au Cap*,

§ 293. Cf. aussi Struve, *Descr. de l'Observatoire de Poulkova*, 1845, p. 267-271.

(65) [page 165]. « I think, dit Sir John Herschel, it is impossible to view this splendid zone from « *Centauri* to the Cross without an impression amounting almost to conviction, that the milky way is not a mere stratum, but annular; or at least that our system is placed within one of the poorer or almost vacant parts of its general mass, and that eccentrically, so as to be much nearer to the region about the Cross than to that diametrically opposite to it. » (Mary Somerville, *on the connexion of the physical Sciences*, 1846, p. 419.)

(66) [page 165]. *Voyage au Cap*, § 315.

(67) [page 170]. *De admiranda Nova Stella, anno 1572 exorta*, in Tychonis Brahe *Astronomiæ instauratæ Progymnasmata*, 1603, p. 298-304 et 578. J'ai fidèlement suivi, dans le texte, la narration de Tycho lui-même. Je n'ai donc pas dû faire mention d'une assertion fort peu importante en elle-même, bien qu'on la trouve dans beaucoup d'ouvrages astronomiques : Tycho aurait été averti, dit-on, de l'apparition de l'étoile nouvelle, par un grand concours de gens du pays.

(68) [page 170]. Dans une discussion avec Tycho, Cardan remonta jusqu'à l'étoile des Mages, pour l'identifier avec celle de 1572. En se fondant sur des calculs relatifs aux conjonctions de Saturne et de Jupiter, et d'après des conjectures analogues à celle que Kepler avait émises sur l'étoile nouvelle qui parut, en 1604, dans le Serpentaire, Ideler croit que *l'étoile des Sages de l'Orient* n'était pas une étoile isolée, mais un simple *aspect*, une conjonction de deux planètes brillantes, qui se seraient rapprochées l'une de l'autre à une distance moindre que le diamètre de la Lune. La fréquente confusion des deux mots ἀστήρ et ἄστρον donne quelque appui à cette interprétation. Cf. Tychonis *Progymnasmata*, p. 321-330, avec Ideler, *Handbuch der mathematischen und technischen Chronologie*, t. II, p. 399-407.

(69) [page 171]. *Progymn.* p. 324-330. Tycho, pour appuyer sa théorie des étoiles nouvelles, formées *aux dépens de la nébulosité cosmique de la Voie lactée*, invoque les passages remarquables où Aristote expose ses idées sur les rapports de la Voie lactée avec les queues des comètes (nébulosités émises par les noyaux cométaires). *Cf. Cosmos*, t. I, p. 116 et 456, n. 48.

(70) [page 174]. D'autres renseignements placent l'apparition en 388 ou 398; voyez Jacques Cassini, *Éléments d'Astronomie*, 1740, (Étoiles nouvelles) p. 59.

(71) [page 181]. Arago, *Annuaire* pour 1842, p. 332.

(72) [page 182]. Kepler, de *Stella nova in pede Serp.*, p. 3.

(73) [page 185]. Voyez, sur les étoiles qui n'ont pas disparu, Argelander dans les *Astron. Nachr.* de Schumacher, n° 624, p. 371. Pour prendre aussi un exemple dans l'antiquité, il suffit de rappeler la négligence avec laquelle Aratus a écrit son poëme astronomique : ses oublis ont donné lieu de se demander si Véga de la Lyre ne serait pas une étoile nouvelle, ou bien une étoile variable à longue période. Aratus dit, en effet, que la constellation de la Lyre ne renferme que de petites étoiles. Il est bien étrange, cependant, qu'Hipparque n'ait point signalé cette erreur dans son Commentaire, tandis qu'il ne manque pas de relever une autre erreur sur l'éclat relatif des étoiles de Cassiopée et du Serpentaire. Mais ce sont là des omissions fortuites qui ne prouvent rien; car Aratus n'ayant attribué au Cygne que des étoiles « d'un éclat moyen, » Hipparque signale expressément cette erreur (I, 14), et ajoute que la brillante du Cygne (Deneb) est à peine inférieure à celle de la Lyre (Véga). Ptolémée range celle-ci parmi les étoiles de 1re grandeur. Dans les Catastérismes d'Ératosthène, Véga est nommée λευκὸν καὶ λαμπρόν. Est-il possible de décider, sur le seul témoignagne d'un poëte qui n'observait pas lui-même les étoiles et qui s'est exposé ainsi à plus d'une erreur, que Véga de la Lyre (la *Fidicula* de Pline,

XVIII, 25) n'était pas une étoile de 1re grandeur, à l'époque d'Aratus, et qu'elle n'a atteint son état actuel qu'entre Aratus et Hipparque, c'est-à-dire de 272 à 127 avant notre ère?

(74) [page 189]. Cf. Mædler, *Astron.*, p. 438, note 12, avec Struve, *Stellarum composit. Mensuræ microm*, p. 97 et 98, étoile 2140. « Je crois, dit Argelander, qu'il est extrêmement difficile d'estimer avec justesse l'éclat d'étoiles aussi différentes que les deux composantes de α d'Hercule. Mes observations sont décidément contraires à l'hypothèse de la variabilité du satellite. En effet, α d'Hercule ne m'a jamais paru simple dans les nombreuses observations que j'ai faites, de jour, aux cercles méridiens d'Abo, d'Helsingfors et de Bonn; or cela n'aurait pas eu lieu si le compagnon eût été de 7e grandeur, dans son minimun d'éclat. Je persiste à le croire invariable et à le ranger dans la 5e ou 5-6e grandeur.

(75) [page 189]. La table de Mædler (*Astron.*, p. 435) contient 18 étoiles avec des éléments numériques très-différents. Sir John Herschel compte plus de 45 étoiles variables, y compris celles qui sont indiquées dans le texte (*Outlines*, § 819-826).

(76) [page 191]. Argelander dans les *Astron. Nachr.* de Schumacher, t. XXVI (1848), no 624, p. 369.

(77) [page 193]. « En prenant, dit Argelander, pour époque initiale celle du minimum d'éclat d'Algol en 1800, janvier 1, à 18h 1m de temps moyen de Paris, j'obtiens les durées suivantes de la période pour :

— 1987 ...	2j 20h 48m 59s,416 ...	± 0s,316
— 1406	58 ,737	± 0 ,094
— 825	58 ,393	± 0 ,175
+ 754	58 ,454	± 0 ,030
+ 2328	58 ,193	± 0 ,096
+ 3885	57 ,971	± 0 ,045
+ 5441	55 ,182	± 0 ,348

Voici la signification des nombres de ce tableau : Si l'on prend l'époque du minimum au 1er janvier 1800 pour zéro, celle du minimum précédent sera — 1, celle du minimum suivant sera + 1, etc... Alors la durée de la période entre les minima désignés par — 1987 et — 1986 sera exactement 2^j 20^h 48^m 59^s,416 ; la durée entre + 5441 et + 5442 sera 2^j 20^h 48^m 55^s,182. La première durée répond à l'an 1784 et la seconde à l'an 1812. Les nombres précédés du signe ± sont les erreurs probables. Ces nombres montrent bien que la période devient de plus en plus courte, résultat confirmé d'ailleurs par toutes les observations que j'ai faites depuis 1847. »

(78) [page 193]. La formule par laquelle Argelander a cherché à représenter toutes les observations des maxima de Mira de la Baleine, est :

$$1751 \text{ sept. } 9,76 + 331,3363\,E + 10,5 \sin\left(\frac{360°}{11}E + 86°\,23'\right)$$
$$+ 18,2 \sin\left(\frac{45°}{11}E + 231°\,42\right) + 33,9 \sin\left(\frac{45°}{22}E + 170°\,19'\right)$$
$$+ 65,3 \sin\left(\frac{15}{11}E + 6°\,37'\right) ;$$

dans laquelle E désigne le nombre des maxima qui ont eu lieu depuis le 9 septembre 1751 ; dans les coefficients numériques, l'unité est le jour moyen. D'après cette formule, le maximum de l'année actuelle aura lieu en

$$1751 \text{ sept. } 9,76 + 30446,99 + 10,48 - 11,24 + 19,60$$
$$+ 25,92 = 1851 \text{ août } 8,51.$$

Ce qui paraît parler le plus en faveur de cette formule, c'est qu'elle représente aussi l'observation du maximum de 1595 (*Cosmos*, t. II, p. 394) ; or cette observation discorderait de plus de 100 jours dans l'hypothèse d'une période uniforme. Cependant la loi des variations d'éclat de cette étoile paraît être très-compliquée, car les écarts de la formule vont encore à près de 25 jours dans certains cas, par exemple pour le maximum très-exactement observé de l'an 1840. »

(79) [page 193]. Cf. Argelander, *de Stella β Lyræ variabili.* 1844.

(80) [page 195]. Une des premières tentatives sérieuses qui aient été faites, pour déterminer la durée moyenne de la période de Mira de la Baleine, est due à Jacques Cassini, *Éléments d'Astronomie*, 1740, p. 66-69.

(81) [page 206]. Newton (*Philos. Nat. Principia mathem.*, éd. Le Seur et Jacquier, 1760, t. III, p. 671) ne distingue que deux classes dans ces phénomènes sidéraux : « Stellæ fixæ quæ per vices apparent et evanescunt, quæque paulatim crescunt, videntur revolvendo partem lucidam et partem obscuram per vices ostendere. » Riccioli avait déjà proposé cette explication pour les variations d'éclat des étoiles. Quant à la réserve que l'on doit mettre à prononcer sur la périodicité de ces variations, voyez les importantes considérations de Sir John Herschel, dans le *Voyage au Cap*, § 261.

(82) [page 207]. Delambre, *Hist. de l'Astron. ancienne*, t. II, p. 280, et *Hist. de l'Astron. au 18e siècle*, p. 119.

(83) [page 208]. Sir John Herschel, *Voyage au Cap*, § 71-78, et *Outlines of Astron.*, § 830. Cf. *Cosmos*, t. I, p. 174 et 486, n. 20.

(84) [page 209]. Lettre manuscrite du lieutenant Gilliss, astronome de l'Observatoire de Washington, au docteur Flügel, consul des États-Unis de l'Amérique du Nord à Leipzig. A Santiago de Chili, le ciel reste pendant 8 mois si pur, et l'atmosphère si transparente, que le lieutenant Gilliss distinguait parfaitement la 6e étoile du trapèze d'Orion avec une lunette de 0m,175 d'ouverture, construite par Henry Fitz, de New-York, et William Young, de Philadelphie.

(85) [page 210]. Sir John Herschel, *Voyage au Cap*, p. 334, 350, note 1, et 440. (Sur les anciennes observations de la Chèvre et de Véga, cf. William Herschel dans les *Philos. Transact.*, 1797, p. 307; 1799, p. 121, et dans le *Jahrbuch*

de Bode pour 1816, p. 148.) Au contraire, Argelander met en doute la variabilité de la Chèvre et des étoiles de la Grande Ourse.

(86) [page 211]. *Voyage au Cap*, § 259, n° 260.

(87) [page 211]. Heis, dans ses notices manuscrites de mai 1850. Cf. aussi le *Voyage au Cap*, p. 325, et P. de Boguslawski, *Uranus* für 1848, p. 186. La variabilité supposée de η, α et δ de la Grande-Ourse est aussi confirmée dans les *Outlines*, p. 559. Sur les étoiles qui indiqueront successivement le pôle nord, jusqu'à Véga de la Lyre, la plus belle de toutes, laquelle prendra, dans 12000 ans, la place de l'étoile polaire actuelle, cf. Mædler, *Astron.*, p. 432.

(88) [page 211]. *Cosmos*, t. III, p. 94.

(89) [page 212]. William Herschel, on the Changes that happen to the Fixed Stars, dans les *Phil. Transact.* for 1796, p. 186. Voyez aussi Sir John Herschel, *Voyage au Cap*, p. 350-352, et l'excellent écrit de Mary Somerville : *Connexion of the Physical Sciences*, 1846, p. 407.

(90) [page 215]. Encke, *Betrachtungen über die Anordnung des Sternsystems*, 1844, p. 12 (*Cosmos*, t. III, p. 30); Mædler, *Astron.*, p. 445; Faye, *Comptes rendus*, t. XXVI, p. 76.

(91) [page 217]. Halley dans les *Philos Transact.* for 1717-1719, t. XXX, p. 736. Ses considérations ne portaient du reste que sur les variations en latitude; ce fut Jacques Cassini qui s'occupa, le premier, des variations en longitude (Arago, dans l'*Astron. popul.* t. II, p. 23).

(92) [page 117]. Delambre, *Hist. de l'Astron. moderne*, t. II, p. 658 et *Hist. de l'Astron. au 18e siècle*, p. 448.

(93) [page 218]. *Philos. Transact.*, t. LXXIII, p. 138.

(94) [page 219]. Bessel, dans le *Jahrbuch* de Schumacher pour 1839, p. 38; Arago, *Astron. popul.* t. II, p. 20.

(95) [page 219]. Sur α du Centaure, cf. Henderson et Maclear dans les *Memoirs of the Astron. Soc.* t. XI, p. 61, et Piazzi Smyth dans les *Edinb. Transact.*, t. XVI, p. 447. Le mouvement propre d'Arcturus est de 2″,25, suivant Baily (*Memoirs of the Astron. Soc.* t. V, p. 165); il est considérable par rapport aux mouvements propres d'autres étoiles très-brillantes; car celui d'Aldébaran n'est que de 0″,185 (Mædler, *Centralsonne*, p. 11), et celui de Véga de 0″400. Parmi les étoiles de première grandeur, α du Centaure fait une très-remarquable exception; son mouvement propre, 3″,58, surpasse beaucoup celui d'Arcturus. Le mouvement propre de l'étoile double du Cygne est de 5″,123 par an, d'après Bessel (*Schum. Astron. Nachr.*, t. XVI, p. 6).

(96) [page 219]. *Astron. Nachr.* de Schumacher, n° 455.

(97) [page 219]. Même ouv., n° 618, p. 276. D'Arrest a basé son calcul sur la comparaison des observations de La Caille (1750) avec celles de Brisbane (1825) et de Taylor (1835). L'étoile 2151 de la Poupe du Navire a un mouvement propre de 7″,871; elle est de 6e grandeur (Maclear dans Mædler, *Untersuch. über die Fixstern-Systeme*, t. II, p. 5).

(98) [page 219]. *Astron. Nachr.*, n° 661, page 201.

(99) [page 220]. Même ouv., nos 514-516.

(100) [page 221]. Struve, *Études d'Astron. stellaire*, texte, p. 47, notes, p. 26 et 51-57; Sir John Herschel, *Outlines*, § 859 et 860.

(1) [page 221]. Origène, dans le *Thesaurus* de Gronovius, t. X, p. 271.

(2) [page 222]. Laplace, *Exposition du Syst. du Monde*, 1824, p. 395. Dans ses *Lettres cosmologiques*, Lambert montre beaucoup de penchant pour l'hypothèse des corps obscurs.

(3) [page 222]. Mædler, *Unters. über die Fixstern-Systeme*, t. II (1848), p. 3, et *Astron.*, p. 416.

(4) [page 223]. C. *Cosmos*, t. III, p. 93; Laplace, dans les *Allgem. geogr. Ephem.* de Zach, t. IV, p. 1; Mædler, *Astron.*, p. 393.

(5) [page 224]. Opere di Galileo Galilei, t. XII, Milano, 1811, p. 206. Ce passage remarquable, qui indique la possibilité et même le projet d'une mesure, a été signalé par Arago, *Astron. popul.* t. I, p. 438.

(6) [page 225]. Bessel, dans le *Jahrbuch* für 1839 de Schumacher, p. 5 et 11.

(7) [page 226]. Struve, *Astron. stell.*, p. 104.

(8) [page 227]. Arago, dans la *Connaissance des Temps* pour 1834, p. 281 : « Nous observâmes avec beaucoup de soin, M. Mathieu et moi, pendant le mois d'août 1812 et pendant le mois de novembre suivant, la hauteur angulaire de l'étoile au-dessus de l'horizon de Paris. Cette hauteur, à la seconde époque, ne surpasse la hauteur angulaire à la première que de 0″66. Une parallaxe absolue d'une seule seconde aurait nécessairement amené entre ces deux hauteurs une différence de 1″,2. Nos observations n'indiquent donc pas que le rayon de l'orbite terrestre, que 39 millions de lieues soient vus de la 61ᵉ du Cygne sous un angle de plus d'*une demi-seconde*. Mais une base vue perpendiculairement soutend un angle d'une demi-seconde, quand on en est éloigné de 412 mille fois sa longueur. Donc la 61ᵉ du Cygne est *au moins* à une distance de la Terre égale à 412 mille fois 39 millions de lieues. » Cf. *Astron. popul.* t. I, la note de la p. 444.

(9) [page 227]. Bessel publia d'abord, dans le *Jahrbuch.* de Schumacher, p. 39-49, et dans les *Astron. Nachr.*, nº 366, le nombre 0″,3136 à titre de première approximation. Son résultat définitif est 0″3483 (*Astron. Nachr.*, n. 402, t. XVII, p. 274). Péters trouva, par ses propres observations, un nombre presque identique, 0″,3490 (Struve, *Astron. stell.*, p. 99). Quant à la modification que Péters a fait subir au nombre de Bessel, elle provient de ce que Bessel avait promis, avant sa

mort (*Astron. Nachr.*, t. XVII, p. 267), de soumettre à un nouvel examen l'influence de la température sur les mesures héliométriques. Il avait même réalisé en partie cette promesse dans le 1er volume de ses *Astronomische Untersuchungen*, mais sans faire d'application à ses observations de parallaxe. Cette application a été faite par Péters (*Ergänzungsheft zu den Astron. Nachr.*, 1849, p. 56), et cet astronome distingué a trouvé ainsi 0″,3744 au lieu de 0″,3483.

(10) [page 227]. Cette parallaxe de 0″,3744 donne, pour la distance de la 61e du Cygne, 550900 fois la distance de la Terre au Soleil, ou 8455000 millions de myriamètres. La lumière emploie 3177 jours moyens pour parcourir cette distance. Les trois valeurs qui ont été successivement attribuées à cette parallaxe ont rapproché de nous (en apparence, bien entendu) la célèbre étoile double du Cygne, dans le rapport des nombres 10, 9 1/4 et 8 7/10, qui expriment, en années, le temps dont la lumière a besoin pour franchir l'espace qui nous en sépare.

(11) [page 227]. Sir John Herschel, *Outlines*, p. 545 et 551. Mædler (*Astron.*, p. 425) donne 0″,9213, et non 0″,9128, pour la parallaxe de α du Centaure.

(12) [page 228]. Struve, *Stell. compos. Mensuræ microm.*, p. CLXIX-CLXXII. Airy attribue à α de la Lyre une parallaxe inférieure à 0″,1, ou plutôt il admet que cette parallaxe est trop faible pour pouvoir être déterminée avec les instruments dont il disposait à l'époque de ses observations (*Mem. of the Royal Astron. Soc.*, t. X, p. 270).

(13) [page 228]. Struve, sur les mesures micrométriques qui ont été faites à l'aide de la grande lunette de l'Observatoire de Dorpat (oct. 1839), dans les *Astron. Nachr.*, de Schumacher, n. 396, p. 178.

(14) [page 228]. Péters, dans Struve, *Astron. stell.*, p. 100.

(15) [page 229]. Péters, dans Struve, *Astr. stell.*, p. 101;

Wichmann, W. Struve, Otto Struve et Faye dans les *Comptes rendus*, t. XXVI, p. 64, 69, et t. XXX, p. 68 et 78. Les parallaxes rapportées dans le texte donnent le moyen de transformer les mouvements propres (angulaires) des étoiles en mouvements linéaires, et d'évaluer ainsi leurs vitesses en myriamètres ou en lieues (de 4000m). On verra, par le tableau suivant, avec quelle rapidité se meuvent la plupart de ces prétendues *fixes* ; il est curieux que ce soit parmi elles qu'il faille chercher les exemples des plus grandes vitesses dont la matière ait paru animée jusqu'ici.

ÉTOILES.	PARALLAXES.	MOUVEMENTS propres.	ESPACES PARCOURUS par seconde.
α du Centaure.	0″,913	3″,580	5 lieues.
61e du Cygne.	0 ,3744	5 ,123	16
Sirius.	0 ,230	1 ,234	6
1830 Groombridge.	0 ,226	6 ,974	37
»	0 ,1825	»	46
»	0 ,034	»	249
ι de la Grande-Ourse.	0 ,133	0 ,746	7
Arcturus.	0 ,127	2 ,250	22
α de la Lyre.	0 ,207	0 ,364	2
La Polaire.	0 ,106	0 ,035	1/2
La Chèvre.	0 ,046	0 ,461	12

Il resterait à défalquer, des nombres contenus dans les deux dernières colonnes, l'effet produit par la translation de notre propre système. Cette réduction est devenue possible depuis que les travaux combinés d'Argelander, de O. Struve et de Péters nous ont appris, d'une part, la direction dans laquelle se meut notre Soleil, de l'autre, sa vitesse absolue dans l'espace. D'après O. Struve, un observateur, placé à la distance moyenne des étoiles de 2e grandeur, verrait le Soleil se mouvoir avec une vitesse angulaire annuelle de 0″,3392. D'après

Péters, à cette distance correspond une parallaxe de 0″,209. Ainsi la vitesse absolue du Soleil et de tout son cortége de planètes serait de 2 lieues par seconde. Mais on n'a point tenu compte de ce résultat dans le tableau précédent et, par suite, les nombres de lieues indiqués mesurent seulement les déplacements *relatifs* du Soleil et de chaque étoile pendant 1ˢ. Il est bon d'ajouter aussi que ces nombres n'expriment que les projections, peut-être fort accourcies, des vitesses stellaires sur les plans perpendiculaires aux rayons visuels, car rien ne nous indique la direction absolue de ces mouvements dans l'espace. Les vitesses réelles peuvent donc être encore plus grandes que celles du tableau.

(16) [page 230]. Cf. sur le rapport entre les mouvements propres et la distance, pour les étoiles les plus brillantes, Struve, *Stell. comp. Mens. microm.*, p. CLXIV.

(17) [page 232]. Savary dans la *Connaissance des temps* pour 1830, p. 56-69 et p. 163-171. Cette brillante conception de Savary a été discutée par Struve au point de vue pratique (*Mensuræ microm.* p. CLXIV). D'après Struve, les étoiles doubles actuellement connues ne se prêtent point à une application avantageuse de cette méthode. Si les parallaxes ne sont pas inférieures à 0″,1, il vaut mieux en tenter la détermination directe que de recourir à l'inégalité signalée par Savary. Toutefois cette inégalité pourrait devenir sensible, avec le temps, dans les étoiles à *longues périodes*, et permettre alors d'obtenir des parallaxes qui auraient échappé aux mesures directes. De plus, pour que l'idée de Savary reste parfaitement juste au point de vue théorique, il faut y introduire cette condition que la masse du satellite puisse être considérée comme nulle, vis-à-vis de la masse de l'étoile centrale. Si les masses étaient égales, les durées des demi-révolutions, dont il est parlé dans le texte, le seraient aussi; l'effet d'aberration dont il s'agit de déduire la parallaxe s'évanouirait. Cette remarque est due à Y. Villarceau qui a traité la question d'une

manière complète, dans un mémoire encore inédit. Villarceau a été conduit à reconnaître la nécessité de tenir compte des masses (le rapport de leur différence à leur somme), en étudiant séparément, dans son analyse, les aberrations spéciales de chaque composante d'un même couple stellaire.

(18) [page 232]. *Cosmos*, t. I, p. 163 et 484, n. 2.

(19) [page 233]. Mædler, *Astronomie*, p. 414.

(20) [page 233]. Arago a signalé le premier ce passage remarquable de Bradley (*Astron. popul.*, t. II, p. 27). Cf. dans le même volume, le Livre relatif à la translation du système solaire, p. 19-36.

(21) [page 235]. D'après une lettre que Gauss m'a adressée; Cf. *Astron. Nachr.*, n° 622, p. 348.

(22) [page 235]. Galloway, *on the Motion of the Solar System*, dans les *Philos. Transact.*, 1847, p. 98.

(23) [page 236]. Argelander s'est expliqué sur la valeur que l'on doit attribuer à de pareilles conceptions dans son écrit: *über die eigene Bewegung des Sonnensystems, hergeleitet aus der eigenen Bewegung der Sterne*, 1837, p. 39.

(24) [page 237]. Cf. *Cosmos*, t. I, p. 161; Mædler, *Astron.*, p. 400.

(25) [page 237]. Argelander, même ouvr., p. 42; Mædler, *Centralsonne*, p. 9, et *Astron.*, p. 403.

(26) [page 238]. Argelander, même ouvr., p. 43, et dans les *Astron. Nachr.* de Schumacher, n° 566. Guidés, non par des recherches numériques, mais par des spéculations où l'imagination avait la meilleure part, Kant et Lambert avaient déjà désigné, l'un Sirius, l'autre la nébuleuse du Baudrier d'Orion, comme étant le corps central de notre amas stellaire (Struve, *Astron. stell.*, p. 17, n° 19).

(27) [page 238]. Mædler, *Astron.*, p. 380, 400, 407 et 414;

Centralsonne, 1846, p. 44-47; *Untersuchungen über die Fixstern-Systeme*, 2e part., 1848, p. 183-185. (Alcyone est située par 54° 30′ d'AR, et + 23° 30′ de Décl. pour l'an 1840). Si la parallaxe d'Alcyone était effectivement de 0″,0065, sa distance serait égale à 31 1/2 millions de fois le rayon de l'orbite terrestre; elle serait donc 50 fois plus éloignée de nous que la 61e du Cygne. La lumière, qui vient du Soleil à la Terre en 8m 18s, aurait besoin de 500 ans pour venir d'Alcyone. On peut citer, à ce propos, la limite de grandeur à laquelle a pu s'élever l'imagination la plus hardie des anciens Grecs. Hésiode dit (*Theogonia*, v. 722-725), à propos des Titans précipités dans le Tartare : « Si une enclume d'airain tombait du ciel, pendant neuf jours et neuf nuits, au dixième jour elle atteindrait la Terre..... » L'espace ainsi parcouru en 777600 secondes de temps par un corps qui tombe, peut être aisément calculé, en tenant compte de la décroissance rapide que l'attraction du globe terrestre subit à des distances notables. Galle trouve, pour cette hauteur de chute, 57400 myriamètres; c'est une fois et demie la distance de la Lune à la Terre. Mais d'après l'*Iliade*, I, 592, Vulcain n'a mis qu'un jour à tomber du ciel dans l'île de Lemnos, « et c'est à peine s'il respirait encore. » Quant à la chaîne qui pendait de l'Olympe sur la Terre, et sur laquelle les Dieux auraient réuni leurs efforts, sans pouvoir entraîner Jupiter (*Iliade*, VIII, 18), sa longueur reste indéterminée; ce n'est point là une image destinée à donner l'idée de la hauteur du ciel, mais seulement de la force et de la toute-puissance de Jupiter.

(28) [page 238]. *Cf.* les doutes élevés par Peters dans les *Astron. Nachr.*, de Schumacher, 1849, p. 661, et par Sir John Herschel, *Outlines of Astron.*, p. 589 : « In the present defective state of our knowledge respecting the proper motion of the smaller stars, we cannot but regard all attempts of this kind as to a certain extent premature, though by no means to be discouraged as forerunners of something more decisive. »

(29) [page 239]. Cf. *Cosmos*, t. I, p. 164-167 et 484; Struve, *über Doppelsterne nach Dorpater Micrometer-Messungen*, *von* 1824 *bis* 1837, p. 11.

(30) [page 240]. *Cosmos*, t. III, p. 54-58, 138-141 et 286-290, n. 3-6. Comme exemple remarquable d'une portée de vue extraordinaire, on peut encore citer le maître de Kepler, Mœstlin, qui voyait à l'œil nu 14 étoiles dans les Pléiades; quelques anciens en avaient vu 9 (Mædler, *Unters. über die Fixst.*, 2ᵉ part., p. 36).

(31) [page 241]. *Cosmos*, t. III, p. 224. Le docteur Gregory, d'Édimbourg, avait aussi recommandé cette méthode en 1675, c'est-à-dire 33 ans après Galilée : Cf. Thomas Birch, *Hist. of the Royal Soc.*, t. III, 1757, p. 225. Bradley a fait allusion à cette méthode, en 1748, à la fin de son célèbre Mémoire sur la nutation.

(32) [page 241]. Mædler, *Astron.*, p. 477.

(33) [page 242]. Arago, dans l'*Astron. popul.*, t. II, p. 28.

(34) [page 242]. An Inquiry into the probable Parallax and Magnitude of the fixed Stars, from the quantity of Light which they afford us, and the particular circumstances of their situation, by the Rev. John Michell, dans les *Philos. Transact.*, t. LVII, p. 234-264.

(35) [page 242]. John Michell, même ouvr., p. 238 : « If it should hereafter be found, that any of the stars have others revolving about them (for no satellites by a borrowed light *could possibly be visible*), we should then have the means of discovering..... » Dans tout le cours de sa discussion, il persiste à nier que l'une des deux étoiles composantes puisse être un corps obscur, une planète réfléchissant seulement la lumière de l'autre astre, et il se fonde sur ce que les deux astres sont *visibles pour nous, malgré leur distance.* Il compare la densité des deux étoiles, dont la plus grande est nommée par lui *central star*, à la densité de notre Soleil, et s'il emploie le mot de *satellite*,

s'il parle de la « greatest apparent elongation of those stars, that revolved about the others as satellites, » ce n'est que pour indiquer l'idée purement relative de la révolution de la plus petite autour de la plus grande, sans oublier pour cela que les mouvements absolus s'exécutent autour du centre de gravité commun. Plus loin il dit (p. 243 et 249) : We may conclude with the highest probability (the odds against the contrary opinion being many million millions to one) that stars form a kind of system by mutual gravitation. It is highly probable in particular, and next to a certainty in general, that such double stars as appear to consist of two or more stars placed near together, are under the influence of some general law, such perhaps as gravity... » (Cf. aussi Arago, dans l'*Astronomie populaire*, t. I, p. 487-491). On ne peut accorder une grande confiance aux résultats numériques des calculs de probabilités auxquels Michell s'est livré; il est parti d'une hypothèse inadmissible, à savoir qu'il y a dans le ciel entier 230 étoiles plus brillantes que β du Capricorne, et 1500 étoiles égales en éclat aux 6 étoiles des Pléiades. John Michell termine son ingénieux traité cosmologique par une explication bien hasardée de la scintillation; il l'attribue à une sorte de pulsation qui se produirait dans l'émission de la matière lumineuse. Cette explication n'est guère plus heureuse que celle que Simon Marius, l'un de ceux auxquels est due la découverte des satellites de Jupiter (*Cosmos*, t. II, p. 382 et 603, n. 44), a donnée à la fin de son *Mundus Jovialis*, en 1614. Mais Michell a eu le mérite d'avoir fait remarquer, le premier (p. 263), que la scintillation est toujours accompagnée de changements de couleur : « Besides their brightness, there is in the twinkling of the fixed stars a change of colour. » (Cf. *Cosmos*, t. III, p. 360, n. 29).

(36) [page 244]. Struve, dans le *Recueil des Actes de la Séance publique de l'Acad impér. des Sciences de St-Pétersbourg*, le 29 déc. 1832, p. 48-50; Mædler, *Astron.*, p. 478.

(37) [page 244]. *Philos. Transact.* for the year 1782,

p. 40-126, for 1783, p. 112-124, for 1804, p. 87. Cf. Mædler, dans le *Schumacher's Jahrbuch* für 1839, p. 59, et les *Unters. über die Fixstern-Systeme*, 1re part., 1847, p. 7.

(38) [page 246]. Mædler, même ouvr., 1re part., p. 255. On a, pour Castor, deux anciennes observations de Bradley, datant de 1719 et de 1759, la première faite en commun avec Pound, la deuxième avec Maskelyne, et deux observations de W. Herschel, de 1779 et 1803.

(39) [page 246]. Struve, *Mensuræ microm.*, p. XL et p. 234-248. Il y a en tout 2641 + 146 = 2787 couples observés (Mædler, *Schum. Jahrb.*, 1839, p. 64).

(40) [page 247]. Sir John Herschel, *Voyage au Cap*, c'est-à-dire *Astron. observ. at the Cape of Good Hope*, p. 165-303.

(41) [page 247]. Même ouvr., p. 167 et 242.

(42) [page 247]. Argelander, dans son travail sur les mouvements propres des étoiles. Cf. son écrit : *DLX stellarum fixarum positiones mediæ ineunte anno* 1830, *ex observ. Aboæ habitis* (Helsingforsiæ 1835). Mædler évalue à 600 le nombre des étoiles multiples qui ont été découvertes à Poulkova depuis 1837 (*Astron.*, p. 625).

(43) [page 249]. Il est permis de supposer que toutes les étoiles ont un mouvement propre; mais le nombre de celles dont le mouvement a pu être constaté dépasse à peine le nombre des étoiles doubles dans lesquelles on a reconnu un déplacement relatif des composantes. (Mædler, *Astron.*, p. 394, 490 et 520-540). Struve a discuté ces relations numériques dans les *Mens. microm.*, p. XCIV, en traitant séparément les couples où la distance est de 0″ à 1″, de 2″ à 8″, et de 16″ à 32″. Il est bon de rappeler ici que si les distances inférieures à 0″,8 ont été simplement estimées, des recherches instituées à l'aide d'étoiles doubles artificielles ont donné l'assurance que ces évaluations sont

sûres à 0″,1 près. Struve, *über Doppelsterne nach Dorpater Beobacht.*, p. 29.

(44) [page 249]. John Herschel, *Voyage au Cap*, p. 166.

(45) [page 250]. Struve, *Mens. microm.*, p. LXXVII-LXXXIV.

(46) [page 250]. John Herschel, *Outlines of Astron.*, p. 579.

(47) [page 250]. Pour regarder le Soleil à travers une lunette, on emploie des verres obscurcissant, teints de deux couleurs foncées, mais complémentaires; on obtient ainsi des images blanches du disque solaire. Pendant mon long séjour à l'Observatoire de Paris, Arago se servait déjà de verres semblables, pour observer les éclipses ou les taches du Soleil. On combine ainsi deux verres dont l'un est rouge et l'autre vert, ou l'un est jaune et l'autre bleu, ou encore une nuance de vert avec le violet. « Lorsqu'une lumière forte se trouve auprès d'une lumière faible, la dernière prend la teinte *complémentaire* de la première. C'est là le *contraste;* mais comme le rouge n'est presque jamais pur, on peut tout aussi bien dire que le rouge est complémentaire du bleu. Les couleurs voisines du spectre solaire se substituent » (Arago, *Manuscrit* de 1847).

(48) [page 251]. Arago, dans la *Connaissance des Temps* pour 1828, p. 299-300; dans l'*Astronomie populaire*, t. I, p. 458-459. « Les exceptions que je cite, prouvent que j'avais bien raison en 1825 de n'introduire la notion physique du *contraste* dans la question des étoiles doubles qu'avec la plus grande réserve. Le bleu est la couleur réelle de certaines étoiles. Il résulte des observations recueillies jusqu'ici que le firmament est non-seulement parsemé de soleils *rouges* et *jaunes*, comme le savaient les anciens, mais encore de soleils *bleus* et *verts*. C'est au temps et à des observations futures à nous apprendre si les étoiles vertes et bleues ne sont pas des soleils déjà en voie de décroissance; si les différentes nuances de ces astres n'indiquent pas que la combustion s'y opère à différents degrés; si la teinte, avec excès de rayons les plus réfrangibles, que présente souvent

la petite étoile, ne tiendrait pas à la force absorbante d'une atmosphère que développerait l'action de l'étoile, ordinairement beaucoup plus brillante, qu'elle accompagne » (Arago dans l'*Astron. popul.*, t. I, p. 457-463).

(49) [page 251]. Struve, *über Doppelsterne nach Dorpater Beobachtungen*, 1837, p. 33-36 et *Mensuræ microm.*, p. LXXXIII; il compte 63 couples dont les deux étoiles sont bleues ou bleuâtres, et où, par conséquent, la coloration ne saurait être un effet de contraste. Quand on en vient à comparer les appréciations de différents observateurs, sur les couleurs du même couple, on est frappé des divergences que l'on rencontre. Par exemple, un observateur trouve que le compagnon de telle étoile rouge ou orangée est *bleu*, tandis qu'un autre observateur lui attribuera la couleur *verte*.

(50) [page 251]. Arago, dans l'*Astron. popul.*, t. I, p. 484-487.

(51) [page 251]. *Cosmos*, t. III, p. 141-145.

(52) [page 252]. « This superb double star (α du Centaure), is beyond all comparison the most striking object of the kind in the heavens, and consists of two individuals, both of a high ruddy or orange colour, though that of the smaller is of a somewhat more sombre and brownish cast. » Sir John Herschel, *Voyage au Cap*, p. 300. Mais d'après les belles observations du capitaine Jacob (Bombay Engineers) en 1846, 1847 et 1848, l'étoile principale est de 1re grandeur et le compagnon serait seulement de 2e,5 ou de 3e grandeur (*Transact. of the Royal Soc. of Edinb.*, t. XVI, 1849, p. 451).

(53) [page 253]. *Cosmos*, t. III, p. 188 et 201.

(54) [page 253]. Struve, *über Doppelst. nach Dorp. Beobacht.*, p. 33.

(55) [page 253]. Même ouvrage, p. 36.

(56) [page 254]. Mædler, *Astron.*, p. 517; J. Herschel, *Outlines of Astronomy*, p. 568.

(58) [page 254]. Cf. Mædler, *Untersuch. über die Fixstern-Systeme*, 1re part., p. 225-275; 2e part., p. 235-240; le même dans *Astron.*, p. 541; J. Herschel, *Outlines*, p. 573.

(58) [page 254]. L'occultation n'a été qu'apparente : elle est due aux disques factices que les étoiles conservent dans les meilleures lunettes (*Cosmos*, t. III, p. 140). D'après les calculs de Villarceau, la distance apparente des centres des deux étoiles de ζ d'Hercule n'a jamais été au-dessous de 0″,5 (en 1793 et en 1830); or les disques réels des plus belles étoiles sont probablement beaucoup plus faibles que la moitié de cette distance. Mais dans ζ d'Hercule, l'étoile principale est de 3e grandeur et le satellite est de 6e à 7e grandeur; ce dernier a donc pu disparaître dans les rayons de la plus grande, c'est-à-dire dans son disque factice, à l'époque du plus petit périhélie apparent. Pour η de la Couronne, au contraire, la distance des 2 étoiles a été de 0″,4 en 1784 et vers la fin de 1850, et pourtant il n'y a pas eu d'occultation. C'est que ces 2 étoiles sont beaucoup plus faibles que ζ d'Hercule; leurs disques factices sont moins grands; l'un d'eux n'empiète jamais complétement sur l'autre, malgré une moindre distance apparente au périhélie.

(59) [page 259]. Voyez, pour ξ de la grande Ourse, p d'Ophiucus, ζ d'Hercule et η de la Couronne, Yvon Villarceau dans les Additions à *la Connaissance des Temps* pour 1854, et les *Comptes rendus de l'Acad. des Sciences*, t. XXXII, p. 50.

FIN DE LA PREMIÈRE PARTIE DU TROISIÈME VOLUME.

PARIS. — IMPRIMERIE DE J. CLAYE, RUE SAINT-BENOIT, 7.

COSMOS

ESSAI D'UNE

DESCRIPTION PHYSIQUE DU MONDE

PARIS. — IMPRIMERIE DE J. CLAYE
RUE SAINT-BENOIT, 7

COSMOS

ESSAI D'UNE

DESCRIPTION PHYSIQUE DU MONDE

PAR

ALEXANDRE DE HUMBOLDT

TRADUIT

PAR CH. GALUSKY

« Naturæ vero rerum vis atque majestas in omnibus momentis fide caret, si quis modo partes ejus ac non totam complectatur animo. »

PLINE, H. N., lib. VII, c. 1.

TOME TROISIÈME

(SECONDE PARTIE)

PARIS

GIDE, LIBRAIRE-ÉDITEUR

RUE BONAPARTE, 5

1858

TABLE DES MATIÈRES

SECONDE PARTIE DU IIIe VOLUME

TABLES NUMÉRIQUES.

AVERTISSEMENT DU TRADUCTEUR

De nouvelles fonctions, entraînant avec elles des devoirs impérieux, n'ont pas permis à M. Faye d'achever la traduction de ce volume ; j'ai dû prendre sa place, quoiqu'il m'en coûtât de me charger d'un travail auquel mes études antérieures ne m'avaient pas suffisamment préparé. J'ai tâché, à force de soins, de suppléer à ce qui me manquait d'ailleurs. Une garantie plus rassurante pour l'Auteur et pour les lecteurs de ce livre est la révision attentive que M. Arago a bien voulu faire de toutes les épreuves.

C. G.

VII

LES NÉBULEUSES. — NÉBULEUSES RÉDUCTIBLES ET NÉBULEUSES IRRÉDUCTIBLES. — NUÉES DE MAGELLAN. — TACHES NOIRES OU SACS DE CHARBON.

Outre les mondes visibles qui remplissent les espaces célestes parmi les corps qui brillent de la lumière stellaire, et par là je comprends les corps qui ont une lumière propre et ceux qui empruntent leur lumière au Soleil, ceux qui sont isolés et ceux qui, diversement accouplés, tournent autour d'un centre de gravité commun ; parmi ces corps, dis-je, il existe des masses qui jettent une lueur pâle et douce, semblable à une nébulosité (1). Quelques-unes font l'effet de petits nuages lumineux aux contours arrondis et tranchés, d'autres sans forme précise s'étendent sur de vastes espaces. Toutes, vues à travers le télescope, semblent au premier abord complétement différentes des corps célestes dont nous avons traité dans les quatre précédents chapitres. De même que l'on est porté à conclure du mouvement observé, mais non expliqué jusqu'à ce jour, des étoiles visibles à l'existence d'étoiles invisibles (2), de même les expériences récentes, qui ont constaté la possibilité de réduire un nombre considérable de nébuleuses, ont conduit à nier l'existence des nébuleuses et plus absolument de toute la matière cosmique répandue dans le monde. Que d'ailleurs ces nébuleuses arrêtées dans leurs contours soient une matière diffuse et lumineuse par elle-même, ou qu'elles soient des amas sphériques d'étoiles pressées, elles n'en sont pas moins d'une grande importance pour la connaissance de la structure du monde, en ce qui concerne les espaces célestes.

Le nombre des nébuleuses dont le lieu a été déterminé en ascension droite et en déclinaison dépasse déjà 3600. Quelques-unes de celles qui n'ont point de forme précise ont une largeur égale à huit fois le diamètre de la Lune. D'après une estimation de William Herschel, remontant à l'année 1811, les nébuleuses couvrent au moins 1/270 de tout le firmament visible. Le regard qui les contemple à l'aide du télescope pénètre dans des régions d'où les rayons lumineux, d'après des calculs qui ne sont pas dépourvus de vraisemblance, mettent des millions d'années à venir jusqu'à nous, et franchit des intervalles dont on pourrait à peine se faire une idée, en prenant pour unité les distances que nous fournit la couche d'étoiles la plus voisine du système solaire, c'est-à-dire les distances qui nous séparent de Sirius ou des étoiles doubles du Cygne et du Centaure. Si les nébuleuses sont des amas d'étoiles de forme elliptique ou globulaire, leur conglomération rappelle les effets mystérieux des forces de la gravitation; si elles sont des masses de vapeur avec un ou plusieurs noyaux, les différents degrés de leur condensation prouveraient que la matière cosmique peut, par une concentration successive, arriver à former des étoiles. L'astronomie, j'entends celle qui est un objet de contemplation plutôt que de calcul, ne fournit pas un autre spectacle qui soit autant de nature à s'emparer de l'imagination ; et cela non pas seulement parce que les nébuleuses peuvent être prises pour un symbole de l'infini, mais parce que la recherche des différents états par lesquels ont passé ces corps célestes et le lien qu'il est permis de soupçonner entre leurs transformations successives, peut nous donner l'espérance de démêler à travers les phénomènes la loi de leur développement (3).

L'histoire des notions que nous possédons actuellement sur les nébuleuses nous apprend que sur ce point, comme en général pour tout ce qui touche à l'histoire des sciences naturelles, les mêmes opinions opposées qui comptent aujourd'hui de nombreux partisans ont été soutenues il y a beaucoup d'années, bien qu'avec des raisons moins concluantes. Depuis que le télescope est devenu d'un usage général, nous voyons Galilée, Dominique Cassini et un autre observateur pénétrant, John Michell, considérer toutes les nébuleuses comme des amas d'étoiles reculées dans l'espace, tandis que Halley, Derham, Lacaille, Kant et Lambert affirmaient qu'elles étaient dépourvues d'étoiles. Kepler était un adhérent zélé de la théorie d'après laquelle les étoiles seraient formées d'une nébulosité cosmique, c'est-à-dire d'une vapeur céleste qui s'agglomère et s'épaissit. C'était aussi l'opinion de Tycho-Brahé, avant l'invention du télescope. Kepler pensait, pour me servir de ses propres expressions : « Cœli materiam tenuissimam in unum globum condensatam stellam effingere ; » il entendait par cette matière ténue la vapeur qui, dans la Voie lactée, brille d'un éclat semblable à la lumière adoucie des étoiles. Son opinion était fondée non pas sur la condensation que l'on remarque dans les nébuleuses de forme arrondie, puisqu'il ne connaissait point ces nébuleuses, mais sur les étoiles qui s'allument soudainement aux bords de la Voie lactée.

A proprement parler, c'est avec William Herschel que commence l'histoire des nébuleuses, aussi bien que celle des étoiles doubles, s'il est vrai que l'on doive surtout considérer le nombre des objets découverts, l'exactitude et la solidité des observations télescopiques, et la généralité des vues auquelles elles ont servi de point de départ. Jusqu'à lui, et en tenant compte des louables efforts de Messier, on ne connaissait pas, dans les deux hémisphères, plus de 120 nébuleuses irréductibles, et, en 1786, le grand astronome de Slough publiait un premier catalogue qui en contenait 1000. J'ai déjà rappelé plus haut, d'une manière circonstanciée, que les masses désignées sous le nom d'étoiles nébuleuses (νεφελοειδεῖς) par Hipparque et par Géminus, dans les *Catastérismes* du Pseudo-Eratosthène et dans l'*Almageste* de Ptolémée, sontdes amas d'étoiles qui offrent, à l'œil nu, l'apparence d'une matière vaporeuse (4). Cette dénomination, traduite en latin par le mot *Nebulosæ*, passa, au milieu du XIIIe siècle, dans les Tables Alphonsines, grâce vraisemblablement à l'influence prépondérante de l'astronome juif Isaac Aben Sid Hassan, président de la riche synagogue de Tolède. Ce fut cependant à Venise que furent imprimées les Tables Alphonsines, en 1483.

Ces singuliers agrégats de véritables nébuleuses, réunies en quantité innombrable et mêlées avec des essaims d'étoiles, se trouvent mentionnés pour la première fois chez un astronome arabe du milieu du Xe siècle, chez Abdurrahman-Suphi, natif de l'Irak persan. Le Bœuf blanc qu'il vit briller d'une lueur pâle et blanchâtre beaucoup au-dessous de Canopus était sans doute la plus grande des deux Nuées de Magellan qui, avec une étendue apparente égale environ à 12 fois le diamètre de la Lune, couvre en réalité dans le Ciel un espace de 42 degrés carrés, et que les voyageurs européens ne commencèrent à signaler que dans la première partie du XVIe siècle, bien que déjà, 200 ans auparavant, les Normands se fussent avancés sur les côtes occidentales de l'Afrique jusqu'à Sierra Leone, par 8° 1/2 de latitude septentrionale (5). Il semble qu'une masse nébuleuse d'une aussi grande étendue et clairement visible à l'œil nu eût dû attirer plus tôt l'attention (6).

La première nébuleuse isolée qui fut signalée, à l'aide du télescope, comme complétement dépourvue d'étoiles, et dans laquelle on reconnut un objet d'une nature particulière, fut la nébuleuse placée près de γ d'Andromède, et visible même à l'œil nu. Simon

Marius, dont le vrai nom était Mayer, de Guntzenhausen en Franconie, qui, après avoir été musicien, fut attaché en qualité de mathématicien à la cour d'un margrave de Culmbach, le même qui vit, neuf jours avant Galilée, les satellites de Jupiter (7), a aussi le mérite d'avoir décrit le premier, et décrit très-exactement, une nébuleuse. Dans la préface de son *Mundus Jovialis* (8) il raconte que, le 15 décembre 1612, il reconnut une étoile fixe d'un aspect tel, qu'il n'en avait jamais vu de semblable. Elle était située près de la 3e étoile, c'est-à-dire près de l'étoile boréale de la Ceinture d'Andromède. Vue à l'œil nu, elle avait l'apparence d'un simple nuage, et en s'aidant du télescope Mayer avait trouvé que ce phénomène n'avait rien de stellaire, ce qui le distinguait des étoiles nébuleuses de l'Écrevisse et d'autres amas nébuleux. Tout ce que l'on pouvait reconnaître, c'était une apparence blanchâtre qui, plus brillante au centre, s'affaiblissait vers les bords. Cette masse occupait 1/4 de degré et ressemblait dans son ensemble à la lumière d'une chandelle vue de loin à travers une feuille de corne « similis fere splendor apparet, si a longinquo candela ardens per cornu pellucidum de noctu cernatur. » Simon Marius se demande si cette singulière étoile a pris naissance récemment, et il n'ose le décider; mais il s'étonne beaucoup que Tycho, qui a compté toutes les étoiles de la Ceinture d'Andromède n'ait point fait mention de celle-là. Ainsi dans le *Mundus Jovialis*, publié pour la première fois en 1614, est établie comme j'ai eu l'occasion de le remarquer ailleurs (9), la différence entre les nébuleuses irréductibles aux télescopes dont on disposait à cette époque, et les amas stellaires, nommés par les Allemands *Sternhaufen*, par les Anglais *Clusters*, auxquels le rapprochement d'un nombre infini de petites étoiles invisibles à l'œil nu donne une apparence nébuleuse. Malgré le perfectionnement considérable des instruments d'optique, le nuage d'Andromède a été tenu pendant trois siècles et demi pour complétement vide d'étoiles, comme dans le temps où il fut découvert. Il n'y a pas plus de trois ans que de l'autre côté de l'océan Atlantique, à Cambridge, Georges Bond a reconnu 1500 petites étoiles «within the limits of the nebula.» Bien que le noyau de cette prétendue nébuleuse n'ait pu être réduit encore, je n'ai point hésité à la ranger parmi les amas stellaires (10).

Il ne faut attribuer qu'à un hasard surprenant ce fait, que Galilée qui, dès avant l'année 1610, époque à laquelle parut le *Sidereus Nuncius*, s'était occupé plusieurs fois de la constellation d'Orion, plus tard dans son *Saggiatore*, lorsque depuis longtemps il pouvait connaître par le *Mundus Jovialis* la découverte d'une nébuleuse sans étoiles dans Andromède, ne signale dans tout le firmament d'autres nébulosités que celles qui peuvent se résoudre en amas stellaires, à l'aide des faibles instruments dont il se servait. Les objets qu'il nomme «nebulose del Orione e del Presepe» ne sont pour lui que des agglomérations (coacervazioni) de petites étoiles en quantité innombrable (11.)

Il représente successivement, sous les noms inexacts de Nebulosæ Capitis, Cinguli et Ensis Orionis, des amas stellaires dans lesquels il s'applaudit d'avoir trouvé, sur un espace de 1 ou 2 degrés, 400 étoiles qui n'avaient point été comptées jusque-là. Quant aux nébuleuses irréductibles, il n'en est nulle part question. Comment la grande nébuleuse de l'Épée d'Orion a-t-elle échappé à son attention, ou s'il l'a remarquée, comment ne s'y est-il pas arrêté? Mais, selon toute vraisemblance, bien que cet observateur éminent n'ait jamais vu ni les contours irréguliers du nuage d'Orion, ni la forme arrondie des nébulosités réputées irréductibles, ses considérations générales sur la nature intérieure des nébuleuses ressemblaient beaucoup à celles vers lesquelles penche aujourd'hui la majeure partie des astronomes (12). Pas plus que Galilée, Hévélius qui, bien que s'obstinant à déterminer les positions des étoiles sans le secours du télescope, n'en fut pas moins un observateur très-distingué (13), ne fait mention dans ses écrits du grand nuage d'Orion. Son catalogue ne contient guère plus de 16 nébuleuses dont la position soit déterminée.

Enfin, en 1656, Huygens découvrit la nébuleuse de l'Épée d'Orion (14) qui devait obtenir une si grande importance par son étendue, par sa forme, par le nombre et la célébrité des astronomes qui l'observèrent dans la suite, et qui fournit à Picard l'occasion de s'en occuper activement vingt ans après. En 1677, Edmond Halley, durant son séjour à Sainte-Hélène, détermina les premières nébuleuses qui aient été observées dans les régions de l'hémisphère austral, invisibles en Europe. L'amour que Jean Dominique Cassini portait à toutes les parties de l'astronomie contemplative l'engagea, vers la fin du XVIIe siècle, à étudier plus attentivement les nuages d'Andromède et d'Orion. Il pensait que, depuis les observations de Huygens, le dernier de ces nuages avait changé de forme, et croyait avoir reconnu dans celui d'Andromède des étoiles qu'il était impossible d'apercevoir avec des lunettes communes. Pour le changement de forme, il n'était sans doute qu'une illusion; mais il n'est plus permis, depuis les remarquables observations de Georges Bond, de nier d'une manière absolue l'existence d'étoiles dans la nébuleuse d'Andromède. Cassini, guidé par des considérations théoriques, avait déjà pressenti ce résultat, lorsque se mettant en opposition ouverte avec Halley et Derham, il déclarait que toutes les nébuleuses sont des essaims d'étoiles très-éloignées (15). Il convenait que la lueur douce et pâle que répand le nuage d'Andromède est analogue à la lumière zodiacale, mais il prétendait que cette lumière est formée par un nombre infini de petits corps *planétaires*, pressés les uns contre les autres (16). Le séjour que fit Lacaille, de 1750 à 1752, dans l'hémisphère du sud, au cap de Bonne-Espérance, à l'île de France et à Bourbon, accrut dans une telle proportion le nombre des nébuleuses que, suivant la remarque de Struve, on connut mieux à cette époque les nébuleuses du Ciel austral que celles qui sont visibles en

Europe. Lacaille tenta aussi avec succès de classer les nébuleuses suivant leur forme apparente. Il fut encore le premier, mais en cela ses efforts furent moins heureux, qui essaya d'analyser la substance si hétérogène des deux Nuées de Magellan (Nubecula major et minor). Si des autres nébuleuses isolées que Lacaille observa, au nombre de 42, dans l'hémisphère austral, on en retranche 14 qui, même avec des télescopes d'un faible grossissement, ont été reconnues pour être de véritables amas stellaires, il n'en reste plus que 28 non résolues, tandis que Sir John Herschel, muni d'instruments plus puissants et apportant d'ailleurs à ses observations plus d'expérience encore et d'habileté, est parvenu, sous la même zone, et sans y comprendre non plus les amas d'étoiles ou *Clusters*, à découvrir 1500 nébuleuses.

Dénués de connaissances suffisantes et d'observations personnelles, mais guidés par leur imagination à peu près dans les mêmes voies, sans qu'il y ait eu concert entre eux, Lambert à partir de l'année 1749 et Kant depuis 1755, raisonnèrent avec une merveilleuse pénétration sur les voies lactées distinctes, sur les nébuleuses et les groupes stellaires jetés comme des îles sporadiques au milieu des espaces célestes (17). Tous deux inclinaient vers la théorie de la matière diffuse (nebular Hypothesis) vers l'idée d'un travail de production incessant dans le monde sidéral et la transformation de la nébulosité cosmique en étoiles. De 1760 à 1769, l'ingénieux Le Gentil, longtemps avant de se mettre en route, dans l'espérance, démentie malheureusement deux fois de suite, d'observer les passages de Vénus sur le Soleil, donna une impulsion nouvelle à l'étude des nébuleuses par ses observations sur les constellations d'Andromède, du Sagittaire et d'Orion. Il employa un objectif de Campani de 34 pieds de longueur focale; cet instrument est un de ceux qui existent à l'Observatoire de Paris. Complétement opposé aux idées de Halley et de Lacaille, de Kant et de Lambert, l'ingénieux John Michell déclara, comme Galilée et Dominique Cassini, que toutes les nébuleuses sont des amas stellaires, des agrégats d'étoiles télescopiques très-petites ou très-éloignées, dont l'existence ne peut manquer d'être démontrée un jour à l'aide d'instruments plus parfaits (18). La connaissance des nébuleuses doit aux travaux opiniâtres de Messier un accroissement rapide, si on le compare aux lents progrès que nous avons retracés jusqu'ici. Son catalogue, daté de 1771, contenait 66 nébuleuses nouvelles, en défalquant celles qui avaient été déjà découvertes par Lacaille et par Méchain. Ainsi, à force de persévérance, il put, dans un observatoire assez pauvrement monté, dans l'observatoire de la Marine établi à l'hôtel de Cluny, doubler le nombre des nébuleuses connues jusque-là dans les deux hémisphères (19).

Ces faibles commencements furent suivis de l'époque brillante, signalée par les découvertes de William Herschel et de son fils. W. Herschel, le premier, entreprit, dès l'année 1779, de passer méthodiquement en revue, à l'aide d'un réflecteur de 7 pieds, toutes les parties du ciel riches en nébuleuses. En 1787, son télescope gigantesque, long de 40 pieds, était terminé, et dans les trois catalogues qu'il publia successivement en 1786, 1789 et 1802, il constata la position de 2500 nébuleuses réductibles ou irréductibles (20). Jusqu'en 1785 et presque jusqu'en 1791, ce grand observateur parut disposé, comme l'avaient été Michell et Cassini, comme l'est aujourd'hui Lord Rosse, à voir dans les nébuleuses qu'il n'avait pu parvenir à résoudre, des groupes d'étoiles très-éloignés. Mais à force de s'occuper de ce sujet, il fut ramené entre 1799 et 1802 aux idées de Halley et de Lacaille, c'est-à-dire à la théorie de la matière diffuse, et admit même, avec Tycho et Kepler, l'hypothèse de la formation des étoiles par la condensation successive de la nébulosité cosmique. Ces deux théories ne sont point cependant nécessairement liées l'une à l'autre (21). Les nébuleuses et les groupes d'étoiles qu'avait observés Sir William Herschel ont été soumis à un nouvel examen par son fils, de 1825 à 1833. Sir John a enrichi les anciennes Tables de 500 objets nouveaux, et a publié dans les *Philosophical Transactions* pour l'année 1833 (p. 365-481) un catalogue complet de nébuleuses et d'amas stellaires, au nombre de 2307. Ce grand travail comprend tout ce qui avait pu être découvert dans l'Europe centrale; et durant les cinq années qui suivent immédiatement, de 1834 à 1838, nous voyons Sir John établi au cap de Bonne-Espérance avec un réflecteur de 20 pieds, sonder toute la partie du ciel qu'il peut embrasser, et ajouter au catalogue de son père un supplément de 1708 nébuleux (22). Des 629 nébuleuses et amas stellaires observés par Dunlop à Paramatta, de 1825 à 1827, avec un réflecteur de 9 pieds dont le miroir avait 9 pouces de diamètre, un tiers seulement a passé dans le travail de Sir John Herschel (23).

Si l'on veut suivre l'histoire des découvertes dont ces corps mystérieux ont été l'objet, on peut dire qu'une troisième époque a commencé avec l'admirable télescope de 50 pieds construit sous la direction du comte de Rosse, à Parsonstown (24). Toutes les hypothèses qui, dans l'état d'incertitude où flottèrent longtemps les opinions, avaient pu être mises en avant, à chacune des phases par lesquelles avait passé la science, furent agitées de nouveau et avec une grande vivacité, à propos de la lutte entre la théorie de la matière diffuse et celle de la résolution. D'après tout ce que j'ai pu recueillir de rapports émanant d'astronomes familiarisés depuis longtemps avec les nébuleuses, il est constant que, dans un grand nombre d'objets, choisis au hasard et parmi toutes les classes, sur le catalogue de 1833, presque tous ont été complétement résolus (25). Le docteur Robinson, directeur de l'Observatoire d'Armagh, en a résolu à lui seul plus de 40. Sir John Herschel s'exprime à ce sujet de la même manière dans le discours prononcé à Cambridge, en 1845, à l'ouverture de la *British Association*, et dans ses

Outlines of astronomy, publiés en 1849. « Le réflecteur de Lord Rosse, dit-il, a réduit un nombre considérable de nébuleuses qui avaient défié jusqu'ici la force pénétrante d'instruments plus faibles ; on a prouvé du moins qu'elles étaient réductibles. S'il y a encore des nébuleuses qui aient complétement résisté à ce puissant télescope dont l'ouverture n'a pas moins de 6 pieds anglais ($1^m,83$), il est permis cependant de conclure par analogie qu'il n'existe en réalité aucune différence entre les nébuleuses et les amas d'étoiles (26). »

Le constructeur du puissant appareil de Parsonstown, Lord Rosse, tout en distinguant soigneusement le résultat d'observations positives de ce qui n'est encore qu'un motif légitime d'espérance, s'exprime avec une grande confiance sur la nébuleuse d'Orion, dans une lettre adressée au professeur Nichol de Glasgow, en date du 19 mars 1846 (27). « D'après les observations auxquelles nous nous sommes livrés sur cette célèbre nébuleuse, je puis vous affirmer en toute sûreté que si la réductibilité demeure encore l'objet d'un doute, ce doute est bien faible. Nous n'avons pu, à cause de l'état de l'atmosphère, appliquer que la moitié du grossissement que le miroir comporte, et cependant nous avons reconnu que toute la partie du nuage qui avoisine le trapèze se compose d'une masse d'étoiles. L'autre partie du nuage est également riche en étoiles, et présente tous les caractères de la réductibilité. » Plus tard néanmoins, en 1848, Lord Rosse n'était point encore en mesure d'annoncer la résolution complète et effective de la nébuleuse d'Orion, et se bornait toujours à témoigner l'espérance prochaine du succès.

Si dans le débat qui s'est engagé tout récemment au sujet de la non-existence à travers les espaces célestes d'une matière nébuleuse, douée d'une lumière propre, on veut séparer ce qui est acquis à la science et ce qui n'est encore que la conséquence probable d'une induction, on peut sans beaucoup d'efforts se convaincre que, la force visuelle des télescopes allant toujours en croissant, le nombre des nébuleuses irréductibles diminue dans une proportion rapide, sans toutefois pouvoir jamais être épuisé par cette diminution. A mesure qu'augmente la puissance des télescopes, le dernier venu résout ce que n'avait pu résoudre celui qui l'avait précédé. Mais en même temps, il est vrai de dire, au moins jusqu'à un certain point, que ces télescopes pénétrant plus avant dans l'espace, remplacent les nébuleuses qu'ils ont réduites par d'autres qu'on n'avait pu atteindre jusque-là (28). Ainsi résolution des anciennes nébuleuses, et découverte de nébuleuses nouvelles, qui exigent à leur tour un nouvel accroissement de puissance optique, tel est le cercle dans lequel les choses se succèdent d'une manière indéfinie. Et pourrait-il en être autrement? Il me semble qu'il faudrait dans le cas contraire de deux choses l'une : ou représenter comme limité le monde rempli par les corps célestes, ou considérer les îles qui le parsèment, et dont l'une nous sert de séjour, comme tellement distantes les unes des autres qu'aucun des télescopes qui restent à découvrir ne puissent atteindre la rive opposée, et que nos dernières nébuleuses se résolvent en amas d'étoiles qui, comme celles de la Voie lactée, se projettent sur un fond noir dégagé de toute nébulosité (29). Est-il vraisemblable que telle soit en effet la structure du monde, et peut-on compter que les instruments d'optique acquièrent jamais assez de puissance pour ne plus laisser à découvrir aucune nébuleuse dans l'immensité du firmament?

L'hypothèse d'un fluide doué d'une lumière propre, qui se présente sous la forme de nébuleuses rondes ou ovales, aux contours nettement dessinés, ne doit point être confondue avec la supposition non moins hypothétique d'un éther qui remplirait tout l'espace, et qui, sans être lumineux en lui-même, propagerait par ses ondulations la lumière, la chaleur rayonnante et l'électro-magnétisme (30). Les courants qui partent du noyau des comètes, et en forment les queues, remplissent souvent des espaces immenses, en coupant les orbites des planètes qui composent notre système solaire, et répandent à travers ces orbites leur matière inconnue; mais cette matière séparée du noyau qui la produit cesse d'être perceptible pour nous. Déjà Newton admettait que des vapeurs émanées du Soleil, des étoiles fixes, et de la queue des comètes pouvaient se mêler avec l'atmosphère terrestre (31). Dans l'anneau aplati et nébuleux que l'on appelle la lumière zodiacale, aucun télescope n'a pu découvrir encore rien qui ressemble à des étoiles. On n'a pas non plus décidé jusqu'à ce jour si les particules dont cet anneau se compose reflètent la lumière du Soleil, ou si elles sont lumineuses par elles-mêmes, comme cela arrive quelquefois dans les brouillards terrestres (32). Dominique Cassini pensait que la lumière zodiacale est formée d'un nombre infini de petits corps planétaires (33). C'est une sorte de besoin pour l'homme de chercher dans toutes les matières fluides des parties moléculaires distinctes, comme les petites bulles vides ou pleines dont paraissent formés les nuages (34). En suivant la progression décroissante qui dans notre système solaire représente la densité des planètes, depuis Mercure jusqu'à Saturne et à Neptune, et qui, si l'on prend pour unité la densité de la Terre, descend de 1,12 à 0,14, on est conduit aux comètes qui laissent apercevoir une étoile d'un faible éclat à travers leurs couches extérieures; et de là même on est amené, par une pente insensible, à ces parties distinctes encore et cependant si peu denses, qu'il est presque impossible, quelles qu'en soient les dimensions, d'en déterminer les limites. Ce sont précisément ces considérations sur l'apparence nébuleuse de la lumière zodiacale qui, longtemps avant la découverte des petites planètes télescopiques comprises entre Mars et Jupiter, et avant les conjectures sur les astéroïdes météoriques, avaient inspiré à Cassini la pensée qu'il y a des corps célestes de toutes les dimensions et de toutes les densités. Nous touchons ici, pour ainsi dire sans le vouloir, à l'antique débat soulevé par la philosophie naturaliste sur l'existence d'un fluide primitif et de molécules distinctes. C'est là un problème qui serait beaucoup plutôt du ressort des sciences mathématiques; aussi nous empressons-nous de retourner au côté purement objectif des phénomènes.

Sur 3926 positions déterminées, 2451 qui sont indiquées dans les trois catalogues publiés par Sir William Herschel, de 1786 à 1802, et dans le grand tableau que son fils a fait insérer aux *Philosophical Transactions* pour l'année 1833, appartiennent à la partie de firmament visible à Slough, que pour abréger nous nommerons l'hémisphère septentrional; les autres, au nombre de 1475, appartiennent à la partie de l'hémisphère méridional visible au cap de Bonne-Espérance, et sont consignées dans les catalogues dressés en Afrique par Sir John Herschel. Dans ces nombres, les nébuleuses et les amas stellaires sont mêlés indistinctement. Quelle que soit l'analogie qui existe entre ces objets, j'ai cru cependant devoir les distinguer, afin de mieux préciser l'état de nos connaissances actuelles. Je trouve dans le catalogue de l'hémisphère boréal 2299 nébuleuses et 152 amas stellaires; dans le catalogue du Cap, 1239 nébuleuses et 236 amas stellaires (35). Ainsi, d'après ces catalogues, la somme des nébuleuses non résolues encore en étoiles est de 3538, nombre qui peut être porté à 4000, si l'on fait entrer en ligne de compte 300 à 400 nébuleuses vues par William Herschel, et dont la position n'a pas été déterminée de nouveau (36), ainsi que celles qui, observées à Sumatra par Dunlop avec un réflecteur Newtonien de 9 pouces, n'ont point trouvé place dans le catalogue de Sir John Herschel, et qui sont au nombre de 423 (37). Tout récemment, Bond et Mædler ont fait connaître un résultat semblable. On en peut conclure que dans l'état actuel de la science, le nombre des nébuleuses est à celui des étoiles doubles à peu près comme 2 est à 3. Mais il ne faut pas oublier que sous cette dénomination d'étoiles doubles ne sont pas compris les couples purement optiques, et que jusqu'à ce jour les étoiles doubles dans lesquelles on a remarqué un changement de position relative sont au nombre total comme 1 est à 9, ou tout au plus peut-être comme 1 est à 8 (38).

Les nombres indiqués plus haut, à savoir : 2299 nébuleuses et 152 amas stellaires dans le catalogue du Nord, 1239 nébuleuses et 236 amas stellaires dans le catalogue du Sud, prouvent qu'il y a dans l'hémisphère austral un plus grand nombre d'amas stellaires sur un moins grand nombre de nébuleuses. Si l'on admet que toutes les nébuleuses soient de nature également réductible, c'est-à-dire qu'elles ne soient autre chose que des amas stellaires plus reculés dans l'espace, ou des groupes formés de corps célestes plus petits, moins pressés et doués d'une lumière propre, cette opposition apparente dont Sir John Herschel a dû d'autant plus signaler l'importance qu'il s'était servi, dans les deux hémisphères, de réflecteurs égalements puissants, cette opposition, dis-je, prouve du moins une différence frappante dans la nature des nébuleuses et dans leur distribution à travers les espaces célestes, c'est-à-dire dans les directions suivant lesquelles les nébuleuses des deux hémisphères se présentent aux habitants du globe terrestre (39).

C'est encore à Sir John Herschel que l'on doit les premières notions exactes et les premiers aperçus généraux sur la distribution des nébuleuses et des amas stellaires dans toute l'étendue de la voûte céleste. Afin de bien examiner leur situation, leur abondance relative dans les différents lieux, la probabilité ou la non-probabilité de leur succession en certains groupes ou suivant des lignes déterminées, il inscrivit entre trois et quatre mille objets sur une sorte de canevas graphique, dans des réseaux dont les côtés mesurent 3° de déclinaison et 15′ d'ascension droite. La plus grande accumulation de nébuleuses se trouve dans l'hémisphère boréal. Elles sont répandues à travers le grand et le petit Lion; le corps, la queue et les pieds de derrière de la grande Ourse; le nez de la Girafe; la queue du Dragon; les deux Chiens de chasse; la chevelure de Bérénice, près de laquelle est situé le pôle boréal de la Voie lactée; le pied droit du Bouvier, et surtout à travers la tête, les ailes et les épaules de la Vierge. Cette zone, que l'on a nommée la région nébuleuse de la Vierge, renferme, ainsi que nous l'avons remarqué déjà, dans un espace qui représente la huitième partie de la sphère céleste, un tiers de la somme totale des nébuleuses (40). Elle dépasse de peu l'équateur; seulement elle s'étend à partir de l'aile méridionale de la Vierge jusqu'à l'extrémité de l'Hydre et à la tête du Centaure, dont elle n'atteint pas les pieds, non plus que la Croix du Sud. Le ciel boréal contient encore une agglomération de nébuleuses qui, bien que moins considérable, s'étend plus avant que la précédente dans l'hémisphère austral; elle est appelée par Sir John Herschel la région nébuleuse des Poissons, et forme une zone qui, partant d'Andromède, qu'elle remplit presque en entier, se dirige vers le poitrail et les ailes de Pégase, vers la bande qui unit les deux Poissons, vers le pôle austral de la Voie lactée et Fomalhaut. Ces régions si pleines forment un contraste frappant avec les espaces complétement vides de nébuleuses, et pour ainsi dire déserts, qui comprennent, d'une part, Persée, le Bélier, le Taureau, la tête et la partie inférieure du corps d'Orion, de l'autre, Hercule, l'Aigle, et toute la constellation de la Lyre (41). Si, en se guidant sur le tableau général des nébuleuses et des amas stellaires de l'hémisphère méridional, c'est-à-dire de la partie du ciel visible à Slough, que Sir John Herschel a dressé d'après les heures d'ascension droite, on divise le tout en six groupes de quatre heures chacun, voici le résultat qu'on obtient :

Asc. droite	0^h à 4^h	311
	4 à 8	179
	8 à 12	606
	12 à 16	850
	16 à 20	121
	20 à 0	239

Si l'on veut faire une division plus exacte, fondée sur la déclinaison septentrionale et méridionale, on rouve que dans les six heures d'ascension droite, de 9^h à 15^h, l'hémisphère boréal contient seul 1111 nébuleuses ou amas d'étoiles, répartis comme il suit (42) :

De	9^h à 10^h	90
	10 à 11	150
	11 à 12	251
	12 à 13	309
	13 à 14	181
	14 à 15	130

Ainsi le véritable maximum, pour l'hémisphère boréal, est entre 12^h et 13^h, c'est-à-dire très-voisin du pôle nord de la Voie lactée. Plus loin, entre 15^h et 16^h, en face d'Hercule, la décroissance est si brusque, que de 130 on tombe immédiatement à 40.

Dans l'hémisphère austral, le nombre des nébuleuses est moins considérable et la répartition est beaucoup plus uniforme. Des espaces où l'on ne découvre point de traces de ces phénomènes y alternent souvent avec des nuages sporadiques. Il faut excepter une agglomération locale, plus pressée encore que ne l'est, dans le ciel boréal, la région nébuleuse de la Vierge ; je veux parler des nuées de Magellan, dont la plus grande contient à elle seule 300 nébuleuses. La région qui avoisine les pôles est, dans les deux hémisphères, vide de nébuleuses, et jusqu'à la distance de 15°, le pôle sud en est plus dépourvu encore que le pôle nord, dans la proportion de 7 à 4. Il existe près du pôle nord actuel une petite nébuleuse qui n'en est distante que de 5'. Une nébuleuse semblable, inscrite dans le catalogue du Cap de Sir John Herschel sous le numéro 3176, et nommée par lui avec raison Nebula polarissima australis (asc. droite 9h 27' 56", dist. au pôle nord 179° 34' 14") est encore à 25' du pôle sud. Cette solitude du pôle austral, l'absence même d'une étoile polaire visible à l'œil nu, était déjà pour Amerigo Vespucci et Vicente Yanez Pinzon le sujet de plaintes amères, lorsque, vers la fin du xve siècle, ils pénétrèrent fort au delà de l'équateur, jusqu'au promontoire Saint-Augustin, et que Vespucci supposa faussement que ce beau passage du Dante « Io mi volsi a man destra e posi mente..., » et cet autre sur les quatre étoiles « non viste mai fuor ch' alla prima gente, » se rapportaient aux étoiles polaires antarctiques (43).

Nous avons considéré jusqu'ici dans les nébuleuses leur nombre et leur distribution sur ce que l'on appelle le firmament; distribution purement apparente, qui ne doit point être confondue avec leur répartition réelle à travers les espaces célestes. Cet examen achevé, nous passons aux différences singulières que présentent leurs formes individuelles. Tantôt ces formes sont régulières, et dans ce cas elles sont sphériques, elliptiques à différents degrés, annulaires, planétaires ou semblables à la photosphère qui enveloppe une étoile; tantôt elles sont irrégulières et non moins difficiles à classer que celles des nuages aqueux qui errent dans notre atmosphère. La forme normale des nébuleuses est la forme elliptique qu'on peut appeler sphéroïdale (44). A parité de grossissement, plus les nébuleuses se rapprochent de la forme sphérique, plus elles sont facilement résolubles en étoiles. Lorsqu'au contraire elles sont très-comprimées dans un sens et allongées dans l'autre, la résolution est d'autant plus difficile (45). Souvent on a l'occasion de reconnaître que la forme ronde des nébuleuses se change graduellement en une ellipse allongée (46). La condensation de la nébulosité laiteuse s'opère toujours autour d'un point central; quelquefois même il y a plusieurs centres ou noyaux. On ne connaît de nébuleuses doubles que parmi les nébuleuses rondes ou ovales. Comme on ne peut percevoir aucun changement relatif de position entre les individus qui forment ces couples, attendu que ce changement ou n'existe pas ou est extraordinairement lent, il s'ensuit que l'on n'a pas de critérium à l'aide duquel on puisse constater la réalité de cette relation réciproque, comme on distingue les étoiles doubles physiquement de celles qui ne le sont qu'optiquement. Il existe des représentations d'étoiles doubles dans les *Philosophical Transactions* pour l'année 1833 (fig. 68-71). On peut consulter aussi à ce sujet les ouvrages d'Herschel, *Outlines of astronomy* (§ 878), et *Observations at the Cape of Good Hope* (§ 120).

Les nébuleuses perforées sont une des curiosités les plus rares. D'après lord Rosse, on en connaît actuellement 7 dans l'hémisphère boréal. La plus célèbre de ces nébuleuses annulaires, qui porte le n° 57 sur le catalogue de Messier, le n° 3023 sur celui de Sir John Herschel, est située entre 6 et γ de la Lyre; elle a été découverte en 1779, à Toulouse, par d'Arquier, au moment où la comète signalée par Bode s'approcha de la région qu'elle occupe. Elle a environ la grandeur apparente du disque de Jupiter, et forme une ellipse dont les deux diamètres sont dans le rapport de 4 à 5. L'intérieur de l'anneau est non point noir, mais faiblement éclairé. Déjà Sir William Herschel avait distingué quelques étoiles dans l'anneau; lord Rosse et Bond l'ont résolu entièrement (47). La partie vide de l'anneau est au contraire d'un noir très-foncé dans les belles nébuleuses perforées de l'hémisphère austral, qui portent les numéros 3680 et 3686. De plus, la dernière présente non pas la forme d'une ellipse, mais celle d'un cercle parfait (48). Toutes sont vraisemblablement des amas d'étoiles en forme d'anneau. A mesure qu'augmente la puissance des instruments, les contours des nébuleuses elliptiques, aussi bien que des nébuleuses annulaires, paraissent en général moins nettement terminés. Dans le télescope gigantesque de lord Rosse, l'anneau de la nébuleuse de la Lyre présente une ellipse simple, avec des appendices nébuleux qui ressemblent à des fils et suivent des directions très-divergentes. Un fait particulièrement remarquable, c'est la transformation d'une nébuleuse qui, vue à travers des instruments plus faibles, était simplement elliptique, et qui s'est changée, grâce au télescope de lord Rosse, en une nébuleuse à forme d'écrevisse (Crab-Nebula).

Les nébuleuses planétaires, découvertes pour la première fois par Herschel le père, et qui doivent être rangées parmi les plus merveilleux d'entre les phénomènes célestes, sont moins rares que les nébuleuses perforées. Cependant, d'après Sir John Herschel, il n'en existe pas plus de 25, dont les 3/4 appartiennent à l'hémisphère austral. Elles offrent une ressemblance surprenante avec les disques des planètes. Elles sont pour la plupart rondes ou un peu ovales. Tantôt les contours sont nettement accusés, tantôt ils sont fondus dans un brouillard vaporeux. Les disques de plusieurs d'entre elles ont un éclat doux parfaitement uniforme; d'autres sont comme mouchetées ou nuancées de marbrures légères (mottled or of a peculiar texture, as if cardled); jamais on ne remarque aucune augmentation d'intensité vers les centres. Lord Rosse a constaté que cinq de ces nébuleuses planétaires sont des nébuleuses perforées avec une ou deux étoiles au milieu. La plus grande nébuleuse planétaire découverte par Méchain, en 1781, est située près de β de la Grande-Ourse. Son disque a un diamètre de 2′ 40″ (49). La nébuleuse planétaire de la Croix-du-Sud, qui porte, dans le *Voyage au Cap* de Sir John Herschel, le numéro 3365, a l'éclat d'une étoile de 6e ou de 7e grandeur, bien que son diamètre soit à peine de 11″. Sa lumière est couleur d'indigo, couleur qui se retrouve quoiqu'avec une moindre intensité dans trois autres objets de la même forme (50). Cette apparence de quelques nébuleuses planétaires ne prouve pas qu'elles ne soient pas composées de petites étoiles ; car non-seulement nous connaissons des systèmes binaires dont l'étoile principale et le compagnon sont bleus ; mais encore il existe des amas stellaires composés uniquement d'étoiles bleues, ou dans lesquels ces étoiles sont mêlées à des étoiles rouges et jaunes (51).

La question de savoir si les nébuleuses planétaires sont des étoiles nébuleuses très-éloignées, pour lesquelles la différence d'éclat entre l'étoile centrale et l'atmosphère environnante ne pourrait être perçue par les instruments dont nous disposons, a été tranchée déjà dans le premier volume de cet ouvrage (52). Puisse le télescope gigantesque de lord Rosse nous fournir les moyens d'approfondir la nature surprenante de ces nébulosités planétaires. S'il est déjà si difficile de se faire une idée nette des conditions dynamiques d'après lesquelles, dans un amas d'étoiles de forme sphérique ou sphéroïdale, les soleils tournant en cercle et pressés les uns contre les autres de telle façon, que les plus rapprochés du centre sont aussi les plus denses spécifiquement, peuvent former un système en équilibre (53), la difficulté augmente encore pour ces nébuleuses planétaires de forme circulaire et nettement délimitée, dont toutes les parties offrent une clarté uniforme, sans aucune augmentation d'intensité vers le centre. Un tel état de choses est plus difficile à concilier avec la forme globulaire, qui suppose l'agglomération de plusieurs milliers de petites étoiles, qu'avec l'hypothèse d'une photosphère gazeuse que l'on croit couverte, dans notre Soleil, d'une couche de vapeur peu épaisse, non transparente ou du moins très-faiblement éclairée. Il est impossible d'admettre que, dans les nébuleuses planétaires, la clarté ne paraisse ainsi uniformément répandue que parce que la différence entre le centre et les bords s'évanouirait en raison de l'éloignement?

Les étoiles nébuleuses de William Herschel (Nebulous Stars) forment la quatrième et dernière classe de nébuleuses à forme régulière. Ce sont de véritables étoiles entourées d'une nébulosité laiteuse qui très-vraisemblablement se rattache au Soleil central et en dépend. Cette nébulosité qui, suivant lord Rosse et M. Stoney, offre exactement, en certains cas, l'apparence d'un anneau, a-t-elle une lumière propre et forme-t-elle une photosphère comme dans notre Soleil, ou, ce qui est beaucoup moins vraisemblable, emprunte-t-elle sa lumière au Soleil central? Il existe sur ces questions des opinions très-différentes. Derham et jusqu'à un certain point aussi Lacaille, qui a découvert beaucoup de nébuleuses au cap de Bonne-Espérance, croyaient que les étoiles sont à une grande distance des nébuleuses et se projettent sur elles. Mairan paraît avoir le premier exprimé cette opinion que les étoiles nébuleuses sont entourées d'une atmosphère brillante qui lui appartient en propre (54). On trouve même de plus grandes étoiles et, par exemple, des étoiles de 7e grandeur, comme le numéro 675 du Catalogue de 1833, dont la photosphère a un diamètre de 2 à 3 minutes (55).

Les grandes masses nébuleuses de forme irrégulière doivent être mises tout à fait à part des nébuleuses décrites jusqu'ici, qui toutes ont des figures régulières ou du moins des contours plus ou moins nettement indiqués. Ces masses présentent les formes les plus variées et les moins symétriques; leurs contours sont indéterminés et confus. Ce sont des phénomènes mystérieux que l'on peut appeler *sui generis*, et qui plus que tous les autres ont donné naissance à l'hypothèse d'après laquelle les espaces célestes seraient remplis d'une matière cosmique, brillante par elle-même et semblable au substratum de la lumière zodiacale. Ces nébuleuses informes, qui couvrent dans la voûte du Ciel des espaces de plusieurs degrés carrés, forment un contraste frappant avec une nébuleuse de forme ovale, la plus petite de toutes les nébuleuses isolées, qui a l'éclat d'une étoile télescopique de 14e grandeur, et se trouve entre les constellations de l'Autel et du Paon (56). On ne peut trouver deux nébuleuses irrégulières qui se ressemblent (57). Cependant Sir John Herschel, après des observations de plusieurs années, leur reconnaît ce caractère commun que toutes sont situées sur les bords ou à très-peu de distance de la Voie lactée, et peuvent en être considérées comme des émanations ou comme des fragments détachés. Au contraire, les petites nébuleuses qui ont une forme régulière et des contours généralement arrêtés, sont ou répandues sur toute la surface du Ciel, ou rassemblées très-loin de la Voie lactée dans des régions particulières, comme, par exemple, dans l'hémisphère austral, près de la Vierge et des Poissons. A la vérité il n'y a pas moins de 15° de distance entre la grande nébuleuse irrégulière de l'Épée d'Orion et les bords visibles de la Voie lactée; mais peut-être cette masse diffuse appartient-elle au prolongement de la branche de la Voie lactée qui, partant de α et de ε de Persée, va se perdre vers Aldébaran et vers les Hyades, et dont il a déjà été question plus haut. Les plus belles étoiles de la constellation d'Orion, celles qui lui ont valu sa vieille célébrité, font partie de la zone qui comprend les étoiles les plus grandes et probablement aussi les plus voisines de nous, et dont un arc de grand cercle, passant par ε d'Orion et α de la Croix, dans l'hémisphère austral, peut indiquer le prolongement (58).

L'opinion beaucoup plus ancienne et très-répandue, d'après laquelle une voie lactée de nébuleuses couperait presque à angle droit la Voie lactée des étoiles (59), n'a nullement été confirmée par des observations nouvelles et plus exactes sur la répartition des nébuleuses régulières à travers le firmament (60). Il y a sans doute, comme je l'ai remarqué déjà, des agglomérations de nébuleuses vers le pôle nord de la Voie lactée; il en existe aussi un grand nombre vers le pôle sud, près des Poissons; mais de nombreuses interruptions ne permettent point de dire qu'une zone de nébuleuses formant un grand cercle de la sphère relie ensemble ces deux pôles. En 1784, William Herschel avait exposé cette conjecture à la fin de son premier Traité sur la Structure du Ciel; mais il avait eu soin de la présenter comme douteuse, et avec la réserve qui convenait à un si grand observateur.

Parmi les nébuleuses irrégulières, les unes, telles que celles de l'Épée d'Orion, de η d'Arago, du Sagittaire et du Cygne, sont remarquables par leurs dimensions extraordinaires; d'autres, celles, par exemple, qui portent les numéros 27 et 51 dans le catalogue de Messier, le sont par la bizarrerie de leur forme.

En ce qui concerne la grande nébuleuse de l'Épée d'Orion, j'ai déjà fait observer que Galilée, qui s'est si longtemps occupé des étoiles comprises entre le Baudrier et l'Épée, et qui a même dressé une carte de cette région, ne la mentionne pas (61). La nébuleuse qu'il appelle Nebulosa Orionis et qu'il a représentée avec la Nebulosa Præsepe, est, suivant sa déclaration expresse, un amas de petites étoiles pressées (stellarum constipatarum), situé dans la Tête d'Orion. Sur le dessin qu'il a donné dans son *Sidereus nuncius* (§ 20) et qui embrasse l'espace compris entre le Baudrier et le commencement de l'Épaule droite (α d'Orion), je reconnais, au-dessus de l'étoile ι, l'étoile multiple θ. La force amplifiante des instruments employés par Galilée variait de 8 fois à 30 fois. Comme la nébuleuse de l'Épée d'Orion n'est point isolée, et que vue à travers des télescopes insuffisants ou par une atmosphère trop peu transparente, elle forme une espèce d'auréole autour de l'étoile θ, il n'est point étonnant que sa forme et son existence individuelle aient échappé au grand observateur florentin : il croyait peu d'ailleurs aux nébuleuses (62). Ce fut 24 ans après la mort de Galilée, en 1656, que Huygens découvrit la nébuleuse d'Orion. Il en donna une image grossière dans son *Systema Saturnium*, publié en 1659 : «Lorsque j'observais, dit ce grand homme, à travers un réfracteur de 23 pieds de longueur focale, les bandes variables de Jupiter, la tache sombre qui avoisine l'équateur de Mars et quelques autres détails peu visibles particuliers à cette planète, je remarquai dans les étoiles fixes un phénomène qui, à ma connaissance, n'avait encore été signalé par personne, et ne pouvait être reconnu exactement qu'à l'aide des grands télescopes dont je me sers. Les astronomes ont compté dans l'Épée d'Orion trois étoiles très-voisines l'une de l'autre. Lorsque, en 1656, j'observai par hasard celle de ces étoiles qui occupe le centre du groupe, au lieu d'une j'en découvris 12, résultat que d'ailleurs il n'est point rare d'obtenir avec les télescopes. De ces étoiles il y en avait 3 qui, comme les premières, se touchaient presque, et 4 autres semblaient briller à travers un nuage, de telle façon que l'espace qui les environnait paraissait beaucoup plus lumineux que le reste du Ciel, qui était serein et entièrement noir. On eût cru volontiers qu'il y avait une ouverture dans le Ciel qui donnait jour sur une région plus brillante. Depuis et jusqu'à ce jour, j'ai revu le même phénomène sans aucun changement ; de sorte que ce prodige, quel qu'il soit, paraît être fixé là pour toujours. Jamais je n'ai rien vu de semblable dans les autres étoiles fixes. » Ainsi, Huygens ne connaissait pas non plus la nébuleuse d'Andromède, découverte 54 ans auparavant par Simon Marius, ou n'y avait pris que peu d'intérêt. «Les prétendues nébuleuses, ajoute encore Huygens, et la Voie lactée elle-même, vues à travers le télescope, ne montrent aucune trace de nébulosité et ne sont pas autre chose que des amas d'étoiles pressées (63). » Cette première description si vive prouve la force et la fraîcheur de l'impression qu'avait reçue Huygens. Mais quelle différence entre la représentation graphique qu'il donna de ce phénomène au milieu du XVIIe siècle, ou les figures déjà un peu moins imparfaites, il est vrai, de Picard, de Le Gentil et de Messier, et les admirables dessins publiés, en 1837, par Sir John Herschel et, en 1848, par William Cranch Bond, directeur de l'observatoire de Cambridge, aux États-Unis (64).

Sir John Herschel eut ce précieux avantage, que, muni d'un réflecteur de 20 pieds, il observa depuis l'année 1834 la nébuleuse d'Orion, au cap de Bonne-Espérance, à une altitude de 60° (65), et put corriger encore le dessin qu'il avait fait de 1824 à 1826 (66). En même temps il détermina, près de θ d'Orion, la position de 150 étoiles comprises pour la plupart entre la 15e et la 18e grandeur. Le célèbre trapèze qui n'est entouré d'aucune nébulosité est formé par 4 étoiles de 4e, de 6e, de 7e et de 8e grandeur. La 4ᵉ étoile avait été découverte à Bologne par Dominique Cassini, en 1666, suivant l'opinion commune (67); la 5ᵉ (γ') le fut en 1826 par Struve; la 6ᵉ (α'), de 13ᵉ grandeur, en 1832 par Sir John Herschel. Le directeur de l'Observatoire du *Collegio romano*, de Vico, a déclaré avoir reconnu, à l'aide de son grand réfracteur de Cauchoix, 3 autres étoiles dans l'intérieur même du trapèze, au commencement de 1839. Ces étoiles n'ont été vues ni par Herschel fils ni par William Bond. La partie nébuleuse la plus voisine du trapèze qui n'offre par lui-même presque aucune trace de nébulosité, la Regio Huygeniana formant la partie antérieure de la tête, au-dessus de la gueule, est tachetée, de texture granulaire, et a été résolue en amas stellaires par le télescope de Lord Rosse, aussi bien que par le grand réfracteur de Cambridge, aux États-Unis (68). Parmi les observateurs modernes, Lamont à Munich, Cooper et Lassell en Angleterre, ont aussi déterminé dans cette nébuleuse la position de beaucoup de petites étoiles. Lamont a employé à cet usage un pouvoir grossissant de 1200 fois. William Herschel croyait avoir acquis la certitude, en comparant entre elles les observations qu'il avait faites de 1783 à 1811, toujours avec les mêmes instruments, que l'éclat et les contours de la grande nébuleuse d'Orion étaient sujets à des changements (69). Boulliaud et Le Gentil avaient exprimé la même opinion touchant la nébuleuse d'Andromède. Les expériences approfondies de Sir John Herschel ont rendu au moins extrêmement douteux ces changements cosmiques que l'on tenait pour certains.

Grande nébuleuse de η d'Argo. — Elle est située dans cette région de la Voie lactée si remarquable par son magnifique éclat, qui, partant des pieds du Centaure, traverse la Croix du Sud, et s'étend jusqu'au milieu du Navire. L'éclat de cette région céleste est tellement extraordinaire qu'un observateur exact, naturalisé dans les contrées tropicales de l'Inde, le capitaine Jacob, fait la remarque, d'ailleurs parfaitement d'accord avec les résultats auxquels je suis arrivé moi-même après une expérience de quatre années, que sans lever les yeux vers le ciel, on est averti par un accroissement subit de la lumière que la Croix se lève à l'horizon, et avec elle la zone qui l'accompagne (70). La nébuleuse au milieu de laquelle se trouve η d'Argo, rendue si célèbre par les changements d'intensité de sa lumière, couvre sur la voûte céleste plus de 4/7 d'un degré carré (71). Partagée en plusieurs masses irrégulières et jetant une lumière inégale, la nébuleuse ne présente jamais cette apparence tachetée et granulaire qui pourrait la faire croire réductible. Elle enferme un espace vide, de forme ovale, sur lequel est répandue une lueur très-faible. Sir John Herschel, après deux mois passés à prendre des mesures, a donné, dans son *Voyage au Cap*, un beau dessin du phénomène entier (72). Il a déterminé dans la nébuleuse de η d'Argo jusqu'à 1216 positions d'étoiles, comprises pour la plupart entre la 14e et la 16e grandeur. Ces étoiles forment une série qui dépassant de beaucoup la nébulosité, va rejoindre la Voie lactée, dans laquelle elles se projettent et se détachent sur le fond absolument noir du Ciel. Elles n'ont par conséquent aucune relation avec la nébuleuse elle-même et en sont vraisemblablement fort éloignées. Toute la partie avoisinante de la Voie lactée est d'ailleurs tellement riche, non pas en amas stellaires mais en étoiles, qu'entre 9^{h}50′ et 11^{h}34′ d'ascension droite, on a trouvé, en jaugeant le Ciel, à l'aide du télescope (Star-gauges), une moyenne de 3138 étoiles par chaque degré carré. Ce nombre, pour 11^{h}34 d'ascension droite, s'élève jusqu'à 5093. Cela fait, pour un seul degré, plus d'étoiles que l'on n'en peut apercevoir à l'œil nu, dans l'horizon de Paris ou dans celui d'Alexandrie (73).

Nébuleuse du Sagittaire. — Cette nébuleuse, d'une étendue considérable, semble formée de quatre masses distinctes (asc. droite 17^{h}53′, dist. au pôle Nord 114° 21′). L'une de ces masses se divise à son tour en trois parties. Toutes sont interrompues par des places dépourvues de nébulosité. L'ensemble de la nébuleuse avait été vu déjà, mais d'une manière imparfaite par Messier (74).

Nébuleuse du Cygne. — Elle est composée de plusieurs masses irrégulières dont l'une forme une bande fort étroite, traversant l'étoile double η du Cygne. Mason a reconnu le premier la connexion qu'établit entre ces masses inégales leur singulière texture, assez semblable à des cellules (75).

Nébuleuse du Renard. — Elle a été vue imparfaitement par Messier, qui l'a fait entrer dans son catalogue sous le numéro 27. Elle fut découverte par occasion, pendant que l'on observait la comète de Bode, de 1779. La détermination exacte de la position (asc. droite 19° 52′ dist. au pôle Nord 67° 43′) et le premier dessin qui en ait été fait sont dus à Sir John Herschel. Cette nébuleuse de forme régulière reçut d'abord le nom de *Dumb-bell* qui lui fut donné à cause de l'aspect qu'elle présentait, vue à travers un réflecteur de 18 pouces d'ouverture. On appelle *Dumb-bell*, en Angleterre, des masses de fer plombées et revêtues de cuir, dont on se sert pour donner aux muscles plus de force et d'élasticité. Un réflecteur de 3 pieds de Lord Rosse a fait évanouir cette apparence (76). La nébuleuse du Renard a été résolue par le même instrument en un grand nombre d'étoiles; mais ces étoiles sont toujours restées mêlées de matière nébuleuse. On peut voir une reproduction récente et très-curieuse de la nébuleuse du Renard dans les *Philosophical Transactions* pour l'année 1850 (pl. XXXVIII, fig. 17).

Nébuleuse en spirale du Chien de chasse septentrional. — Cette nébuleuse, signalée par Messier le 13 octobre 1773, à l'occasion de la comète qu'il avait découverte, est située dans l'oreille gauche d'Astérion, très-près de η (Benetnasch) qui fait partie de la queue de la Grande-Ourse. Elle porte le n° 51 dans la liste de Messier, le n° 1622 dans le grand catalogue des *Philosophical Transactions* (1833, p. 496, fig. 25). Elle est un des phénomènes les plus remarquables que présente le firmament, en raison de sa configuration singulière, et de la métamorphose que lui a fait subir le télescope de 6 pieds anglais de Lord Rosse. Dans le réflecteur de 18 pouces de Sir John Herschel cette nébuleuse paraissait de forme sphérique et entourée à distance d'un anneau isolé, de manière à représenter notre amas lenticulaire d'étoiles et l'anneau formé par la Voie lactée (77). Le grand télescope de Parsonstown a changé tout cela en une espèce de limaçon, en une spirale brillante, aux replis inégaux et dont les deux extrémités, c'est-à-dire le centre et la partie extérieure, sont terminées par des nœuds épais, granulaires et arrondis. Le docteur Nichol a publié un dessin de cette nébuleuse, qui a été présenté par Lord Rosse au congrès scientifique de Cambridge, en 1845 (78); mais le portrait le plus exact est celui qu'en a donné M. Johnstone Stoney, dans les *Philosophical Transactions* pour l'année 1850 (1re part., pl. XXXV, fig. 1). Le n° 99 de Messier présente aussi l'image d'une spirale avec cette différence qu'il n'a qu'un seul nœud au centre. La même forme se retrouve encore dans d'autres nébuleuses de l'hémisphère boréal.

Il me reste à traiter plus en détail que je ne l'ai pu faire en traçant le Tableau de la Nature (79), d'un objet unique dans le monde des phénomènes célestes, et qui ajoute encore au charme pittoresque de l'hémisphère austral, je dirais presque à la grâce du paysage. Les deux nuages de Magellan, qui vraisemblablement reçurent d'abord de pilotes portugais, puis des Hollandais et des Danois le nom de Nuages du Cap (80), captivent l'attention du voyageur, ainsi que je l'ai éprouvé moi-même, par leur éclat, par l'isolement qui les fait ressortir davantage et par l'orbite qu'ils décrivent de concert autour du pôle Sud, bien qu'à des distances inégales. Que leur nom actuel, qui a évidemment pour origine le voyage de Magellan, ne soit pas le premier sous lequel on les ait désignés, c'est ce qui résulte de la mention expresse et de la description qu'ont faite de la translation circulaire de ces nuages lumineux, le Florentin Andrea Corsali, dans son Voyage à Cochin, et le secrétaire de Ferdinand d'Aragon, Pierre Martyr de Anghiera, dans son livre *de Rebus Oceanicis et Orbe Novo* (dec. I, lib. IX, p. 96) (81). Ces deux indications sont de l'année 1515, et ce n'est que dix ans plus tard que le compagnon de Magellan, Pigafetta, parle des *nebiette* dans son Journal de voyage, au moment où le vaisseau *Victoria* sortait du détroit de Patagonie pour entrer dans la mer du Sud. L'ancien nom de Nuages du Cap ne peut venir de la constellation du Mont de la Table, qui est voisine de ces nuages et plus rapprochée encore du pôle, puisque la dénomination de Mont de la Table fut introduite pour la première fois par Lacaille. Il viendrait plutôt de la véritable montagne de la Table et du petit nuage qui en domine le faîte, et fut longtemps regardé avec effroi par les matelots comme une annonce de tempête. Nous verrons bientôt que les deux Nuées de Magellan, longtemps remarquées dans l'hémisphère du Sud avant de recevoir un nom, en reçurent successivement plusieurs, empruntés aux routes qu'avait adoptées le commerce, à mesure que la navigation s'étendit, et qu'il régna sur ces routes une plus grande activité.

Le mouvement de la navigation sur la mer de l'Inde, qui baigne les côtes occidentales de l'Afrique, familiarisa de très-bonne heure les marins avec les constellations voisines du pôle Antarctique, particulièrement à partir du règne des Lagides, et depuis que l'on eut appris à se régler sur les moussons. Dès le milieu du xe siècle, on trouve chez les Arabes, ainsi que je l'ai remarqué plus haut, un nom servant à désigner la plus grande des nuées magellaniques, dont Ideler a démontré l'identité avec le Bœuf blanc (el-Bakar) du célèbre derviche Abdurrahman Suphi, de Raï, ville de l'Irak persan. Dans l'introduction du livre intitulé « Connaissance du Ciel étoilé, » Abdurrahman s'exprime en ces termes : « Aux pieds de Suhel, il existe une tache blanche que l'on n'aperçoit ni dans l'Irak, c'est-à-dire dans la contrée de Bagdad, ni dans le Nedschs (Nedjed), la partie la plus septentrionale et la plus montagneuse de l'Arabie, mais qui est visible dans le Tchama méridional, entre la Mecque et la pointe de l'Yemen, le long des côtes de la mer Rouge (82). » Il est question expressément dans ce passage du *Suhel* de Ptolémée, c'est-à-dire de Canopus, bien que les astronomes arabes nomment également *Suhel* plusieurs grandes étoiles du Navire (el-Sefina). La position du Bœuf blanc relativement à Canopus est indiquée ici aussi exactement qu'on pouvait le faire à l'œil nu, car l'ascension droite de Canopus est de 6ʰ 20′, et celle du bord oriental de la grande nuée magellanique 6ʰ 0′. La visibilité de la Nubecula major dans les latitudes septentrionales n'a pu être sensiblement modifiée, depuis le xᵉ siècle, par la précession des équinoxes, puisque dans les neuf siècles qui ont suivi elle a atteint le maximum de sa distance au pôle Nord. Si l'on admet la nouvelle détermination de lieu de la grande Nuée de Magellan par Sir John Herschel, il en faut conclure qu'au temps d'Abdurrahman Suphi elle était visible en totalité jusqu'à 17° de latitude Nord ; elle l'est aujourd'hui jusqu'à environ 18°. Les Nuages du Sud pouvaient être vus par conséquent dans toute la partie sud-ouest de l'Arabie et dans l'Hadhramaut, le pays de l'encens, de même que dans l'Yemen, où florissait la civilisation de Saba et qui reçut l'antique immigration des Yoctanides. La formation de plusieurs établissements arabes sur les côtes orientales de l'Afrique, dans les régions intertropicales au nord et au sud de l'équateur, dut servir aussi à répandre des notions plus exactes sur les constellations du ciel austral.

Les premiers pilotes civilisés qui visitèrent les côtes occidentales de l'Afrique, au delà de la ligne, furent des Européens, particulièrement des Catalans et des Portugais. Des documents incontestables tels que le planisphère de Marino Sanuto Torsello (1306), l'ouvrage génois connu sous le nom de *Portulano medi-*

ceo (1351), le *Planisferio de la Palatina* (1417) et le *Mappamondo* di fra Mauro Camaldolese (de 1457 à 1459) prouvent que 178 ans avant la prétendue découverte du Capo Tormentoso ou cap de Bonne-Espérance, faite par Bartholomé Diaz au mois de mai 1487, l'on connaissait déjà la configuration triangulaire de l'extrémité méridionale du continent Africain (83). Si l'on songe à l'importance nouvelle et toujours croissante que prit cette route commerciale par suite de l'expédition de Gama et au but commun de tous les voyages accomplis le long des côtes de l'Afrique, il paraît naturel que les pilotes aient donné le nom de *Nuages du Cap* aux deux nébulosités qui, dans chaque voyage au Cap, les frappaient comme de remarquables phénomènes.

Les efforts persévérants tentés pour dépasser l'équateur le long des côtes orientales de l'Amérique, et pénétrer jusqu'à la pointe méridionale du continent, depuis l'expédition de Alonso de Ojeda et de Amerigo Vespucci en 1455, jusqu'à celle de Magellan et de Sebastien del Cano en 1521, et à celle de Garcia de Loaysa et de Francisco de Hoces en 1525 (84), avaient attiré sans interruption l'attention des navigateurs sur les constellations du Sud. D'après les Journaux de voyages que nous possédons et qui sont confirmés par les témoignages historiques d'Anghiera, cela fut vrai surtout pour le voyage d'Amerigo Vespucci et de Vicente Yañez Pinzon, qui amena la découverte du cap Saint-Augustin, par 8° 20′ de latitude australe. Vespucci se vante d'avoir vu 3 Canopi dont un obscur, Canopo fosco, 2 Canopi risplendenti. L'ingénieux auteur des ouvrages sur les Noms des Étoiles et sur la Chronologie, Ideler, s'est efforcé d'éclaircir la description très-confuse faite par Amerigo Vespucci dans sa Lettre à Lorenzo Pierfrancesco de Medici ; il en résulte que Vespucci a employé le mot *Canopus* dans un sens aussi indéterminé que les astronomes arabes avaient coutume d'employer le mot *Suhel*. Ideler démontre que le Canopo fosco nella via lattea n'est pas autre chose que la tache noire ou le grand *sac de Charbon* de la Croix du Sud, et que la position assignée par Vespucci à 3 étoiles resplendissantes, dans lesquelles on croit reconnaître α, β et γ de la petite Hydre, rend très-vraisemblable cette opinion que le Canopo risplendente di notabile grandezza est la Nubecula major, et l'autre Canopo risplendente, la Nubecula minor (85). Il y a toujours lieu de s'étonner que Vespucci n'ait point comparé ces nouveaux phénomènes célestes à des nuages, comme le firent à première vue tous les autres observateurs. On serait tenté de croire que cette comparaison dut s'offrir irrésistiblement à l'esprit. Pierre Martyr Anghiera, qui connaissait personnellement tous les grands navigateurs de cette époque, et dont les lettres sont écrites sous l'impression toute vivante encore de leurs récits, retrace, de manière à ce qu'on ne puisse s'y méprendre, l'éclat doux, mais inégal, des Nubeculæ : « Assecuti sunt Portugalenses alterius poli gradum quinquagesimum amplius, ubi punctum (Polum?) circumeuntes *quasdam nubeculas* licet intueri veluti in lactea via sparsos fulgores per universi cœli globum intra ejus spatii latitudinem (86). » Le renom brillant et la durée de la circumnavigation de Magellan qui, commencée au mois d'août 1519, ne fut achevée qu'au mois de septembre 1522, le long séjour fait par un nombreux équipage sous le ciel austral, obscurcit le souvenir de toutes les observations antérieures, et le nom de Nuées de Magellan se répandit chez toutes les nations maritimes qui peuplent les côtes de la mer Méditerranée.

J'ai montré par un seul exemple comment l'élargissement de l'horizon géographique vers les contrées du sud avait ouvert un nouveau champ à l'astronomie d'observation. Quatre objets surtout durent exciter sous ce nouveau ciel la curiosité des pilotes : la recherche d'une étoile polaire australe ; la forme de la Croix du Sud, qui occupe une position perpendiculaire, lorsqu'elle passe par le méridien du lieu où est placé l'observateur ; les Sacs de charbon et les nuages lumineux qui circulent autour du pôle. Nous lisons dans l'*Arte de navegar* de Pedro de Medina (lib. V, cap. 11), qui, publié pour la première fois l'an 1545, a été traduit en plusieurs langues, que dès le milieu du XVIe siècle, on faisait servir à la détermination de la latitude les hauteurs méridiennes du *Cruzero*. Après s'être contenté d'observer ces phénomènes, on se mit vite en devoir de les mesurer. Le premier calcul sur la position des étoiles voisines du pôle antarctique fut fait à l'aide de distances angulaires, prises à partir d'étoiles connues, dont la place avait été déterminée par Tycho, dans les Tables Rudolphines. Ce premier travail appartient, comme je l'ai remarqué déjà (87), à Petrus Theodori de Emden et au Hollandais Frédéric Houtman, qui, vers l'an 1594, naviguait sur la mer de l'Inde. Les résultats de leurs mesures trouvèrent place bientôt dans les catalogues d'étoiles et dans les globes célestes de Blaeuw (1601), de Bayer (1603) et de Paul Mérula (1605). Tels sont, jusqu'à Halley (1677) et jusqu'aux grands travaux astronomiques des jésuites Jean de Fontaney, Michaud et Noël, les faibles débuts qui servirent de fondements à la topographie du Ciel austral. Ainsi l'histoire de l'astronomie et l'histoire de la géographie, unies entre elles par des liens étroits, nous retracent conjointement les époques mémorables qui, depuis 250 ans à peine, ont préparé ce résultat, de pouvoir reproduire d'une manière exacte et complète l'image cosmique du firmament, aussi bien que les contours des continents terrestres.

Les Nuées de Magellan, dont la plus grande couvre 42 degrés, la plus petite 10 degrés carrés de la voûte céleste, produisent à l'œil nu et au premier abord la même impression que produiraient deux portions détachées et d'égale grandeur de la Voie lactée. Par un beau clair de Lune le petit nuage disparaît entièrement, l'autre perd seulement une partie considérable de son éclat. Le dessin qu'a donné de ces nuages Sir John Herschel est excellent et s'accorde à merveille avec les souvenirs les plus vivants que j'aie gardés de mon séjour au Pérou. C'est aux laborieuses observations faites en 1837 par cet observateur au cap de Bonne-Espérance que l'astronomie doit la première analyse exacte de ce singulier agrégat des éléments les plus divers (88). Sir John Herschel y a reconnu un grand nombre d'étoiles isolées, des essaims d'étoiles et des amas stellaires de forme sphérique, ainsi que des nébuleuses régulières ou irrégulières, et plus pressées qu'elles ne le sont dans la zone de la Vierge et dans la chevelure de Bérénice. La multiplicité de ces éléments ne permet pas de considérer les Nubeculæ, ainsi qu'on l'a fait trop souvent, comme des nébuleuses d'une dimension extraordinaire, non plus que comme des parties détachées de la Voie lactée. Les amas globulaires et surtout les nébuleuses ovales sont très-clair-semées dans la Voie lactée, à l'exception d'une petite zone comprise entre l'Autel et la queue du Scorpion (89).

Les Nuées de Magellan ne se rattachent ni entre elles ni avec la Voie lactée par aucune nébulosité perceptible. A part le voisinage de l'amas stellaire du Toucan (90), la plus petite est située dans une espèce de désert. L'espace occupé par l'autre est moins complétement vide d'étoiles. La structure et la configuration intérieure de la Nubecula major sont compliquées de telle façon que l'on y trouve, comme dans le n° 2878 du catalogue d'Herschel, des masses reproduisant exactement l'état d'agrégation et la forme de la nuée entière. La conjecture du savant Horner que les Nuées de Magellan auraient fait autrefois partie de la Voie lactée, ou même, disait-il, on peut reconnaître encore la place qu'elles occupaient, est une rêverie, aussi bien que cette autre hypothèse d'après laquelle ces nuées auraient, depuis le temps de Lacaille, changé de position et fait un mouvement en avant. Leur position avait été d'abord fixée d'une manière inexacte, à cause du peu de netteté de leurs contours vus à travers des télescopes de petite ouverture. Sir John Herschel fait remarquer que, sur tous les globes célestes et sur toutes les cartes sidérales, la Nubecula minor n'est point à sa place, et que l'erreur est de près d'une heure d'asc. droite. D'après lui la Nubecula minor est située entre les méridiens de $0^h 28'$ et $1^h 15'$, et entre 162° et 165° de distance du pôle Nord ; la Nubecula major entre $4^h 40'$ et $6^h 0'$ d'asc. droite, entre 156° et 162° de distance au pôle Nord. Dans la première il n'a pas déterminé en ascension droite et en déclinaison moins de 919 objets distincts, étoiles, nébuleuses et amas stellaires. Il en a déterminé 244 dans la seconde. Ces objets doivent être répartis comme il suit :

Nubec. maj. 582 étoiles, 291 nébuleuses, 46 amas stellaires.
Nubec. min. 200 — 37 — 7 —

L'infériorité numérique des nébuleuses dans le petit nuage est frappante. Elles sont, relativement aux nébuleuses du grand nuage, dans le rapport de 1 à 8, tandis que les étoiles isolées sont comme 1 est à 3. Ces étoiles cataloguées au nombre de près de 800, sont pour la plupart de 7e et de 8e grandeur; quelques-unes sont de 9e et même de 10e. Au milieu du grand nuage, existe une nébuleuse signalée déjà par Lacaille (no 30 de la Dorade, Bode; no 2941 de Sir John Herschel), et qui n'a point d'égale sur toute la surface du ciel. Cette nébuleuse occupe à peine 1/500 de l'aire du nuage, et déjà Sir John Herschel a déterminé dans cet espace la position de 105 étoiles de 14e, de 15e et de 16e grandeur, projetées sur un fond nébuleux dont rien n'altère l'éclat uniforme, et qui a résisté jusqu'ici aux plus puissants télescopes (91).

Près des Nuées de Magellan, mais à une plus grande distance de pôle Sud, sont situées les taches noires qui de bonne heure, vers la fin du XVe siècle et au commencement du XVIe, attirèrent l'attention des pilotes portugais et espagnols. Elles sont vraisemblablement comprises, comme on l'a dit déjà, parmi les trois *Canopi* dont parle Vespucci, dans la Relation de son troisième voyage. Je trouve la première indication de ces taches dans l'ouvrage d'Anghiera, *de Rebus oceanicis* (Dec. 1, lib. 9, p. 20, b. ed. 1533) : « Interrogati a me nautæ qui Vicentium Agnem Pinzonum fuerant comitati (1499) an antarcticum viderint polum : stellam se nullam huic arcticæ similem, quæ discerni circa punctum (polum?) possit, cognovisse inquiunt. Stellarum tamen aliam aiunt se prospexisse faciem densamque quamdam ab horizonte vaporosam caliginem, quæ oculos fere obtenebraret. » Le mot Stella est pris ici dans le sens général de phénomène céleste, et d'ailleurs il est possible que les matelots interrogés par Anghiera ne se soient pas exprimés bien nettement sur cette obscurité (caligo) qui semblait frapper d'aveuglement. Le Père Joseph Acosta de Medina del Campo a signalé en termes plus satisfaisants les taches noires et la cause de ce phénomène, dans son *Historia natural de las Indias* (lib. 1., cap. 2) ; il les compare, sous le rapport de la forme et de la couleur, à la partie obscure du disque de la lune. « De même, dit-il, que la Voie lactée est plus brillante, parce qu'elle est composée d'une matière céleste plus dense, d'où, pour cette raison, rayonne plus de lumière, de même les taches noires que l'on ne peut apercevoir en Europe sont complétement dépourvues de lumière, parce qu'elles forment dans le ciel une région vide, c'est-à-dire composée d'une matière très-subtile et très-transparente. » Un célèbre astronome a cru reconnaître dans cette description les taches solaires (92); cela n'est pas assurément moins étrange que de voir, en 1689, le missionnaire Richaud prendre les *manchas negras* d'Acosta pour les nuées lumineuses de Magellan (93).

Richaud d'ailleurs, comme les premiers pilotes qui ont fait mention de ces objets, parle des *Sacs à charbon* (coal-bags) au pluriel. Il en cite deux, le plus grand dans la Croix, et un autre dans Robur Caroli, que certains observateurs ont divisé en deux taches distinctes. Feuillée, dans les premières années du XVIIIe siècle, et Horner, en 1804, dans une lettre adressée du Brésil à Olbers, ont représenté ces deux taches du Robur Caroli comme offrant une forme indécise et des contours mal arrêtés (94). Je n'ai pu, durant mon séjour au Pérou, arriver à fixer mes doutes sur les Sacs à charbon du Robur Caroli, et comme j'étais tenté d'attribuer ce manque de succès au peu de hauteur de la constellation, je voulus m'éclairer auprès de Sir John Herschel et du directeur de l'Observatoire de Hambourg, M. Rumker, qui avaient été sous des latitudes beaucoup plus méridionales que moi. En dépit de leurs efforts, ils n'ont pas mieux réussi à déterminer la forme des contours ni l'intensité lumineuse de ces deux taches. Ils n'ont pu approcher, sous ce rapport, des résultats obtenus pour les Sacs à charbon de la Croix. Sir John estime qu'il n'y a pas lieu de distinguer plusieurs Sacs à charbon, à moins que l'on ne veuille désigner ainsi toutes les places obscures du ciel qui ne sont point délimitées, telles que celles qui se trouvent entre α du Centaure d'une part, β et γ du Triangle de l'autre (95), entre η et θ d'Argo, et surtout dans l'hémisphère boréal, à l'endroit où la Voie lactée laisse un espace vide entre ε, α et γ du Cygne (96).

La tache noire de la Croix du Sud, la plus frappante et celle qui fut connue la première, est située à l'est de la constellation ; elle présente la forme d'une poire et occupe 8° en longueur et 5° en largeur. Dans ce vaste espace se trouve une seule étoile visible à l'œil nu, entre la 6e et la 7e grandeur, et une quantité considérable d'étoiles télescopiques de 11e, 12e et 13e grandeur. Un petit groupe de 40 étoiles est situé à peu près au milieu (97). On a supposé que l'absence des étoiles et le contraste formé par l'éclat du ciel environnant sont les causes qui font paraître cet espace si sombre, et cette explication a généralement prévalu depuis Lacaille (98). Elle est surtout confirmée par les jaugeages d'étoiles (gauges and sweeps) que l'on a pratiqués autour de la région dans laquelle la Voie lactée semble couverte d'un nuage noir. Dans le *coal-bag*, ces opérations sans donner un vide complet, ce que l'on appelle *blank fields*, n'ont pas donné plus de 7 à 9 étoiles télescopiques, tandis qu'avec des lunettes de même champ on en découvrait 120 et jusqu'à 200 sur les bords. Tant que je demeurai dans l'hémisphère austral, sous l'impression de cette voûte étoilée qui s'était si vivement emparée de moi, l'effet de contraste ne me parut pas rendre suffisamment raison de ce phénomène; sans doute je me trompais. Les considérations de William Herschel sur les espaces complétement vides d'étoiles dans le Scorpion et dans Ophiuchus, qu'il appelle des ouvertures dans les cieux (openings in the Heavens), m'avaient conduit à penser que, dans ces régions, les couches d'étoiles superposées peuvent être moins épaisses ou tout à fait interrompues; que les dernières échappent à nos instruments optiques, et que ces régions vides sont de véritables trous par lesquels nos regards plongent dans les espaces les plus reculés de l'univers. J'ai déjà fait mention ailleurs de ces ouvertures (99), de ces brèches des couches sidérales, et les effets de perspective qu'elles nous découvrent sont devenus tout récemment l'objet de sérieuses considérations (100).

Les couches d'astres les plus lointaines, la distance des nébuleuses, tous les objets que nous avons résumés dans ce chapitre irritent la curiosité de l'homme et remplissent son esprit d'images du temps ou de l'espace qui excèdent sa faculté de concevoir. Si merveilleux que soient les perfectionnements apportés aux instruments d'optique depuis environ 60 ans, on est devenu en même temps assez familier avec les difficultés que présente leur construction pour apprécier plus justement les progrès qui restent à accomplir, et ne point se laisser aller aux espérances fantastiques dont l'ingénieux Hooke était sérieusement préoccupé de 1663 à 1665 (1). Ici comme toujours, la circonspection et la mesure conduisent plus sûrement au but. Chacune des générations humaines qui se sont succédé a droit de s'applaudir des grandes et nobles conquêtes auxquelles elle s'est élevée par la libre force de son intelligence, et dont témoignent les progrès des arts. Sans exprimer en nombres précis la puissance avec laquelle les télescopes pénètrent déjà dans l'espace, sans même attacher une grande confiance à ces chiffres, la vérité est que nous devons aux instruments d'optique de connaître la vitesse de la lumière, et de savoir que celle qui de la surface des astres les plus reculés vient frapper nos regards, est le plus ancien témoignage sensible de l'existence de la matière (2).

SYSTÈME SOLAIRE

LES PLANÈTES ET LEURS SATELLITES, LES COMÈTES, LA LUMIÈRE ZODIACALE ET LES ASTÉROÏDES MÉTÉORIQUES.

Quitter, dans la partie céleste de cette description de l'univers, le firmament et les étoiles fixes, pour redescendre au système dont le Soleil est le centre, c'est passer de l'universel au particulier, d'un objet immense à un objet petit relativement. Le domaine du Soleil est celui d'une seule étoile fixe, parmi les millions d'étoiles fixes que le télescope nous découvre dans le firmament; c'est l'étendue limitée dans laquelle des mondes très-différents entre eux obéissent à l'attraction directe d'un corps central, et soit qu'ils poursuivent seuls leur marche solitaire, ou qu'ils soient entourés eux-mêmes de corps de la même nature, décrivent autour de ce point central des orbites d'inégale grandeur. En essayant de disposer en ordre, dans la partie sidérale de cette Uranologie, les principales classes d'étoiles, j'ai eu l'occasion de signaler, parmi les innombrables étoiles télescopiques, la classe des étoiles doubles, qui forme elle-même des systèmes isolés, binaires ou diversement composés; mais malgré l'analogie des forces qui les dirigent, ces systèmes diffèrent essentiellement de notre système solaire. On y voit des étoiles douées d'un éclat propre se mouvoir autour d'un centre de gravité commun, qui n'est point occupé par la matière visible : dans notre système, au contraire, des astres obscurs circulent autour d'un corps lumineux, ou pour parler plus exactement, autour d'un centre de gravité commun, placé tantôt à l'intérieur, tantôt en dehors du corps central. « La grande ellipse que la terre décrit autour du Soleil se reflète, pour ainsi dire, dans une autre petite courbe toute semblable, sur laquelle se meut le centre du Soleil, tournant autour du centre de gravité commun du Soleil et de la Terre. » Quant à savoir si les astres planétaires, parmi lesquels on doit compter les comètes intérieures et extérieures, ne sont point capables, dans quelques parties du moins de leur surface, de produire, outre la lumière que leur envoie le corps central, une lumière qui leur soit propre, c'est une question qui ne saurait encore trouver place au milieu de ces considérations générales.

On n'a pu établir jusqu'ici par des preuves directes l'existence de corps planétaires obscurs, gravitant autour d'une étoile fixe. Le peu d'intensité de la lumière réfléchie ne nous permettrait pas d'apercevoir de telles planètes, dont longtemps déjà avant Lambert, Kepler soupçonnait que chaque étoile devait être accompagnée. En prenant pour distance de l'étoile la plus voisine, « du Centaure, 226000 rayons de l'orbite terrestre, ou 7523 fois la distance de Neptune au Soleil, une comète à très-grande excursion, celle de 1680, à laquelle on attribue, d'après des données très incertaines, il est vrai, une révolution de 8800 ans, étant à l'aphélie, éloignée de notre Soleil de 28 distances de Neptune, l'éloignement de l'étoile α du Centaure sera encore 270 fois plus grand que le rayon de notre système solaire, mesuré jusqu'à l'aphélie de cette comète. Nous apercevons la lumière réfléchie de Neptune à 30 rayons de l'orbite terrestre. Quand même, dans l'avenir, de nouveaux télescopes plus puissants nous permettraient de reconnaître trois autres planètes successives, jusqu'à la distance, je suppose, de 100 rayons de l'orbite terrestre, une telle distance n'atteindrait pas encore la 8me partie de la distance de la comète à son aphélie, pas 1/2200 de celle à laquelle il nous faudrait percevoir la lumière réfléchie d'un satellite tournant autour de α du Centaure (3). Est-il néanmoins absolument nécessaire d'admettre l'existence de satellites auprès des étoiles fixes ? Si nous jetons un regard sur les systèmes inférieurs qui rentrent dans notre grand système planétaire, nous rencontrons, à côté des analogies que peuvent offrir les planètes entourées de nombreux satellites, d'autres planètes : Mercure, Vénus, Mars, qui en sont privées. Faisant donc abstraction de ce qui est simplement possible pour nous borner aux faits réels et indubitables, nous nous sentons vivement pénétrés de cette idée : que le système solaire, surtout avec les complications que les derniers temps nous ont révélées, offre l'image la plus riche des relations directes et facilement reconnaissables, qui rattachent un grand nombre de corps célestes à un seul d'entre eux.

Notre système planétaire, en raison même de l'espace plus restreint qu'il occupe, offre, pour la sûreté et l'évidence des résultats que cherche l'astronomie mathématique, des avantages incontestables sur l'ensemble du firmament. L'étude du monde sidéral, en ce qui concerne surtout les amas stellaires et les nébuleuses, comme aussi pour le classement photométrique des étoiles, travail d'ailleurs trop peu certain, appartient en grande partie au domaine de l'astronomie contemplative. La partie la plus exacte et la plus brillante de l'astronomie, celle qui a reçu de nos jours le plus d'accroissement, est la détermination des positions d'étoiles en ascension droite et en déclinaison. Qu'il s'agisse d'étoiles isolées ou doubles, d'amas stellaires ou de nébuleuses, le mouvement propre des étoiles, les éléments d'où l'on déduit leur parallaxe, la distribution des mondes dans l'espace révélée par les jaugeages télescopiques du Ciel, les périodes des étoiles à éclat changeant ou la révolution lente des étoiles doubles, sont autant d'objets susceptibles d'être mesurés avec une plus ou moins grande exactitude, bien que ces opérations ne soient pas sans difficulté. Il y en a d'autres au contraire qui par leur nature échappent à toute espèce de calcul : de ce nombre sont la position relative et la forme des couches stellaires ou des nébuleuses perforées, l'ordonnance générale de l'univers, et l'action violente des forces naturelles en vertu desquelles apparaissent ou disparaissent les étoiles, phénomènes qui nous affectent d'autant plus profondément qu'ils touchent aux régions vaporeuses de l'imagination et de la fantaisie (4).

Nous nous abstenons à dessein, dans les pages suivantes, de toute considération sur la liaison de notre système solaire avec les systèmes des autres étoiles fixes; nous ne revenons plus sur ces questions, qui s'imposent à notre intelligence, de la subordination et de la dépendance des systèmes. Nous n'avons plus à nous demander si le Soleil, notre astre central, n'est pas lui-même à l'état de planète dans un autre système plus vaste, et non pas même peut-être à l'état de planète principale, mais à l'état de satellite d'une planète, comme les lunes de Jupiter. Limités à un domaine plus familier, au domaine même du Soleil, nous avons à nous féliciter de cet avantage, que presque tous les résultats de l'observation, excepté ce qui se rattache à l'aspect des surfaces, à l'atmosphère gazeuse des globes planétaires, à la queue simple ou multiple des comètes, à la lumière zodiacale ou à l'apparition énigmatique des étoiles filantes, peuvent être ramenés à des rapports numériques, et se présentent comme les conséquences d'hypothèses susceptibles d'une démonstration rigoureuse. Cette démonstration n'entre point dans le plan d'une description physique de l'univers; tout ce qu'un pareil plan comporte, c'est de recueillir méthodiquement les résultats numériques; héritage que chaque siècle transmet agrandi au siècle suivant. Une table renfermant la distance moyenne qui sépare les planètes du Soleil, la durée de leur révolution sidérale, l'excentricité de leur orbite, l'inclinaison de ces orbites sur l'écliptique, le diamètre, la masse et la densité, peut offrir aujourd'hui, sous un bien petit espace, l'état des conquêtes intellectuelles qui sont l'honneur de notre époque. Qu'on se transporte un instant dans l'antiquité, qu'on se représente le maître de Platon, le pythagoricien Philolaüs, Aristarque de Samos ou bien Hipparque, en possession de cette feuille de chiffres ou d'une description graphique des orbites de toutes les planètes, tels qu'il s'en trouve dans nos ouvrages élémentaires : on ne pourrait comparer l'étonnement et l'admiration de ces hommes, les héros de la science naissante, qu'à la surprise dont seraient frappés Ératosthène, Strabon, Claude Ptolémée, si on leur présentait une de nos mappemondes dressées sur une carte de quelques pouces carrés, d'après les projections de Mercator.

Les comètes que l'attraction centrale force à revenir sur elles-mêmes, en décrivant une ellipse fermée, marquent la limite du domaine solaire. Mais comme on ne peut être certain qu'il ne se présentera point un jour quelque autre comète, dont le grand axe dépasserait en longueur ceux des comètes connues jusqu'à ce jour et dont les éléments ont été calculés, la distance des aphélies de ces comètes ne nous donne qu'une limite inférieure de l'espace subordonné au Soleil. Ainsi le domaine solaire est caractérisé par les effets visibles et mesurables des forces centrales qui émanent du Soleil, et par les corps planétaires qui décrivent des orbites fermées autour de lui, sans pouvoir rompre les liens qui les y retiennent attachés. L'attraction qu'exerce cet astre sur d'autres étoiles fixes ou soleils, dans des espaces plus vastes, par delà les orbites de ces corps célestes, ne doit point trouver place parmi les considérations dont nous nous occupons ici.

D'après l'état de nos connaissances à la fin de cette première moitié du XIXe siècle (1851), le système solaire comprend les éléments suivants, en rangeant les planètes d'après la distance qui les sépare du corps central :

1° 22 planètes principales : MERCURE, VÉNUS, LA TERRE, MARS; *Flore*, *Victoria*, *Vesta*, *Iris*, *Métis*, *Hébé*, *Parthénope*, *Égérie*, *Astrée*, *Irène*, *Junon*, *Cérès*, *Pallas*, *Hygie*; JUPITER, SATURNE, URANUS, NEPTUNE.

De ces 22 planètes, 6 seulement étaient connues au 17 mars 1781. — Nous avons distingué par des caractères typographiques différents les 8 grandes planètes des 14 petites, appelées quelquefois aussi astéroïdes, dont les orbites entrelacées sont comprises entre Mars et Jupiter.

2° 21 satellites : 1 pour la terre, 4 pour Jupiter, 8 pour Saturne, 6 pour Uranus, 2 pour Neptune.

3° 197 comètes, dont l'orbite est calculée. Parmi ces comètes, 6 sont intérieures, c'est-à-dire que leur aphélie est en deçà de l'orbite planétaire la plus éloignée, celle de Neptune.

Selon toute probabilité, le système solaire renferme encore *la lumière zodiacale*, qui s'étend beaucoup au delà de l'orbite de Vénus et atteint peut-être celle de Mars.

De nombreux observateurs sont aussi d'avis d'y joindre les *essaims d'astéroïdes météoriques* qui coupent l'orbite de la Terre, surtout en des points déterminés.

Les événements récents qui méritent d'être mentionnés dans l'histoire des découvertes planétaires, sont : la découverte d'Uranus, la première planète trouvée au delà de l'ellipse de Saturne, qui fut signalée à Bath le 13 mars 1781 par Herschel ; la découverte de Cérès, la première des petites planètes, observée par Piazzi à Palerme le 1er janvier 1801 ; la reconnaissance de la première comète intérieure, faite par Encke à Gotha, au mois d'août 1819 ; enfin l'annonce de l'existence de Neptune, prouvée au moyen du calcul des perturbations planétaires, par Le Verrier, à Paris, dans le mois d'août 1846, et vérifiée par Galle le 23 septembre 1846, à Berlin. Ces découvertes considérables n'ont pas eu seulement pour résultat d'étendre et d'enrichir d'autant notre système solaire ; chacune d'elles a été le principe d'un grand nombre d'autres découvertes : c'est à elles que l'on doit la connaissance de 5 autres comètes intérieures, signalées de 1826 à 1851 par Biela, Faye, de Vico, Brorsen et d'Arrest, et celle de 13 petites planètes, dont 3 (Pallas, Junon et Vesta) ont été trouvées de 1801 à 1807, et dont, après 38 ans d'interruption, 9 autres ont été observées successivement par Encke, Hind, Graham et de Gasparis. A partir de la découverte d'Astrée, due aux observations heureuses et aux habiles combinaisons de Encke, c'est-à-dire depuis le 8 décembre 1845 jusqu'au milieu de l'année 1851, le monde des comètes est devenu aussi l'objet d'observations tellement attentives, qu'on est parvenu, dans les 11 dernières années, à calculer les orbites de 33 nouvelles comètes. C'est à peu près tout ce qu'on avait pu faire en 40 ans, depuis le commencement du XIXe siècle.

I

LE SOLEIL

CONSIDÉRÉ COMME CORPS CENTRAL.

Le flambeau (Lucerna Mundi), comme l'appelle Copernic (5), qui trône au centre du monde, est le cœur de l'univers, suivant l'expression de Théon de Smyrne, et vivifie tout par ses battements (6); il est la source de la lumière et de la chaleur rayonnante; il est sur la terre le principe d'un grand nombre de phénomènes électro-magnétiques. C'est à lui surtout que doit être rapportée l'activité vitale des êtres organisés qui peuplent notre planète, et particulièrement celle des végétaux. Pour donner l'idée la plus générale des actions extérieures par lesquelles se manifeste la puissance du Soleil, on peut ramener à deux causes principales les changements qu'il produit à la surface du globe. D'un côté, il agit par l'attraction inhérente à sa masse, comme dans le flux et le reflux de l'Océan, phénomène pour lequel il convient toutefois de réserver le résultat partiel dû à la force attractive de la Lune; de l'autre, par les ondulations ou vibrations transversales de l'éther, principes de la chaleur et de la lumière, qui, entre autres phénomènes, déterminent, en vaporisant les eaux dans les mers, les lacs et les fleuves, le mélange fertilisateur des couches liquides et gazeuses dont notre planète est enveloppée. C'est aussi dans l'influence du Soleil qu'il faut chercher l'origine des courants aériens, produits par des différences de température, ainsi que celle des courants pélagiques, dus à la même cause, et qui n'ont point cessé depuis des milliers d'années, quoique à un moindre degré, d'entasser ou d'entraîner des couches sédimentaires, et de changer ainsi la constitution superficielle du sol submergé. Le Soleil fait encore naître et entretient l'activité électromagnétique de la croûte terrestre et celle de l'oxygène contenu dans l'air. Tantôt enfin il se manifeste tranquillement et en silence par des affinités chimiques, et détermine les divers phénomènes de la vie, chez les végétaux, dans l'endosmose des parois cellulaires, chez les animaux, dans le tissu des fibres musculaires ou nerveuses; tantôt il fait éclater dans l'atmosphère, le tonnerre les ouragans et les trombes d'eau.

Nous avons essayé ici de tracer le tableau des influences solaires, à l'exception de celles qui agissent sur l'axe du globe ou sur son orbite. En exposant le lien qui unit entre eux de grands phénomènes, dont à première vue on ne soupçonnerait point le rapport, nous nous sommes proposé de rendre saisissante cette vérité que, dans un livre sur le Cosmos, il est parfaitement légitime de représenter la nature physique comme un corps animé, vivant en vertu de forces intérieures qui souvent se font équilibre. Cependant les ondes lumineuses n'agissent pas seulement sur le monde des corps, et ne se bornent pas à décomposer et à recomposer les substances; elles n'ont pas pour unique effet d'attirer hors du sein de la terre les germes délicats des plantes, de développer dans les feuilles la matière verte ou chlorophylle, de teindre les fleurs odorantes, ou de répéter mille et mille fois l'image du Soleil, au milieu du choc gracieux des vagues, et sur les tiges légères de la prairie courbées par le souffle du vent; la lumière du ciel, suivant les différents degrés de sa durée et de son éclat, est aussi en relations mystérieuses avec l'intérieur de l'homme, avec l'excitation plus ou moins vive de ses facultés, avec la disposition gaie ou mélancolique de son humeur; c'est ce que Pline l'Ancien a exprimé par ces paroles (lib. 11, cap. 6) : « Cœli tristitiam discutit Sol, et humani nubila animi serenat. »

Dans la description des planètes, je placerai les données numériques avant les détails qu'il me sera possible de fournir sur leur constitution physique, à l'exception de la Terre que je réserve pour plus tard. L'ordre adopté pour ces nombres sera à peu près le même que celui qu'a suivi Hansen, dans son excellent Aperçu du Système solaire (*Uebersicht des Sonnensystems*), toutefois avec des changements et des additions, puisque depuis 1837, époque où l'écrivait l'auteur, on a découvert onze planètes et trois satellites (7).

La distance moyenne du centre du Soleil à la Terre est, d'après la correction additionnelle de Encke pour la parallaxe du Soleil, que l'on peut voir dans les Mémoires de l'Académie de Berlin (1835, p. 309), de 20 682 000 milles géographiques, de 15 au degré de l'équateur terrestre, chacun de ces milles valant exactement, d'après les recherches faites par Bessel sur dix mesures de degré, 3807',23 ou 7420",43 (*Cosmos*, t. I, p. 491, n. 30).

La lumière, suivant les observations de Struve sur la constante de l'aberration, met pour venir du Soleil à la Terre, en supposant la planète à distance moyenne du corps central, c'est-à-dire pour parcourir le demi-diamètre de l'orbite terrestre, 8' 17",78 (*Cosmos*, t. III, p. 87 et 306), d'où il suit que la position vraie du Soleil est à 20",445 en avant de sa position apparente.

Le diamètre apparent du Soleil, à une distance moyenne de la Terre, est de 32'1",8; par conséquent il ne dépasse que de 54",8 celui de la Lune, vue également à une distance moyenne. Au périhélie, c'est-à-dire au moment de l'hiver où la Terre est le plus près du Soleil, le diamètre apparent de cet astre augmente jusqu'à 32'34",6; à l'aphélie, en été, lorsque nous sommes au contraire le plus loin possible du Soleil, ce diamètre n'est plus que de 31'30",1.

Le vrai diamètre du Soleil est de 192 700 milles géographiques, ou 146 600 myriamètres, c'est-à-dire qu'il est plus de 112 fois plus grand que le diamètre de la Terre.

La masse du Soleil, d'après les calculs d'Encke sur la formule que Sabine a donnée du pendule, est égale à 359551 fois la masse de la Terre, ou à 355499 fois les masses réunies de la Terre et de la Lune (4e Mémoire sur la comète de Pons, dans le recueil des Mémoires de l'Académie de Berlin, 1842, p. 5). Il en résulte que la densité du Soleil n'est qu'environ 1/4, ou plus exactement 0,252 de celle de la Terre.

Le volume du Soleil est 600 fois plus grand, et sa masse, d'après Galle, est 738 fois plus grande que le volume et la masse de toutes les planètes réunies. Pour donner une image sensible de la grandeur du globe solaire, on a remarqué que si l'on se représente ce globe creux et la Terre placée au centre, il y aurait encore de l'espace pour l'orbite lunaire, en supposant le rayon de cette orbite prolongé de plus de 40 000 milles géographiques.

Le Soleil tourne autour de son axe en 25 jours 1/2. L'équateur est incliné sur l'écliptique de 7° 1/2. D'après les observations très-exactes de Laugier (*Comptes rendus de l'Académie des Sciences*, t. XV, 1842, p. 941), la durée de la rotation est de $25^j 8^h 9'$ et l'inclinaison de l'équateur de 7°9'.

Les conjectures, auxquelles est peu à peu arrivée l'astronomie moderne touchant la constitution physique de la surface du Soleil, reposent sur l'observation attentive et prolongée des changements qui s'opèrent dans son disque lumineux. La manière dont se suivent et se rattachent entre elles ces modifications, telles que la naissance des taches, le déplacement relatif des noyaux noirs et du bord cendré ou pénombre, a conduit à l'opinion suivante : que le corps du Soleil lui-même est presque entièrement obscur, mais entouré à une grande distance d'une atmosphère lumineuse; que des courants ascendants forment dans cette atmosphère des ouvertures à bords évasés, et que le centre noir des taches n'est autre chose qu'une portion même du corps obscur du Soleil, vu à travers ces ouvertures. Pour que cette hypothèse, que nous indiquons ici légèrement et d'une manière générale, puisse rendre raison de toutes les particularités qui se produisent à la surface du Soleil, on admet autour de ce globe obscur l'existence de trois enveloppes différentes : d'abord une première enveloppe intérieure, de matière vaporeuse et semblable à des nuages; puis une enveloppe lumineuse ou photosphère, recouverte elle-même, comme cela paraît surtout établi par l'éclipse totale du 8 juillet 1842, d'une autre atmosphère extérieure dans laquelle flottent des nuages (8).

Il arrive quelquefois que d'heureux pressentiments ou des jeux de l'imagination contiennent, longtemps avant toute observation réelle, le germe d'opinions véritables. L'antiquité grecque est remplie de pareilles rêveries, qui plus tard se sont réalisées. De même, au XVe siècle, nous trouvons déjà clairement exprimée dans les écrits du cardinal Nicolas de Cusa, au IIe livre du traité *de Docta Igno-*

rantia, cette conjecture que le corps du Soleil est en lui-même un noyau terreux, entouré d'une enveloppe légère formée par une sphère lumineuse; qu'au milieu, c'est-à-dire vraisemblablement entre le globe obscur et l'atmosphère éclatante, se trouve un air transparent mêlé de nuages humides et semblables à notre atmosphère. Il ajoutait que la propriété de rayonner la lumière qui revêt la Terre de végétaux n'appartient pas au noyau terreux du Soleil, mais à la sphère lumineuse qui l'enveloppe. Cet aperçu, que l'on n'a pas assez signalé jusqu'à ce jour dans l'histoire de l'astronomie, offre une grande ressemblance avec les idées actuellement dominantes (9).

Ainsi que je l'ai dit déjà, en passant en revue les phases principales entre lesquelles se divise l'histoire de la Contemplation du Monde (10), les taches du Soleil ne furent reconnues ni par Galilée, ni par Scheiner, ni par Harriot, mais par Jean Fabricius, de la Frise orientale, qui le premier les observa et en fit imprimer la description. Jean Fabricius, aussi bien que Galilée, savaient déjà que ces taches appartiennent au globe solaire lui-même : on peut s'en assurer en lisant la lettre de Galilée au prince Cesi, datée du 25 mai 1612. Cependant, dix ans après, Jean Tarde, chanoine de Sarlat, et dix ans plus tard encore, un jésuite belge, prétendirent presqu'en même temps que les taches étaient causées par le passage de petites planètes, que le premier nomma *Sidera Borbonia*, le second *Sidera Austriaca* (11). Ce fut Scheiner qui le premier employa, pour observer le Soleil, les verres présorvatifs verts ou bleus, proposés 70 ans auparavant dans l'*Astronomicum Cæsareum* par Apian, autrement appelé Bienewitz, et dont les pilotes hollandais se servaient déjà depuis longtemps (12). Ce fut en grande partie pour n'avoir pas fait usage de ces verres que Galilée perdit la vue.

C'est chez le grand Dominique Cassini que se trouve le témoignage le plus précis sur la nécessité de se représenter le globe solaire comme un corps obscur, entouré d'une photosphère (12 bis). Cette conclusion, appuyée sur des observations positives, date environ de l'an 1671 ; c'est-à-dire qu'elle est postérieure d'une soixantaine d'années à la découverte des taches solaires. D'après Dominique Cassini, la surface visible du Soleil est « un océan de lumière qui enveloppe le noyau solide et obscur du Soleil ; de grands mouvements et comme des bouillonnements se produisent dans cette sphère lumineuse, et de temps à autre nous laissent apercevoir les sommets des montagnes dont le Soleil est hérissé ; ce sont là les noyaux noirs qu'on distingue au centre des taches. » Les pénombres cendrées qui bordent ces noyaux restaient encore sans explication.

Une observation ingénieuse et souvent vérifiée depuis, que l'astronome de Glasgow, Alexandre Wilson, fit sur une grande tache solaire le 22 novembre 1769, le conduisit à expliquer la nature des pénombres. Wilson observa qu'à mesure qu'une tache s'approche du bord du Soleil, la pénombre la plus rapprochée du centre de l'astre diminue de plus en plus de grandeur relativement à la pénombre opposée. De là, Wilson conclut très judicieusement, en 1774, que le noyau de la tache, c'est-à-dire la portion du globe solaire devenue visible par l'entonnoir ouvert dans l'enveloppe lumineuse, est située sur un plan plus reculé que la pénombre, et que la pénombre est formée par les talus de l'excavation (12 ter). Cette explication toutefois ne répondait pas encore à la question de savoir pourquoi la pénombre est plus brillante auprès du noyau.

Sans connaître le Mémoire de Wilson, un astronome de Berlin, Bode, dans son livre sur la nature du Soleil sur l'origne des taches (*Gedanken ueber die Natur der Sonne und die Entsehung ihrer Flecken*) a dévoppé des idées toutes semblables, avec cette clarté qui le rendait si propre à populariser la science. Il a facilité encore l'explication des pénombres, en admettant, presque comme dans l'hypothèse du cardinal Nicolas de Cusa, une couche nuageuse placée entre la photosphère et le globe obscur du Soleil. Cette supposition de deux couches distinctes conduit aux déductions suivantes : Si une ouverture se forme, ce qui arrive rarement, dans la photosphère seule, sans se prolonger dans la couche de vapeurs située au-dessous et éclairée imparfaitement par l'atmosphère lumineuse, cette couche intérieure renvoie à l'habitant de la terre une lueur très-pâle, et l'on voit une pénombre grise, une tache, mais point de noyau. Si, au contraire, sous l'influence des phénomènes météorologiques qui s'agitent violemment à la surface du Soleil, l'ouverture pénètre à travers l'enveloppe de lumière et l'enveloppe de nuages, il se détache au milieu de la pénombre cendrée un noyau « qui semble plus ou moins sombre, selon que cette ouverture correspond, sur le globe solaire, à des terres rocheuses ou sablonneuses ou bien à des mers (13). » L'espace gris qui entoure le noyau est, comme dans l'hypothèse précédente, une portion de la surface extérieure de la région nuageuse; et comme, à cause de la forme évasée de l'excavation, l'ouverture est moindre dans cette couche que dans la photosphère, la direction des rayons qui, partant des bords de l'ouverture, viennent frapper l'œil de l'observateur, explique la différence que Wilson observa le premier dans la largeur de la pénombre aux deux côtés opposés, différence qui augmente à mesure que la tache s'éloigne du centre du disque solaire. Lorsque la pénombre s'étend sur toute la tache et fait disparaître le noyau, ainsi que Laugier l'a remarqué plusieurs fois, cela tient à ce que, non pas la photosphère, mais la couche de brouillards inférieure s'est refermée.

Une tache visible à l'œil nu qui apparut à la surface du Soleil, en 1779, attira par bonheur sur le sujet qui nous occupe les facultés d'observation et d'invention qui distinguaient au même degré William Herschel. Nous possédons les résultats du grand travail auquel il se livra dans le recueil des *Philosophical Transactions* (1795 et 1801); il y examine en détail les cas les plus particuliers, d'après une nomenclature très-précise qu'il établit lui-même. Comme d'habitude, ce grand homme suit sa propre voie; une seule fois il nomme Alexandre Wilson. L'ensemble de ses vues est identique à celles de Bode; la construction à l'aide de laquelle il explique l'aspect du noyau et de la pénombre (*Philosophical Transactions*, 1801, p. 270 et 318, tab. XVIII, fig. 2) est fondée sur l'hypothèse de la déchirure des deux enveloppes. Mais, entre la couche de brouillards et le globe obscur du Soleil, il place une atmosphère claire et transparente (p. 302), dans laquelle des nuages sombres, ou ne brillant du moins que d'une lumière réfléchie, sont suspendus à une hauteur de 50 ou 60 myriamètres. A vrai dire, Herschel semble disposé à ne considérer aussi la photosphère que comme une couche de nuages lumineux, indépendants les uns des autres, et offrant des surfaces très-inégales. Il lui semble qu'un fluide élastique de nature inconnue s'élève de l'écorce ou de la surface du globe obscur, et produise dans les régions supérieures, s'il agit faiblement, un pointillé noir sur un fond lumineux, si au contraire il se déchaîne avec violence, de larges ouvertures qui laissent voir des noyaux entourés de pénombres.

Rarement arrondis et offrant presque toujours des lignes brisées et des angles rentrants, les noyaux obscurs sont souvent entourés de pénombres qui répètent la même figure sur de plus grandes dimensions. On ne remarque aucune transition d'éclat entre le noyau et la pénombre, ou entre la pénombre qui quelquefois est filiforme et la photosphère. Capocci, ainsi qu'un autre observateur très-diligent, Pastorff, ont dessiné avec beaucoup d'exactitude les formes anguleuses des taches (Schumacher's *Astronomische Nachrichten*, n° 115, p. 316; n° 133, p. 291, et n° 144, p. 471). W. Herschel et Schwabe virent les noyaux traversés par des veines éclatantes, ou par des espèces de ponts lumineux (luminous bridges). Ces phénomènes de nature nuageuse proviennent de la deuxième couche, qui donne naissance aux pénombres. D'après l'astronome de Slough, ces aspects singuliers, dus probablement à des courants ascendants, la formation tumultueuse des taches, des facules, des sillons et des crêtes, produites par les ondes lumineuses, indiqueraient un dégagement énergique de lumière; et, au contraire, « l'absence de taches et des phénomènes qui les accompagnent, ferait supposer un affaiblissement dans la combustion, et par suite une influence moins puissante et moins salutaire sur la température de notre planète et le développement de notre végétation. » Ces hypothèses conduisirent Herschel à étudier le prix du blé et la nature des récoltes, dans les années où l'on a remarqué l'absence de taches au Soleil : de 1676 à 1684 (d'après les données de Flamsteed), de 1686 à 1688 (d'après celles de Dominique Cassini), de 1695 à 1700 et de 1795 à 1800. Malheureusement on manquera toujours des éléments numériques qui seuls pourraient mener à une solution même douteuse d'un pareil problème; non pas seulement, ainsi que le remarque lui-même Herschel avec sa prudence habituelle, parce que le cours des céréales dans une portion de l'Europe ne saurait donner la mesure de la végétation sur le continent tout entier, mais surtout parce que, lors même que l'abaissement de la température moyenne se serait fait sentir durant une année dans toute l'Europe, on ne peut en aucune façon en conclure que, dans le même laps de temps, le corps terrestre ait reçu du Soleil une moindre quantité de chaleur. Il ressort des recherches de Dove sur les variations non périodiques de la température, qu'il y a toujours contraste entre les conditions climatologiques de contrées situées presque sous les mêmes latitudes, des deux côtés de l'Atlantique. Cette opposition semble se produire régulièrement entre notre continent et la partie moyenne de l'Amérique du Nord. Lorsque nous subissons ici un hiver rigoureux, il est là-bas fort doux, et réciproquement. En raison de l'influence incontestable que la quantité moyenne de chaleur estivale exerce sur le cycle de végétation et par suite sur l'abondance des céréales, ces compensations dans la répartition de la chaleur ont les plus heureuses conséquences pour les peuples entre lesquels la mer établit des communications rapides.

Sir William Herschel attribuait à l'activité du corps central, manifestée par les phénomènes dont les taches solaires sont la conséquence, une augmentation de chaleur sur la terre. Environ deux siècles et demi plus tôt, Batista Baliani, dans une lettre à Galilée, avait, au contraire, considéré les taches comme des causes de refroidissement (14). C'est aussi la conclusion à laquelle semblerait aboutir la tentative que fit à Genève le savant astronome Gautier, en comparant quatre périodes remarquables par le grand nombre ou la rareté des taches solaires (de 1827 à 1848), avec la température moyenne de 33 stations européennes et de 27 stations américaines, sous des latitudes semblables (14 bis). Cette comparaison fait ressortir de nouveau, par des différences positives ou négatives, les contrastes que présentent les saisons sur les côtes opposés de l'Atlantique. Quant à l'influence réfrigérante des taches solaires, les résultats définitifs du rapprochement tenté par Gautier donneraient à peine 0°,42 centigr.; fraction qui peut d'ailleurs, en raison de son peu d'importance, être attribuée tout aussi bien à des erreurs d'observation ou à la direction des vents.

Il reste à parler d'une troisième enveloppe du Soleil, dont il a été fait mention plus haut. C'est la plus extérieure de toutes; elle recouvre la photosphère, est nuageuse et imparfaitement transparente. Des apparences extraordinaires, de couleur rouge, et ressemblant à des montagnes ou à des flammes, furent aperçues durant l'éclipse totale du 8 juillet 1842, sinon pour la première fois, au moins d'une façon beaucoup plus nette; et cette observation fut faite simultanément par plusieurs des observateurs les plus exercés. C'est ce qui a conduit à reconnaître l'existence d'une troisième enveloppe. Après une discussion approfondie de toutes les observations, Arago a énuméré avec une rare sagacité dans un Mémoire spécial (15) les motifs qui rendent cette hypothèse nécessaire. Il a fait voir en même temps que depuis 1706 on a décrit huit fois, dans des éclipses de Soleil ou totales ou annulaires, des éminences marginales rougeâtres, semblables à celles de 1842 (16).

Le 8 juillet 1842, lorsque le disque lunaire, plus grand en apparence que celui du Soleil, l'eût couvert entièrement, on ne vit pas seulement une lueur blanchâtre entourer la Lune en forme d'auréole ou de couronne lumineuse (16 bis); on vit encore deux ou trois protubérances qui semblaient enracinées sur les bords et que, parmi les astronomes qui les observèrent, les uns comparèrent à des montagnes rougeâtres et anguleuses, d'autres à des masses de glaces colorées en rouge, d'autres encore à des langues de flammes immobiles. Malgré la grande diversité des lunettes dont on fit usage, Arago, Laugier et Mauvais, à Perpignan; Petit, à Montpellier; Airy, sur les hauteurs de la Superga, près de Turin; Schumacher, à Vienne, et beaucoup d'autres astronomes, s'accordèrent complétement sur les traits principaux qu'offrait l'ensemble du phénomène. Les protubérances ne furent pas visibles simultanément sur tous les points; dans quelques endroits on put les apercevoir même à l'œil nu. L'angle sous-tendu par leur hauteur fut diversement estimé. L'appréciation la plus certaine paraît être celle de Petit, directeur de l'Observatoire de Toulouse. Elle est de 1′45″; ce qui, dans le cas où ces apparences seraient réellement des montagnes leur assignerait une élévation de plus de 7000 myriamètres. C'est presque sept fois le diamètre de la Terre, qui est contenu 112 fois dans celui du Soleil. L'ensemble de tous les phénomènes observés a conduit à conjecturer avec beaucoup de vraisemblance que ces apparences rouges sont des ondulations de la troisième atmosphère, des masses nuageuses éclairées et colorées par la photosphère (17). Arago, en développant cette idée, exprime la conjecture que l'azur profond du ciel, que j'ai eu moi-même l'occasion de mesurer sur les plus hauts sommets des Cordillères, avec des instruments aujourd'hui encore bien imparfaits, pourrait fournir un moyen facile d'observer les nuages en forme de montagnes de la troisième enveloppe solaire (18).

Ce qui frappe au premier abord, quand on cherche à déterminer dans quelle zone du Soleil se montrent habituellement les taches, c'est qu'elles sont rares vers l'équateur solaire, entre 3° de latitude boréale et 3° de latitude australe, et qu'elles manquent complétement dans les régions polaires. A deux époques seulement de l'année, le 8 juin et le 9 décembre, les taches ne décrivent plus des courbes concaves ou convexes, mais tracent des lignes droites parallèles entre elles, et à l'équateur. La zone où les taches sont les plus fréquentes est comprise entre 11° et 15° de latitude Nord. En général on peut affirmer qu'elles se rencontrent en plus grand nombre dans l'hémisphère septentrional, et, comme le dit Sœmmering, qu'elles se prolongent plus loin en dehors de l'équateur vers le Nord que vers le Sud (*Outlines*, § 393, *Voyage au Cap*, p. 433). Galilée déjà avait donné 29° comme limite extrême dans les deux hémisphères. John Herschel recula cette limite jusqu'à 35°; c'est aussi ce qu'a fait Schwabe (Schumacher's *Astron. Nachr.*, n° 473). Quelques taches isolées ont été vues par Laugier sous 41° (*Comptes rendus*, t. XV, p. 944), par Schwabe jusque sous 50° de latitude. Une tache décrite par La Hire sous 70° de latitude Nord peut être mise au rang des plus grandes raretés.

La distribution des taches sur le disque du Soleil, telle que nous venons de l'indiquer, leur rareté sous l'équateur et dans les régions polaires, leur disposition parrallèle à l'équateur, ont fait supposer à Sir John Herschel que les obstacles que la troisième enveloppe extérieure peut en certains endroits opposer à l'émission de la chaleur, font naître dans l'atmosphère du Soleil des courants dirigés du pôle vers l'équateur, courants analogues à ceux qui, causés sur la Terre par la vitesse de la rotation, différente sous chaque parallèle, produisent les vents alisés et les calmes qui règnent surtout dans le voisinage de l'équateur. Quelques taches se montrent si permanentes qu'on les voit reparaître six mois entiers, comme cela est arrivé pour la grande tache de 1779. Schwabe à pu, en 1840, retrouver un même groupe huit fois de suite. En mesurant exactement un noyau obscur représenté dans l'ouvrage d'Herschel, auquel j'ai fait de si nombreux emprunts, *le Voyage au Cap*, on s'est assuré qu'il est d'une telle grandeur que le globe terrestre, lancé à travers l'ouverture de la photosphère, aurait laissé encore de chaque côté un espace de plus de 170 myriamètres. Sœmmering remarque qu'il y a sur le Soleil certains méridiens dans lesquels, pendant de longues années, il n'a pas vu apparaître une seule tache (Thilo, *de Solis maculis a Sœmmeringio observatis*, 1828, p. 22). Les résultats si différents trouvés pour la durée de la rotation du Soleil ne doivent pas être attribués seulement à l'inexactitude des observations; ces différences proviennent de la propriété qu'ont certaines taches de changer de place sur la surface du Soleil. Laugier a consacré à cet objet des recherches spéciales, et a observé des taches qui, prises isolément, auraient donné pour la rotation une durée tantôt de $24^j, 28$, tantôt de $26^j, 46$. Le seul procédé propre à faire connaître la durée de la rotation solaire est donc de prendre une moyenne entre un grand nombre de taches, qui par la permanence de leur forme et la distance qui les sépare d'autres taches visibles en même temps, garantissent contre les chances d'erreur.

Quoiqu'il arrive plus souvent qu'on ne le croit en général de distinguer nettement à l'œil nu des taches sur la surface du Soleil, pourvu que l'on dirige ses observations dans ce sens, c'est à peine si, du commencement du IXe siècle au commencement du XVIIe, l'on peut retrouver l'indication de deux ou trois phénomènes qui méritent confiance. Tels sont la prétendue station que, d'après les Annales des rois francs, attribuées d'abord à un astronome bénédictin, puis à Eginhard, Mercure aurait faite durant huit jours sur le disque du Soleil, en 807 ; le passage de Vénus sur le Soleil en 91 jours, sous le règne du calife Al-Motassem, dans l'année 840, et les *signa in Sole* observés en 1096, d'après le *Staindelii Chronicon*. La mention faite par les historiens d'obcurcissements survenus dans le Soleil, ou, pour parler avec plus d'exactitude, d'un affaiblissement plus ou moins long de la lumière solaire, m'a conduit, depuis un grand nombre d'années, à faire des recherches spéciales sur la nature météorologique et peut-être cosmique de ces phénomènes (19). Comme les grandes accumulations de taches, telle que celle, par exemple, qu'Hévélius observa le 20 juillet 1643, et qui couvrit un tiers du Soleil, sont toujours accompagnées d'une multitude de facules, je suis porté à attribuer aux noyaux obscurs ces assombrissements, durant lesquels des étoiles devinrent visibles quelque temps, comme dans les éclipses totales.

Un calcul de Duséjour nous apprend qu'une éclipse totale ne peut durer, pour un point de l'équateur terrestre plus de 7′58″, et pour la latitude de Paris plus de 6′10″. Les obscurcissements rapportés par les annalistes eurent une durée beaucoup plus longue, et je serais tenté, pour cette raison, de les rapporter à trois causes différentes : 1° à la perturbation apportée dans le développement de la lumière du Soleil ou à une intensité moins grande de la photosphère ; 2° à des obstacles, tels que des couches de nuages plus étendues et plus épaisses, opposées au rayonnement de la lumière et de la chaleur, par l'atmosphère extérieure, imparfaitement transparente, qui recouvre la sphère lumineuse ; 3° à des mélanges qui troubleraient l'air qui nous entoure, comme les poussières, généralement de nature organique, que transportent les vents alisés, et les prétendues pluies d'encre, ou les pluies de sable dont Macgowan rapporte qu'elles tombent en Chine durant plusieurs jours. Les deux dernières explications n'exigent aucun affaiblissement dans la production peut-être électro-magnétique de la lumière, hypothèse d'après laquelle la lumière serait une aurore boréale perpétuelle (20) ; mais la troisième exclut la visibilité des étoiles en plein midi, dont il est si souvent question, lors de ces obscurcissements mystérieux, décrits avec trop peu de détails.

Ce n'est pas seulement l'hypothèse d'une troisième et dernière enveloppe du Soleil, ce sont aussi les conjectures sur toute la constitution physique du corps central de notre système planétaire, qui sont confirmées par la découverte, due à Arago, de la polarisation colorée. Un rayon de lumière qui, partant des régions les plus reculées du Ciel, vient frapper notre œil, après avoir parcouru un grand nombre de millions de lieues, indique comme de lui-même, dans le polariscope d'Arago, s'il est réfléchi ou réfracté, s'il émane d'un corps solide, liquide ou gazeux (*Cosmos*, t. I, p. 41 ; t. II, p. 397). Il est essentiel de distinguer la lumière naturelle rayonnant directement du Soleil, des étoiles et des flammes, qui n'est polarisée qu'à la condition d'être réfléchie par un plan de glace, sous un angle de 35° 25′, et la lumière polarisée qui émane spontanément des corps solides ou liquides incandescents. La lumière polarisée vient très-probablement de l'intérieur de ces corps. Passant d'un milieu plus dense dans la couche d'air environnante, elle est réfractée à la surface ; une partie du rayon est renvoyée vers l'intérieur et devient de la lumière polarisée par réflexion, tandis que l'autre partie offre les caractères de la lumière polarisée par réfraction. Le polariscope chromatique distingue ces deux lumières l'une de l'autre, d'après les situations opposées qu'occupent les images colorées complémentaires. A l'aide d'expériences très-délicates qui remontent au delà de 1820, Arago a démontré qu'un corps solide incandescent, par exemple un boulet de fer chauffé au rouge, ou bien un métal fondu à l'état liquide et lumineux, n'émet dans une direction perpendiculaire à sa surface que de la lumière naturelle ; mais que les rayons qui, partant des bords, forment pour arriver jusqu'à nous un angle d'émergence très-incliné sur la surface, sont polarisés. Si l'on voulait appliquer à des flammes gazeuses ce même appareil qui sépare si nettement les deux sortes de lumière, on ne pourrait découvrir de traces de polarisation, quelque petit que fût l'angle sous lequel seraient émanés les rayons. Bien que, même pour les gaz, la lumière prenne naissance à l'intérieur du corps incandescent, dans ce cas cependant, en raison de la faible densité des couches gazeuses, la longueur de la route que les rayons ont à traverser et l'obliquité de leur direction ne paraissent pas diminuer leur intensité ni leur nombre, et l'émergence de ces rayons, leur passage dans un autre milieu ne produit point de polarisation. Or le Soleil ne montre pas trace de polarisation, lorsqu'on étudie au polariscope la lumière qui part de ses bords sous des angles extrêmement petits ; il résulte de cette importante comparaison que ce qui brille dans le Soleil ne provient pas du corps solaire, ni d'une substance liquide, mais d'une enveloppe gazeuse et douée d'une lumière propre. Ceci peut s'appeler une analyse physique de la photosphère.

Le même instrument optique a aussi donné la preuve que l'intensité de la lumière n'est pas plus grande au centre que sur les contours du disque solaire. Lorsque deux images complémentaires du Soleil, l'une rouge, l'autre d'un bleu verdâtre, sont projetées l'une sur l'autre, de façon que le bord de la première tombe sur le centre de la seconde, la partie commune devient parfaitement blanche. Si l'intensité lumineuse du Soleil était différente en ses divers points, plus grande, par exemple, au centre qu'à la circonférence, on obtiendrait aux bords du segment commun, en réunissant partiellement les deux images colorées, d'un côté du rouge, de l'autre côté du bleu ; cela tient à ce que du côté de l'image rouge les rayons bleus ne pourraient neutraliser qu'en partie les rayons rouges provenant du centre qui sont plus nombreux. Rappelons-nous maintenant que dans une atmosphère gazeuse, les bords doivent paraître plus lumineux que le centre, et que, dans un globe solide, les bords et le centre doivent avoir la même intensité ; il s'ensuit que la photosphère, formant pour nous le disque apparent du Soleil, devrait paraître plus éclatante à la circonférence qu'au centre, résultat contredit par le polariscope, qui indique une égale intensité de lumière au centre et sur les bords. Si cette opposition n'a pas lieu, on doit l'attribuer à l'enveloppe de vapeurs qui entoure la photosphère, et éteint moins la lumière du centre que celle des rayons qui, partant des bords, ont à franchir à travers ces nuages une plus longue distance pour arriver à l'œil de l'observateur (21). Des physiciens et des astronomes célèbres, Bouguer et Laplace, Airy et Sir John Herschel, sont opposés à ces vues d'Arago ; ils tiennent l'intensité des bords pour inférieure à celle du centre, et le dernier nommé de ces illustres savants rappelle « que d'après les lois de l'équilibre, cette atmosphère extérieure devrait avoir une forme sphéroïdale plus aplatie que les enveloppes qu'elle recouvre, et que la densité plus grande qui en résulterait vers l'équateur devrait déterminer une différence dans l'intensité de la lumière rayonnante (22). » Arago s'occupe actuellement de soumettre son opinion à de nouvelles épreuves, et de ramener le résultat de ses observations à des rapports numériques précis.

La comparaison de la lumière solaire avec les deux lumières artificielles les plus puissantes qu'on ait pu jusqu'à présent produire sur la terre, donne, dans l'état encore si imparfait de la photométrie, les rapports suivants : Dans les ingénieuses expériences de Fizeau et de Foucault, la lumière de Drummond, produite par la flamme d'hydrogène et d'oxygène dirigée sur de la craie est relativement au disque solaire comme 1 est à 146. On a reconnu que le courant lumineux obtenu entre deux charbons, dans l'expérience de Davy, par l'action d'une pile de Bunsen, est au Soleil, sous l'influence de 46 éléments, dans le rapport de 1 à 4,2 ; et en employant de très-grands éléments, comme 1 à 2,5 ; il n'est donc pas trois fois plus faible que la lumière solaire (23). Si aujourd'hui encore on n'apprend point sans étonnement que l'éclat éblouissant de la lumière de Drummond, projeté sur le disque du Soleil, a l'apparence d'une tache noire, on doit admirer doublement la sagacité de Galilée qui, dès l'année 1612, par une suite de déductions sur la distance à laquelle Vénus doit être du Soleil pour être visible à l'œil privé d'instruments, conclut que le noyau le plus sombre des taches solaires est plus brillant que la portion la plus éclatante de la pleine Lune (24).

William Herschel, exprimant par le nombre 1000 l'intensité générale de la lumière du Soleil, estimait en moyenne celle des pénombres des taches à 469, celle du noyau obscur à 7. D'après ces données, sans doute bien conjecturales, si l'on estime avec Bouguer que le Soleil est 300,000 fois plus éclatant que la pleine Lune, la pleine Lune posséderait 2000 fois moins de lumière que le noyau noir des taches du Soleil. Certains passages de Mercure ont manifesté d'une manière remarquable l'intensité lumineuse de cette portion centrale des taches, qui n'est autre chose que le corps obscur du Soleil, éclairé par le reflet des parois ouvertes de la photosphère, et celui de l'atmosphère nuageuse qui forme les pénombres, ainsi que par la lumière des couches d'air terrestres, interposées entre le Soleil et l'observateur. Comparés à la planète dont l'hémisphère non éclairé était alors tourné vers la Terre, les noyaux sombres des taches voisines semblaient d'un gris clair (25). Lors du passage de Mercure, le 5 mai 1832, un excellent observateur, le Conseiller Schwabe, de Dessau, a examiné attentivement la différence d'obscurité entre les noyaux et la planète. J'ai malheureusement perdu l'occasion de faire moi-même ce rapprochement, lors du passage du 9 novembre 1802 que j'observai au Pérou, bien que Mercure touchât presque plusieurs noyaux. Trop préoccupé de déterminer la position de la planète par rapport aux fils du télescope, je négligeai cette comparaison. En Amérique, le professeur Henry démontra dès l'année 1815, à Princeton, que les taches du Soleil émettent beaucoup moins de chaleur que les portions du disque qui n'ont point de taches. L'image du Soleil et celle d'une grande tache furent projetées sur un écran, et l'on mesura à l'aide du thermo-multiplicateur les différences de température (20).

Que les rayons calorifiques se distinguent des rayons lumineux par des longueurs différentes dans les ondulations transversales de l'éther, ou qu'il y ait identité entre eux, et que les rayons calorifiques produisent en nous la sensation de lumière par une certaine vitesse de vibration, propre à de très-hautes températures, toujours est-il que le Soleil, source de la lumière et de la chaleur, peut faire naître et entretenir des forces magnétiques sur notre planète et surtout dans l'atmosphère qui l'enveloppe. La connaissance déjà ancienne de phénomènes thermo-électriques dans certains cristaux, tels que la tourmaline, la boracite, la topaze, et d'autre part la grande découverte d'Œrsted (1820), d'après laquelle tout conducteur traversé par l'électricité exerce, pendant la durée du courant, des influences déterminées sur l'aiguille aimantée, rendirent sensible la relation intime qui existe entre la chaleur, l'électricité et le magnétisme. Appuyé sur cette sorte de parenté, l'ingénieux Ampère, qui attribuait toute espèce de magnétisme à des courants électriques agissant dans un plan perpendiculaire à l'axe de l'aiguille aimantée, proposa cette hypothèse que la tension magnétique du globe est produite par des courants électriques, circulant autour de notre planète de l'Est à l'Ouest, et que, par suite, les variations horaires de la déclinaison magnétique dépendent de la chaleur, source des courants, qui varie elle-même suivant la position du Soleil. Les recherches thermo-magnétiques de Seebeck, d'où il résulte que les variations de température dans les soudures d'un circuit de bismuth et de cuivre, ou d'autres métaux dissemblables, déterminent une déviation de l'aiguille aimantée, confirmèrent les vues d'Ampère.

Une brillante découverte de Faraday, que l'auteur vient de soumettre à un nouvel examen presqu'au moment où l'on imprime ces feuilles, jette un jour inattendu sur cette importante question. Des travaux antérieurs de ce grand physicien avaient déjà démontré que tous les gaz sont *diamagnétiques*, c'est-à-dire se placent dans la direction de l'Est à l'Ouest, comme le bismuth et le phosphore, avec cette circonstance toutefois que l'oxygène jouit de cette propriété à un dégré moindre que tous les autres gaz. Ses dernières recherches, dont le commencement remonte à 1847, prouvent que l'oxygène seul parmi tous les gaz tend, comme le fer, à une position Nord-Sud, mais que par la dilatation et l'élévation de température il perd de cette force paramagnétique. Comme la tendance diamagnétique des autres éléments de l'atmosphère, de l'azote et de l'acide carbonique, n'est modifiée ni par l'augmentation de volume ni par l'élévation de température, on n'a à considérer que l'enveloppe d'oxygène qui entoure le globe comme une sphère de tôle immense, et en subit l'influence magnétique. L'hémisphère tourné vers le Soleil sera donc moins paramagnétique que l'hémisphère opposé; et comme les limites qui séparent ces deux moitiés changent constamment par la rotation du globe et sa révolution autour du Soleil, Faraday est porté à voir dans ces rapports de température la cause d'une partie des variations du magnétisme terrestre à la surface du globe. L'assimilation, fondée sur une série d'expériences, d'un gaz unique, l'oxygène, avec le fer, est une des découvertes considérables de notre époque, d'autant plus que, probablement, l'oxygène équivaut environ à la moitié de toutes les substances pondérables répandues dans les parties accessibles du globe (27). Ainsi, sans qu'il soit nécessaire de supposer des pôles magnétiques dans le Soleil, non plus que des forces magnétiques particulières dans les rayons qui en émanent, le corps central de notre système planétaire peut, en raison de sa puissance comme source de chaleur, exciter sur le globe terrestre une activité magnétique.

On a essayé de démontrer, au moyen d'observations météorologiques embrassant plusieurs années, mais bornées à quelques stations, qu'une face du Soleil, celle par exemple qui était tournée vers la Terre le 1er janvier 1846, possède une plus grande puissance de calorique que la face opposée (28). Les résultats auxquels on est arrivé n'ont pas offert plus de certitude que les conclusions à l'aide desquelles on a prétendu déduire des anciennes observations de Maskelyne, à Greenwich, une diminution du diamètre solaire. La périodicité des taches du Soleil, ramenée par le Conseiller Schwabe, de Dessau, à des formules numériques, paraît mieux fondée. Aucun autre astronome vivant n'a pu pu consacrer à cet objet une attention aussi persévérante. Durant 24 années consécutives, Schwabe a souvent passé plus de 300 journées par an à explorer le disque du Soleil. Ses observations de 1844 à 1850 n'étant pas encore publiées, j'ai dû recourir à son amitié pour en avoir communication; il a en outre répondu à un certain nombre de questions que je lui avait posées. Je termine le chapitre de la Constitution physique du Soleil par l'extrait dont cet observateur éminent a bien voulu enrichir mon livre.

« Les nombres contenus dans la table suivante ne laissent aucun doute, au moins pour l'époque comprise entre 1826 et 1850, que les variations dans le nombre des taches solaires se reproduisent par périodes de 10 ans environ, de sorte que le maximum tombe dans les années 1828, 1837, 1848, le minimum en 1833 et 1843. Je n'ai point eu l'occasion (il ne faut point oublier que c'est Schwabe qui parle) de recueillir une suite continue d'observations plus anciennes; cependant je ne serais pas éloigné d'admettre que la durée de cette période puisse subir elle-même des variations (29).

ANNÉES.	GROUPES DE TACHES.	JOURS sans TACHES VISIBLES	NOMBRE des jours D'OBSERVATION.
1826	118	22	277
1827	161	2	273
1828	225	0	282
1829	199	0	244
1830	190	1	217
1831	149	3	239
1832	84	49	270
1833	33	139	267
1834	51	120	273
1835	173	18	244
1836	272	0	200
1837	333	0	168
1838	282	0	202
1839	162	0	205
1840	152	3	263
1841	102	15	283
1842	68	64	307
1843	34	149	312
1844	52	111	321
1845	114	29	332
1846	157	1	314
1847	257	0	276
1848	330	0	278
1849	238	0	285
1850	186	2	308

« J'ai pu observer de grandes taches, visibles à l'œil nu, presque dans toutes les années où ne tombait pas le minimum; les principales parurent en 1828, 1829, 1831, 1836, 1837, 1838, 1839, 1847, 1848. Je considère ici comme grandes taches celles qui embrassent au moins 50″; c'est seulement à cette limite qu'elles commencent à devenir visibles pour de bons yeux, sans le secours du télescope.

« Il n'est point douteux qu'il y ait d'étroits rapports entre les taches et la formation des facules. Souvent je vois apparaître des facules ou des lucules à l'endroit où une tache a disparu, comme aussi se développer de nouvelles taches dans les facules. Chaque tache est entourée de nuages plus ou moins lumineux. Je ne crois pas que les taches aient une influence quelconque sur la température annuelle. Je note trois fois par jour la hauteur du baromètre et celle du thermomètre; les moyennes annuelles qui résultent de ces observations ne laissent jusqu'à présent soupçonner aucun rapport sensible entre le climat et le nombre des taches. En admettant qu'en quelques cas cette coïncidence vînt à se montrer, elle n'aurait d'importance qu'à la condition de se reproduire sur beaucoup d'autres points de la terre. Si réellement il y avait lieu d'attribuer aux taches du Soleil la moindre influence sur l'état de notre atmosphère, il faudrait tout au plus conclure de mes tables que les années où les taches abondent comptent moins de jours sereins que les années où elles sont rares. (Schumacher's *Astron. Nachr.*, n° 638, p. 221.)

« William Herschel donnait le nom de facules aux

sillons lumineux qui n'apparaissent qu'auprès des bords du Soleil et celui de lucules aux rides visibles seulement vers le centre (*Astron. Nachr.*, n° 350, p. 243). Je me suis convaincu que facules et lucules viennent des mêmes nuages lumineux pelotonnés, qui paraissent plus brillants vers les bords du Soleil et sont au contraire, vers le milieu, moins éclatants que la surface générale. Je préfère donc donner à tous les endroits particulièrement brillants du disque solaire le nom de nuages lumineux en les divisant, d'après leur forme, en nuages pelotonnés ou cumuliformes, et en nuages allongés ou cirriformes. Cette matière lumineuse est irrégulièrement distribuée sur le Soleil, et donne quelquefois à sa surface un aspect marbré. La même apparence se voit fréquemment sur les bords, et quelquefois jusqu'aux pôles. Cependant c'est toujours sur les deux zones de taches qu'elle se montre avec le plus d'intensité, aux époques mêmes où il n'existe point de taches ; alors les deux zones, plus brillantes, ressemblent d'une manière frappante aux bandes de Jupiter.

« Les sillons obscurs qui se rencontrent entre les nuages lumineux de forme allongée sont les espaces mats, appartenant à la surface générale du Soleil, dont l'aspect ressemble à un sable formé de grains égaux. Sur cette surface chagrinée on voit quelquefois de forts petits points gris, non pas noirs ; ce sont les pores, qui eux-mêmes sont sillonnés de petites rides sombres extrêmement fines (*Astron. Nachr.*, n° 473, p. 286). Ces pores, lorsqu'ils sont groupés par masses, forment des espaces gris et nébuleux et en particulier les pénombres des taches solaires. Dans ces pénombres on voit des pores et des points noirs qui le plus souvent semblent rayonner du noyau jusqu'aux limites de la pénombre; c'est ce qui produit la similitude souvent si frappante que l'on remarque entre la forme des pénombres et celle des noyaux. »

L'explication et le rapprochement de ces phénomènes si variables n'auront acquis pour l'observation de la nature toute leur importance que lorsque, sous les tropiques où le ciel demeure sans nuages pendant plusieurs mois, on aura pu, à l'aide d'un appareil photographique mû par une horloge, obtenir une suite non interrompue d'images des taches solaires (30). Les phénomènes météorologiques, qui se produisent dans les atmosphères dont le corps obscur du Soleil est enveloppé, déterminent les apparitions que nous appelons taches et facules. Probablement là aussi, comme dans la météorologie terrestre, les perturbations sont d'une nature si diverse et si compliquée, si générale à la fois et si locale, que des observations patientes et complètes pourront seules résoudre une partie des problèmes sur lesquels de nos jours encore il reste une grande obscurité.

II

LES PLANETES

Il est nécessaire de faire précéder par quelques considérations générales sur les corps célestes la description de chaque corps céleste en particulier. Ces considérations, d'ailleurs, n'embrassent que les 22 planètes principales et les 21 lunes, planètes inférieures, ou satellites découverts jusqu'à ce jour. Elles ne s'étendent point à tous les corps célestes planétaires, parmi lesquels les comètes à elles seules présenteraient déjà un total dix fois plus considérable. En général, la scintillation des planètes est faible, parce qu'elles ne font que réfléchir la lumière du Soleil, et aussi à cause de la grandeur apparente de leur disque (voyez *Cosmos*, t. III, p. 81). Dans la lumière cendrée de la Lune, comme dans la lumière rouge qu'elle présente durant les éclipses et qui paraît beaucoup plus intense sous les tropiques, la lumière du Soleil a subi pour l'observateur placé sur la Terre un double changement de direction. J'ai eu déjà l'occasion de remarquer que la Terre est susceptible d'émettre une faible quantité de lumière propre, faculté commune d'ailleurs à d'autres planètes, ainsi que le prouvent certains phénomènes remarquables, observés de temps à autre sur la partie de Vénus non éclairée par le Soleil (31).

Nous considérerons les planètes sous le rapport de leur nombre, de l'ordre dans lequel elles ont été découvertes, de leur volume en lui-même et relativement à leur distance au Soleil, de leur densité, de leur masse, de la durée de leur rotation, de l'inclinaison de leur axe, de leur excentricité et de leurs différences caractéristiques, suivant qu'elles sont placées au delà ou en deçà de la zone des petites planètes. Pour tous ces objets, la nature de cet ouvrage nous fait un devoir d'attacher un soin particulier aux résultats numériques, et de choisir toujours ceux qui sont considérés, au moment même de la publication de ce volume, comme provenant des recherches les plus récentes et les plus dignes de confiance.

PLANÈTES PRINCIPALES.

1° *Nombre des planètes principales et époque de leur découverte.*—Parmi les sept corps célestes qui, en raison des changements continuels apportés dans leurs distances relatives, ont été, dès la plus haute antiquité, distingués des étoiles scintillantes et conservant toujours sur le firmament leur place et leurs distances (orbis inerrans), cinq seulement : Mercure, Vénus, Mars, Jupiter et Saturne offrent l'apparence d'étoiles (quinque stellæ errantes). Le Soleil et la Lune furent toujours mis à part en raison de la grandeur de leur disque, et par suite de l'importance qui leur était attribuée dans les conceptions mythologiques (32). Ainsi, d'après Diodore de Sicile (lib. II, cap. 30), les Chaldéens ne connaissaient que cinq planètes, et Platon, dans le seul passage du *Timée* où il soit question de ces corps errants, dit en termes exprès : « Autour de la Terre, qui repose au centre du monde, se meuvent la Lune, le Soleil et cinq autres astres auxquels on donne le nom de Planètes; cela fait en tout sept mouvements circulaires » (33). Dans la structure du Ciel imaginée jadis par Pythagore et décrite par Philolaüs, parmi les dix sphères célestes qui font leur révolution autour du feu central ou foyer du monde (ἑστία), immédiatement au-dessous du Ciel des étoiles fixes, sont nommées les cinq planètes (34), suivies du Soleil, de la Lune, de la Terre et de l'antipode de la terre (ἀντίχθων). Ptolémée lui-même ne parle jamais que de cinq planètes. Les sept planètes distribuées par Julius Firmicus entre les génies ou décans (35), telles qu'on peut les voir dans le zodiaque de Bianchini, qui date vraisemblablement du IIIe siècle de notre ère (36), et dans les monuments égyptiens contemporains des Césars, n'appartiennent point à l'histoire de l'astronomie ancienne, mais à ces époques plus récentes où les rêveries astrologiques s'étaient répandues partout (37). Il n'y a pas lieu de s'étonner que la Lune ait été rangée parmi les sept planètes, car chez les anciens, si l'on excepte quelques vues remarquables d'Anaxagore sur les forces attractives (*Cosmos*, t. II, p. 371 et 593), il n'est presque jamais fait allusion à la dépondance plus directe de la Lune vis-à-vis de la Terre. En revanche, d'après une hypothèse citée par Vitruve (38) et Martien Capella (39), mais sans indication d'auteur, Vénus et Mercure, que nous appelons des planètes inférieures, sont présentés comme des satellites du Soleil, que l'on fait tourner autour de la Terre. Un pareil système ne peut pas plus être appelé égyptien qu'il ne peut être confondu avec les épicycles de Ptolémée ou avec les idées de Tycho sur la structure du monde (40).

Les dénominations sous lesquelles les cinq planètes stellaires sont désignées chez les anciens peuples sont ou des noms de divinités ou des épithètes distinctives, choisies d'après leur aspect. Il est d'autant plus difficile, sans autres sources que celles auxquelles nous avons pu puiser jusqu'à ce jour, de déterminer ce qui, dans ces dénominations, appartient originairement à la Chaldée ou à l'Égypte, que les écrivains grecs ne nous ont pas transmis fidèlement les noms primitifs en usage chez d'autres peuples, mais les ont traduits dans leur langue, ou se sont contentés d'équivalents pris un peu au hasard, selon leurs vues particulières. Quant à décider si les Chaldéens n'ont été que les disciples heureux des Égyptiens, et à déterminer les découvertes pour lesquelles ils ont été devancés par eux (41), ce sont là des points qui touchent aux importants mais obscurs problèmes de la civilisation naissante, au premier développement scientifique de la pensée sur les bords du Nil ou de l'Euphrate. On connaît les noms égyptiens des

36 décans; mais, pour ceux des planètes, un ou deux seulement nous sont parvenus (42).

Il est surprenant que Platon et Aristote ne désignent jamais les planètes que sous des noms mythologiques, qui sont aussi ceux dont se sert Diodore, tandis que plus tard, c'est-à-dire dans le traité *du Monde*, faussement attribué à Aristote, on trouve un mélange des deux dénominations : ainsi, Φαίνων pour Saturne, Στίλβων pour Mercure, Πυρόεις pour Mars (43). Des passages de Simplicius, dans son commentaire sur le IVe livre du traité *du Ciel* par Aristote, d'autres tirés de Hygin, de Diodore, de Théon de Smyrne, prouvent, chose assez singulière! que Saturne, la plus reculée des planètes connues à cette époque, avait reçu le nom de *Soleil*. Ce fut sans doute sa situation et l'étendue de son orbite qui lui valurent d'être érigé en dominateur des autres planètes. Les dénominations descriptives, bien que très-anciennes et en partie d'origine chaldéenne, ne devinrent guère d'un usage fréquent chez les écrivains grecs et romains que sous le règne des Césars, et lorsque l'astrologie commença à exercer son influence. Les signes des planètes, si l'on excepte le disque du Soleil et le croissant de la Lune gravés sur les monuments égyptiens, sont d'origine très-récente. D'après les recherches de Letronne, ils ne remontent pas au delà du xe siècle (44). On ne les trouve même pas sur les pierres revêtues d'inscriptions gnostiques. Des copistes les ont plus tard ajoutés à des manuscrits gnostiques et traitant d'alchimie, mais il est très-rare qu'ils aient fait cette surcharge sur les anciens manuscrits des astronomes grecs, de Ptolémée, de Théon ou de Cléomède. Les premiers signes planétaires, qui pour Jupiter et Mars étaient formés de caractères alphabétiques, ainsi que l'a prouvé Saumaise avec sa pénétration ordinaire, étaient très-différents des nôtres. Les figures actuelles remontent à peine au delà du xve siècle. Une citation empruntée par Olympiodore à Proclus (*ad Timæum*, p. 14, édit. de Bâle) et un passage du Scoliaste de Pindare (*Isthmica*, carm. V, v. 2) établissent d'une manière incontestable que la coutume de consacrer certains métaux aux planètes faisait déjà partie du système des représentations symboliques en usage au ve siècle, chez les Néoplatoniciens d'Alexandrie. On peut lire à ce sujet le commentaire d'Olympiodore sur la Météorologie d'Aristote (lib. III, cap. 7, t. II, p. 163 dans l'édition de la Météorologie publiée par Ideler. On peut consulter aussi deux passages du tome I, p. 199 et 251).

Si le nombre des planètes connues des anciens fut borné d'abord à cinq, ce qui fit sept plus tard, quand on y joignit les grands disques du Soleil et de la Lune, on conjecturait dès lors que, en dehors de ces planètes visibles, il y en avait d'autres moins lumineuses, et que pour cette raison on ne pouvait apercevoir. Cette supposition est rapportée par Simplicius comme venant d'Aristote. « Il est vraisemblable, dit-il, que d'autres corps obscurs, se mouvant autour du centre commun, doivent, aussi bien que la Terre, occasionner des éclipses de Lune.» Artémidore d'Éphèse, que Strabon cite souvent comme un géographe, croyait à l'existence d'une quantité innombrable de ces corps obscurs, tournant autour du Soleil. L'ancienne conception idéale des Pythagoriciens, l'ἀντίχθων, reste en dehors de ces conjectures. La Terre et le pendant de la Terre ont un mouvement parallèle et concentrique. Cette ἀντίχθων, imaginée pour épargner à la Terre son mouvement de rotation sur elle-même, n'est, à vrai dire, que la moitié de la Terre, l'hémisphère opposé à celui que nous habitons (45).

Si du nombre total des planètes et des satellites connus aujourd'hui, nombre six fois égal à celui des corps planétaires connus dans l'antiquité, on met à part les 36 objets découverts depuis l'invention du télescope, pour les ranger d'après l'ordre de leur découverte, on trouve que le XVIIe siècle en a fourni 9; le XVIIIe, 9 également; la première moitié du XIXe, 18 à elle seule.

Table chronologique des corps planétaires découverts depuis l'invention du télescope, en 1608.

XVIIe SIÈCLE.

Quatre satellites de Jupiter, découverts par Simon Marius à Anspach, le 29 décembre 1609; par Galilée, à Padoue, le 7 janvier 1610.

Triplicité de Saturne, signalée par Galilée en novembre 1610; les deux anses reconnues par Hévélius en 1656; découverte définitive de la véritable forme de l'Anneau, par Huygens, le 17 décembre 1657.

6e satellite de Saturne (Titan), Huygens, 25 mars 1655.

8e satellite de Saturne (Japhet), Dominique Cassini, octobre 1671.

5e satellite de Saturne (Rhéa), Cassini, 23 décembre 1672.

3e et 4e satellite de Saturne (Téthys et Dioné), Cassini, fin de mars 1684.

XVIIIe SIÈCLE.

URANUS, W. Herschel, à Bath, 13 mars 1781.

2e et 4e satellite d'Uranus, W. Herschel, 11 janvier 1787.

1e satellite de Saturne (Mimas), W. Herschel, 28 août 1789.

2e satellite de Saturne (Encelade), W. Herschel, 17 septembre 1789.

1er satellite d'Uranus, W. Herschel, 18 janvier 1790.

5e satellite d'Uranus, W. Herschel, 9 février 1790.

6e satellite d'Uranus, W. Herschel, 28 février 1794.

3e satellite d'Uranus, W. Herschel, 26 mars 1794.

XIXe SIÈCLE.

CÉRÈS *, Piazzi, à Palerme, 1er janvier 1801.

PALLAS *, Olbers, à Brême, 28 mars 1802.

JUNON *, Harding, à Lilienthal, 1er septembre 1804.

VESTA *, Olbers, à Brême, 29 mars 1807.

(Un intervalle de 38 années s'écoule sans amener aucune découverte de planètes ni de satellites.)

ASTRÉE *, Encke, à Driesen, 8 décembre 1845.

NEPTUNE, Galle, à Berlin, sur les indications de Le Verrier, 23 septembre 1846.

1er satellite de Neptune, W. Lassell, à Starfield, près de Liverpool, novembre 1846; Bond, à Cambridge (États-Unis).

HÉBÉ *, Encke, à Driesen, 1er juillet 1847.

IRIS *, Hind, à Londres, 13 août 1847.

FLORE *, Hind, à Londres, 18 octobre 1847.

MÉTIS *, Graham, à Markree-Castle, 25 avril 1848.

7e satellite de Saturne (Hypérion), Bond, à Cambridge (États-

Unis), du 16 au 19 septembre 1848; Lassell, à Liverpool, du 19 au 20 septembre 1848.

Hygie *, de Gasparis, à Naples, 14 avril 1849.

Parthénope *, de Gasparis, à Naples, 11 mai 1850.

2e satellite de Neptune, Lassell, à Liverpool, 14 août 1850.

Victoria *, Hind, à Londres, 13 septembre 1850.

Égérie *, de Gasparis, à Naples, 2 novembre 1850.

Irène *, Hind, à Londres, 19 mai 1851; de Gasparis, à Naples, 23 mai 1851.

On a distingué, dans ce tableau, les planètes principales des satellites par des lettres majuscules (46). On a marqué aussi d'un astérisque les planètes habituellement désignées sous le nom de petites planètes, de planètes télescopiques ou d'astéroïdes, qui forment un groupe particulier et comme une chaîne immense de 25 millions de myriamètres entre Mars et Jupiter. De ces planètes, quatre ont été découvertes dans les sept premières années de ce siècle, dix dans les six années qui viennent de s'écouler; ce qui doit être moins attribué à la perfection des instruments qu'à l'habileté des observateurs, et surtout à l'excellence des cartes célestes, enrichies des étoiles fixes de 9e et de 10e grandeur. Tous les corps immobiles dont la place est marquée rendent d'autant plus facile aujourd'hui de reconnaître les corps mobiles (Voyez plus haut, p. 126). Aussi le nombre des planètes a-t-il doublé depuis que le premier volume du *Cosmos* a paru (47); tant les découvertes se sont succédé rapidement, tant la topographie de notre système planétaire s'est agrandie et perfectionnée.

2° *Division des planètes en deux groupes.* — Si l'on considère la région des petites planètes, situées entre les orbites de Mars et de Jupiter, mais plus rapprochées en général de celle de Mars que de celle de Jupiter, comme un groupe intermédiaire et une zone de séparation, les planètes les plus voisines du Soleil, et que l'on peut appeler intérieures, c'est-à-dire Mercure, Vénus, la Terre et Mars, offrent entre elles des rapports de ressemblance qui forment autant de contrastes avec les planètes extérieures, ou situées au delà de la zone de séparation : Jupiter, Saturne, Uranus et Neptune. Le groupe intermédiaire des petites planètes remplit à peine la moitié de la distance entre l'orbite de Mars et celle de Jupiter. Dans l'espace qui sépare ces deux planètes, la partie la plus voisine de Mars est celle qui jusqu'à ce jour a été trouvée le plus remplie. Si en effet on considère les deux points extrêmes, Flore et Hygie, la distance de Jupiter à Hygie est plus que triple de celle qui sépare Mars de Flore. Ce groupe intermédiaire se distingue nettement par l'excentricité et l'inclinaison de ses orbites, entrelacées les unes dans les autres, et par la petitesse des corps planétaires qui le composent. L'inclinaison de l'orbite sur le plan de l'écliptique est dans Junon de 13° 3′, dans Hébé de 14° 47′, dans Égérie de 16° 33′; elle s'élève dans Pallas jusqu'à 34° 37′, mais redescend, il est vrai, dans Astrée à 5° 19′, dans Parthénope à 4° 37′, et dans Hygie à 3° 47′. Les planètes dans lesquelles l'inclinaison sur l'écliptique est moindre de 7° sont par ordre de grandeur, en commençant par les plus grandes, Flore, Métis, Iris, Astrée, Parthénope et Hygie. Il n'est pas une de ces planètes cependant dont l'inclinaison égale en petitesse celle de Vénus, de Saturne, de Mars, de Neptune, de Jupiter et d'Uranus. Dans quelques-unes des petites planètes, l'excentricité de l'ellipse dépasse celle de Mercure (0,206) : telles sont Junon (0,255), Pallas (0,239), Iris (0,232) et Victoria (0,218). Dans quelques autres, au contraire, l'excentricité est moindre que celle de Mars (0,093), sans que cependant leur orbite atteigne le cercle presque parfait de Jupiter, de Saturne et d'Uranus : de ce nombre sont Cérès (0,076), Égérie (0,036) et Vesta (0,089). Le diamètre des Planètes télescopiques échappe presque à toute mesure par sa petitesse. D'après les observations de Lamont à Munich, et celles que Mædler a faites avec le réfracteur de Dorpat, il est vraisemblable que le diamètre de la plus grande d'entre elles atteint à peine 107 myriamètres; c'est 1/5 du diamètre de Mercure et la moitié de celui de la Terre.

Les quatre planètes intérieures, que nous nommons ainsi parce qu'elles sont situées plus près du Soleil et en deçà de la zone des astéroïdes, sont toutes de grandeur moyenne; elles sont relativement plus denses; leur mouvement de rotation est à peu près uniforme, et ne dure pas moins de 24 heures; elles sont moins aplaties, et, à l'exception de la Terre, sont dépourvues de satellites. Au contraire, les quatre planètes extérieures, situées entre la zone des astéroïdes et les extrémités encore inconnues du domaine solaire, Jupiter, Saturne, Uranus et Neptune, sont beaucoup plus grandes et cinq fois moins denses; leur mouvement de rotation sur elles-mêmes est beaucoup plus rapide, leur aplatissement plus sensible; elles ont vingt satellites. Les planètes intérieures sont toutes plus petites que la Terre; le diamètre de Mars est égal à 1/2, celui de Mercure à 2/5 seulement de celui de la Terre; tandis que, dans les planètes extérieures, le rapport des diamètres à celui de la Terre s'élève de 4,2 à 11,2. La densité de Vénus et celle de Mars égalent celle de la Terre, à moins de 1/10 près; celle de Mercure est un peu supérieure. Au contraire, la densité d'aucune des planètes extérieures ne dépasse 1/4 de celle de la Terre; celle de Saturne peut être représentée par 1/7; ce n'est guère que la moitié de la densité des autres planètes extérieures et de celle du Soleil. En outre, les planètes extérieures présentent des atmosphères qui, par le caractère particulier de leur condensation, nous apparaissent variables, et produisent même quelquefois sur la surface de Saturne des bandes interrompues. Enfin c'est parmi ces planètes que se rencontre le phénomène, unique dans tout le système solaire, d'un anneau solide entourant, sans y adhérer, la plus considérable d'entre elles.

Bien qu'en général, dans cette importante division des planètes extérieures et des planètes intérieures, la grandeur absolue, la densité, l'aplatissement, la vitesse de la rotation, l'existence et la non-existence de satellites semblent dépendre de leur distance au Soleil, ou, en d'autres termes, du demi-grand axe de leur orbite, on n'est point en droit d'affirmer cette dépendance pour chacun des membres particuliers qui composent ces groupes. Nous ne connaissons jusqu'ici, ainsi que je l'ai déjà fait remarquer, aucun mécanisme intérieur, aucune loi naturelle, semblable, par exemple, à la belle loi en vertu de laquelle les carrés des révolutions sont entre eux comme les cubes des grands axes, qui fasse dépendre pour toute la série des planètes la densité, le volume, etc., de leur distance au Soleil. Il est vrai que la planète la plus voisine du Soleil, Mercure, est en même temps la plus dense, puisqu'elle l'est six ou huit fois plus que toutes les autres planètes extérieures, Jupiter, Saturne, Uranus et Neptune; mais Vénus, la Terre et Mars, d'une part, de l'autre, Jupiter, Saturne et Uranus sont loin de se suivre régulièrement dans l'ordre de leur densité. En général aussi, les grandeurs absolues croissent avec les distances, ainsi que le remarquait déjà Kepler (*Harmonice mundi*, lib. V, cap. 4, p. 194; voyez aussi le *Cosmos*, t. I, p. 453); cela cependant cesse d'être vrai, dès que l'on considère chaque planète en particulier. Mars est plus petit que la Terre, Uranus plus petit que Saturne, Saturne plus petit que Jupiter, et Jupiter lui-même est précédé par un essaim de planètes que leur petitesse permet à peine de mesurer. La durée de la rotation croît également, pour le plus grand nombre des planètes, en raison de leur distance au Soleil; cependant ce mouvement est plus rapide dans la Terre que dans Mars, dans Jupiter que dans Saturne.

Il ne faut, je le répète, considérer la constitution et les formes des corps, en déterminant leur situation relative dans l'espace, que comme des faits ayant une existence réelle, non comme les conséquences de raisonnements abstraits ou comme une série d'effets dont les causes seraient connues à l'avance. On n'a pas plus découvert de loi générale applicable aux espaces célestes que l'on n'en a trouvé pour déterminer, sur la terre, la situation géographique des points culminants dans les chaînes de montagnes, ou les contours de chaque continent. Ce sont là des faits de l'ordre naturel, produits par le conflit de forces tangentielles et attractives, qui s'exercent sous des conditions multiples et inconnues. Nous entrons ici, avec une curiosité mal satisfaite, dans le domaine obscur des questions de formation et de développement. Il s'agit, pour prendre dans leur sens propre ces mots trop souvent mal appliqués, d'événements cosmiques accomplis durant des périodes de temps dont la mesure nous échappe. Les planètes ont-elles été formées par des anneaux errants de matière vaporeuse; dans ce cas, la matière en s'agglomérant autour de certains points où l'attraction était plus puissante, dut traverser une suite indéfinie d'états divers, pour arriver à former des orbites simples et des orbites entrelacées, à produire des planètes si différentes par leur volume, leur aplatissement et leur densité, pour donner aux unes un grand nombre de satellites, tandis que les autres en sont dépourvues, et pour unir même ces satellites en un anneau solide. La forme actuelle des objets et la détermination exacte de leurs rapports n'ont pu nous révéler jusqu'ici les états par lesquels ils ont dû passer, non plus que les conditions sous lesquelles ils ont pris naissance. Ce n'est point une raison pour appeler ces conditions fortuites, mot que les hommes prodiguent trop volontiers, à propos de toutes les choses dont ils ne peuvent encore s'expliquer clairement l'origine.

3° *Grandeur absolue et grandeur apparente; configuration.* — Le diamètre de la plus grande de toutes les planètes, de Jupiter, est 30 fois plus grand que celui de Mercure, la plus petite de celles dont on peut sûrement déterminer le disque. Il est près de 11 fois égal au diamètre de la Terre ; ce rapport est à peu près celui qui existe entre le Soleil et Jupiter, dont les deux diamètres sont entre eux comme 10 est à 1. D'après un calcul dont on ne peut garantir l'exactitude, la différence de volume entre les pierres météoriques, que l'on est tenté de prendre pour de petits corps planétaires, et Vesta, dont le diamètre, suivant les mesures de Mædler, est de 49 myriamètres et en a par conséquent 59 de moins que celui de Pallas, d'après Lamont, ne serait pas plus considérable que la différence de volume entre Vesta et le Soleil. Il faudrait, pour que ce rapport fût vrai, que certaines pierres météoriques eussent 517 pieds de diamètre. Il est vrai que l'on a vu des météores ignés, dont le diamètre, avant l'explosion, n'en avait pas moins de 2600.

Si l'on compare la Terre avec les planètes extérieures, Jupiter et Saturne, on est frappé de la dépendance qui se manifeste entre l'aplatissement des pôles et la vitesse de la rotation. Le mouvement de rotation de la Terre s'accomplit en 23 56', l'aplatissement est de 1/300. La rotation de Jupiter s'accomplit en 9^{h}55', l'aplatissement est de 1/17 d'après Arago, de 1/15 d'après John Herschel. La rotation de Saturne s'accomplit en 10^{h}29', l'aplatissement est de 1/10. Mais bien que Mars mette 41 minutes de plus que la Terre à tourner sur lui-même, son aplatissement, même en adoptant un résultat beaucoup plus faible que celui auquel est arrivé William Herschel, reste vraisemblablement beaucoup plus considérable. La raison de cette infraction à la loi, en vertu de laquelle la configuration superficielle d'un sphéroïde elliptique dépend de la vitesse de la rotation, tient-elle à la différence de la loi qui, dans les deux planètes, règle l'ordre des densités, en allant de la surface au centre, ou à cette circonstance que la surface liquide de quelques planètes s'est solidifiée, avant qu'elles aient pu prendre une forme en harmonie avec la vitesse de leur rotation? De l'aplatissement de notre planète dépendent, ainsi que le démontre l'astronomie théorique, la rétrogradation des points équinoxiaux, la nutation ou libration de l'axe terrestre et le changement d'obliquité de l'écliptique.

La grandeur absolue, c'est-à-dire la grandeur vraie des planètes, et leur distance à la Terre, déterminent leur diamètre apparent. Le tableau suivant présente les planètes rangées d'après leur grandeur vraie, en commençant par les plus petites :

1° Groupe de petites planètes à orbites entrelacées, dont les plus grandes paraissent être Pallas et Vesta.
2° Mercure.
3° Mars.
4° Vénus.
5° La Terre.
6° Neptune.
7° Uranus.
8° Saturne.
9° Jupiter.

A une distance moyenne de la Terre, Jupiter a un diamètre équatorial apparent de 38″, 4; dans les mêmes circonstances, le diamètre de Vénus, qui égale à peu près la Terre en grosseur, n'est que de 16″, 9 ; celui de Mars est de 5″, 8. Mais dans la conjonction inférieure, le diamètre apparent de Vénus augmente jusqu'à 62″, tandis que celui de Jupiter ne s'élève pas en opposition, au delà de 46″. Il est nécessaire de rappeler ici que le lieu de l'orbite de Vénus où cette planète paraît le plus brillante, tombe entre la conjonction inférieure et la plus grande digression. En moyenne,

Vénus paraît le plus brillante, au point de répandre de l'ombre en l'absence du Soleil, lorsqu'elle est à 40° à l'Est ou à l'Ouest du corps central. Dans cette position, son diamètre apparent n'est que de 40″, et la plus grande largeur de la phase éclairée est à peine de 10″.

Diamètre apparent des sept grandes planètes.

Mercure	à distance	moyenne	6″,7	(oscille de 4″,4 à 12″)
Vénus	—	—	16″,9	(oscille de 9″,5 à 62″)
Mars	—	—	5″,8	(oscille de 3″,3 à 23″)
Jupiter	—	—	38″,4	(oscille de 30″ à 46″)
Saturne	—	—	17″,1	(oscille de 15″ à 20″)
Uranus	—	—	3″,9	
Neptune	—	—	2″,7	

Volume des planètes comparé à celui de la Terre.

Mercure	comme	1 : 16,7
Vénus	—	1 : 1,05
La Terre	—	1 : 1
Mars	—	1 : 7,14
Jupiter	—	1414 : 1
Saturne	—	735 : 1
Uranus	—	82 : 1
Neptune	—	108 : 1

Le volume du Soleil est à celui de la Terre comme 1407100 : 1.

Toutes les erreurs qui peuvent se glisser dans la mesure des diamètres se retrouvent élevées au cube dans les chiffres qui représentent les volumes.

Les planètes dont le mouvement répand de la variété et de la vie sur l'aspect du ciel étoilé agissent en même temps sur nous par la grandeur de leur disque et par leur proximité, par la couleur de leur lumière, par la scintillation qui, en certains cas, n'est pas étrangère à quelques-unes d'entre elles, par la façon particulière dont leurs diverses surfaces reflètent la lumière du Soleil. Quant à savoir si la nature et l'intensité de cette lumière peuvent être modifiées par le dégagement d'une faible quantité de lumière propre, c'est là un problème qui reste encore à résoudre.

4° *Ordre des planètes d'après la distance qui les sépare du Soleil.* — Afin que l'on puisse embrasser dans son ensemble tout ce que l'on connaît actuellement de notre système planétaire, et se représenter les distances moyennes qui séparent les différentes planètes du Soleil, j'ai tracé le tableau suivant dans lequel, ainsi que cela est consacré en astronomie, j'ai pris pour unité la distance moyenne de la Terre au Soleil, qui est de 15 347 000 myriamètres. J'ajouterai plus tard, lorsque je traiterai plus en détail de chacune des planètes, leurs distances à l'aphélie et au périhélie, c'est-à-dire au deux moments où ces planètes, en décrivant l'ellipse dont le Soleil occupe le foyer, se trouvent, sur la ligne des apsides, au point le plus éloigné et au point le plus voisin du foyer. Par la distance moyenne, la seule dont il s'agisse actuellement, il faut entendre une moyenne entre la plus grande et la plus petite distance, c'est-à-dire le demi-grand axe de l'orbite planétaire. Les résultats numériques, ici, comme dans ce qui précède et dans ce qui suit, sont empruntés pour la plupart au relevé publié par Hansen, dans l'*Annuaire* de Schumacher pour 1837. Lorsqu'il s'agit de résultats susceptibles de varier avec le temps, il faut se référer, pour les grandes planètes, à l'année 1800, excepté pour Neptune, où il est nécessaire de redescendre jusqu'en 1851. J'ai même mis à profit l'*Annuaire astronomique* de Berlin pour 1853. Je dois les détails concernant les petites planètes à l'amitié du docteur Galle; tous sont relatifs à des époques très-récentes.

Distance des planètes au Soleil.

Mercure..................	0,38709
Vénus....................	0,72333
La Terre.................	1,00000
Mars.....................	1,52369

Petites planètes.

Flore.............	2,202
Victoria..........	2,333
Vesta.............	2,362
Iris..............	2,385
Métis.............	2,386
Hébé..............	2,425
Parthénope........	2,451
Égérie............	2,576
Astrée............	2,577
Irène.............	2,585
Junon.............	2,669

Cérès	2,768
Pallas	2,773
Hygie	3,151
Jupiter	5,20277
Saturne	9,53885
Uranus	19,18239
Neptune	30,03628

Le seul fait de la diminution rapide qui, de Saturne et de Jupiter à Mars et à Vénus, se fait sentir dans la durée des révolutions, fit conjecturer de bonne heure, lorsqu'on adopta l'hypothèse de sphères mobiles auxquelles étaient fixées les planètes, que ces sphères devaient être situées à distance les unes des autres. Mais comme on ne saurait trouver chez les Grecs aucune trace d'observations ni de mesures méthodiques avant Aristarque de Samos et l'établissement du musée d'Alexandrie, il s'ensuit qu'il dut y avoir de grandes divergences dans les hypothèses sur l'ordre des planètes et leurs distances relatives, soit que l'on calculât ces distances à partir de la Terre immobile au milieu des planètes, suivant l'opinion dominante, soit qu'avec les Pythagoriciens on prît pour point fixe le Soleil, foyer du monde (ἑστία). On avait surtout des doutes sur la position relative du Soleil vis-à-vis des planètes inférieures et de la Lune (48). Les Pythagoriciens, pour lesquels les nombres étaient la source de toute connaissance et l'essence même des choses, appliquaient la théorie universelle des proportions numériques à la considération géométrique des cinq corps réguliers dont on avait de bonne heure découvert les propriétés, aux intervalles musicaux des tons qui forment les accords d'où naît l'harmonie, et même à la structure de l'univers. Ils pensaient que les planètes mettent en mouvement par leurs vibrations les ondulations sonores, selon les rapports harmonieux des intervalles qui les séparent, et produisent ce qu'ils appelaient la musique des sphères. «Cette musique, ajoutaient-ils, serait perceptible aux oreilles des hommes, si elle ne leur échappait en raison de sa perpétuité même, et parce que les hommes y sont habitués dès l'enfance (49).» La partie harmonieuse de la théorie pythagoricienne des nombres se rattachait ainsi à la représentation figurée du Cosmos, comme on peut le voir, en lisant l'exposition fidèle qu'en fait Platon dans le *Timée;* car la cosmologie est, aux yeux de Platon, l'œuvre des principes opposés de la nature, réconciliés par l'harmonie (50). Platon, dans un tableau plein de grâce, tente de rendre sensible le concert harmonieux du monde, en plaçant sur les cercles planétaires autant de Sirènes qui, accompagnées par les trois Parques, filles de la Nécessité, entretiennent l'éternel mouvement du fuseau céleste (51). Cette représentation des Sirènes, dont les Muses prennent quelquefois la place dans le concert divin, se retrouve sur beaucoup de monuments antiques, particulièrement sur des pierres gravées. Dans l'antiquité chrétienne comme dans le moyen âge, depuis saint Basile jusqu'à saint Thomas d'Aquin et à Pierre d'Ailly, il est souvent fait allusion à l'harmonie des sphères, mais le plus ordinairement en termes qui marquent le dissentiment de l'écrivain (52).

A la fin du XVIe siècle, les vues de Pythagore et de Platon sur la structure du monde se réveillèrent dans la vive imagination de Kepler. Comme eux il appela à son aide la géométrie et la musique, et construisit le système planétaire, d'abord dans son *Mysterium cosmographicum*, en prenant pour base les cinq corps réguliers qui peuvent être circonscrits aux sphères des planètes, puis dans l'*Harmonice mundi*, d'après les intervalles des notes musicales (53). Convaincu que les distances relatives des planètes sont soumises à une loi, il comptait résoudre le problème par la combinaison de ses premières vues avec celles qu'il avait adoptées plus tard. Il est assez singulier que Tycho, que l'on voit toujours d'ailleurs si fermement attaché au principe de l'observation réelle, ait déjà, avant Kepler, exprimé cette opinion, contre laquelle protesta Rothmann, que l'air du ciel, ce que nous appelons le milieu résistant, ébranlé par le mouvement des corps célestes, produit des sons harmonieux (54). Au reste, les analogies entre les rapports des sons et les distances des planètes, dont Kepler suivit si longtemps et si laborieusement la trace, ne me paraissent pas avoir jamais été, pour ce grand esprit, autre chose que des abstractions. A la vérité, il se réjouit, pour la plus grande gloire du Créateur, d'avoir découvert dans les relations de l'espace des relations numériques. Comme entraîné par une sorte d'enthousiasme poétique, il fait jouer Vénus avec la Terre en majeur (Dur) à l'aphélie, en mineur (Mol) au périhélie; il dit que les tons les plus élevés de Jupiter et de Vénus doivent, en s'unissant, former un accord en mineur. Mais ces expressions, malgré leur retour fréquent, ne doivent être prises que dans un sens figuré, et elles n'empêchent pas Kepler de dire expressément : « Jam soni in cœlo nulli existunt, nec tam turbulentus est motus, ut ex attritu *auræ cœlestis* eliciatur stridor » (*Harmonice mundi*, lib. V, cap. 4). Dans ce passage, comme dans ceux auxquels nous avons fait allusion plus haut, il est bien réellement question de l'air subtil et serein qui remplit le monde (aura cœlestis).

La comparaison des intervalles qui séparent les planètes avec les corps réguliers qui doivent remplir ces intervalles, avait encouragé Kepler à étendre ses hypothèses au ciel des étoiles fixes (55). Lors de la découverte de Cérès et des autres planètes, les combinaisons pythagoriciennes de Kepler se représentèrent vivement à la mémoire. On se rappela surtout ce passage à peu près oublié jusque-là, où il annonce comme vraisemblable l'existence d'une planète encore inconnue dans le vaste espace qui sépare Mars de Jupiter : « Motus semper distantiam suam sequi videtur; atque ubi magnus hiatus erat inter orbes, erat et inter motus. » « Je suis devenu plus hardi, écrit Kepler dans son Introduction au *Mysterium cosmographicum*, et je place entre Jupiter et Mars une nouvelle planète, comme j'en place une autre entre Vénus et Mercure. » Cette seconde supposition était moins heureuse et est demeurée longtemps inaperçue (56). « Il est vraisemblable, ajoute Kepler, que l'une et l'autre de ces planètes ont échappé à l'observation, à cause de leur petitesse (57). » Plus tard Kepler trouva qu'il n'avait pas besoin de ces nouvelles planètes pour composer le système solaire d'après les propriétés de ses cinq polyèdres réguliers ; il se contenta de faire un peu violence aux distances des anciennes planètes : « Non reperies novos et incognitos Planetas, ut paulo antea interpositos, non ea mihi probatur audacia ; sed illos veteres parum admodum luxatos » (*Mysterium cosmographicum*, p. 10). Les tendances spéculatives de Kepler avaient tant d'analogie avec celles de Pythagore et plus encore avec les vues développées dans le *Timée* de Platon, qu'à l'exemple de ce philosophe, qui trouvait dans les sept sphères planétaires les différences des couleurs aussi bien que celles des sons (*Cratyle*, p. 409), Kepler fit aussi des expériences pour reproduire sur une table diversement éclairée les couleurs des planètes (*Astron. Opt.*, cap. 6, p. 26). Au reste Newton, ce grand esprit toujours si rigoureux dans ses raisonnements, n'était pas éloigné, ainsi que l'a déjà remarqué Prévost (*Mémoires de l'Académie de Berlin* pour 1802, p. 77 et 93), de ramener à l'échelle diatonique la dimension des sept couleurs du spectre solaire (58).

Ces hypothèses, touchant des parties encore inconnues de notre système planétaire, me remettent en mémoire cette opinion de l'antiquité grecque : qu'il existait plus de cinq planètes; que l'on n'en avait pas, à la vérité, observé davantage, mais que beaucoup d'autres étaient restées invisibles à cause de leur situation et du peu d'éclat de leur lumière. Cette conjecture était surtout attribuée à Artémidore d'Éphèse (59). Une autre croyance qui prit aussi naissance dans l'ancienne Grèce, peut-être même en Égypte, c'est que tous les corps célestes actuellement visibles ne l'ont pas toujours été. A cette légende physique ou plutôt historique se rattache la forme particulière sous laquelle certaines races exprimaient la prétention de remonter à une haute antiquité. Ainsi les Pélages, qui habitaient l'Arcadie avant les Hellènes, s'appelaient Προσέληνοι, parce qu'ils se vantaient d'avoir pris possession de leur pays, avant que la Lune n'escortât la Terre. Être antérieur aux Hellènes, c'était être antérieur à la Lune. L'apparition d'un astre nouveau était décrite comme un événement céleste, de même que le déluge de Deucalion était un événement terrestre. Apulée étendait cette inondation jusqu'aux montagnes de la Gétulie, dans le Nord de l'Afrique (*Apologia*, t. II, p. 494. Voyez aussi le *Cosmos*, t. II, p. 522, note 53). Chez Apollonius de Rhodes (lib. IV, v. 264), qui, suivant la mode des Alexandrins, remontait volontiers aux antiques traditions, il est question de l'établissement des Égyptiens dans la vallée du Nil : « Alors, dit-il, tous les astres ne décrivaient pas encore leur orbite dans le ciel. On n'avait pas encore entendu parler de la race sacrée de Danaüs (60). Ce curieux passage aide à mieux comprendre les prétentions des Arcadiens-Pélages.

Je termine ces considérations sur l'ordre et les distances des planètes, en énonçant une loi qui, à la vérité, ne mérite pas ce nom, que Lalande et Delambre appellent un jeu de chiffres, que d'autres nomment un expédient de mnémonique. Quelle qu'elle soit, elle a beaucoup occupé notre savant astronome Bode, surtout à l'époque où Piazzi découvrit la petite planète Cérès, découverte à laquelle d'ailleurs Piazzi ne fut nullement conduit par cette loi, mais qui fut bien plutôt occasionnée par une faute typographique dans le catalogue d'étoiles de Wollaston. Si l'on voulait considérer cette découverte comme l'accomplissement d'une prédiction, il ne faudrait pas oublier que la prédiction, ainsi qu'on l'a remarqué déjà, remonte jusqu'à Kepler, c'est-à-dire un siècle et demi au delà de Titius et de Bode. Bien que Bode, dans la seconde édition de l'ouvrage si utile et si populaire, intitulé : *Introduction à la connaissance du ciel étoilé*, ait déclaré très-expressément qu'il empruntait la loi des distances à une traduction de la *Contemplation de la Nature* de Bonnet, publiée à Wittenberg par le professeur Titius, cette loi cependant a été citée le plus souvent sous son nom et rarement sous celui de Titius. Elle est formulée dans une note jointe par Titius au chapitre de Bonnet sur la structure du monde. Après l'énoncé de la loi, on lit (61) : « Si l'on suppose divisée en 100 parties la distance du Soleil à Saturne, 4 de ces parties seront comprises entre Mercure et le Soleil, la distance de Vénus au Soleil en comprendra 4 + 3 = 7, celle de la Terre 4 + 6 = 10, celle de Mars 4 + 12 = 16. Mais de Mars à Jupiter cette progression si exacte est troublée. Si l'on compte à partir de Mars 4 + 24 = 28 de ces parties, on ne trouve ni planète principale ni satellite. Le Créateur aurait-il donc laissé un espace vide? Il n'est point douteux que cet espace n'appartienne aux satellites de Mars, que l'on n'a point encore découverts, à moins que Jupiter n'ait lui-même un plus grand nombre de satellites que le télescope n'en a révélé jusqu'à ce jour. En franchissant cet espace inconnu quant aux corps qui le remplissent, on trouve, progression admirable! que la distance de Jupiter au Soleil peut être représentée par 4 + 48 = 52, et enfin celle de Saturne par 4 + 96 = 100. » Ainsi Titius était disposé à remplir l'espace qui s'étend entre Mars et Jupiter, non pas avec un seul corps céleste, mais avec plusieurs, comme cela est en effet dans la réalité; seulement il supposait que ces corps étaient des satellites et non des planètes.

Nulle part le traducteur et commentateur de Bonnet n'a pris soin de dire ce qui l'a conduit au chiffre 4 pour l'orbite de Mercure. Peut-être n'a-t-il fait ce choix qu'afin d'avoir exactement pour Saturne, réputé alors la plus éloignée de toutes les planètes, et dont la distance est de 9,5, par conséquent très-près de 10,0, le nombre 100, en combinant le chiffre 4 avec les nombres 96, 48, 24, etc., qui forment une progression régulière. Cela est plus vraisemblable que de supposer qu'il ait établi la série en commençant par les planètes les plus rapprochées. Déjà, dans le XVIIIe siècle, on ne pouvait plus espérer de concilier avec les distances connues une semblable progression en prenant pour point de départ non pas même le Soleil, mais seulement Mercure; les notions étaient déjà trop précises. En réalité, les distances qui séparent Jupiter, Saturne et Uranus, sont, à très-peu de chose près, d'accord avec cette proportion, mais la découverte de Neptune, beaucoup trop rapprochée d'Uranus, est venue de nouveau lui donner un grave démenti (62).

La loi qui porte le nom du vicaire Wurm de Léonberg, et que l'on distingue quelquefois de la loi de Titius et de Bode, est une simple correction apportée à la distance solaire de Mercure et à la différence des distances de Mercure et de Vénus. Wurm, plus voisin en cela de la vérité, exprime la distance solaire de Mercure par 387, celle de Vénus par 680, celle de la Terre par 1000 (63). A l'occasion de la découverte de Pallas, Gauss, dans une lettre adressée à Zach, au mois d'octobre 1802, fait justice de la prétendue loi des distances. Voici en quels termes il s'exprime : « Contrairement à toutes les vérités absolues qui seules méritent le nom de loi, la loi de Titius ne s'applique à la plupart des planètes que d'une manière très-superficielle et très-vague, et, ce que l'on ne paraît pas encore avoir remarqué, elle ne s'applique en aucune façon à Mercure. Il est clair que la série des nombres 4, 4 + 3, 4 + 6, 4 + 12, 4 + 24, 4 + 48, 4 + 96, 4 + 192, qui sont censés exprimer les distances solaires, ne forment pas le moins du monde une progression continue. Pour cela il faudrait que le terme qui précède 4 + 3 fût non pas 4, c'est-à-dire 4 + 0, mais 4 + 1 1/2. Il n'y a point de mal d'ailleurs à chercher dans la nature ces rapports approximatifs. De tout temps les plus grands hommes se sont laissé prendre à ces jeux d'esprit. »

5° *Masse des planètes.* — Les masses des planètes ont été déterminées à l'aide de leurs satellites, lorsqu'elles en ont, d'après leurs perturbations réciproques, ou d'après les effets soufferts ou produits par les comètes à courte période. C'est ainsi qu'en 1841 Encke détermina, en se guidant sur les perturbations subies par la comète qui porte son nom, la masse, inconnue jusque-là, de Mercure. La même comète fait espérer dans l'avenir des corrections à la masse de Vénus. De même les perturbations de Vesta sont mises à profit pour Jupiter. Le tableau suivant offre les masses des planètes d'après Encke, en prenant pour unité celle du Soleil (Voyez le 4e Mémoire de Pons sur les comètes, dans les *Mémoires de l'Académie des Sciences de Berlin* pour l'année 1842, p. 5) :

Mercure	1/4865751
Vénus	1/401839
La Terre	1/359551

La Terre et la Lune ensemble....	1/355499
Mars........................	1/2680337
Jupiter avec ses satellites........	1/1047,879
Saturne.	1/3501,6
Uranus......................	1/24005
Neptune.....................	1/14446

La masse à laquelle Le Verrier était arrivé pour Neptune, avant la vérification de sa découverte par Galle (1/9322), était encore plus considérable, quoique remarquablement près de la vérité. Il résulte de ce qui précède que les planètes, à l'exception des petites, doivent être rangées ainsi qu'il suit, d'après l'ordre de leur masse, en commençant par celles dont la masse est le moins considérable :

1° Mercure.	5° Uranus.
2° Mars.	6° Neptune.
3° Vénus.	7° Saturne.
4° La Terre.	8° Jupiter.

Ainsi l'ordre des masses, non plus que celui des volumes et des densités, n'a rien de commun avec l'ordre des distances solaires.

6° *Densité des planètes.* — En combinant les résultats précédemment indiqués pour les volumes et les masses, et en prenant successivement pour unité la densité de la Terre et celle de l'eau, on arrive aux rapports numériques suivants :

PLANÈTES.	DENSITÉ DES PLANÈTES comparée A CELLE DE LA TERRE.	DENSITÉ DES PLANÈTES comparée A CELLE DE L'EAU.
Mercure.......	1,234	6,71
Vénus.........	0,940	5,11
La Terre.......	1,000	5,44
Mars..........	0,958	5,21
Jupiter........	0,243	1,32
Saturne........	0,140	0,76
Uranus........	0,178	0,97
Neptune.......	0,230	1,25

En comparant, dans le tableau qui précède, la densité des différentes planètes avec celle de l'eau, on a pris pour base la densité de la Terre. Les expériences faites par Reich, à Freiberg, avec la balance de torsion, ont donné 5,4383. Cavendish, à la suite d'expériences analogues, était arrivé, d'après les calculs très-exacts de Francis Baily, à 5,448. Ces deux résultats, on le voit, diffèrent de bien peu. Baily lui-même et pour son propre compte avait trouvé 5,660. On voit dans le tableau ci-dessus que, d'après les déterminations de Encke, Mercure est, sous le rapport de la densité, très-voisin des planètes de moyenne grandeur.

Ce tableau des densités rappelle la division des planètes en deux groupes séparés l'un de l'autre par la zone des petites planètes. Mars, Vénus, la Terre et même Mercure offrent peu de différences de densité; de même les planètes plus éloignées du Soleil, Jupiter,

Neptune, Uranus et Saturne, bien que de quatre à sept fois moins denses que le premier groupe, ont, sous ce rapport, beaucoup d'analogies entre elles. La densité du Soleil, en prenant celle de la Terre pour unité, est 0,252 ; elle est par conséquent à celle de l'eau, comme 1,37 est à 1, c'est-à-dire un peu plus grande que la densité de Jupiter et celle de Neptune. Le Soleil et les planètes peuvent donc être rangés ainsi, suivant l'ordre de leur densité (64) :

1° Saturne.	5° Le Soleil.
2° Uranus.	6° Vénus.
3° Neptune.	7° Mars.
4° Jupiter.	8° La Terre.

9° Mercure.

On le voit, bien qu'en général les planètes les plus denses soient les plus voisines du Soleil, on n'est nullement fondé à dire, en les considérant séparément, que leur densité est en raison inverse des distances, ainsi que Newton inclinait à le penser (65).

7° *Durée de la révolution sidérale des planètes et de leur rotation.* — Nous nous contentons ici de donner les révolutions sidérales, c'est-à-dire la durée vraie des révolutions, en prenant pour point de repère les étoiles fixes ou quelque autre point déterminé du Ciel. Pendant le cours d'une semblable révolution, les planètes accomplissent autour du Soleil une orbite complète de 360 degrés. Il faut bien se garder de confondre les révolutions sidérales avec les révolutions tropiques ou les révolutions synodiques. La durée de la révolution tropique est l'intervalle que le Soleil met à revenir à l'équinoxe du printemps; la durée de la révolution synodique est l'intervalle qui sépare deux conjonctions ou deux oppositions consécutives.

PLANÈTES.	DURÉE de la RÉVOLUTION SIDÉRALE.	ROTATION.
Mercure........	87j,96928	....
Vénus.........	224,70078	....
La Terre......	365,25637	0j 23h 56′ 4″
Mars..........	686,97964	1 0 37′ 20″
Jupiter........	4332,58480	0 9 55′ 27″
Saturne......	10759,21981	0 10 29′ 17″
Uranus........	30686,82051	....
Neptune.......	60126,7	....

On peut présenter ces différentes périodes sous une forme plus facilement appréciable :

Mercure	87j	23h	15′	46″
Vénus	224	16	49′	7″
La Terre	365	6	9′	10″,7496

(D'où l'on déduit que la révolution tropique de la Terre ou la durée de l'année solaire est de 365j,24222, c'est-à-dire 365j 5h 48′47″,8091. En 100 ans, les irrégularités dans la rétrogradation des équinoxes abrégent l'année solaire de 0″,595.)

Mars	1a	321j	17h	30′	41″
Jupiter	11	314	20	2′	7″
Saturne	29	166	23	16′	32″
Uranus	84	5	19	41′	36″
Neptune	164	225	17		

Les grandes planètes extérieures qui mettent le plus de temps à opérer leur révolution sont celles qui tournent le plus rapidement sur elles-mêmes. Les petites planètes intérieures, plus voisines du Soleil, sont au contraire celles dont la rotation s'accomplit le plus lentement. Les périodes de révolution des astéroïdes compris entre Mars et Jupiter offrent de grandes différences ; il en sera fait mention lorsque nous traiterons brièvement de chacun d'eux en particulier ; il suffit ici de remarquer que la révolution la plus longue est celle d'Hygie, la plus courte celle de Flore.

8° *Inclinaison des orbites planétaires et des axes de rotation.* — Après les masses des planètes, l'inclinaison et l'excentricité de leurs orbites sont les éléments les plus importants d'où dépendent les perturbations. La comparaison de ces éléments dans les trois groupes successifs, de Mercure à Mars, de Flore à Hygie, de Jupiter à Neptune, offre des ressemblances et des contrastes qui conduisent à des considérations intéressantes sur la formation de ces corps célestes et les changements qu'ils ont pu subir, durant de longues périodes de temps. Les planètes qui décrivent autour du Soleil des ellipses si diverses sont aussi situées sur des plans différents. Afin de rendre possible une comparaison numérique, on les ramène toutes à un plan fondamental fixe ou qui se meuve d'après une loi déterminée. Le plan qui se prête le mieux à cet usage est ou l'écliptique, c'est-à-dire le plan dans lequel se meut la Terre, ou l'équateur du sphéroïde terrestre. Dans le tableau suivant, nous joignons aux inclinaisons des orbites des planètes sur l'écliptique et sur l'équateur terrestre les inclinaisons de leurs axes de rotation sur le plan même de leurs orbites, toutes les fois que ces inclinaisons ont pu être déterminées avec quelque certitude.

PLANÈTES.	INCLINAISON DES ORBITES DES PLANÈTES sur L'ÉCLIPTIQUE.	INCLINAISON DES ORBITES DES PLANÈTES sur L'ÉQUATEUR TERRESTRE	INCLINAISON DE L'AXE DES PLANÈTES. sur le plan DE LEURS ORBITES.
Mercure..	7° 0′ 5″,9	28°45′ 8″,	....
Vénus....	3°23′28″,5	24°33′21″	....
La Terre.	0° 0′ 0″	23°27′54″,8	66° 32′
Mars.....	1°51′ 6″,2	24°44′24″	61°18′
Jupiter...	1°18′51″,6	23°18′28″	86°54′
Saturne..	2°29′35″,9	22°38′44″	....
Uranus...	0°46′28″,0	23°41′24″	....
Neptune..	1°47′	22°21′	....

Nous avons négligé les petites planètes, parce qu'elles forment un groupe distinct, sur lequel nous reviendrons plus tard. Si l'on excepte la planète la plus voisine du Soleil, Mercure, dont l'orbite est inclinée sur l'écliptique d'une quantité (7° 0′5″,9) très-voisine de celle qui mesure l'inclinaison de l'équateur solaire (7°30′), on remarque que l'inclinaison des sept autres planètes est comprise entre 0°3/4 et 3°1/2. Pour l'inclinaison de l'axe de rotation sur le plan de l'orbite, c'est Jupiter qui se rapproche le plus de la perpendiculaire. Dans Uranus, au contraire, l'axe de rotation, à en juger par l'inclinaison des orbites des satellites, coïncide presque avec le plan de l'orbite.

Comme de l'inclinaison de l'axe de la Terre sur le plan de son orbite, c'est-à-dire de l'obliquité de l'écliptique, ou en d'autres termes encore, de l'angle que fait l'orbite apparente du Soleil au point où elle coupe l'équateur, dépendent la division et la durée des saisons, les hauteurs du Soleil sous différentes latitudes et la longueur du jour, cet élément est d'une extrême importance pour déterminer les climats astronomiques, c'est-à-dire la température de la Terre, en tant qu'elle est produite par la hauteur méridienne du Soleil et par la durée de sa présence au-dessus de l'horizon. En supposant considérable l'obliquité de l'écliptique, dans le cas par exemple où l'équateur de la Terre serait perpendiculaire au plan de son orbite, chaque point de la Terre, même sous les pôles, aurait une fois dans l'année le Soleil au zénith, et ne le verrait pas se lever, pendant un laps de temps plus ou moins long. Sous chaque latitude, le contraste entre l'hiver et l'été serait porté au maximum, pour la température comme pour la durée du jour. Partout les climats seraient extrêmes, et ne pourraient être un peu tempérés que par une complication infinie de courants d'air qui varieraient à chaque instant. Si l'on suppose nulle au contraire l'obliquité de l'écliptique, c'est-à-dire si l'on se représente l'écliptique coïncidant avec l'équateur terrestre, partout cesseraient les différences de saison, et la durée du jour serait partout la même, parce que le cours apparent du Soleil suivrait incessamment l'équateur. Les habitants des pôles verraient toujours le Soleil à l'horizon. La température moyenne annuelle, sur chaque point de la surface terrestre, serait celle de chacun des jours de l'année au même lieu (66). On a comparé cet état à celui d'un printemps perpétuel ; la comparaison ne serait justifiée que par l'égalité constante qui s'établirait entre la durée des jours et celle des nuits. Privées cependant de la chaleur estivale qui féconde la végétation, un grand nombre des régions dont se compose la zone tempérée jouiraient en effet de ce climat invariable et peu souhaitable du printemps, qui règne sous l'équateur dans la chaîne des Andes, et dont j'ai personnellement beaucoup souffert sur les plateaux déserts ou *Paramos*, situés près des neiges éternelles, à 10 000 ou 12 000 pieds de hauteur (67). Dans ces régions la température de l'air durant le jour, oscille toujours entre 4° 1/2 et 9° Réaumur.

Les Grecs s'occupèrent beaucoup de l'obliquité de l'écliptique. Ils la mesurèrent grossièrement, et se livrèrent à différentes conjectures sur les variations auxquelles elle pouvait être sujette, et sur les effets qui devaient résulter de l'inclinaison de l'axe terrestre pour les climats et le développement de la nature organique. Ces spéculations furent surtout le fait d'Anaxagore, de l'école pythagoricienne, et d'Œnopide de Chio. Les passages qui peuvent nous renseigner à ce sujet sont insuffisants et trop peu décisifs; cependant ils permettent de reconnaître que l'on faisait remonter le développement de la vie organique et la formation des animaux à l'époque où commença l'inclinaison de l'axe terrestre. D'après un témoignage de Plutarque (*des Opinions des Philosophes*, lib. II., chap. 8), Anaxagore croyait que le monde, lorsqu'il fut constitué et qu'il eut fait sortir de son sein les êtres animés, s'inclina de lui-même vers le midi. Diogène Laerce (liv. II, chap. 3, § 9) fait aussi parler Anaxagore dans le même sens. « Selon ce philosophe, dit-il, les astres se mouvaient tous au commencement, comme s'ils eussent été attachés à une voûte, de sorte que le pôle paraissait toujours être sur une ligne verticale; mais plus tard ils prirent une position inclinée. » On se représentait l'inclinaison de l'écliptique comme un fait accompli soudainement dans l'histoire du Monde; il n'était point question de changement progressif ni subséquent.

Les deux situations extrêmes dont Jupiter et Uranus se rapprochent le plus ramènent naturellement la pensée à l'influence qu'une augmentation et une diminution dans l'obliquité de l'écliptique pourraient exercer sur les relations météorologiques de notre planète et sur le développement de la vie organique, si cette différence n'était pas restreinte dans des limites étroites. La connaissance de ces limites, objet des grands travaux de Léonard Euler, de Lagrange et de Laplace peut être considérée comme une des plus brillantes conquêtes de l'astronomie théorique, et qui marque le mieux le perfectionnement de la haute analyse. Laplace affirme, dans son *Exposition du Système du Monde* (p. 303, édit. de 1824), que l'obliquité de l'écliptique n'oscille pas de plus de 1° 1/2 des deux côtés de sa position moyenne. C'est donc aussi dans cette limite de 3° que la zone tropicale ou le tropique du Cancer, qui en est l'extrémité septentrionale, peut se rapprocher des contrées que nous habitons (68). C'est comme si, en mettant à part tant d'autres causes de perturbations météorologiques, Berlin se trouvait insensiblement transporté de la ligne isotherme qu'il occupe aujourd'hui à celle de Prague; la température moyenne annuelle monterait à peine d'un degré centigrade (69). Biot estime aussi que les variations dans l'obliquité de l'écliptique restent renfermées entre des limites très-étroites, mais il juge plus prudent de ne point exprimer ces limites en chiffres. La diminution lente et séculaire de l'obliquité de l'écliptique, dit-il, offre des états alternatifs qui produisent une oscillation éternelle, comprise entre des limites fixes. La théorie n'a pas encore pu parvenir à déterminer ces limites; mais, d'après la constitution du système planétaire, elle a démontré qu'elles existent et qu'elles sont très-peu étendues. Ainsi, à ne considérer que le seul effet des causes constantes qui agissent actuellement sur le système du monde, on peut affirmer que le plan de l'écliptique n'a jamais coïncidé et ne coïncidera jamais avec le plan de l'équateur, phénomène qui, s'il arrivait, produirait le printemps perpétuel. » (*Traité d'Astronomie physique*, t. IV, p. 91, édit. de 1847.)

Tandis que la nutation de l'axe terrestre, découverte par Bradley, dépend uniquement de l'influence qu'exercent le Soleil et la Lune sur l'aplatissement polaire de notre planète, les variations dans l'obliquité de l'écliptique résultent du déplacement de toutes les orbites planétaires. Actuellement les orbites sont distribuées de telle façon, que leur action combinée produit une diminution dans l'obliquité. Cette diminution est aujourd'hui, suivant Bessel, de 0",457 par année. Dans quelques milliers d'années, la position des orbites planétaires, par rapport au plan de l'orbite terrestre, aura tellement varié que la partie de la précession due aux planètes changera de sens, et qu'il en résultera un accroissement dans l'obliquité de l'écliptique. La théorie nous apprend que ces périodes croissantes ou décroissantes sont de très-inégale durée. Les plus anciennes observations astronomiques qui nous aient été transmises avec des données numériques exactes, remontent à l'année 1104 avant l'ère chrétienne, et témoignent du grand âge de la civilisation chinoise. Les monuments littéraires de cette nation sont à peine plus jeunes d'un siècle. Il existe même une chronologie régulière qui s'étend, d'après Édouard Biot, jusqu'à 2700 avant Jésus-Christ (70). Sous le règne de Tscheou-Koung, frère de Wou-Wang, l'ombre du Soleil à midi fut mesurée dans les deux solstices d'hiver et d'été, avec un gnomon de huit pieds.

Ces expériences, qui eurent lieu à Lo-jang (aujourd'hui Ho-nan-fou de la province de Ho-nan, au sud du fleuve Jaune), par 34° 46′ de latitude, donnèrent, pour l'obliquité de l'écliptique, 23° 54′, c'est-à-dire 27′ de plus que l'on n'a trouvé en 1850 (71). Les observations de Pythéas et d'Ératosthène, à Marseille et à Alexandrie, sont postérieures de six ou sept cents ans. Nous possédons les résultats de quatre expériences de ce genre antérieures à l'ère chrétienne, et de sept autres faites entre la naissance de Jésus-Christ et les observations d'Oulough-Beg à l'observatoire de Samarcande. La théorie de Laplace s'accorde merveilleusement avec ces résultats, pour un laps de temps de près de trente siècles, sauf quelques différences insignifiantes,, tantôt en plus, tantôt en moins. Il y a d'autant plus lieu de s'applaudir de ce que la mesure de la longueur des ombres sous Tscheou-Koung est parvenue jusqu'à nous, que l'on ne sait par quel hasard l'écrit qui la contient a échappé à la destruction générale des livres ordonnée, l'an 246 avant Jésus-Christ, par l'empereur Schi-Hoang-Ti, de la dynastie des Tsin. D'après les recherches de Lepsius, la IVe dynastie égyptienne commence avec les constructeurs des pyramides Choufou, Schafra et Menkera, vingt-trois siècles avant les observations faites à Lo-jang. Il est, d'après cela, bien vraisemblable, si l'on considère le haut degré de civilisation auquel était déjà parvenue la nation égyptienne et l'antiquité de son calendrier, que, avant les mesures de Lo-jang, des mesures semblables avaient été exécutées dans la vallée du Nil. Les Péruviens eux-mêmes, bien que moins au fait que les Mexicains et les Muyscas, qui habitent les montagnes de la Nouvelle-Grenade, des rectifications de calendrier et des intercalations, avaient des gnomons formés d'un cercle tracé autour d'une aiguille, sur une surface très-unie. Il y avait de ces gnomons au milieu du grand temple du Soleil à Cuzco, et dans plusieurs autres lieux. Celui de Quito, situé presque sous l'équateur, était tenu en plus grand honneur que les autres ; on avait coutume de le couronner de fleurs, aux fêtes de l'équinoxe (72).

9° *Excentricité des orbites planétaires.* — La forme d'une ellipse est déterminée par la longueur du grand axe et la distance des deux foyers. Pour les orbites des planètes, cette distance que l'on nomme excentricité, comparée au demi-grand axe de l'orbite, varie depuis 0,006, comme dans l'orbite de Vénus qui se rapproche beaucoup de la forme circulaire, jusqu'à 0,205 dans l'orbite de Mercure, et à 0,255, dans celle de Junon. Les planètes dont l'orbite est le moins excentrique, sont après Vénus et Neptune, la Terre, dont l'excentricité diminue de 0,000 04299 en cent ans, le petit axe augmentant dans la même proportion, puis Uranus, Jupiter, Saturne, Cérès, Égérie, Vesta et Mars. Les orbites les plus excentriques sont celles de Junon (0,255), de Pallas (0,239), d'Iris (0,232), de Victoria (0,217), de Mercure (0,205) et d'Hébé (0,202). Il y a des planètes dont l'excentricité va croissant : de ce nombre sont Mercure, Mars et Jupiter. Dans d'autres, au contraire, elle décroît : tels sont Vénus, la Terre, Saturne et Uranus. Le tableau suivant indique les excentricités des grandes planètes d'après Hansen, pour l'année 1800. On trouvera plus loin les excentricités des petites planètes avec les autres éléments de leurs orbites.

Mercure.............	0,2056163
Vénus.............	0,0068618
La Terre.............	0,0167922
Mars...............	0,0932168
Jupiter..............	0,0481621
Saturne..............	0,0561505
Uranus..............	0,0466108
Neptune.............	0,00871946

Le mouvement du grand axe, qui déplace le périhélie des planètes, s'accomplit progressivement, d'une manière incessante et suivant une direction unique. Les lignes des apsides ainsi déplacées auraient besoin de plus de cent mille ans pour accomplir leur cycle. Il est essentiel de distinguer ce changement de ceux que subit la forme elliptique des orbites. On a agité la question de savoir si l'importance croissante de ces éléments pourrait, dans la suite d'un grand nombre de siècles, modifier considérablement la température de la Terre, et influer sur la somme totale et la distribution de la chaleur dans les différentes parties du jour et de l'année ; si ces causes astronomiques, agissant régulièrement d'après des lois éternelles ne pourraient point faciliter la solution du grand problème géologique, relatif aux plantes et aux animaux des tropiques que l'on a trouvés ensevelis dans la zone glaciale. Certains raisonnements mathématiques ont paru de nature à alarmer les esprits touchant la position des apsides et la forme des orbites, selon que ces orbites se rapprochent davantage de la forme circulaire ou de l'excentricité des comètes, touchant l'inclinaison des axes, le changement dans l'obliquité de l'écliptique, et l'influence que la précession des équinoxes peut exercer sur la durée de l'année; mais ces mêmes raisonnements, soumis à une analyse plus sévère, fournissent aussi pour l'avenir du monde des motifs de sécurité. Les grands axes et les masses ne changent pas. La loi du retour périodique prévient l'accroissement indéfini de certaines perturbations. Les excentricités, peu sensibles déjà en elles-mêmes, des deux plus puissantes planètes, de Jupiter et de Saturne, reçoivent, grâce à des influences réciproques dont les effets se compensent, des augmentations et des diminutions alternatives, contenues dans des limites étroites et déterminées.

Par suite du déplacement que subit la ligne des apsides, le point de l'orbite terrestre le plus rapproché du Soleil arrive graduellement à tomber dans des saisons opposées (73). Si actuellement l'astre passe au périhélie dans les premiers jours de janvier, et à l'aphélie six mois plus tard, dans les premiers jours de juillet, le mouvement progressif de la ligne des apsides ou grand axe de l'orbite terrestre peut faire que le maximum de la distance tombe en hiver, le minimum en été, de telle façon que la distance de la Terre au Soleil soit plus grande au mois de janvier que dans l'été de 520 000 myriamètres, c'est-à-dire 1/30 de la distance moyenne. Au premier coup d'œil, on serait tenté de croire que le déplacement du périhélie de l'hiver à l'été devrait amener de grands changements dans les climats, et cependant tout se réduirait à ceci que le Soleil, dans cette hypothèse, ne prolongerait plus de sept jours sa présence dans l'hémisphère septentrional, c'est-à-dire qu'il ne mettrait plus pour parcourir la moitié de son orbite, depuis l'équinoxe du printemps jusqu'à celui de l'automne, une semaine de plus qu'à parcourir l'autre moitié, depuis l'équinoxe d'automne jusqu'à celui du printemps. La différence de température, en n'entendant par là que les climats astronomiques, et sans considérer le rapport de l'élément liquide à l'élément solide sur la surface de la Terre, la différence de température dis-je, que l'on pourrait redouter comme conséquence du mouvement de la ligne qui joint les apsides, se trouve neutralisée presque entièrement par cette circonstance que le point où notre planète est le plus proche du Soleil est toujours celui où sa course est le plus rapide (74). Le beau théorème dû à Lambert, d'après lequel la quantité de chaleur que la Terre reçoit du Soleil dans chaque partie de l'année, est proportionnelle à l'angle décrit, durant le même laps de temps, par le rayon vecteur du Soleil, contient jusqu'à un certain point la solution tranquillisante de ce problème (75).

Ainsi le changement de direction dans la ligne des apsides ne saurait exercer qu'une faible influence sur la température de la Terre; d'autre part, les limites des changements qui peuvent s'accomplir avec vraisemblance dans l'ellipse de l'orbite terrestre sont très-resserrées (70). Cette cause elle-même, d'après Arago et Poisson, ne peut modifier les climats que d'une manière très-peu sensible et si lente, que les changements ne seraient point appréciables avant de longues périodes de temps. Bien que l'on ne soit pas encore parvenu par l'analyse à déterminer exactement ces limites, on est au moins sûr que jamais l'excentricité de la Terre ne peut atteindre celle de Junon, de Pallas et de Victoria.

10° *Intensité de la lumière solaire sur les différentes planètes.* — En prenant pour unité l'intensité de la lumière solaire sur notre planète, on arrive aux résultats suivants :

Mercure.............	6,674
Vénus...............	1,911
Mars................	0,431
Pallas..............	0,130
Jupiter.............	0,036
Saturne.............	0,011
Uranus..............	0,003
Neptune.............	0,001

L'excentricité considérable des trois planètes qui

suivent, influe sur l'intensité de la lumière, au périhélie et l'aphélie :

Mercure au périhélie	10,58	à l'aphélie	4,59
Mars	—	0,52	—	0,36
Junon	—	0,25	—	0,09

En raison du peu d'excentricité de la Terre, l'intensité de la lumière ne varie pour cette planète, du périhélie à l'aphélie, que de 1,034 à 0,967. Si la lumière est 7 fois plus intense à la surface de Mercure qu'à la surface de la Terre, elle doit l'être 368 fois moins à la surface d'Uranus. Il n'est point fait mention ici de la chaleur, parce que c'est un phénomène compliqué, qui dépend de l'existence ou de la non-existence des atmosphères, de leur hauteur et de leur composition spéciale. Je rappellerai seulement ici la conjecture de Sir John Herschel sur la température qui doit régner à la surface de la Lune; il est possible, suivant lui, qu'elle dépasse de beaucoup la température de l'eau bouillante (77).

PLANÈTES SECONDAIRES OU SATELLITES.

Les considérations générales auxquelles peut donner lieu la comparaison des planètes secondaires ont été exposées déjà assez en détail dans le Tableau de la Nature qui remplit le premier volume du *Cosmos* (p. 103-109.) A l'époque où ce volume parut, on ne connaissait encore que 11 planètes principales et 18 planètes secondaires. Parmi les astéroïdes ou petites planètes télescopiques, 4 seulement avaient été signalées :

Cérès, Pallas, Junon et Vesta. Aujourd'hui, au mois d'août 1851, nous connaissons 22 planètes principales et 21 satellites. Après une interruption de 38 ans dans les découvertes des planètes, depuis l'année 1807 jusqu'au mois de décembre 1845, commence avec l'Astrée d'Encke une série d'observations heureuses qui révèlent l'existence de dix petites planètes, jusqu'au milieu de 1851. Dans ce nombre, 2 ont été vues pour la première fois à Driesen, par Encke (Astrée et Hébé); 4 à Londres, par Hind (Iris, Flore, Victoria et Irène); 1 à Markree Castle, par Graham (Métis), et 3 à Naples, par de Gasparis (Hygie, Parthénope et Égérie). La plus éloignée de toutes les grandes planètes, Neptune, signalée par Le Verrier à Paris et reconnue à Berlin par Galle, suivit Astrée à dix mois d'intervalle. En ce moment les découvertes se multiplient avec une telle rapidité, qu'après un laps de quelques années, la topographie du système solaire semble avoir autant vieilli que les statistiques géographiques.

Des 21 satellites aujourd'hui connus, 1 appartient à la Terre, 4 appartiennent à Jupiter, 8 à Saturne, parmi lesquels le dernier découvert, Hypérion, est le 7e dans l'ordre des distances; Uranus en a 6, dont le 2e et le 4e sont déterminés surtout avec une grande certitude; Neptune en a 2.

Les satellites tournant autour des planètes principales, forment des systèmes subordonnés, dans lesquels ces planètes jouent le rôle de corps central, et constituent des systèmes particuliers de dimensions très-différentes, qui reproduisent en petit l'image du système solaire. Dans l'état actuel de nos connaissances, le domaine de Jupiter a, en diamètre, 380 000 myriamètres; celui de Saturne en a 780 000. Ces analogies entre les systèmes subordonnés et le système solaire ont contribué, au temps de Galilée, où l'expression de *Monde de Jupiter* (Mundus Jovialis) devint d'un usage fréquent, à répandre d'une manière plus générale et plus rapide la théorie de Copernic. Elles rappellent ces ressemblances de forme et de position que la nature organique se plaît aussi à répéter souvent à des degrés inférieurs de la création.

La répartition des satellites dans le système solaire est tellement inégale, que, bien que les planètes principales accompagnées de satellites soient à celles qui en sont dépourvues dans le rapport de 5 à 3, les premières, à l'exception de la Terre, font toutes partie du groupe extérieur, situé au delà des astéroïdes aux orbites entrelacées. Le seul satellite qui se trouve dans le groupe intérieur, la Lune, offre cette particularité que son diamètre est d'une grandeur excessive relativement à celui de la Terre. Ce rapport est de 1/3,8, tandis que dans le plus grand des satellites de Saturne, le 6e par ordre de position, dans Titan, le diamètre n'est guère que 1/15,5 de celui de la planète principale, et que dans le plus grand des satellites de Jupiter, qui est le 3e par ordre de position, ce rapport n'est que de 1/25,8. Cette grandeur toute relative doit être, du reste, distinguée avec soin de la grandeur absolue. Le diamètre proportionellement si large de la

Lune n'a en définitive que 454 milles géographiques, et le cède par conséquent en grandeur absolue aux diamètres des quatre satellites de Jupiter, qui en ont respectivement 776, 664, 520 et 475. Il s'en faut de très-peu que le diamètre du 6e satellite de Saturne n'atteigne le diamètre de Mars, qui a 892 milles géographiques (78). Si les résultats fournis par le télescope dépendaient uniquement du diamètre du satellite et n'étaient point subordonnés au voisinage de la planète principale, à l'éloignement et à la constitution de la surface qui réfléchit la lumière, on serait autorisé à considérer les deux premiers satellites de Saturne, Mimas et Encelade, ainsi que le 2e et le 4e des satellites d'Uranus, comme les plus petites de toutes les planètes secondaires. Mais il est plus sûr de les désigner seulement comme les plus petits points lumineux. Un fait qui paraît acquis à la science, c'est que l'on doit chercher parmi les petites planètes, et non parmi les satellites, les plus petits de tous les corps planétaires (79).

Il n'est nullement exact de dire que la densité des satellites soit toujours moindre que celle des planètes principales, comme cela est le cas pour la Lune, dont la densité est à celle de la Terre dans le rapport de 0,619 à 1, ainsi que pour le 4e satellite de Jupiter. Dans le système de Jupiter, le 3e satellite, qui est le plus grand, a la même densité que la planète; le 2e est plus dense. Il n'est pas vrai non plus que les masses augmentent avec les distances. Si l'on suppose que les planètes furent formées d'anneaux se mouvant en cercle dans l'espace, il faut que des causes qui resteront peut-être éternellement un mystère, aient déterminé autour de tel ou tel noyau des agglomérations de grandeur différentes, et diversement condensées.

Les orbites de satellites appartenant au même groupe ont des excentricités très-différentes. Dans le système de Jupiter, les deux premiers satellites décrivent presque des cercles parfaits; l'excentricité dans les deux suivants s'élève à 0,0013 et 0,0072. Dans le système de Saturne, l'orbite du satellite le plus rapproché, de Mimas, est déjà beaucoup plus excentrique que celle d'Encelade et celle de Titan, si nettement déterminé par Bessel, et qui est à la fois le plus grand et le plus anciennement découvert des satellites de Saturne. L'excentricité de Titan n'est, à la vérité, que de 0,02922. D'après ces données, qui méritent confiance, Mimas seul est plus excentrique que la Lune, dont l'excentricité, égale à 0,05484, a cela de particulier qu'elle est la plus grande excentricité connue, relativement à celle de la planète principale autour de laquelle elle fait sa révolution. Ainsi l'excentricité de Mimas est à celle de Saturne comme 0,068 est à 0,056; celle de la Lune est à celle de la Terre comme 0,054 est à 0,016. Sur les distances des satellites aux planètes, on peut voir le premier volume du *Cosmos* (p. 106). La distance de Mimas à Saturne n'est plus évaluée aujourd'hui à 14 857 myriamètres, mais à 18 995, en partant du centre de la planète, ou à 12 946, en partant de la surface ; d'où il résulte que la distance de ce satellite à l'anneau de Saturne est de plus de 5000 myriamètres, en défalquant 3409 myriamètres pour l'intervalle entre la planète et l'anneau, et 4480 pour la largeur même de l'anneau (80). Le système de Jupiter présente aussi, avec une certaine harmonie générale, des anomalies singulières dans les orbites de ses satellites, qui se meuvent tous à une faible distance et dans le plan de l'équateur de la planète. Parmi les satellites de Saturne, 7 font leur révolution à très-peu près dans le plan de l'anneau; le 8e et dernier, Japhet, est incliné sur ce plan de 12° 14′.

Dans ces considérations générales sur les orbites planétaires, nous sommes descendu du système solaire, le plus vaste des systèmes connus, mais qui vraisemblablement n'est pas encore la manifestation suprême de l'attraction céleste, aux systèmes partiels et subordonnés de Jupiter, de Saturne, de Neptune, d'Uranus (81). Si, d'un côté, il y a dans la pensée et dans l'imagination de l'homme une tendance innée à la généralisation, un besoin insatiable d'agrandir encore le monde par ses pressentiments, et de chercher dans le mouvement de translation qui emporte notre système solaire l'idée d'une coordination plus vaste et plus élevée (82), on a conjecturé, d'autre part, que les satellites de Jupiter pouvaient être autant de centres autour desquels tournaient des corps célestes que leur petitesse dérobe à la vue. D'après cette hypothèse, chacun des membres dont se composent les systèmes partiels qui ont leur siége principal dans le groupe des planètes extérieures aurait au-dessous de lui d'autres systèmes analogues et subordonnés. L'esprit symétrique de l'homme se complaît dans la reproduction successive des mêmes formes, alors même qu'il est forcé, pour se satisfaire, d'inventer des analogies; mais un examen sérieux ne permet point de confondre le monde idéal avec le monde réel, les hypothèses simplement probables avec les résultats fondés sur des observations certaines.

NOTIONS PARTICULIÈRES

SUR LES PLANÈTES ET LES SATELLITES.

Une description physique de l'univers a pour objet spécial, ainsi que je l'ai rappelé déjà plusieurs fois, de réunir les résultats numériques les plus importants et les plus sûrs, que l'on a pu obtenir dans le domaine sidéral, aussi bien que dans le domaine terrestre, jusqu'au milieu du XIXe siècle. Les formes et les mouvements des corps doivent y être retracés, au triple point de vue de leur création, de leur existence, de leur mesure. Les bases sur lesquelles reposent ces résultats, les conjectures cosmogoniques qui, suivant les progrès et les alternatives de nos connaissances, se sont produites depuis des millions d'années touchant la formation et le développement du monde physique, ne rentrent point, à vrai dire, dans le cercle de ces recherches expérimentales. On peut voir à ce sujet le tome Ier du *Cosmos*, p. 32-36, 67 et 89.

LE SOLEIL.

Dans les pages qui précèdent (*Cosmos*, t. III, p. 426-458), j'ai indiqué les dimensions du Soleil et exposé les vues généralement admises aujourd'hui sur la constitution physique du corps qui forme le centre de notre système. Il suffira d'ajouter, d'après les observations les plus récentes, quelques remarques supplémentaires au sujet des formes rougeâtres dont il est fait mention plus haut (*Ibid.*, p. 440). Les importants phénomènes offerts, dans l'Est de l'Europe, lors de l'éclipse totale du 28 juillet 1851, ont renforcé encore l'opinion, exprimée par Arago en 1846, que les éminences rougeâtres, semblables à des montagnes ou à des nuages, qui, dans les éclipses, se remarquent sur les bords du disque obscurci du Soleil, appartiennent à l'atmosphère gazeuse, c'est-à-dire à la plus extérieure des atmosphères dont le corps central est entouré (83). Ces éminences étaient découvertes graduellement à l'Ouest par la retraite de la Lune, et disparaissaient du côté opposé, à mesure que la Lune poursuivait sa course vers l'Orient. (*Œuvres* de François Arago, t. VII, p. 277 ; t. IV des *Notices scientifiques*.)

Ces projections marginales avaient une telle intensité de lumière, qu'on a pu les reconnaître avec le télescope, à travers les légers nuages qui les voilaient, et même les apercevoir à l'œil nu dans l'intérieur de la couronne.

Quelques-unes de ces éminences, offrant la couleur du rubis ou de la fleur de pêcher, subirent dans leurs contours une rapide et sensible altération, pendant la durée de l'éclipse totale. Une d'elles semblait recourbée à son extrémité, et plusieurs observateurs croyaient voir comme une colonne de fumée arrondie, vers le sommet de laquelle flottait un nuage librement suspendu (84). La hauteur des protubérances fut évaluée en général à 1 ou 2 minutes. Il y a même un point sur lequel elles semblent avoir dépassé cette limite. Indépendamment de ces jets lumineux, au nombre de 3 à 5, on vit aussi des bandes rouges, étroites et souvent dentelées, qui paraissaient adhérer aux bords de la Lune (85).

On a pu voir de nouveau, et très-distinctement, surtout à l'entrée, la partie du bord de la Lune qui ne se projetait point sur le disque du Soleil (86).

A quelques minutes des bords du Soleil, près de la plus grande des éminences rouges et recourbées que nous venons de signaler, on apercevait un groupe de taches solaires. Une tache était également visible près du bord opposé ; la distance qui l'en séparait ne permettait guère de croire que la matière rouge et gazeuse de ces exhalaisons sortît des ouvertures en forme d'entonnoir qui constituent les taches. Mais comme avec un fort grossissement on voit distinctement des pores sur toute la surface du Soleil, la conjecture la plus probable est que ces émanations de gaz et de vapeurs, qui s'élevant du corps solaire forment les entonnoirs, se répandent à travers ces ouvertures ou à travers des pores plus petits, et offrent à nos regards, dans la troisième enveloppe solaire, les colonnes de vapeur rouge et les nuages diversement configurés dont nous avons donné la description (87).

MERCURE.

Si l'on se rappelle combien, depuis les temps les plus reculés, les Égyptiens s'occupèrent de Mercure sous les noms de Set ou d'Horus (88), et les Indiens sous celui de Boudha (89); comment les Asedites, habitués à contempler le ciel transparent de l'Arabie occidentale, firent de cette planète, entre toutes les autres, l'objet privilégié de leur culte (90); comment enfin Ptolémée put mettre à profit, dans le IXᵉ livre de l'*Almageste*, 14 observations de Mercure remontant jusqu'à l'année 261 avant notre ère, et qui viennent en partie des Chaldéens (91), on ne peut entendre sans étonnement Copernic se plaindre sur son lit de mort, à l'âge de 70 ans, de n'avoir pu, malgré ses efforts, apercevoir Mercure. Cependant les Grecs, frappés de l'intensité si vive quelquefois de sa lumière, caractérisaient cette planète par l'épithète de scintillante (στίλβων) (92). Ainsi que Vénus, Mercure nous offre des phases, c'est-à-dire que sa partie éclairée subit des variations de forme; de même encore elle nous apparaît quelquefois comme étoile du matin et quelquefois comme étoile du soir.

La distance moyenne de Mercure au soleil est d'un peu plus de 8 millions de milles géographiques de 15 au degré, environ 6 millions de myriamètres; cela fait 0,387 093 8 de la distance moyenne de la Terre au Soleil. En raison de l'excentricité considérable de son orbite qui est de 0,205 616 3, la distance de Mercure au Soleil n'est au périhélie que de 6 millions 1/4 de milles géographiques, elle est à l'aphélie de 10 millions. Cette planète accomplit sa révolution autour du Soleil en 87 de nos jours moyens, plus 23 heures 15 minutes et 46 secondes. Des observations trop peu certaines sur la forme de la corne méridionale de son croissant, et la découverte d'une bande obscure qui, vers l'Est, est absolument noire, ont amené Schrœter et Harding à fixer comme durée de sa rotation l'espace de 24 heures et 5 minutes.

D'après les déterminations de Bessel, faite à l'occasion du passage de Mercure, du 5 mai 1832, le vrai diamètre de cette planète est de 497 myriamètres, c'est-à-dire 0,391 du diamètre terrestre (93).

La masse de Mercure avait été évaluée par Lagrange, d'après des suppositions très-hasardeuses sur les rapports réciproques des densités et des distances. La comète à courte période d'Encke fournit un premier moyen de corriger ce calcul. Suivant Encke, la masse de Mercure est 1/4 865 751 de la masse du Soleil, ce qui fait à peu près 1/13,7 de la masse terrestre. Laplace a évalué, d'après Lagrange, la masse de Mercure à 1/2 025 810 (94), mais elle ne dépasse guère en réalité les 5/12 de ce chiffre. Cette correction contredit l'hypothèse de l'accroissement rapide des densités, suivant que les planètes sont plus rapprochées du Soleil. Si l'on admet avec Hansen que le volume de Mercure égale les 6/100 de celui de la Terre, il en résulte que la densité de Mercure n'est que 1,22. « Au reste, dit Encke, ces déterminations ne doivent encore être considérées que comme un premier essai pour approcher de la vérité plus que ne l'avait fait Laplace. » On croyait, il n'y a pas plus de dix ans, que la densité de Mercure était presque triple de celle de la Terre; on l'évaluait alors, en prenant pour unité celle de la Terre, à 2,56 ou 2,94.

VÉNUS.

La distance moyenne de Vénus au Soleil égale 0,723 331 7 de celle de la Terre, c'est-à-dire qu'elle est de 15 millions de milles géographiques ou de 11 millions de myriamètres. La durée de la révolution sidérale de Vénus est de 224 jours, 16 heures, 49 minutes et 7 secondes. Aucune autre planète principale ne vient aussi près de la Terre. Elle s'en approche en effet à une distance de 3 900 000 myriamètres, mais elle s'en éloigne aussi jusqu'à 26 000 000 myriamètres. De là les variations considérables de son diamètre apparent que l'on ne saurait déterminer uniquement d'après l'intensité de la lumière (95). L'excentricité de l'orbite de Vénus n'est que de 0,006 861 82, en prenant comme toujours le demi-grand axe pour mesure. Le diamètre de cette planète est de 1694 milles géographiques ou 1256 myriamètres, sa masse de 1/4 018 391 de celle du Soleil, son volume de 0,957, sa densité de 0,94, relativement au volume et à la densité de la Terre.

Des deux passages de planètes inférieures qui furent annoncés pour la première fois par Kepler, dans ses Tables Rudolphines, celui de Vénus est d'une importance essentielle pour la théorie de tout le système planétaire, en ce qu'il peut servir à déterminer la parallaxe du Soleil, et comme conséquence la distance de la Terre au corps central. D'après les recherches approfondies auxquelles s'est livré Encke sur le passage de Vénus de 1769, et dont il a consigné les résultats dans l'Annuaire de Berlin (*Berliner Jahrbuch* für 1852, p. 323), la parallaxe du Soleil est de 8″,571 16. Depuis l'année 1847, la parallaxe du Soleil est l'objet d'un nouveau travail, entrepris sur la proposition d'un mathématicien distingué, le professeur Gerling, de Marburg, et par l'ordre du gouvernement des États-Unis. Il s'agit de déterminer cette parallaxe à l'aide d'observations de Vénus, près de son élongation orientale et occidentale, et en mesurant micrométriquement les différences en ascension droite et en déclinaison, sous des latitudes et des longitudes très-diverses d'étoiles dont la position soit bien fixée. Cette expédition astronomique, s'est dirigée, sous les ordres d'un officier fort instruit, le lieutenant Gilliss, vers Santiago de Chile. On peut voir à ce sujet les Nouvelles astronomiques de Schumacher (*Astronomische Nachrichten*, n° 599, p. 363 et n° 613, p. 193).

On a eu longtemps des doutes sur la durée de la rotation de Vénus. Dominique Cassini, en 1669, et Jacques Cassini, en 1732, l'évaluaient à 23h 20′, tandis que Bianchini, à Rome, adoptait la longue période de 24 jours 1/3 (96). Vico, à la suite d'observations plus exactes, faites de 1840 à 1842, a déduit d'un grand nombre de taches de Vénus, le chiffre de $23^h\ 21'\ 21''$, 93.

Ces taches qui, lorsque Vénus offre la forme d'un croissant, sont près de la limite de l'ombre et de la lumière, sont faibles, rarement visibles et très-changeantes; d'où les deux Herschel ont conclu qu'elles appartiennent à une atmosphère de Vénus, plutôt qu'à la surface solide de la planète (97). La Hire, Schrœter et Mædler ont mis à profit les formes changeantes des cornes du croissant, surtout de la corne méridionale, pour évaluer la hauteur des montagnes, mais principalement pour déterminer la durée de la rotation. Il n'est pas nécessaire, pour expliquer ces changements d'admettre, comme l'a prétendu Schrœter à Lilienthal, des pics de montagnes haut de 5 milles géographiques ou de plus de 3 myriamètres; il suffit d'élévations telles que nous en offre notre planète, dans les deux continents (98). D'après le peu que nous savons sur la surface et la constitution physique des planètes les plus voisines du Soleil, Mercure et Vénus, le phènomène d'une lueur cendrée et d'un dégagement de lumière propre à ces planètes, phénomène observé plusieurs fois dans la partie obscure de Vénus par Christian Mayer, William Herschel et Harding, demeure toujours très-énigmatique (99). Il n'est pas vraisemblable qu'à une si grande distance la lumière réfléchie par la Terre puisse produire une lueur cendrée sur Vénus, comme sur la Lune.—On n'a remarqué jusqu'ici aucun aplatissement dans les deux planètes inférieures, Mercure et Vénus.

LA TERRE.

La distance moyenne de la Terre au Soleil est 12 032 fois plus grande que le diamètre de notre globe. Elle est donc de 20 682 000 milles géographiques ou de 15 346 000 myriamètres à 60 000 myriamètres, c'est-à-dire à 1/230 près.

La révolution sidérale de la Terre autour du Soleil s'accomplit en $365^{j}\ 6^{h}\ 9'\ 10'',7496$. L'excentricité de son orbite est de 0,016 792 26; sa masse de 1/359 551; sa densité, par rapport à l'eau, de 5,44. Bessel, à la suite de ses recherches sur dix mesures de degré, évalue l'aplatissement de la Terre à 1/299,153; le diamètre équatorial est de 1718,9 milles géographiques ou 1276 myriamètres, le diamètre polaire de 1713,1 milles géographiques, soit 1271,7 myriamètres (*Cosmos*, t. I, p. 491, n° 30). Nous nous contentons de mentionner ici les évaluations numériques qui ont trait à la forme et au mouvement de la Terre; tout ce qui concerne la constitution physique de cette planète étant réservé pour la dernière partie du *Cosmos*, consacrée tout entière au domaine terrestre.

LA LUNE.

Distance moyenne de la Lune à la Terre : 51 800 milles géographiques ou 38 400 myriamètres; révolution sidérale : $27^{j}\ 7^{h}\ 43'\ 11'',5$; excentricité de l'orbite lunaire : 0,054844 2; diamètre de la Lune :

336 myriamètres, environ 1/4 du diamètre de la Terre; volume : 1/54 du volume terrestre; masse de la Lune, d'après Lindenau : 1/87,73, d'après Peters et Schidloffsky : 1/81 de la masse de la Terre; densité : 0,619, à peu près les 3/5 de celle de la Terre. La Lune n'a pas d'aplatissement sensible; mais la théorie a déterminé un allongement très-faible dans la direction de la Terre. La rotation de la Lune sur son axe a lieu exactement, et il est probable qu'il en est de même pour tous les autres satellites, dans le même temps qu'elle met à accomplir sa révolution autour de la Terre.

La lumière solaire réfléchie par la surface de la Lune est, sous toutes les latitudes, inférieure à celle qu'un nuage blanc renvoie durant le jour. Lorsque, pour déterminer des longitudes géographiques, on est forcé de mesurer fréquemment des distances de la Lune au Soleil, on a souvent peine à découvrir le disque lunaire, entouré d'un amas de nuages plus éclatants. Je pouvais plus facilement distinguer la Lune sur des sommets hauts de douze à seize mille pieds, où l'on ne voit dans le ciel, à travers l'atmosphère limpide des montagnes, que de légers cirrus, dont les traînées légères renvoient une lumière très-faible; les rayons de la Lune, traversant des couches d'air moins denses, perdent alors une moins grande partie de leur intensité. Le rapport entre l'éclat du Soleil et celui de la pleine Lune exige de nouvelles évaluations, puisque la mesure donnée par Bouguer, et généralement admise

(1/300 000, est si peu d'accord avec celle de Wollaston (1/800 000), qui, à vrai dire, est moins probable (100).

La lumière jaune de la Lune nous paraît blanche le jour, parce qu'elle emprunte aux couches bleues de l'air qu'elle traverse, la couleur complémentaire du jaune (1). D'après les nombreuses observations qu'a faites Arago avec son polariscope, il y a dans la lumière de la Lune de la lumière polarisée, surtout dans les quartiers et dans les taches grisâtres du disque lunaire, par exemple dans le grand cirque obscur et quelquefois verdâtre, qui a reçu le nom de Mare Crisium. La teinte sombre de la région environnante ajoute un effet de contraste, qui rend le phénomène plus remarquable encore. Quant à la montagne brillante qui occupe le centre du groupe Aristarque, et sur laquelle on a cru plusieurs fois observer des signes d'activité volcanique, elle n'a point fourni plus de lumière polarisée que les autres parties du disque lunaire. On ne voit dans la pleine Lune aucun mélange de lumière polarisée; mais durant l'éclipse totale du 31 mai 1848, Arago a trouvé des indices certains de polarisation dans le disque rougi de la Lune. On peut voir sur ce phénomène, auquel nous reviendrons plus bas, le tome VII des *Œuvres* d'Arago, p. 238 (t. IV des *Notices scientifiques*).

La Lune émet de la chaleur; c'est là une découverte qui, comme tant d'autres, dues à mon illustre ami Melloni, doit être rangée parmi les plus importantes et les plus extraordinaires de ce siècle. Après bien des essais infructueux, depuis ceux de La Hire, jusqu'à ceux de l'ingénieux Forbes (2), Melloni a trouvé moyen, avec une lentille à échelons de trois pieds de diamètre, destinée à l'Institut météorologique du Vésuve, d'observer de la façon la plus nette les élévations de température subordonnées aux différentes phases de la Lune. Mossotti et Belli, professeurs aux universités de Pise et de Pavie, furent témoins de ces expériences, dont les résultats varièrent d'après l'âge et la hauteur de la Lune. Mais à cette époque, dans l'été de l'année 1846, on n'avait pas encore déterminé à quelle fraction d'un thermomètre centigrade correspond l'élévation de température observée dans la pile thermoscopique de Melloni (3).

La lumière cendrée qui se montre sur une partie du disque lunaire, lorsque peu de jours avant ou après son renouvellement, elle ne nous présente plus qu'un étroit croissant éclairé par le Soleil, n'est autre chose que de la lumière terrestre qui va frapper la Lune, c'est-à-dire « le reflet d'un reflet. » Moins la Lune nous paraît éclairée, plus notre globe est lumineux pour elle. La lumière que la Terre renvoie à la Lune est d'ailleurs 13 fois et demie plus intense que celle qu'elle en reçoit; elle est telle qu'après une seconde réflexion, nous pouvons encore l'apprécier. Cette lumière cendrée permet de reconnaître au télescope les taches principales et les sommets de montagnes qui brillent dans les paysages de la Lune, comme autant de points lumineux. On distingue même encore une lueur grise lorsque la Lune est déjà plus qu'à moitié sortie de l'ombre (4). Vus dans les régions tropicales, sur les hauts plateaux de Quito et de Mexico, ces phénomènes produisent une impression particulière. L'opinion s'est généralement répandue, depuis Lambert et Schrœtor, que les différences dans l'intensité de la lumière cendrée dépendent de la force plus ou moins grande avec laquelle est réfléchie la lumière solaire qui frappe la surface de notre globe, suivant qu'elle est renvoyée par des masses continentales couvertes de sables, de prairies, de forêts tropicales et de roches arides ou bien par les vastes plaines de l'Océan. Le 14 février 1774, Lambert remarqua avec une lunette, nommée chercheur, que la lumière cendrée se changeait en une teinte olive tirant sur le jaune. « La Lune, dit Lambert au sujet de cette remarquable observation, se trouvait alors verticalement au-dessus de l'océan Atlantique, et recevait sur son hémisphère d'ombre la lumière verte de la Terre, réfléchie sous un ciel serein par les régions boisées de l'Amérique méridionale (5).

L'état météorologique de notre atmosphère modifie l'intensité de la lumière terrestre qui accomplit le double trajet de la Terre à la Lune et de la Lune à notre œil. Aussi serait-il possible dès aujourd'hui, comme le remarque Arago (6), avec les instruments dont on dispose, de lire en quelque sorte dans la Lune l'état moyen de transparence de notre atmosphère. Kepler, dans l'ouvrage intitulé : *ad Vitellionem Paralipomena, quibus Astronomiæ pars optica traditur* (1604, p. 254), attribue les premières notions exactes sur la nature de la lumière cendrée à son maître vénéré Mæstlin, qui présenta cette explication dans des thèses soutenues publiquement à Tubingen, en 1596. Galilée parlait dans son *Sidereus Nuncius* (p. 26) de cette réflexion de la lumière, terrestre, comme d'un fait qu'il avait découvert lui-même, il y avait plusieurs années; mais déjà 100 ans avant Mæstlin et Galilée, l'explication du reflet visible de la lumière terrestre sur la Lune n'avait pas échappé au génie universel de Léonard de Vinci, ainsi qu'en font foi ses manuscrits longtemps oubliés (7).

Il est rare que dans les éclipses totales de Lune la Lune disparaisse complétement. D'après la plus ancienne observation de Kepler (8), il en fut ainsi le 9 décembre 1601, et à une époque plus rapprochée de nous, à Londres, le 10 juin 1816. On ne put même apercevoir la Lune au télescope. La cause de ce phénomène singulier doit tenir à l'état imparfaitement connu, dans lequel se trouvaient, sous le rapport de la diaphanéité, quelques-unes des couches de notre atmosphère. Hévéliusremarque expressément que, dans l'éclipse totale du 25 avril 1642, le ciel parfaitement pur était couvert d'étoiles scintillantes, et cependant bien qu'il ait employé des grossissements très-divers, le disque lunaire resta toujours invisible. Dans d'autres cas aussi très-rares, de certaines parties de la

Lune sont seules visibles et ne le sont que faiblement. Il est ordinaire, dans une éclipse totale, de voir la Lune rougir, en passant par tous les degrés d'intensité, et arriver même au rouge de feu, lorsqu'elle est éloignée de la Terre. Il y a un demi-siècle, le 29 mars 1801, pendant que nous étions mouillés à l'île Baru, non loin de Cartagena de Indias, j'étais vivement frappé en observant une éclipse, de voir combien, sous le ciel des tropiques, le disque de la Lune paraissait plus rouge que dans ma patrie (9). On sait que ce phénomène est un effet de la réfraction, les rayons solaires étant infléchis lors de leur passage à travers l'atmosphère terrestre (10), et rejetés dans le cône d'ombre, ainsi que le dit fort justement Kepler dans ses *Paralipomena ad Vitellionem* (pars optica, p. 893). Du reste, le disque rouge ou ardent n'est jamais également coloré : quelques endroits restent obscurs, et passent par des teintes de plus en plus sombres. Les Grecs s'étaient fait une théorie fort extraordinaire touchant les couleurs diverses que devait montrer le disque lunaire, d'après l'heure du jour ou l'éclipse se produisait (11).

La longue discussion sur l'existence vraisemblable ou invraisemblable d'une enveloppe atmosphérique au globe lunaire, a eu pour résultat de prouver, par des observations précises d'occultations d'étoiles, qu'il n'y a point de réfraction des rayons lumineux sur les bords de la Lune. Ainsi se trouvent renversées les hypothèses de Schrœter sur une atmosphère et un crépuscule lunaires (12). « La comparaison des deux valeurs du diamètre de la Lune, dont l'une s'obtient directement, dit Bessel, et dont l'autre est déduite du temps que dure l'occultation d'une étoile, nous apprend que la lumière stellaire, en rasant le bord de la Lune ne dévie point sensiblement du droit chemin. Si une réfraction avait lieu, la deuxième valeur du diamètre serait moindre que la première, et des mesures réitérées ont donné, au contraire, des déterminations si concordantes qu'il n'a jamais été possible d'y découvrir une différence décisive (13). » L'immersion des étoiles qui s'aperçoit d'une manière distincte, surtout au bord obscur, s'opère instantanément et sans diminution progressive d'éclat; il en est de même pour l'émersion ou la réapparition.

Puisque donc notre satellite est privé d'enveloppe aériforme, les astres, en l'absence de toute lumière diffuse, se lèvent pour lui sur un ciel presque noir, même durant le jour (14). Là, aucune onde aérienne ne peut transmettre le bruit, le chant ou la parole. Pour notre imagination, qui aime à se plonger dans des régions inaccessibles, l'astre des nuits n'est qu'un désert silencieux et muet.

Le phénomène de l'arrêt ou adhérence, que présente quelquefois, au bord de la Lune, l'étoile immergée, ne peut guère être considéré comme un effet d'irradiation, bien qu'à la vérité, en raison de la différence d'éclat qui distingue nettement la partie éclairée directement par le Soleil et la lumière cendréo, l'irradiation dans un croissant étroit, fasse paraître la première comme enchâssant la seconde (15). Arago, dans une éclipse totale, a vu une étoile adhérer distinctement durant la conjonction, au disque sombre de la Lune. Faut-il attribuer surtout ces apparences à quelque effet de sensation et à des causes physiologiques (16), ou bien aux aberrations de réfrangibilité et de sphéricité de l'œil (17)? Ce point est resté un sujet de débat entre Arago et Plateau. Pour les cas dans lesquels des observateurs ont affirmé avoir vu l'étoile reparaître après sa disparition, puis disparaître de nouveau, on peut conclure que l'étoile avait rencontré accidentellement un bord de la Lune hérissé de montagnes ou ébréché par des précipices profonds.

L'intensité très-inégale de la lumière réfléchie, dans les diverses régions du disque lunaire, et surtout le peu de netteté du bord intérieur, durant les phases, ont, dès les premiers temps, fait naître quelques conjectures raisonnables sur les aspérités que présente la surface de notre satellite. Dans le petit mais curieux ouvrage *de la Face qui paraît dans le disque de la Lune*, Plutarque dit expressément : « que les taches pourraient faire soupçonner des gorges ou des vallées, et des pics de montagnes qui jettent de grandes ombres, comme le mont Athos, dont l'ombre atteint l'île de Lemnos (18). » Les taches couvrent environ 2/5 du disque entier. Lorsque l'astre est placé favorablement, on peut distinguer à l'œil nu, par une atmosphère sereine, les crêtes des régions montagneuses des Apennins, l'enceinte obscure appelée Grimaldi, le bassin connu sous le nom de Mare Crisium, enfin le groupe de Tycho, encaissé entre un grand nombre de montagnes et de cratères (19). Suivant une supposition qui semble fondée, ce serait surtout l'aspect de la chaîne des Apennins qui aurait conduit les Grecs à expliquer les taches de la Lune par des montagnes, et les aurait fait songer au mont Athos dont l'ombre couvrait la vache d'airain de Lemnos, aux solstices. Une autre opinion, purement imaginaire, sur les taches de la Lune, était celle d'Agésianax, que combattait Plutarque, et d'après laquelle le disque de la Lune nous renvoyait par réflexion, comme un miroir, l'image de nos propres continents et de la mer Atlantique. Une croyance toute semblable paraît s'être conservée encore à l'état de préjugé populaire, dans quelque contrées de l'Asie (29).

En employant avec soin de grandes lunettes, on est arrivé insensiblement à tracer une topographie de la Lune, fondée sur des observations réelles; et comme, en opposition, un de ses hémisphères tout entier s'offre à nos regards, nous connaissons la liaison générale des montagnes de la Lune et leur configuration superficielle beaucoup mieux que nous ne connaissons l'orographie de l'hémisphère terrestre qui comprend l'intérieur de l'Afrique et de l'Asie. Généralement les parties les plus obcures du disque lunaire sont les plus unies et les plus basses; les parties éclatantes sont les régions élevées et montagneuses. Mais l'ancienne division que faisait Kepler en mers et en continents est depuis longtemps abandonnée; et déjà Hévélius, bien qu'il ait propagé l'usage de termes analogues, en révoquait en doute l'exactitude, et avait des scrupules sur cette opposition des deux éléments. On s'appuie surtout, pour combattre l'hypothèse des plaines liquides, sur cette circonstance, constatée par des observations attentives et faites à des degrés de lumière très-différents, que dans les prétendues mers de la Lune il n'y a point d'espaces unis, si petits qu'ils soient, que tous présentent un grand nombre de surfaces qui se croisent. Arago a infirmé les motifs tirés des inégalités de surface, en faisant remarquer que, malgré leurs aspérités, quelques-unes de ces plaines pourraient encore former le lit de mers peu profondes, puisque sur notre globe le fond accidenté et couvert de récifs de l'Océan, peut être vu distinctement à une grande hauteur, grâce à la supériorité d'éclat de la lumière qui s'élève des profondeurs sur celle que réfléchit la surface (t. IX des *Œuvres d'Arago*, p. 76 à 80). Dans le Traité d'Astronomie et de Photométrie qu'il va bientôt faire paraître, Arago se propose de conclure par d'autres raisons empruntées à l'optique, et qui ne sauraient trouver place ici, à l'absence probable de l'eau sur notre satellite. Les plus grandes de ces plaines basses se trouvent dans les régions du Nord et de l'Est. Le bassin mal délimité de l'Oceanus Procellarum est probablement de tous celui qui a le plus d'étendue, il n'a pas moins de 50000 myriamètres carrés. Cette partie sombre de la Lune, située dans l'hémisphère oriental, qui enferme des montagnes groupées en forme d'îles, telles que les monts Riphées, le mont Kepler, le mont Copernic et les Karpathes, et à laquelle se rattachent le Mare Imbrium qui couvre une surface de 9000 myriamètres carrés, le Mare Nubium et même, dans une certaine mesure, le Mare Humorum, forme le contraste le plus frappant avec la région lumineuse du Sud-Ouest, dans laquelle les montagnes sont accumulées (21). Au Nord-Ouest, on voit deux bassins plus isolés et fermés plus hermétiquement : le Mare Crisium qui s'étend sur un espace de plus de 1600 myriamètres carrés, et le mare Tranquillitatis dont la surface est de 3100.

La couleur de ces prétendues mers n'est pas toujours grise. Le Mare Crisium est d'un gris mêlé de vert sombre. Le Mare Serenitatis et le Mare Humorum sont également verts. Ailleurs, près des monts Hercyniens, l'enceinte isolée, désignée sous le nom de Lichtenberg, offre une teinte rougeâtre. Il en est de même pour le Palus Somnii. Les plaines circulaires dont le centre n'est point occupé par des montagnes sont la plupart d'un gris foncé, tirant sur le bleu, et qui ressemble à l'éclat de l'acier. Les causes de ces tons différents sur un sol formé de rochers ou couvert de substances meubles sont tout à fait inconnues. De même qu'au Nord de la chaîne des Alpes, le vaste cirque de Platon, nommé par

Hévélius Lacus niger major, et plus encore Grimaldi, vers l'équateur, et Endymion, à l'extrémité Nord-Ouest du disque, sont réputés les trois endroits les plus obscurs de la Lune ; au contraire, le point le plus éclatant est Aristarque dont les sommets brillent quelquefois, dans l'ombre, d'un éclat presque stellaire. Toutes ces nuances d'ombre et de lumière affectent une plaque enduite d'iode, et, à l'aide de forts grossissements, se fixent au daguerréotype avec une fidélité merveilleuse. J'ai en ma possession une image de la Lune, obtenue de cette manière par un artiste distingué, M. Whipple, de Boston; bien qu'elle n'ait pas plus de deux pouces de diamètre, on y reconnait distinctement ce que l'on est convenu d'appeler les mers, ainsi que les enceintes de montagnes.

La forme circulaire qui frappe déjà les regards dans quelques-unes des mers, en particulier dans le Mare Crisium, le Mare Serenitatis et le Mare Humorum, se retrouve bien plus souvent encore et d'une manière générale dans les parties montagneuses de la Lune, surtout parmi les immenses groupes de montagnes qui couvrent l'hémisphère méridional du pôle à l'équateur, où ils se terminent en pointe. Un grand nombre de ces éminences annulaires et de ces circonvallations, dont les plus grandes ont, d'après Lohrmann, plus de 500 myriamètres carrés forment des chaînes continues, parallèles au méridien, entre 5° et 40° de latitude australe (22). La région polaire boréale ne renferme proportionnellement qu'un très-petit nombre de ces enceintes de montagnes; elles forment au contraire un groupe non interrompu sur le bord occidental de l'hémisphère du Nord, entre 20° et 50° de latitude. Cependant le Mare Frigoris est à quelques degrés seulement du pôle boréal, qui, n'offrant comme toute la région plane du Nord-Est. que quelques cratères isolés, Platon, Mairan, Aristarque, Copernic et Kepler, forme un contraste complet avec le pôle austral, tout hérissé de montagnes. Autour du pôle austral, brillent des pics élevés, plongés durant des lunaisons entières dans une lumière perpétuelle; ce sont de véritables îles de lumières que l'on peut reconnaître avec des lunettes d'un faible grossissement (23).

Comme exceptions à ce type, si répandu sur la surface de la Lune, d'enceintes circulaires, il existe aussi de véritables chaînes de montagnes situées presqu'au milieu de l'hémisphère septentrional : tels sont les Apennins, le Caucase et les Alpes. Ces chaînes se dirigent du Sud au Nord formant un arc incliné un peu vers l'Ouest, et couvrent environ 32 degrés de latitude. Dans cet espace, sont accumulés des dos de montagnes et des pics quelquefois fort aigus, auxquels se mêlent encore un petit nombre de cirques et de dépressions en forme de cratères (Conon, Bradley, Calippus), mais dont l'ensemble se rapproche davantage de nos chaînes de montagnes. Les Alpes lunaires qui le cèdent en hauteur au Caucase et aux Apennins, j'entends le Caucase et les

Apennins de la Lune, présentent une vallée transversale remarquablement large, qui coupe la chaîne dans la direction du Sud-Est au Nord-Ouest. Cette vallée est bordée de sommités dépassant en hauteur le pic de Ténériffe.

Si dans la Lune et sur la Terre on compare les hauteurs des montagnes aux diamètres de ces deux corps célestes, on arrive à ce résultat remarquable : que les montagnes lunaires, dont les plus hautes sont inférieures de 600 toises seulement à celles du globe terrestre, atteignent 1/454 du diamètre de la Lune, tandis que celles de la Terre, quatre fois plus grandes, ne dépassent pas 1/1481 de son diamètre (24). Parmi les 1095 latitudes mesurées sur la Lune, j'en trouve 39 supérieures à celle du Mont-Blanc, haut de 2462 toises, et 6 qui en ont plus de 3000. Ces mesures s'obtiennent soit par les rayons tangents, en déterminant la distance des sommets, qui restent éclairés dans la partie de l'ombre, à la limite d'ombre et de lumière, soit d'après la longueur des ombres portées. Galilée appliquait déjà la première de ces méthodes, comme on le voit dans sa lettre au Père Grienberger sur la Montuosità della Luna.

Suivant Mædler, qui a mesuré soigneusement les montagnes de la Lune d'après les longueurs des ombres portées, les points culminants sont par ordre de grandeur décroissante : au bord méridional, très-près du pôle, Dœrfel et Leibnitz, 3800 toises; la montagne circulaire de Newton, dont l'excavation est telle que jamais le fond n'en est éclairé ni par la Terre ni par le Soleil, 3727 toises ; Casatus à l'Est de Newton 3569 toises; Calippus dans la chaîne du Caucase 3190 toises; les Apennins, de 2800 à 3000 toises. Il faut remarquer ici que dans l'absence d'une surface générale de niveau, comme celle que nous fournit la mer, également distante dans toutes ses parties du centre du globe terrestre, les altitudes absolues ne sont pas rigoureusement comparables entre elles, et que les nombres ci-dessus indiquent seulement, à vrai dire, les différences d'élévation entre les sommets et les plaines ou les dépressions les plus voisines (25). Il est assez surprenant que Galilée ait assigné aussi à ces hauteurs « incirca miglia quattro, » c'est-à-dire environ un mille géographique ou 3800 toises, ce qui, dans l'état de ses connaissances hypsométriques, les lui faisait regarder comme plus élevées que toutes les montagnes du globe terrestre.

La surface de notre satellite nous présente une apparence très-singulière et très-mystérieuse, qui provient d'un effet optique de réflexion, et non d'accidents hypsométriques : ce sont des *bandes lumineuses*, disparaissant sous un jour oblique, et qui, à l'inverse des taches, deviennent plus visible lors de la pleine Lune, et semblent autant de systèmes rayonnants. Ces bandes ne sont pas des contre-forts de montagnes; elles ne jettent aucune ombre, et courent avec une égale intensité de lumière sur les plaines et les éminences, jusqu'à des hauteurs de 12000 pieds. Le plus étendu de ces systèmes rayonnants part du mont Tycho, sur lequel on peut distinguer plus de cent bandes lumineuses, généralement larges de plusieurs milles. Des systèmes analogues entourent les monts Aristarque, Kepler, Copernic et les Karpathes, et sont presque tous reliés les uns aux autres. Il est difficile d'imaginer par analogie ou par induction, quelle altération particulière du sol peut déterminer la présence de ces rubans lumineux, rayonnant de certaines montagnes annulaires.

Le type arrondi dont nous avons fait mention plusieurs fois, et qui presque partout est dominant sur le disque de la Lune, soit dans les vallées, entourées de circonvallations dont le centre est souvent occupé par des montagnes, soit dans les grandes montagnes circulaires et dans leurs cratères, dont on compte 22 dans Bayer et 33 dans Albategnius, devait de bonne heure conduire un profond penseur, tel que Robert Hooke, à en chercher l'explication dans la réaction de l'intérieur de la Lune contre sa partie extérieure. Il attribua donc ce phénomène à l'effet de feux souterrains et à l'irruption de vapeurs élastiques, ou même à un bouillonnement dégageant des bulles qui viennent crever à la surface. Des expériences faites avec des boues calcaires en ébullition lui parurent confirmer ses vues; et dès lors on compara les circonvallations et leurs montagnes centrales aux formes de l'Etna, du pic de Ténériffe, de l'Hécla et des volcans de Mexico, décrits par Gage (26).

En voyant une des vallées circulaires de la Lune, Galilée, frappé sans doute de ses dimensions se l'était représentée, ainsi que lui-même le raconte, comme une vaste étendue de terre enfermée entre des montagnes. J'ai retrouvé un passage (27), dans lequel il compare ces bassins circulaires au grand bassin fermé de la Bohême. Plusieurs des vallees circulaires de la Lune ne sont point en effet très-inférieures en étendue à cette contrée; car elles ont un diamètre de 25 à 30 milles géographiques (28). Au contraire les montagnes annulaires, proprement dites, n'ont guère plus de 2 ou 3 milles de diamètre. Conon dans les Apennins en a 2; et un cratère qui appartient à la région lumineuse d'Aristarque n'a que 400 toises de largeur; c'est la moitié du cratère de Rucu-Pichincha, situé sur les hauts plateaux de Quito, et que j'ai mesuré moi-même trigonométriquement.

En comparant, sous le rapport de leur nature et de leurs dimensions, les phénomènes de la Lune et les phénomènes bien connus de la Terre, il est nécessaire de remarquer que la plupart des circonvallations et des montagnes annulaires de la Lune doivent être considérées comme des cratères de soulèvement à éruptions intermittentes, dans le sens où l'entend Léopold de Buch, mais infiniment plus vastes que les nôtres. Les cratères de soulèvement de Rocca Monfina, de Palma, de Ténériffe et de Santorin, que nous nommons grands, relativement aux dimensions qui nous sont familières en Europe, disparaissent en présence de Ptolémée, d'Hipparque et de beaucoup d'autres cratères de la

Lune. Palma n'a pas plus de 3800 toises de diamètre, Santorin d'après la nouvelle mesure du capitaine Graves en a 5200, Ténériffe 7600 tout au plus : ce n'est que 1/8 ou 1/6 des diamètres de Ptolémée ou d'Hipparque. A la distance de la Lune, les petits cratères du pic de Ténériffe et du Vésuve, qui ont trois à quatre cent pieds de diamètre, seraient à peine visibles au télescope. La grande majorité des cirques de la Lune n'ont point de montagne centrale, et là où il s'en trouve, ces montagnes se présentent, Hévélius et Macrobius entre autres, sous la forme d'un dôme ou d'un plateau, non point comme un cône d'éruption, muni d'une ouverture (29). Quant aux volcans ignés que l'on prétend avoir vus, le 4 mai 1783, dans l'hémisphère obscur de la Lune, et aux points lumineux observés sur le mont Platon par Bianchini, le 16 août 1725, et par Short, le 22 avril 1751, nous n'en parlons ici qu'à un point de vue purement historique. Depuis longtemps, en effet, on a déterminé les causes de ces illusions produites par des reflets plus vifs de la lumière terrestre, qui de certains points de notre globe vont frapper la partie obscure de la Lune (30).

Plusieurs fois déjà, on a fait cette remarque judicieuse que, en raison du manque d'eau sur la surface de la Lune, car les espèces de crevasses sans largeur et généralement en ligne droite, auxquelles on donne le nom de rigoles, ne sont nullement des fleuves (31), on peut se figurer notre satellite à peu près tel que dut être la Terre dans son état primitif avant d'être couverte de couches sédimentaires riches en coquilles, de graviers et de terrains de transport, dus à l'action continue des marées ou des courants. A peine peut-on admettre qu'il existe dans la Lune quelques couches légères de conglomérats et de détritus formés par le frottement. Dans nos chaînes de montagnes, soulevées au-dessus des crevasses dont le globe terrestre est sillonné, on commence à reconnaître çà et là des groupes partiels d'éminences, qui représentent des espèces de bassins ovales. Combien la Terre ne nous paraîtrait-elle pas différente d'elle-même, si nous la voyions dépouillée des formations tertiaires et sédimentaires ainsi que des terrains de transport !

Sous toutes les zones, et plus que toutes les autres planètes, la Lune anime et décore l'aspect du firmament par la diversité de ses phases et par son rapide passage à travers les constellations. Sa lumière réjouit le cœur de l'homme et jusqu'aux animaux sauvages, surtout dans les forêts primitives des régions intertropicales (32). La Lune, grâce à l'attraction qu'elle exerce en commun avec le Soleil, met en mouvement l'Océan, déplace l'élément liquide sur la Terre, et par le gonflement périodique des mers et les effets destructifs des marées, change peu à peu les contours des côtes, favorise ou contrarie le travail de l'homme, et fournit la plus grande partie des matériaux dont se forment les grès et les conglomérats, recouverts à leur tour par les fragments arrondis et sans cohésion des terrains de transport (33). Ainsi la Lune agit sans cesse, comme source de mouvement, sur les conditions géologiques de notre planète.

L'influence incontestable de ce satellite sur la pression atmosphérique, sur la formation des brouillards et la dispersion des nuages, sera traitée dans la quatrième et dernière partie du *Cosmos*, consacrée tout entière au domaine terrestre (34).

MARS.

Le diamètre de cette planète, malgré la distance déjà plus considérable qui la sépare du Soleil, n'est que de 0,519 du diamètre de la Terre, ou de 641 myriamètres. L'excentricité de son orbite est de 0,0932168 : ainsi, après Mercure, Mars est, de toutes les planètes anciennement connues, celle qui a la plus grande excentricité. Cette raison et aussi la proximité de la Terre, rendaient Mars particulièrement propre à mettre Kepler sur la voie de ses immortelles lois des mouvements elliptiques. La rotation de Mars, d'après Mædler et Wilhelm Beer, est de 24ʰ37′23″ (35). Sa révolution sidérale s'accomplit en 1ᵃ321ʲ17ʰ30′41″. L'inclinaison de son orbite sur l'équateur terrestre est de 24°44′24″; sa masse est de 1/2680337, sa densité par rapport à celle de la Terre de 0,958. De même que l'on a mis à profit la faible distance à laquelle la comète d'Encke s'est approchée de Mercure, pour mieux connaître la masse de cette planète, de même, quelque jour, celle de Mars pourra être rectifiée, au moyen des perturbations qu'elle apportera dans les mouvements de la comète de Vico.

L'aplatissement de Mars, dont, chose singulière, l'astronome de Kœnigsberg persista à douter, a été reconnu pour la première fois par William Herschel, en 1784; mais une longue incertitude a régné quant à la valeur numérique de cette dépression. Elle était, suivant William Herschel, de 1/16. Arago l'a mesurée plus exactement, à deux reprises différentes, avec une lunette prismatique de Rochon; il n'a trouvé dans une première expérience, en 1824, que le rapport de 189 à 194, c'est-à-dire 1/38,8, et plus récemment, en 1847, 1/32; il est cependant disposé à croire l'aplatissement de Mars un peu plus considérable (36).

Si la surface de la Lune présente avec la Terre un grand nombre de relations géologiques, Mars n'offre avec notre planète que des analogies météorologiques. A part les taches obscures, dont les unes sont noirâtres, dont d'autres, en beaucoup plus petit nombre, sont d'un rouge jaune (37), et se détachent sur les régions verdâtres auxquelles on a donné le nom de mers (38), on observe encore alternativement sur le disque de Mars, soit aux pôles de rotation, soit aux pôles de température, deux taches d'un blanc de neige (39). Elles furent constatées dès 1716 par Philippe Maraldi; mais leur rapport avec les variations du climat, ne fut signalé que plus tard par William Herschel, dans les *Philosophical Transactions* pour 1784. Ces taches blanches grandissent ou diminuent alternativement, selon que le pôle qu'elle couvrent s'approche de sa saison d'hiver ou d'été. Arago a mesuré avec la lunette de Rochon l'intensité de la lumière réfléchie par ces régions neigeuses, et l'a trouvée double de celle que renvoient toutes les autres parties du disque. Dans l'ouvrage intitulé *Physikalisch-astronomische Beitræge* de Mædler et Beer, on trouve d'excellents dessins de l'hémisphère boréal et de l'hémisphère austral de Mars (40), et ce phénomène singulier, unique dans tout le système planétaire, est déterminé à l'aide d'indications numériques, portant sur tous les changements de température dus aux diverses saisons, et sur tous les degrés de fusion par lesquels l'été fait passer ces neiges polaires. Une suite d'observations poursuivies avec soin pendant dix années ont montré aussi que les taches obscures de Mars conservent exactement leur forme et leur position relative. L'apparition périodique de ces dépôts de neiges, effet météorologique subordonné aux changements de la température, et quelques phénomènes optiques que présentent les taches sombres, dès que, par la rotation de la planète, elles sont transportées vers les extrémités du disque, rendent plus que probable l'existence d'une atmosphère enveloppant la planète de Mars.

LES PETITES PLANÈTES.

Nous avons déjà présenté dans nos considérations générales sur les corps planétaires (41), les petites planètes, nommées aussi astéroïdes, planètes télescopiques ou ultra-zodiacales, comme un groupe intermédiaire, formant une zone de séparation entre les 4 planètes intérieures, Mercure, Vénus, la Terre et Mars, et les 4 planètes extérieures, Jupiter, Saturne, Uranus et Neptune. L'inclinaison considérable et l'excentricité excessive de ses orbites entrelacées, ainsi que la petitesse extraordinaire des astres qui le composent, donnent à ce groupe le plus singulier caractère. Le diamètre de Vesta même ne paraît pas atteindre 1/4 de celui de Mercure. Au moment où fut publié, en 1845, le premier volume de *Cosmos*, on ne connaissait encore que quatre de ces petites planètes : Cérès, Pallas, Junon et Vesta, découvertes par Piazzi, Olbers et Harding, du 1er janvier 1801 au 29 mars 1807 ; actuellement, au mois de juillet 1851, leur nombre s'est accru jusqu'à 14; c'est le tiers de tous les corps planétaires connus, y compris les satellites.

Si pendant longtemps les astronomes se sont appliqués à multiplier les membres des systèmes subordonnés, c'est-à-dire des satellites qui gravitent autour des planètes, ou ont dirigé leurs recherches vers les planètes situées dans les régions les plus reculées, au delà de Saturne et d'Uranus, aujourd'hui, depuis la découverte accidentelle de Cérès par Piazzi, et celle d'Astrée, due aux recherches d'Encke, on peut dire aussi depuis les perfectionnements apportés aux cartes célestes (42), particulièrement à celles de l'Académie de Berlin qui renferment toutes les étoiles de 9e grandeur, et en partie celles de 10e grandeur, une zone plus rapprochée de nous offre un champ peut-être inépuisable à l'activité des astronomes. C'est un mérite spécial de l'*Annuaire astronomique*, publié par le directeur de l'Observatoire de Berlin, Encke, et par le docteur Wolfers, de donner, avec les détails les plus circonstanciés, les éphémérides du groupe toujours croissant des petites planètes. Jusqu'à présent l'espace plus rapproché de l'orbite de Mars semble le plus riche en astéroïdes; mais déjà il résulte des mesures prises que la largeur de cette zone, « en embrassant la différence des rayons vecteurs entre la distance périhélie la plus petite, qui est celle de Victoria et la distance aphélie la plus grande, qui est celle d'Hygie, dépasse la distance de Mars au Soleil (43). »

J'ai déjà relevé plus haut les excentricités des orbites, qui atteignent leur maximum dans Cérès, Égérie et Vesta, dont Junon, Pallas et Iris, offrent au contraire le minimum (44), ainsi que les inclinaisons sur l'écliptique, qui vont décroissant à partir de Pallas (34°37′) et d'Égérie (16°33′), jusqu'à Hygie (3°47′). J'insère ici la table générale des éléments concernant toutes les petites planètes, que je dois à l'obligeance de mon ami, le docteur Galle.

Eléments des 14 petites planètes, pour les temps de leur opposition, vers l'année 1851.

	FLORE.	VICTORIA.	VESTA.	IRIS.	MÉTIS.	HÉBÉ.	PARTHÉNOPE.	ASTRÉE.	ÉGÉRIE.	IRÈNE.	JUNON.	CÉRÈS.	PALLAS.	HYGIE.
E	1852 mars 24	1850 octobre 0	1851 juin 9	1851 octobre 1	1851 février 8	1851 juillet 12	1851 octobre 22,0	1851 avril 29,5	1852 mars 15,6	1851 juillet 1,0	1851 juin 11,5	1851 déc. 30,0	1851 nov. 5,0	1851 sept. 28,5
L	174° 45'	342° 18'	256° 38'	18° 36'	126° 28	311° 39'	17° 51'	197° 37'	162° 29'	234° 15'	276° 0'	105° 33'	72° 35'	356° 45'
π	32 51	301 57	250 32	41 22	74 7	15 17	317 5	135 43	118 17	179 10	54 20	147 59	121 23	228 2
Ω	110 21	235 28	103 22	259 44	68 29	138 31	124 59'	141 28	43 18	86 51	170 55	80 49	172 45	287 38
i	5 53	8 23	7 8	5 28	5 36	14 47	4 37	5 19	16 33	9 6	13 3	10 37	34 37	3 47
μ	1086'',04	994'',51	977'',90	963'',03	962'',58	939'',65	926'',22	857'',50	854'',96	853'',77	813'',88	770'',75	768'',43	634'',24
a	2,2018	2,3349	2,3612	2,3855	2,3862	2,4249	2,4483	2,5774	2,5825	2,5849	2,6687	2,7673	2,7729	3,1514
e	0,15679	0,21792	0,08892	0,23239	0,12229	0,20186	0,09789	0,18875	0,08627	0,16786	0,25586	0,07647	0,23956	0,10092
U	1193j	1303j	1325j	1346j	1346j	1379j	1309j	1511j	1516j	1518j	1592j	1681j	1687j	2043j

E désigne l'époque de la longitude moyenne au temps moyen de Berlin; L, la longitude moyenne de l'orbite; π, la longitude du périhélie; Ω, la longitude du nœud ascendant; i, l'inclinaison sur l'écliptique; μ, le mouvement diurne moyen; a, le demi-grand axe; e, l'excentricité; U, la révolution sidérale exprimée en jours. Les longitudes sont rapportées à l'équinoxe de l'époque indiquée en tête de chaque colonne.

Les rapports complexes des orbites décrites par ces astéroïdes et le dénombrement de leurs groupes accouplés, ont fourni la matière de recherches ingénieuses, d'abord à Gould, en 1848 (46), puis tout récemment à d'Arrest. « Un fait, dit d'Arrest, semble surtout confirmer l'idée d'une liaison intime, qui rattacherait entre elles toutes les petites planètes; c'est que, si on se figure leurs orbites sous la forme matérielle de cerceaux, ces cerceaux seront tellement entrelacés, que, au moyen de l'un quelconque d'entre eux, on pourrait soulever tous les autres. Si la planète Iris, découverte par Hind, au mois d'août 1847, nous était encore inconnue, comme beaucoup d'autres corps célestes, qui sans doute restent à découvrir dans ces régions, le groupe se composerait de deux parties séparées, circonstance d'autant plus singulière, que la zone remplie par ces orbites est extrêmement vaste (46). »

Puisque nous en sommes à décrire, quoique d'une manière bien incomplète, chacun des membres qui composent le système solaire, nous ne pouvons quitter ce merveilleux essaim de planètes, sans rappeler les vues hardies d'un savant et profond astronome sur l'origine de ces astéroïdes et de leurs orbites entrelacées. Le fait, constaté par les calculs de Gauss, que Cérès, lors de son passage ascendant à travers le plan dans lequel se meut Pallas, arrive à une très-grande proximité de cette planète, conduisit Olbers à supposer, « que ces deux astres, Cérès et Pallas, pourraient bien être les fragments d'une seule planète, détruite par quelque force naturelle, qui aurait rempli autrefois la grande lacune de Mars à Jupiter, et que l'on doit s'attendre à rencontrer dans la même région de nouveaux débris analogues, décrivant aussi des orbites elliptiques autour du Soleil (47). »

Il est plus que douteux que l'on puisse calculer, même approximativement, l'époque de cet événement cosmique, qui doit remonter au moment où les petites planètes prirent naissance, tant est grande la complication causée par le grand nombre de débris déjà connus, par les mouvements séculaires des apsides et de la ligne des nœuds (48). Olbers indiquait la ligne des nœuds des orbites décrites par Cérès et Pallas comme correspondant à l'aile septentrionale de la Vierge et à la Baleine. Ce fut, il est vrai, dans la Baleine que Harding découvrit par hasard Junon, en construisant un catalogue d'étoiles, deux ans à peine après la découverte de Pallas; et Olbers lui-même guidé par son hypothèse, découvrit Vesta après cinq longues années de recherches, dans l'aile septentrionale de la Vierge. Ces résultats sont-ils suffisants pour mettre hors de doute la conjecture d'Olbers; ce n'est pas ici le lieu de décider une pareille question. Les nébulosités cométaires au travers desquelles on croyait autrefois voir les petites planètes, ont disparu sous l'investigation d'instruments plus parfaits. Olbers expliquait encore les changements considérables d'éclat, auxquels les petites planètes étaient, disait-on, sujettes, par la forme irrégulière que devaient naturellement avoir des fragments d'une planète unique, brisée et réduite en pièces (49).

JUPITER.

La distance moyenne de Jupiter au Soleil peut être exprimée, en prenant pour unité la distance de la Terre au Soleil, par 5,202 767. Le diamètre moyen de cette planète, la plus grande de toutes, est de 14 317 myriamètres : il est par conséquent à celui de la Terre comme 11,255 est à 1, et dépasse d'environ 1/5 celui de Saturne. La révolution sidérale de Jupiter s'accomplit en 11ª314ʲ20ʰ2′7″.

L'aplatissement de Jupiter est, d'après les mesures micrométriques d'Arago, publiées en 1824 dans l'*Exposition du Système du Monde* (p. 38), comme 167 est à 177, c'est-à-dire qu'il est de 1/17,7, résultat très-voisin de celui auquel sont arrivés, en 1829, Beer et Mædler, d'après lesquels l'aplatissement de cette planète est compris entre 1/18,7 et 1/21,6 (50). Il est de 1/14, suivant Hansen et sir John Herschel. La plus ancienne observation dont l'aplatissement de Jupiter fut l'objet, celle de Dominique Cassini, est, ainsi que je l'ai déjà rappelé, antérieure à l'année 1666. Ce fait a une importance historique considérable, à cause de l'influence que, d'après la remarque de l'ingénieux David Brewster, l'aplatissement reconnu par Cassini eut sur les idées de Newton, touchant la figure du globe terrestre. Les *Principia Philosophiæ naturalis* confirment cette conjecture; mais on pouvait avoir des doutes au sujet des dates auxquelles furent respectivement publiés les *Principia* et les observations de Cassini sur le diamètre polaire et le diamètre équatorial de Jupiter (51).

La masse de Jupiter étant, après celle du Soleil, l'élément le plus important de tout le système planétaire, on doit considérer comme un des résultats les plus féconds de l'astronomie mathématique l'évaluation plus précise qu'en a faite Airy, en 1834, d'après les élongations des satellites, notamment du 4e, et à l'aide des perturbations de Junon et de Vesta (52). La valeur de la masse de Jupiter a été augmentée relativement aux anciennes évaluations; celle de Mercure au contraire a été réduite. Aujourd'hui la masse de Jupiter, en y joignant les quatre satellites, est évaluée à 1/1047,879, tandis qu'elle n'était, suivant Laplace, que de 1/1066,09 (53).

La rotation de Jupiter s'accomplit, d'après Airy, en $8^h55'21'',3$, temps moyen. Dominique Cassini, l'avait le premier déterminée, en 1665, à l'aide d'une tache qui, pendant un grand nombre d'années, et jusqu'en 1691, se montra toujours avec la même couleur et les mêmes contours (54); il avait trouvé pour résultat de $9^h55'$ à $9^h56'$. La plupart des taches du même genre sont plus sombres que les bandes de Jupiter; mais elles ne paraissent pas appartenir à la surface même de la planète, puisque souvent quelques-unes d'entre elles, particulièrement les plus voisines des pôles, ont une autre vitesse angulaire que celles des régions équatoriales. D'après un observateur très-habile, Henri Schwabe, de Dessau, les taches obscures et bien circonscrites ont été vues alternativement, durant plusieurs années, dans l'une ou l'autre des deux zones ou bandes grisâtres qui bordent l'équateur au Nord et au Midi, jamais ailleurs. Il en résulte toujours que ces taches ne se forment point constamment dans les mêmes lieux. Quelquefois (je me réfère encore aux observations faites par Schwabe en novembre 1834), les taches de Jupiter, vues à travers une lunette de Frauenhofer, sous un grossissement de 280 fois, ressemblaient à de petites taches du Soleil avec leur pénombre; mais leur obscurité était encore inférieure à celle des ombres des satellites. Le noyau n'est probablement autre chose qu'une partie du corps même de la planète, de sorte que, lorsque l'ouverture pratiquée dans l'atmosphère demeure toujours au-dessus du même point, le mouvement de la tache nous donne la vraie rotation de Jupiter. Il arrive aussi quelquefois que les taches se divisent comme celles du Soleil. Dominique Cassini avait reconnu ce fait dès l'année 1665.

Dans la région équatoriale de Jupiter, se trouvent deux larges bandes ou ceintures de couleur grise ou jaunâtre, qui, vers les bords, deviennent plus pâles et disparaissent enfin complétement. Leurs limites très-inégales sont changeantes; ces deux bandes sont séparées l'une de l'autre par une zone équatoriale fort brillante. La surface de la planète est couverte aussi, vers les pôles, d'un grand nombre de bandes étroites, ternes et souvent interrompues, quelquefois même finement ramifiées, mais toujours parallèles à l'équateur. Ces divers aspects s'expliquent très-facilement, si l'on admet l'existence d'une atmosphère troublée en partie par des couches de nuages, dont la zone équatoriale reste transparente et pure de toutes vapeurs, grâce probablement à l'influence des vents alisés. Or la surface des nuages réfléchissant une lumière plus intense que la surface de la planète, la partie du sol que nous apercevons à travers l'air diaphane, ainsi que l'admettait déjà William Herschel, dans un mémoire inséré en 1793, au 83ᵉ volume des *Philosophical Transactions*, doit nous paraître plus sombre que les couches nuageuses d'où rayonne une grande quantité de lumière réfléchie. C'est pourquoi des bandes sombres et des bandes lumineuses alternent entre elles. Les premières paraissent d'autant moins obscures qu'on les observe plus près des bords, parce qu'alors le rayon visuel, dirigé obliquement sur la surface, ne l'atteint qu'après avoir traversé une couche atmosphérique plus épaisse et par suite réfléchissant une plus grande quantité de lumière (55).

SATELLITES DE JUPITER.

Dès la brillante époque de Galilée, cette idée judicieuse avait pris naissance que, sous beaucoup de rapports et dans le temps et dans l'espace, le système subordonné de Jupiter offre en petit l'image du vaste système dont le Soleil est le centre. Cette vue rapidement propagée, et presque aussitôt après, l'observation des phases de Vénus, au mois de février 1610, n'ont pas peu contribué au succès général de la théorie de Copernic. Le groupe des 4 lunes de Jupiter, est, parmi les systèmes extérieurs, le seul groupe du même genre qui n'ait point été accru, depuis l'époque où il fut découvert par Simon Marius, le 29 décembre 1609, c'est-à-dire dans l'espace de près de deux siècles et demi (56).

La table suivante, dressée d'après Hansen, contient les temps des révolutions sidérales accomplies par les satellites de Jupiter, leur distance moyenne à la planète, exprimée en rayons de cette planète, leur diamètre, et leur masse évaluée en fractions de la masse de Jupiter :

SATELLITES.	DURÉE d'une RÉVOLUT. SIDÉR.	DISTANCE à JUPITER.	DIAMÈTRE en MYRIAMÈTRES.	MASSE.
1	1j 18h 28′	6,049	393	0,0000173281
2	3 13 14	9,623	353	0,0000232355
3	7 3 43	15,350	576	0,0000884972
4	16 16 32	26,998	493	0,0000426591

Si par conséquent la fraction 1/1047,879 exprime la

masse de Jupiter et de ses satellites réunis, la masse de la planète, sans les satellites, est de 1/1048,059, c'est-à-dire qu'elle perd par cette soustraction environ 1/6000.

On a déjà comparé plus haut les satellites de Jupiter avec les satellites des autres systèmes, sous le rapport des grandeurs, des distances et des excentricités (Voyez t. III, p. 507-510). L'intensité d'éclat des satellites de Jupiter ne varie point proportionnellement à leur volume : puisque, en général, le troisième et le premier, dont les diamètres sont comme 8 est à 5, paraissent les plus éclatants, et que le second, le plus petit et le plus dense de tous, est ordinairement plus lumineux que le quatrième, désigné d'habitude comme le moins brillant. On a remarqué aussi, dans l'éclat lumineux de ces satellites, des variations accidentelles, que l'on a attribuées, tantôt à des modifications de la surface, tantôt à des obscurcissements dans l'atmosphère qui les enveloppe (57). Tous semblent, du reste, réfléchir une lumière plus intense que la planète elle-même. Quand la Terre se trouve entre Jupiter et le Soleil, et que les satellites, en se mouvant de l'Est à l'Ouest, paraissent entrer dans le bord oriental de la planète, ils nous cachent peu à peu diverses parties du disque planétaire, et se détachant comme des points lumineux sur ce fond plus obscur, peuvent être aperçus, au passage, même avec de médiocres grossissements. Ils sont de plus en plus difficiles à distinguer, à mesure qu'ils s'approchent du centre de la planète.

Pound, l'ami de Newton et de Bradley, avait conclu de cette observation déjà ancienne que le disque de Jupiter était moins éclatant sur les bords qu'au centre. Suivant Arago, cette assertion, renouvelée par Messier, est sujette à des objections qui nécessitent des expériences nouvelles et plus délicates. Jupiter a été aperçu sans aucun de ses satellites, par Molineux au mois de novembre 1681, par William Herschel le 23 mai 1802, et par Griesbach le 27 septembre 1843. Cette invisibilité des satellites doit être entendue uniquement dans ce sens qu'ils correspondaient au disque de Jupiter, et n'est pas en contradiction avec le théorème d'où l'on a déduit que les quatre satellites ne peuvent être éclipsés à la fois.

SATURNE.

La durée de la révolution sidérale ou vraie de Saturne est de 29 ans 166 jours 23 heures 16′ 32″. Son diamètre moyen est de 11 507 myriamètres, c'est-à-dire qu'elle est à celle de la Terre comme 9,022 est à 1. La durée de la rotation, déduite de l'observation de quelques taches sombres, que produit sur la surface le renflement des bandes, est de 10^h 29′ 17″ (58). A une telle vitesse correspond un aplatissement considérable. William Herschel évaluait cet aplatissement, en 1776, à 1/10,4. Bessel, après plus de trois années d'observations concordantes, a trouvé pour la grandeur apparente du diamètre polaire, à distance moyenne, 15″,381;

pour le diamètre équatorial, 17″053 ; il reste ainsi pour l'aplatissement 1/10,2 (59). Le corps de la planète présente aussi des bandes, mais moins faciles à apercevoir que celles de Jupiter, bien qu'un peu plus larges. La plus constante de toutes est une bande grisâtre, située à l'équateur, et suivie de plusieurs autres, dont les formes changeantes indiquent une origine atmosphérique. William Herschel n'a pas toujours trouvé ces bandes parallèles à l'anneau qui entoure la planète ; elles ne s'étendent pas non plus jusqu'aux pôles. Il est à remarquer que les régions polaires sont soumises à des changements d'éclat, dépendant des saisons qui se succèdent sur la planète. Dans l'hiver, le pôle devient toujours plus lumineux, phénomène qui rappelle les variations alternatives produites dans les régions neigeuses de Mars, et qui n'avait pas échappé à la sagacité de William Herschel. Que l'on doive attribuer cet accroissement d'intensité à la formation temporaire de glaces et de neiges, ou à l'accumulation des nuages, toujours est-il qu'il témoigne des effets produits sur une atmosphère par des variations de température (60).

Nous avons déjà donné, comme exprimant la masse de Saturne, la fraction 1/3501,6 ; le volume de cette planète est relativement immense, puisque son diamètre est les 4/5 du diamètre de Jupiter, d'où l'on conclut qu'elle a une densité très-faible qui doit décroître encore vers la surface. Si la densité était partout la même, c'est-à-dire égale aux 0,76 de celle de l'eau, l'aplatissement serait encore plus considérable.

La planète est entourée, dans le plan de son équateur, de deux anneaux au moins, tous deux fort minces et librement suspendus. Ils ont plus d'éclat que la planète elle-même ; l'anneau extérieur est le plus brillant des deux (61). La division de l'anneau que Huygens avait découvert et signalé comme unique, en 1655 (62), fut bien remarquée d'abord par Dominique Cassini, en 1675, mais ne fut exactement décrite que par William Herschel, de 1789 à 1792. Depuis les observations de Schort, on a constaté plusieurs fois que l'anneau extérieur était divisé par des lignes légères, mais ces lignes n'ont jamais été bien constantes. Tout récemment, le 11 novembre 1850, Bond se servant à Cambridge, dans les États-Unis, de la grande lunette de Merz, munie d'un objectif de 14 pouces, a découvert, entre l'anneau dit intérieur et la planète, un troisième anneau plus sombre; et presque simultanément, le 25 novembre de la même année, Maidstone signalait le même fait en Angleterre. Ce troisième anneau est séparé du second par une ligne noire; il remplit un tiers de l'espace que jusqu'à présent on croyait libre entre le deuxième anneau et le corps de la planète et à travers lequel les astronomes prétendent avoir vu de petites étoiles.

Les dimensions de l'anneau multiple de Saturne ont été déterminées par Bessel et par Struve. D'après Struve, le diamètre extérieur de l'anneau qui enveloppe les autres nous apparaît, à distance moyenne de la planète, sous un angle de 40″, 09, correspondant à 38 300 milles géographiques, et le diamètre intérieur, sous un angle de 35″,29, qui équivaut à 33 700 milles; le diamètre extérieur du second anneau est de 34″,47; le diamètre intérieur de 26″,67. L'intervalle qui sépare le second anneau de la surface de la planète serait d'après Struve, de 4″,34. La largeur totale de ces deux anneaux réunis est de 3700 milles géographiques, la distance de l'anneau à la surface de Saturne d'environ 5000. Le vide qui sépare le premier anneau du second, et qu'indique le trait noir aperçu par Cassini, n'est que de 390 milles. On ne croit pas que l'épaisseur de ces anneaux dépasse 20 milles; leur masse est, d'après Bessel, 1/118 de la masse de Saturne. Ils offrent quelques inégalités de surface et quelques éminences, au moyen desquelles on a déterminé, d'une manière approximative, la durée de leur rotation, absolument égale à celle de la planète (63). Les irrégularités de leur forme se manifestent lors de la disparition de l'anneau, dont généralement une anse devient invisible avant l'autre.

Un phénomène très-remarquable est la position excentrique de Saturne, découverte par Schwabe à Dessau, en septembre 1827. Le globe de la planète n'est pas concentrique avec l'anneau, mais incline un peu vers l'ouest. Cette observation a été vérifiée, en partie à l'aide de mesures micrométriques, par Harding, Struve (64), John Herschel et South. De petites différences constatées dans la valeur de l'excentricité, à la suite d'une série d'observations faites concurremment par Schwabe, Harding et de Vico, différences qui paraissent périodiques, ont peut-être pour cause une oscillation du centre de gravité de l'anneau autour du point central de Saturne. C'est un fait curieux que, dès la fin du XVIIe siècle, un ecclésiastique d'Avignon, nommé Gallet, ait cherché vainement à fixer l'attention des astronomes sur la position excentrique de cette planète (65). Il est difficile, d'après la densité de Saturne, égale à peine aux 3/5 de celle de l'eau, et qui décroît encore vers la surface, de se représenter son état moléculaire et sa constitution matérielle, ou seulement de décider si le corps de la planète est à l'état fluide, qui est celui où les molécules ont le moins d'adhérence entre elles, ou à l'état solide, comme permettent de le croire les analogies souvent citées du bois de sapin, du liége, de la pierre ponce, ou d'un liquide solidifié, la glace. L'astronome attaché à l'expédition de Krusenstern, Horner, est d'avis que l'anneau de Saturne est une ceinture de nuages, et prétend que les montagnes de la planète sont formées par des masses de vapeurs et de brouillards vésiculaires (66). L'astronomie conjecturale a ici le champ libre, mais les spéculations de deux astronomes américains, Bond et Peirce, sur les conditions de stabilité de l'anneau, ont une tout autre portée (67). C'est en partant de l'observation et de l'analyse mathématique que tous deux s'accordent à admettre la fluidité de l'anneau, ainsi que des variations continues dans la forme et la divisibilité de l'anneau extérieur. Si cet ensemble se conserve tel qu'il est, cela tient, suivant Peirce, à la position des satellites : sans cette influence conservatrice l'équilibre ne pourrait se maintenir, malgré les inégalités de l'anneau.

SATELLITES DE SATURNE.

Les cinq plus anciens satellites de Saturne furent découverts entre les années 1655 et 1684, à savoir : Titan, le 6e dans l'ordre des distances, par Huygens; Japhet le plus extérieur de tous, Rhéa, Téthys et Dioné, par Cassini. Ces découvertes furent suivies, en 1789, par une autre, due à William Herschel, qui révéla l'existence des deux satellites les plus voisins de la planète, Mimas et Encélade ; enfin le septième satellite, l'avant-dernier dans l'ordre des distances, Hypérion, fut découvert presque simultanément par Bond à Cambridge, dans les États-Unis, et par Lassell, à Liverpool, en septembre 1848. Nous avons déjà indiqué plus haut (*Cosmos*, t. I, p. 105 et t. III, p. 510) les volumes de ces satellites et leurs distances relatives à la planète principale. Je joins ici le tableau de leurs révolutions et de leurs distances moyennes, exprimées en fractions du rayon équatorial de Saturne, d'après les observations faites par Sir John Herschel au cap de Bonne-Espérance, de 1835 à 1837 (68) :

	SATELLITES dans l'ordre de leurs distances A LA PLANÈTE.	ORDRE de leur DÉCOUVERTE.	DURÉE de LEUR RÉVOLUTION.	DISTANCE MOYENNE.
1	Mimas......	6	0j 22h 37′ 22″,9	3,3607
2	Encélade....	7	1 8 53 6,7	4,3125
3	Téthys......	5	1 21 18 25,7	5,3396
4	Dioné.......	4	2 17 41 8,9	6,8398
5	Rhéa........	3	4 12 25 10,8	9,5528
6	Titan.......	1	15 22 41 25,2	22,1450
7	Hypérion....	8	22 12 ?	28,0000 ?
8	Japhet......	2	79 7 53 40,4	64,3590

Il existe un singulier rapport entre les révolutions des quatre premiers satellites les plus proches de Saturne. La durée de la révolution du troisième satellite (Téthys) est double de celle du premier (Mimas) ; et la durée de la révolution du quatrième (Dioné) est double de celle du second (Encélade). Ces résultats sont calculés à 1/800 près de la plus longue période. Je dois la communication de ce rapprochement curieux à une lettre que m'a écrite Sir John Herschel, au mois de novembre 1845. Les distances respectives des quatre lunes de Jupiter présentent aussi une certaine régularité ; elle forment assez exactement la série 3, 6, 12. La distance de la seconde à la première, évaluée en diamètres de Jupiter, est de 3, 6 ; celle de la troisième à la seconde de 5, 7 ; celle de la quatrième à la troisième de 11, 6. Fries et Challis ont renchéri sur Titius, en cherchant à étendre sa loi à tous les systèmes de satellites, même à ceux d'Uranus (69).

URANUS.

La grande conquête de William Herschel, la découverte d'Uranus, n'a point seulement accru le nombre des six planètes principales connues depuis des milliers d'années, et plus que doublé le diamètre du système solaire ; elle a encore, 65 ans plus tard, par les perturbations mystérieuses auxquelles elle était soumise, conduit à la découverte de Neptune. Occupé, le 13 mars 1781, à observer un petit groupe d'étoiles situé dans les Gémeaux, Herschel reconnut la nature planétaire d'Uranus à la petitesse de son disque, qui grossissait, sous des amplifications de 460 et 932 fois, beaucoup plus que les étoiles voisines. Familier avec tous les phénomènes optiques, le grand astronome remarqua que, sous un fort grossissement, l'intensité lumineuse du nouvel astre diminuait d'une manière sensible, tandis qu'elle restait la même dans les étoiles fixes de même éclat, c'est-à-dire comprises entre la 6e et la 7e grandeur.

Herschel, lorsqu'il annonça pour la première fois l'existence d'Uranus, le présenta comme une comète (70); et ce furent seulement les travaux réunis de Saron, de Lexell, de Laplace et de Méchain, rendus d'ailleurs beaucoup plus faciles par la découverte que fit Bode en 1784 d'observations plus anciennes, dues à Tobie Mayer (1756) et à Flamsteed (1690), qui permirent de déterminer avec une rapidité singulière l'orbite elliptique et tous les éléments planétaires d'Uranus. La distance moyenne d'Uranus au Soleil est, d'après Hansen, de 19,18239, en prenant pour unité la distance de la Terre au Soleil, ou de 294200000 myriamètres; l'inclinaison de son orbite sur l'écliptique est de 0° 46′ 28″; sa révolution sidérale s'accomplit en 84ª 5ʲ 19ʰ 41′ 36″; son diamètre apparent, à distance moyenne de la Terre, est de 3″,9. Sa masse que l'on avait évaluée, lorsqu'on commença à observer les satellites, à 1/17918 ne s'élève, d'après Lamont, qu'à 1/24605; il en résulte que sa densité est comprise entre celle de Jupiter et celle de Saturne (71). Herschel, lorsqu'il employait des grossissements de 800 à 2400 fois, avait déjà soupçonné l'aplatissement d'Uranus. D'après les mesures de Mædler, cet aplatissement paraît tomber entre 1/10,7 et 1/9 (9,72). D'abord Herschel crut voir deux anneaux autour de la planète, mais cet observateur éminent, habitué à soumettre toutes ses conjectures à un examen rigoureux, reconnut lui-même qu'il avait été trompé par un effet d'optique.

SATELLITES D'URANUS.

« Uranus, dit Herschel le fils, est entouré de quatre et probablement de cinq ou six satellites. » Ces satellites présentent une singularité dont nous n'avons pas trouvé d'exemple jusqu'ici dans le système solaire : c'est que, tandis que tous les satellites de la Terre, de Jupiter, de Saturne, se meuvent ainsi que les planètes, de l'Ouest à l'Est, et que, sauf quelques planètes télescopiques, les orbites de tous ces corps sont peu inclinées sur l'écliptique, au contraire les satellites d'Uranus se meuvent de l'Est à l'Ouest, et leurs orbites à peu près circulaires forment avec l'écliptique un angle de 78° 58′, c'est-à-dire qu'elles sont presque perpendiculaires à ce plan. Pour les satellites d'Uranus, comme pour ceux de Saturne, on doit bien distinguer l'ordre dans lequel ils se succèdent, suivant qu'ils sont rangés d'après leur distance à la planète, ou d'après la date de leur découverte. Tous les satellites d'Uranus ont été découverts par William Herschel : le 2e et le 4e en 1787, le 1er et le 5e en 1790, le 6e et le 3e en 1794. Dans les 56 ans qui se sont écoulés depuis la découverte du dernier satellite d'Uranus, le 3e dans l'ordre des distances, on a souvent, mais à tort, douté que cette planète eût bien réellement six satellites distincts. Les observations des vingt dernières années ont prouvé successivement que ces découvertes du grand observateur de Slough ne méritent pas moins de confiance que les autres. On a revu jusqu'ici le 1er, le 2e, le 4e et le 6e satellite d'Uranus. Peut-être même y faut-il ajouter le 3e, conformément à l'observation de Lassell, du 6 novembre 1848. Grâce à la vaste ouverture de son réflecteur, et à l'abondance de lumière qu'il obtenait de cette façon, Herschel le père, doué, il est vrai, d'une vue perçante, estimait qu'un grossissement de 157 fois suffit, avec des circonstances atmosphériques favorables; son fils croit nécessaire en général, pour apercevoir des disques si petits, qui ne sont guère que de simples points lumineux, d'employer un pouvoir amplifiant de 300 fois. Le 2e et le 4e satellite sont les premiers qui aient été revus, et ceux qui ont été le plus souvent et le plus soigneusement observés par Sir John Herschel, de 1828 à 1834, tant en Europe qu'au cap de Bonne-Espérance; ils l'ont été depuis par Lamont, à Munich, et par Lassell, à Liverpool. Lassell, du 14 septembre au 9 novembre 1847, et Otto Struve, du 8 octobre au 10 décembre de la même année, ont retrouvé aussi le 1er satellite d'Uranus. Le 6e et dernier a été retrouvé par Lamont, le 1er octobre 1837. Il ne paraît pas que le 5e ait été revu, ni que le 3e l'ait été d'une manière assez satisfaisante (73). Ces détails ne laissent point d'être importants, en ce qu'ils sont de nature à mettre plus en défiance contre les prétendues preuves qu'on est convenu d'appeler des preuves négatives.

NEPTUNE.

Le mérite d'avoir heureusement abordé et résolu un problème inverse de perturbations, consistant à calculer, d'après les perturbations d'une planète, les éléments du corps perturbateur inconnu, et d'avoir par une divination hardie, donné lieu à la première observation de Neptune, faite par Galle, le 21 septembre 1846; ce mérite appartient aux profondes combinaisons et au travail persévérant de Le Verrier (74). C'est, ainsi que le dit Encke, la plus brillante des découvertes planétaires, c'est la première fois que des investigations purement théoriques ont permis de prédire l'existence et de montrer du doigt la place d'un astre nouveau. Il est juste de dire aussi que la recherche de ce corps céleste, si tôt couronnée de succès, a été favorisée par la perfection des cartes célestes de Bremiker, que possède l'Académie de Berlin (75).

Tandis que, parmi les planètes extérieures, la distance de Saturne au Soleil (9,53) est presque double de celle de Jupiter (5,20), et celle d'Uranus (19,18) plus que double de celle de Saturne, il s'en faut de 10 rayons de l'orbite terrestre, c'est-à-dire de 1/3 de la distance de Neptune au Soleil (30,04), que cette distance soit double de celle d'Uranus. Ainsi la limite connue du système solaire est à 460 millions de myriamètres du corps central; c'est-à-dire que par la découverte de Neptune, la borne posée à nos connaissances en fait de corps planétaires, a été reculée de 165 millions de myriamètres plus de 10,8 fois la distance de la Terre au Soleil. On pourra donc toujours, à mesure que l'on constatera les perturbations éprouvées par la dernière des planètes connues, en découvrir successivement de nouvelles, jusqu'à ce qu'elles échappent par l'éloignement à la puissance de nos télescopes (76).

D'après les plus récentes déterminations, la révolution de Neptune s'opère en 60126,7 jours, ou 164 ans, 226 jours, et son demi-grand axe est de 30,036 28. L'excentricité de son orbite, la plus faible de toutes après celle de Vénus, est de 0,008 719 46; sa masse est de 1/14 446; son diamètre apparent qui n'est, suivant Enke et Galle, que de 2",70, s'élève d'après Challis, à 3",07, ce qui donne une densité de 0,230, relativement à celle de la Terre; la densité de Neptune dépasse par conséquent celle d'Uranus qui n'est que de 0,178 (77).

Peu de temps après la découverte de Neptune, Lassell et Challis crurent que cette planète était entourée d'un anneau. Lassell avait employé un grossissement de 567 fois, et avait essayé de déterminer l'inclinaison de cet anneau sur l'écliptique, inclinaison que l'on croyait considérable; mais des recherches postérieures ont constaté, pour Neptune comme pour Uranus, que l'anneau était purement imaginaire.

Je ne puis, dans cet ouvrage, que mentionner rapidement les travaux d'un géomètre bien distingué, de M. J.-C. Adams, du collége de Saint-John à Cambridge, travaux antérieurs sans contredit à ceux de Le Verrier, mais qui sont restés inédits, et n'ont pas eu la consécration d'un succès public. Les faits historiques qui se rapportent à cette première tentative, ainsi qu'à l'heureuse découverte de Le Verrier et de Galle, ont été détaillés avec impartialité et d'après les sources les plus sûres, dans deux publications, l'une de l'Astronome Royal Airy, l'autre de Bernhard de Lindenau (78). Ces efforts intellectuels, dirigés presque en même temps vers le même objet, témoignent d'une émulation glorieuse, et offrent d'autant plus d'intérêt qu'ils prouvent par le choix des secours que l'astronomie a empruntés, l'état brillant de la science qui est la plus haute application des mathématiques.

SATELLITES DE NEPTUNE.

L'existence d'un anneau autour d'une planète ne s'est présentée encore qu'une seule fois. Cette rareté semble indiquer que la formation de ces sortes de ceintures flottantes tient au concours de conditions déterminées et difficiles à réunir. La présence de satellites autour des planètes extérieures, de Jupiter, de Saturne, d'Uranus, est au contraire un fait général sans exception. Lassell, dès le commencement du mois d'août 1847, reconnaissait avec certitude le premier satellite de Neptune, dans son grand réflecteur de 20 pieds de foyer et 24 pouces d'ouverture (79), découverte qui a été confirmée par Otto Struve, à Poulkowa, du 11 septembre au 20 décembre 1847 (80), et par Bond, directeur de l'observatoire de Cambridge, aux États-Unis, le 16 septembre 1847 (81). D'après les observations d'Otto Struve, la révolution du satellite s'accomplit en 5j 21′ 7″, l'inclinaison de son orbite sur l'écliptique est de 34°,7′, sa distance au centre de la planète de 40 000 myriamètres, sa masse de 1/14 506. Trois ans plus tard, le 14 août 1850, Lassell découvrit un second satellite de Neptune, à l'aide d'un grossissement de 628 fois (82), mais cette dernière découverte n'a pas encore, que je sache, été confirmée par d'autres observateurs.

III

LES COMÈTES

Bien que soumises à l'influence du corps central, les comètes, que Xénocrate et Théon d'Alexandrie appellent des nuées lumineuses, qui, suivant les expressions d'Apollonius le Myndien, fidèle en cela à une ancienne tradition chaldéenne, s'élèvent périodiquement dans les espaces célestes en décrivant une orbite immense et régulière, forment dans le système solaire un groupe d'astres complétement à part. Les comètes, en effet, ne se distinguent pas seulement des planètes proprement dites par leur immense excentricité; elles présentent des changements de forme, des altérations dans les contours, qui parfois s'accomplissent en quelques heures, comme cela est arrivé, en 1744, pour la comète de Klinkenberg, si bien décrite par Heinsius, et en 1835, lors de la seconde apparition de la comète de Halley. Avant que notre système solaire eût été enrichi, grâce aux découvertes d'Encke, de comètes à courte période, ou comètes intérieures, c'est-à-dire enveloppées dans les orbites planétaires, des rêveries, engendrées par l'idée des rapports que l'on croyait exister entre la distance des planètes au Soleil et leur excentricité, leur volume et leur légèreté spécifique, avaient conduit à cette opinion : qu'au delà de Saturne on devait découvrir des planètes excentriques d'un volume énorme, «qui formeraient des degrés intermédiaires entre les planètes et les comètes; et que peut-être même la dernière planète, coupant l'orbite de Saturne qui la précède immédiatement, méritait déjà le nom de comète» (83). Cette idée de l'enchaînement des formes dans la structure de l'univers, qui rappelle la doctrine, souvent mal appliquée, de la gradation des êtres dans la nature organique, était partagée par Emmanuel Kant, l'un des plus grands esprits du XVIIIe siècle. Uranus, puis Neptune, ont été aperçus par William Herschel et par Galle, le premier 26 ans, le second 91 ans après que le philosophe de Kœnigsberg eut dédié au grand Frédéric son *Hisoire naturelle du Ciel;* mais ces deux planètes ont une excentricité moindre que celle de Saturne ; l'excentricité de Saturne étant représentée par 0,056, celle de Neptune n'est que de 0,008, nombre peu différent de celui qui exprime l'excentricité de Vénus, si rapprochée du Soleil (0,006). Uranus et Neptune n'ont rien d'ailleurs des propriétés cométaires qu'on leur supposait.

A une époque récente, depuis l'année 1819, cinq comètes intérieures, découvertes successivement, ont suivi celle d'Encke. Elles paraissent former un groupe particulier dans lequel la plupart des demi-grands axes ressemblent à ceux des petites planètes; aussi s'est-on demandé si ce groupe de comètes intérieures ne composait pas originairement un seul corps céleste, comme Olbers l'a conjecturé pour les petites planètes; si cette grande comète n'aurait pas été divisée en plusieurs par l'action de Mars, ainsi que cela est arrivé à la comète intérieure de Biéla, qui, lors de sa dernière apparition, en 1846, s'est séparée en deux, sous les yeux, pour ainsi dire, de l'observateur. De certaines ressemblances entre les éléments des petites planètes et ceux des comètes ont conduit le professeur Stephen Alexander, du collége de New-Jersey, à rechercher la possibilité d'une origine commune à ces astéroïdes et aux comètes, ou du moins à quelques-unes d'entre elles (84). D'après toutes les observations récentes, il n'y a pas lieu de s'appuyer sur l'analogie tirée des atmosphères nébuleuses des astéroïdes. Si d'ailleurs les orbites de ces petites planètes sont contenues dans des plans divers, si même celle de Pallas offre l'exemple d'une extrême inclinaison, aucune d'elles néanmoins ne coupe, comme les comètes, les orbites des autres grandes planètes. Cette condition essentielle, quelle que soit l'hypothèse à laquelle on s'arrête sur la direction et la vitesse primitives de ces corps célestes, ne permet guère de leur attribuer une origine commune, à part même la différence de constitution qui distingue les comètes intérieures et les petites planètes, complétement dépourvues de nébulosité. Aussi Laplace, dans sa théorie de la formation des planètes par des anneaux de matière vaporeuse, circulant autour du Soleil, a-t-il cru devoir séparer complétement les comètes des planètes : « Dans l'hypothèse des zones de vapeurs, dit-il, et d'un noyau s'accroissant par la condensation de l'atmosphère qui l'environne, les comètes sont étrangères au système planétaire (85). »

En esquissant le Tableau de la Nature dans le premier volume du *Cosmos* (86), nous avons déjà fait remarquer que les comètes sont les corps qui, avec la plus faible masse, occupent le plus d'espace dans le domaine solaire, et qu'elles dépassent en nombre toutes les autres planètes. En effet, le calcul des probabilités fondé sur ce que l'on sait jusqu'à ce jour de l'étendue de leurs orbites, de leurs distances aphélies ou périhélies, et du temps durant lequel ces astres peuvent rester invisibles, révèle l'existence de plusieurs milliers de comètes. Il faut cependant excepter de cette comparaison les aérolithes ou astéroïdes météoriques, dont la nature est demeurée jusqu'ici enveloppée de beaucoup de ténèbres. Parmi les comètes, il y a lieu de distinguer celles dont on a calculé l'orbite et celles pour lesquelles il n'existe que des observations imparfaites, ou seulement des indications recueillies dans les chroniques. D'après la récente énumération de Galle, le nombre exact des comètes déterminées était, en 1847, de 178 ; en y joignant celles dont l'existence seule a été signalée, le total ne s'élève pas à moins de six ou sept cents. Lorsque la comète de 1682 reparut en 1759, ainsi que l'avait annoncé Halley, on considéra comme très-singulière l'apparition de trois comètes dans la même année. Mais aujourd'hui, telle est l'activité avec laquelle la voûte céleste est explorée simultanément, sur tant de points différents du globe terrestre, que, dans chacune des années 1819, 1825 et 1840, on en a aperçu et calculé quatre; on en avait observé cinq en 1826; ce nombre s'éleva jusqu'à huit en 1846.

Les derniers temps ont été plus riches que la fin du siècle précédent en comètes visibles à l'œil nu; cependant celles dont la tête et la queue sont éclatantes restent toujours un phénomène rare et remarquable. Il n'est point sans intérêt de rechercher combien de comètes visibles à l'œil nu se sont montrées en Europe, durant les derniers siècles (87). L'époque la plus riche a été le XVIe siècle, qui en a fourni 23. Le XVIIe en compta 12, dont 2 seulement dans les cinquante premières années. Au XVIIIe siècle, il n'en parut que 8, tandis que, dans la première moitié du XIXe, on en compte déjà 9, parmi lesquelles les plus belles sont celles de 1807, 1811, 1819, 1835 et 1843. Dans les temps antérieurs, il s'est souvent écoulé un intervalle de 40 à 50 ans, sans que ce spectacle se soit présenté une seule fois. Il est possible, au reste, que, dans les années qui semblent pauvres en comètes, il y ait eu beaucoup de grandes comètes à longue excursion, dont le perihélie est situé au delà des orbites de Jupiter et de Saturne. Quant aux comètes télescopiques, on en découvre en moyenne 2 ou 3 chaque année. Dans l'année 1840, en trois mois consécutifs, Galle a signale trois nouvelles comètes; Messier en a trouvé 12, de 1764 à 1798; Pons en a découvert 27, dans l'intervalle de 1801 à 1807. Ainsi semble se vérifier la comparaison de Kepler : *ut pisces in Oceano.*

Le dénombrement exact des comètes observées en Chine, qu'Édouard Biot a extrait du Recueil de Ma-tuan-lin, n'a pas une moindre importance. Cette liste remonte plus haut que l'école Ionienne de Thalès, et le règne du roi Alyattes de Lydie. Divisée en deux sections, elle comprend, dans la première, la position de toutes les comètes, depuis l'an 613 avant Jésus-Christ jusqu'à l'an 1222 de l'ère chrétienne, et, dans la seconde, les comètes qui ont paru depuis 1222 jusqu'en 1644, période remplie par la dynastie des Ming. Je répète ici ce que j'ai fait remarquer déjà dans le premier volume du *Cosmos* (p. 454, note 42), que, pour les comètes comprises entre le milieu du IIIe siècle et la fin du XIVe, les calculs reposent uniquement sur les renseignements des Chinois, et que la comète de 1456, une des apparitions de celle de Halley, est la première dont les éléments aient été déterminés d'après les seules observations européennes. Ces observations, dues à Regiomontanus, furent suivies par d'autres fort exactes, que fit Apian à Ingolstadt, au mois d'août 1531, lors d'une réapparition de la comète de Halley. Dans l'intervalle, au mois de mai 1500, se place une comète d'un grand éclat, la grande Asta, que le peuple, en Italie, appelait *Signor Astone*, et dont le souvenir se rattache à des voyages de découverte en Afrique et au Brésil (88). Guidé par la ressemblance des éléments, Laugier a retrouvé dans les indications chinoises une septième apparition de la comète de Halley, qui eut lieu en 1378 (89); de même que la troisième comète de 1840, découverte par Galle le 6 mars (90), paraît identique à celle de 1097. Les Mexicains avaient aussi l'habitude de rattacher, dans leurs annales, les événements considérables aux comètes et à d'autres phénomènes célestes. Ce n'est, chose singulière, que dans le catalogue chinois, où elle est rapportée au mois de décembre, que j'ai pu reconnaître la comète de 1490, dont j'ai trouvé le signalement dans le manuscrit mexicain de Le Tellier, et dont j'ai fait joindre un dessin à mes *Monuments des peuples indigènes de l'Amérique* (91). Les Mexicains avaient enregistré cette comète 28 ans avant le premier débarquement de Cortez sur les côtes de Veracruz (Chalchiuhcuecan).

J'ai traité en détail dans le premier volume du *Cosmos* (p. 110-120), d'après l'autorité de Heinsius (1744), de Bessel, de Struve et de Sir William Herschel, tout ce qui a trait à la forme des comètes, à leurs variations d'éclat, de couleur et de figure, aux effluves de leur tête qui se recourbent en arrière pour former la queue (92). La magnifique comète de 1843 (93), que Bowring put voir, semblable à un petit nuage blanc, à Chihuahua, depuis neuf heures du matin jusqu'au coucher du soleil, et qui fut observée en plein midi, à Parme, par Amici, à 1° 23′ à l'Est du Soleil (94), n'est point la seule qui ait été aperçue dans ces circonstances plus récemment encore, la première comète de 1847, découverte par Hind près de la Chèvre, a été visible également à Londres, dans le voisinage du Soleil, au moment même de son périhélie.

Afin d'éclaircir ce que nous avons dit plus haut de la remarque faite par les astronomes chinois, à l'occasion de la comète qui parut au mois de mars 837, sous la dynastie Thang, j'insère ici la traduction d'un passage extrait de Ma-tuan-lin, dans lequel est exprimée la loi qui règle la direction de la queue des comètes : « En général, pour une comète placée à l'Est du Soleil, la queue, à partir du noyau, se dirige vers l'Est; si la comète au contraire paraît à l'Ouest du Soleil, la queue se tourne vers l'Ouest » (95). Fracastor et Apian disent avec plus de précision et de justesse : « Qu'une ligne menée suivant l'axe de la queue et prolongée au delà de la tête, va passer par le centre du Soleil. » Ces mots de Sénèque : « Les queues des comètes fuient devant les rayons du Soleil » (*Questions naturelles*, liv. VII, chap. 20) sont également caractéristiques. Parmi les planètes et les comètes actuellement connues, les temps des révolutions sidérales, dépendant du demi-grand axe, offrent les rapports suivants : pour les planètes, les révolutions les plus courtes sont aux plus longues comme 1 à 683; elles sont, parmi les comètes, comme 1 est à 2670. On a comparé, pour établir ce calcul, d'une part, Mercure qui fait sa révolution en 87 jours 97/100, avec Neptune qui accomplit la sienne en

60 126 jours 7/10, d'autre part, la comète d'Encke dont la période est de 3 années 3/10, avec celle de 1680, observée par Gottfried Kirch, à Cobourg, par Halley et par Newton, et qui ne met pas à décrire son ellipse moins de 8814 ans. J'ai déjà indiqué, d'après un excellent Mémoire d'Encke (*Cosmos*, t. I, p. 124, et t. III, p. 417-419) la distance entre l'étoile fixe la plus rapprochée de nous, α du Centaure, et l'aphélie de la comète de 1680. J'ai signalé la lenteur avec laquelle cette comète se meut dans la portion extrême de son orbite, parcourant à peine 3 mètres par seconde; j'ai rappelé la distance, égale à peine à 6 fois la distance de la Lune, à laquelle la comète de Lexell s'est approchée de la Terre en 1770, et la distance moins considérable encore où se sont trouvées, relativement au Soleil, la comète de 1680 et surtout celle de 1843. D'après les éléments de la seconde comète de 1819, dont le volume énorme apparut subitement en Europe, se dégageant des rayons du Soleil, on conclut qu'elle passa le 26 juin devant le disque solaire (96); malheureusement elle resta inaperçue. La même chose a dû arriver pour la comète de 1823, qui, outre la queue ordinaire opposée au Soleil, en offrait une autre dirigée vers cet astre. Si les queues des deux comètes étaient longues, elles ont dû mêler à notre atmosphère quelques portions de leur substance nébuleuse, comme cela a certainement eu lieu plus d'une fois. On s'est même demandé si les singuliers brouillards de 1783 et de 1831 qui couvraient une grande partie du continent eu-

ropéen, n'étaient point la conséquence d'un pareil accident (97).

Tandis que d'un côté l'on compare la quantité de chaleur reçue par les comètes de 1680 et de 1843, dans leur périhélie, à la température focale d'un miroir ardent de 32 pouces (98), un astronome éminent, auquel je suis uni par une vieille amitié (99), Lindenau, veut que, en raison de leur excessive légèreté spécifique, toutes les comètes sans noyau solide ne reçoivent aucune chaleur du Soleil, et se maintiennent à la température des espaces environnants (100). Si l'on considère les nombreuses et frappantes analogies des phénomènes que présentent, d'après Melloni et Forbes, les sources sombres ou brillantes de la chaleur, il semble difficile, eu égard à l'état actuel de nos connaissances physiques et au lien qui les unit entre elles, de ne pas admettre la présence dans le Soleil de causes produisant simultanément, par les vibrations de l'éther, c'est-à-dire par des ondulations de longueurs différentes, le rayonnement de la lumière et celui de la chaleur. Pendant longtemps, on a rappelé dans les écrits astronomiques une prétendue éclipse de la Lune par une comète, en 1454. Le premier traducteur du Byzantin George Phranza, le jésuite Pontanus, avait cru en trouver l'indication dans un manuscrit, à Munich. Ce passage d'une comète entre la Lune et la Terre est aussi peu véritable que celui de la comète de 1770, dont s'était porté garant Lichtenberg. La première publication complète de la Chronique de Phranza eut lieu à

Vienne en 1796 ; on y lit textuellement : Que l'an du monde 6962, durant une éclipse de Lune, une comète semblable à un nuage léger, et décrivant une orbite à la manière des corps célestes, apparut et s'approcha du disque lunaire. La date indiquée, qui répond à l'an de notre ère 1450, est inexacte, puisque Phranza dit positivement que le phénomène est postérieur à la prise de Constantinople, qui eut lieu le 19 mai 1453 ; et en effet il y eut une éclipse de lune le 12 mai 1454. On peut voir à ce sujet Jacobs, dans la *Correspondance mensuelle* de Zach, t. XXIII, 1811, p. 196-222.

Le Verrier a étudié avec soin les rapports de distance qui ont pu exister entre les satellites de Jupiter et la comète de Lexell, et les perturbations que cette remarquable comète a éprouvées par leur influence, sans réagir sur la durée de leur révolution. Messier, lorsqu'il la découvrit, le 14 juin 1770, la prit pour une faible nébulosité dans le Sagittaire ; et huit jours après, le noyau brillait déjà comme une étoile de deuxième grandeur. Avant que la comète n'arrivât au périhélie, on ne voyait aucun vestige de queue ; lorsqu'elle eut dépassé ce point, il s'en développa une qui avait à peine un degré de longueur. Lexell reconnut que cette comète décrivait une orbite elliptique, et opérait sa révolution en 5 années 585/1000, ce qui fut confirmé par Burckardt, dans un excellent Mémoire publié en 1806. D'après Clausen, la comète de Lexell s'est approchée de la Terre, le 1er juillet 1770, à une distance de 363 rayons terrestres, c'est-à-dire 231 000 myriamètres, ou 6 fois la distance de la Terre à la Lune. La raison pour laquelle cette comète ne fut aperçue ni plus tôt, au mois de mars 1776, ni plus tard, au mois d'octobre 1781, est établie à l'aide de l'analyse, par Laplace, dans le IVe tome de la *Mécanique céleste*. Conformément aux conjectures de Lexell, Laplace a démontré que ce fait était dû à des influences perturbatrices, qui se sont exercées à l'approche de la comète, en 1767 et en 1779, dans les portions de l'espace occupées par le système de Jupiter. Le Verrier a trouvé que, suivant une première hypothèse sur l'orbite de la comète de Lexell, cette comète aurait traversé en 1779 les orbites des satellites de Jupiter, et que d'après une autre hypothèse, elle serait restée fort loin en dehors de l'orbite du quatrième satellite (1).

Il est extrêmement difficile de déterminer l'état moléculaire des différentes parties d'une comète, de la tête ou du noyau, qui ont si rarement des contours arrêtés, aussi bien que de la queue. Cela tient à ce que le noyau même n'occasionne aucune réfraction des rayons lumineux, et que, d'après l'importante découverte d'Arago (*Cosmos*, t. I, p. 116 et 456, notes 49-51), il existe dans la lumière des comètes une portion de lumière déjà polarisée, c'est-à-dire de lumière solaire réfléchie. Bien que les moindres étoiles restent visibles sans diminution d'éclat, à travers les émanations brumeuses qui forment la queue des comètes, et presque à travers le centre du noyau ou du moins fort près du centre, comme le disait déjà Sénèque : (per Cometem non aliter quam per nubem ulteriora cernuntur, *Quæst. Natur.*, lib. VII, cap. 18), cependant Arago a démontré, dans des expériences dont j'ai été témoin, que ces enveloppes nébuleuses, malgré leur rareté, sont susceptibles de réfléchir une lumière étrangère (2), de sorte que les comètes n'ont « qu'une diaphanéité imparfaite (3), puisque la lumière ne les traverse pas sans obstacle. » L'intensité d'éclat que présentent quelquefois des nébulosités si légères, comme cela est arrivé pour la comète de 1843, ou l'aspect stellaire du noyau, excite l'étonnement, parce qu'on est tenté de tout rapporter à la réflexion des rayons solaires. Mais ne se peut-il pas que, outre cette lumière empruntée, les comètes dégagent elles-mêmes une lumière propre?

De la queue des comètes, longue de plusieurs millions de lieues, et épanouie le plus souvent en éventail, se détachent, par l'émanation ou l'évaporation, des particules qui se répandent dans les espaces. Là elles forment peut-être elles-mêmes ce milieu résistant qui resserre peu à peu l'orbite de la comète d'Encke (4) ; peut-être aussi se mêlent-elles à la matière cosmique qui ne s'est point condensée en corps célestes et n'a pas servi à former la lumière zodiacale. Des parties matérielles disparaissent presque sous nos yeux, et nous soupçonnons à peine la portion de l'espace où elles s'agrégent de nouveau. Bien qu'aujourd'hui il paraisse très-probable que la densité du fluide gazeux répandu à travers les espaces augmente dans le voisinage du Soleil, on ne peut cependant pas, pour expliquer l'amoindrissement que le noyau des comètes éprouve, selon Walz, auprès du Soleil, se représenter ce fluide condensé comme agissant par la compression sur une enveloppe vésiculaire (5). Généralement, les contours des effluves cométaires sont fort indécis, et l'on ne peut savoir au juste où finit la nébulosité qui réfléchit la lumière. Il n'en est que plus remarquable et plus instructif, quant à la constitution de certaines comètes, de voir, en quelques occasions, dans la portion antérieure parabolique de l'astre, une netteté de contours à peine égalée par les groupes de nuages de notre atmosphère. C'est ce qui est arrivé pour la comète de Halley, au cap de Bonne-Espérance, vers la fin du mois de janvier 1836. Sire John Herschel comparait cette apparence inusitée, qui témoignait de l'intensité de l'attraction mutuelle exercée par les molécules, à l'aspect d'un vase d'albâtre vivement éclairé à l'intérieur (6).

Depuis la publication du premier volume du *Cosmos*, il s'est produit dans le monde des comètes un événement dont on avait à peine auparavant soupçonné la possibilité. La comète intérieure et à courte période de Biéla, qui accomplit son ellipse en 6 ans 1/2, s'est partagée en deux comètes de même forme, mais de grandeur différente, chacune d'elles ayant une tête et une queue. Aussi longtemps qu'on a pu les observer, elles ne se sont point réunies, et ont cheminé presque parallèlement. Le 19 décembre 1845, Hind avait déjà remarqué, dans la comète encore intacte, une sorte de pertubérance vers le Nord; mais le 21, d'après l'observation d'Encke à Berlin, on n'apercevait aucun indice de séparation. La division déjà effectuée fut reconnue pour la première fois le 29 du même mois, dans l'Amérique septentrionale, et en Europe, vers le milieu et à la fin du mois de janvier 1846. Le nouvel astre, le plus petit des deux, précédait le plus grand dans la direction du Nord. La distance de l'un à l'autre fut d'abord de 3'; plus tard, le 20 février, elle était de 6', d'après l'intéressant dessin d'Otto Struve (7). L'éclat de chacune d'elles était changeant; de sorte que le second astre augmentant peu à peu d'intensité, surpassa quelque temps en lumière la comète principale. Les enveloppes nébuleuses qui entouraient chaque noyau, n'avaient aucun contour déterminé : celle qui entourait la plus grande comète offrait un gonflement peu lumineux vers le Sud-Sud-Ouest, mais la partie du Ciel qui les séparait fut notée à Poulkowa comme libre de toute nébulosité (8). Quelques jours plus tard, le lieutenant Maury aperçut à Washington, avec un instrument dioptrique de Munich, de 9 pouces de diamètre, des rayons que l'ancienne comète envoyait vers la nouvelle, de sorte que pendant quelque temps il y eut une sorte de pont jeté de l'une à l'autre. Le 24 mars, la petite comète diminuant insensiblement d'éclat n'était déjà presque plus reconnaissable. On vit encore la plus grande jusque vers le 16 ou le 20 avril, où elle disparut à son tour. J'ai décrit le développement de ce phénomène extraordinaire avec tous les détails que l'on a pu constater (9). Il est à regretter que le fait même de la séparation et l'état qui l'a précédée aient échappé aux observateurs. La comète formée aux dépens de la première est-elle devenue invisible par suite de l'éloignement et de la faiblesse de la lumière, ou s'est-elle dissoute? reparaîtra-t-elle accompagnant la planète principale, et la comète de Biéla offrira-t-elle encore, lors de ses retours successifs, de semblables anomalies?

La naissance d'un nouveau corps planétaire par voie de disjonction soulève naturellement la question de savoir : si dans la multitude des comètes circulant autour du Soleil, il n'en est pas plusieurs qui aient été engendrées de cette manière, si ce phénomène ne se reproduit pas encore tous les jours, si enfin, soit par l'inégale vitesse de leur révolution, soit parce qu'elles ne subissent pas au même degré l'influence des perturbations, les comètes ainsi décomposées ne sont point lancées sur des orbites différentes? Stephen Alexander, dans un Mémoire déjà cité, a cherché à expliquer la génération de toutes les comètes intérieures par une hypothèse de ce genre, mais sans fournir de raisons assez concluantes. Il paraît que de semblables événements se sont produits dans l'antiquité; malheureusement ils n'ont pas été décrits avec assez de détails. Sénèque rapportant d'après un témoin, qu'il déclare lui-même peu digne de confiance, que la comète à laquelle on attribua la destruction des villes de Hélice et de Bura, se divisa en deux parties, ajoute ironiquement : « Pourquoi personne n'a-t-il jamais vu deux comètes se réunir en une seule (10)? » Les astronomes chinois parlent de trois comètes accouplées qui parurent en l'an 896, et parcoururent leur orbite de conserve (11).

Dans le grand nombre de comètes dont les éléments ont été calculés jusqu'à ce jour, nous en connaissons huit dont la révolution s'accomplit en moins de temps que celle de Neptune. Parmi elles six sont intérieures, c'est-à-dire que leur aphélie se trouve en deçà de l'orbite de cette planète; ce sont : les comètes d'Encke (aphélie 4,09), de Vico (5,02), de Brorsen (5,64), de Faye (5,93), de Biéla (6,19) et de d'Arrest (6,44). Ces six comètes intérieures ont toutes leur aphélie compris entre celui d'Hygie (3,15) et une limite extrême située par delà l'aphélie de Jupiter (5,20), à une fois et 1/4 la distance de la Terre au Soleil. Les deux autres comètes qui accomplissent leur révolution en moins de temps que Neptune, sont la comète de 74 ans d'Olbers, et la comète de 76 ans de Halley. Jusqu'en 1819, époque à laquelle Encke reconnut le premier l'existence d'une comète intérieure, les deux comètes d'Olbers et de Halley restèrent, entre toutes les comètes dont on avait calculé les éléments, celles dont le retour était le plus prompt. La comète d'Olbers de 1815, et celle de Halley atteignent, à leur aphélie, une distance qui dépasse seulement de 4 rayons de l'orbite terrestre pour l'une, de 5 rayons et 2/5 pour l'autre, la limite en deçà de laquelle, depuis la découverte de Neptune, elles seraient considérées comme intérieures. Bien que cette limite soit variable, et que la dénomination de comète intérieure puisse recevoir des applications nouvelles, par la découverte de planètes situées au delà de Neptune, elle a cependant sur la dénomination d'astre à courte période, cet avantage qu'elle dépend au moins de quelque chose de déterminé, durant chaque phase de nos connaissances. Les périodes des six comètes intérieures, actuellement calculées avec précision, ne varient, il est vrai, que de 3 ans 3/10 à 7 ans 4/10; mais si la 6e comète de 1846, découverte à Naples par Péters, le 26 juin, dont le demi-grand axe est ce 6,32 revient réellement après un intervalle de 16 années (12), on peut prévoir que peu à peu on trouvera des comètes intermédiaires, quant à la durée des révolutions, entre celle de Faye et celle d'Olbers. Il serait donc, dans l'avenir, difficile de déterminer une ligne de démarcation entre les comètes à longue et à courte période. Nous insérons ici la table dans laquelle le docteur Galle a réuni les éléments des six comètes intérieures.

Éléments des 6 comètes intérieures pour lesquelles les calculs sont complets,

NOMS DES COMÈTES.	ENCKE.	DE VICO.	BRORSEN.	D'ARREST.	BIELA.	FAYE.
Passage au périhélie, au temps moyen de Paris.	1848 nov. 26 2h 55m 52s	1844 sept. 2 11h 33m 57s	1846 févr. 25 9h 8m 1s	1851 juill. 8 16h 57m 23s	1846 févr. 10 23h 51m 36s	1843 oct. 17 3h 42m 16s
Longitude du périhélie. .	157° 47′ 8″	342° 30′ 55″	116° 28′ 15″	320° 59′ 46″	109° 2′ 20″	49° 34′ 19″
Longitude du nœud ascend.	334 22 12	63 49 17	102 40 58	148 27 20	245 54 39	209 29 19
Inclinaison sur l'écliptique.	13 8 36	2 54 50	30 55 53	13 56 12	12 34 53	11 22 31
Demi-grand axe	2,214814	3,102800	3,146494	3,461846	3,524522	3,811790
Distance périhélie	0,337032	1,186401	0,650103	1,173976	0,856448	1,692579
Distance aphélie	4,092595	5,019198	5,642884	5,749717	6,192596	5,931001
Excentricité.	0,847828	0,617635	0,793388	0,660881	0,757003	0,555962
Révolution en jours. . . .	1204	1996	2039	2353	2417	2718
Révolution en années. . .	3,30	5,47	5,58	6,44	6,62	7,44
Auteurs des calculs.	Encke, *Astr. Nachr.* XXVII, p. 113.	Brünnow, Mémoire couronné. Amst. 1849.	Brünnow, *Astr. Nachr.* XXIX, p. 377.	d'Arrest, *Astr. Nachr.* XXXIII, p. 125.	Plantamour, *Astr. Nachr.* XXV, p. 117.	Le Verrier, *Astr. Nachr.* XXIII, p. 196.

Il résulte de l'aperçu qui précède que 32 ans à peine se sont écoulés entre le moment où la comète d'Encke a été reconnue être une comète intérieure et celui où a été découverte la comète également intérieure de d'Arrest (13). Yvon Villarceau a donné aussi, dans les *Nouvelles astronomiques* de Schumacher, les éléments elliptiques de la comète de d'Arrest. Il a présenté, conjointement avec Valz, quelques hypothèses sur l'identité de cette comète avec celle de 1678, observée par La Hire et calculée par Douwes. Deux autres comètes, la 3ᵉ de 1819, découverte par Pons et calculée par Encke, et la 4ᵉ de la même année, découverte par Blanpain, et identique, d'après Clausen, avec la première de 1743, paraissent aussi accomplir leur révolution en cinq ou six ans; mais ces deux astres ne peuvent encore être cités à côté de ceux dont les éléments, grâce à des observations répétées et précises, ont été calculés avec plus de certitude et de perfection.

L'inclinaison des orbites des comètes intérieures sur l'écliptique est généralement faible et comprise entre 3° et 13°; celle de la comète de Brorsen est seule considérable et ne va pas à moins de 31°. Toutes les comètes intérieures découvertes jusqu'à ce jour ont, comme toutes les planètes et les satellites de notre système solaire, un mouvement direct de l'Ouest à l'Est. Sir John Herschel a signalé à l'attention le phénomène très-particulier d'une marche rétrograde parmi les comètes faiblement inclinées sur l'écliptique (14). Ce mouvement inverse, qui ne se rencontre que dans une classe spéciale de corps planétaires, est d'une grande importance, en ce qu'il peut éclairer l'opinion régnante sur l'origine des membres d'un même système, sur la force et sur la direction de l'impulsion première. Cela nous fait voir que le monde des comètes, bien que les immenses distances qui l'en séparent ne puissent le soustraire à l'influence du corps central, a cependant son individualité propre, et jouit d'une indépendance relative. Cette considération a conduit à l'hypothèse que les comètes sont les plus anciens de tous les corps planétaires, qu'elles forment pour ainsi dire le type originel de la matière diffuse qui remplit les espaces célestes (15). On demande subsidiairement si, malgré l'immense intervalle qui sépare encore l'étoile la plus rapprochée dont nous connaissions la parallaxe et l'aphélie de la comète de 1680, quelques-uns des astres cométaires qui font des apparitions au firmament ne traverseraient pas notre système en simples passagers, voyageant de soleil en soleil.

A la suite du groupe des comètes, je place, comme se rattachant très-probablement au système solaire, la lumière zodiacale; et en dernier lieu j'arrive à ces essaims d'astéroïdes météoriques qui tombent de temps à autre sur la surface de notre globe, et dont quelques astronomes contestent l'existence, en tant que corps célestes. Comme, à l'exemple de Chladni, d'Olbers, de Laplace, d'Arago, de John Herschel et de Bessel, je tiens positivement les aérolithes pour des corps étrangers à la Terre et d'origine cosmique, je puis bien, à la fin d'un chapitre consacré aux astres errants, exprimer la confiance dont je suis pénétré, que l'opinion contraire disparaîtra un jour, à l'aide d'observations plus précises sur les aérolithes, les bolides et les étoiles filantes, comme a disparu depuis longtemps l'opinion universelle qui, jusqu'au XVIe siècle, attribuait aux comètes une origine météorique. Déjà cependant ces astres étaient pour la corporation des prêtres Chaldéens de Babylone, pour une grande partie de l'école pythagoricienne et pour Apollonius le Myndien, des corps célestes, qui revenaient à des époques déterminées, en décrivant de vastes orbites; au contraire, la grande école antipythagoricienne d'Aristote, et Épigène, pris à partie sur ce point par Sénèque, ne voyaient dans les comètes que des phénomènes météorologiques qui ne dépassaient point notre atmosphère (16). Heureusement ces fluctuations des esprits entre des hypothèses opposées, qui nous ramènent des espaces infinis à notre atmosphère terrestre, doivent avec le temps aboutir à la véritable interprétation des phénomènes naturels.

IV

LUMIÈRE ZODIACALE

On a reconnu, dans l'espace de deux siècles et demi, et à de longs intervalles, l'existence, la place et la configuration de beaucoup de mondes distincts, qui ont successivement ajouté à la richesse de notre système solaire. D'abord l'attention a été appelée sur les systèmes subordonnés, analogues au système principal, dans lesquels des corps célestes de moindres dimensions circulent autour de corps plus vastes. On a observé ensuite les anneaux excentriques qui entourent une planète extérieure, l'une des moins denses entre toutes les planètes et la plus abondamment pourvue de satellites ; puis l'on a constaté l'existence de la lumière zodiacale, lueur douce, bien que facilement visible à l'œil nu, qui se détache en forme de pyramide, et on l'a rapportée à la cause matérielle qui vraisemblablement la produit. Plus tard on a démêlé les orbites entrelacées des petites planètes ou astéroïdes, renfermées entre les limites de deux vastes planètes, et situées en dehors de la zone zodiacale. Enfin on a étudié le groupe merveilleux des comètes intérieures, dont l'aphélie reste en deçà de l'aphélie de Saturne, d'Uranus ou de Neptune. Il est nécessaire, dans une description des espaces célestes, de bien faire ressortir la diversité des mondes dont se compose le système solaire, diversité qui d'ailleurs n'exclut nullement la communauté d'origine ni la dépendance permanente des forces motrices.

Quels que soient les doutes qui subsistent encore sur la cause matérielle de la lumière zodiacale, il semble, en partant de ce fait mathématiquement démontré, à savoir que l'atmosphère solaire ne peut point dépasser les 9/20 de la distance de Mercure au Soleil, il semble, dis-je, que, dans l'état actuel et malheureusement très-incomplet de nos connaissances, l'opinion la plus satisfaisante doive être celle qui se recommande des noms de Laplace, de Schubert, d'Arago et de Biot, d'après laquelle la lumière zodiacale rayonne d'un anneau nébuleux, aplati, et circulant librement dans l'espace compris entre les orbites de Vénus et de Mars. La limite extrême de l'atmosphère, pour le Soleil, comme pour les planètes, centres de systèmes subordonnés, ne peut pas s'étendre au delà du point où l'attraction du corps central fait exactement équilibre à la force centrifuge. Les portions d'atmosphère qui ont dépassé cette limite ont dû s'échapper par la tangente et donner naissance, en s'agglomérant, à des planètes et à des satellites, ou, si elles ne se sont point condensées en globes sphériques, continuer leur course sous la forme d'anneaux vaporeux ou solides. D'après ces vues, la lumière zodiacale rentre dans la catégorie des corps planétaires, et doit être soumise aux lois générales de leur formation.

Les progrès faits dans la voie de l'observation par cette partie délaissée de nos connaissances astronomiques se réduisent à si peu de chose, que je ne puis guère ajouter à ce que j'ai déjà dit, en m'aidant de mon expérience propre et de l'expérience des autres, dans le Tableau de la Nature placé en tête de cet ouvrage (voyez t. I, p. 477-485, et 154-161; t. III, p. 381). Vingt-deux ans avant la naissance de Dominique Cassini, auquel on fait honneur communément d'avoir le premier signalé la lumière zodiacale, le chapelain de lord Henri Somerset, Childrey, avait, dans sa *Britannia Baconica*, publiée en 1661, appelé l'attention des astronomes sur la lumière zodiacale, comme sur un phénomène qui n'avait pas encore été décrit, et dont il avait été témoin durant plusieurs années, au mois de février et au commencement de mars. La justice m'oblige aussi à mentionner une lettre de Rothmann à Tycho, signalée par Olbers, d'où il résulte que, dès la fin du XVIe siècle, Tycho avait vu la lumière zodiacale, et l'avait prise pour l'apparition anomale d'une aurore boréale au printemps. L'intensité lumineuse beaucoup plus grande que ce phénomène présente en Espagne, sur les côtes de Valence et dans les plaines de la Nouvelle-Castille, m'avait engagé déjà, avant que je quittasse l'Europe, à l'observer assidûment. L'éclat de cette lumière, je pourrais dire de cette illumination, augmenta encore d'une manière surprenante, à mesure que je m'approchai de l'équateur, sur le continent américain ou sur la mer du Sud. A travers l'atmosphère toujours sèche et transparente de Cumana, dans les plaines d'herbes ou Llanos de Caracas, sur les plateaux de Quito et sur les lacs du Mexique, particulièrement à des hauteurs de huit à douze mille pieds, où je pouvais séjourner plus longtemps, je vis la lumière zodiacale surpasser quelquefois en éclat les plus belles parties de la Voie lactée, comprises entre la proue du Navire et le Sagittaire, ou, pour citer des régions du ciel visibles dans notre hémisphère, entre l'Aigle et le Cygne.

En général cependant l'éclat de la lumière zodiacale m'a paru ne pas augmenter sensiblement avec la hauteur du lieu d'où on l'observe, mais dépendre surtout de changements auxquels le phénomène lui-même est soumis, et de sa plus ou moins grande intensité lumineuse; c'est du moins ce que m'autorisent à croire les observations que j'ai faites sur la mer du Sud, dans lesquelles j'ai remarqué un reflet semblable à celui que produit le coucher du Soleil. J'ai soin de dire *surtout*, car je ne nie point d'une manière absolue que l'état des hautes couches de l'atmosphère, leur plus ou moins grande diaphanéité, n'aient pu exercer aussi quelque influence, alors même que, dans les couches inférieures, mes instruments n'indiquaient aucune variation hygrométrique, ou que les changements indiqués semblaient devoir produire un tout autre effet. C'est surtout des régions tropicales, où les phénomènes météorologiques montrent dans leurs variations le plus d'uniformité et de régularité, qu'il est permis d'attendre des éclaircissements sur la nature de la lumière zodiacale. Là l'apparition est perpétuelle, et, en comparant soigneusement les observations faites à diverses hauteurs et dans des circonstances locales différentes, on peut espérer de distinguer, à l'aide du calcul des probabilités, ce qui tient à la nature même de ce phénomène lumineux et ce qui doit être rapporté à des influences météorologiques.

On a souvent répété qu'en Europe, durant plusieurs années consécutives, on n'avait aperçu presque aucune trace de lumière zodiacale, ou que ce phénomène s'était borné à une très-faible apparence. Un affaiblissement proportionnel se faisait-il sentir en même temps sous la zone équinoxiale? Pour se livrer avec succès à une semblable recherche, il ne faut pas considérer seulement la configuration de la région lumineuse, soit d'après des mesures directes, soit en se réglant sur la distance des phénomènes à des étoiles connues ; on doit aussi s'attacher à l'intensité de la lumière, à son uniformité ou à son intermittence, lorsque quelquefois elle pâlit et se ravive alternativement, et aux résultats du polariscope. Déjà Arago, en 1836 (t. IX des *Œuvres*, p. 39), a signalé ce résultat probable des observations comparées de Dominique Cassini : « Que la supposition des intermittences de la diaphanéité atmosphérique ne saurait suffire à l'explication des variations signalées par cet astronome. »

Immédiatement après les premières observations faites à Paris par Dominique Cassini et par son ami, Fatio de Duillier, des Francais qui voyageaient dans les Indes, les pères Noël, de Bèze et Duhalde, se sentirent attirés vers le même objet ; mais des Rapports isolés, dans lesquels les auteurs se contentent de décrire le plaisir que leur a causé ce spectacle nouveau, ne peuvent servir de base à une discussion approfondie des causes qui produisent les variations de la lumière zodiacale. Ainsi que l'ont encore prouvé depuis les efforts du laborieux Horner, ce ne sont pas des excursions rapides, et ce que l'on est convenu d'appeler des voyages de circumnavigation, qui peuvent réellement conduire à un pareil but (voyez la *Correspondance mensuelle* de Zach, t. XV, p. 337-340). Ce n'est que par un séjour de plusieurs années dans quelque contrée tropicale que l'on peut arriver à résoudre le problème des variations que subissent la configuration et l'intensité de la lumière zodiacale. Pour l'objet qui nous occupe en ce moment, et en général pour toute la Météorologie, il faut ajourner nos espérances jusqu'au moment où la culture scientifique se sera définitivement répandue sur la zone équinoxiale de l'Amérique espagnole, dans ces contrées où il existe, entre 10700 et 12500 pieds audessus du niveau de la mer, des villes grandes et populeuses, telles que Cuzco, la Paz, Potosi. Les résultats numériques auxquels est parvenu Houzeau, résultats qui reposent, il est vrai, sur un trop petit nombre d'observations, sont de nature à faire croire que le grand axe de la lumière zodiacale ne coïncide pas avec le plan de l'équateur solaire, pas plus que la masse vaporeuse de l'anneau, dont nous ignorons l'état moléculaire, ne traverse l'orbite terrestre. (Voyez les *Nouvelles astronomiques*, de Schumacher, n° 492.)

V

ÉTOILES FILANTES, BOLIDES ET PIERRES MÉTÉORIQUES.

Depuis l'année 1845 où parut, dans le premier volume du Cosmos, un tableau général des phénomènes célestes, les résultats de l'observation, en ce qui concerne la chute des aérolithes et les pluies périodiques d'étoiles filantes, désignées en allemand sous le nom trop expressif de Sternschnuppen, *mouchures d'étoiles*, ont été considérablement agrandis et rectifiés. Beaucoup de faits ont été soumis à une critique plus attentive et plus sévère. On a cru devoir surtout, pour jeter du jour sur ce phénomène mystérieux, étudier la loi de convergence, c'est-à-dire déterminer les points d'où partent les étoiles filantes, aux époques où elles reparaissent avec une abondance inusitée. Des observations récentes, dont les résultats ont atteint un haut degré de vraisemblance, ont accru aussi le nombre de ces époques, parmi lesquelles on n'avait signalé jusqu'ici que le mois d'août et le mois de novembre. Les louables efforts de Brandes, de Benzenberg, d'Olbers et de Bessel, plus tard, ceux d'Erman, de Boguslawski, de Quételet, de Feldt, de Saigey, d'Édouard Heis et de Jules Schmidt, ont introduit l'usage de mesures correspondantes plus exactes, et en même temps le sentiment plus général de la rigueur mathématique a prévenu le danger d'accommoder des observations douteuses à des théorèmes préconçus.

Les progrès dans l'étude des météores ignés seront d'autant plus rapides, que l'on se défendra mieux de tout parti pris, que l'on séparera soigneusement les faits des hypothèses, et que l'on mettra chaque phénomène à l'épreuve, sans rejeter pour cela, comme fausses ou douteuses, les choses dont on n'a point encore l'explication. Il me paraît surtout important de ne point confondre avec les relations physiques les relations numériques et géométriques, généralement plus faciles à vérifier : telles sont la hauteur, la vitesse, l'unité ou la pluralité des points de départ bien constatés, le nombre moyen, dans un temps donné, des météores isolés ou périodiques, enfin la grandeur et la forme des apparitions, suivant les saisons ou les heures de la nuit où elles se produisent. Avec le temps d'ailleurs, l'étude de ces deux classes de circonstances ou de relations physiques et géométriques doit nécessairement conduire au même but : à des considérations vraies sur la génération et la nature de ces phénomènes.

J'ai déjà fait voir ailleurs que nous ne sommes en communication avec les espaces célestes et les corps dont ils sont remplis que par des rayons lumineux et calorifiques, et par les attractions mystérieuses que les masses lointaines exercent, en raison de leur masse, sur notre globe, sur nos mers et sur l'atmosphère qui nous enveloppe; les rayons lumineux qui, partant des plus petites étoiles télescopiques dont se compose une nébuleuse réductible, viennent frapper notre œil, sont, ainsi que le prouve mathématiquement la notion exacte de la vitesse et de l'aberration de la matière, le plus ancien témoignage de l'existence de la lumière (17). Une impression lumineuse, partie des profondeurs de la voûte céleste, nous reporte, par une simple association d'idées, dans les profondeurs du passé, par delà des myriades de siècles. Les mêmes impressions, produites par les pluies d'étoiles filantes, par les bolides d'où sont lancés les aérolithes, et par les autres météores ignés, sont d'une nature toute différente. Si, à la vérité, les aérolithes qui tombent sur la surface de la Terre ne commencent à s'enflammer que lorsqu'ils sont parvenus dans l'atmosphère terrestre, ils n'en sont pas moins pour nous les uniques occasions d'un contact matériel avec des corps étrangers à notre planète. Nous nous étonnons de pouvoir toucher, peser, décomposer chimiquement ces masses de terre et de métaux qui nous viennent des espaces célestes, et appartiennent à un monde différent du nôtre, d'y trouver des minéraux natifs qui rendent très-vraisemblable cette supposition de Newton, que les substances appartenant au même groupe de corps célestes, c'est-à-dire au même système planétaire, sont en grande partie identiques (18).

Nous devons à la diligence des Chinois, qui n'ont laissé passer aucun phénomène sans l'enregistrer, la connaissance des plus anciens aérolithes dont on ait déterminé la date précise. Leurs renseignements remontent à cet égard jusqu'à l'an 644 avant notre ère, c'est-à-dire jusqu'au temps de Tyrtée et de la seconde guerre de Messénie. L'immense masse météorique qui tomba en Thrace, près d'Ægos-Potamos, au lieu qui plus tard devait être rendu plus célèbre encore par la victoire de Lysandre, est postérieure de 170 ans. Édouard Biot a trouvé dans le recueil de Ma-tuan-lin, qui contient des passages empruntés à la section astronomique des plus anciennes annales de l'Empire, 16 chutes d'aérolithes, pour l'intervalle compris entre le milieu du VIIe siècle avant J.-C. et l'an 333 de l'ère chrétienne, tandis que les écrivains grecs et romains ne citent, dans le même laps de temps, que 4 phénomènes du même genre.

Il est remarquable que l'école ionienne, d'accord avec le sentiment des modernes, ait admis déjà l'origine cosmique des pierres météoriques. L'émotion que l'imposant phénomène d'Ægos-Potamos produisit dans toutes les populations helléniques dut exercer sur la direction et le développement de la physique ionienne une influence décisive, dont on n'a point tenu assez de compte (19). Anaxagore de Clazomène pouvait avoir 32 ans, lorsque cet événement arriva. Son opinion est que les étoiles sont des fragments de rochers détachés de la Terre par la force du mouvement gyratoire, que le ciel tout entier est formé de pierres. (Voyez Plutarque, *des Opinions des Philosophes*, liv. III, ch. 13, et Platon, *des Lois*, liv. XII, p. 967.) Ces corps pierreux sont rendus incandescents par l'éther ambiant qui est de nature ignée, et font rayonner la lumière que cet éther leur communique. Anaxagore dit encore, au rapport de Théophraste, qu'au-dessous de la Lune, entre ce corps et la Terre, se meuvent d'autres corps obscurs, capables de produire des éclipses de Lune. (Voyez Stobée, *Ecloga physica*, lib. I, p. 560; Diogène Laerce, lib. II, cap. 12; Origène, *Philosophumena*, cap. 8.) Diogène d'Apollonie, qui, sans être le disciple d'Anaximène, appartient vraisemblablement à une époque intermédiaire entre Anaxagore et Démocrite, exprime plus clairement encore sa pensée sur la structure du monde, et paraît avoir reçu une impression plus vive de l'événement naturel qui arriva en Thrace, dans la XXVIIIe Olympiade (20). D'après lui, ainsi que je l'ai déjà dit ailleurs (*Cosmos*, t. I, p. 150), avec les étoiles visibles, se meuvent aussi des masses d'étoiles invisibles, auxquelles on n'a pu par conséquent donner de noms. Ces étoiles tombent quelquefois sur la Terre et s'éteignent, comme cela est arrivé pour l'*étoile de pierre* qui tomba près d'Ægos-Potamos (Stobée, *Ecloga physica*, lib. I, p. 508) (21).

L'opinion de quelques philosophes naturalistes sur les météores ignés, tels que les étoiles filantes et les aérolithes, que Plutarque expose en détail dans la Vie de Lysandre (chap. 12), est exactement celle de Diogène de Crète. Il est dit dans ce passage que « les étoiles filantes ne sont pas des parties du feu éthéré qui en découlent ou s'en détachent, et s'éteignent aussitôt après s'être enflammées, en entrant dans notre atmosphère ; que ce sont plutôt des corps célestes qui, soustraits au mouvement de rotation générale, sont précipités vers la Terre (22). » De Thalès et d'Hippon jusqu'à Empédocle, on ne retrouve plus chez les philosophes de l'école ionienne l'hypothèse de corps célestes obscurs, ni rien qui rappelle ces vues cosmographiques de leurs devanciers (23). L'effet produit par l'aérolithe d'Ægos-Potamos était pour beaucoup dans les spéculations auxquelles on se livre relativement à la chute des corps obscurs. Un écrivain postérieur, le Pseudo-Plutarque, se borne à dire (*des Opinions des Philosophes*, liv. II, chap. 13) que Thalès de Milet considérait tous les astres comme des corps enflammés, bien que terrestres (γεώδη καί ἔμπυρα). La première école ionienne se proposait pour but de découvrir l'origine des choses, et cette origine, elle l'expliquait par le mélange, par des changements graduels et par la transformation des substances; elle croyait à la génération progressive des corps par la condensation et la raréfaction. Le mouvement de révolution de la sphère céleste, qui maintient la Terre au point central, est déjà cependant mentionné par Empédocle, comme une force cosmique réellement agissante. Dans les premiers tâtonnements qui préparent les théories physiques de l'éther, l'air igné et le feu lui-même représentent la force expansive de la chaleur; de même on rattachait à cette haute région de l'éther l'idée du mouvement gyratoire qui entraînait tout avec lui, et arrachait violemment les rochers du sol de la Terre. C'est pour cela qu'Aristote (*Météorologiques*, lib. I, p. 339, éd. Bekker) nomme l'éther « le corps animé d'un mouvement éternel » comme l'on dirait le substratum immédiat du mouvement, et à l'appui de cette définition, il cherche des raisons étymologiques (24). Par le même motif encore, Plutarque dit, dans la Vie de Lysandre, que la cessation du mouvement gyratoire détermine la chute des corps célestes, et, dans un autre passage qui fait évidemment allusion aux opinions d'Anaxagore et de Diogène d'Apollonie (*de la Face qui paraît dans le disque de la Lune*, p. 923), il affirme que la Lune, si son mouvement de rotation venait à cesser, tomberait à terre, comme une pierre lancée par une fronde (25). Cette comparaison nous montre l'idée de la force centripète se faisant jour peu à peu, pour balancer la force centrifuge, par laquelle Empédocle expliquait le mouvement apparent de la sphère céleste. La force centripète est signalée plus clairement encore par le plus pénétrant de tous les commentateurs d'Aristote, par Simplicius (p. 491, éd. Brandis). Simplicius explique l'équilibre des corps célestes par cette raison que la force du mouvement gyratoire l'emporte sur la force qui les sollicite à tomber. Tels sont les premiers pressentiments qui se firent jour au sujet des forces centrales. Un disciple d'Ammonius Hermeas, l'alexandrin Jean Philopon, qui vivait vraisemblablement au VIe siècle, va plus loin : comme s'il reconnaissait l'inertie de la matière, il explique par la révolution des planètes une impulsion primitive qu'il rattache ingénieusement à l'idée de la chute des corps, à la tendance qui attire vers la Terre tous les corps lourds ou légers (*de la Création du Monde*, liv. I, chap. 12). J'ai essayé de montrer comment un grand phénomène naturel, la chute d'un aérolithe à Ægos-Potamos, et l'explication purement cosmique à l'aide de laquelle on chercha tout d'abord à en rendre compte, développèrent peu à peu dans l'antiquité grecque les germes qui, fécondés par le travail des siècles suivants, et réunis entre eux par un lien mathématique, conduisirent aux lois du mouvement circulaire que découvrit et formula Huygens.

En abordant les rapports géométriques qui règlent la chute des étoiles filantes, j'entends les étoiles filantes périodiques, et non celles qui tombent rares et isolées, il convient surtout d'examiner les résultats des observations récentes sur le rayonnement ou les points de départ des météores, et sur leur vitesse toute planétaire. Ce double caractère, le rayonnement et la vitesse, témoignent, avec un haut degré de vraisemblance, que les étoiles filantes sont des corps lumineux indépendants du mouvement de rotation de la Terre, qu'ils viennent du dehors, et passent des espaces célestes dans notre atmosphère. Lors des observations faites, dans l'Amérique du Nord, sur la période de novembre, en 1833, 1834 et 1837, on avait marqué, comme point de départ, l'étoile γ du Lion. On a reconnu, en 1839, pour la période d'août, que le point de départ était Algol, dans Persée, ou un point intermédiaire entre Persée et le

Taureau. Ces centres de rayonnement étaient à peu près les constellations vers lesquelles la Terre se dirigeait à la même époque (26). Saigey, qui a soumis les observations de 1833 à une analyse très-scrupuleuse, remarque que le rayonnement fixe, partant de la constellation du Lion n'a été constaté réellement qu'après minuit, dans les trois ou quatre heures qui ont précédé l'aurore, et que des dix-huit observateurs placés entre la ville de Mexico et le lac des Hurons, dix seulement ont reconnu le point de départ général indiqué par Denison Olmsted, professeur de mathématiques à New-Haven, dans l'État de Massachusetts (27).

L'excellent écrit publié par Édouard Heis, résumé très-succinct d'observations fort exactes, poursuivies pendant dix ans à Aix-la-Chapelle, sur les étoiles filantes périodiques, renferme, au sujet du rayonnement, des résultats d'autant plus précieux que l'observateur les a discutés avec une rigueur mathématique. D'après lui, la période de novembre se distingue en ce que les trajectoires sont beaucoup plus dispersées que dans la période d'août (28). Dans chacune de ces deux périodes, l'observateur a distingué simultanément plusieurs points de départ, qui n'étaient point toujours situés dans la même constellation, comme on s'est trop pressé de le croire, depuis 1833. Durant la période d'août des années 1839, 1841, 1842, 1843, 1844, 1847 et 1848, Heis, outre le centre principal d'Algol, dans la constellation de Persée, en a trouvé deux autres dans le Dragon et dans le pôle Nord (29). « Afin, dit-il, d'obtenir des résultats exacts sur les points d'où rayonnaient les trajectoires des étoiles filantes, durant la période de novembre, pour les années 1839, 1841, 1846 et 1847, j'ai tracé sur un globe céleste de 30 pouces les trajectoires moyennes appartenant à chacun des quatre points, Persée, le Lion, Cassiopée et la tête du Dragon, et j'ai marqué chaque fois la situation du point d'où partaient le plus grand nombre de trajectoires. De cet examen il est resulté que, sur 407 étoiles filantes, 171 vinrent d'un point de Persée, voisin de l'étoile η, dans la tête de Méduse, que 83 partirent du Lion, 35 de la partie de Cassiopée voisine de l'étoile variable α, 40 de la tête du Dragon et 78 de points indéterminés. Ainsi, le nombre des étoiles filantes rayonnant de Persée, était plus que double du nombre de celles qui avaient leur point de convergence dans la constellation du Lion (30). »

Il résulte de là que, dans les deux périodes, la constellation de Persée a joué un très-grand rôle. Un observateur sagace, qui a consacré huit ou dix ans à l'étude des phénomènes météorologiques, M. Jules Schmidt, adjoint à l'Observatoire de Bonn, s'exprime très-nettement sur ce sujet, dans une lettre qu'il m'a adressée au mois de juillet 1851 : « Si l'on met à part les grands flux d'étoiles filantes qui se sont produits au mois de novembre des années 1833 et 1834, ainsi que quelques autres du même genre, dans lesquels la constellation du Lion envoyait de véritables essaims de météores, je suis aujourd'hui disposé à considérer le point de convergence placé dans Persée comme celui qui fournit, non-seulement au mois d'août, mais durant toute l'année, le plus grand nombre de météores. En prenant pour base de nos calculs les résultats des 478 observations de Heis, je trouve que ce point est situé par 50°,3 d'ascension droite et 51°,5 de déclinaison. Ceci s'applique aux années 1844-1846. Au mois de novembre 1849, du 7 au 14, j'ai vu 200 étoiles filantes environ de plus que je n'en avais remarqué à la même époque depuis 1841. Parmi ces étoiles, quelques-unes seulement venaient du Lion ; le plus grand nombre de beaucoup appartenait à la constellation de Persée. Il en résulte, à ce qu'il me semble, que le brillant phénomène qui se produisit au mois de novembre des années 1799 et 1811 n'a pas reparu depuis. Olbers soupçonnait aussi que ces grandes apparitions ne devaient revenir qu'après une période de 34 ans. (*Cosmos*, t. I, p. 141.) Si l'on veut considérer les apparitions périodiques de ces météores et les complications de leurs trajectoires, on peut dire que certains points de rayonnement sont toujours les mêmes, mais qu'il en existe aussi d'autres qui sont variables et sporadiques. »

Quant à la question de savoir si les différents points de départ changent avec les années, ce qui, en admettant l'hypothèse des *anneaux fermés*, supposerait un déplacement des anneaux dans lesquels se meuvent les météores, c'est une question que les observations faites jusqu'à ce jour ne permettent pas encore de trancher avec certitude. Une belle série d'observations poursuivies par Houzeau, depuis 1839 jusqu'en 1842, semblent réfuter l'hypothèse d'un changement progressif (31). Édouard Heis remarque très-justement que déjà, dans l'antiquité grecque et latine, l'attention avait été appelée sur la direction uniforme que semblaient prendre, dans un temps donné, les étoiles filantes qui sillonnaient la voûte du Ciel (32). On regardait alors cette direction comme le résultat d'un vent qui commençait à souffler dans les hautes régions de l'air, et les navigateurs y voyaient l'annonce d'un courant qui, de ces régions, allait bientôt descendre dans des couches inférieures.

Ainsi les étoiles filantes périodiques se distiguent déjà des étoiles sporadiques ou isolées par le parallélisme habituel de leurs trajectoires, qui semblent rayonner d'un même centre ou de plusieurs centres déterminés. Mais il existe encore un autre critérium : c'est le nombre de météores qui, dans l'un et dans l'autre phénomène, brillent durant le même laps de temps. La distinction des chutes d'étoiles filantes ordinaires et extraordinaires est un problème dont la solution a été fort débattue. Deux excellents observateurs, Olbers et Quételet, ont cherché le nombre moyen des météores qui, aux jours ordinaires, peuvent être aperçus en une heure dans le cercle embrassé par une même personne ; Olbers en compte 5 ou 6 ; Quételet porte ce nombre jusqu'à 8 (33). On ne peut jeter du jour sur une question si importante pour la connaissance des lois qui règlent le mouvement et la direction des étoiles filantes, sans être à même de discuter un très-grand nombre d'observations. Je me suis adressé avec confiance à un observateur dont j'ai déjà cité le nom, à M. Jules Schmidt, de Bonn, qui, habitué de longue main à l'exactitude astronomique, a en outre embrassé avec toute l'ardeur qui lui est propre l'ensemble des phénomènes météoriques, dont la formation et la chute des aérolithes n'est qu'une phase particulière, la plus rare de toutes, et non par conséquent la plus importante. Je joins ici les résultats principaux des communications que je dois à son obligeance (34).

« A la suite d'un grand nombre d'observations, répétées pendant un laps de temps qui varie de 3 à 8 années, la moyenne des étoiles filantes sporadiques se trouve être de 4 à 5 par heure. Cela est l'état habituel, en dehors des phénomènes périodiques. Les moyennes sont ainsi réparties pour chaque mois en particulier :

Janvier 3,4; février (?); mars 4,9; avril 2,4; mai 3,9; juin 5,3; juillet 4,5; août 5,3; septembre 4,7; octobre 4,5; novembre 5,3; décembre 4,0.

«Quant aux étoiles filantes périodiques, la moyenne est au moins de 13 à 15 par heure. Pour la période d'août ou la pluie de Saint-Laurent, en remontant un peu plus haut, et en allant des étoiles sporadiques aux étoiles périodiques, j'ai trouvé, à l'aide d'observations poursuivies, comme je l'ai dit déjà, pendant un intervalle de 3 à 8 années, que les moyennes croissaient progressivement, ainsi qu'il suit :

Indication des jours.	Nombre des météores par heure.	Nombre des années d'observation.
6 août	6	1
7 —	11	3
8 —	15	4
9 —	29	8
10 —	31	6
11 —	19	5
12 —	7	3

« L'année 1851, considérée isolément, a donné les résultats suivants, malgré le clair de Lune :

7 août	3 météores.
8 —	8 —
9 —	16 —
10 —	18 —
11 —	3 —
12 —	1 —

« D'après Édouard Heis, on a observé le 10 août dans l'espace d'une heure :

En 1839	160 météores.
En 1841	44 —
En 1848	50 —

« Dans le flux météorique du mois d'août 1842, il tomba en dix minutes, au moment du maximum, 34 étoiles filantes. Tous ces nombres s'appliquent aux météores visibles dans le champ visuel d'un seul observateur. Depuis l'année 1838, les phénomènes de novembre ont été moins brillants. Cependant, le 12 novembre 1839, Heis voyait encore de 22 à 35 météores par heure, et le 13 novembre 1846, la moyenne était comprise entre 27 et 33. Ainsi l'abondance des flux périodiques varie suivant les années; mais toujours le nombre des météores est beaucoup plus considérable aux époques déterminées que durant les nuits ordinaires, où l'on ne peut voir par heure plus de 4 ou 5 étoiles filantes. C'est à partir du 4 janvier, dans le mois de février et dans le mois de mars, que les météores sont le plus rares (35).

«Bien que les périodes d'août et de novembre soient à bon droit les plus célèbres, on en a reconnu plusieurs autres, dans ces derniers temps, depuis que l'on a observé avec plus d'exactitude le nombre et la direction des météores :

Janvier : Du 1er au 3. Il reste quelques doutes sur le résultat de cette observation.

Avril : Le 18 ou le 20? Arago avait déjà soupçonné cette période. Il y a eu en outre de grandes pluies d'aérolithes le 25 avril 1095, le 22 avril 1800 et le 20 avril 1803. Voyez le *Cosmos*, t. I, p. 472, note 74, et l'*Astronomie populaire* d'Arago, t. IV, p. 289.

Mai : Le 26?

Juillet : Depuis le 26 jusqu'au 30, d'après les observations de Quételet. Le maximum proprement dit eut lieu entre le 27 et le 29. Le très-regrettable Édouard Biot a trouvé parmi les plus anciennes observations chinoises un maximum général, compris entre le 18 et le 27 juillet.

Août : Avant l'apparition de Saint-Laurent, particulièrement du 2 au 5. On ne remarque habituellement du 26 juillet au 10 août aucun accroissement régulier. — La *pluie de Saint-Laurent*. Cette apparition fut signalée pour la première fois par Musschenbroek, puis par Brandes (*Cosmos*, t. I, p. 139 et 471). Le maximum, observé depuis plusieurs années, tombe décidément le 10 août. D'après une ancienne tradition répandue en Thessalie, dans les contrées montagneuses qui entourent le Pélion, le ciel s'entr'ouvre dans la nuit du 6 août, fête de la Transfiguration, et des flambeaux apparaissent à travers cette ouverture. Voyez Herrick, dans l'*American Journal* de Silliman, t. XXXVII, 1839, p. 337, et Quételet, dans les *Nouveaux Mémoires de l'Académie de Bruxelles*, t. XV, p. 9.

Octobre : Le 19 et aux environs du 25. Cette apparition a été décrite par Quételet, par Boguslawski, dans le Recueil intitulé : *Arbeiten der Schles. Gesellschaft für Vaterländ. Cultur*, 1843, p. 178, et par Heis, dans l'écrit cité plus haut, p. 33. Heis a réuni les observations du 21 octobre 1766, du 18 oct. 1838, du 17 oct. 1841, du 24 oct. 1845, des 11-12 oct. 1847, et des 20-26 oct. 1848. Voyez sur trois apparitions qui se produisirent au mois d'octobre, dans les années 902, 1202 et 1396, le 1er tome du *Cosmos*, p. 143 et 465, note 66. Les nombreuses expériences faites de 1838 à 1848 ont enlevé beaucoup de son importance à la conjecture de Boguslawski, d'après laquelle les essaims de météores observés en Chine du 18 au 27 juillet, et la pluie d'étoiles filantes du 21 octobre 1366 (ancien style), ne seraient autres que les phénomènes périodiques d'août et de novembre, avancés de nos jours par l'effet de la précession (36).

Novembre : Du 12 au 14. Le phénomène se produit aussi, mais très-rarement, le 8 ou le 10. Le souvenir de la grande pluie d'étoiles filantes que Bonpland et moi nous observâmes à Cumana, dans la nuit du 11 au 12 novembre 1799, revenant en mémoire, lors de l'apparition analogue qui eut lieu en 1833, dans la nuit du 12 au 13, furent une des raisons qui disposèrent à admettre le retour périodique de ces phénomènes, à certains jours déterminés (37).

Décembre : Du 9 au 12. En 1798 cependant, le phénomène se manifesta, suivant Brandes, dans la nuit du 6 au 7. En 1838, Herrick le vit aussi à New-Haven, dans la nuit du 7 au 8. Heis l'a observé en 1847, le 8 et le 10.

« Ces pluies périodiques de météores, parmi lesquelles les cinq dernières sont les plus certaines, méritent de fixer l'attention des observateurs. Ce ne sont pas seulement les pluies des différents mois qui varient entre elles, la richesse et l'éclat de chacun des phénomènes varie aussi suivant les années.

« La limite supérieure des étoiles filantes ne saurait être déterminée avec certitude, et Olbers tenait déjà pour très-douteuses toutes les déterminations de hauteur qui dépassent 22 myriamètres. La limite inférieure, que l'on évaluait précédemment à 3 myriamètres (94060 pieds), doit être de beaucoup réduite (*Cosmos*, t. I, p. 135). On s'est assuré, par des mesures prises avec soin, que des étoiles filantes descendent presque jusqu'aux sommets du Chimboraço et de l'Aconcagua, à 8000 mètres au-dessus de la surface de la mer. D'autre part, Heis remarque qu'une étoile filante, vue simultanément à Berlin et à Breslau, dans la nuit du 10 juillet 1837, était, d'après des mesures exactes, à 46 myriamètres de hauteur, au moment où elle s'enflamma, et à 31, lorsqu'elle s'éteignit. D'autres, durant la même nuit, s'évanouirent à une hauteur de 10 myriamètres. Il résulte d'un travail fait antérieurement par Brandes, en 1823, que sur 100 étoiles filantes mesurées avec soin à deux stations différentes, 4 étaient hautes seulement de 1 ou 2 myriamètres; 15 étaient comprises entre 2 et 4; 22 entre 4 et 7; 35, près d'un tiers par conséquent, entre 7 et 11; 13 entre 11 et 15; 11 seulement, c'est-à-dire moins d'un dixième, étaient au-dessus de 15 myriamètres, mais aussi la hauteur de ces 11 météores variait de 33 à 44 myriamètres. Il résulte de 4000 observations réunies dans l'espace de 9 années, en vue de déterminer la couleur des étoiles filantes, que, sur ce nombre, les 2/3 étaient blanches, 1/7 jaunes, 1/17 d'un jaune rouge, et que 1/37 seulement étaient vertes. »

Olbers remarque que durant le flux de météores qui signala la nuit du 12 au 13 novembre 1838, il parut à Brême une belle aurore boréale, qui colora d'un rouge de sang une grande étendue du ciel. Rien n'altéra néanmoins la couleur blanche des étoiles filantes, qui sillonnèrent cette région, d'où l'on a conclu que les rayons de l'aurore boréale étaient beaucoup plus éloignés de la surface de la Terre que les étoiles filantes, au moment où en tombant elles devenaient invisibles. (Voyez les *Nouvelles Astronomiques* de Schumacher, n° 372, p. 178). D'après les observations faites jusqu'à ce jour, la vitesse relative des étoiles filantes est de 3,3 à 7 myriamètres par seconde, la vitesse de translation de la Terre étant de 3 myriamètres seulement (*Cosmos*, t. I, p. 136 et 467, note 68). Les observations correspondantes faites en 1849 par Jules Schmidt, à Bonn, et par Heis, à Aix-la-Chapelle, n'ont donné en réalité que 26 kilomètres, comme minimum de la vitesse d'une étoile filante qui, placée verticalement au-dessus du Saint-Goar, à une hauteur de 9 myriamètres, se dirigea vers le Lachersee. D'après d'autres comparaisons, faites par les mêmes observateurs et par Houzeau, à Mons, les étoiles filantes se sont mues avec une vitesse comprise entre 8,5 et 17,5 myriamètres par seconde, c'est-à-dire de deux à cinq fois plus grande que la vitesse planétaire du globe terrestre. Ce résultat confirme d'une manière éclatante l'origine chimique de ces phénomènes et la fixité d'un ou plusieurs points de divergence ; en d'autres termes, il prouve que les étoiles filantes périodiques sont indépendantes de la rotation de la Terre, et que durant plusieurs heures elles partent d'une même étoile, alors même que cette étoile n'est pas celle vers laquelle la Terre se dirige au même moment. En général, les globes enflammés paraissent, autant qu'on a pu l'observer jusqu'à ce jour, se mouvoir plus lentement que les étoiles filantes. Si les pierres météoriques s'échappent de ces globes, on est embarrassé d'expliquer comment elles entrent si peu avant dans le sol de la terre. La masse pesant 276 livres, qui tomba à Ensisheim, en Alsace, le 7 novembre 1492, s'enfonça seulement de trois pieds, et l'aérolithe de Braunau, du 14 juillet 1847, ne pénétra pas plus avant. Je ne connais que deux pierres météoriques qui, tombant sur un sol peu consistant, aient entamé la terre à une profondeur beaucoup plus considérable, l'une à 6, l'autre à 18 pieds : ce sont l'aérolithe de Castrovillari, dans les Abruzzes, à la date du 9 février 1583, et celui qui fut précipité à Hradschina, dans le Comitat d'Agram, le 26 mai 1751.

La question de savoir si les étoiles filantes laissent tomber quelque matière, a été résolue dans les deux sens opposés. Les toits de chaume de la commune de Belmont, dans le département de l'Ain, qui furent enflammés par un météore, pendant la nuit du 13 novembre 1835, à l'époque par conséquent d'une apparition périodique d'étoiles filantes, furent incendiés, à ce qu'il paraît, non par la chute d'une étoile filante, mais par l'explosion d'un globe enflammé qui, d'après le récit de Millet d'Aubenton, lança des aérolithes, dont, à la vérité, l'existence est demeurée problématique. Un incendie analogue, causé par un globe enflammé, éclata le 22 mars 1846, vers 3 heures, dans la commune de Saint-Paul, près de Bagnères-de-Luchon. D'autre part, la pierre qui tomba à Angers, le 9 juin 1822, fut attribuée à une belle étoile filante que l'on avait vue à Poitiers. Ce phénomène, décrit avec trop peu de détails, mérite la plus grande attention. L'étoile filante fit absolument l'effet d'une chandelle romaine dans un feu d'artifice; elle laissa un sillon en droite ligne, très-étroit en haut, très-large en bas, dont l'éclat brillant se conserva pendant 10 ou 12 minutes. A 28 lieues au Nord de Poitiers, un aérolithe tomba avec une violente détonation.

Toute la matière contenue dans les étoiles filantes brûle-t-elle toujours dans les couches extérieures de l'atmosphère, dont la lumière crépusculaire atteste le pouvoir réfléchissant? Les couleurs si variées, qui frappent les regards durant le phénomène de la combustion, supposent de la variété dans la composition chimique de ces météores. Leurs formes sont aussi extrêmement diverses. Les uns tracent seulement des lignes phosphorescentes, si déliées et en tel nombre que Forster, dans l'hiver de 1832, vit comme une lueur légère répandue sur la voûte céleste (38); beaucoup d'autres se meuvent comme des points lumineux, et ne laissent aucun sillon derrière elles. Ce fait de la combustion, durant le temps plus ou moins rapide que mettent à disparaître les queues des étoiles filantes, longues ordinairement de plusieurs milles, est un fait d'autant plus remarquable que parfois la queue enflammée se bifurque et ne parcourt que peu d'espace droit devant elle. Le bolide dont l'amiral Krusenstern et ses compagnons virent briller la queue pendant une heure, dans leur voyage autour du monde, rappelle cette longue illumination des nuages, d'où s'échappa le grand aérolithe d'Ægos-Potamos, d'après le récit, à la vérité un peu suspect, de Daimachus (*Cosmos*, t. I, p. 461 et 476).

Il existe des étoiles filantes de grandeurs très-différentes; quelques-unes ont un diamètre égal au diamètre apparent de Jupiter ou de Vénus. Dans la pluie d'étoiles filantes qui tomba à Toulouse, le 10 avril 1812, et lors de l'apparition d'un globe enflammé, à Utrecht, le 23 août de la même année, on vit ces météores poindre, éclater en étoiles et atteindre la grandeur apparente du disque lunaire. Durant les grandes pluies d'étoiles, telles que celles de 1799 et de 1833, beaucoup de bolides ont été incontestablement mêlés à des milliers d'étoiles filantes; mais cela ne démontre en aucune façon l'identité de ces deux espèces de météores: l'affinité n'est point l'identité. Il reste encore beaucoup de points à approfondir sur les relations physiques de ces phénomènes, sur la part que les étoiles filantes peuvent avoir au développement des aurores boréales, ainsi que l'amiral Wrangel a cru le reconnaître, en longeant les côtes de la mer Glaciale (39), enfin sur les nombreux phénomènes lumineux, qui précèdent la formation de quelques bolides, et qu'il ne faut pas se hâter de nier, parce qu'ils ont été décrits jusqu'à ce jour d'une manière insuffisante. La plupart des bolides ne paraissent point accompagnés d'étoiles filantes, et rien ne fait supposer qu'ils reviennent périodiquement. Ce que nous savons des points déterminés d'où rayonnent les étoiles filantes, ne peut aussi jusqu'à ce jour s'appliquer qu'avec beaucoup de circonspection aux bolides.

Il peut arriver, bien que cela se présente rarement, que des pierres météoriques tombent par un ciel parfaitement pur, et avec un craquement effroyable, sans être annoncées par aucun nuage météorique, et sans dégager de lumière, comme cela a eu lieu le 16 septembre 1843, à Klein-Wenden, près de Mulhouse; ou bien, et cela est déjà plus fréquent, elles sont lancées du milieu d'un nuage noir qui se forme tout à coup, toujours sans lumière et avec accompagnement de phénomènes acoustiques; ou enfin, le cas le plus habituel est qu'elles sont en communication avec des bolides enflammés. Cette communication est constatée par des exemples qui ne peuvent être révoqués en doute, et sur lesquels nous possédons des détails très-complets. A Barbotan, dans le département des Landes, des aérolithes tombèrent, le 24 juillet 1790, d'un petit nuage blanc météorique, en même temps qu'apparaissait un bolide rouge (40). Il en fut de même des pierres qui tombèrent à Benarès, dans l'Hindostan, le 13 décembre 1798, et à l'Aigle, dans le département de l'Orne, le 26 avril 1803. Ce dernier phénomène, celui de tous qui, grâce à Biot, a été le mieux examiné et le mieux décrit, a enfin, 29 siècles après la chute de la grande pierre d'Ægos-Potamos, et 300 ans après qu'un religieux eut été tué à Créma par un aérolithe, mis un terme au scepticisme endémique des Académies (41). Lors du phénomène de 1803, un grand bolide, se mouvant du Sud-Est au Nord-Ouest, fut vu à Alençon, à Falaise et à

Caen, par un ciel très-pur, vers une heure de l'après-midi. Quelques moments après, on entendit à l'Aigle, durant cinq à six minutes, une explosion partant d'un petit nuage noir presque immobile, qui fut suivie de trois ou quatre coups de canon et d'un bruit que l'on eût pu croire produit par des décharges de mousqueterie, auxquelles se mêlait le son d'un grand nombre de tambours. Chaque détonation détachait du nuage noir une partie des vapeurs qui le formaient. On ne remarqua en cet endroit aucun phénomène lumineux. Beaucoup de pierres météoriques, dont la plus grande ne pesait pas plus de 17 livres et demie tombèrent à la fois sur une surface elliptique, dont le grand axe, dirigé du Sud-Est au Nord-Ouest, avait 11 kilomètres de longueur. Ces pierres étaient brûlantes sans être enflammées, elles fumaient, et, chose singulière! elles étaient plus faciles à briser quelques jours après leur chute que plus tard (42). J'ai insisté à dessein sur ce phénomène, afin de pouvoir le comparer avec un autre du 13 septembre 1768. A quatre heures et demie de l'après-midi, on vit dans le village de Luce, situé à 2 lieues de Chartres, vers l'Ouest, un nuage sombre, dans lequel on entendit comme une canonnade, suivie d'un sifflement produit par la chute d'une pierre noire qui décrivit une ligne courbe. Cette pierre, qui s'enfonça à moitié dans le sol de la terre, pesait 7 livres et demie, et était tellement brûlante que l'on ne pouvait la toucher. Elle fut très-incomplétement analysée par Lavoisier, par Fougeroux et par Cadet. On n'aperçut pendant toute la durée du phénomène aucun dégagement de lumière.

Aussitôt que l'on commença à observer les pluies périodiques d'étoiles filantes, et à épier leur apparition, dans les nuits où elles étaient attendues, on remarqua que le nombre des météores augmentait, à mesure que la nuit avançait, et qu'ils tombaient en plus grande abondance entre deux et cinq heures du matin. Déjà, lors du grand phénomène que nous observâmes à Cumana, dans la nuit du 11 au 12 novembre 1799, ce fut entre deux heures et demie et quatre heures que M. Bonpland vit affluer le plus grand nombre de météores. Un observateur qui a rendu des services signalés à cette partie de la science, Coulvier-Gravier, a présenté à l'Institut de France en 1845, un mémoire important *sur la Variation horaire des Étoiles filantes*. Il est difficile de deviner quelle influence peut exercer sur ces phénomènes une heure plus avancée de la nuit. S'il était établi que, sous les différents méridiens, les étoiles filantes commencent surtout à être visibles à une heure déterminée, il faudrait, tout en maintenant l'origine cosmique de ces phénomènes, admettre cette conjecture, d'ailleurs peu vraisemblable, que certaines heures de la nuit, ou plutôt du matin, sont plus favorables à l'inflammation des étoiles filantes, et que celles qui tombent avant ce moment restent le plus souvent invisibles. Mais, pour avoir le droit de tirer des conclusions certaines, il faut continuer pendant longtemps encore à recueillir des observations.

Je crois avoir exposé assez complétement, dans le premier volume du *Cosmos* (p. 143-148), eu égard à l'état de la science en 1845, les caractères principaux des divers bolides qui tombent du haut des airs, leur composition chimique et leur tissu granulaire, étudié surtout par Gustave Rose. Les travaux successifs de Howard, Klaproth, Thénard, Vauquelin, Proust, Berzélius, Stromeyer, Laugier, Dufresnoy, Gustave et Henri Rose, Boussingault, Rammelsberg et Shépard, ont fourni déjà de riches matériaux, bien que vraisemblablement les deux tiers des pierres météoriques soient soustraites à nos regards dans les profondeurs de la terre (43). S'il est manifeste que sous toutes les zones, dans le Groënland, à Mexico et dans l'Amérique du Sud, en Europe, dans la Sibérie et dans l'Hindostan, les aérolithes ont tous une certaine ressemblance de physionomie, on s'aperçoit, en y regardant de plus près, qu'ils présentent aussi des oppositions très-marquées. Un grand nombre de pierres météoriques contiennent 0,96 de fer; on en trouve à peine 0,02 dans les aérolithes de Sienne. Presque tous ont une surface mince, noire, brillante et quelquefois veinée; cette croûte manque complétement à la pierre de Chantonnay. La pesanteur spécifique de quelques aérolithes s'élève jusqu'à 4,28; elle n'est que de 1,94 dans l'aérolithe carbonisé et composé de petites lames friables, qui a été trouvé à Alais. Quelques-uns, comme celui de Juvenas, sont formés d'un tissu semblable à de la dolérite, dans lequel on distingue de l'olivine, de l'augite et de l'anortite, déjà séparées en cristaux; d'autres, tels que la masse découverte en Sibérie par Pallas, ne présentent que du fer mêlé de nickel, et de l'olivine; d'autres enfin, autant que l'on peut distinguer les éléments qui les composent, sont des combinaisons de hornblende et d'albite, comme celui de Château-Renard, ou de hornblende et de labrador, comme ceux de Blansko et de Chantonnay.

Si l'on embrasse dans leur ensemble les travaux d'un chimiste très-distingué, le professeur Rammelsberg, qui récemment s'est voué sans interruption, et avec autant de bonheur que d'activité, à l'analyse des aérolithes et à la recherche des corps simples qui les composent, on obtient ce résultat : « que la distinction des masses tombées de l'atmosphère en fers météoriques et en pierres météoriques, ne doit pas être prise à la rigueur. On trouve, bien que rarement, des fers météoriques avec un mélange de silicates. Ainsi la masse de fer météorique de Pallas qui pèse 1270 livres russes, d'après la nouvelle expérience de Hess, renferme des grains d'olivine; et réciproquement beaucoup de pierres météoriques sont mêlées de fer métallique. »

« 1° Toutes les masses de fer météorique, celles dont la chute a pu être observée par des témoins oculaires, comme à Hradschina, dans le Comitat d'Agram, le 26 mai 1751, et à Braunau, le 14 juillet 1847, et celles, en beaucoup plus grand nombre qui gisent depuis longtemps à la surface de la terre, possèdent en général à très-peu près les mêmes propriétés physiques et chimiques. Presque toujours elles contiennent des parcelles plus ou moins grosses de sulfure de fer, qui pourtant ne paraît point être de la pyrite de fer ou de la pyrite magnétique, mais du protosulfure de fer (44). La masse principale n'est point non plus du fer métallique pur ; elle est mêlée d'un dixième de nickel, en moyenne, un peu plus ou un peu moins, et ce métal s'y retrouve d'une manière si constante, qu'il est un excellent critérium pour reconnaître l'origine météorique de la masse entière. C'est là d'ailleurs un simple mélange de deux métaux isomorphiques ; il n'y a point combinaison dans des proportions déterminées. On trouve aussi en moindre quantité le cobalt, le manganèse, le magnésium, l'étain, le cuivre et le carbone. Cette dernière substance est en partie mêlée à la masse par une action mécanique, comme du graphite de difficile combustion, en partie combinée chimiquement avec le fer, de manière à former un ensemble analogue à une grande quantité de fer en barres. Ainsi, toute masse de fer météorique contient une combinaison particulière de phosphore, de cuivre et de nickel, combinaison qui, lorsqu'on vient à dissoudre le fer par l'action de l'acide hydrochlorique, subsiste sous la forme de cristaux formés d'aiguilles et de lamelles microscopiques, blanches comme l'argent. »

« 2° On a coutume de diviser les pierres météoriques proprement dites en deux classes, d'après leur aspect extérieur. Les unes contiennent dans leur masse, en apparence homogène, des grains et des paillettes de fer météorique, attirables à l'aimant, et qui présentent absolument les mêmes caractères que les aérolithes de la même substance. A cette classe appartiennent les pierres de Blansko, de Lissa, de l'Aigle, d'Ensisheim, de Chantonnay, de Kleinwenden près de Nordhausen, d'Erxleben, de Château-Renard et d'Utrecht. La seconde classe est pure de tout alliage métallique et se présente plutôt sous l'aspect d'un mélange cristallin de diverses substances minérales : telles sont par exemple les pierres de Juvenas, de Lontalar et de Stannern. »

« Après les premières analyses chimiques des pierres météoriques, faites par Howard, Klaproth et Vauquelin, on fut longtemps sans songer que ces corps pouvaient être formés par l'assemblage de combinaisons différentes. On se bornait à chercher en général les éléments qui les composaient, à extraire à l'aide d'un aimant le fer métallique qu'elles pouvaient contenir. Lorsque Mohs eut appelé l'attention sur l'analogie que présentaient quelques aérolithes avec certaines pierres telluriques, Nordenskjöld entreprit de prouver que l'aérolithe de Lantalar, en Finlande, était composé d'olivine, de leucite et de fer magnétique ; mais c'est à Gustave Rose que l'on doit d'avoir démontré par ses belles observations, que la pierre de Juvenas est formée de pyrite magnétique, d'augite et d'un feldspath très-semblable au labrador. Guidé par ces résultats, et appliquant, comme Gustave Rose, l'analyse chimique, Berzélius, dans un travail plus étendu, inséré aux *Kongl. Vetenskaps-Academiens Hendlingar för* 1834, rechercha la composition minérale de diverses combinaisons que présentent les aérolithes de Blansko, de Chantonnay et d'Alais. Depuis, beaucoup de savants ont suivi la route heureusement frayée par Berzélius. »

« Dans la première classe des pierres météoriques proprement dites, qui est aussi la plus nombreuse, dans celle qui contient des parties de fer métallique, ce métal existe, tantôt en parcelles semées çà et là, tantôt en masses plus considérables, qui offrent quelquefois l'aspect d'un squelette de fer, et forment une transition entre les aérolithes purs de tout mélange métallique et les masses de fer météorique, dans lesquelles, ainsi qu'on le voit dans la masse de Pallas, les autres éléments disparaissent. Les pierres météoriques de la seconde classe sont, par l'effet de la présence de l'olivine, riches en magnésie ; l'olivine est l'élément qui est décomposé, lorsque ces pierres sont traitées par les acides. Comme l'olivine ordinaire, l'olivine météorique est un silicate de magnésie et de protoxyde de fer. La partie qui résiste à l'action des acides est un mélange de substances feldspathiques et augitiques dont on ne peut déterminer la nature qu'en calculant les éléments qui le composent, et qui sont : le labrador, l'hornblende, l'augite et l'oligoclase. »

« La seconde classe, beaucoup moins nombreuse, a été aussi moins étudiée. Parmi les aérolithes qui la composent, les uns contiennent du fer magnétique, e l'olivine et un peu de substances feldspathiques et augitiques ; les autres sont formés uniquement de ces deux derniers minéraux simples, et le feldspath y est représenté par l'anortite (45). Le chromate de fer, produit par la combinaison du protoxyde de fer et de l'acide chromique, se trouve, en moindre quantité, dans presque toutes les pierres météoriques. L'acide phosphorique et l'acide titanique, que Rammelsberg a découverts dans la pierre si remarquable de Juvenas, peuvent faire soupçonner la présence de l'apatite et de la titanite. »

« Les corps simples, dont on a jusqu'ici reconnu l'existence dans les pierres météoriques, sont les suivants : l'oxygène, le soufre, le phosphore, le carbone, la silice, l'alumine, la magnésie, la chaux, la potasse, la soude, le fer, le nickel, le cobalt, le chrome, le manganèse, le cuivre, l'étain et le titane ; somme totale : dix-huit(46). Les éléments les plus immédiats sont, — parmi les métaux : le fer mêlé de nickel, un mélange de phosphore avec du fer et du nickel, du sulfure de fer et des pyrites magnétiques ; — parmi les substances oxydées : le fer magnétique et le chromate de fer ; — parmi les silicates : l'olivine, l'anortite, le labrador et l'augite. »

Il me resterait, pour rassembler ici le plus grand nombre possible de faits importants, dûment constatés par des observations positives, à exposer les diverses analogies que certaines pierres météoriques présentent, en tant que roches, avec les anciens agglomérats, tels que les dolérites, les diorites et les mélaphyres, avec les basaltes et avec les laves d'origine plus moderne. Ces analogies sont d'autant plus frappantes que jusqu'ici les minéraux telluriques n'ont jamais offert cet alliage métallique de nickel et de fer que l'on retrouve constamment dans certains aérolithes. Mais le chimiste distingué dont j'ai mis à profit, dans ces pages, les communications obligeantes, a composé sur cet objet un Mémoire spécial, dont les résultats seront mieux à leur place dans la partie géologique du *Cosmos* (47).

CONCLUSION

En achevant la partie uranologique de la Description physique du monde, et en jetant un dernier regard sur l'œuvre que j'ai entreprise, je n'ose dire accomplie, je crois devoir rappeler qu'un aussi difficile travail n'était possible que sous les conditions déterminées dans l'introduction du troisième volume du *Cosmos*. Il s'agissait, en effet, de tracer le tableau des espaces célestes et des corps qui les remplissent, soit que ces corps aient été arrondis en sphéroïdes, soit qu'ils restent à l'état de matière diffuse. Par là cet ouvrage se distingue essentiellement des Traités d'Astronomie que possèdent aujourd'hui toutes les littératures, et dont la matière est plus variée. L'astronomie, le triomphe, en tant que science, des théories mathématiques, est fondée sur la base solide de la gravitation et sur le perfectionnement de la haute analyse; elle traite des mouvements réels ou apparents, mesurés dans le temps et dans l'espace; de la position des corps célestes, dans les continuels changements de leurs relations respectives; de la mobilité des formes, comme dans les comètes à queue; des variations de la lumière, qui naît et s'éteint dans les lointains soleils. La quantité de matière répandue dans l'univers demeure constamment la même ; mais d'après ce que nous savons jusqu'à ce jour des lois physiques qui règnent sur la sphère terrestre, nous voyons la matière passer par des combinaisons qu'on ne peut ni nombrer ni définir, et s'agiter, sans jamais se satisfaire, dans le cercle perpétuel de ses transformations. Ce jeu incessant des forces de la matière a pour cause l'hétérogénéité au moins apparente de ses molécules, qui, entretenant le mouvement dans des portions de l'espace que leur petitesse dérobe à toute mesure, complique à l'infini tous les phénomènes terrestres.

Les problèmes astronomiques sont d'une nature plus simple. Libre jusqu'à ce jour de ces complications, la mécanique céleste, appliquée à considérer la quantité de matière pondérable qui entre dans la masse des corps, et les ondulations d'où naissent la chaleur et la lumière, est, en raison même de cette simplicité qui ramène tout au mouvement, accessible dans toutes ses parties au calcul mathématique. Cet avantage donne aux Traités d'Astronomie théorique un grand charme qui n'appartient qu'à eux. On y voit se réfléchir les résultats que l'activité intellectuelle des derniers siècles a obtenus par la méthode analytique : comment les formes des corps et leurs orbites ont été déterminées ; comment se concilient avec les mouvements des planètes les faibles oscillations qui jamais n'en troublent l'équilibre ; comment la structure intérieure du système planétaire et les perturbations qu'il subit, deviennent, en se balançant mutuellement, une garantie de préservation et de durée.

Ni la recherche des méthodes à l'aide desquelles on a embrassé l'ensemble du monde, ni la complication des phénomènes célestes, ne rentrent dans le plan de cet ouvrage. L'objet d'une description physique du monde est de raconter ce qui remplit l'espace et répand le mouvement de la vie organique dans les deux sphères du Ciel et de la Terre, de s'arrêter aux lois naturelles dont le secret a été dévoilé, et de les présenter comme des faits acquis, comme les conséquences immédiates de l'induction fondée sur l'expérience. Il ne fallait pas, si l'on voulait retenir un ouvrage tel que le *Cosmos* dans ses limites naturelles, et ne point le laisser s'étendre outre mesure, essayer d'établir entre les phénomènes un lien théorique. Décidé à ne point excéder ces bornes, j'ai dû apporter d'autant plus de soin, dans la partie astronomique de ce livre, à présenter sous leur vrai jour les faits particuliers et à les ranger suivant l'ordre qui convient. Après avoir considéré les espaces célestes, leur température et le milieu résistant dont ils sont remplis, je suis redescendu aux lois de la vision naturelle et télescopique, aux limites de la visibilité, à la mesure malheureusement incomplète de l'intensité lumineuse, aux moyens nouveaux que fournit l'optique pour discerner la lumière directe de la lumière réfléchie. Puis viennent : le Ciel des étoiles fixes; le nombre et la distribution probable des Soleils brillant par eux-mêmes, autant du moins que l'on a pu déterminer leur position; les étoiles variables qui reviennent après des périodes dont on calculé exactement la durée; le mouvement particulier aux étoiles fixes; l'hypothèse des corps obscurs et leur influence sur le mouvement des étoiles doubles; enfin les nébuleuses que le télescope n'a pu réduire en essaims d'étoiles pressées.

Passer de la partie sidérale de l'uranologie, ou du ciel des étoiles fixes à notre système solaire, ce n'est que passer du général au particulier. Dans la classe des étoiles doubles, des corps doués d'une lumière propre se meuvent autour d'un centre de gravité commun; dans notre système solaire, composé d'éléments très-hétérogènes, des corps obscurs gravitent autour d'un corps lumineux, ou plutôt même autour d'un centre de gravité commun, qui se trouve tantôt en dedans, tantôt en dehors du corps central. Les divers membres de notre système sont de nature plus différente que pendant plusieurs siècles on ne fut autorisé à le croire. Le domaine solaire se compose de planètes secondaires et de planètes principales, parmi lesquelles un groupe se distingue par ses orbites entrelacées, de comètes en nombre indéterminé, de la lumière zodiacale et très-vraisemblablement aussi d'astéroïdes météoriques qui reparaissent périodiquement.

Il nous reste encore à énoncer textuellement, en raison des rapports directs qu'elles ont avec l'objet de ce livre, les trois grandes lois des mouvements planétaires, découvertes par Kepler. Première loi : Les courbes décrites par les planètes sont des ellipses dont le Soleil occupe un foyer. — Deuxième loi : Chaque corps planétaire se meut autour du Soleil dans une orbite plane, où le rayon vecteur décrit des aires égales en des temps égaux. — Troisième loi : Les carrés des temps employés par les planètes à faire leur révolution autour du Soleil sont entre eux comme les cubes des distances moyennes. La seconde loi est quelquefois appelée la première parce qu'elle est la première qui ait été découverte (48). Les deux premières lois recevraient leur application, même quand il n'existerait qu'une seule planète. La troisième et la plus importante, qui ne fut découverte que dix-neuf ans plus tard, suppose nécessairement le mouvement de deux corps planétaires. Le manuscrit de l'*Harmonice Mundi*, publié en 1619, était achevé dès le 27 mai 1618.

Si les lois des mouvements planétaires furent découvertes au commencement du XVIIe siècle, si Newton révéla le premier la force dont les lois de Kepler étaient la conséquence immédiate, à la fin du XVIIIe siècle revient l'honneur d'avoir démontré la stabilité du système planétaire, grâce aux ressources nouvelles que nous fournissait pour la recherche des vérités astronomiques le perfectionnement du calcul infinitésimal. Les principaux éléments de cette stabilité sont : l'invariabilité du grand axe des orbites planétaires, démontrée par Laplace, par Lagrange et par Poisson ; les lentes et périodiques variations que subit, dans d'étroites limites, l'excentricité de deux planètes puissantes et très-éloignées du Soleil, Jupiter et Saturne ; la distribution des masses, réparties de telle façon que la masse de Jupiter n'excède pas 1/1048 de celle du corps central auquel sont subordonnés tous les autres ; enfin, cet arrangement en vertu duquel toutes les planètes, conformément à leur origine et au plan primordial de la création, accomplissent, dans une direction unique, leur double mouvement de rotation et de révolution, décrivent des orbites dont l'excentricité peu considérable est soumise à de faibles changements, se meuvent dans des plans à peu près également inclinés, et accomplissent leur révolution en des temps qui n'ont point entre eux de commune mesure. Ces motifs de stabilité, qui sont la sauvegarde des planètes, dépendent d'une action réciproque, s'exerçant à l'intérieur d'un cercle circonscrit. Si cette condition venait à être troublée par l'arrivée d'un corps céleste venu du dehors et étranger à notre système, soit qu'il déterminât un choc, soit qu'il introduisît de nouvelles forces attractives, ce trouble pourrait être fatal à l'ensemble des choses actuellement existantes, jusqu'à ce qu'enfin, après un long conflit, il s'établît un nouvel équilibre (49). Mais l'arrivée possible d'une comète, décrivant à travers des espaces immenses son orbite hyperbolique, ne saurait, bien que l'excessive vitesse puisse suppléer à l'insuffisance de la masse, inquiéter qu'une imagination rebelle aux considérations consolantes du calcul des probabilités. Les nuages voyageurs des comètes à courte période n'offrent pas plus de dangers pour l'avenir de notre système solaire que les grandes inclinaisons des orbites, décrites par les petites planètes comprises entre Mars et Jupiter. Ce qui ne peut être signalé que comme une possibilité doit rester en dehors d'une Description physique du monde ; il n'est point permis à la science d'aller se perdre dans les régions nébuleuses des rêveries cosmologiques.

NOTES

On a supprimé le chiffre des centaines dans l'indication numérique des notes; cette suppression n'occasionnera point d'incertitude, attendu qu'au numéro de renvoi est toujours joint celui de la page correspondante.

NOTES

(1) [page 365]. *Cosmos*, t. I, p. 88-92, 96 et 170; t. II, p. 396; t. III, p. 43-48, 152, 170 et 183.

(2) [page 365]. *Cosmos*, t. III, p. 219-221.

(3) [page 367]. *Cosmos*, t. I, p. 88.

(4) [page 368]. *Cosmos*, t. III, p. 96, 152, 340 (note 54) et 341 (note 37).

(5) [page 369]. En 1471, avant l'expédition de Alvaro Becerra, les Portugais s'avancèrent jusqu'au delà de l'équateur. Voyez Humboldt, *Examen critique de l'histoire de la Géographie du nouveau Continent*, t. I, p. 290-292. Mais déjà, sous les Lagides, les anciens, à la faveur de la mousson du Sud-Ouest, nommée alors *Hippalus*, s'étaient frayé une route commerciale à travers l'océan Indien, depuis Ocelis, sur le détroit de Bab-el-Mandeb, jusqu'au grand entrepôt de Muziris, sur la côte de Malabar, et à Ceylan (*Cosmos*, t. II, p. 203). Dans tous ces voyages maritimes, on vit, mais sans les décrire, les nuées Magellaniques.

(6) [page 369]. Sir John Herschel, *Observations at the Cape of Good Hope*, § 132.

(7) [page 370]. *Cosmos*, t. II, p. 381 et 602. Galilée, qui cherche à expliquer l'intervalle des deux découvertes, du 29 dé—

cembre 1609 au 7 janvier 1610, par la différence des calendriers, prétend avoir vu les satellites de Jupiter un jour avant Simon Marius; il s'emporte avec sa fougue habituelle contre ce qu'il appelle « Bugia del impostore *eretico Guntzenhusano* » et va jusqu'à dire : « Che molto probabilmente il eretico Simon Mario, non ha osservato giammai i Pianeti Medicei. » Voyez *Opere di Galileo Galilei*, Padova, 1744, t. II, p. 235-237, et Nelli, *Vita e Commercio letterario di Galilei*, 1793, t. I, p. 240-246. L'*eretico* s'était cependant exprimé lui-même avec beaucoup de simplicité et de modestie sur la portée de sa découverte. J'affirme seulement, dit-il, dans son introduction au *Mundus Jovialis* : « Hæc Sidera (Brandenburgica) a nullo mortalium mihi ulla ratione commonstrata, sed propria indagine sub ipsissimum fere tempus vel aliquanto citius quo Galilæus in Italia ea primum vidit a me in Germania adinventa et observata fuisse. Merito igitur Galilæo tribuitur et manet laus primæ inventionis horum siderum apud Italos. An autem inter meos Germanos quispiam ante me ea invenerit et viderit, hactenus intelligere non potui. »

(8) [page 370]. *Mundus Jovialis anno 1609 detectus ope perspicilli Belgici*, Noribergæ, 1614.

(9) [page 371]. *Cosmos*, t. II, p. 395.

(10) [page 371]. *Cosmos*, t. III, p. 155.

(11) [page 371]. « Gallilei notò che le Nebulose di Orione null' altro erano che mucchi e coacervazioni d'innumerabili stelle. » Nelli, *Vita di Galilei*, t. I, p. 208.

(12) [page 372]. « In primo integram Orionis Constellationem pingere decreveram ; vero, ab ingenti stellarum copia, temporis vero inopia obrutus, aggressionem hanc in aliam occasionem distuli. — Cum non tantum in Galaxia lacteus ille candor veluti albicantis nubis spectetur, sed *complures consimilis coloris areolæ sparsim per æthera subfulgeant*, si in illarum quamlibet specillum convertas, Stellarum constipatarum coetum offendes. Amplius (quod magis mirabile) Stellæ, ab Astronomis singulis

in hanc usque diem *Nebulosæ* appellatæ, Stellarum mirum in modum consitarum greges sunt : ex quarum radiorum commixtione, dum unaquaque ob exilitatem, seu maximam a nobis remotionem, oculorum aciem fugit, candor ille consurgit, qui densior pars cœli, Stellarum aut Solis radios retorquere valens, hucusque creditus est. » *Opere di Galileo Galilei*, Padova, 1744, t. II, p. 14 et 15; *Sidereus Nuntius*, p. 13, 15 et 35.

(13) [page 372]. Voyez le *Cosmos*, t. III, p. 281, note 91. Je dois rappeler à ce sujet la vignette qui termine l'introduction d'Hévélius à son *Firmamentum Sobescianum*, publié en 1687. On y voit représentés trois génies dont deux regardent le ciel avec le Sextant d'Hévélius, et répondent au troisième qui porte un télescope, et semble le leur offrir : Præstat nudo oculo !

(14) [page 372]. Huygens, *Systema Saturnium*, dans ses *Opera varia*, Lugd. Batav. 1724, t. II, p. 523 et 593.

(15) [page 373]. « Dans les deux nébuleuses d'Andromède et d'Orion, dit Dominique Cassini, j'ai vu des étoiles qu'on n'aperçoit pas avec les lunettes communes. Nous ne savons pas si l'on ne pourrait pas avoir des lunettes assez grandes pour que toute la nébulosité pût se résoudre en de plus petites étoiles, comme il arrive à celles du Cancer et du Sagittaire. » (Delambre, *Histoire de l'Astronomie moderne*, t. II, p. 700 et 744.)

(16) [page 373]. *Cosmos*, t. I, p. 481, note 96.

(17) [page 374]. Sur les ressemblances et les dissemblances des idées de Lambert et de Kant, et sur les époques de leurs publications respectives, voyez Struve, *Études d'Astronomie Stellaire*, p. 11, 13 et 21, notes 7, 15 et 33. L'ouvrage de Kant, intitulé *Allgemeine Naturgeschichte und Theorie des Himmels*, fut publié en 1755, sans nom d'auteur, et dédié au grand Frédéric. La *Photometria* de Lambert parut seulement en 1760, ainsi qu'on l'a déjà remarqué plus haut, et fut suivie en 1761 de ses Lettres cosmologiques sur la structure du monde.

(18) [page 375]. « Those Nebulæ, dit John Michell, dans les *Philosophical Transactions* for 1767 (t. LVII, p. 251), in which we can discover either none, or only a few stars even with the assistance of the best telescopes, are probably systems, that are still more distant than the rest. »

(19) [page 375]. Messier, dans les *Mémoires de l'Académie des Sciences*, 1771, p. 435, et dans la *Connaissance des temps* pour 1783 et 1784. Le catalogue contient 103 objets.

(20) [page 376]. *Philos. Transact.*, t. LXXVI, LXXIX et XCII.

(21) [page 376]. « The Nebular hypothesis, as it has been termed, and the theory of sidereal aggregation stand in fact quite independent of each other. » (Sir John Herschel, *Outlines of Astronomy*, p. 599.)

(22) [page 377]. Les objets dont je parle dans ce passage sont ceux qui portent les n°s 1-2307 dans le Catalogue européen ou Catalogue du Nord, publié en 1833, et les n°s 2308-4015 dans le Catalogue africain ou Catalogue du Sud. Voyez Sir John Herschel, *Cape Observations*, p. 51-128.

(23) [page 377]. James Dunlop, dans les *Philos. Transact.* for 1828, p. 113-150.

(24) [page 377]. Voyez le *Cosmos*, t. III, p. 75 et 295, note 23.

(25) [page 377]. Voyez *An Account of the Earl of Rosse's great Telescope*, p. 14-17, où est citée la liste des nébuleuses résolues au mois de mars 1845, par le Dr Robinson et Sir James South. « Dr Robinson could not leave this part of his subject without calling attention to the fact, that no real nebula seemed to exist among so many of these objects chosen without any bias : all *appeared* to be clusters of stars, and every additional one which shall be resolved will be an additional argument against the existence of any such. » Voyez Schumacher's *Astronomische Nachrichten*, n° 536. On lit dans la Notice sur les

grands télescopes de lord Oxmantown, aujourd'hui Comte de Rosse (*Bibliothèque universelle de Genève*, t. LVII, 1845, p. 342-357) : « Sir James South rappelle que jamais il n'a vu de représentations sidérales aussi magnifiques que celle que lui offrait l'instrument de Parsonstown ; qu'une bonne partie des nébuleuses se présentaient comme des amas ou groupes d'étoiles, tandis que quelques autres, à ses yeux du moins, n'offraient aucune apparence de résolution en étoiles. »

(26) [page 378]. *Report of the fifteenth Meeting of the British Association*, held at Cambridge in June 1845, p. 36, et *Outlines of Astron.*, p. 597 et 598. « By far the major part, dit Sir John Herschel, probably at least nine-tenths of the nebulous contents of the heavens consist of nebulæ of spherical or elliptical forms, presenting every variety of elongation and central condensation. Of these a *great number* have been resolved into distant stars (by the Reflector of the Earl of Rosse), and a vast number more have been found to possess that mottled appearance, which renders it almost a matter of certainty that an increase of optical power would show them to be similarly composed. A not unnatural or unfair induction would therefore seen to be, that those which resist such resolution, do so only in consequence of the smallness and closeness of the stars of which they consist; that, in short, they are only optically and not physically nebulous. — Although nebulæ do exist which even in this powerful telescope (of Lord Rosse) appear as nebulæ, without any sign of resolution, it may very reasonably be doubted whether there be really any essential physical distinction between nebulæ and clusters of stars. »

(27) [page 378]. Le Dr Nichol, professeur d'Astronomie à Glasgow, a publié cette lettre, datée du château de Parsonstown, dans ses *Thoughts of some important points relating to the System of the World*, 1846, p. 55 : « In accordance with my promise of communicating to you the result of our examination of Orion, I think I may safely say, that there can be

little, if any doubt as to the resolvability of the Nebula. Since you left us, there was not a single night when, in the absence of the moon, the air was fine enough to admit of our using more than half the magnifying power the speculum bears : still we could plainly see that all about the trapezium is a mass of stars; the rest of the nebula also abounding with stars, and exhibiting the characteristics of resolvability strongly marked. »

(28) [page 379]. Voyez *Edinburgh Review*, t. LXXXVII, 1848, p. 186.

(29) [page 380]. *Cosmos*, t. III, p. 158 et 342, note 50.

(30) [page 380]. *Cosmos*, t. III, p. 39.

(31) [page 380]. Newton, *Philosophiæ naturalis Principia mathematica*, 1760, t. III, p. 671.

(32) [page 381]. *Cosmos*, t. I, p. 158.

(33) [page 381]. *Cosmos*, t. I, p. 481, note 96.

(34) [page 381]. Sir John Herschel, *Cape Observations*, § 109-111.

(35) [page 382]. Quelques éclaircissements sont nécessaires, afin que l'on sache sur quels fondements reposent ces énumérations. Les trois catalogues de William Herschel contiennent 2500 objets, à savoir : 2303 nébuleuses et 197 amas d'étoiles (Mædler, *Astronomie*, p. 448); ces nombres sont changés dans le recensement postérieur et beaucoup plus exact de Sir John Herschel (*Observations of nebulæ and Clusters of stars*, made at Slough, with a twenty-feet Reflector, between the years 1825 and 1833, insérées dans les *Philosophical Transactions* for the year 1833, p. 365-481). Dix-huit cents objets étaient identiques avec d'autres contenus dans les trois premiers catalogues, trois ou quatre cents furent provisoirement exclus et remplacés par plus de cinq cents autres nouvellement découverts, dont on détermina l'ascension droite et la déclinaison (Struve, *Astronomie stellaire*, p. 48). Le Catalogue du Nord comprend 152 amas

stellaires; par conséquent les nébuleuses y sont au nombre de 2307 — 152 = 2155. Sur les 1708 objets compris dans le Catalogue du Sud (4015—2307), et parmi lesquels on compte 236 amas d'étoiles, il faut défalquer 233 nébuleuses (89 + 135 + 9), comme appartenant déjà au Catalogue du Nord, et ayant été observées, à Slough par William Herschel et Sir John, à Paris par Messier. Voyez *Cape Observations*, p. 3, §§ 6 et 7, et p. 128. Il reste donc pour le Catalogue du Sud un total de 1708 — 233 = 1475 objets, qui se décomposent en 1239 nébuleuses et 236 amas d'étoiles. Il faut au contraire ajouter aux 2307 objets du Catalogue de Slough 135 + 9 = 144, ce qui forme un ensemble de 2451 objets distincts, sur lesquels, en retranchant 152 clusters, il reste 2299 nébuleuses. Il est vrai de dire que, pour ces nombres, l'on ne s'est pas renfermé d'une manière bien rigoureuse dans les limites de l'horizon visible à Slough. L'auteur de ce livre est tellement persuadé de l'intérêt que présentent, dans la topographie du firmament, les rapports numériques des deux hémisphères, qu'il ne croit pas même devoir négliger les nombres sujets à changer, suivant la différence des époques et les progrès de l'observation. Il entre nécessairement dans le plan d'un livre sur le *Cosmos* de représenter l'ensemble des connaissances humaines à une époque déterminée.

(36) [page 383]. On lit dans les *Cape Observations*, p. 134, « There are between 300 and 400 nebulæ of Sir William Herschel's Catalogue still unobserved by me, for the most part very faint objects..... »

(37) [page 383]. *Cape Observ.*, § 7. Voyez aussi le *Catalogue of Nebulæ and Clusters of the Southern Hemisphere* par Dunlop, dans les *Philosophical Transactions* for 1828, p. 1141-46.

(38) [page 383]. *Cosmos*, t. III, p. 248.

(39) [page 384]. *Cape Observations*, §§ 105-107.

(40) [page 384]. In this *Region of Virgo*, occupying about

one-eigth of the whole surface of the sphere, one-third of the entire nebulous contents of the heavens are congregated (*Outlines of Astronomy*, p. 596).

(41) [page 385]. Voyez sur cette région stérile (barren region), *Cape Observations*, § 101, p. 135.

(42) [page 386]. Ces données numériques sont fondées sur le total des chiffres fournis par la projection de l'hémisphère septentrional. Voyez *Cape Observations*, pl. XI.

(43) [page 387]. Humboldt, *Examen critique de l'histoire de la Géographie du nouveau continent*, t. IV, p. 319. Dans la longue série de voyages maritimes que, grâce à l'influence de l'Infant Don Henrique, les Portugais entreprirent le long des côtes occidentales de l'Afrique, pour pénétrer jusqu'à l'équateur, le Vénitien Cadamosto, dont le vrai nom était Alvise da Ca da Mosto, est le premier qui, après sa réunion avec Antoniotto Usodimare, à l'embouchure du Sénégal, en 1454, se soit occupé à chercher une étoile polaire australe. « Puisque j'aperçois encore l'étoile polaire boréale, disait-il au moment où il se trouvait vers le 13° de latitude Nord, je ne puis pas voir la polaire du Sud; la constellation que je vois dans cette direction est le Carro del ostro (le Chariot du Sud). » Voyez Aloysii Cadamosto *Navigazione*, cap. 43, p. 32; Ramusio, *delle Navigazioni et Viaggi*, t. I, p. 107. Cadamosto s'était-il donc composé un Chariot avec quelques grandes étoiles du Navire. L'idée que les deux pôles avaient chacun un Chariot paraît avoir été si répandue à cette époque que, dans l'*Itinerarium Portugallense*, publié en 1500 (fol. 23, b), et dans le *Novus Orbis* de Grynæus (1532, p. 58), on a représenté, comme ayant été observée par Cadamosto, une constellation en tout semblable à la Petite-Ourse, et à la place de laquelle est figurée tout aussi capricieusement la Croix du Sud, dans les *Navigazioni* de Ramusio (t. I, p. 19) et dans la nouvelle collection de *Noticias para a hist. e geogr. dos Naçoes Ultramarinas* (Lisboa, 1812, t. II, cap. 39, p. 57). Voyez Humboldt, *Examen critique*, etc.,

t. V, p. 286. Comme il était d'usage au moyen âge, probablement afin de replacer dans le Petit-Chariot les deux danseurs d'Hygin, χορευταί, les mêmes que les Ludentes du Scholiaste de Germanicus ou les Custodes de Végèce, de considérer les étoiles β et γ de la Petite-Ourse comme les Gardiens (le due Guardie, the Guards) du pôle Nord, autour duquel elles décrivent un mouvement circulaire, et que cette dénomination, ainsi que l'habitude de faire servir les deux Gardiens à déterminer la hauteur du pôle Nord, s'étaient répandues dans les mers septentrionales, chez les pilotes de toutes les nations européennes; on fut conduit par de fausses analogies à reconnaître dans l'hémisphère austral ce que l'on y cherchait depuis longtemps (Pedro de Medina, *Arte de Navegar*, 1545, lib. V, cap. 1-7, p. 183-195). Ce fut pendant le second voyage d'Amerigo Vespucci, accompli dans l'intervalle du mois de mai 1499 au mois de septembre 1500, lorsque ce navigateur et Vicente Yañez Pinzon, dont le voyage est peut-être identique avec le sien, parvinrent dans l'hémisphère austral jusqu'au cap Saint-Augustin, qu'ils s'appliquèrent pour la première fois et sans résultat à chercher une étoile visible dans le voisinage immédiat du pôle Sud. Voyez Bandini, *Vita e Lettere di Amerigo Vespucci*, 1745, p. 70; Anghiera, *Oceanica*, 1510, dec. I, lib. 9, p. 96; Humboldt, *Examen critique*, etc., t. IV, p. 205, 319 et 325. Le pôle Sud était situé alors dans la constellation de l'Octante, de sorte que β de la Petite-Hydre, si l'on fait la réduction d'après le Catalogue de Brisbane, était encore à 80° 5′ de déclinaison australe. « Tandis que j'étais tout entier aux merveilles du ciel austral et que j'y cherchais vainement une étoile polaire, dit Vespucci dans sa lettre à Pietro Francesco de' Medici, je me rappelai les paroles de notre Dante, lorsque, dans le premier livre du *Purgatoire*, feignant de passer d'un hémisphère à l'autre, il veut décrire le pôle antarctique, et dit :

Io mi volsi a man destra...

Mon sentiment est que, dans ces vers, le poëte a voulu désigner par ses quatre étoiles (non viste mai fuor ch' alle prima gente), le pôle de l'autre firmament. J'en suis d'autant plus certain que j'ai vu, en effet, quatre étoiles, formant ensemble une espèce de *mandorla*, et animées d'un mouvement peu sensible. » Vespucci pense que la Croix du Sud est la *Croce maravigliosa* d'Andrea Corsali, dont il ne connaissait pas encore le nom, mais qui plus tard fut mise à profit par tous les pilotes, pour la recherche du pôle Sud et pour les déterminations de latitude, comme au pôle Nord, β et γ de la Petite-Ourse. Voyez une lettre de Cochin, en date du 6 janvier 1515, insérée dans le recueil de Ramusio, t. I, p. 177, les *Mémoires de l'Académie des Sciences* (de 1666 à 1699), t. VII, 2e part. Paris, 1729, p. 58; Pedro de Medina, *Arte de Navegar*, 1545, lib. V. cap. 11, p. 204, et comparez l'analyse que j'ai donnée du célèbre passage du Dante, dans l'*Examen critique*, etc., t. IV, p. 319-334. J'ai fait remarquer dans ce passage que α de la Croix du Sud, dont Dunlop en 1826, et Rümker en 1836, se sont occupés à Paramatta, est au nombre des étoiles qui, les premières, ont été reconnues comme systèmes multiples, par les jésuites Fontaney, Noël et Richaud (1781 et 1787). Voyez l'*Histoire de l'Académie* (de 1686 à 1699), t. II, Paris, 1733, p. 19; *Mémoires de l'Académie* (de 1666 à 1699), t. VII, 2e part., Paris, 1729, p. 206; *Lettres Édifiantes*, rec. VII, 1703, p. 79. Cette découverte si précoce d'étoiles binaires, longtemps avant que l'on eût reconnu comme telle ζ de la Grande-Ourse, est d'autant plus remarquable que 70 ans plus tard, Lacaille décrit α de la Croix sans mentionner sa qualité d'étoile double, probablement, ainsi que le conjecture Rümker, parce que l'étoile principale et le compagnon se trouvaient alors trop peu distants l'un de l'autre. Voyez Sir John Herschel, *Cape Observations*, §§ 183-185; *Cosmos*, t. III, p. 241. Presque dans le même temps où l'on constatait le caractère double de α de la Croix, Richaud enregistrait aussi parmi les étoiles doubles α du Centaure; c'était 19 ans avant le voyage de Feuillée, auquel Henderson attribue par erreur cette découverte. Richaud fait observer que, lorsque parut la comète de 1689, les deux étoiles dont se compose α de la Croix étaient fort éloignées l'une de l'autre ; mais que, dans un réfracteur de 12 pieds, les deux parties de α du Centaure, bien que très-faciles à reconnaître, semblaient presque se toucher.

(44) [page 388]. *Cape Observations*, §§ 44 et 104.

(45) [page 388]. Voyez le *Cosmos*, t. III, p. 154. Cependant, ainsi que nous l'avons déjà remarqué, en traitant des amas stellaires (*ibid.*, 156), M. Bond a trouvé moyen aux États-Unis de résoudre complétement, grâce à la force pénétrante de son réfracteur, la nébulosité elliptique et très-allongée d'Andromède qui, d'après Boulliaud, avait été déjà décrite avant Simon Marius, en 985 et en 1428, et qui présente une lueur rougeâtre. Dans le voisinage de cette célèbre nébuleuse, s'en trouve une autre non résolue jusqu'ici, bien qu'elle soit par sa configuration très-analogue à celle d'Andromède, et qui a été découverte le 27 août 1783 par Miss Carolina Herschel, morte dans un âge très-avancé, au milieu du respect de tous. Voyez les *Philosophical Transactions*, 1833, n° 61 du Catalogue des Nébuleuses, fig. 52.

(46) [page 388]. *Philosophical Transactions*, 1833, p. 494, pl. IX, fig. 19-24.

(47) [page 389]. Ces nébuleuses sont appelées *Annular nebulæ*, par Sir John Herschel (*Cape Observations*, p. 53 ; *Outlines of Astron.*, p. 602), et *Nébuleuses perforées* par Arago (*Astronomie populaire*, t. I, p. 509). Voyez aussi Bond, dans les *Astronom. Nachrichten* de Schumacher, n° 611.

(48) [page 389]. *Cape Observations*, p. 114, pl. VI, fig. 3 et 4. Voyez aussi le n° 2072 dans les *Philosoph. Transactions* for 1833, p. 466. Les dessins qu'a faits Lord Rosse de la nébuleuse perforée de la Lyre, et de la singulière nébulosité à laquelle il a donné le nom de Crab-nebula, se trouvent dans l'ouvrage de

Nichol : *Thoughts on the System of the World*, p. 21, pl. IV, et p. 22, pl. 1, fig. 5.

(49) [page 390]. Si l'on considère la nébuleuse planétaire de la Grande-Ourse comme une sphère, et « si on la suppose, dit Sir John Herschel, éloignée de la Terre d'une distance égale à celle de 61 du Cygne, son diamètre apparent, qui est de 2′ 40″, implique un diamètre réel sept fois plus grand que l'orbite de Neptune. » (*Outlines of Astron.*, § 876).

(50) [page 391]. *Outlines*, ibid.; *Cape Observations*, § 47. Une étoile de 8e grandeur, d'un rouge orangé, existe dans le voisinage du n° 3365; mais la nébulosité planétaire n'en conserve pas moins la couleur foncée de l'indigo, lorsque l'étoile rouge n'est pas dans le champ du télescope. La couleur de la nébuleuse n'est donc pas l'effet du contraste.

(51) [page 391]. *Cosmos*, t. III, p. 147, 250 et 361. L'étoile principale et le compagnon sont bleus ou bleuâtres dans plus de 63 étoiles doubles. De petites étoiles de la couleur de l'indigo sont mêlées au magnifique amas stellaire, nuancé de diverses couleurs, qui porte le n° 3435 dans le Catalogue du Cap, et le n° 301 dans celui de Dunlop. Il existe dans l'hémisphère austral sous le n° 573 du Catalogue de Dunlop, sous le n° 3370 de celui de John Herschel, un amas stellaire d'un bleu uniforme, qui n'a pas moins de 3′ 1/2 de diamètre, avec des projections longues de 8′. Les étoiles qui le composent sont comprises entre la 14e et la 16e grandeur (*Cape Observations*, p. 149).

(52) [page 391]. *Cosmos*, t. I, p. 90. Voyez aussi *Outlines of Astron.*, § 877.

(53) [page 391]. Sur la complication des rapports dynamiques dans les attractions partielles qui s'exercent à l'intérieur d'un amas d'étoiles sphérique, lequel, vu à travers de faibles

télescopes, semble être une nébuleuse arrondie et plus condensée vers le centre, voyez John Herschel, *Outlines of Astron.*, §§ 866 et 872, et *Cape Observations*, §§ 44 et 111-113; *Philosophical Transactions.* for 1833, p. 501; *Adress of the President*, dans le *Report of the fifteenth Meeting of the British Association*, 1845, p. XXXVII.

(54) [page 392]. Mairan, *Traité de l'Aurore boréale*, p. 263; Arago, *Astronomie populaire*, t. I, p. 528 à 540.

(55) [page 393]. Tous les autres exemples d'étoiles nébuleuses sont compris entre la 8e et la 9e grandeur. Tels sont les nos 311 et 450 du Catalogue de 1833 (fig. 31), dont les photosphères ont un diamètre de 1′ 30″. Voyez *Outlines of Astron.*, § 879.

(56) [page 393]. *Cape Observations*, p. 117, n° 3727, pl. VI, fig. 16.

(57) [page 393]. Les formes les plus remarquables de nébuleuses irrégulières sont : 1° une nébuleuse en forme d'oméga, dont on peut voir le dessin dans les *Cape Observations*, pl. II, fig. 1, n° 2008, et qui a été aussi étudiée et décrite par Lamont, ainsi que par un jeune astronome de l'Amérique septentrionale, enlevé trop tôt à la science, M. Mason, dans les *Memoirs of the Americ. Philosoph. Society*, t. VII, p. 177; 2° une nébuleuse dans laquelle on compte de 6 à 8 noyaux (*Cape Observat.*, p. 19, pl. III, fig. 4); 3° les nébuleuses semblables à des comètes et présentant la forme de buissons, d'où les rayons nébuleux émanent quelquefois comme d'une étoile de 9e grandeur (*ibid.*, pl. VI, fig. 18, nos 2534 et 3688); 4° une nébuleuse figurant une silhouette (pl. IV, fig. 4, n° 3075); 5° une nébuleuse filiforme, renfermée dans une crevasse (pl. IV, fig. 2, n° 3501). Voyez aussi *Cape Observat.*, § 121; *Outlines of Astron.*, § 883.

(58) [page 394]. *Cosmos*, t. III, p. 104; *Outlines of Astron.*, § 785.

(59) [page 394]. *Cosmos*, t. I, p. 170 et 485, note 13. Voyez aussi la 1re édition du *Treatise on Astronomy*, de Sir John Herschel, publié en 1833, dans le *Cabinet Cyclopædia* de Lardner, et traduit en français par M. Cournot (§ 616), et Littrow, *Theoretische Astronomie*, 1834, 2e part., § 234.

(60) [page 394]. Voyez *Edinburgh Review*, janvier 1848, p. 187, et *Cape Observations*, §§ 96 et 107. « A zone of nebulæ, dit Sir John Herschel, encircling the heavens, has so many interruptions, and is so faintly marked out through by far the greater part of the circumference, that its existence as such can be hardly more than suspected. »

(61) [page 395]. « Il n'y a point de doute, écrit le Dr Galle, que dans le dessin de Galilée que vous m'avez communiqué (*Opere di Galilei*, Padova, 1744, t. II, p. 14, n° 20), soient compris le Baudrier et l'Épée d'Orion, et par suite l'Étoile θ. Mais les objets y sont représentés d'une manière si inexacte que l'on a peine à trouver les trois petites étoiles de l'Épée, dont θ occupe le centre, et qui, à l'œil nu, semblent rangées en ligne droite. Je pense que vous avez bien tracé l'étoile ι, et que l'étoile brillante, qui est placée à droite, ou celle qui est immédiatement au-dessus, est θ. Galilée dit expressément : « In primo integram Orionis Constellationem pingere decreveram ; verum ab ingenti stellarum copia, temporis vero inopia obrutus, aggressionem hanc in aliam occasionem distuli. » Les observations de Galilée sur la constellation d'Orion sont d'autant plus dignes d'intérêt, que les 400 étoiles, répandues sur 10 degrés de latitude, qu'il croyait distinguer entre le Baudrier et l'Épée, ont conduit plus tard Lambert à son calcul erroné de 1 650 000 étoiles, dans toute l'étendue du firmament. Voyez Nelli, *Vita di Galilei*, t. I, p. 208; Lambert, *Cosmologische Briefe*, 1760, p. 155; Struve, *Astronomie stellaire*, p. 14 et note 16.

(62) [page 396]. *Cosmos*, t. II, p. 396.

(63) [page 397]. « Ex his autem tres illæ pene inter secon-

tiguæ stellæ, cumque his aliæ quatuor, velut trans nebulam lucebant : ita ut spatium circa ipsas, qua forma hic conspicitur, multo illustrius appareret reliquo omni cœlo ; quod cum apprime serenum esset ac cerneretur nigerrimum, velut hiatu quodam interruptum videbatur, per quem in plagam magis lucidam esset prospectus. Idem vero in hanc usque diem nihil immutata facie sæpius atque eodem loco conspexi ; adeo ut perpetuam illic sedem habere credibile sit hoc quidquid est portenti : cui certe simile aliud nusquam apud reliquas fixas potui animadvertere. Nam cæteræ nebulosæ olim existimatæ, atque ipsa via lactea, perspicillo inspectæ, nullas nebulas habere comperiuntur, neque aliud esse quam plurium stellarum congeries et frequentiam » (Christiani Hugenii *Opera varia*, Lugd. Batav., 1724, p. 540 et 541). Le grossissement que Huygens appliqua dans son réfracteur de 23 pieds n'était, suivant sa propre estimation, que de 100 fois (*ibid.*, p. 538). Les « quatuor stellæ trans nebulam lucentes » sont-elles les étoiles du Trapèze? Le petit dessin, très-grossièrement fait, que l'auteur a joint à son livre (tab. XLVII, fig. 4, phænomenon in Orione novum), représente seulement un groupe de ces étoiles ; on y voit aussi, à la vérité, une échancrure que l'on peut prendre pour le Sinus magnus ; peut-être n'a-t-on voulu indiquer que les trois étoiles du Trapèze qui sont comprises entre la 4e et la 7e grandeur. Dominique Cassini se vantait d'avoir vu le premier la 4e étoile.

(64) [page 397]. William Cranch Bond, dans les *Transactions of the American Academy of Arts and Sciences*, nouvelle série, t. III, p. 87-96.

(65) [page 397]. *Cape Observations*, §§ 54-69, pl. VIII ; *Outlines of Astronomy*, §§ 837 et 885, pl. IV, fig. 1.

(66) [page 397]. Sir John Herschel, dans les *Memoirs of the Astronom. Society*, t. II, 1824, p. 487-495, pl. VII et VIII. Le second dessin indique la nomenclature des diverses régions

entre lesquelles peut se diviser la nébulosité d'Orion, observée successivement par un grand nombre d'astronomes.

(67) [page 398]. Delambre, *Hist. de l'Astronomie moderne*, t. II, p. 700. Cassini rangeait l'apparition de cette 4e étoile, « aggiunta della quarta stella alle tre contigue, » parmi les changements qu'avait subis de son vivant la nébulosité d'Orion.

(68) [page 398]. « It is remarkable that within the area of the Trapezium no nebula exists. The brighter portion of the nebula immediately adjacent to the Trapezium, forming the square front of the head, is shown with 18-inch reflector broken up into masses, whose mottled and curdling light evidently indicates by a sort of granular texture its consisting of stars; and when examined under the great light of Lord Rosse's reflector or the exquisite defining power of the great achromatic at Cambridge, U. S., is evidently perceived to consist of clustering stars. There can therefore be little doubt as to the whole consisting of stars, too minute to be discerned individually even with the powerful aids, but which become visible as points of light when closely adjacent in the more crowded parts. » (*Outlines of Astron.* p. 609. William C. Bond, qui employait un réfracteur de 23 pieds, muni d'un objectif de 14 pouces, dit : « There is a great diminution of light in the interior of the Trapezium, but no suspicion of a star. » (*Memoirs of the Americ. Academy*, Nouvelle série, t. III, p. 93).

(69) [page 398]. *Philosophical Transactions* for the year 1811, t. CI, p. 324).

(70) [page 399]. « Such is the general blaze from that part of the sky, dit le capitaine Jacob, that a person is immediately made aware of its having risen above the horizon, though he should not be at the time looking at the heavens, by the increase of general illumination of the atmosphere, resembling the effect of the young moon. » *Transact. of the Royal Society of Edinburg*, t. XVI, 1849, 4e part., p. 445.

(71) [page 399]. *Cosmos*, t. III, p. 206-209.

(72) [page 399]. *Cape Observations*, §§ 70-90, pl. IX; *Outlines of Astronomy*, § 887, pl. IV, fig. 2.

(73) [page 400]. *Cosmos*, t. II, p. 134.

(74) [page 400]. *Cape Observations*, § 24, pl. I, fig. 1, n° 3721 du Catalogue; *Outlines of Astronomy*, § 888.

(75) [page 400]. La détermination partielle de la nébuleuse du Cygne est : Asc. dr. 20h 49', Décl. du pôle Nord. 58° 27' (*Outlines of Astron.*, § 891). Voyez aussi le Catalogue de 1833, n° 2092, pl. XI, fig. 34.

(76) [page 401]. Comparez le dessin de la planche II, fig. 2, avec ceux de la pl. V, dans les *Thoughts on some important points relating to the System of the World*, par le Dr Nichol, professeur d'astronomie à Glasgow, 1846, p. 22. « Lord Rosse, dit Sir John Herschel, dans les *Outlines of Astron.* (p. 607), describes and figures this nebula as resolved into numerous stars with *intermixed nebula*. »

(77) [page 402]. *Cosmos*, t. I, p. 170 et 485, note 11.

(78) [page 402]. Voyez *Report of the fifteenth Meeting of the Bristish Association for the advancement of Science*, Notices, p. 4, et Nichol, *Thoughts on some important points*, etc., en ayant soin de comparer la planche II, fig. 1, avec la planche VI. On lit dans les *Outlines of Astron.* § 882 : « The whole, if not clearly resolved into stars, has a resolvable character, which evidently indicates its composition. »

(79) [page 402]. *Cosmos*, t. I, p. 90 et 451.

(80) [page 403]. Voyez Lacaille, dans les *Mémoires de l'Académie des Sciences*, année 1755, p. 195. Ce n'est que par une confusion regrettable que l'on peut appliquer aux *Sacs*

à charbon le nom de Taches Magellaniques ou de Nuages du Cap, comme l'ont fait Horner et Littrow.

(81) [page 403]. *Cosmos*, t. II, p. 350 et 570.

(82) [page 404]. Ideler, *Untersuchungen über den Ursprung und die Bedeutung der Sternnamen*, 1809, p. XLIX et 262. Le nom de Abdurrahman Suphi, ainsi abrégé par Ulugh Beigh, était primitivement Abdurrahman Ebn-Omar Ebn-Mohammed Ebn-Sahl Abou'l Hassan el-Suphi el-Razi. Ulugh Beigh qui, comme Nassir-eddin, rectifia, en 1437, les positions d'étoiles de Ptolémée, par ses observations personnelles, reconnaît avoir emprunté à Abdurrahman Suphi 27 positions d'étoiles méridionales, qui n'étaient pas visibles à Samarcande.

(83) [page 406]. Voyez mes recherches sur la découverte de la pointe méridionale de l'Afrique et sur les assertions du cardinal Zurla et du comte Baldelli, dans l'*Examen critique de l'Histoire de la Géographie du nouveau Continent*, t. I, p. 229-348. Diaz, chose singulière ! découvrit le cap de Bonne-Espérance, appelé par Martin Behaim « Terra fragosa » et non point « Cabo tormentoso », en venant par l'Est, au moment où il sortait de la baie d'Algoa, situé par 33° 47′ de latitude méridionale, plus de 7° 18′ à l'Est de la baie de la Table. Voyez Lichtenstein, dans le *Vaterländisches Museum*, Hambourg, 1810, p. 372-389.

(84) [page 406]. La découverte importante et trop peu appréciée de l'extrémité méridionale du nouveau continent que le Journal d'Ourdaneta désigne par ces mots caractéristiques « Acabamiento de Tierra » *le lieu où expire la terre*, appartient à Francisco de Hoces qui commandait l'un des vaisseaux de l'expédition dirigée en 1525 par Loaysa. Il vit vraisemblablement une partie de la Terre de Feu à l'Ouest de l'île des États ; car le cap Horn est situé, selon Fitz Roy, par 55° 58′ 41″. Voyez aussi Navarrète, *Viages y descubrimentos de los Españoles*, t. V, p. 28 et 404.

(85) [page 407]. Humboldt, *Examen critique*, etc., t. IV, p. 205 et 295-316; t. V, p. 225-229 et 325. Comp. Ideler, *Uber die Sternnamen*, p. 346.

(86) [page 408]. Pierre Martyr Anghiera, *Oceanica*, dec. III, lib. 4, p. 217. Je suis en mesure d'établir, d'après les résultats numériques donnés par Anghiera (dec. II, lib. 10, p. 204 et Dec. III, lib. 10, p. 232), que la partie des *Oceanica*, dans laquelle il est question des Nuées de Magellan, fut écrite en 1414 et 1416, par conséquent immédiatement après l'expédition de Juan Diaz de Solis au Rio de la Plata, nommé à cette époque Rio de Solis (*una mar dulce*). La latitude qu'indique Anghiera est beaucoup trop haute.

(87) [page 409]. *Cosmos*, t. II, p. 350 ; t. III, p. 122 et 149.

(88) [page 410]. *Cosmos*, t. I, p. 90 et 451. Voyez aussi dans les *Cape Observations* (p. 143-164), les deux Nuées de Magellan, telles qu'elles paraissent à l'œil nu (pl. VII), l'analyse télescopique de la Nubecula major (pl. X), et le dessin particulier de la Nébuleuse du Dorado (pl. II, fig. 4), et comp. *Outlines of Astron.*, §§ 802-806, pl. V, fig. 1, et James Dunlop, dans les *Philosop. Transactions* for 1828, 1re part., p. 147-151. — Les vues des premiers observateurs étaient tellement erronées que le jésuite Fontaney, dont Dominique Cassini faisait beaucoup de cas, et qui a enrichi la Science d'un grand nombre d'observations importantes, dans l'Inde et en Chine, écrivait encore en 1685 : « Le grand et le petit Nuage sont deux choses singulières. Ils ne paroissent aucunement un amas d'étoiles, comme Præsepe Cancri, ni même une lueur sombre, comme la nébuleuse d'Andromède. On n'y voit presque rien avec de très-grandes lunettes, quoique sans ce secours on les voye fort blancs, particulièrement le grand Nuage » (Lettre du Père de Fontaney au Père de la Chaize, confesseur du Roi, dans les *Lettres édifiantes*; Rec. VII, 1703, p. 78, et dans l'*Histoire de l'Académie des Sciences* (de 1686 à 1699), t. II, Paris, 1733, p. 19. Je me

suis référé uniquement pour la description des Nuées Magellaniques au travail de Sir John Herschel.

(89) [page 410]. *Cosmos*, t. III, p. 158 et 342, note 51.

(90) [page 410]. *Cosmos*, t. III, p. 155 et 341, note 41.

(91) [page 412]. Voyez dans les *Cape Observations*, §§ 20-23 et 133, le beau dessin de la pl. II, fig. 4, et une petite carte spéciale, jointe à l'analyse géographique, pl. X. Voyez aussi *Outlines of Astronomy*, § 896, pl. V, fig. 1.

(92) [page 413]. *Cosmos*, t. II, p. 349.

(93) [page 413]. *Mémoires de l'Académie des Sciences* (de 1666 à 1699), t. VII, 2e part. Paris, 1729, p. 206.

(94) [page 414]. Lettre adressée de Sainte-Catherine à Olbers, au mois de janvier 1804, dans le Recueil de Zach, intitulé *Monatliche Correspondenz zur Beförderung der Erd-und Himmels-Kunde*, t. X, p. 240. Voyez aussi sur l'observation de Feuillée et sur le dessin grossier du Sac à charbon de la Croix, la même collection, t. XV, 1807, p. 338-391.

(95) [page 414]. *Cape Observations*, pl. XIII.

(96) [page 414]. *Outlines of Astronomy*, p. 531.

(97) [page 415]. *Cape Observations*, p. 384, n° 3407 du Catalogue des Nébuleuses et des amas stellaires. Voyez aussi une notice de Dunlop, dans les *Philosophical Transactions* for 1828, p. 149, et le n° 272 de son Catalogue.

(98) [page 415]. « Cette apparence d'un noir foncé dans la partie orientale de la Croix du Sud qui frappe la vue de tous ceux qui regardent le Ciel austral, est causée par la vivacité de la blancheur de la Voie lactée, qui renferme l'espace noir et l'entoure de tous côtés » (Lacaille, dans les *Mémoires de l'Académie des Sciences*, année 1755. Paris, 1761, p. 199).

(99) [page 415]. *Cosmos*, t. I, p. 172 et 480, note 17.

(100) [page 416]. When we see, dit Sir John Herschel, in the Coal-Sack (near α Crucis) a sharply defined oval space free from stars, it would seem much less probable that a conical or *tubular* hollow traverses the whole of a starry stratum, continuously extended from the eye outwards, than that a *distant* mass of comparatively moderate thickness should be simply perforated from side to side (*Outlines of Astronomy*, § 792, p. 532).

(1) [page 416]. Lettre de M. Hooke à M. Auzout, dans les *Mémoires de l'Académie* (de 1666 à 1699), t. VII, 2e part., p. 30 et 73.

(2) [page 416]. *Cosmos*, t. I, p. 174.

(3) [page 419]. Voyez un passage du premier volume du *Cosmos*, (t. I, p. 123 et 166), où je comptais par distances d'Uranus, cette planète étant alors la limite connue du système planétaire. Si l'on prend pour terme de comparaison la distance de Neptune au Soleil, égale à 30,04 rayons de l'orbite terrestre, la distance de l'étoile α du Centaure au Soleil est encore de 7523 distances de Neptune, en supposant la parallaxe de 0″,91 (*Cosmos*, t. III, p. 227) ; et cependant la distance de l'étoile 61 du Cygne est presque 2 fois 1/2 plus grande que celle de α du Centaure. Celle de Sirius, pour une parallaxe de 0″23, l'est quatre fois plus. La distance de Neptune est d'environ 460 millions de myriamètres ; celle d'Uranus est d'après Hansen, de 294 millions. La distance de Sirius, calculée par Galle sur la parallaxe d'Henderson, égale 896 800 rayons de l'orbite terrestre, ou 13 702 000 millions de myriamètres, distance que la lumière met 14 ans à parcourir. La comète de 1680 est, à l'aphélie, éloignée du Soleil de 44 distances d'Uranus ou de 28 distances de Neptune. Suivant ces données, la distance de l'étoile α du Centaure au Soleil est à peu près 270 fois plus grande que ce rayon aphélique, que l'on peut considérer comme

représentant au minimum le rayon du système solaire (*Cosmos*, t. III, p. 245). L'indication de ces résultats numériques offre du moins l'avantage de montrer comment, en prenant pour unité des étendues immenses, on peut mesurer l'espace sans employer des séries de chiffres qui échappent à l'appréciation.

(4) [page 421]. Sur l'apparition soudaine et la disparition de nouvelles étoiles, voyez le *Cosmos*, t. III, p. 166-186.

(5) [page 426]. J'ai déjà inséré dans le premier volume du *Cosmos* (t. II, p. 371 et 592, note 25), le passage du Traité *De Revolut.* (lib. I, cap. 10), qui rappelle le *Songe de Scipion.*

(6) [page 426]. Τῆς ἐμψυχίας μέσον τὸ περὶ τὸν ἥλιον, οἱονεὶ καρδίαν ὄντα τοῦ παντός, ὅθεν φέρουσιν αὐτοῦ καὶ τὴν ψυχὴν ἀρξαμένην διὰ παντὸς ἥκειν τοῦ σώματος τεταμένην ἀπὸ τῶν περάτων (Theonis Smyrnæi Platonici *Liber de Astronomia*, éd. H. Martin, 1849, p. 182 et 298); publication remarquable en ce qu'elle complète diverses opinions péripatéticiennes d'Adraste, et beaucoup d'idées platoniciennes de Dercylides.

(7) [page 428]. Hansen, dans le *Jahrbuch* de Schumacher pour 1837, p. 65-141.

(8) [page 431]. « D'après l'état actuel de nos connaissances astronomiques, le Soleil se compose : 1° d'un globe central à peu près obscur ; 2° d'une immense couche de nuages suspendue à une certaine distance de ce globe et qui l'enveloppe de toutes parts ; 3° d'une *photosphère* ou, en d'autres termes, d'une sphère resplendissante qui enveloppe la couche nuageuse, comme cette couche, à son tour, enveloppe le noyau obscur. L'éclipse totale du 8 juillet 1842 nous a mis sur la trace d'une troisième enveloppe, située au-dessus de la *photosphère*, et formée de nuages obscurs ou faiblement lumineux. — Ce sont les *nuages* de la troisième enveloppe solaire, situés en apparence, pendant l'éclipse totale, sur le contour de l'astre ou un peu en dehors, qui ont donné lieu à ces singulières proéminences rou-

geâtres qui, en 1842, ont si vivement excité l'attention du monde savant. » Arago, *Notices scientifiques*, t. IV, (t. VII des *Œuvres*), p. 284 à 286. Sir John Herschel, dans ses *Outlines of Astronomy*, publiés en 1849, admet aussi : « above the luminous surface of the Sun, and the region in which the spots reside, the existence of a gaseous atmosphere having a somewhat imperfect transparency. »

(Q) [page 432]. Il me paraît à propos de citer textuellement les passages auxquels j'ai fait allusion plus haut, et sur lesquels mon attention a été appelée par un Mémoire instructif du Dr Clemens, intitulé : *Giordano Bruno und Nicolaus von Cusa* (1847, p. 101).

Le cardinal Nicolas de Cusa, né à Cues, sur la Moselle, et dont le nom de famille était Khrypffs, c'est-à-dire Krebs (écrevisse), dit, dans le Traité si célèbre de son temps *de docta Ignorantia* (lib. II, cap. 12, p. 39 des *Œuvres complètes*, ed. Basil, 1565) : « Neque color nigredinis est argumentum vilitatis Terræ; nam in Sole si quis esset, non appareret illa claritas quæ nobis; considerato enim corpore Solis, tunc habet quamdam quasi terram centraliorem, et quamdam luciditatem quasi ignilem circumferentialem, et in medio quasi aqueam nubem et aërem clariorem, quemadmodum terra ista sua elementa. » A la marge on lit les mots *paradoxa* et *hypni*, dont le dernier, comme le premier, exprime, sans contredit, des vues hasardées (ὕπνοι, songes). Dans l'écrit de longue haleine qui a pour titre : *Exercitationes ex sermonibus Cardinalis* (*ibid.*, p. 579) se trouve cette comparaison : « Sicut in Sole considerari potest natura corporalis, et illa de se non est magnæ virtutis (l'auteur s'exprime ainsi, nonobstant la gravitation !), et non potest virtutem suam aliis corporibus communicare, quia non est radiosa, et alia natura lucida illi unita, ita quod Sol ex unione utriusque naturæ habet virtutem, quæ sufficit huic sensibili mundo ad vitam innovandam in vegetabilibus et animalibus, in elementis et mineralibus, per suam influentiam radiosam; sic de Christo qui est Sol justitiæ..... »

Le Dr Clemens croit que tout ceci est plus qu'un pressentiment heureux; il lui paraît de toute impossibilité que sans une observation suffisamment exacte des taches solaires, des parties noires et des demi-teintes, Cusa ait osé s'appuyer sur l'expérience, dans les passages que je viens de citer (Considerato corpore Solis... ; in Sole considerari potest...). Il suppose « que la pénétration des philosophes de la science moderne a été prévenue sur quelques points, et que les idées du cardinal de Cusa ont pu lui être inspirées par des découvertes auxquelles on attribue faussement une origine plus récente. » Il est, en effet, non-seulement possible, mais très-probable que dans des contrées où l'éclat du Soleil est voilé pendant plusieurs mois, comme cela arrive sur les côtes du Pérou, tant que règne la *garua*, des peuples même sans culture aient aperçu à l'œil nu des taches sur le Soleil; mais que ces taches aient sérieusement attiré leur attention, qu'elles aient joué un rôle dans les mythes religieux des adorateurs du Soleil, c'est ce dont jusqu'à présent aucun voyageur n'a pu nous donner de nouvelles. La seule apparition, d'ailleurs si rare, d'une tache visible à l'œil nu sur le disque du Soleil, abaissé à l'horizon ou voilé de vapeurs légères, et offrant une apparence blanche, rouge, peut-être même verdâtre, n'aurait jamais conduit des penseurs, si exercés qu'ils fussent, à l'hypothèse de plusieurs atmosphères servant d'enveloppes au globe obscur du Soleil. Si le cardinal Cusa avait su quelque chose des taches du Soleil, avec la tendance qu'il n'a que trop à établir des comparaisons entre les choses physiques et les choses intellectuelles, il n'eût certainement pas manqué de faire allusion aux *maculæ Solis*. Qu'on se rappelle seulement la sensation que produisirent au commencement du XVIIe siècle, aussitôt après l'invention des lunettes, les découvertes de Jean Fabricius et de Galilée, et les débats violents qu'elles soulevèrent. J'ai déjà, dans le second volume du *Cosmos* (t. II, p. 595, note 33) parlé des théories astronomiques énoncées en termes fort obscurs par le cardinal, qui mourut en 1464, neuf ans avant la naissance de Copernic. — Le passage remarquable : « Jam nobis manifestum est terram in veritate moveri » se trouve dans le Traité *de docta Ignorantia* (lib. II, cap. 12). D'après Cusa, tout est en mouvement dans les espaces célestes ; pas une étoile qui ne décrive un cercle. « Terra non potest esse fixa, sed movetur ut aliæ stellæ. » La Terre cependant ne tourne pas autour du Soleil, tous deux ensemble gravitent autour des « pôles éternellement changeants de l'univers. » Cusa n'a donc rien de commun avec Copernic, ainsi que le démontre le passage dont le Dr Clemens a trouvé, à l'hôpital de Cues, le texte écrit de la main de Cusa, en 1444.

(10) [page 432]. *Cosmos*, t. II, p. 385-388 et 606, 607, notes 49-53.

(11) [page 432]. *Borbonia Sidera*, id est planetæ qui Solis lumina circumvolitant motu proprio et regulari, falso hactenus ab helioscopis Maculæ Solis nuncupati, ex novis observationibus Joannis Tarde, 1620.—*Austriaca Sidera*, heliocyclica astronomicis hypothesibus illigata opera Caroli Malapertii Belgæ Montensis e Societate Jesu, 1633. Ce dernier écrit a du moins le mérite de donner une suite d'observations sur les taches solaires qui se sont succédé de 1618 à 1626. Ce sont, au reste, les mêmes années pour lesquelles Scheiner a publié ses propres observations, à Rome, dans sa *Rosa Ursina*. Le chanoine Tarde croit au passage de petites planètes sur le disque du Soleil, parce que, dit-il, « l'œil du monde ne peut avoir des ophthalmies. » On s'étonnera avec raison que, 20 ans après Tarde et ses satellites Bourboniens, Gascoigne, qui a fait faire tant de progrès à l'art d'observer (*Cosmos*, t. III, p. 69), attribue encore les taches à la conjonction d'un grand nombre de corps planétaires, presque transparents, qui font leur révolution autour du Soleil, et très-près de lui. Suivant Gascoigne, plusieurs de ces corps accumulés produisent les ombres noires que l'on désigne sous le nom de taches solaires. Voyez dans les *Philosophical Transactions*, t. XXVII, 1710-1712, p. 282-

290; un passage extrait d'une lettre de William Crabtrie, en date du mois d'août 1640.

(12) [page 433]. Arago, Sur les moyens d'observer les taches solaires, dans l'*Astronomie populaire*, t. II, p. 121 à 126. Voyez aussi Delambre, *Histoire de l'Astronomie du moyen âge*, p. 394, et *Histoire de l'Astronomie moderne*, t. I, p. 681.

(12 *bis*) [page 433]. *Mémoires pour servir à l'Histoire des Sciences*, par M. le comte de Cassini, 1810, p. 242; Delambre, *Histoire de l'Astronomie moderne*, t. II, p. 694. Quoique Cassini, dès 1671, et La Hire, en 1700, aient déclaré que le globe du Soleil est obscur, on persiste encore dans plusieurs Traités d'Astronomie, fort recommandables d'ailleurs, à attribuer au célèbre Lalande la première idée de cette hypothèse. Lalande, dans l'édition de son Astronomie, publiée en 1792 (t. III, § 3240), aussi bien que dans la première édition de 1764 (t. II, § 2515), ne s'écarte point de l'ancienne opinion de La Hire : « Que les taches sont les éminences de la masse solide et opaque du Soleil, recouverte communément (en entier) par le fluide igné. » C'est entre 1769 et 1774, qu'Alexandre Wilson eut, pour la première fois, une idée claire et juste d'une ouverture en forme d'entonnoir, pratiquée dans la photosphère.

(12 *ter*) [page 434]. Alexandre Wilson, *Observations on the Solar Spots*, dans les *Philosoph. Transact.*, t. LXIV, 1774, 1re part., p. 6-13, tab. I. « I found that the umbra, which before was equally broad all round the nucleus, appeared much contracted *on that part which lay towards the centre of the disc*, whilst the other parts of it remained nearly of the former dimensions. I perceived that the shady zone or umbra, which surrounded the nucleus, might be nothing else but the shelving sides of the luminous matter of the sun. » Voyez aussi Arago, *Astronomie populaire*, t. II, p. 145.

(13) [page 435]. Bode dans le Recueil intitulé : *Beschäftigungen der Berlinischen Gesellschaft naturforschender Freunde*, t. II. 1776, p. 237-241 et 249.

(14) [page 439]. On trouve mentionné dans les fragments historiques de Caton l'Ancien, un rapprochement officiel entre les prix élevés du blé et les obscurcissements du Soleil, prolongés pendant plusieurs mois. Les expressions *luminis caligo et defectus Solis*, ne signifient pas toujours une éclipse; elles n'ont pas en particulier ce sens dans les récits du long affaiblissement de la lumière solaire qui survint après la mort de César; ainsi on lit dans Aulugelle (*Noctes Atticæ*, lib. II, cap. 28): « Verba Catonis in *Originum* quarto hæc sunt : Non libet scribere, quod in tabula apud Pontificem Maximum est, quotiens annona cara, quotiens Lunæ aut Solis luminis caligo aut quid obstiterit. »

(14 *bis*) [page 439]. Gautier, *Recherches relatives à l'influence que le nombre des taches solaires exerce sur les températures terrestres*, dans la *Bibliothèque universelle de Genève*. Nouv. série, t. LI, 1844. p. 327-335.

(15) [page 440]. Arago, *Notices scientifiques*, t. IV (t. VII des *Œuvres*), p. 136 à 257.

(16) [page 440]. Arago, *ibid.*, p. 204 à 270.

(16 *bis*) [page 440]. C'est la lueur blanchâtre que l'on vit aussi lors de l'éclipse du 15 mai 1836; et dont le grand astronome de Kœnigsberg disait dès lors avec beaucoup de justesse que, « lorsque la Lune eut couvert complétement le disque solaire, on voyait encore briller un anneau de l'atmosphère du Soleil » (Bessel, dans les *Astronom. Nachrichten* de Schumacher, nº 320).

(17) [page 441]. « Si nous examinions de plus près l'explication, d'après laquelle les protubérances rougeâtres seraient assimilées à des nuages (de la troisième enveloppe), nous ne trouverions aucun principe de physique qui nous empêchât d'admettre que des masses nuageuses de 25 à 30 000 lieues de long flottent dans l'atmosphère du Soleil; que ces masses,

comme certains nuages de l'atmosphère terrestre, ont des contours arrêtés, qu'elles affectent, çà et là, des formes très-tourmentées, même des formes en surplomb, que la lumière solaire (la photosphère) les colore en rouge. — Si cette troisième enveloppe existe, elle donnera peut-être la clef de quelques-unes des grandes et déplorables anomalies que l'on remarque dans le cours des saisons » (Arago, *Notices scientifiques*, t. IV (t. VII des *Œuvres*), p. 279 et 282.

(19) [page 441]. « Tout ce qui affaiblira sensiblement l'intensité éclairante de la portion de l'atmosphère terrestre qui paraît entourer et toucher le contour circulaire du Soleil, pourra contribuer à rendre visibles les proéminences rougeâtres. Il est donc permis d'espérer qu'un astronome exercé, établi au sommet d'une très-haute montagne, pourrait y observer régulièrement les *nuages de la troisième enveloppe solaire*, situés, en apparence, sur le contour de l'astre *ou un peu en dehors;* déterminer ce qu'ils ont de permanent et de variable, noter les périodes de disparition et de réapparition... » (Arago, *ibid.*, p. 285.)

(19) [page 444]. Il est incontestable que, du temps des Grecs et des Romains, des individus isolés ont pu voir à l'œil nu de grandes taches solaires ; mais il ne paraît pas moins certain que ces observations n'ont jamais conduit les auteurs grecs ou latins à mentionner ces phénomènes, dans aucun des ouvrages qui sont parvenus jusqu'à nous. Les passages de Théophraste, *de Signis* (lib. IV, cap. 1, p. 797), d'Aratus, *Diosemeia* (v. 90-92), de Proclus (*Paraphr.*, II, 14), dans lesquels Ideler fils (*Meteorol. Veterum*, p. 201 et *Commentaires sur la Météorologie d'Aristote*, t. I, p. 374) a cru trouver des descriptions de taches solaires, indiquent seulement : Que le disque du Soleil, quand il présage le beau temps, n'offre aucune différence sur toute sa surface, rien qu'il soit possible de signaler (μηδέ τι σῆμα φέρει), mais présente une apparence uniforme. Les σήματα, autrement dit, les taches qui altèrent la surface du Soleil, sont expressément

attribuées à un nuage léger, à l'état de l'atmosphère terrestre; le scoliaste d'Aratus dit : à l'épaississement de l'air. Aussi a-t-on toujours soin de distinguer le Soleil du matin et le Soleil du soir; car le disque solaire, indépendamment de toute véritable tache, fait l'office de diaphanomètre, et, d'après une vieille croyance qu'il ne faut pas mépriser, annonce encore aujourd'hui au laboureur et au marin les changements de temps qui se préparent. On peut, en effet, conclure de l'apparence que présente le Soleil à l'horizon l'état des couches atmosphériques voisines de la Terre. En ce qui concerne les grandes taches visibles à l'œil nu, que l'on prit, en 807 et en 840, pour des passages de Mercure et de Vénus, la première est mentionnée dans le grand Recueil historique des *Veteres Scriptores* publié par Justus Reuberus, en 1726 (voyez la partie intitulée: *Annales Regum Francorum Pipini, Karoli Magni et Ludovici a quodam ejus ætatis Astronomo, Ludovici regis domestico, conscripti*, p. 58). Ce fut d'abord un Bénédictin qui passa pour l'auteur de ces Annales (p. 28); plus tard, on reconnut qu'elles étaient du célèbre Eginhard ou Einhard, secrétaire privé de Charlemagne. Voyez *Annales Einhardi* dans les *Monumenta Germaniæ historica*, publiés par Pertz (Script., t. I, p. 194). Voici la mention faite par Eginhard des taches du Soleil : « DCCCVII. stella Mercurii XVI kal. April. visa est in Sole qualis parva macula nigra, paululum superius medio centro ejusdem sideris, *quæ a nobis* octo dies conspicata est; sed quando primum intravit vel exivit, nubibus impedientibus, minime notare potuimus. » — Simon Assemanus, dans l'introduction au *Globus cœlestis Cufico-Arabicus Veliterni Musei Borgiani*, 1790, p. XXXVIII, mentionne le prétendu passage de Vénus, rapporté par les astronomes arabes : « Anno Hegyræ 225 regnante Almootasemo Chalifa, visa est in Sole prope medium nigra quædam macula, idque feria tertia die decima nona Mensis Regebi..... » On prit cette tache pour Vénus, et on crut voir la planète pendant 91 jours, avec des interruptions de 12 à 13 jours, il est vrai. Peu de temps après mourut

Motassem. — Parmi les nombreux exemples que j'ai recueillis de récits historiques ou de traditions populaires mentionnant des diminutions subites dans l'éclat du jour, je citerai les suivants, au nombre de 17 :

A. 45 av. J.-C. Lors de la mort de Jules César, après laquelle le Soleil resta, pendant une année entière, pâle et moins chaud que d'habitude. L'air était épais, froid et sombre ; les fruits ne purent venir à maturité (voyez Plutarque, *Jules César*, chap. 87 ; Dion Cassius, liv. XLIV ; Virgile, *Géorgiques*, liv. I, v. 466).

A. 33 ap. J.-C. Année de la mort du Sauveur. « A partir de la sixième heure, une obscurité se répandit sur tout le pays jusqu'à la neuvième heure » (*Évang. selon saint Matthieu*, chap. 27, v. 45). D'après l'*Évang. selon saint Luc* (chap. 23, v. 45) : « Le Soleil perdit son éclat. » Eusèbe cite à l'appui de cette indication une éclipse de Soleil, arrivée dans la CCII° olympiade, dont avait fait mention un chroniqueur, Phlégon de Tralles (Ideler, *Handbuch der Mathem. Chronologie*, t. II, p. 417). Mais Wurm a démontré que cette éclipse, visible dans toute l'Asie Mineure, avait eu lieu dès l'année 29 après la naissance du Christ, le 24 novembre, trois ou quatre ans par conséquent avant sa mort. Le jour de la Passion tomba le 14 du mois de Nisan, jour de la Pâque des Juifs (Ideler, *ibid.*, t. I, p. 515, 520) ; or, la Pâque était toujours célébrée à l'époque de la pleine Lune. Le Soleil ne peut donc pas avoir été éclipsé par la Lune durant trois heures. Le jésuite Scheiner croyait pouvoir attribuer la diminution d'éclat du Soleil à un groupe de taches, couvrant une vaste étendue du disque solaire.

A. 358. Le 22 août : obscurcissement avant-coureur du terrible tremblement de terre de Nicomédie, qui détruisit aussi beaucoup d'autres villes en Macédoine et dans le Pont. L'obscurité dura 2 ou 3 heures : « Nec contigua vel adposita cernebantur », dit Ammien Marcellin (lib. XVII, cap. 7).

A. 360. Les ténèbres s'étendirent, depuis le matin jusqu'à midi, dans toutes les provinces orientales de l'empire romain :

« Per Eoos tractus, caligo a primo auroræ exortu adusque meridiem » (Ammien Marcellin, lib. XX, cap. 3). Les étoiles étaient visibles; ainsi ce phénomène n'était point dû à une pluie de cendres, et sa durée ne permit pas de l'attribuer, comme fait l'historien, à une éclipse totale : « Cum lux cœlestis operiretur, e mundi conspectu penitus luce abrepta, defecisse diutius solem pavidæ mentes hominum æstimabant : primo attenuatum in lunæ corniculantis effigiem, deinde in speciem auctum semenstrem, posteaque in integrum restitutum. Quod alias non evenit ita perspicue, nisi cum post inæquales cursus intermenstruum lunæ ad idem revocatur. » La description s'applique bien à une éclipse de Soleil, mais que penser de sa longue durée et de ces ténèbres répandues dans toutes les provinces orientales de l'empire?

A. 409. Lorsque Alaric parut devant Rome. L'obscurcissement permit d'apercevoir des étoiles en plein jour. (Schnurrer, *Chronik der Seuchen*, 1re part., p. 113.)

A. 536. Justinianus I Cæsar imperavit annos triginta octo (527-565). Anno imperii nono, deliquium lucis passus est Sol, quod annum integrum et duos amplius menses duravit, adeo ut parum admodum de luce ipsius appareret; dixeruntque homines Soli aliquid accidisse, quod nunquam ab eo recederet (Gregorius Abu'l-Faragius, *Supplementum Historiæ Dynastiarum*, éd. Edw. Pocock, 1663, p. 94). Ce phénomène a dû être fort semblable à celui de 1783. On a bien adopté en Allemagne un nom particulier (Hœhenrauch, brouillard sec), pour désigner ces affaiblissements dans l'intensité du Soleil; mais les explications que l'on a tenté d'en donner sont loin de s'appliquer à tous les cas.

A. 567. Justinus II annos 13 imperavit (565-578). Anno imperii ipsius secundo, apparuit in cœlo ignis flammans juxta polum arcticum, qui annum integrum permansit; obtexeruntque tenebræ mundum ab hora diei nona noctem usque, adeo ut nemo quidquam videret; deciditque ex aere quoddam pulveri minuto et cineri simile (Abu'l-Faragius, *Supplem. Histor.*

Dynast., p. 95). Ainsi il semble que ce phénomène apparut d'abord comme une orage magnétique, comme une aurore boréale perpétuelle, qui dura toute une année, et à laquelle succédèrent les ténèbres et une pluie de cendres.

A. 626. Toujours d'après Abu'l-Faragius (*ibid.*, p. 94 et 99), la moitié du disque solaire resta obscurcie pendant huit mois.

A. 733. Une année après que les Arabes eurent été rejetés au delà des Pyrénées, à la suite de la bataille de Tours. Le Soleil fut obscurci, le 19 août, de manière à causer de l'effroi (Schnurrer, *Chronik der Seuchen*, 1re part., p. 164).

A. 807. On vit sur la surface du Soleil une tache qui fut prise pour Mercure (Reuberus, *Veteres Scriptores*, p. 58). Voyez plus haut, p. 669.

A. 840. Du 28 mai au 26 août on observa le prétendu passage de Vénus sur le Soleil. Voyez plus haut, p. 444 et 669. Suivant Assemanus, ce phénomène aurait commencé au mois de mai 839. De 834 à 844, régna le calife Al-Motassem, qui fut le huitième calife, et eut pour successeur Haroun-el-Watek.

A. 934. Dans la curieuse Histoire du Portugal de Faria y Souza (1730, p. 147), je trouve ces mots : « En Portugal se vió sin luz la Tierra por dos meses. Avia el Sol perdido su splendor. » Alors le Ciel s'ouvrit *por fractura* avec beaucoup d'éclairs, et le Soleil recouvra subitement tout son éclat.

A. 1091. Le 21 septembre, le Soleil subit un obscurcissement de trois heures, après lequel il conserva une couleur particulière : « Fuit eclipsis Solis 11 kal. octob. fere tres horas: Sol circa meridiem dire nigrescebat. » (Martin Crusius, *Annales Suevici*, Francof. 1795, t. I, p. 279. Voyez aussi Schnurrer, *Chronik der Seuchen*, 1re part., p. 219.)

A. 1096. Le 3 mars, on reconnut à l'œil nu des taches sur le Soleil : « Signum in Sole apparuit V. Non. Martii feria secunda incipientis quadragesimæ. » (Joh. Staindelii, presbyteri Pataviensis, *Chronicon generale*, dans les *Rerum Boicarum Scriptores* d'Oefelius, t. I, 1763, p. 485).

A. 1206. D'après Joaquin de Villalba (*Epidemiologia española*, Madrid, 1803, t. I, p. 30), il survint, le dernier jour de février, une obscurité complète qui dura six heures : « El dia ultimo del mes de Febrero hubo un eclipse de Sol que duró seis horas con tanta obscuridad como si fuera media noche. Siguiéron á este fenómeno abundantes y continuas lluvias. » — Un phénomène presque semblable est cité par Schnurrer, comme s'étant produit au mois de juin 1191. Voyez *Chronik der Seuchen*, 1re part., p. 258 et 265.

A. 1241. Cinq mois après le combat des Mongols, près de Liegnitz, « obscuratus est Sol (in quibusdam locis)? et factæ sunt tenebræ, ita ut stellæ viderentur in cœlo, circa festum S. Michaelis, hora nona » (*Chronicon Claustro-Neoburgense*, du cloître de Neubourg, près de Vienne). Cette chronique, qui embrasse l'espace compris entre l'an 218 après J.-C. et l'an 1348, fait partie du Recueil de Pez, *Scriptores rerum Austriacarum*, Lipsiæ, 1721, t. I, p. 458.

A. 1547. Les 23, 24 et 25 avril, c'est-à-dire la veille, le jour et le lendemain de la bataille de Muhlbach, dans laquelle l'électeur Jean Frédéric fut fait prisonnier, Kepler dit, à ce sujet, dans les *Paralipom. ad Vitellium, quibus Astronomiæ pars optica traditur* (1604, p. 259) : « Refert Gemma, pater et filius, anno 1547, ante conflictum Caroli V cum Saxoniæ Duce, Solem per tres dies ceu sanguine perfusum comparuisse, ut etiam stellæ pleræque in meridie conspicerentur. » Voyez encore Kepler, *de Stella nova in Serpentario*, p. 113. Il ne sait quelle cause assigner à ce phénomène : « Solis lumen ob causas quasdam sublimes hebetari... » Il suppose que cet effet put être produit par une « materia cometica latius sparsa », et affirme seulement que la cause devait être placée en dehors de notre atmosphère, puisque l'on voyait des étoiles en plein midi. » Schnurrer (*Chronik der Seuchen*, 2e part. p. 93), prétend, malgré la visibilité des étoiles, que ce phénomène fut causé par un brouillard sec, attendu que l'empereur Charles-Quint se plaignait avant la bataille, « semper se nebulæ densitate infestari, quoties sibi cum hoste pugnandum sit. » (Lambertus Hortensius, *de Bello Germanico*, Basil., 1560, lib. VI, p. 182.)

(20) [page 445]. Déjà Horrebow (*Basis Astronomiæ*, 1735, § 226) se sert de la même expression. La lumière solaire est, selon lui, « une aurore boréale perpétuelle, produite dans l'atmosphère du Soleil par l'action contraire des forces magnétiques. » Voyez Hanow, dans Joh. Dan. Titius, *Gemeinnützige Abhandlungen über natürliche Dinge*, 1768, p. 102.

(21) [page 448]. Voyez les Mémoires scientifiques d'Arago (t. X des *Œuvres*, p. 57); Mathieu, dans Delambre, *Histoire de l'Astronomie au* XVIIIe *siècle*, p. 351 et 652; Fourier, *Éloge de William Herschel*, et les *Mémoires de l'Institut*, t. VI, année 1823 (Paris, 1827), p. LXXII. L'expérience ingénieuse, faite par Forbes, en 1836, durant une éclipse de Soleil, est aussi un fait remarquable, et qui prouve une grande homogénéité dans la nature de la lumière, qu'elle émane du centre ou des bords. Il fit voir qu'un spectre solaire exclusivement formé de rayons partant des bords de l'astre est identique, pour le nombre et la position des lignes sombres ou raies qui le croisent, avec celui qui provient du disque entier. Si, dans la lumière solaire, il manque des rayons d'une certaine réfrangibilité, ce n'est donc pas, ainsi que le suppose Sir David Brewster, parce que ces rayons se sont perdus dans l'atmosphère du Soleil, puisque les rayons des bords qui ont traversé des couches beaucoup plus épaisses produisent les mêmes lignes obscures (Forbes, dans les *Comptes rendus de l'Académie des Sciences*, t. II, 1836, p. 576). Je réunis à la fin de cette note tout ce que j'ai recueilli, en 1847, dans les manuscrits d'Arago :

« Des phénomènes de la Polarisation colorée donnent la certitude que le bord du Soleil a la même intensité de lumière que le centre; car, en plaçant dans le Polariscope un segment du bord sur un segment du centre, j'obtiens (comme effet complémentaire du rouge et du bleu) un blanc pur. Dans un corps solide (dans une boule de fer chauffée au rouge) le même angle de vision embrasse une plus grande étendue au bord qu'au centre, selon la proportion du cosinus de l'angle : mais, dans la même proportion aussi, le plus grand nombre de points matériels émettent une lumière plus faible *en raison de leur obliquité.* Le rapport de l'angle est naturellement le même pour une sphère gazeuse ; mais l'obliquité ne produisant pas dans les gaz le même effet de diminution que dans les corps solides, le bord de la sphère gazeuse serait plus lumineux que le centre. Ce que nous appelons le disque lumineux du Soleil est la Photosphère gazeuse, comme je l'ai prouvé par le manque absolu de traces de polarisation sur le bord du disque. Pour expliquer donc *l'égalité d'intensité* du bord et du centre indiquée par le Polariscope, il faut admettre une enveloppe extérieure qui diminue (éteint) moins la lumière qui vient du centre que les rayons qui viennent sur le long trajet du bord à l'œil. Cette enveloppe extérieure forme la couronne blanchâtre dans les éclipses totales du Soleil. — La lumière, qui émane des corps solides et liquides incandescents, est partiellement polarisée quand les rayons observés forment avec la surface de sortie un angle d'un petit nombre de degrés ; mais il n'y a aucune trace sensible de polarisation lorsqu'on regarde de la même manière dans le Polariscope des gaz enflammés. Cette expérience démontre que la lumière solaire ne sort pas d'une masse solide ou liquide incandescente. La lumière ne s'engendre pas uniquement à la surface des corps ; une portion naît dans leur substance même, cette substance fût-elle du platine. Ce n'est donc pas la décomposition de l'oxygène ambiant qui donne la lumière. L'émission de lumière polarisée par le fer liquide est un effet de réfraction au passage vers un milieu d'une moindre densité. Partout où il y a réfraction, il y a production d'un peu de lumière polarisée. Les gaz n'en donnent pas, parce que leurs couches n'ont pas assez de densité. — La

Lune, suivie pendant le cours d'une lunaison entière, offre des effets de polarisation, excepté à l'époque de la pleine lune et des jours qui en approchent beaucoup. La lumière solaire trouve, surtout dans les premiers et les derniers quartiers, à la surface inégale (montagneuse) de notre satellite des inclinaisons de plans convenables pour produire la polarisation par réflexion. »

(22) [page 448]. Sir John Herschel, *Cape Observations*, § 425, p. 434 ; *Outlines of Astronomy*, § 395, p. 234. Voyez aussi Fizeau et Foucault, dans les *Comptes rendus de l'Académie des Sciences*, t. XVIII, 1844, p. 860. Il est assez remarquable que Giordano Bruno, qui monta sur le bûcher huit ans avant l'invention du télescope et onze ans avant la découverte des taches solaires, crut à la rotation du Soleil autour de son axe. En revanche, il pensait que le centre de cet astre était moins éclatant que ses bords. Trompé par quelque effet d'optique, il croyait voir tourner le disque du Soleil et les bords tourbillonnants s'étendre et se contracter. Voyez Christian Bartholmèss, *Jordano Bruno*, t. II, 1847, p. 367.

(23) [page 449]. Fizeau et Foucault, *Recherches sur l'intensité de la lumière émise par le charbon dans l'expérience de Davy*, dans les *Comptes rendus de l'Académie des Sciences*, t. XVIII, 1844, p. 753. — « The most intensely ignited solids (ignited quicklime in lieutenant Drummond's oxy-hydrogen lamp) appear only *as black spots* on the disc of the sun when held between it and the eye (*Outlines of Astron.*, p. 236). Voyez aussi *Cosmos*, t. II, p. 387.

(24) [page 449]. Consultez le Commentaire d'Arago sur les lettres de Galilée à Marcus Welser, et, dans l'*Astronomie populaire*, t. II, p. 152 à 156, ses explications sur l'influence de la lumière solaire, réfléchie par les couches atmosphériques, qui semble envelopper d'un voile lumineux les objets célestes, vus dans le champ d'un télescope.

(25) [page 450]. Mædler, *Astronomie*, p. 84.

(26) [page 471]. Voyez *Philosoph. Magazine*, sér. III, t. XXVIII, p. 230; et Poggendorff's, *Annalen der Physik*, t. LXVIII, p. 101.

(27) [page 453]. Voyez Faraday, sur le Magnétisme atmosphérique, dans les *Experim. Researches on Electricity*, sér. XXV et XXVI (*Philosoph. Transact.* for 1851, 1re part.), §§ 2774, 2780, 2881, 2892-2968, et pour l'historique de cette question, § 2847.

(28) [page 453]. Voyez Nervander, d'Helsingfors, dans le *Bulletin de la classe physico-mathématique de l'Académie de Saint-Pétersbourg*, t. III, 1845, p. 30-32, et *Buys-Ballot*, d'Utrecht, dans Poggendorff's *Annalen der Physik*, t. LXVIII, 1846, p. 205-213.

(29) [page 454]. J'ai indiqué par des guillemets, de la page 454 à la page 458, les emprunts faits aux manuscrits de Schwabe. Les observations de 1826 à 1843 ont été seules publiées dans les *Astronom. Nachrichten* de Schumacher, n° 495, t. XXI, 1844, p. 325.

(30) [page 458]. Sir John Herschel, *Cape Observations*, p. 434.

(31) [page 460]. *Cosmos*, t. I, p. 224 et 517, note 79.

(32) [page 461]. Gesenius, dans le Recueil intitulé *Hallische Litteratur-Zeitung*, 1822, nos 101 et 102 (*Ergänzungsblatt*, p. 801-812). Chez les Chaldéens, le Soleil et la Lune étaient les deux divinités principales; aux cinq planètes étaient préposés de simples génies.

(33) [page 461]. Platon, *Timée*, p. 38, éd. Henri Estienne; t. I, p. 105 de la traduction de M. H. Martin. Voyez aussi t. II, p. 64.

(34) [page 461]. Boeckh, *de Platonico systemate cœlestium globorum et de vera indole astronomiœ Philolaicœ*, p. XVII, et *Philolaus*, 1819, p. 99.

(35) [page 461]. Julius Firmicus Maternus *Astronomiœ libri VIII* (ed. Pruckner. Basil., 1551, lib. II, cap. 4); l'auteur était contemporain de Constantin le Grand.

(36) [page 461]. Humboldt, *Monuments des peuples indigènes de l'Amérique*, t. II, p. 42-49. Dès l'année 1812, j'ai signalé les analogies du zodiaque de Bianchini avec celui de Dendérah. Voyez aussi Letronne, *Observations critiques sur les représentations zodiacales*, p. 97, et Lepsius, *Chronologie der Ægypter*, 1849, p. 80.

(37) [page 461]. Letronne, *Sur l'origine du Zodiaque grec*, p. 29; Lepsius, *Chronologie der Ægypter*, p. 83. Letronne conteste, à cause du nombre 7, l'origine chaldéenne de la semaine planétaire.

(38) [page 462]. Vitruve, *de Architectura*, lib. IX, cap. 4. Ni Vitruve ni Martian Capella ne prétendent que les Égyptiens soient les auteurs du système où Mercure et Vénus sont considérés comme des satellites du Soleil, tournant lui-même autour de la Terre. On lit dans le premier : « Mercurii autem et Veneris stellæ circum Solis radios, Solem ipsum, uti centrum, itineribus coronantes, regressus retrorsum et retardationes faciunt. »

(39) [page 462]. Martianus Mineus Felix Capella, *de Nuptiis philologiæ et Mercurii*, lib. VIII, éd. Grotius, 1599, p. 289 : « Nam Venus Mercuriusque, licet ortus occasusque quotidianos ostendant, tamen eorum circuli Terras omnino non ambiunt, sed circa Solem laxiore ambitu circulantur. Denique circulorum suorum centron in Sole constituunt, ita ut supra ipsum aliquando... » Ce passage, qui est placé sous le titre : « Quod Tellus non sit centrum omnibus planetis », a pu, sans doute, ainsi que l'affirme Gassendi, influer sur les premiers aperçus

de Copernic, plus que les textes attribués au grand géomètre Apollonius de Perge. Cependant Copernic se borne à dire : « Minime contemnendum arbitror, quod Martianus Capella scripsit, existimans quod Venus et Mercurius circumerrant Solem in medio existentem. » Voyez le *Cosmos*, t. II, p. 374 et 509 (note 34).

(40) [page 402]. Henri Martin (*Études sur le Timée de Platon*, t. II, p. 129-133) me semble avoir parfaitement expliqué le passage de Macrobe au sujet du système des Chaldéens, qui avait induit en erreur un philologue éminent, Ideler. Voyez le Mémoire d'Ideler *sur Eudoxe* (p. 48) et le *Museum der Alterthums-Wissenschaft* de Wolf et Buttmann (t. II, p. 443). Macrobe, *in Somnium Scipionis* (lib. I, cap. 19, et lib. II, cap. 3, Biponti, 1788, p. 91 et 129) ne sait rien du système de Vitruve et de Martian Capella, d'après lequel Mercure et Vénus seraient des satellites du Soleil, se mouvant lui-même comme les autres planètes autour de la Terre immobile. Il indique seulement, en se référant à Cicéron, les différentes opinions sur l'ordre des orbites décrites par le Soleil, Vénus, Mercure et la Lune. « Ciceroni Archimedes et Chaldæorum ratio consentit, Plato Ægyptios secutus est. » Quand Cicéron, dans cette description du système planétaire (*Somnium Scipionis*, cap. 4), s'écrie : « Hunc (Solem) ut comites consequuntur, Veneris alter, alter Mercurii cursus, » il a énuméré précédemment les orbites de Saturne, de Jupiter et de Mars, et veut seulement faire allusion à la proximité des orbites du Soleil et des deux planètes inférieures, Vénus et Mercure. Tous les corps célestes circulent, selon lui, autour de la Terre, comme autour d'un point fixe. L'orbite d'un satellite ne peut pas enfermer celle de la planète principale, et cependant Macrobe dit sans hésitation : « Ægyptiorum ratio talis est : circulus, per quem Sol discurrit, a Mercurii circulo ut inferior ambitur, illum quoque superior circulus Veneris includit. » Il entend donc parler d'orbites parallèles qui s'enveloppent les unes les autres.

(41) [page 462]. Lepsius, *Chronologie der Ægypter*, 1re part., p. 207.

(42) [page 463]. Le nom mutilé de la planète Mars, dans Vettius Valens et dans Cedrenus, correspond probablement au nom Her-tosch, comme Seb à Saturne. Voyez Lepsius, *Chronologie der Ægypter*, p. 90 et 93.

(43) [page 463]. On ne peut comparer Aristote (*Metaph.*, lib. XII, cap. 8, p. 1073, éd. Bekker), avec le Pseudo-Aristote (*de Mundo*, cap. 2, p. 392), sans être frappé du contraste qu'ils présentent. Dans le traité *de Mundo* on trouve déjà les noms des planètes Phaéthon, Pyrois, Hercule, Stilbon et Junon, ce qui indique l'époque d'Apulée et des Antonins, où déjà l'astrologie chaldéenne était répandue par tout l'empire romain, et où l'on mêlait des dénominations empruntées à différents peuples. (Voyez le *Cosmos*, t. II, p. 14 et 442.) Diodore de Sicile dit positivement que les Chaldéens, dès le principe, nommèrent les planètes d'après leurs divinités babyloniennes, et que ces noms passèrent de la sorte chez les Grecs. Ideler (*Eudoxe*, p. 48) attribue, au contraire, ces noms aux Égyptiens, et se fonde sur l'antique existence d'une semaine planétaire de sept jours sur les bords du Nil (*Handbuch der Chronologie*, t. I, p. 180), hypothèse complétement réfutée par Lepsius (*Chronologie der Ægypter*, 1re part., p. 131). Je rassemble ici, d'après Ératosthène, d'après l'auteur de l'Épinomis, probablement Philippus Opuntius, d'après Géminus, Pline, Théon de Smyrne, Cléomède, Achille Tatius, Jules Firmicus et Simplicius, tous les noms sous lesquels ont été désignées les cinq anciennes planètes, et dont nous devons surtout la conservation à la manie des rêveries astrologiques :

Saturne : φαίνων, Némésis ; cette planète est aussi désignée comme un soleil par cinq auteurs. (Voyez Théon de Smyrne, p. 87 et 165, éd. de Henri Martin.)

Jupiter : φαέθων, Osiris.

Mars : πυρόεις, Hercule.

Vénus : ἑωσφόρος, φωσφόρος, Lucifer ; ἕσπερος, Vesper ; Junon ; Isis ;

Mercure : στίλβων, Apollon.

Achille Tatius (*Isagoge in Phænom. Arati*, cap. 17) trouve singulier que les Égyptiens comme les Grecs aient décoré du nom de brillante (φαίνων) la moins lumineuse de toutes les planètes. « Peut-être bien, ajoute-t-il, cela tient-il à son influence bienfaisante. » D'après Diodore, ce nom viendrait de ce que « Saturne était de toutes les planètes celle qui pronostiquait l'avenir le plus souvent et de la manière la plus claire. » (Letronne, *sur l'origine du Zodiaque grec*, p. 33, et dans le *Journal des Savants*, 1836, p. 17 ; voyez aussi Carteron, *Analyse de recherches zodiacales*, p. 97.) Des dénominations qui, d'équivalent en équivalent, passent ainsi d'un peuple à l'autre, doivent souvent leur origine à des hasards qu'il est impossible de démêler ; cependant, nous devons faire remarquer que φαίνων, à proprement parler, n'exprime qu'une apparence lumineuse, c'est-à-dire une lueur calme, constante et d'une égale intensité, tandis que στίλβειν suppose un éclat plus vif, mais variable, quelque chose de scintillant. Les épithètes de φαίνων, pour la planète la plus éloignée, Saturne, de στίλβων, pour Mercure, plus rapproché du Soleil, paraîtront d'autant plus justes relativement, que l'on se rappellera ce que j'ai dit plus haut (*Cosmos*, t. III, p. 78), que Saturne et Jupiter, vus de jour, dans la grande lunette de Frauenhofer, semblent ternes, en comparaison du disque scintillant de Mercure. Ces qualifications, ainsi que le remarque le professeur J. Franz, indiquent donc une progression croissante, qui, partant de Saturne (φαίνων), passe par Jupiter, le guide éclatant du char lumineux (αἴθων), par Mars, l'astre incandescent (πυρόεις), et arrive enfin à Vénus (φωσφόρος) et à Mercure (στίλβων).

La dénomination indienne de Saturne ('sanaistschara), *qui se meut lentement*, m'a donné l'idée de poser à mon illustre ami Bopp la question de savoir si, en général, pour les noms indiens des planètes, comme pour les noms en usage chez les

Grecs et probablement aussi chez les Chaldéens, il y a lieu de distinguer entre des noms mythologiques et de simples épithètes. J'insère ici les explications que je dois à l'obligeance de cet illustre linguiste, en ayant soin de prévenir que je suis, pour les planètes, l'ordre d'après lequel elles sont rangées par rapport au Soleil, et non pas l'ordre adopté dans l'*Amarakoscha* (voyez Colebrooke, *Miscellaneous Essays*, t. II, p. 17 et 18). Sur les cinq noms sanscrits des planètes, trois sont des noms descriptifs : ce sont ceux de Saturne, de Mars et de Vénus.

« Saturne : 'sanaistschara, formé de 'sanais, *lentement*, et tschara, *qui se meut*, s'appelle aussi 'sauri, l'un des noms de Wischnou, dérivé par voie patronymique de 'sûra, nom du grand-père de Krischna. Saturne était encore désigné sous la dénomination de 'Sani. Le nom de 'Sani-vâra, signifiant dies Saturni, se rattache également à l'adverbe 'sanais, *lentement*. Les noms planétaires des jours de la semaine paraissent cependant inconnus à Amarasinha. Ils ne furent sans doute introduits que plus tard. »

« Jupiter : Vrihaspati, ou plus anciennement, suivant l'orthographe des Védas adoptée par Lassen, Brihaspati : Seigneur de la Croissance; ce nom, qui était celui d'une divinité védique, est formé de vrih (brih), *croître*, et pati, *maître*. »

« Mars : Angaraka (de angara, *charbon ardent*), s'appelait encore lohitânga, *le corps rouge*, de lôhita, *rouge*, et anga, *corps*. »

« Vénus : planète mâle, nommée 'sukra, c'est-à-dire l'*éclatante*. Cette planète portait aussi le nom de Daitya-guru, de guru, *maître*, et de Daityas, *les Titans*. »

« Mercure : Boudha, ne doit pas être confondu avec le législateur religieux Bouddha. Mercure s'appelait encore Rauhinêya, c'est-à-dire fils de la nymphe Rohini, épouse de la Lune (soma) : d'où lui est venu aussi le nom de Saumya. La racine commune de Boudha, la planète, et de Bouddha, personnage divin, est budh, *savoir*. Il me semble peu probable que le mot saxon Wuotan (Wotan, Odin) se rattache au mot Boudha. Cette supposition paraît fondée principalement sur la ressemblance extérieure des formes et sur ce fait que toutes deux désignent un même jour de la semaine : dies Mercurii, en vieux saxon Wôdanes dag, en indien Budha-vâra. Vâra signifie originairement *fois*, comme dans bahuvârân, *grand nombre de fois;* plus tard, placé à la fin d'un mot, il exprime l'idée du jour. Jacob Grimm (*Deutsche Mythologie*, p. 120) dérive le nom germanique Wuotan, du verbe watan, vuot (actuellement waten), qui signifie : *meare, transmeare, cum impetu ferri*, et correspond littéralement au latin vadere. Wuotan ou Odinn est, d'après Jacob Grimm, l'être tout-puissant, qui pénètre tout : « Qui omnia permeat, » comme le dit Lucain de Jupiter. Voyez sur des noms indiens les jours de la semaine, sur Boudha et Bouddha, et sur les jours de la semaine, en général, les remarques de mon frère dans l'écrit : *Ueber die Verbindungen zwischen Java und Indien* (*Kawi-sprache*, t. I, p. 187-190).

(44) [page 403]. Voyez Letronne, *Sur l'amulette de Jules César et les signes planétaires*, dans la *Revue archéologique*, 3e année, 1846, p. 261. Saumaise voyait dans le plus ancien signe planétaire de Jupiter la lettre initiale de Ζεύς ; dans celui de Mars une abréviation du surnom Θούρας. Le disque solaire, employé comme signe, était rendu presque méconnaissable par un faisceau oblique et triangulaire de rayons. A part le système pythagoricien de Philolaus, la Terre n'était pas comptée parmi les planètes, c'est pourquoi Letronne considère le signe planétaire de la Terre comme ayant été introduit postérieurement à Copernic. — Le remarquable passage d'Olympiodore sur la consécration des différents métaux à chacune des planètes est emprunté à Proclus et a été signalé pour la première fois par Bœckh ; il se trouve à la page 14, dans l'édition de Bâle ; à la page 30, dans celle de Schneider. Comp. : Aristote, *Météorol.*, éd. Ideler, t. II, p. 163. La scolie sur les *Isthmiques* de Pindare (V, 2), dans laquelle les métaux sont rapprochés des planètes, appartient à l'école néo-platonicienne ; voyez Lobeck, *Aglaophamus*, t. II, p. 936.

Par la même association d'idées, les signes planétaires sont devenus peu à peu des signes des métaux, et, pour quelques-uns, les noms mêmes se sont confondus. Ainsi, le nom de Mercure désigne le vif argent, l'argentum vivum et l'hydrargyrus de Pline. Dans la précieuse collection des manuscrits grecs de la Bibliothèque de Paris, on trouve sur l'art cabalistique du grand œuvre deux manuscrits, dont l'un (n° 2250), renferme les noms des métaux consacrés aux planètes, sans l'emploi des signes; l'autre (n° 2329), sorte de dictionnaire de chimie qui, d'après le caractère de l'écriture, peut être rapporté au xve siècle, présente les noms des métaux réunis à un petit nombre de signes planétaires (Hoefer, *Histoire de la Chimie*, t. I, p. 250). Dans le manuscrit n° 2250, le vif argent est consacré à Mercure et l'argent à la Lune, tandis que dans le n° 2329 le vif argent est consacré à la Lune et l'étain à Jupiter; Olympiodore assignait ce dernier métal à Mercure : tant il y avait peu de fixité dans ces relations mystiques des astres avec les propriétés des métaux.

C'est ici le lieu de nous occuper des heures et des jours de la semaine spécialement affectés aux diverses planètes. Ce n'est que tout récemment que l'on s'est fait des idées justes sur l'antiquité de cet usage, et que l'on a reconnu à quel point il était répandu chez les nations lointaines. Ainsi que l'a démontré Lepsius (*Chronologie der Ægypter*, p. 132), et que le prouvent des monuments qui remontent aux premiers temps de la construction des grandes pyramides, la semaine des Égyptiens était composée non pas de sept jours, mais de dix. Trois de ces décades formaient un des douze mois de l'année solaire. Quand on lit, dans Dion Cassius (lib. XXXVII, cap. 18), que l'usage de désigner les jours d'après les noms des sept planètes était né originairement en Égypte, et de là s'était répandu, à une époque assez récente, chez tous les autres peuples, notamment chez les Romains, parmi lesquels il s'était, au temps de Dion Cassius, complétement naturalisé, il ne faut pas oublier que cette écrivain était contemporain d'Alexandre Sévère, et que depuis l'invasion de l'astrologie orientale sous les Césars, et par suite du grand concours de tant de peuples à Alexandrie, il était de mode en Occident d'appeler égyptien tout ce qui semblait antique. C'est sans doute chez les nations sémitiques que la semaine de sept jours remonte le plus haut et fut le plus répandue. Ce fait, au reste, n'est pas particulier aux Hébreux; il se retrouve chez les Arabes nomades, longtemps avant Mahomet. J'ai posé à un savant très-versé dans les antiquités sémitiques, au professeur Tischendorf, de Leipzig, la question de savoir si, à part le nom du Sabbat, il n'existe pas dans l'Ancien Testament, pour les différents jours de la semaine, des dénominations distinctes autres que celles de 2e et de 3e jour de la *schebua;* si dans le Nouveau Testament, à une époque où sans aucun doute des étrangers s'occupaient déjà en Palestine d'astrologie planétaire, il ne se rencontre nulle part de dénomination empruntée aux planètes, pour désigner quelqu'un des jours de la période hebdomadaire? La réponse fut celle-ci : « Non-seulement l'Ancien ni le Nouveau Testament, mais la *Mischna* non plus que le *Talmud*, n'offrent aucune trace de noms de planètes affectés aux jours. On n'avait pas non plus coutume de dire le 2me ou le 3me jour de la *schebua ;* on comptait d'habitude par le quantième du mois; cependant la veille du Sabbat était appelée aussi le sixième jour, sans autre désignation. Le mot Sabbat fut étendu plus tard à la semaine entière (Ideler, *Handbuch der Chronol.*, t. I, p. 480) ; ainsi l'on trouve dans le *Talmud*, pour les différents jours de la semaine, le 1er, le 2e, le 3e jour du Sabbat et ainsi de suite. Le mot ἑβδομάς pour *schebua* n'est pas dans le Nouveau Testament. Le *Talmud*, dont la rédaction commencée au IIe siècle se prolonge jusqu'au Ve, offre des épithètes hébraïques appliquées à quelques planètes, à Vénus l'*éclatante* et au *rouge* Mars. Ce qu'il y a de plus singulier, c'est le nom de *Sabbatai*, proprement *étoile du Sabbat*, employé pour désigner Saturne, de même que parmi les noms pharisaïques des étoiles, énumérés par Épiphane, la même planète est appelée *Hochab Sabbath*. N'est-ce point là ce qui fit prendre le jour du Sabbat pour le jour de

Saturne (Saturni sacra dies, dit Tibulle, *Élég.*, I, 3, v. 18)? Un passage de Tacite (*Histoires*, liv. V, chap. 4) agrandit le cercle de ces rapports entre le personnage consacré par la tradition légendaire et la planète du même nom. » Voyez aussi Furst, *Cultur-und Litteraturgeschichte der Juden in Asien*, 1849, p. 40.

Il n'est pas douteux que les différentes phases de la Lune n'aient de bonne heure dû attirer l'attention de peuples chasseurs et pasteurs, et servir d'aliment à leurs rêveries astrologiques. Il faut donc admettre avec Ideler que la semaine est un démembrement du mois synodique, dont un quart représente en moyenne 7 jours 3/8. Au contraire, tout ce qui a trait à l'ordre des planètes et aux distances qui les séparent les unes des autres, ainsi qu'aux noms des heures et des jours, ne peut appartenir qu'à une époque de civilisation beaucoup plus avancée, et qui commence à prendre goût aux théories.

En ce qui concerne les noms des planètes, appliqués aux jours de la semaine, et l'ordre dans lequel on rangeait ces corps célestes (Geminus, *Elem. Astron.*, p. 4 ; Cicéron, *de Republica*, lib. VI, cap. 10; Firmicus, lib. II, cap. 4), on les plaçant tous, suivant l'opinion la plus ancienne et la plus répandue, entre la sphère des fixes et la terre immobile, à savoir :

Saturne,
Jupiter,
Mars,
Le Soleil,
Vénus,
Mercure,
La Lune,

on a mis en avant trois suppositions différentes : l'une empruntée aux intervalles musicaux ; une autre aux noms planétaires des heures dans le vocabulaire astrologique ; une troisième fondée sur un partage des douze signes du zodiaque entre les 36 décans ou entre les corps planétaires qui sont réputés les maîtres (domini) de ces décans, et dont la série est répétée cinq fois, de manière à faire, Mars étant seul répété six fois, trois décans ou trois planètes pour chaque signe. Les deux premières hypothèses sont exposées dans le remarquable passage de Dion Cassius (lib. XXXVII, cap. 17), où l'auteur veut expliquer pourquoi les Juifs célèbrent le jour de Saturne (notre samedi). « Si l'on applique, dit-il, l'intervalle musical que l'on nomme la quarte, διὰ τεσσάρων, aux sept planètes, d'après la durée de leur révolution, en donnant la première place à Saturne, comme à la plus éloignée, on tombe d'abord sur la quatrième, le Soleil, puis sur la septième, la Lune, et les planètes se présentent ainsi dans l'ordre où se succèdent les noms des jours. » M. Vincent a donné un commentaire de ce passage, dans son Mémoire *sur les Manuscrits grecs relatifs à la Musique* (1847, p. 138); voyez aussi Lobeck, *Aglaophamus*, p. 941-946. La deuxième explication de Dion Cassius repose sur le retour périodique des heures consacrées aux planètes. « Si l'on compte, dit-il, les heures du jour et de la nuit, en partant de la première heure du jour, et en rattachant cette première heure à Saturne, la seconde à Jupiter, la troisième à Mars, la quatrième au Soleil, la cinquième à Vénus, la sixième à Mercure, la septième à la Lune, dans l'ordre où les Égyptiens rangent les planètes, de manière à recommencer toujours par Saturne : on trouvera, après avoir parcouru la série des vingt-quatre heures, que la première heure du jour suivant sera attribuée au Soleil, celle du troisième jour à la Lune, en un mot que la première heure de chaque jour correspond à la planète à laquelle ce jour emprunte son nom. » De même Paulus d'Alexandrie, mathématicien astronome du IVe siècle, fait présider à chaque jour de la semaine la planète qui donne son nom à l'heure par laquelle la journée commence.

Cette manière d'expliquer les appellations des jours de la semaine avait été jusqu'ici généralement considérée comme la plus exacte ; mais Letronne, s'appuyant sur le zodiaque de Bianchini longtemps délaissé dans les collections du Louvre, et sur lequel, frappé moi-même d'une singulière ressemblance entre un zodiaque grec et un zodiaque des Tartares kirghises, j'avais, en 1812, attiré l'attention des archéologues, Letronne, dis-je, déclare adopter de préférence une troisième explication qui consiste à répartir, comme on l'a vu plus haut, à l'aide d'une multiplication, trois planètes sur chaque signe du zodiaque (Letronne, *Observations critiques et archéologiques sur l'objet des représentations zodiacales*, 1824, p. 97-99). Cette distribution des planètes entre les trente-six décans de la dodécatémorie est précisément celle que décrit Julius Firmicus Maternus (lib. II, cap. 4 : Signorum decani eorumque domini.) Si, dans chaque signe, on prend la planète qui est la première des trois, on obtient la série des jours planétaires de la semaine. Le tableau qui suit peut servir d'exemple pour les quatre premiers jours de la semaine : Dies Solis, Lunæ, Martis, Mercurii. La VIERGE : le *Soleil*, Vénus, Mercure ; la BALANCE : la *Lune*, Saturne, Jupiter ; le SCORPION : *Mars*, le Soleil, Vénus ; le SAGITTAIRE : *Mercure*... Comme, d'après Diodore, les Chaldéens comptaient originairement non pas sept planètes *mais cinq seulement*, ne reconnaissant pour telles que celles qui avaient une apparence stellaire, toutes les combinaisons dont nous venons de parler, dans lesquelles figurent plus de cinq planètes, ne paraissent pas remonter aux Chaldéens, et doivent avoir une origine astrologique beaucoup plus récente. Voyez Letronne, *sur l'Origine du Zodiaque grec*, 1840, p. 29.

Quelques lecteurs pourront être bien aises de trouver ici de courts éclaircissements sur la concordance que présentent la série des jours de la semaine et la répartition des planètes entre les décans, dans le zodiaque de Bianchini. Si l'on représente chaque planète, en suivant l'ordre qu'avaient adopté les anciens, par un caractère de l'alphabet : Saturne par a, Jupiter par b, Mars par c, le Soleil par d, Vénus par e, Mercure par f, la Lune par g, et que l'on forme ainsi de ces sept termes la série périodique :

a b c d e f g, a b c d,...

on obtiendra, en se rappelant que chaque décan est préposé à trois planètes, dont la première donne son nom à l'un des jours de la semaine, et en supprimant deux termes sur trois, la nouvelle suite périodique :

a d g c f b e, a d g c...

c'est-à-dire, Dies Saturni, Solis, Lunæ, Martis, etc.

On obtiendra aussi la même série

a d g c...

par la méthode de Dion Cassius, d'après laquelle chaque planète donne son nom au jour dont la première heure lui est spécialement affectée. Pour arriver à ce résultat, il suffit d'extraire 1 terme sur 24 dans chacune des 7 séries. Il est indifférent, en effet, dans une suite périodique, de supprimer un certain nombre de termes, ou de supprimer ce même nombre augmenté d'un multiple quelconque du nombre de termes qui composent la période; or, la période dont il s'agit ici est formée de 7 termes, et $23 = 3 \times 7 + 2$. Il revient donc absolument au même de retrancher 23 nombres, suivant la méthode de Dion Cassius, ou d'en retrancher seulement 2, d'après celle que propose Letronne.

Nous avons déjà signalé quelques pages plus haut (note 13) une singulière analogie entre le nom latin du quatrième jour de la semaine, *dies Mercurii*, l'appellation indienne *Budha-vara* et l'ancien nom saxon *Vódanes-dag* (Jacob Grimm, *Deutsche Mythologie*, 1844, t. I, p. 114). La question d'identité que William Jones prétend établir entre Bouddha, fondateur du bouddhisme, et Odin, autrement appelé Wuotan ou Wotan, fameux dans les chants héroïques et dans l'histoire de la civilisation des races septentrionales, paraîtra peut-être plus intéressante encore, si l'on songe que le nom Wotan est celui d'un personnage moitié fabuleux moitié historique, célèbre dans une partie du Nouveau-Monde, et sur lequel j'ai rassemblé un grand nombre de documents dans mon ouvrage sur les monuments et les croyances des races américaines. (*Vues des Cordillères et Monuments des peuples indigènes de l'Amérique*, t. I, p. 208 et 382-384; t. II, p. 350). D'après les traditions des habitants de Chiapa et de Soconusco, ce Wotan américain est le descendant de l'homme qui, lors du grand déluge, se sauva dans une barque et renouvela le genre humain. Il fit faire de grandes constructions qui, de même que la pyramide mexicaine de Cholula, amenèrent la confusion des langues, la guerre et la dispersion des races. Son nom s'introduisit aussi, comme celui d'Odin en Germanie, dans le calendrier des naturels de Chiapa, dont le vrai nom était Téochiapan. On nomma, d'après lui, une des périodes de cinq jours qui, réunies quatre par quatre, formaient le mois en usage chez les Aztèques et les Chiapanèques. Tandis que les Aztèques désignaient leurs mois par des noms empruntés aux plantes et aux animaux, les Chiapanèques distinguaient les mois par les noms de vingt chefs, venus du Nord, qui les avaient conduits jusque dans ces lieux. Les quatre plus héroïques d'entre ces chefs : Wotan ou Wodan, Lambat, Been et Chinax, ouvraient les semaines de cinq jours, inaugurées chez les Aztèques par les symboles des quatre éléments. Wotan et les autres chefs appartenaient incontestablement à la race des Toltèques qui, au VIIe siècle, envahirent le pays. Le premier historien de la nation des Aztèques, Ixtlilxochitl, dont le nom chrétien était Fernando de Alva, dit positivement dans des manuscrits qui datent du commencement du XVIe siècle, que la province Téochiapan et tout le Guatémala, d'une côte à l'autre, étaient peuplés de Toltèques. Dans les premiers temps de la conquête espagnole, il y avait encore au village de Téopixca une famille qui se vantait de descendre de Wotan. L'évêque de Chiapa, Francisco Nuñez de la Véga, a recueilli beaucoup de documents sur la légende américaine de Wotan, dans son *Preambulo de las Constituciones diocesanas*. La légende du premier Odin scandinave (Odinn, Othinus), ou Wuotan, parti, dit-on, des rives du Volga, a-t-elle une origine historique? c'est là encore un point très-indécis (Jacob Grimm, *Deutsche Mythologie*, t. I, p. 120-150). A vrai dire, l'identité des deux héros, bien qu'appuyée sur d'autres motifs que la ressemblance des sons, n'est pas moins douteuse que celle de Wuotan avec Bouddha, ou celle que l'on est tenté d'établir entre le nom du législateur des Hindous et le nom de la planète Boudha.

L'existence d'une semaine hebdomadaire au Pérou, qui a souvent été présentée comme une analogie sémitique entre les deux continents, est un fait erroné. Le père Acosta qui visita le Pérou peu de temps après la conquête espagnole, l'avait déjà démontré dans son *Historia natural y moral de las Indias* (1591, lib. VI, cap. 3). L'inca Garcilaso de la Véga rectifie lui-même le renseignement qu'il avait donné d'abord (1re part., lib. II, cap. 35) en disant clairement : que dans chacun des mois qui étaient calculés sur le cours de la Lune, il y avait trois jours de fête, et que le peuple devait travailler huit jours pour se reposer le neuvième (1re part., lib. VI, cap. 23). Les semaines péruviennes étaient donc formées de neuf jours. Voyez à ce sujet mes *Vues des Cordillères*, t. I, p. 341-343.

(45) [page 465]. Bœckh, *Philolaus*, p. 102 et 117.

(46) [page 467]. Il faut, lorsqu'on veut écrire l'histoire des découvertes, distinguer l'époque où une découverte a été faite de celle où elle a été publiée. C'est en négligeant cette précaution que l'on a laissé s'introduire dans les manuels astronomiques des nombres fautifs et mal concordants. Ainsi, par exemple, Huygens découvrit le sixième satellite de Saturne, Titan, le 25 mars 1655 (Hugenii, *Opera varia*, 1724, p. 523), et ne le fit connaître que le 5 mars 1656 (*Systema Saturnium*, 1659, p. 2). Le même astronome qui, depuis le mois de mars 1655, s'occupait sans interruption de Saturne, avait acquis, dès le 17 décembre 1657, une notion claire et complète de l'anneau qui entoure cette planète (*Syst. Sat.*, p. 21); ce ne fut cependant qu'en 1659 qu'il publia une explication scientifique de tous les

aspects sous lesquels se présente ce phénomène. Galilée avait cru apercevoir seulement de chaque côté de la planète deux disques circulaires détachés.

(47) [page 467]. *Cosmos*, t. I, p. 99. Voyez aussi Encke, dans les *Astronomische Nachrichten* de Schumacher, t. XXVI, 1848, n° 622, p. 347.

(48) [page 479]. Bœckh, *de Platonico Systemate*, p. XXIV, et *Philolaus*, p. 100. La série des planètes, telle qu'elle est donnée par Gésénius, celle qui a servi, comme nous venons de le voir (note 44), à dénommer les jours de la semaine, et à les mettre sous l'invocation des dieux, est positivement désignée comme la plus ancienne par Ptolémée (*Almageste*, lib. XI, cap. 1). Ptolémée blâme les motifs pour lesquels « les modernes ont placé Vénus et Mercure en deçà du Soleil. »

(49) [page 480]. Les Pythagoriciens prétendaient, afin d'établir la réalité des sons musicaux produits par la rotation des sphères, que l'on ne peut entendre que là où il y a alternative de bruit et de silence (Aristote, *de Cælo*, lib. II, cap. 9, p. 290, n°s 24-30, éd. Bekker). On excusait aussi par la surdité, la non-perception de ces accords des sphères (Cicéro, *de Republica*, lib. VI, cap. 11). Aristote lui-même qualifie la fable musicale de Pythagore de belle et d'ingénieuse (κομψῶς καὶ περιττῶς), il ne lui reproche que de n'être pas vraie (*ibid.*, n°s 12-15).

(50) [page 480]. Bœckh, *Philolaus*, p. 90.

(51) [page 480]. Platon, *de Republica*, lib. X, p. 617. Ce philosophe calcule les distances des planètes d'après deux progressions différentes dont l'une a pour raison 2, l'autre 3, ce qui compose la série 1, 2, 3, 4, 9, 8, 27. C'est la même série que l'on trouve dans le *Timée*, à l'endroit qui traite de la division arithmétique de l'âme du monde (p. 35, éd. Estienne). Platon a considéré simultanément les deux progressions géométriques 1, 2, 4, 8 — et 1, 3, 9, 27 ; puis il a intercalé les

termes, ce qui a donné la suite des nombres 1, 2, 3, 4, 9, 8, 27. Voyez Bœckh, dans les *Studien* de Daub et Creuzer, t. III, p. 34-43 ; H. Martin, *Études sur le Timée*, t. I, p. 384 et t. II, p. 64. Voyez aussi Prévost, *sur l'Ame d'après Platon*, dans les *Mémoires de l'Académie de Berlin* pour 1802, p. 90 et 97; et un autre écrit du même auteur dans la *Bibliothèque britannique*, Sciences et Arts, t. XXXVII, 1808, p. 153.

(52) [page 481]. Voyez l'ingénieux écrit du professeur Ferdinand Piper, *von der Harmonie der Sphæren*, 1850, p. 12-18. Ideler fils (*Hermapion*, 1841, 1re part., p. 196-214) a traité en détail, et avec beaucoup de science et de critique, du prétendu rapport existant entre les sept voyelles de l'ancienne langue égyptienne et les sept planètes, ainsi que d'hymnes astrologiques dans lesquels abondaient les voyelles et que chantaient les prêtres égyptiens. Cette hypothèse, mise en avant par Seyffarth, qui se fondait sur un passage du Pseudo-Démétrius de Phalère, peut-être Démétrius d'Alexandrie (*de Interpret.*, § 71), sur une épigramme d'Eusèbe et sur un manuscrit gnostique conservé à Leyde, avait été déjà contredite par les recherches de Zoëga et de Tœlken. Comp. Lobeck, *Aglaophamus*, p. 932.

(53) [page 481]. Sur le développement progressif des idées musicales de Kepler, voyez le Commentaire de l'*Harmonice Mundi*, par Apelt, dans l'ouvrage intitulé : *Johann Kepler's Weltansicht*, 1849, p. 76-116, et Delambre, *Histoire de l'Astronomie moderne*, t. I, p. 352-360.

(54) [page 481]. *Cosmos*, t. II, p. 377.

(55) [page 482]. Tycho avait renversé l'hypothèse des sphères de cristal, dans lesquelles on supposait les planètes enchâssées. Kepler le loue de cette entreprise ; mais il persiste à représenter le firmament comme une enveloppe sphérique solide, de deux milles allemands d'épaisseur, sur laquelle brillent douze étoiles de première grandeur, situées toutes à égale distance de la Terre, et répondant aux angles d'un

icosaèdre. Les étoiles, dit-il, *lumina sua ab intus emittunt ;* et même pendant longtemps il crut les planètes lumineuses par elles-mêmes, jusqu'à ce que Galilée l'eut ramené à des idées plus justes. Bien que, d'accord en cela avec plusieurs philosophes de l'antiquité et avec Giordano Bruno, il considérât toutes les fixes comme des soleils semblables au nôtre, cependant, en examinant l'hypothèse d'après laquelle chacune de ces étoiles serait entourée de planètes, il n'incline pas à l'adopter autant que je l'avais supposé d'abord (*Cosmos*, t. II, p. 391). Voyez Apelt, *Kepler's Weltansicht*, p. 21-24.

(56) [page 483]. C'est seulement en 1821 que Delambre (*Histoire de l'Astron. moderne*, t. I, p. 314) a fait remarquer, dans les passages qu'il a extraits des œuvres de Kepler, et qui, complets au point de vue astronomique, ne le sont point au point de vue astrologique, l'hypothèse d'une planète imaginée par Kepler entre Mercure et Vénus. « On n'a fait, dit-il, aucune attention à cette supposition de Kepler, quand on a formé des projets de découvrir la planète qui (selon une autre de ses prédictions) devait circuler entre Mars et Jupiter. »

(57) [page 483]. « Ce remarquable passage au sujet d'une lacune (*hiatus*) entre Mars et Jupiter se trouve dans l'ouvrage intitulé *Prodromus dissertationum cosmographicarum, continens Mysterium cosmographicum de admirabili proportione orbium cælestium*, 1596, p. 7 : « Cum igitur hac non succederet, alia via, mirum quam audaci, tentavi aditum. Inter Jovem et Martem interposui novum Planetam, itemque alium inter Venerem et Mercurium, quos duos forte ob exilitatem non videamus, iisque sua tempora periodica ascripsi. Sic enim existimabam me aliquam æqualitatem proportionum effecturum, quæ proportiones inter binos versus Solem ordine minuerentur, versus fixas augescerent : ut propior est Terra Veneri quantitate orbis terrestris, quam Mars Terræ, in quantitate orbis Martis. Verum hoc pacto neque unius planetæ interpositio sufficiebat ingenti hiatu, Jovem inter et Martem : manebat enim major Jovis ad illum

novum proportio, quam est Saturni ad Jovem. Rursus alio modo exploravi..... » Kepler avait vint-cinq ans à l'époque où il écrivit ces lignes. On voit combien son esprit mobile se plaisait à créer des hypothèses, qu'il abandonnait bientôt pour d'autres. Il conserva toujours la ferme espérance de découvrir des lois numériques là même où les perturbations multiples des forces attractives ont déterminé la matière cosmique à se condenser en globes planétaires, et à se mouvoir, tantôt isolément sur des orbites simples et presque parallèles entre elles, tantôt par groupes, sur des orbites merveilleusement entrelacées. Kepler ne comprenait point que, par suite de l'ignorance où nous sommes des conditions accessoires, ces perturbations compliquées échappent au calcul, et qu'il en est ainsi pour l'origine et pour la constitution d'un grand nombre d'objets dans la nature.

(58) [page 483]. Newtoni, *Opuscula mathematica, philosophica et philologica*, 1744, t. II. Opusc, XVIII, p. 246 : « Chordam musice divisam potius adhibui, non tantum quod cum phænomenis (lucis) optime convenit, sed quod fortasse, aliquid circa colorum harmonias (quarum pictores non penitus ignari sunt), sonorum concordantiis fortasse analogas, involvat. Quemadmodum verisimilius videbitur animadvertenti affinitatem, quæ est inter extimam Purpuram (Violarum colorem) ac Rubedinem, Colorum extremitates, qualis inter octavæ terminos (qui pro unisonis quodammodo haberi possunt) reperitur... » Voyez aussi Prévost dans les *Mémoires de l'Académie de Berlin* pour 1802, p. 77 et 93.

(59) [page 484]. Sénèque. *Naturales Quæstiones*, lib. VIII, cap. 13 : « Non has tantum stellas quinque discurrere, sed solas observatas esse : cetorum innumerabiles ferri per occultum. »

(60) [page 484]. Je ne m'étais pas trouvé satisfait des explications données par Heyne, dans sa dissertation *de Arcadibus Luna antiquioribus* (*Opusc. acad.*, t. II, p. 332), sur l'origine du mythe astronomique des Prosélènes, si répandu dans l'an-

tiquité ; ce fut avec un plaisir d'autant plus vif que je reçus d'un philologue doué d'une grande pénétration, mon ami le professeur J. Franz, une solution nouvelle et fort heureuse d'un problème si souvent discuté. Cette solution, obtenue à l'aide d'une simple association d'idées, n'a aucun rapport ni avec les dispositions du calendrier des Arcadiens, ni avec le culte de ce peuple pour la Lune. Je me borne ici à donner un extrait d'un travail inédit et beaucoup plus complet. Dans un ouvrage où je me suis fait une loi rapprocher fréquemment l'ensemble de nos connaissances actuelles des connaissances de l'antiquité et des traditions variables ou généralement regardées comme telles, cette explication sera, j'espère, bien venue de quelques-uns de mes lecteurs.

« Nous commencerons par les passages principaux qui, chez les anciens, ont trait aux Prosélènes. Étienne de Byzance, au mot Ἀρκάς, indique le logographe Hippys de Rhegium, contemporain de Xerxès et de Darius, comme le premier qui ait nommé les Arcadiens προσελήνους. Le Scoliaste d'Apollonius de Rhodes (lib. IV, v. 264) et celui d'Aristophane (*Nubes*, v. 397) s'accordent à dire que la haute antiquité des Arcadiens est surtout attestée par le qualification de προσέληνοι. Ainsi, il y avait un peuple qui était réputé antérieur à la Lune ; c'est ce qu'affirment aussi Eudoxe et Théodore ; le dernier même ajoute que la Lune apparut peu de temps avant le combat d'Hercule. Aristote dit, en traitant de la constitution des Tégéates : que les Barbares qui peuplaient originairement l'Arcadie avaient été chassés et remplacés par d'autres habitants, avant l'appariton de la Lune, d'où leur vint le nom de προσέληνοι. D'autres racontent qu'Endymion découvrit le mouvement de la Lune, et que, comme il était Arcadien, ses compatriotes furent appelés προσέληνοι. Lucien s'élève contre les prétentions des Arcadiens (*de Astrologia*, cap. 26) : « C'est folie de leur part, dit-il, de vouloir être antérieurs à la Lune. » Le Scoliaste d'Eschyle (*ad Prometh.*, v. 436) remarque que προσελούμενον a le même sens que ὑβριζόμενον, et que les

Arcadiens furent surnommés προσέληνοι à cause de leur violence. Tout le monde connaît les passages d'Ovide sur l'existence antélunaire des Arcadiens. Une nouvelle opinion s'est fait jour dans ces derniers temps : c'est que l'antiquité entière se serait laissé tromper par la forme προσέληνοι, qui ne serait autre que le mot προέλληνοι, et signifierait : antérieur aux Hellènes. On sait que l'Arcadie était en effet habitée par des Pélasges. »

« Si on peut prouver, continue le professeur Franz, qu'un autre peuple rattachait aussi son origine à celle d'un autre astre, on sera dispensé de recourir à des étymologies trompeuses. Cette preuve existe de la manière la plus formelle. Le savant rhéteur Ménandre, qui vivait dans la seconde moitié du IIIe siècle après Jésus-Christ, dit textuellement dans son Traité *de Encomiis* (sect. II, cap. 3, éd. Heeren) : « Le troisième point qui ajoute à la valeur des choses et peut servir à leur éloge, c'est le temps ; c'est un mérite qu'on ne manque pas d'invoquer pour tous les objets très-anciens, lorsque par exemple nous disons d'une ville ou d'un pays qu'ils furent fondés ou habités avant tel ou tel astre, ou au moment même de son apparition, après ou avant le déluge, comme les Athéniens prétendent être nés en même temps que le Soleil, comme les Arcadiens croient remonter au delà de la Lune, comme les habitants de Delphes affirment qu'ils sont venus au monde immédiatement après le déluge : car ce sont là des points de départ dans le temps, et comme autant d'ères distinctes.

« Ainsi l'île de Delphes, dont la relation avec le déluge de Deucalion est établie d'ailleurs par d'autres témoignages (Pausanias, lib. X, cap. 6), le cède en ancienneté à l'Arcadie, et l'Arcadie le cède à Athènes. Apollonius de Rhodes s'est inspiré des mêmes traditions, lorsqu'il dit (lib. IV, v. 264) que l'Égypte fut la première contrée qui reçut des habitants : « Tous les astres ne décrivaient pas encore leurs orbites dans le firmament ; nul n'avait entendu parler des fils de Danaüs ; une seule race existait, les Arcadiens, qui, suivant les poëtes, vivaient avant la Lune et se nourrissaient de glands sur les montagnes. » Nonnus dit aussi, de la ville de Béroë en Syrie, qu'elle fut habitée antérieurement à l'apparition du Soleil (*Dionys.*, lib. XLI).

« L'habitude d'emprunter des termes fixes aux grandes époques de la création du monde a pris naissance dans cette période contemplative dont les fictions nous semblent encore si vivantes, et ont plus d'intérêt pour nous que les conceptions des âges postérieurs; elle appartient à la poésie généalogique qui a fleuri dans chaque localité. Ainsi, il n'est pas invraisemblable que la légende du combat des géants en Arcadie, à laquelle font allusion les paroles citées plus haut de l'historien Théodore, natif de la Samothrace, suivant quelques critiques, et dont l'ouvrage devait embrasser une vaste matière, que cette légende, dis-je, chantée par quelque poëte de l'Arcadie, ait répandu l'usage du mot προσέληνοι appliqué aux Arcadiens. »

Au sujet de la double dénomination de Ἀρκάδες Πελασγοί, et sur la distinction entre les deux races qui se sont succédé en Arcadie, voyez l'excellent ouvrage d'Ernest Curtius, *der Peloponnesos*, 1851, p. 100 et 180. J'ai déjà montré ailleurs (*Kleine Schriften*, t. I, p. 115) que dans le nouveau continent, sur le plateau de Bogota, la peuplade des Muyscas ou Mozcas se vantait aussi de remonter au delà de la Lune. La naissance de la Lune se rattache à la légende d'une grande inondation, causée par les sortiléges d'une femme nommée Huythaca ou Schia, qui accompagnait le magicien Botschika. Chassée par Botschika, cette femme quitta la Terre et devint la Lune, « qui jusqu'alors n'avait pas encore lui sur les Muyscas. » Botschika, ayant pitié de l'espèce humaine, ouvrit d'une main puissante un pan de rocher abrupte, près de Canoas, à l'endroit où le Rio de Funzha forme aujourd'hui la célèbre cascade de Tequendama. La vallée inondée fut ainsi mise à sec. — Ce roman géologique se répète en divers lieux; notamment dans la vallée alpestre de Cachemire, où le génie puissant qui chassa les eaux se nomme Kasyapa.

(61) [page 485]. Charles Bonnet, *Contemplation de la Nature*,

traduction allemande par Titius, 2e édition, 1772, p. 7, note 2 (la première édition était de 1766). Dans l'ouvrage original de Bonnet, il n'est nullement question de cette loi des distances. Voyez aussi Bode, *Anleitung zur Kenntniss des gestirnten Himmels*, 2e édit., 1772, p. 462.

(62) [page 487]. Si, avec Titius, l'on divise en cent parties la distance du Soleil à Saturne, réputé à cette époque la planète la plus reculée, et si l'on fixe les distances des autres planètes ainsi qu'il suit, d'après la prétendue progression 4, 4 + 3, 4 + 6, 4 + 12, 4 + 24, 4 + 48:

Mercure	Vénus	la Terre	Mars	Pet. Plan.	Jupiter
4/100	7/100	10/100	16/100	28/100	52/100,

on peut, en évaluant la distance de Saturne à 197,3 millions de milles géographiques, dresser le tableau suivant, qui permet de juger des erreurs qu'entraîne la loi de Titius :

DISTANCES AU SOLEIL en milles géographiques de 15 au degré D'APRÈS TITIUS.		DISTANCES VRAIES en milles géographiques DE 15 AU DEGRÉ.
Mercure..........	7,9 millions.	8,0 millions.
Vénus...........	13,8	15,0
La Terre.........	19,7	20,7
Mars.............	31,5	31,5
Les petites planètes.	55,2	55,2
Jupiter...........	102,6	107,5
Saturne..........	197,3	197,3
Uranus...........	386,7	396,7
Neptune..........	765,5	621,2

(63) [page 487]. Voyez Wurm, dans Bode's *Astron. Jahrbuch* für 1790, p. 168, et Bode, *von dem neuen zwischen Mars und Jupiter entdeckten achten Hauptplaneten des Sonnensystems*,

p. 45. En adoptant la correction de Wurm, on trouve, pour les distances des diverses planètes au Soleil, les résultats suivants :

Mercure..........	387	parties.					
Vénus............	387	+			293	=	680
La Terre..........	387	+	2	×	293	=	973
Mars.............	387	+	4	×	293	=	1559
Les petites planètes.	387	+	8	×	293	=	2731
Jupiter...........	387	+	16	×	293	=	5075
Saturne..........	387	+	32	×	293	=	9763
Uranus...........	387	+	64	×	293	=	19139
Neptune..........	387	+	128	×	293	=	37891

Afin que l'on puisse apprécier l'exactitude de ces résultats, j'indique, dans la table ci-dessous, les véritables distances moyennes des planètes, telles qu'elles sont admises aujourd'hui, en y joignant les chiffres que Kepler regardait comme vrais, il y a deux siècles et demi, d'après les observations de Tycho. J'emprunte ces nombres à l'ouvrage de Newton, *de Mundi Systemate* (*Opusc. mathem. philos. et philol.*, 1744, t. II, p. 11) :

PLANÈTES.	VÉRITABLES DISTANCES.	RÉSULTATS de KEPLER.
Mercure.............	0,38709	0,38806
Vénus...............	0,72333	0,72400
La Terre............	1,00000	1,00000
Mars................	1,52369	1,52350
Junon...............	2,66870	....
Jupiter.............	5,20277	5,19650
Saturne.............	9,53885	9,51000
Uranus..............	19,18239	....
Neptune.............	30,03628	....

(64) [page 494]. Kepler qui, sans doute, par enthousiasme pour les « divines découvertes » de son contemporain, d'ailleurs justement célèbre, William Gilbert, regardait le Soleil comme un corps magnétique, et affirmait que cet astre se mouvait dans le même sens que les planètes, avant même que les taches eussent été découvertes, Kepler, déclare, dans le *Commentarius de motibus Stellæ Martis* (cap. 23), et dans son *Astronomiæ pars optica* (cap. 6), « que le Soleil est le plus dense de tous les corps célestes, parce qu'il met en mouvement tous ceux qui appartiennent à son système. »

(65) [page 494]. Newton, *de Mundi Systemate* (*Opuscula*, t. II, p. 17) : « Corpora Veneris et Mercurii majore Solis calore magis concocta et coagulata sunt. Planetæ ulteriores, defectu caloris, carent substantiis illis metallicis et mineris ponderosis quibus Terra referta est. Densiora corpora quæ Soli propiora : ea ratione constabit optime pondera Planetarum omnium esse inter se ut vires. »

(66) [page 496]. Mædler, *Astronomie*, § 193.

(67) [page 496]. Humboldt, *de Distributione Geographica Plantarum*, p. 104, et *Tableaux de la Nature*, t. I, p. 125-127 de la traduct. franç., publié par MM. Gide et Baudry, 1851.

(68) [page 498]. « L'étendue entière de cette variation serait d'environ 12 degrés, mais l'action du Soleil et de la Lune la réduit à peu près à 3 degrés (centésimaux). » (Laplace, *Exposition du Système du Monde*, p. 303.)

(69) [page 498]. J'ai fait voir ailleurs, par la comparaison de nombreuses moyennes de température annuelle, que, en Europe, du Cap Nord jusqu'à Palerme, la différence est à très-peu près de 0°,5 du thermomètre centigrade, par chaque degré de latitude, tandis que dans le système de température qui règne sur les côtes d'Amérique entre Boston et Charlestown, à chaque degré de latitude correspond une différence de 0°,9. Voyez Humboldt, *Asie centrale*, t. III, p. 229.

(70) [page 499]. *Cosmos*, t. II, p. 477, (note 6).

(71) [page 500]. Voyez Laplace, *Exposition du Système du Monde*, 5e édit., p. 303, 345, 403, 406 et 408, et dans *la Connaissance des temps* pour 1811, p. 386. Voy. aussi Biot, *Traité élémentaire d'Astronomie physique*, t. I, p. 61 ; t. IV, p. 90-99 et 614-623.

(72) [page 501]. Garcilaso, *Commentarios Reales*, parte I, lib. II, cap. 22-26 ; Prescott, *History of the Conquest of Peru*, t. I, p. 126. Les Mexicains, parmi les 20 signes hiéroglyphiques à l'aide desquels ils désignaient les parties du jour, en avaient un, nommé Ollin-tonatiuh, c'est-à-dire « le signe des quatre mouvements du Soleil », pour lequel ils professaient une vénération singulière. Ce signe présidait au grand cycle ou période de 52 ans (52 = 4 × 13), et représentait la marche du Soleil à travers les solstices et les équinoxes, que l'on avait coutume de figurer en caractères hiéroglyphiques par des traces de pas. Dans le manuscrit aztèque, peint avec un grand soin, qui était autrefois conservé dans la Villa du cardinal Borgia, à Vellotri, et auquel j'ai fait beaucoup d'emprunts importants, on rencontre avec étonnement un signe astrologique, formé d'une croix, auprès de laquelle sont placés des signes représentant les parties du jour, et qui auraient figuré parfaitement les passages du Soleil au zénith de Mexico (Tenochtitlan), à l'équateur et aux solstices, si les points ou disques ronds que l'on y a joints, afin de marquer les retours périodiques, étaient complets pour ces trois passages. (Humboldt, *Vues des Cordillères*, pl. XXXVII, n° 8, p. 164, 189 et 237). Le roi de Tezcuco, Nezahualpilli, passionnément adonné à l'observation des astres, et appelé fils du jeûne, parce que son père s'était soumis au jeûne longtemps avant la naissance du fils qu'il appelait de tous ses vœux, avait élevé un édifice que Torquemada nomme un peu complaisamment un observatoire, et dont il vit encore les ruines (*Monarquia Indiana*, lib. II, cap. 64). Dans la *Raccolta di Mendoza*, nous voyons représenté un prêtre qui observe les étoiles : cette oc-

cupation est indiquée par une ligne ponctuée qui va de l'étoile à l'œil de l'observateur (*Vues des Cordillères*, pl. LVIII, n° 8, p. 289.)

(73) [page 503]. Voyez John Herschel, *on the astronomical causes which may influence geological Phænomena*, dans les *Transactions of the Geological Society of London*, 2e série, t. III, 1re part., p. 298, et *Traité d'Astronomie*, traduit par M. Cournot, § 315.

(74) [page 504]. Arago, t. V, des *Notices scientifiques* (t. VIII des *Œuvres*)

(75) [page 505]. « Il suit du théorème dû à Lambert que la quantité de chaleur envoyée par le Soleil à la Terre est la même en allant de l'équinoxe du printemps à l'équinoxe d'automne qu'en revenant de celui-ci au premier. Le temps plus long que le Soleil emploie dans le premier trajet est exactement compensé par son éloignement aussi plus grand; et les quantités de chaleur qu'il envoie à la Terre, sont les mêmes pendant qu'il se trouve dans l'un ou l'autre hémisphère, boréal ou austral. » (Poisson, *sur la stabilité du Système planétaire*, dans *la Connaissance des temps* pour 1836, p. 54.)

(76) [page 505]. Voyez Arago, t. V des *Notices scientifiques* (t. VIII des *Œuvres*). « L'excentricité, dit Poisson (*Connaissance des temps* pour 1836, p. 38 et 52), ayant toujours été et devant toujours demeurer très-petite, l'influence des variations séculaires de la quantité de chaleur solaire reçue par la Terre sur la température moyenne paraît aussi devoir être très-limitée. On ne saurait admettre que l'excentricité de la Terre, qui est actuellement environ un soixantième, ait jamais été ou devienne jamais un quart, comme celle de Junon ou de Pallas. »

(77) [page 506]. *Outlines of Astron.*, § 432.

(78) [page 509]. *Outlines*, § 548.

(79) [page 509]. Voyez, dans l'*Astronomie* de Mædler, p. 218,

la tentative faite par cet astronome pour déterminer, avec un grossissement de 1000 fois, le diamètre de Vesta, qu'il évalue environ à 40 myriamètres.

(80) [page 511]. J'avais pris pour base des calculs que j'ai donnés dans le premier volume du *Cosmos* (p. 106), le demi diamètre équatorial de Saturne.

(81) [page 511]. Voyez le *Cosmos*, t. III, p. 236.

(82) [page 511]. J'ai exposé en détail, dans le Tableau de la Nature placé en tête du *Cosmos* (t. I, p. 161-163), tout ce qui est relatif au mouvement de translation du Soleil; voyez aussi t. III, p. 218.

(83) [page 514]. *Cosmos*, t. III, p. 440.

(84) [page 515]. Voyez les observations faites par le mathématicien suédois Bigerus Vassenius, à Gothenbourg, pendant l'éclipse totale du 2 mai 1733, et le commentaire qu'en a donné Arago, *Notices scientifiques*, t. IV (t. VII des *Œuvres*), p. 266 à 280. Le Dr Gallo, qui observait à Frauenbourg le 28 juillet 1851, vit « que de petits nuages flottants librement étaient rattachés par trois filaments déliés, ou davantage, à la gibbosité crochue. »

(85) [page 515]. Voyez dans le même volume, p. 244, les remarques faites à Toulon, le 8 juillet 1842, par un observateur exercé, le capitaine de vaisseau Bérard. « Il vit une bande rouge très-mince, dentelée irrégulièrement. »

(86) [page 515]. Ce contour de la Lune, aperçu distinctement pendant l'éclipse solaire du 8 juillet 1842 par quatre observateurs, n'avait pas encore été décrit dans les occasions analogues qui se sont présentées. La possibilité de voir les bords de la Lune extérieurs au disque solaire paraît tenir à la lumière qui provient de la troisième enveloppe du Soleil et de la couronne qui l'entoure. « La Lune se projette *en partie* sur l'atmosphère du

Soleil. Dans la portion de la lunette où l'image de la Lune se forme il n'y a que la lumière provenant de l'atmosphère terrestre. La Lune ne fournit rien de sensible et, semblable à un écran, elle arrête tout ce qui provient de plus loin et lui correspond. En dehors de cette image, et précisément à partir de son bord, le champ est éclairé *à la fois* par la lumière de l'atmosphère terrestre et par la *lumière de l'atmosphère solaire*. Supposons que ces deux lumières réunies forment un total plus fort de $\frac{1}{60}$ que la lumière atmosphérique terrestre, et, dès ce moment, le bord de la Lune sera visible. Ce genre de vision peut prendre le nom de *vision négative;* c'est en effet par une *moindre intensité* de la portion du champ de la lunette où existe l'image de la Lune, que le *contour* de cette image est aperçu. Si l'image était *plus intense* que le reste du champ, la vision serait positive. » (Arago, *Notices scientifiques*, t. IV (t. VII des *Œuvres*), p. 221. Voyez aussi le *Cosmos*, t. III, p. 62 et 201 (note 8).

(87) [page 515]. *Cosmos*, t. III, p. 432-436.

(88) [page 516]. Lepsius, *Chronologie der Ægypter*, 1re part., p. 92-96.

(89) [page 516]. *Cosmos*, t. III, p. 682 (note 43).

(90) [page 516]. *Cosmos*, t. II, p. 270.

(91) [page 516]. Voyez Lalande, dans les *Mémoires de l'Académie des sciences* pour 1766, p. 498; Delambre, *Histoire de l'Astronomie ancienne*, t. II, p. 320.

(92) [page 516]. *Cosmos*, t. III, p. 681 (note 43).

(93) [page 517]. Lors du passage de Mercure sur le Soleil, le 4 mai 1832, Mædler et Wilhelm Beer (*Beitræge zur physischen Kenntniss der himmlischen Kœrper*, 1841, p. 145), ont trouvé le diamètre de cette planète égal à 432 myriamètres; mais, dans l'édition de son Astronomie publiée en 1849, Mædler a préféré le résultat donné par Bessel.

(94) [page 517]. Laplace, *Exposition du Système du Monde*, 1824, p. 209. L'illustre auteur convient lui-même que, pour déterminer la masse de Mercure, il s'est fondé sur « l'hypothèse très-précaire qui suppose les densités de Mercure et de la Terre réciproques à leur moyenne distance du Soleil. » — Je n'ai cru devoir parler ni des chaînes de montagnes hautes de 58000 pieds, que Schrœter prétend avoir mesurées sur la surface de Mercure, et qui ont été déjà mises en doute par Kaiser (*Sternenhimmel*, 1850, § 57), ni d'une atmosphère signalée par Lemonnier et Messier, *comme ayant été vue autour de cette planète, lors de* son passage sur le Soleil (Delambre, *Histoire de l'Astronomie au* XVIIIe *siècle*, p. 222), ni des groupes de nuage qui auraient traversé son disque, ou des obscurcissements que sa surface aurait subis. Je n'ai, pour ma part, rien remarqué qui décelât une atmosphère, lors du passage que j'observai au Pérou, le 8 novembre 1802, bien que, pendant l'observation, je fusse très-attentif à la netteté des contours.

(95) [page 518]. « La région de l'orbite de Vénus où cette planète peut nous apparaître avec le plus d'éclat, au point même d'être visible sans télescope en plein midi, est placée entre la conjonction inférieure et la plus grande élongation, à peu de distance de ce dernier point, et à 40 degrés du Soleil ou de la *conjonction inférieure. En moyenne,* Vénus brille de son plus vif éclat à 40° à l'est ou à l'ouest du Soleil, losque son diamètre apparent, qui, en conjonction inférieure peut atteindre jusqu'à 66″, n'en a que 40, et que la largeur de sa partie éclairée est à peine de 10″. La proximité de la Terre donne alors à son étroit croissant une lumière si intense qu'elle fait naître des ombres en l'absence du Soleil. » (Littrow, *Theorische Astronomie*, 1834, 2e part., p. 68.) Copernic a-t-il, en effet, prévu et annoncé comme nécessaire la future découverte des phases de Vénus, ainsi que cela est affirmé dans le livre de Smith (*Optics*, sect. 1050), et dans beaucoup d'autres écrits ? C'est ce qu'ont rendu extrêmement douteux les recherches ap-

profondies du professeur De Morgan, sur l'ouvrage *de Revolutionibus*, et sur la manière dont il nous est parvenu. Voyez la lettre d'Adams au Rév. P. Main, en date du 7 septembre 1840, dans les *Reports of the Royal Astron. Society*, t. VII, n° 9, p. 142, et le *Cosmos*, t. II, p. 388.

(96) [page 519]. Delambre, *Histoire de l'Astronomie au* XVIIIe *siècle*, p. 256-258. Le résultat de Bianchini a été défendu par Hussey et Flaugergues.

(97) [page 520]. Voyez sur la remarquable observation faite à Lilienthal, le 12 août 1790, Arago, *Astronomie populaire*, t. II, p. 528. — « Ce qui favorise aussi la probabilité de l'existence d'une atmosphère qui enveloppe Vénus, dit ailleurs Arago, c'est le résultat optique obtenu par l'emploi d'une lunette prismatique. L'intensité de la lumière de l'intérieur du croissant est sensiblement plus faible que celle des points situés dans la partie circulaire du disque de la planète. » (*Manuscrits* de 1847.)

(98) [page 520]. Wilhelm Beer et Mædler, *Beitræge zur physischen Kenntniss der himmlischen Kœrper*, p. 148. Le prétendu satellite de Vénus, que Fontana, Dominique Cassini et Short prétendirent avoir découvert, pour lequel Lambert calcula des tables, et que l'on dit avoir vu à Creefeld au milieu du disque solaire, trois heures au moins après l'immersion de Vénus (*Berliner Jahrbuch*, 1778, p. 186), est une de ces fables astronomiques nées à une époque où la critique avait encore fait peu de progrès.

(98) [page 520]. *Philosophical Transactions*, 1795, t. LXXXVI, p. 214.

(100) [page 523]. *Cosmos*, t. III, p. 101 et 313 (note 62).

(1) [page 523]. « La lumière de la Lune est jaune, tandis que celle de Vénus est blanche. Pendant le jour la Lune paraît blanche, parce qu'à la lumière du disque lunaire se mêle la lumière

bleue de cette partie de l'atmosphère que la lumière jaune de la Lune traverse. » (Arago, *Manuscrits de 1847*). Les couleurs les plus réfrangibles du spectre solaire, comprises entre le bleu et le violet, peuvent former du blanc, lorsqu'elles sont combinées avec les couleurs moins réfrangibles, comprises entre le rouge et le vert. Voyez le *Cosmos*, t. III, p. 361 (note 47).

(2) [page 524]. Forbes, *on the Refraction and Polarisation of Heat*, dans les *Transactions of the Royal Society of Edinburgh*, t. XIII, 1836, p. 131.

(3) [page 524]. Lettre de M. Melloni à M. Arago *sur la puissance calorifique de la lumière de la Lune* dans *les Comptes rendus*, t. XXII, 1846, p. 541-544. Voyez aussi, pour les données historiques *le Jahresbericht der physikalischen Gesellschaft zu Berlin*, t. II, p. 272. — Il m'a toujours semblé digne de remarque que dans les temps les plus reculés, où la chaleur ne se reconnaissait qu'à l'impression qu'elle produisait sur les sens, la Lune ait la première fait naître l'idée que l'on pouvait rencontrer séparément la lumière et la chaleur. En sanscrit, la Lune, honorée chez les Hindous comme la reine des étoiles, se nomme l'*astre froid* ('sîtala, hima), ou bien encore l'*astre d'où le froid rayonne* (himân' su), tandis que le Soleil, représenté avec des rayons de lumière qui tombent de ses mains, est appelé le *créateur de la chaleur* (nidâghakara). Les taches de la Lune dans lesquelles les peuples occidentaux croient reconnaître un visage, représentent, d'après les idées indiennes, un chevreuil ou un lièvre; d'où viennent au Soleil les noms de porteur de chevreuil (mrigadhara) ou de porteur de lièvre (sa' sabhrit). Voyez Schütz, *five Cantos of the Bhatti-Kâvya*, 1837, p. 19-23. — On s'est plaint, chez les Grecs, de ce que « la lumière solaire, réfléchie par la Lune, perdait toute sa chaleur, et qu'il ne nous arrivait qu'un faible reste de son éclat. » (Plutarque, *de Facie quæ in orbe Lunæ apparet;* éd. Wyttenbach, t. IV, Oxon., 1797, p. 793). On lit dans Macrobe (*Comment. in Somnium Sci-*

pionis, lib. 1, cap. 19, Biponti, 1788, t. I, p. 93 et 94) : « Luna speculi instar lucem qua illustratur... rursus emittit, nullum tamen ad nos perferentem sensum caloris : quia lucis radius, cum ad nos de origine sua, id est de Sole, pervenit, naturam secum ignis de quo nascitur devehit; cum vero in Lunæ corpus infunditur et inde resplendet, solam refundit claritatem, non calorem. » Comp. Macrobe, *Saturnal.*, lib. VII, cap. 16, Biponti, t. II, p. 277.

(4) [page 525]. Mædler, *Astronomie*, § 112.

(5) [page 525]. Voyez Lambert, *sur la lumière cendrée de la Lune*, dans les *Mémoires de l'Académie de Berlin*, année 1773, p. 46 : « La Terre vue des planètes pourra paraître d'une lumière verdâtre à peu près comme Mars nous paraît d'une couleur rougeâtre. » Nous ne pouvons cependant pas adhérer à l'hypothèse proposée par ce savant ingénieux, que la planète Mars est couverte d'une végétation rouge, semblable aux buissons du Bougainvillæa (Humboldt, *Tableaux de la Nature*, t. II, p. 323, de la traduct. franç. publiée par MM. Gide et Baudry, 1851). — « Quand, dans l'Europe centrale, la Lune, peu avant son renouvellement, est placée le matin à l'Orient, elle reçoit la lumière terrestre principalement des grands plateaux de l'Asie et de l'Afrique. Lorsque, le soir, la nouvelle Lune est au contraire placée à l'Ouest, elle ne peut recevoir qu'un reflet moins intense de la lumière terrestre, qui lui est envoyée par le continent américain, moins étendu que l'autre, et surtout par l'Océan. » (Wilhelm Beer et Mædler, *der Mond nach seinen kosmischen Verhæltnissen*, § 106, p. 152.)

(6) [page 525]. *Séance de l'Académie des Sciences*, le 5 août 1833 : « M. Arago signale la comparaison de l'intensité lumineuse de la portion de la Lune que les rayons solaires éclairent directement avec celle de la partie du même astre qui reçoit seulement les rayons réfléchis par la Terre. Il croit, d'après les expériences qu'il a déjà tentées à cet égard, qu'on pourra,

avec des instruments perfectionnés, saisir dans la *lumière cendrée* les différences de l'éclat plus ou moins nuageux de l'atmosphère de notre globe. Il n'est donc pas impossible, malgré tout ce qu'un pareil résultat exciterait de surprise au premier coup d'œil, qu'un jour les météorologistes aillent puiser dans l'aspect de la Lune des notions précieuses sur l'*état moyen* de diaphanéité de l'atmosphère terrestre, dans les hémisphères qui successivement concourent à la reproduction de la lumière cendrée. »

(7) [page 526]. Venturi, *Essai sur les ouvrages de Léonard de Vinci*, 1797, p. 11.

(8) [page 526]. Kepler, *Paralipomena vel Astronomiæ pars optica*, 1604, p. 297.

(9) [page 527]. « On conçoit que la vivacité de la lumière rouge ne dépend pas uniquement de l'état de l'atmosphère, qui réfracte, plus ou moins affaiblis, les rayons solaires, en les infléchissant dans le cône d'ombre, mais qu'elle est modifiée surtout par la transparence variable de la partie de l'atmosphère à travers laquelle nous apercevons la Lune éclipsée. Sous les Tropiques, une grande sérénité du Ciel, une dissémination uniforme des vapeurs, diminuent l'extinction de la lumière que le disque lunaire nous renvoie. » (Humboldt, *Voyage aux Régions équinoxiales*, t. III, p. 544, et *Recueil d'Observ. astronomiques*, t. II, p. 145.) On lit dans l'*Astronomie populaire*, t. III, p. 494, cette remarque d'Arago : « Les rayons solaires arrivent à notre satellite par l'effet d'une réfraction et à la suite d'une absorption dans les couches les plus basses de l'atmosphère terrestre ; pourraient-ils avoir une autre teinte que le rouge? »

(10) [page 527]. Babinet, dans une Notice sur les différentes proportions des lumières blanche, bleue ou rouge, qui se produisent lors de l'inflexion des rayons, présente cette coloration rouge comme une conséquence de la diffraction ; voyez le *Répertoire d'Optique moderne de Moigno*, 1850, t. IV, p. 1656.

« La lumière diffractée, dit Babinet, qui pénètre dans l'ombre de la Terre, prédomine *toujours* et même a été seule sensible. Elle est d'autant plus rouge ou orangée qu'elle se trouve plus près du centre de l'ombre géométrique ; car ce sont les rayons les moins réfrangibles qui se propagent le plus abondamment par diffraction, à mesure qu'on s'éloigne de la propagation en ligne droite. » D'après *les* ingénieuses recherches auxquelles s'est livré Magnus, à l'occasion d'une discussion entre Airy et Faraday, les phénomènes de la diffraction ont aussi lieu dans le vide. Voyez sur les explications par la diffraction, Arago, *Notices scientifiques*, t. IV (t. VII des *Œuvres*), p. 274, 275.

(11) [page 527]. On lit dans Plutarque (*de Facie in orbe Lunæ*, éd. Wyttenbach, t. IV, p. 780-783) que « le changement de couleur de la Lune qui, ainsi que l'affirment les mathématiciens, passe du noir au rouge et à une teinte bleuâtre, suivant l'heure où se produit l'éclipse, prouve suffisamment que l'aspect enflammé (ἀνθρακώδης) qu'elle présente, lorsqu'elle est éclipsée vers minuit, ne peut être considéré comme une propriété inhérente au sol de la planète. » Dion Cassius, qui s'est beaucoup occupé des éclipses de Lune et des remarquables édits dans lesquels l'empereur Claude annonçait d'avance les dimensions de la partie éclipsée, appelle l'attention sur la couleur de la Lune, si différente d'elle-même, durant la conjonction. « L'éclipse qui eut lieu cette nuit, dit-il (lib. LXV, cap. 11 ; cf. lib. LX, cap. 26), jeta le trouble dans le camp de Vitellius; mais ce qui alarma surtout les esprits, ce fut moins l'obscurité, qui eût pu déjà paraître de triste présage, que la couleur rouge, noire, et toutes les teintes lugubres par lesquelles la Lune passa successivement. »

(12) [page 527]. Schrœter, *Selenotopographische Fragmente*, 1re part., 1791, p. 668; 2e part., 1802, p. 51.

(13) [page 528]. Bessel, *über eine angenommene Atmosphære*

des Mondes, dans les *Astronomische Nachrichten* de Schumacher, nº 263, p. 410-420. Voyez aussi Beer et Mædler, *der Mond*, etc., § 83 et 107, p. 133 et 153, et Arago, *Astronomie populaire*, t. III, p. 434-442. On a souvent présenté comme preuve de l'existence d'une atmosphère le plus ou moins de netteté avec laquelle on aperçoit quelques accidents de la surface de la Lune, et les « brouillards qui paraissent traverser ses vallées. » C'est de toutes les raisons la moins soutenable, à cause des variations continuelles qui modifient la transparence des couches supérieures de notre propre atmosphère. Herschel le père s'était déjà prononcé pour la négative, d'après des considérations tirées de la forme que présentait l'une des pointes du croissant lunaire dans l'éclipse de Soleil du 5 septembre 1793 (*Philosoph. Transact.*, t. LXXXIV, p. 167).

(14) [page 528]. Mædler, dans le *Jahrbuch* de Schumacher pour 1840, p. 188.

(15) [page 529]. Sir John Herschel (*Outlines*, p. 247) appelle l'attention des astronomes sur l'immersion des étoiles doubles, dans le cas où la proximité des astres accouplés qui forment chaque système ne permet pas au télescope de les séparer.

(16) [page 529]. Plateau, *sur l'Irradiation*, dans les *Mémoires de l'Académie royale des Sciences et Belles-Lettres de Bruxelles*, t. XI, p. 142, et *Ergänzungsband zu Poggendorff's Annalen*, 1842, p. 79-128, 193-232 et 405-443. La cause probable de l'irradiation est une excitation produite par la lumière sur la rétine, et qui s'étend un peu au delà des contours de l'image.

(17) [page 529]. Voyez l'opinion d'Arago, dans les *Comptes rendus*, t. VIII, 1839, p. 713 et 883 : « Les phénomènes d'irradiation signalés par M. Plateau sont regardés par M. Arago comme des effets des aberrations de réfrangibilité et de sphéricité de l'œil, combinés avec l'indistinction de la vision, con-

séquence des circonstances dans lesquelles les observateurs se sont placés. Des mesures exactes prises sur des disques noirs à fond blanc et des disques blancs à fond noir, qui étaient placés au Palais du Luxembourg, visibles à l'Observatoire, n'ont pas indiqué les effets de l'irradiation. »

(18) [page 529]. Plutarque, *de Facie in orbe Lunæ*, éd. Wyttenbach, t. IV, p. 786-789. L'ombre du mont Athos, qu'a vue aussi le voyageur Pierre Belon (*Observations de singularités trouvées en Grèce, Asie, etc.*, 1554, liv. I, chap. 25), atteignait la vache d'airain élevée sur la place de la ville de Myrine, dans l'île de Lemnos.

(19) [page 530]. Pour les témoignages de la visibilité de ces quatre régions, voyez Beer et Mædler, *der Mond nach seinen Kosmischen Verhæltnissen*, p. 191, 241, 290 et 338. Il est à peine utile de rappeler que j'ai tiré tout ce qui a rapport à la topographie lunaire, de l'excellent ouvrage de mes deux amis, dont l'un, Wilhelm Beer, a été malheureusement enlevé à la science par une mort prématurée. — Afin de s'orienter plus facilement, il est bon de consulter la belle carte synoptique que Mædler a donnée en 1837, trois ans après la grande carte lunaire qu'il a publiée en quatre feuilles séparées.

(20) [page 530]. Plutarque, *de Facie in orbe Lunæ*, p. 726-729, Wyttenb. Ce passage n'est pas non plus sans intérêt pour la géographie ancienne. Voyez Humboldt, *Examen critique de l'hist. de la Géographie*, t. I, p. 145. Quant aux autres opinions proposées par les anciens, on peut voir celles d'Anaxagore et de Démocrite dans Plutarque, *de Placitis Philosoph.*, lib. II, cap. 25, et celle de Parménide dans Stobée, p. 419, 453, 516 et 563, éd. Heeren. Comp. Schneider, *Eclogæ physicæ*, t. I, p. 433-443. D'après un passage fort remarquable de Plutarque, dans la Vie de Nicias (chap. 23), Anaxagore lui-même, qui appelle la Lune une autre Terre, aurait fait un dessin du disque lunaire. Voyez aussi Origène, *Philosophumena*, cap. 8, éd. Miller, 1851, p. 14. Je fus fort étonné un jour lorsque, montrant les

taches de la Lune dans un grand télescope à un Persan natif d'Ispahan qui, bien que fort éclairé, n'avait certainement jamais lu un livre grec, je lui entendis énoncer l'opinion d'Agésianax, comme très-répandue dans son pays. « Ce que nous voyons là dans la Lune, disait-il, c'est nous-mêmes, c'est la carte de la Terre. » Un des interlocuteurs du Traité de Plutarque, *sur la Face de la Lune*, ne se fût pas exprimé autrement. S'il était possible de supposer des hommes habitant sur notre satellite sans air et sans eau, la Terre tournant sur elle-même avec ses taches, dans un ciel presque noir même en plein jour, leur présenterait une surface quatorze fois plus grande que n'est pour nous la pleine lune et leur ferait l'effet d'une mappemonde fixée toujours au même point du firmament; mais sans doute les obscurcissements, produits sans cesse par les variations de notre atmosphère, efficeraient les contours des continents et entraveraient un peu les études géographiques. Voyez Mædler, *Astronomie*, p. 169, et J. Herschel, *Outlines of Astron.*, § 436.

(21) [page 532]. Beer et Mædler, *der Mond*, p. 273.

(22) [page 533]. Schumacher's *Jahrbuch* für 1841, p. 270.

(23) [page 534]. Mædler, *Astronomie*, p. 166.

(24) [page 535]. Le plus haut sommet de l'Himalaya et jusqu'à présent de toute la Terre, le Kinchinjinga, a, d'après les mesures récentes de Waugh, 4406 toises de haut, ou 8587 mètres. Le plus haut sommet des montagnes de la Lune, a d'après Mædler, 3800 toises; or, comme le diamètre de la Lune est de 337 myriamètres, et celui de la Terre de 1274, il en résulte que la hauteur des montagnes lunaires est au diamètre de la Lune comme 1 est à 454, celle des montagnes de la Terre au diamètre terrestre comme 1 est à 1481.

(25) [page 536]. Consultez, au sujet des six altitudes dépassant 3000 toises, Beer et Mædler, *der Mond*, p. 99, 125, 234, 242, 330 et 331.

(26) [page 537]. Robert Hooke, *Micrographia*, 1667,

obs. LX, p. 242-246. « These seem to me to have been the effects of some motions within the body of the Moon, analogous to our Earthquakes, by the eruption of which, as it has thrown up a brim or ridge round about, higher than the ambient surface of the Moon, so has it left a hole or depression in the middle, proportionably lower. » Hooke s'exprime ainsi au sujet de ses expériences sur le bouillonnement produit par l'albâtre : « Presently ceasing to boyl, the whole surface will appear all over covered with small pits, exactly shaped like these of the Moon. — The earthy part of the Moon has been undermined or heaved up by eruptions of vapours, and thrown into the same kind of figured holes as the powder of alabaster. It is not improbable also, that there may be generated, within the body of the Moon, divers such kind of internal fires and heats, as may produce exhalations. »

(27) [page 538]. *Cosmos*, t. II, p. 602 (note 43).

(28) [page 538]. Beer et Mædler, *der Mond*, p. 126. Ptolémée a 24 milles de diamètre, Alphonse et Hipparque en ont 10.

(29) [page 538]. On signale comme exceptions Arzachel et Hercule, dont le premier a un cratère au sommet, et le second un cratère latéral. Ces points, intéressants pour la géognosie, méritent d'être étudiés de nouveau avec des instruments plus parfaits (Schrœter, *Selenotopographische Fragmente*, 2e part., pl. 44 et 68, fig. 23). On n'a jusqu'ici rien observé d'analogue aux coulées de laves qui s'amoncellent dans nos vallées. Les rayons qui partent de l'Aristote, suivant trois directions différentes, sont des chaînes de collines (Beer et Mædler, *der Mond*, p. 236).

(30) [page 539]. Beer et Mædler, *der Mond*, p. 151 ; Arago, *Astronomie populaire*, t. III, p. 493 ; voyez aussi Emmanuel Kant, *Schriften der physischen Geographie*, 1839, p. 393-402. D'après des recherches nouvelles et plus approfondies, l'hypothèse des changements temporaires produits dans le relief de la Lune, tels que la formation de nouveaux pics centraux ou de cratères

dans le Mare crisium, dans Hévélius et dans Cléomède, est l'effet d'une illusion semblable à celle par laquelle on s'est figuré voir des éruptions volcaniques dans la Lune. Voyez Schrœter, *Selenotopograph. Fragmente*, 1re part., p. 412-523; 2e part., p. 268-272. — Il est généralement difficile de résoudre la question de savoir quels sont les plus petits objets dont la hauteur ou l'étendue puisse être mesurée dans l'état actuel des instruments. D'après le jugement du Dr Robinson sur le superbe réflecteur de Lord Rosse, on peut, à l'aide de ce télescope, distinguer avec beaucoup de netteté un espace de 220 pieds. Mædler a mesuré dans ses observations des ombres de 3 secondes; ce qui, d'après certaines hypothèses sur la position de la montagne et la hauteur du Soleil, correspondrait à une élévation de 120 pieds seulement. Mais en même temps Mædler fait remarquer que l'ombre doit avoir une certaine largeur pour être visible et mesurable. L'ombre projetée par la grande pyramide de Chéops aurait à peine, en raison des dimensions connues du monument, un neuvième de seconde de largeur, même dans la partie la plus large; elle serait donc invisible pour nous; voyez Mædler, dans le *Jahrbuch* de Schumacher pour 1841, p. 264. Arago rappelle qu'au moyen d'un grossissement de 6000 fois, qui à la vérité ne pourrait être appliqué à la Lune avec un résultat proportionné à sa puissance, les montagnes lunaires nous feraient à peu près l'effet du Mont-Blanc, vu à l'œil nu du lac de Genève.

(31) [page 539]. Les sillons ou rigoles sont en petit nombre, et ne dépassent jamais une longueur de 22 myriamètres. Ces sillons sont quelquefois bifurqués : c'est le cas de Gassendi. Quelquefois aussi, mais moins souvent, ils ont l'apparence de veines, comme Triesnecker. Ils sont toujours lumineux; ils n'enjambent pas sur les montagnes et ne courent qu'à travers les plaines; leurs extrémités n'offrent rien de particulier, et n'ont ni plus ni moins de largeur que la partie intermédiaire (Beer et Mædler, *der Mond*, p. 131, 225 et 249).

(32) [page 540]. Voyez mon *Essai sur la vie nocturne des animaux, dans les forêts du Nouveau Monde* (*Tableaux de la Nature*, t. I, p. 319 de la traduct. franç., publiée par MM. Gide et Baudry). Les spéculations de Laplace (car ce ne furent jamais des idées arrêtées) au sujet d'un clair de Lune perpétuel (*Exposition du système du Monde*, 1824, p. 232) ont été contredites dans un Mémoire de Liouville, *sur un cas particulier du problème des trois corps*. « Quelques partisans des causes finales, dit Laplace, ont imaginé que la Lune a été donnée à la Terre pour l'éclairer pendant les nuits; dans ce cas, la nature n'aurait point atteint le but qu'elle se serait proposé, puisque nous sommes souvent privés à la fois de la lumière du Soleil et de celle de la Lune. Pour y parvenir, il eût suffi de mettre à l'origine la Lune en opposition avec le Soleil, dans le plan même de l'écliptique, à une distance égale à la centième partie de la distance de la Terre au Soleil, et de donner à la Lune et à la Terre des vitesses parallèles et proportionnelles à leurs distances à cet astre. Alors la Lune, sans cesse en opposition au Soleil, eût décrit autour de lui une ellipse semblable à celle de la Terre; ces deux astres se seraient succédé l'un à l'autre sur l'horizon; et comme à cette distance la Lune n'eût point été éclipsée, sa lumière aurait certainement remplacé celle du Soleil. » Liouville trouve au contraire « que, si la Lune avait occupé à l'origine la position particulière que l'illustre auteur de la *Mécanique céleste* lui assigne, elle n'aurait pu s'y maintenir que pendant un temps très-court.

(33) [page 540]. Voyez, sur le transport des terrains par les marées, Sir Henry de la Beche, *Geological Manual*, 1833, p. 111.

(34) [page 541]. Arago, *sur la question de savoir si la Lune exerce sur notre atmosphère une influence appréciable*, t. V des *Notices scientifiques* (t. VIII des *Œuvres*). Les principales autorités citées sont: Scheibler (*Untersuchungen über Einfluss des Mondes auf die Veränderungen in unserer Atmosphäre*,

1830, p. 20), Flaugergues (*Vingt années d'observations à Viviers*, dans la *Bibliothèque universelle*, Sciences et Arts, t. XL, 1829, p. 265-283, et dans le Recueil de Kastner : *Archiv für die gesammte Naturlehre*, t. XVII, 1829, p. 32-50), et Eisenlohr, dans les *Poggendorff's Annalen der Physik*, t. XXXV, 1835, p. 141-160 et 309-329. — Sir John Herschel croit très-probable « qu'il règne sur la Lune une très-haute température fort au-dessus de l'ébullition de l'eau, parce que la surface de cet astre est exposée à l'action du Soleil, durant quatorze jours, sans interruption et sans rien qui l'adoucisse. La Lune doit donc, en opposition ou peu de jours après, devenir, à quelque degré que ce soit (in some small degree), une source de chaleur pour la Terre; mais cette chaleur émanant d'un corps dont la température est encore bien loin de l'incandescence (below the temperature of ignition), ne peut atteindre la surface de la Terre, attendu qu'elle est absorbée dans notre atmosphère, où elle transforme les vapeurs vésiculaires et visibles en vapeurs transparentes. » Sir John Herschel considère le phénomène de la dissolution rapide des nuages sous l'influence de la pleine Lune, quand le Ciel n'est point trop couvert, comme un fait météorologique, « confirmé, ajoute-t-il, par les expériences de Humboldt, aussi bien que par la croyance très-générale des navigateurs espagnols dans les mers tropicales. » Voyez *Report of the fifteenth Meeting of the British Association fort the advancement of Science*, 1846, Notices, p. 5, et *Outlines of Astronomy*, p. 261.

(35) [page 541]. Bœr et Mædler, *Beitræge zur physischen Kenntniss des Sonnensystems*, 1841, p. 113; les chiffres indiqués résultent d'observations faites en 1830 et en 1832. Voyez aussi Mædler, *Astronomie*, 1849, p. 206. La première et importante correction, apportée à la durée de la rotation de Mars, qui avait été évaluée par Dominique Cassini à $24^h 40'$, est due aux laborieuses observations poursuivies par William Herschel de 1777 à 1781 ; ces observations donnèrent pour résultat $24^h 39' 21'',7$.

Kunowsky, en 1821, avait trouvé 24h 36′ 40″, résultat très-voisin de celui qu'a obtenu Mædler. La première observation faite par Cassini sur la rotation d'une tache de Mars, paraît avoir eu lieu peu de temps après l'année 1670 (Delambre, *Histoire de l'Astronomie moderne*, t. II, p. 694) ; mais dans le Mémoire fort rare de Kern, *de Scintillatione Stellarum*, Wittenberg, 1686, § 8, je trouve mentionnés comme ayant découvert la rotation de Mars et celle de Jupiter : « Salvator Serra et le Père Égidius Franciscus de Cottignez, astronomes du Collége romain. »

(36) [page 542]. Laplace, *Exposition du Système du Monde*, p. 36. Les mesures très-imparfaites de Schrœter sur le diamètre de Mars attribuent à cette planète un aplatissement de 1/80 seulement.

(37) [page 542]. Beer et Mædler, *Beitræge, etc.*, p. 111.

(38) [page 542]. Sir John Herschel, *Outlines of Astron.*, § 510.

(39) [page 542]. Beer et Mædler, *Beitræge, etc.*, p. 117-125.

(40) [page 543]. Mædler, dans les *Astronom. Nachrichten* de Schumacher, n° 192.

(41) [page 543]. *Cosmos*, t. III, p. 468 et 469. Voyez aussi sur l'ordre chronologique dans lequel se sont succédé les découvertes des petites planètes, *ibid.*, p. 466 et 507. sur leur grandeur relativement à celle des astéroïdes météoriques ou aérolithes, p. 473; enfin sur l'hypothèse d'après laquelle Kepler combinait à l'aide d'une planète la grande lacune qui sépare Mars de Jupiter, hypothèse qui n'a d'ailleurs en aucune façon contribué à amener la découverte de la première petite planète, de Cérès, p. 482-488 et 698-700 (notes 61-63). Je ne crois pas juste le reproche sévère adressé à un illustre philosophe, parce qu'ignorant la découverte de Piazzi, à une époque où elle pouvait, il est vrai, lui être connue depuis cinq mois, il contestait non pas la probabilité mais bien la nécessité

d'une planète existant entre Mars et Jupiter. Hegel, en effet, dans la Dissertation *de Orbitis Planetarum*, qu'il écrivit durant le printemps et l'été de 1801, traite des idées des anciens sur les distances respectives des Planètes; et citant la série des nombres dont parle Platon dans le *Timée* (p. 35, Estienne): 1.2.3.4.9.8.27..... (Voyez *Cosmos*, t. III, p. 692, note 51), il conteste qu'il faille nécessairement admettre une lacune. Il dit simplement : « Quæ series *si verior naturæ* ordo sit, quam arithmetica progressio, inter quartum et quintum locum magnum esse spatium, neque ibi planetam desiderari apparet. » (Hegel's *Werke*, t. XVI, 1834, p. 28; voyez aussi Rosenkranz, *Hegel's Leben*, 1844, p. 154). Kant, dans le spirituel écrit intitulé *Naturgeschichte des Himmels*, 1755, se borne à dire que lors de la formation des Planètes, Mars devait sa petitesse à l'immense puissance attractive de Jupiter. Il ne fait allusion qu'une fois et très-vaguement aux « membres du système solaire, qui sont fort distants les uns des autres, et entre lesquels on n'a pas encore trouvé les intermédiaires qui les séparent. » (Emmanuel Kant, *Sämmtliche Werke*, 6e part., 1839, p. 37, 110 et 196.)

(42) [page 544]. Voyez, au sujet de l'influence que le perfectionnement des cartes célestes peut avoir sur la découverte des petites planètes, le *Cosmos*, t. III, p. 126 et 127.

(43) [page 545]. D'Arrest, *ueber das System der Kleinen Planeten zwischen Mars und Jupiter*, 1851, p. 8.

(44) [page 545]. *Cosmos*, t. III, p. 468 et 502.

(45) [page 547]. Benjamin Abthorp Gould (aujourd'hui à Cambridge, dans l'État de Massachusetts), *Untersuchungen ueber die gegenseitige Lage der Bahnen zwischen Mars und Jupiter*, 1848, p. 9-12.

(46) [page 547]. D'Arrest, *ueber das System der Kleinen Planeten*, p. 30.

(47) [page 548]. Zach, *Monatliche Correspondenz*, t. VI, p. 88.

(48) [page 548]. Gauss, dans le même Recueil, t. XXVI, p. 299.

(49) [page 549]. M. Daniel Kirkwood, de l'Académie de Pottsville, a cru pouvoir tenter de reconstituer la planète brisée, au moyen des fragments qui en restent, comme on recompose les animaux antédiluviens. Il est arrivé ainsi à lui assigner un diamètre dépassant celui de Mars de plus de 1800 myriamètres, et la rotation la plus lente de toutes les planètes principales, le jour ne durant pas moins de 57 heures 1/2. (*Report of the British Association*, 1850, p. XXXV.)

(50) [page 549]. Beer et Mædler, *Beitræge zur physischen Kenntniss der himmlischen Kærper*, p. 104-106. Les observations plus anciennes mais moins sûres de Hussey donnaient jusqu'à 1/24. Laplace (*Système du Monde*, p. 266) a trouvé théoriquement, en supposant croissante la densité des couches, une valeur comprise entre 1/24 et 5/48.

(51) [page 550]. L'immortel ouvrage de Newton, *Philosophiæ naturalis Principia Mathematica*, parut en mai 1687, et les Mémoires de l'Académie de Paris ne donnent la mesure de l'aplatissement déterminé par Cassini (1/15) qu'en 1691, de sorte que Newton, qui certainement pouvait connaître les expériences faites sur le pendule à Cayenne par Richer, d'après la Relation de son voyage imprimée en 1679, dut recevoir le premier avis de la figure de Jupiter par des rapports verbaux, et par les correspondances écrites, si actives à cette époque. Voyez à ce sujet et sur l'époque où Huygens eut connaissance des observations de Richer sur le pendule, le *Cosmos*, t. I, p. 494 (note 29), et t. II, p. 616 (note 2).

(52) [page 550]. Airy, dans les *Memoirs of the royal Astron. Society*, t. IX, p. 7; t. X, p. 43.

(53) [page 550]. On s'en tenait encore à cette évaluation en 1824. Voyez Laplace, *Système du Monde*, p. 207.

(54) [page 550]. Delambre, *Histoire de l'Astronomie moderne*, t. II, p. 754.

(55) [page 552]. « On sait qu'il existe au-dessus et au-dessous de l'équateur de Jupiter deux bandes moins brillantes que la surface générale. Si on les examine avec une lunette, elles paraissent moins distinctes à mesure qu'elles s'éloignent du centre, et même elles deviennent tout à fait invisibles près des bords de la planète. Toutes ces apparences s'expliquent en admettant l'existence d'une atmosphère de nuages interrompue aux environs de l'équateur par une zone diaphane, produite peut-être par les vents alisés. L'atmosphère de nuages réfléchissant plus de lumière que le corps solide de Jupiter, les parties de ce corps que l'on verra à travers la zone diaphane, auront moins d'éclat que le reste et formeront les bandes obscures. A mesure qu'on s'éloignera du centre, le rayon visuel de l'observateur traversera des épaisseurs de plus en plus grandes de la zone diaphane, en sorte qu'à la lumière réfléchie par le corps solide de la planète s'ajoutera de la lumière réfléchie par cette zone plus épaisse. Les bandes seront par cette raison moins obscures en s'éloignant du centre. Enfin aux bords mêmes, la lumière réfléchie par la zone vue dans la plus grande épaisseur pourra faire disparaître la différence d'intensité qui existe entre les quantités de lumière réfléchie par la planète et par l'atmosphère de nuages; on cessera alors d'apercevoir les bandes qui n'existent qu'en vertu de cette différence. — On observe dans les pays de montagnes quelque chose d'analogue: qu'on se trouve près d'une forêt de sapins, elle paraît noire; mais à mesure qu'on s'en éloigne, les couches d'atmosphère interposées deviennent de plus en plus épaisses et réfléchissent de la lumière. La différence de teinte entre la forêt et les objets voisins diminue de plus en plus ; elle finit par se confondre avec

eux, si l'on s'en éloigne d'une distance convenable. » (t. XI des *Œuvres* d'Arago.)

(56) [page 553]. *Cosmos*, t. II, p. 382-384 et 603 (note 44).

(57) [page 554]. Sir John Herschel, *Outlines of Astron.*, § 540.

(58) [page 555]. Les premières observations de William Herschel, faites en novembre 1793, donnèrent pour la rotation de Saturne $10^h 16' 44''$. C'est à tort qu'on a fait honneur au grand philosophe Emmanuel Kant d'avoir deviné par des considérations purement théoriques et consigné dans le brillant ouvrage intitulé : *Allgemeine Naturgeschichte des Himmels*, quarante ans avant Herschel, la véritable durée de la rotation de Saturne. Le nombre qu'il indique est $6^h 23' 53''$. Il considère cette valeur « comme la détermination mathématique du mouvement encore inconnu d'un corps céleste, prédiction unique peut-être en son genre, et qui ne peut être vérifiée que par les observations des siècles futurs. » L'attente n'a point été remplie; les observations postérieures ont révélé une erreur de 4 heures, c'est-à-dire des 3/5. On trouve dans le même ouvrage, au sujet de l'Anneau de Saturne, que « dans l'amas des particules dont il se compose, les unes situées à l'intérieur du côté de la planète accomplissent leur rotation en 10 heures, et que les autres, qui forment la partie extérieure, mettent 15 heures à opérer le même mouvement. » Le premier de ces deux nombres se rapproche par hasard de la vitesse angulaire de la planète ($10^h 29' 17''$). Voyez Kant, *Sammtliche Werke*, 6e part. 1839, p. 135 et 140.

(59) [page 556]. Laplace (*Exposition du Système du Monde*, p. 43) évalue l'aplatissement de Saturne à 1/11. Bessel n'a point confirmé mais a au contraire déclaré inexacte cette singulière dépression d'après laquelle William Herschel, à la suite d'une série d'observations laborieuses, faites avec des télescopes très-divers, trouva que le grand axe de la planète était situé non pas

dans le plan de son équateur, mais dans un plan formant avec celui de l'équateur un angle d'environ 45°.

(60) [page 556]. Arago, *Astronomie populaire*, t. IV, p. 454.

(61) [page 557]. Dominique Cassini avait signalé aussi cette différence d'éclat des deux anneaux. Voyez *Mémoires de l'Académie des Sciences*, 1715, p. 13.

(62) [page 557]. *Cosmos*, t. II, p. 385. Ce ne fut que quatre ans plus tard, en 1659, que la découverte ou plutôt l'explication complète des apparences que présentent Saturne et son anneau fut publiée dans le *Systema Saturnium*.

(63) [page 558]. Tout récemment de semblables éminences ont été aperçues de nouveau par Lassell, à Liverpool, avec un réflecteur de 20 pieds de longueur focale, que lui-même avait construit. Voyez *Report of the British Association*, 1850, p. XXXV.

(64) [page 558]. Voyez Harding, *Kleine Ephemeriden* für 1835, p. 100, et Struve dans les *Astronom. Nachrichten* de Schumacher, n° 139, p. 389.

(65) [page 559]. On lit dans les *Acta Eruditorum* pro anno 1684, p. 424, le passage suivant, extrait de l'ouvrage intitulé *Systema phænomenorum Saturni, autore Galletio, præposito eccles. Avenionensis :* « Nonnunquam corpus Saturni *non exacte annuli medium* obtinere visum fuit. Hinc evenit, ut, quum planeta orientalis est, centrum ejus extremitati orientali annuli propius videatur, et major pars ab occidentali latere sit cum ampliore obscuritate. »

(66) [page 559]. Horner, dans le *Neues Physik Wœrterbuch* de Gehler, t. VIII, 1836, p. 174.

(67) [page 559]. Benjamin Peirce, *on the Constitution of Saturn's Ring*, dans l'*Astronomical Journal* de Gould, 1851, t. II, p. 16 : « The ring consists of a stream or of streams of a

fluid rather denser than water flowing around the primary. » Voyez aussi Silliman's, *American Journal*, 2e série, t. XII, 1851, p. 99, et sur les inégalités de l'anneau ou les actions perturbatrices et par cela même conservatrices des satellites, John Herschel, *Outlines of Astronomy*, p. 320.

(68) [page 560]. John Herschel, *Cape Observations*, p. 414-430, et *Outlines*, p. 650. Voyez aussi sur la loi des distances, *ibid.*, p. 337, § 550.

(69) [page 562]. Fries, *Vorlesungen ueber die Sternkunde*, 1833, p. 325 : Challis dans les *Transactions of the Cambridge Philosophical Society*, t. III, p. 171.

(70) [page 562]. William Herschel, *Account of a Comet*, dans les *Philosophical Transactions* for 1781, t. LXXI, p. 492.

(71) [page 563]. *Cosmos*, t. III, p. 490.

(72) [page 563]. Mædler, dans les *Astronom. Nachrichten* de Schumacher, no 493. Voyez aussi sur l'aplatissement d'Uranus, Arago dans l'*Astronomie populaire*, t. IV, p. 492.

(73) [page 565]. Voyez, pour les observations de Lassell à Starfield (Liverpool) et celles d'Otto Struve, les *Monthly Notices of the royal Astronomical Society*, t. VIII, 1848, p. 43-47, 135-139, et les *Astronom. Nachrichten* de Schumacher, no 623, p. 365.

(74) [page 566]. Bernhard von Lindenau, *Beitrag zur Geschichte der Neptun's Endeckung*, dans le supplément des *Astronom. Nachrichten* de Schumacher, 1849, p. 17.

(75) [page 566]. *Astronom. Nachrichten*, no 580.

(76) [page 566]. Le Verrier, *Recherches sur les mouvements de la planète Herschel*, 1846, dans la *Connaissance des Temps* pour 1849, p. 254.

(77) [page 567]. L'élément très-important de la masse de Neptune a reçu beaucoup d'accroissements successifs. Estimé d'abord 1/20897 par Adams, il a été évalué à 1/19840 par

Peirce, à 1/19400 par Bond, à 1/18780 par John Herschel, à 1/15480 par Lassell, enfin à 1/14440 par Otto et Auguste Struve à Poulkova. C'est ce dernier résultat que nous avons adopté dans le texte.

(78) [page 568]. Airy, dans les *Monthly Notices of the royal Astronomical Society*, t. VII, n° 9 (novembre 1846), p. 121-152; Bernhard von Lindenau, *Beitrag zur Geschichte der Neptun's Entdeckung*, p. 1-32 et 235-238. — Le Verrier, sur l'invitation d'Arago, commença dans l'été de 1845 à s'occuper de la théorie d'Uranus. Il présenta à l'Institut les résultats de ses recherches, le 10 novembre 1845, le 1er juin, le 3 août et le 5 octobre 1846, et les publia aussitôt. Le plus grand et le plus important travail de Le Verrier, celui qui contient la solution complète du problème, parut dans la *Connaissance des Temps* pour 1849. Adams fit part de ses premiers résultats, mais sans rien confier à l'impression, au professeur Challis, en septembre 1845, et avec quelques changements à l'Astronome royal, dans le mois d'octobre de la même année, toujours sans en rien publier. L'Astronome royal eut communication des résultats définitifs d'Adams, corrigés de nouveau dans le sens d'une diminution de la distance, au commencement du mois de septembre 1846. Le jeune géomètre de Cambridge s'exprime sur ces travaux successifs, tous dirigés vers le même but, avec autant de modestie que d'abnégation : « I mention these earlier dates merely to show, that my results were arrived at independently and previously to the publication of M. Le Verrier, and not with the intention of interfering with his just claims to the honors of the discovery; for there is no doubt that his researches were first published to the world, and led to the actual discovery of the planet by Dr. Galle, so that the facts stated above cannot detract, in the slightest degree, from the credit due to M. Le Verrier. »

Comme, dans l'histoire de la découverte de Neptune, on a souvent répété que l'illustre astronome de Kœnigsberg avait partagé l'espérance exprimée déjà en 1834 par Alexis Bouvard, l'auteur des Tables d'Uranus, « que les perturbations d'Uranus devaient être causées par une planète encore inconnue, » j'ai pensé qu'il pourrait être intéressant pour les lecteurs du *Cosmos* de trouver ici une partie de la lettre que m'écrivit Bessel, à la date du 8 mai 1840, deux ans, par conséquent, avant sa conversation avec Sir John Herschel, lors de sa visite à Collingwood : « Vous me demandez des nouvelles de la planète située au delà d'Uranus. Je pourrais vous adresser à quelques-uns de mes amis de Kœnigsberg qui croient en savoir plus que moi-même sur ce point. J'avais choisi pour texte d'une leçon publique, le 28 février 1840, l'exposé des rapports qui existent entre les observations astronomiques et l'astronomie elle-même. Le public ne fait pas de différence entre ces deux objets ; il y avait donc lieu de redresser son opinion. La part de l'observation dans le développement des connaissances astronomiques me conduisait naturellement à remarquer que nous ne pouvons être certains d'expliquer par notre théorie tous les mouvements des planètes. Je citai comme preuve Uranus ; les anciennes observations dont cette planète a été l'objet ne s'accordent nullement avec les éléments déduits des observations plus récentes, faites de 1783 à 1820. Je crois vous avoir déjà dit que j'ai beaucoup étudié cette question ; mais tout ce que j'ai retiré de mes efforts, c'est la certitude que la théorie actuelle ou plutôt l'application que l'on en fait au système solaire, tel que nous le connaissons aujourd'hui, ne suffit point à résoudre le mystère d'Uranus. Ce n'est pas, à mon sens, une raison pour désespérer du succès. Il nous faut d'abord connaître exactement et d'une manière complète tout ce qui a été observé sur Uranus. J'ai chargé un de mes jeunes auditeurs, Flemming, de réduire et comparer toutes les observations, et maintenant j'ai là réunis sous la main tous les faits constatés. Si les anciennes déterminations ne conviennent déjà point à la théorie, celles d'aujourd'hui s'en écartent plus encore; car actuellement l'erreur est d'une minute entière, et elle s'accroît de 7 à 8 secondes par an, de sorte qu'elle sera bientôt beaucoup plus considérable. J'ai eu l'idée d'après cela qu'un moment viendrait où la solution du problème serait peut-être bien fournie par une nouvelle planète, dont les éléments seraient reconnus d'après son action sur Uranus et vérifiés d'après celle qu'elle exercerait sur Saturne. Je me suis d'ailleurs bien gardé de dire que ce temps fût arrivé; je me borne à chercher jusqu'où peuvent conduire les faits actuellement connus. C'est là un travail dont la pensée me suit depuis tant d'années, et au sujet duquel j'ai passé par tant d'opinions différentes, que j'aspire à en voir la fin, et que je ne négligerai rien pour arriver à ce résultat aussitôt qu'il sera possible. J'ai grande confiance en Flemming, qui, à Dantzig où il est appelé, continuera pour Saturne et pour Jupiter la réduction des observations qu'il a faites pour Uranus. Je m'applaudis, sous ce rapport, qu'il n'ait pour l'instant aucun moyen d'observation et qu'il n'ait point de cours à faire. Un jour viendra aussi pour lui, où il devra se livrer à des observations dirigées vers un but déterminé; alors, sans doute, les facilités matérielles ne lui manqueront pas plus que dès à présent l'habileté ne lui manque. »

(79) [page 568]. La première lettre dans laquelle Lassell annonça sa découverte était du 6 août 1847. Voyez Schumacher's *Astronom. Nachrichten*, n° 611, p. 165.

(80) [page 568]. Otto Struve, dans les *Astronom. Nachrichten*, n° 629. C'est d'après les observations faites à Poulkova qu'Auguste Struve a calculé à Dorpat l'orbite du premier satellite de Neptune.

(81) [page 568]. W. C. Bond, dans les *Proceedings of the American Academy of Arts and Sciences*, t. II, p. 137 et 140.

(82) [page 569]. Schumacher's *Astronom. Nachrichten*, n° 729, p. 143.

(83) [page 571]. « On reconnaîtra un jour, dit Kant, que les dernières planètes, qui par la suite seront découvertes au delà de Saturne, forment une série de membres intermédiaires qui

se rapprochent de plus en plus de la nature des comètes, et ménagent la transition entre ces deux espèces de corps planétaires. La loi, d'après laquelle l'excentricité des orbites décrites par les planètes est en raison de leur distance au Soleil, vient à l'appui de cette conjecture. Il en résulte, en effet, qu'à mesure que cette distance augmente, les planètes répondent de plus en plus à la définition des comètes. Rien n'empêche que l'on considère à la fois comme la dernière planète et la première comète le corps céleste qui coupe au périhélie l'orbite de la planète la plus voisine, peut-être bien celle de Saturne. Le volume des corps planétaires, croissant de même avec leur distance au Soleil, démontre encore clairement la vérité de notre théorie sur la mécanique céleste. » (*Naturgeschichte des Himmels*, 1755, 6ᵉ part., p. 88 et 195, de la collection des Œuvres complètes.) Au commencement de la 5ᵉ partie, il est question de l'ancienne nature cométaire que Saturne est supposé avoir perdue.

(84) [page 572]. Stephen Alexander, *on the similarity of arrangement of the Asteroids and the Comets of short period, and the possibility of their common origin*, dans l'*Astronomical Journal* de Gould, nº 19, p. 147 et nº 20, p. 181. L'auteur, d'accord avec Hind (Schumacher's *Astronom. Nachrichten*, nº 724), distingue « the comets of short period, whose semiaxes are all nearly the same with those of the small planets between Mars and Jupiter ; and the other class, including the comets whose mean distance or semi-axis is somewhat less than that of Uranus. » Il termine le premier de ces deux Mémoires par cette conclusion : « Different facts and coincidences agree in indicating a near appulse if not an actual collision of Mars with a large comet in 1315 or 1316, that the comet was thereby broken into three parts whose orbits (it may be presumed) received even then their present form : viz. that still presented by the comets of 1812, 1815 and 1846 which are fragments of the dissevered comet. »

(85) [page 573]. Laplace, *Exposition du Système du Monde*, édit. de 1824, p. 414.

(86) [page 573]. *Cosmos*, t. I, p. 110-127 et 434-459 (notes 42-57).

(87) [page 574]. En trois siècles et demi, de 1500 à 1850, il a paru en Europe 52 comètes visibles à l'œil nu. En les répartissant par périodes de 50 années, on obtient le tableau suivant :

1500 — 1550	1600 — 1650
1500	1607
1505	1618
1506	2 comètes.
1512	
1514	1650 — 1700
1516	1652
1518	1664
1521	1665
1522	1668
1530	1672
1531	1680
1532	1682
1533	1686
13 comètes.	1689
	1696
1550 — 1600	10 comètes.
1556	
1558	1700 — 1750
1569	1702
1577	1744
1580	1748 (2)
1582	4 comètes.
1585	
1590	
1593	
1596	
10 comètes.	

1750 — 1800	1811
1759	1819
1766	1823
1769	1830
1781	1835
4 comètes.	1843
	1845
1800 — 1850	1847
1807	9 comètes.

Des 23 comètes observées au XVIe siècle, le siècle d'Apian, de Girolomo Fracastro, du landgrave Guillaume IV de Hesse, de Mæstlin et de Tycho, les 10 premières ont été décrites par Pingré.

(88) [page 576]. C'est la comète « de mauvais augure » à laquelle fut attribuée la tempête qui causa la mort du célèbre navigateur portugais Bartholomé Diaz, au moment où il faisait, avec Cabral, la traversée du Brésil au Cap de Bonne-Espérance. Voyez Humboldt, *Examen critique de l'histoire de la Géographie du nouveau Continent*, t. I, p. 296; t. V, p. 80, et Souza, *Asia Portugal.*, t. I, 1re part., cap. 5, p. 45.

(89) [page 576]. Laugier, dans la *Connaissance des Temps* pour 1846, p. 99. Voyez aussi Édouard Biot, *Recherches sur les anciennes apparitions chinoises de la Comète de Halley antérieures à l'année* 1378, dans le même volume du même Recueil, p. 70-84.

(90) [page 576]. Sur la comète découverte par Galle au mois de mars 1840, voyez les *Astronomische Nachrichten* de Schumacher, t. XVII, p. 188.

(91) [page 576]. Humboldt, *Vues des Cordillères* (éd. in-folio), pl. LV, fig. 8, p. 284. Les Mexicains se faisaient aussi une idée fort juste de la cause qui produit les éclipses de Soleil. Le même manuscrit mexicain dont il est parlé dans le texte, et qui re-

monte au moins à 25 ans avant l'arrivée des Espagnols, représente le Soleil presque complétement couvert par le disque de la Lune, et les étoiles brillant tout autour.

(92) [page 576]. Newton et Winthrop avaient déjà deviné la formation de la queue des comètes par les effluves de la partie antérieure, problème dont s'est tant occupé Bessel. Voyez les *Principia philosoph. natural.* de Newton, p. 511, et les *Philosoph. Transactions* for 1767, t. LVII, p. 140, fig. 5. Suivant Newton, c'est près du Soleil que la queue a le plus de force et d'étendue, parce que l'air cosmique, ce que j'appelle, avec Encke, le milieu résistant, a dans ces régions son maximum de densité, et que les particules de la queue, très-échauffées par le voisinage du Soleil, montent plus aisément au milieu d'un air plus dense. Winthrop est d'avis que l'effet principal se produit un peu après le périhélie, parce que, en vertu de la loi posée par Newton (*Principia, etc.*, p. 424 et 466), les maxima ont toujours une tendance à retarder l'époque de leur apparition.

(93) [page 576]. Arago, *Astronomie populaire*, t. II, p. 318. L'observation est d'Amici fils.

(94) [page 576]. Sir John Herschel dans ses *Outlines* (§ 589-597), et Peirce dans l'*American Journal* for 1844 (p. 42) ont recueilli tous les détails concernant la comète du mois de mars 1843, qui brilla dans le Nord de l'Europe, près d'Orion, d'un éclat extraordinaire, et qui est, de toutes les comètes observées et calculées, celle qui s'est approchée le plus près du Soleil. Certaines ressemblances de physionomie, genre de preuve dont, au reste, Sénèque avait déjà démontré le peu de certitude (*Quæstiones natur.*, lib. VII, cap. 11 et 17), firent considérer d'abord cette comète comme identique avec celle de 1668 et de 1689. Voyez le *Cosmos*, t. I, p. 150 et 478 (note 92), et Galle, dans les *Olbers Cometenbahnen*, n°s 42 et 50. Boguslawski croit d'autre part (Schumacher's *Astronom. Nachrichten*, n° 545, p. 272) que

la période de la comète de 1843 est de 147 ans, et que ses apparitions antérieures eurent lieu en 1695, 1548, 1401, etc. Il remonte ainsi jusqu'à l'année 371 avant l'ère chrétienne, et d'accord en cela avec le célèbre helléniste Thiersch, de Munich, il considère cette comète comme identique avec celle dont il est fait mention dans les *Météorologiques* d'Aristote (liv. I, chap. 6) et la désigne sous le nom de comète d'Aristote. Mais d'abord je rappellerai que cette dénomination est vague et peut s'appliquer à plusieurs objets. Veut-on parler de la comète qu'Aristote fait disparaître dans la constellation d'Orion et qu'il rattache au tremblement de terre de l'Achaïe; dans ce cas, il ne faut point oublier que cette comète qui, d'après le philosophe de Stagire, se montra simultanément avec le tremblement de terre, fut antérieure à cet événement, suivant Callisthène, et postérieure, suivant Diodore. Le 6e et le 8e chapitre des Météorologiques traitent de 4 comètes désignées par le nom des archontes d'Athènes sous lesquels elles apparurent, et par les événements désastreux auxquels on les rapporte. Aristote mentionne successivement la comète occidentale qui fut observée lors du tremblement de terre et des inondations de l'Achaïe (chap. 6, 8), puis celle qui marque l'archontat d'Euclès, fils de Molon. Il revient ensuite à la comète occidentale, et nomme à cette occasion l'archonte Asteius, qui est devenu dans des leçons vicieuses Aristeus, et que Pingré par suite a confondu, dans sa *Cométographie*, avec Aristhène ou Alcisthène. L'éclat de la comète d'Asteius se répandit sur plus d'un tiers de la voûte céleste. La queue, que l'on désignait sous le nom de ὁδός, *chemin*, avait 60° de longueur, et s'étendait jusque dans la région d'Orion, où elle se dissolvait. Aristote cite encore (chap. 7, 9) la comète dont l'apparition coïncida avec la chute de l'aérolithe d'Ægos-Potamos, et qu'il ne faut point confondre avec le nuage météorique qui, suivant le récit de Daimachus, brilla pendant 70 jours, et lança des étoiles filantes. Enfin Aristote (chap. 7, 10) mentionne une comète que l'on observa sous l'archontat de Nicomaque, et à laquelle fut attribué un violent orage qui éclata près de Corinthe. Ces quatre comètes remplissent la longue période de 32 olympiades. La première en date, celle qui coïncide avec l'aérolithe d'Ægos-Potamos, se montra, d'après les marbres de Paros, la 1re année de la LXXVIIIe Olympiade (avant J.-C. 468), sous l'archontat de Théagénidès; la comète d'Euclès, nommé à tort Euclides par Diodore (liv. XII, chap. 53), fut observée dans la 2e année de l'Olymp. LXXXVIII (av. J.-C. 427), comme le prouve aussi le commentaire de Jean Philopon; celle d'Asteius, dans la 4e année de l'Olymp. CI (av. J.-C. 373); enfin celle de Nicomaque, dans la 4e année de l'Olymp. CIX (av. J.-C. 341). Pline (liv. II, chap. 25) rapporte à la CVIIIe Olymp. la transformation de cette comète qui, après avoir présenté l'aspect d'une crinière, prit la forme d'une lance (jubæ effigies mutata in hastam). Sénèque crut aussi à une liaison directe entre la comète d'Asteius et le tremblement de terre qui ébranla l'Achaïe. Il dit, en rapportant la destruction des villes d'Hélice et de Bura, qui ne sont pas expressément nommées par Aristote : « Effigiem ignis longi fuisse Callisthenes tradit, antequam Burin et Helicen mare absconderet. Aristoteles ait non trabem illam sed Cometam fuisse (*Quæst. natur.*, lib. VII, cap. 5). » Strabon (liv. VIII, p. 384, éd. Casaubon) place la ruine de ces deux villes deux ans avant la bataille de Leuctres, ce qui donne bien la 4e année de la CIe Olympiade. Diodore de Sicile après avoir décrit en détail le tremblement de terre du Péloponèse et les inondations qui suivirent, comme des événements accomplis sous l'archontat d'Asteius (lib. XV, cap. 48 et 49), rejette à l'année suivante, sous l'archontat d'Alcisthène (Olymp. CII, 1), l'apparition de la brillante comète qui produisait de l'ombre comme la Lune, et dans laquelle il vit un présage de la déchéance des Lacédémoniens. Mais Diodore, qui écrivait longtemps après les événements qu'il raconte, ne se fait pas faute souvent de les reporter d'une année à l'autre, et l'on peut invoquer en faveur de l'opinion qui place la comète sous l'archontat d'Asteius, antérieur d'une année à celui d'Alcisthène, les témoignages les plus anciens et les plus sûrs, ceux d'Aristote et de la Chronique de

Paros. Pour revenir maintenant au point de départ, comme Boguslawski, en attribuant à la comète de 1843 une révolution de 147 ans 3/4, est remonté successivement aux années 1695, 1548, 1401, 1106, et enfin à l'année 371 avant notre ère, cette dernière apparition coïncide avec la comète qui accompagna le tremblement de terre du Péloponèse, à deux années près suivant Aristote, à une seule année près suivant Diodore, écart qui, si l'on pouvait constater la ressemblance des orbites, serait de très-peu de conséquence, eu égard surtout aux perturbations vraisemblables dans un intervalle de 2214 ans. Si Pingré (*Cométographie*, t. I, p. 259-262), tout en substituant, d'après Diodore, l'archontat d'Alcisthène à celui d'Asteius, et en rapportant la comète qui disparut dans la constellation d'Orion à la 1re année de la CIIe Olympiade, lui assigne néanmoins pour date les premiers jours du mois de juillet 371 et non 372, la raison en est que, à l'exemple de quelques historiens, il marque d'un zéro la première année de l'ère chrétienne. Il est important de remarquer, en terminant, que Sir John Herschel adopte pour la révolution de la brillante comète, qui fut vue près du Soleil en 843, une période de 175 ans, ce qui reporte aux années 1668, 1493 et 1318 (comp. *Outlines*, p. 370-372, avec Galle, dans les *Olbers Cometenbahnen*, p. 208, et avec le *Cosmos*, t. I, p. 156). D'autres combinaisons de Peirce et de Clausen donnent des périodes de 21 ans 4/5 ou de 7 ans 1/5, et prouvent combien il est hasardé de déclarer la comète de 1843 identique avec celle de l'archonte Asteius. Grâce à la mention faite dans les *Météorologiques* d'Aristote (liv. I, cap. 7, 10), d'une comète qui apparut sous l'archontat de Nicomaque, nous savons que le philosophe de Stagire était âgé au moins de 44 ans lorsqu'il composa cet ouvrage. Il m'a toujours paru surprenant qu'Aristote qui, à l'époque du tremblement de terre du Péloponèse et de la grande comète qui couvrait de sa queue un espace de 60°, avait déjà quatorze ans, parle avec autant d'indifférence d'un pareil phénomène, et se borne à le ranger parmi les comètes observées jusqu'à lui. L'étonnement augmente encore, lorsqu'on lit dans le même chapitre qu'Aristote a vu de ses propres yeux autour d'une étoile fixe dans la cuisse du Chien, peut-être bien autour de Procyon dans le Petit-Chien, une apparence nébuleuse représentant une crinière. Aristote dit aussi (liv. I, chap. 6, 9) avoir observé dans les Gémeaux l'occultation d'une étoile par le disque de Jupiter. La crinière de vapeur ou l'enveloppe nébuleuse de Procyon me rappelle un phénomène dont il est souvent question dans les Annales de l'ancien empire mexicain, d'après le *Codex Tellerianus* : « Cette année, y est-il dit, on vit de nouveau fumer Citlalcholoa, » c'est-à-dire la planète Vénus nommée aussi Tlazoteotl, dans la langue des Aztèques. (Humboldt, *Vues des Cordillières*, t. II, p. 303.) Probablement sous le ciel du Mexique comme sous celui de la Grèce, on vit de petits halos formés autour des étoiles par la réfraction de leurs rayons.

(95) [page 577]. Édouard Biot, dans les *Comptes rendus de l'Académie des Sciences*, t. XVI, 1843, p. 751.

(96) [page 578]. Galle, dans l'appendice de l'ouvrage intitulé *Olbers Cometenbahnen*, p. 221, n° 130. Sur le passage probable de la comète à double queue de 1823, voyez *Edinburg Review*, 1848, n° 175, p. 193. Le Mémoire d'Encke, cité un peu plus haut dans le texte, et qui contient les véritables éléments de la comète de 1680, renverse les fantaisies de Halley, d'après lesquelles cette même comète, accomplissant sa révolution en 575 ans, aurait apparu à toutes les époques critiques de l'histoire de l'humanité : à l'époque du déluge, d'après les traditions hébraïques ; à celle d'Ogygès, d'après les légendes grecques ; durant la guerre de Troie ; lors de la destruction de Ninive ; à la mort de Jules César, et ainsi de suite. La durée de la révolution de cette planète est, suivant les calculs d'Encke, de 8814 ans. Au périhélie, le 17 décembre 1680, elle n'était éloignée du Soleil que de 23000 myriamètres ; c'est 15000 myriamètres de moins que la distance de la Lune à la Terre.

Son aphélie est de 853, 3 distances de la Terre au Soleil. Le rapport de l'aphélie au périhélie est de 140 000 à 1.

(97) [page 579]. Arago, *Astronomie populaire*, t. II, p. 417, 444 à 454.

(98) [page 579]. Sir John Herschel, *Outlines of Astronomy*, § 592.

(99) [page 579]. Bernard de Lindenau, dans les *Astronomische Nachrichten* de Schumacher, n° 698, p. 25.

(100) [page 579]. *Cosmos*, t. III, p. 42-44.

(1) [page 581]. Le Verrier, dans les *Comptes rendus de l'Académie des Sciences*, t. XIX, 1844, p. 982-993.

(2) [page 582]. Newton n'attribuait l'éclat des comètes les plus brillantes qu'au reflet de la lumière solaire : « splendent cometæ luce solis a se reflexa (*Principia mathemat.*, éd. Le Seur et Jacquier, 1760, t. III, p. 577).

(3) Bessel, Schumacher's *Jahrbuch* für 1837, p. 109.

(4) [page 582]. *Cosmos*, t. I, p. 120, et t. III, p. 45.

(5) [page 582]. Valz, *Essai sur la détermination de la densité de l'Éther dans l'espace planétaire*, 1830, p. 2, et *Cosmos*, t. I, p. 119. L'accroissement du noyau des comètes, à mesure qu'augmente leur distance au Soleil, avait déjà attiré l'attention d'un observateur très-soigneux et exempt de toute prévention, d'Hévélius. Voyez Pingré, *Cométographie*, t. II, p. 193. C'est un travail très-délicat, lorsqu'on veut y apporter de l'exactitude, que de déterminer les diamètres de la comète d'Encke, à son périhélie. Cette comète est une masse nébuleuse dans laquelle le centre ou une partie du centre se détache par l'éclat de sa lumière. A partir de cette région, qui n'a nullement la forme d'un disque, et ne peut être appelée la tête de la comète, l'intensité de la lumière diminue rapidement tout autour. La nébulosité offre dans un sens un prolongement qui a l'apparence d'une queue. Les mesures indiquées dans le texte se rappor-

tent à cette matière nébuleuse, dont la circonférence, sans être bien arrêtée, se resserre au périhélie.

(6) [page 583]. Sir John Herschel, *Cape Observations*, 1847, § 366, pl. XV et XVI.

(7) [page 583]. Bien plus tard, le 5 mars, on vit croître jusqu'à la distance de 9° 19′ l'intervalle qui séparait les deux comètes; cette augmentation, ainsi que l'a prouvé Plantamour, n'était qu'apparente, et tenait à ce que l'astre s'était rapproché de la Terre. Depuis le mois de février jusqu'au 10 mars, les deux parties de la double comète restèrent à la même distance l'une de l'autre.

(8) [page 584]. Le 10 février 1846, on aperçoit le fond noir du ciel qui sépare les deux comètes (O. Struve, dans le *Bulletin physico-mathématique de l'Académie des Sciences de Saint-Pétersbourg*, t. VI, n° 4).

(9) [page 585]. Voyez *Outlines of Astron.*, § 580-583, et Galle, *Olbers Cometenbahnen*, p. 232.

(10) [page 586]. « Ephorus non religiosissimæ fidei, sæpe decipitur, sæpe decipit. Sicut hic Cometem qui omnium mortalium oculis custoditus est, quia ingentis rei traxit eventus, cum Helicem et Burin orto suo merserit, ait illum discessisse in duas stellas : quod præter illum nemo tradidit. Quis enim posset observare illud momentum quo cometes solutus et in duas partes redactus est? Quomodo autem, si est qui viderit cometem in duas dirimi, nemo vidit fieri ex duabus? (Sénèque, *Quæstiones naturales*, lib. VII, cap. 16.)

(11) [page 596]. Édouard Biot, *Recherches sur les comètes de la collection de Ma-tuan-lin*, dans les *Comptes rendus de l'Académie des Sciences*, t. XX, 1845, p. 334.

(12) [page 587]. Galle, dans les *Olbers Cometenbahnen*, p. 232, n° 174. Les comètes de Colla et de Bremiker, qui ont

fait leur apparition dans les années 1845 et 1840, décrivent leur orbite elliptique en un temps assez court, si on les compare aux comètes de 1811 et de 1680, qui n'emploient pas moins de 3000 et de 8800 ans. Les périodes des deux comètes de Colla et de Bremiker ne paraissent être que de 249 et de 344 ans. Voyez Galle, *ibid.*, p. 229 et 231.

(13) [page 589]. La courte période de 1204 jours fut constatée par Encke, lors de la réapparition de sa comète, en 1819. Les éléments de l'orbite elliptique de cette comète se trouvent calculés pour la première fois dans le *Berlin. astronom. Jahrbuch* für 1822, p. 193. Voyez aussi pour la constante du milieu résistant, considérée comme moyen d'expliquer la rapidité de la révolution, le 4e Mémoire d'Encke, dans le Recueil de l'Académie de Berlin, année 1844, et comparez à ce sujet Arago, *Astronomie populaire*, t. II, p. 287, et *Lettre à M. Alexandre de Humboldt*, 1840, p. 12, ainsi que Galle dans les *Olbers Cometenbahnen*, p. 221. Pour compléter, en remontant aussi loin que possible, l'histoire de la comète d'Encke, il est bon de rappeler qu'elle fut vue pour la première fois par Méchain du 17 au 19 janvier 1786, puis par miss Carolina Herschel du 7 au 27 novembre 1795, par Bouvard, Pons et Huth du 20 octobre au 19 novembre 1805, enfin par Pons du 26 novembre 1818 au 12 janvier 1819, lors de sa dixième réapparition depuis la découverte de Méchain. Le premier retour calculé à l'avance par Encke fut observé par Rumker à Paramatta; voyez Galle, *ibid.*, p. 215, 217, 221 et 222. — La comète intérieure de Biela, ou, comme on a aussi coutume de dire, la comète de Biela et de Gambart, observée pour la première fois le 8 mars 1772 par Montaigne, fut vue ensuite successivement par Pons, le 10 novembre 1805, par Biela, à Josephstadt, en Bohême, le 27 février 1826, et par Gambart à Marseille, le 9 mars de la même année. C'est certainement Biela qui, le premier, a découvert de nouveau la comète de 1772, mais en revanche Gambart en a déterminé les éléments elliptiques plus tôt que Biela, et presque en même

temps que Clausen. Le premier retour de la comète de Biela, déterminé mathématiquement, a été observé par Henderson au Cap de Bonne-Espérance, durant les mois d'octobre et de décembre 1831. Le merveilleux dédoublement de la comète de Biela, dont il a été question dans le texte, eut lieu lors de sa onzième réapparition depuis l'année 1772, vers la fin de 1845. Voyez Galle, dans les *Olbers Cometenbahnen*, p. 214, 218, 224, 227 et 232.

(14) [page 589]. Sir John Herschel (*Outlines of Astron.*, § 601).

(15) [page 590]. Laplace, *Exposition du Système du Monde*, p. 396 et 414. Les vues particulières de Laplace sur les comètes, qu'il considère comme de petites nébuleuses errant de systèmes en systèmes, sont contredites par la résolution d'un grand nombre de nébuleuses, opérée depuis la mort de ce grand homme.

(16) [page 591]. Il y avait des divergences d'opinions à Babylone dans le collége des astronomes chaldéens, aussi bien que chez les Pythagoriciens et dans toutes les anciennes écoles. Sénèque (*Quæst. natur.*, lib. VII, cap. 3) cite les sentiments opposés d'Apollonius le Myndien et d'Épigène. Bien qu'Épigène soit rarement cité, Pline (lib. VII, cap. 57) l'appelle « gravis auctor in primis. » Son nom se retrouve aussi, mais sans qualification, dans Censorinus (*de Die natali*, cap. 17), et dans Stobée (*Ecloga physica*, lib. I, cap. 29, p. 586, éd. Heeren). Voyez aussi Lobeck, *Aglaophamus*, p. 341. Diodore de Sicile (lib. XV, cap. 50) croit que l'opinion générale et dominante chez les astrologues de Babylone était que les comètes, après des intervalles de temps invariables, rentraient dans des orbites déterminés. Le dissentiment qui divisait les Pythagoriciens sur la nature planétaire des comètes, et que mentionnent Aristote et le Pseudo-Plutarque (*Meteorologica*, lib. I, cap. 6, 1; de *Placitis Philosoph.*, lib. III, cap. 2) s'étendait d'après le Stagirite (*Meteorol.*,

lib. I, cap. 8, 2) à la nature de la Voie lactée, qui marquait la voie abandonnée par le Soleil et celle d'où avait été précipité Phaéton. Voyez Letronne, dans les *Mémoires de l'Académie des Inscriptions*, 1830, t. XII, p. 108. Aristote cite encore cette opinion de quelques Pythagoriciens, que les comètes appartiennent à la classe de planètes qui, comme Mercure, ne deviennent visibles qu'en s'élevant, après un long temps, au-dessus de l'horizon. Dans le Traité du Pseudo-Plutarque, dont malheureusement les indications sont toujours tronquées, il est dit que les comètes se lèvent à l'horizon à des époques déterminées, après leur révolution accomplie. Beaucoup de renseignements sur la nature des comètes contenus dans les écrits d'Arrien, que Stobée put mettre à profit, et dans ceux de Charimander, dont le nom seul a été conservé par Sénèque et par Pappus, sont perdus pour nous (*Ecloga*, lib. I, cap. 25, p. 61, éd. Plantin). Stobée cite, comme appartenant aux Chaldéens, l'opinion que les comètes sont si rarement visibles parce que, dans leur longue excursion, elles vont se cacher dans les profondeurs de l'éther, comme les poissons dans l'Océan. L'explication la plus séduisante et en même temps la plus sérieuse, malgré ce qui s'y mêle de rhétorique, celle qui est le plus d'accord avec les opinions récentes, est l'explication qu'a donnée Sénèque : « Non enim existimo cometem subitaneum ignem, sed inter æterna opera naturæ. — Quid enim miramur cometas tam rarum mundi spectaculum, nondum teneri legibus certis ? nec initia illorum finesque patescere, quorum ex ingentibus intervallis recursus est ? Nondum sunt anni quingenti ex quo Græcia

.... Stellis numeros et nomina fecit,

multæque hodie sunt gentes quæ tantum facie noverint cœlum ; quæ nondum sciant, cum luna deficiat, quare obumbretur. Hoc apud nos quoque nuper ratio ad certum perduxit. Veniet tempus quo ista quæ nunc latent in lucem dies extrahat et longioris ævi diligentia. — Veniet tempus quo posteri nostri tam aperta nos nescisse mirentur. — Eleusis servat quod ostendat revisentibus. Rerum natura sacra sua non simul tradit : initiatos nos credimus; in vestibulo ejus hæremus; illa arcana non promiscue nec omnibus patent, reducta et in interiore sacrario clausa sunt. Ex quibus aliud hæc ætas, aliud quæ post nos subibit, despiciet. Tardo magna proveniunt..... » (*Quæstiones naturales*, lib. VII, cap. 22, 25 et 31.)

(17) [page 601]. L'aspect du firmament nous offre des objets qui ne coexistent point simultanément. Beaucoup sont évanouis longtemps avant que la lumière qui en émane soit parvenue jusqu'à nous; quelques-uns occupent des places différentes de celles où nous les apercevons. Voyez le *Cosmos*, t. I, p. 175-186; t. III, p. 86-303, et comp. Bacon, *Novum Organum*, Lond., 1733, p. 371, et William Herschel, dans les *Philosophical Transactions* for 1802, p. 498.

(18) [page 601]. *Cosmos*, t. I, p. 147, 153 et 475 (note 35).

(19) [page 602]. Voyez les opinions des Grecs sur les chutes de pierres météoriques, dans le *Cosmos*, t. I, p. 147, 150, 461, 463, 469 et 476 (notes 61, 62, 69, 87, 88 et 89), t. II, p. 593 (note 27).

(20) [page 603]. Voyez dans Brandis, *Geschichte der Griechisch-rœmischen Philosophie* (1re part., p. 272-277), un passage où est réfutée l'opinion émise par Schleiermacher, dans le Recueil de l'Académie de Berlin, années 1804-1811 (Berlin, 1815), p. 79-124.

(21) [page 603]. Stobée, dans le passage cité (*Ecloga physica*, p. 508), attribue à Diogène d'Apollonie d'avoir appelé les étoiles des corps ponceux ou poreux. Cette idée peut bien avoir été fournie par la croyance si répandue dans l'antiquité que les corps célestes se nourrissaient d'évaporations humides. « Le Soleil rend les substances qu'il a pompées » (Aristote, *Meteorologica*, éd. Ideler, t. I, p. 509; Sénèque, *Quæstiones naturales*, lib. IV, cap. 2). Les corps célestes, semblables à la pierre ponce, étaient supposés avoir aussi leurs exhalaisons propres.

« Ces exhalaisons, qui ne peuvent être vues, tant qu'elles errent dans les espaces célestes, ne sont autres que des pierres qui s'enflamment et s'éteignent en tombant sur la terre. » (Plutarque, *de Placitis Philosophorum*, lib. II, cap. 13.) Pline (lib. II, cap. 59) croit que les chutes de pierres météoriques sont des accidents qui se renouvellent fréquemment : « Decidere tamen, crebro non erit dubium. » Il dit aussi (lib. II, cap. 43) que, lorsque le ciel est serein, la chute de ces pierres détermine une détonation. Un passage de Sénèque (*Quæst. natur.*, lib. II, cap. 17), dans lequel il est question d'Anaximène, et qui paraît exprimer une pensée analogue, n'a trait vraisemblablement qu'au grondement de la foudre dans une nuée orageuse.

(22) [page 604]. Je cite ici le remarquable passage de la Vie de Lysandre, traduit littéralement : « Quelques physiciens ont émis une opinion plus vraisemblable : suivant eux, les étoiles filantes ne *découlent ni* ne se détachent du feu éthéré qui s'éteint dans l'air aussitôt après s'être enflammé, et ne sont pas davantage produites par l'ignition et la combustion de l'air que la condensation force à s'élever dans les régions supérieures; ce sont des corps célestes qui, lancés sur la terre par la cessation du mouvement gyratoire, ne tombent pas toujours dans les espaces habités, mais le plus souvent dans la mer, où ils restent cachés à nos regards. »

(23) [page 604]. Sur les astres complétement obscurs ou qui cessent, peut-être périodiquement, d'émettre de la lumière, sur les opinions des modernes à ce sujet, en particulier, sur les opinions de Laplace et de Bessel, et sur l'observation de Bessel relative à un changement survenu dans le mouvement propre de Procyon, observation confirmée par Peters à Kœnigsberg, voyez le *Cosmos*, t. III, p. 220-223.

(24) [page 605]. Voyez le *Cosmos*, t. III, p. 37-46 et 273 (note 33).

(25) [page 605]. Il y a littéralement dans le passage de Plutarque, *de Facie in orbe Lunæ*, p. 923) : « La Lune a pour-

tant un secours contre la force qui la sollicite à tomber : c'est son mouvement même et la rapidité de sa révolution, comme les objets placés dans une fronde ne peuvent tomber, grâce au mouvement gyratoire qui les entraîne. »

(26) [page 607]. *Cosmos*, t. I, p. 135.

(27) [page 607]. Coulvier-Gravier et Saigey, *Recherches sur les Étoiles filantes*, 1847, p. 69-86.

(28) [page 607]. Edouard Heis, *die periodischen Sternschnuppen und die Resultate der Erscheinungen*, 1849, p. 7 et 26-30.

(29) [page 608]. La désignation du pôle Nord comme point de départ d'un grand nombre d'étoiles filantes, dans la période d'août, ne repose que sur les observations de l'année 1839. Un voyageur qui a parcouru l'Orient, le Dr Asahel Grant, écrit de Mardin, en Mésopotamie, que vers minuit le ciel était comme hérissé d'étoiles filantes, qui toutes partaient de la région de l'étoile polaire. Voyez dans Heis (*die periodischen Sternschnuppen*, etc., p. 28) un passage rédigé d'après une lettre d'Herrick à Quételet et le Journal de Grant.

(30) [page 608]. La prédominance de Persée sur le Lion, comme point de départ d'un plus grand nombre d'étoiles filantes, ne s'était point encore manifestée lors des observations faites à Brême, pendant la nuit du 13 au 14 novembre 1838. Un observateur fort exercé, Roswinkel, a vu, dans une pluie d'étoiles très-abondante, presque toutes les trajectoires partir du Lion et de la partie méridionale de la Grande-Ourse, tandis que dans la nuit du 12 au 13 novembre, par une pluie d'étoiles à la vérité fort peu considérable, il ne vit que quatre trajectoires partir de la constellation du Lion. Olbers remarque à ce sujet, dans les *Astronomische Nachrichten* de Schumacher, n° 372, que, durant cette nuit, « les trajectoires n'étaient nullement parallèles entre elles, que rien ne sem-

blait les rattacher à la constellation du Lion, et que ce défaut de parallélisme les faisait ressembler à des étoiles filantes isolées beaucoup plus qu'à des flux périodiques. Il est vrai que le phénomène de novembre fut loin de pouvoir être comparé en 1838 à ceux des années 1799, 1832 et 1833. »

(31) [page 610]. Saigey, *Recherches sur les étoiles filantes*, p. 151. Voyez aussi sur la détermination faite par Erman des points de convergence, diamétralement opposés aux points de départ, le même ouvrage, p. 125-129.

(32) [page 610]. Heis, *periodische Sternschnuppen*, p. 6. Comp. Aristote, *Problemata*, XXVI, 23, et Sénèque, *Quæstiones naturales*, lib. I, cap. 14 : « Ventum significat stellarum discurrentium lapsus et quidem ab ea parte qua erumpit. » J'ai admis moi-même, particulièrement pendant mon séjour à Marseille, à l'époque de l'expédition d'Égypte, l'influence des vents sur la direction des étoiles filantes.

(33) [page 610]. *Cosmos*, t. I, p. 464 (note 60).

(34) [page 611]. Tout ce qui, dans le texte, est renfermé entre guillemets, est dû aux communications obligeantes de M. Jules Schmidt, adjoint à l'observatoire de Bonn. On peut voir, sur ses travaux antérieurs accomplis de 1842 à 1844, Saigey, *Recherches sur les étoiles filantes*, p. 159.

(35) [page 613]. J'ai cependant observé moi-même dans la Mer du Sud, par 13° 1/2 de latitude Nord, une pluie très-considérable d'étoiles filantes, le 13 mars 1803. L'an 687 avant l'ère chrétienne, on remarqua aussi dans le mois de mars deux flux de météores.

(36) [page 615]. Une pluie d'étoiles filantes tout à fait semblable à celle du 21 octobre 1366 (ancien style), dont Boguslawski fils a trouvé l'indication dans le *Chronicon Ecclesiæ Pragensis* de Benesse de Horovic (*Cosmos*, t. I, p. 143), a été décrite en détail, dans le célèbre ouvrage historique de Duarte

Nunez de Lião (*Chronicas dos Reis de Portugal reformadas*, parte I, Lisb., 1600, fol. 187); mais elle est reportée à la nuit du 22 au 23 octobre. Faut-il admettre deux flux différents, dont l'un avait été vu en Bohême, et l'autre sur les bords du Tage, ou l'un des deux chroniqueurs s'est-il trompé d'un jour? Je cite le passage de l'historien portugais : « Vindo o anno de 1366, sendo andados XXII dias do mes de Octubro, tres meses antes do fallecimento del Rei D. Pedro (de Portugal), se fez no ceo hum movimento de estrellas, qual os homẽes não virão nem ouvirão. E foi que desda mea noite por diante correrão todalas strellas do Levante para o Ponente, e acabado de serem juntas começarão a correr humas para huma parte e outras para outra. E despois descerão do ceo tantas e tam spessas, que tanto que forão baxas no ar, parecião grandes fogueiras, e que o ceo e o ar ardião, e que a mesma terra queria arder. O ceo parecia partido em muitas partes, alli onde strellas não stavão. E isto durou per muito spaço. Os que isto virão, houverão tam grande medo e pavor, que stavão como atonitos, e cuidavão todos de ser mortos, e que era vinda a fim do mundo. »

(37) [page 615]. On eût pu citer des points de comparaison plus récents, s'ils eussent été connus à cette époque : par exemple les flux météoriques observés par Klœden à Potsdam, dans la nuit du 12 au 13 novembre 1823, par Bérard sur les côtes d'Espagne, du 12 au 13 novembre 1831, et par le comte Souchtein à Orenbourg, du 12 au 13 novembre 1832. Voyez le *Cosmos*, t. I, p. 138, et Schumacher's *Astronomische Nachrichten*, n° 303, p. 242. Le grand phénomène que Bonpland et moi nous observâmes du 11 au 12 novembre 1799 (*Voyage aux Régions équinoxiales*, liv. IV, chap. 10, t. IV, p. 34-53, éd. in-8°) dura depuis 2 heures jusqu'à 4 heures du matin. Pendant tout le voyage que nous fîmes à travers la région boisée de l'Orénoque, jusqu'au Rio Negro, nous trouvâmes que cet immense flux météorique avait été remarqué par les missionnaires, et noté par plusieurs d'entre eux sur leur rituel.

Dans le Labrador et dans le Groënland, les Esquimaux en avaient été frappés d'étonnement jusqu'à Lichtenau et New-Herrnhut, par 60° 14′ de latitude. A Itterstedt, près de Weimar, le pasteur Zeising vit ce que l'on voyait en même temps en Amérique, sous l'équateur et près du cercle polaire boréal. Le retour périodique du phénomène de la Saint-Laurent attira l'attention beaucoup plus tard que le phénomène de novembre. J'ai recueilli avec soin les indications relatives aux pluies considérables d'étoiles filantes qui, à ma connaissance, ont été exactement observées dans la nuit du 12 au 13 novembre, jusqu'à 1846. On en peut compter 15, qui se sont produites en 1799, 1818, 1822, 1823, dans les années comprises entre 1831 et 1839, en 1841 et 1846. J'exclus de ce calcul toutes les chutes de météores qui s'écartent de la date fixée de plus d'un jour ou deux, notamment celle du 10 novembre 1787 et du 8 novembre 1813. Ce retour périodique presque à jour fixe est d'autant plus étonnant que des corps d'aussi peu de masse sont exposés à un grand nombre de perturbations, et que la longueur de l'anneau dans lequel on suppose les météores enfermés peut embrasser plusieurs jours de la révolution de la Terre autour du Soleil. C'est en 1799, 1831, 1833 et 1834 que les *flux météoriques* de novembre ont été le plus éclatants. Ce peut être ici le lieu de faire remarquer qu'il y a eu erreur dans la description que j'ai donnée des météores de 1799, et qu'au lieu d'égaler le diamètre des plus grands bolides à 1° ou 1° 1/4, il eût fallu dire que ce diamètre était égal à 1 ou 1 1/4 du diamètre de la Lune. Je n'achèverai pas cette note sans faire mention du globe enflammé que le directeur de l'observatoire de Toulouse, M. Petit, a observé avec une attention toute spéciale, et dont il calculé la révolution autour de la Terre. Voyez les *Comptes rendus de l'Académie des Sciences*, 9 août 1847, et Schumacher's *Astronomische Nachrichten*, n° 701, p. 71.

(38) [page 619]. Forster, *Mémoires sur les étoiles filantes*, p. 31.

(39) [page 620]. *Cosmos*, t. I, p. 140 et 173.

(40) [page 621]. Kæmtz *Lerhbuch der Meteorologie*, t. III, p. 277.

(41) [page 621]. La chute des aérolithes qui tombèrent à Crema et sur les bords de l'Adda a été décrite avec une vivacité singulière, mais malheureusement d'une manière obscure et non sans quelque mélange de déclamation, par le célèbre Martyr Anghiera (*Opus Epistolarum*, Amst, 1670, n° CCCCLXV, p. 245 et 246). La chute des pierres fut précédée d'un obscurcissement qui voila presque complétement le Soleil, le 4 septembre 1511, à midi : « Fama est Pavonem immensum in aerea Cremensi plaga fuisse visum. Pavo visus in pyramidem converti, adeoque celeri ab Occidente in Orientem raptari cursu, ut in horæ momento magnam hemisphærii partem doctorum inspectantium sententia pervolasse credatur. Ex nubium illico densitate tenebras ferunt surrexisse, quales viventium nullus unquam se cognovisse fateatur. Per eam noctis faciem, cum formidolosis fulguribus, inaudita tonitrua regionem circumsepserunt. » Les éclairs étaient si intenses que, tout autour de Bergame, les habitants purent voir la plaine entière de Crema au milieu même de l'obscurité qui la couvrait. L'écrivain ajoute : « Ex horrendo illo fragore quid irata natura in eam regionem pepererit percunctaberis. Saxa demisit in Cremensi planitie (ubi nullus unquam æquans ovum lapis visus fuit) immensæ magnitudinis, ponderis egregii. Decem fuisse reperta centilibralia saxa ferunt. » Il est dit encore que des oiseaux, des moutons, des poissons perdirent la vie. Parmi ces exagérations, il faut bien reconnaître que le nuage météorique d'où tombèrent les pierres devait être d'une noirceur et d'une densité inaccoutumées. Ce qu'Anghiera appelle Pavo était sans doute un bolide allongé et pourvu d'une large queue. A la manière dont l'auteur retrace le bruit effroyable qui retentit dans le nuage météorique, il semble qu'il ait voulu décrire des coups de tonnerre accompagnant les éclairs. Anghiera se procura en Espagne un fragment de ces aérolithes gros comme

le poing, et le montra au roi Ferdinand le Catholique, en présence du célèbre capitaine Gonzalve de Cordoue. La lettre dans laquelle il raconte ce fait, adressée de Burgos à Fagiardus, se termine par ces mots : « Mira super hisce prodigiis conscripta fanatice, physice, theologice ad nos missa sunt ex Italia. Quid portendant quomodoque gignantur, tibi utraque servo, si aliquando ad nos veneris. » Cardan, entrant dans des détails plus précis (*Opera*. Lugd., 1663, t. III, lib. XV, cap. 72, p. 279), affirme qu'il est tombé 1200 aérolithes, parmi lesquels il y en avait un, noir comme le fer et très-dense, qui pesait 120 livres. Selon Cardan, le bruit se prolongea pendant deux heures : « Ut mirum sit tantam molem in aere sustineri potuisse. » Il regarde le bolide à queue comme une comète, et se trompe d'une année dans l'indication de la date, qu'il fixe à l'année 1510. A l'époque où ce phénomène se produisit, Cardan était âgé de neuf à dix ans.

(42) [page 622]. Récemment les aérolithes qui tombèrent à Braunau, le 14 juillet 1847, étaient si chauds encore, six heures après leur chute, que l'on ne pouvait les toucher sans se brûler. — J'ai déjà signalé dans l'*Asie centrale* (t. I, p. 408) l'analogie que présente avec une chute d'aérolithes le mythe de *l'or sacré* répandu chez les races scythiques. Je joins ici le passage d'Hérodote, dans lequel est racontée cette légende (liv. V, chap. 5 et 7) : « Targitaus eut trois fils dont l'aîné s'appelait Leipoxaïs, le second Arpoxaïs, et le plus jeune Colaxaïs. Sous leur règne, il tomba du Ciel dans la Scythie, des instruments d'or : une charrue, un joug, une hache et une coupe. L'aîné, qui les aperçut le premier, s'étant approché pour les prendre, l'or s'enflamma aussitôt. Arpoxaïs vint à son tour, et il en fut de même ; les deux frères repoussèrent donc cet or ; mais quand le troisième fils, Colaxaïs, se présenta, l'or s'éteignit et il put le transporter dans sa maison. Ses frères comprenant le sens de ce prodige, lui abandonnèrent tous leurs droits à la royauté.

Peut-être aussi le mythe de l'or sacré n'est-il qu'un mythe ethnographique, une allusion aux trois fils du roi qui auraient fondé chacun une des tribus dont se composaient les populations scythiques, et à la prédominance qu'obtint la tribu fondée par le plus jeune, celle des Paralates. Voyez Brandstæter, *Scythica, de aurea Caterva*, 1837, p. 69 et 81.

(43) [page 623]. Parmi les métaux dont on a découvert la présence dans les pierres météoriques, Howard a reconnu le nickel, Stromayer le cobalt, Laugier le cuivre et le chrome, Berzélius l'étain.

(44) [page 626]. Rammelsberg, dans les *Annalen* de Poggendorff, t. LXXIV, 1849, p. 442.

(45) [page 629]. Rammelsberg, Poggendorff's *Annalen*, t. LXXIII, 1848, p. 585; Shepard, dans l'*American Journal of Sciences et Arts* de Silliman, 2e série, t. II, 1846, p. 377.

(46) [page 629]. Voyez le *Cosmos*, t. I, p. 145.

(47) [page 630]. *Zeitschrift der deutschen geologischen Gesellschaft*, t. I, p. 232. Tout ce qui, dans le texte, de la page 614 à la page 617, est placé entre guillemets, est emprunté à des manuscrits du professeur Rammelsberg, portant la date du mois de mai 1851.

(48) [page 635]. Voyez Kepler, *Astronomica nova seu Physica cœlestis, tradita commentariis de motibus stellæ Martis ex observationibus Tychonis Brahi elaborata*, 1609, cap. XL et LIX.

(49) [page 636]. Laplace, *Exposition du Système du Monde*, p. 309 et 391.

ADDITIONS ET CORRECTIONS

Page 40, ligne 15.

Depuis que j'ai dit, dans le *Cosmos*, que rien jusqu'ici n'avait démontré l'influence des positions diverses du Soleil sur le magnétisme terrestre, les excellents travaux de Faraday ont constaté cette influence. De longues séries d'observations magnétiques dans les deux hémisphères, à Toronto dans le Canada, et à Hobart-Town dans la Terre de Van-Diemen, prouvent que le magnétisme terrestre est soumis à une variation annuelle, dépendant de la situation relative du Soleil et de la Terre.

Page 65, ligne 11.

Le singulier phénomène de la fluctuation des étoiles a été observé tout récemment, à Trèves, par des témoins très-dignes de foi. Le 20 janvier 1851, entre 7 et 8 heures du soir, Sirius, qui était alors placé très-près de l'horizon, parut agité d'un mouvement oscillatoire. Voyez la Lettre du professeur Flesch dans le Recueil de Jahn, *Unterhaltungen für Freunde der Astronomie.*

Page 144, ligne 6, et 334 (note 16).

Le vœu que j'émettais, de voir rechercher l'époque à laquelle disparut la couleur rouge de Sirius, vient d'être rempli, grâce à l'activité d'un jeune savant, M. Wöpcke, qui à un grand savoir en mathématiques joint une connaissance approfondie des langues orientales. M. Wöpcke, traducteur et commentateur de l'Algèbre d'Omar Alkhayyami, m'a écrit de Paris, dans le mois d'août 1851 : « L'espérance que vous exprimiez, dans la partie astronomique du *Cosmos*, m'a donné l'idée d'examiner les quatre manuscrits de l'Uranographie de Abdurrahman al Ssufi que possède la Bibliothèque royale. J'y ai trouvé que α du Bouvier, α du Taureau, α du Scorpion et α d'Orion étaient désignés collectivement comme rouges, et que rien de semblable n'était dit de Sirius. Bien plus, le passage qui a trait à cette étoile, et qui est le même dans les quatre manuscrits, est conçu en ces termes : La première des étoiles dont est formé le Grand Chien est la brillante étoile de la Gueule, qui est marquée sur l'Astrolabe et porte le nom de Al-je-maanijah. » Ne résulte-t-il pas de cet examen et du passage d'Alfragani que j'ai cité moi-même, que le changement de couleur de Sirius tombe vraisemblablement entre l'époque de Ptolémée et celle des astronomes arabes?

Page 546.

[Depuis que cette partie du *Cosmos* a été publiée en Allemagne, l'activité scientifique, tant de fois signalée par M. de Humboldt (voyez surtout p. 507), ne s'est point ralentie. Aux quatorze petites planètes dont il a donné le tableau, M. de Humboldt avait déjà pu, en terminant, en ajouter une quinzième, Eunomie, découverte par M. de Gasparis, le 19 juillet 1851. Depuis cette époque jusqu'à la fin de 1857, trente-cinq nouvelles planètes ont été découvertes :

En 1852, Psyché par M. de Gasparis, le 17 mars; Thétis par M. Luther, le 17 avril; Melpomène et Fortuna par M. Hind, le 24 juin et le 22 août; Massalia par M. de Gasparis, le 19 septembre, et par M. Chacornac, le 20 du même mois; Lutetia par M. Goldschmidt, le 15 novembre; Calliope par M. Hind, le 15 novembre; Thalie, par le même, le 15 décembre.

En 1853, Phocéa, le 6 avril, par M. Chacornac; Thémis, le même jour, par M. de Gasparis; Proserpine, par M. Luther, le 5 mai; Euterpe, par M. Hind, le 8 novembre.

En 1854, Bellone, par M. Luther, le 1er mars; Amphitrite, par M. Marth, le même jour; Uranie, par M. Hind, le 22 juillet; Euphrosine, par M. Ferguson, le 2 septembre; Pomone, par M. Goldschmidt, le 26 octobre; Polymnie, par M. Chacornac, le 28 du même mois.

En 1855, Circé, par M. Chacornac, le 6 avril; Leucothée, par M. Luther, le 19 du même mois; Atalante, par M. Goldschmidt, le 5 octobre.

En 1856, Fidès par M. Luther, le 12 janvier; Léda, par M. Chacornac, le même jour; Lætitia, par le même, le 8 février; Harmonia, par M. Goldschmidt, le 31 mars; Daphné, par le même, le 22 mai; Isis, par M. Pogson, le 23 du même mois.

En 1857, Ariane par M. Pogson, le 15 avril;

Nysa, par M. Goldschmidt, le 27 mai; Eugenia par le même, le 11 juillet; Hestia, par M. Pogson, le 16 août; Aglaïa, par M. Luther, le 15 septembre; Doris et Palès, surnommées les deux jumelles, par M. Goldschmidt, le 19 septembre, et enfin Virginia par M. Ferguson, le 4 octobre.

Nous donnons pages 755 et 756, en suivant l'ordre des découvertes, les éléments de toutes ces nouvelles planètes, à l'exception des quatre dernières (Aglaïa, Doris, Palès et Virginia), dont les orbites n'ont pas encore été calculées.]

Page 564, ligne 18.

D'après une communication, datée du 8 novembre 1851, que je dois à l'amitié de Sir John Herschel, M. Lassell a observé distinctement, les 24, 28, 30 octobre et 2 novembre de cette même année, deux satellites d'Uranus, situés plus près encore de la planète principale que le premier satellite de William Herschel, auquel cet astronome attribuait une révolution d'environ 5 jours et 21 heures, mais qui n'a pas été revu depuis. Les révolutions des deux satellites que vient de reconnaître Lassell sont évaluées approximativement à 4 jours et à 2 jours 1/2.

Éléments des petites planètes découvertes depuis 1851.

	EUNOMIA.	PSYCHÉ.	THÉTIS.	MELPOMÈNE.	FORTUNA.	MASSALIA.	LUTETIA.	CALLIOPE.
E	13 oct. 1852	26 nov. 1855	21 avr. 1856	1er janv. 1853	5 nov. 1852	4 nov. 1856	1er janv. 1853	1er janv. 1853
L	47° 43′ 44″	51° 32′ 36″	2[illegible]4° 30′ 40″	351° 42′ 22″	6° 10′ 24″	54° 46′ 29″	40° 51′ 40″	77° 6′ 18″
π	27 13 24	12 37 23	259 22 44	15 13 59	30 46 43	98 16 30	327 1 34	58 12 39
Ω	293 53 19	150 29 44	125 25 55	150 0 56	211 23 14	206 36 24	80 25 50	66 36 56
i	11 43 50	3 4 9	5 35 28	10 9 22	1 32 30	0 41 10	3 5 11	13 44 52
μ	822″,076	710″,057	912″,593	1020″,04	930″,116	948″,845	933″,687	714″,908
a	2,65092	2,92287	2,47260	2,29575	2,44144	2,40921	2,43521	2,90963
e	0,18934	0.13463	0,12677	0,21718	0,15782	0,14368	0,16207	0,10366
U	1576j 49	1825j 20	1420j 13	1270j 53	1393j 37	1365j 87	1388j 04	1812j 82

	THALIE.	PHOCÉA.	THÉMIS.	PROSERPINE.	EUTERPE.	BELLONE.	AMPHITRITE.	URANIE.
E	1er janv. 1853	10 juill. 1857	4 mai 1853	11 juin 1853	1er janv. 1854	1 mars 1854	27 mars 1858	1er janv. 1855
L	89° 5′ 29″	294° 46′ 43″	171° 46′ 1″	227° 30′ 4″	74° 53′ 3″	159° 2′ 5″	180° 1′ 39″	26° 28′ 46″
π	123 11 57	302 46 9	134 20 19	236 20 38	88 2 13	122 18 20	56 29 5	30 48 47
Ω	67 55 4	214 4 55	35 49 29	45 54 43	93 42 4	144 42 58	356 26 34	308 11 6
i	10 13 59	21 35 54	0 49 26	3 35 47	1 35 30	9 22 33	6 7 52	2 5 56
μ	833″.863	953″.678	637″.217	819″.987	986″,498	767″.523	869″.184	975″,208
a	2.62588	2.40406	3.14156	2 65542	2.34751	2,77509	2.55125	2,36559
e	0.23594	0.25253	0.12266	0 08714	0.17455	0.15468	0,72613	0,12640
U	1554j 21	1358j 947	2033j 83	1580j 51	1313j 73	1688,55	1591j 05	1328j 94

E désigne l'époque de la longitude en temps moyen de Paris; L la longitude moyenne de l'orbite; π la longitude du périhélie; Ω la longitude du nœud ascendant; i l'inclinaison sur l'écliptique; μ le mouvement diurne moyen; a le demi-grand-axe; e l'excentricité; U la révolution sidérale exprimée en jours. Les longitudes sont rapportées à l'équinoxe de l'époque indiquée en tête de chaque colonne.

Éléments des petites planètes découvertes depuis 1854.

	EUPHROSINE.	POMONE.	POLYMNIE.	CIRCÉ.	LEUCOTHÉE.	ATALANTE.	FIDÈS.	LÉDA.
E	1er janv. 1855	20 janv. 1855	1er janv. 1855	9-7 avr. 1855	1er avr. 1855	1er janv. 1856	16 nov. 1855	1er janv. 1856
L	53° 50′ 10″	56° 8′ 28″	23° 14′ 23″	193° 1′ 39″	187° 28′ 14″	36° 21′ 31″	42° 35′ 38″	112° 55′ 31″
π	93 51 7	196 9 0	340 53 55	147 53 32	185 38 48	42 23 48	66 4 34	100 40 28
Ω	31 25 23	220 48 26	9 16 5	184 49 14	359 44 20	359 9 29	8 9 44	296 27 47
i	26 25 12	5 29 14	1 56 56	5 26 55	8 23 4	18 42 9	3 7 11	6 58 32
μ	632″.802	854″,722	731″,484	806″,683	719″,825	778″.095	826″,175	782″.448
a	3,15616	2,58298	2,86550	2,68453	2,89636	2,74989	2,61214	2.73968
e	0.21601	0,08202	0,33680	0,11193	0,19838	0,29817	0,17489	0,15558
U	2048j 03	1516j 28	1771j 74	1696j 57	1800j 43	1665j 60	1568j 67	1656j 33

	LÆTITIA.	HARMONIA.	DAPHNÉ.	ISIS.	ARIANE.	NYSA.	EUGÉNIA.	HESTIA.
E	1er janv. 1856	1er juill. 1856	31 mai 1856	30 juin 1856	18 mai 1857	15 juin 1857	8-5 juill. 1857	16 août 1857
L	146° 44′ 43″	222° 12′ 41″	201° 19′ 22″	275° 38′ 55″	232° 27′ 23″	187° 29′ 3″	252° 36′ 34″	319° 42′ 26″
π	1 58 58	2 1 51	231 5 48	318 6 53	277 11 5	118 47 52	208 16 39	344 55 46
Ω	157 19 31	93 32 2	179 29 10	84 27 20	264 44 14	127 5 35	148 19 38	181 30 14
i	10 20 51	4 15 48	15 0 9	8 34 45	3 28 2	3 53 26	6 34 53	2 17 47
μ	769″,894	1039″,409	903″,096	946″,904	1088″,065	810″,151	801″.166	921″.360
a	2,76939	2,26715	2,48990	2,41250	2,19904	2,67687	2.69684	2,45688
e	0,11107	0,04608	0,21536	0,21266	0,15731	0,45339	0,09142	0,12261
U	1683j 34	1246j 86	1435j 06	1363j 67	1191j 10	1599j 70	1617j 64	1406j 61

E désigne l'époque de la longitude en temps moyen de Paris; L la longitude moyenne de l'orbite; π la longitude du périhélie; Ω la longitude du nœud ascendant; i l'inclinaison sur l'écliptique; μ le mouvement diurne moyen; a le demi-grand axe; e l'excentricité; U la révolution sidérale exprimée en jours. Les longitudes sont rapportées à l'équinoxe de l'époque indiquée en tête de chaque colonne.

TABLEAU ANALYTIQUE

DES MATIÈRES

CONTENUES DANS LE TOME

DU COSMOS

INTRODUCTION

pages 1-12, et 263-274 (notes 1-46).

Coup d'œil jeté en arrière sur les matières contenues dans les précédents volumes. — La nature considérée sous deux points de vue différents : sous son aspect extérieur et purement objectif, et dans son image reflétée à l'intérieur de l'homme. — Comment une disposition intelligente des phénomènes permet déjà d'en saisir le lien générateur. — Impossibilité de faire entrer dans un ouvrage de ce genre une énumération complète des phénomènes particuliers. — Monde idéal et intérieur, existant à côté du monde réel, et peuplé de mythes symboliques, qui troublent la perception claire de la nature. — Impossibilité absolue d'arriver jamais à une connaissance complète de tous les phénomènes cosmiques. Découvertes des lois empiriques; recherches des causes qui relient entre eux tous les phénomènes; description et explication du monde. Comment l'observation des choses existantes peut révéler en partie la loi de leur formation et de leur développement. — Différentes phases de l'explication du monde. Efforts tentés pour comprendre l'ordonnance de la nature. — Premiers principes appliqués par la race Hellénique à la contemplation du monde. Fantaisies physiologiques de l'École Ionienne; double direction de cette École : hypothèse des principes concrets et matériels; hypothèse de la raréfaction et de la condensation. Force centrifuge. Théorie des Tourbillons. — Pythagoriciens; philosophie de la mesure et de l'harmonie; première application des mathématiques aux phénomènes physiques. — Ordonnance et gouvernement du monde, d'après les principes physiques d'Aristote. L'impulsion considérée comme le fondement de tous les phénomènes. Aristote peu préoccupé de la diversité des substances. — La théorie aristotélique reproduite au moyen âge dans sa forme et dans

PARTIE URANOLOGIQUE DE LA DESCRIPTION PHYSIQUE DU MONDE.

I. ASTRONOMIE SIDÉRALE,

pages 29-416.

II. SYSTÈME SOLAIRE.

PLANÈTES ET SATELLITES. — COMÈTES. — LUMIÈRE ZODIACALE. — ESSAIMS D'ASTÉROÏDES MÉTÉORIQUES,

pages 417-637 et 694.

FIN DE LA SECONDE PARTIE DU IIIe VOLUME.

PARIS. — IMPRIMERIE DE J. CLAYE, RUE SAINT-BENOIT, 7.

www.ingramcontent.com/pod-product-compliance
Ingram Content Group UK Ltd.
Pitfield, Milton Keynes, MK11 3LW, UK
UKHW020612230726
13926UKWH00005B/2342